计算机科学丛书

原书第2版

计算机程序的构造和解释

哈罗德·阿贝尔森（Harold Abelson）
[美] 杰拉尔德·杰伊·萨斯曼（Gerald Jay Sussman） 著 裘宗燕 译
朱莉·萨斯曼（Julie Sussman）

Structure and Interpretation of Computer Programs

Second Edition

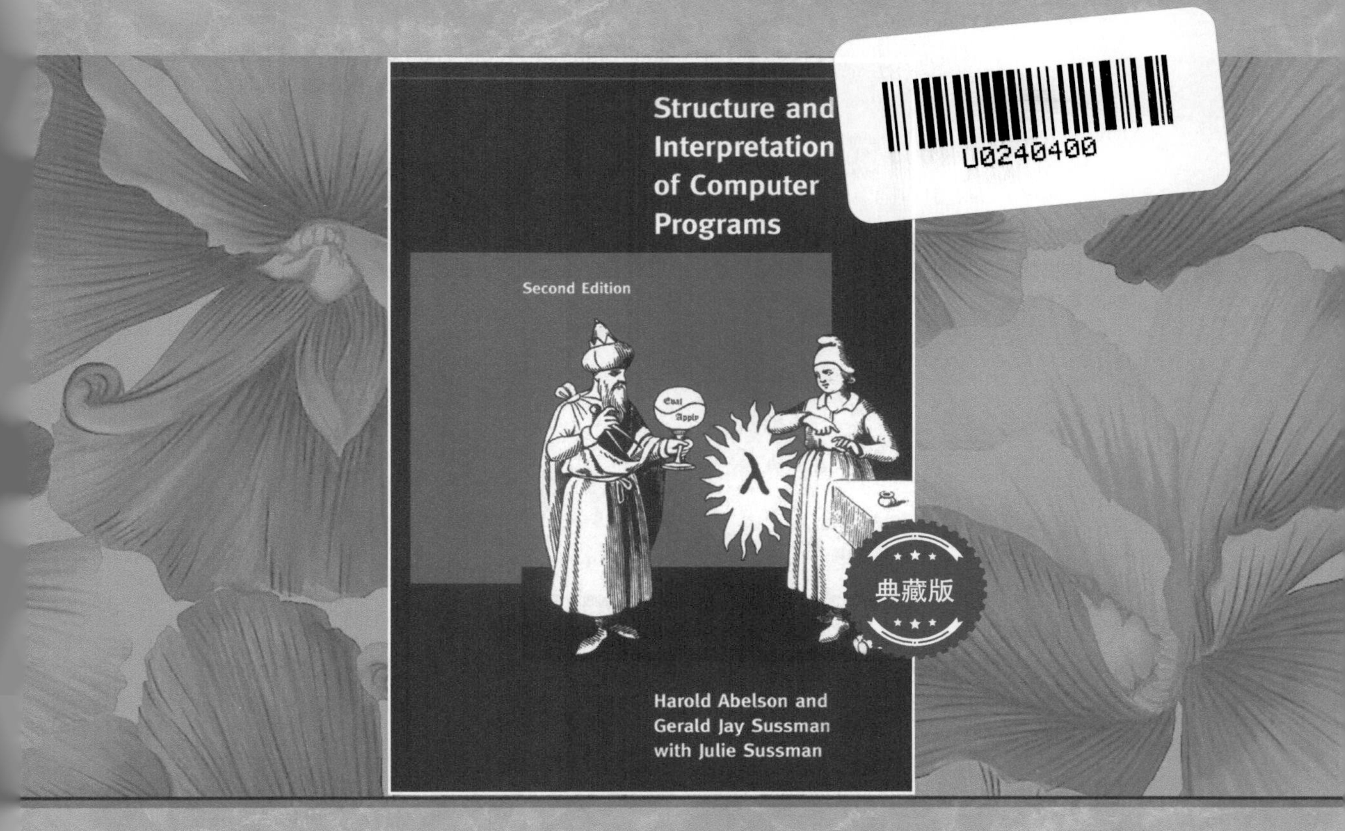

机械工业出版社
CHINA MACHINE PRESS

图书在版编目（CIP）数据

计算机程序的构造和解释（原书第2版）典藏版 /（美）哈罗德·阿贝尔森（Harold Abelson）等著；裘宗燕译．—北京：机械工业出版社，2019.7（2025.1重印）
（计算机科学丛书）
书名原文：Structure and Interpretation of Computer Programs, Second Edition

ISBN 978-7-111-63054-8

I. 计…　II. ①哈…　②裘…　III. 程序设计　IV. TP311.1

中国版本图书馆CIP数据核字（2019）第124372号

北京市版权局著作权合同登记　图字：01-2019-2158号。

Harold Abelson, Gerald Jay Sussman and Julie Sussman: Structure and Interpretation of Computer Programs, Second Edition (ISBN 978-0-262-01153-2).

本书从1980年开始就作为美国麻省理工学院计算机科学专业的入门课程教材之一，从理论上讲解计算机程序的创建、执行和研究。主要内容包括：构造过程抽象，构造数据抽象，模块化、对象和状态，元语言抽象，寄存器机器里的计算等。

本书描述生动有趣，分析清晰透彻，是计算机专业学生入门必读教材，也是计算机专业人士不可或缺的参考读物。

出版发行：机械工业出版社（北京市西城区百万庄大街22号　邮政编码：100037）

责任编辑：何　方	责任校对：殷　虹
印　　刷：北京建宏印刷有限公司	版　　次：2025年1月第1版第8次印刷
开　　本：185mm×260mm　1/16	印　　张：30.5
书　　号：ISBN 978-7-111-63054-8	定　　价：79.00元

客服电话：（010）88361066　68326294

“我认为，在计算机科学中保持计算中的趣味性是特别重要的事情。这一学科在起步时饱含着趣味性。当然，那些付钱的客户们时常觉得受了骗。一段时间之后，我们开始严肃地看待他们的抱怨。我们开始感觉到，自己真的像是要负起成功地、无差错地、完美地使用这些机器的责任。我不认为我们可以做到这些。我认为我们的责任是拓展这一领域，寻求新的发展方向，并在自己的家里保持趣味性。我希望计算机科学领域不要丧失趣味意识。最重要的是，我希望我们不要照本宣科，你所知道的有关计算的东西，其他人也都能学到。绝不要认为似乎成功计算的钥匙就掌握在你的手里。你所掌握的，也是我认为并希望的，就是智慧：那种看到这一机器比你第一次站在它面前时能做得更多的能力，这样你才能将它向前推进。”

Alan J. Perlis（1922年4月1日—1990年1月7日）

序

教育者、将军、减肥专家、心理学家和父母做规划（program），而军人、学生和另一些社会阶层则被规划（programmed）。解决大规模问题需要经过一系列规划，其中的大部分东西只有在工作进程中才能做出来，这些规划中充满着与手头问题的特殊性相关的情况。如果想要把做规划这件事情本身作为一种智力活动来欣赏，你就必须转到计算机的程序设计（programming），你需要读或者写计算机程序——而且要大量地做。有关这些程序具体是关于什么的、服务于哪类应用等通常并不重要，重要的是它们的性能如何，在用于构造更大的程序时能否与其他程序平滑衔接。程序员必须同时追求具体部分的完美和集成的适宜性。在本书里使用"程序设计"一词时，所关注的是程序的创建、执行和研究，这些程序是用一种Lisp方言书写的，以便在数字计算机上执行。采用Lisp并没有对我们可以编程的范围施以任何约束或者限制，只不过确定了程序描述的记法形式。

本书中要讨论的各种问题都牵涉三类需要关注的对象：人的大脑、计算机程序的集合以及计算机本身。每一个计算机程序都是现实中或者精神中的某个过程的一个模型，通过人的头脑孵化出来。这些过程出现在人们的经验或者思维之中，数量上数不胜数，详情琐碎繁杂，任何时候人们都只能部分地理解它们。我们很少能通过自己的程序将这种过程模拟到永远令人满意的程度。正因为如此，即使我们写出的程序是一个经过仔细雕琢的离散符号集，是一组交织在一起的函数，也需要不断地演化：当我们对于模型的认识更深入、更扩大、更广泛时，就需要去修改程序，直至这一模型最终到达了一种亚稳定状态。而在这时，程序中就又会出现另一个需要我们去为之奋斗的模型。计算机程序设计领域之令人兴奋的源泉，就在于它所引起的连绵不绝的发现，在我们的头脑之中，在由程序所表达的计算机制之中，甚至在由此所导致的认识爆炸之中。如果说艺术解释了我们的梦想，那么计算机就是以程序的名义执行着它们。

就其本身的所有能力而言，计算机是一位一丝不苟的"工匠"：它的程序必须正确，我们希望的所有东西，都必须表述得准确到每一点细节。就像在其他所有使用符号的活动中一样，我们需要通过论证使自己相信程序的真。可以为Lisp本身赋予一个语义（可以说是另一个模型），比如说，一个程序的功能可以在谓词演算里描述，那么就可以用逻辑方法做出一个可接受的正确性论证。不幸的是，随着程序变得更大、更复杂（实际上它们几乎总是如此），这种描述本身的适宜性、一致性和正确性也都变得非常值得怀疑了。因此，很少能够看到有关大程序正确性的完全形式化的论证。因为大的程序是从小东西成长起来的，所以开发出一个标准化的程序结构的武器库，并保证其中每种结构的正确性——我们称它们为惯用法，再学会如何利用一些已经证明很有价值的组织技术，将这些结构组合成更大的结构，都是至关重要的。本书中将详尽地讨论这些技术。理解这些技术，对于参与被称为程序设计的具有创造性的事业是最本质的。特别值得提出的是，发现并掌握强有力的组织技术，将提升我们构造大型的重要程序的能力。反过来说，由于写大程序非常耗时费力，这也推动着我们去发明新方法，以减轻由于大程序的功能和细节而带来的沉重负担。

与程序不同，计算机必须遵守物理定律。如果它们要快速执行——几个纳秒做一次状态转换——那么就必须在很短的距离内传导电子（至多1.5英尺[⊖]）。必须消除由于大量元件而产生的热量集中。人们已经开发出了一些巧妙的工程艺术，用于在功能多样性与元件密度之间求得一种平衡。在任何情况下，硬件都是在比我们编程时所需要关心的层次更低的层次上操作的。将Lisp程序变换到“机器”程序的过程本身也是抽象模型，是通过程序设计做出来的。研究和构造它们，能使人更加深刻地理解与任何模型的程序设计有关的程序组织问题。当然，计算机本身也可以这样模拟。请想一想：最小的物理开关元件在量子力学里建模，而量子力学又由一组微分方程描述，微分方程的细节行为可以由数值去近似，这种数值又由计算机程序所描述，计算机程序的组成……

区分出上述三类需要关注的对象，并不仅仅是为了策略上的便利。即使有人说这种逻辑区分不过是人头脑里的东西，它也加速了这些关注对象之间的转换，它们的丰富性、活力和潜力，只能通过现实生活中的不断演化去超越。我们至多只能说，这些关注对象之间的关系是基本稳定的。计算机永远都不够大也不够快。硬件技术的每一次突破都带来了更大规模的程序设计事业、新的组织原理，以及更加丰富的抽象模型。每个读者都应该反复地问自己：“到哪里才是尽头？”——但是不要问得过于频繁，以免忽略了程序设计的乐趣，使自己陷入一种喜忧参半的呆滞状态中。

在我们写出的程序里，有些程序执行了某个精确的数学函数（但是绝不够精确），例如排序，或者找出一系列数中的最大元，确定素数性，找出平方根。我们将这种程序称为算法，关于它们的最佳行为已经有了许多认识，特别是关于两个重要的参数：执行的时间和对数据存储的需求。程序员应该追求好的算法和惯用法。即使某些程序难以精确地描述，程序员也有责任去估计它们的性能，并要继续设法去改进之。

Lisp是一个幸存者，已经使用了四分之一个世纪。在现存的活语言里，只有Fortran比它的寿命长些。这两种语言都用于一些重要领域中的程序设计，Fortran用于科学与工程计算，Lisp用于人工智能。这两个领域现在仍然很重要，它们的程序员都倾心于这两种语言，因此，Lisp和Fortran都还可能继续生存至少四分之一个世纪。

Lisp一直在改变着。这本书中所用的Scheme方言就是从原来的Lisp里演化出来的，并在若干重要方面与之相异，包括变量约束的静态作用域，以及允许函数产生出函数作为值。在语义结构上，Scheme更接近于Algol 60而不是早期的Lisp。Algol 60已经不可能再变为活的语言了，但它还扎根在Scheme和Pascal的基因里。很难找到这样的两种语言，它们清晰地代表着围绕这两种语言而聚集起来的两种差异巨大的文化。Pascal是为了建造金字塔——壮丽辉煌、令人震撼，是由各就各位的沉重巨石筑起的静态结构。而Lisp则是为了构造有机体——同样壮丽辉煌并令人震撼，是由各就各位但却永不静止的无数简单的有机体片段构成的动态结构。在两种语言里都采用了同样的组织原则，除了其中特别重要的一点不同之外：赋予Lisp程序员个人可用的自由支配权，要远远超过在Pascal社团里可找到的东西。Lisp程序大大抬高了函数库的地位，使其可用性超越了催生它们的那些具体应用。作为Lisp的内在数据结构，表对于这种可用性的提升起着最重要的作用。表的简单结构和自然可用性反映到函数里，就使它们具有了一种奇异的普适性。而在Pascal里，数据结构的过度声明导致函数的专用性。采用100个函

⊖ 1英尺=0.3 048米。——编辑注

数在1个数据结构上操作，远远优于用10个函数在10个数据结构上操作。这带来的必然后果是，金字塔矗立在那里千年不变，而有机体则必须演化，否则就会死亡。

为了看清楚这种差异，请将本书中给出的材料和练习与任何第一门Pascal课程的教科书中的材料做一个比较。请不要费力地去想象，认为这不过是一本在MIT采用的教科书，其特异性仅仅是因为它出自那个地方。准确地说，任何一本严肃的关于Lisp程序设计的书都应该如此，无论其学生是谁，在什么地方使用。

请注意，这是一本有关程序设计的教科书，它不像大部分关于Lisp的书，因为那些书多半是为人们在人工智能领域工作做准备。当然，无论如何，在研究工作规模不断增长的过程中，软件工程和人工智能所关心的重要程序设计工作正趋于相互结合。这也解释了为什么在人工智能领域之外的人们对Lisp的兴趣在不断增加。

正如从人工智能的目标可以预见到的，其研究产生出许多重要的程序设计问题。在其他程序设计文化中，源源不断的问题孵化出一种又一种新的语言。确实，在任何非常大的程序设计工作中，一条有用的组织原则就是通过发明新语言去控制和隔离作业模块之间的信息流动。这些语言越来越不基础，逐渐逼近系统的边界，逼近我们人类最经常与之交互的地方。结果是，系统里包含着大量重复的、复杂的语言处理功能。Lisp有着非常简单的语法和语义，程序的语法分析可以看作一种很简单的工作。这样，语法分析技术对于Lisp程序几乎就没有价值，语言处理器的构造不会成为大型Lisp系统发展和变化的阻碍。最后，正是这种语法和语义的极端简单性，给所有Lisp程序员带来了负担和自由。任何规模的Lisp程序，除了那种寥寥几行的程序外，都包含着考虑周到的各种功能。发明并调整，调整恰当后再去发明！让我们举起杯，祝福那些将思想镶嵌在重重括号之间的Lisp程序员。

Alan J. Perlis

康涅狄格州纽黑文市

第2版前言

软件很可能确实与其他任何东西都不同，它的本意就是被抛弃：这一观点就是总将它看作一个肥皂泡吗？

——Alan J. Perlis

自1980年以来，本书的材料就一直在MIT作为计算机科学入门课程的基础。在本书第1版出版之前，我们已经用这一材料教了4年课，而到第2版出版，时间又过去了12年。我们非常高兴地看到这一工作得到广泛认可，并被结合到其他一些教材中。我们已经看到我们的学生掌握了本书中的思想和程序，并将它们构筑到新的计算机系统或者语言的核心里——我们的学生已经变成了我们的创造者。我们非常幸运能有如此有能力的学生和如此有建树的创造者。

在准备这一新版本的过程中，我们采纳了成百条澄清性建议，它们来自我们自己的教学经验，也来自MIT和其他地方的同行们的评述。我们重新设计了本书里大部分主要程序设计系统，包括通用型算术系统、解释器、寄存器机器模拟器和编译器，也重写了所有的程序实例，以保证任何符合IEEE的Scheme标准（IEEE 1990）的Scheme实现都能运行这些代码。

这一版本中强调了几个新问题，其中最重要的是计算模型里对于时间的处理所起的中心作用：带有状态的对象、并发程序设计、函数式程序设计、惰性求值和非确定性程序设计。这里为并发和非确定性新增加了几节，我们也设法将这一论题集成到整本书里，贯穿始终。

本书第1版基本上是按照我们在MIT一学期课程的教学大纲撰写的。第2版中由于有了增加的这些新材料，已经不可能在一个学期里覆盖所有内容了，所以教师需要从中做一些选择。在我们自己的教学里，有时会跳过有关逻辑程序设计的一节（4.4节）；让学生使用寄存器机器模拟器，但不去讨论它的实现（5.2节）；对于编译器则只给出粗略的概述（5.5节）。即便如此，这仍然是一门内容非常多的课程。一些教师可能希望只覆盖前面的三章或者四章，而将其他内容留给后续课程。

第1版前言

> 一台计算机就像是一把小提琴。你可以想象一个新手试了一个音符后丢掉了它。后来他说，听起来真难听。我们已经从大众和我们的大部分计算机科学家那里反复听到这种说法。他们说，计算机程序对个别具体用途而言确实是好东西，但它们太缺乏弹性。一把小提琴或者一台打字机也同样缺乏弹性，那是在你学会了如何去使用它们之前。
>
> ——Marvin Minsky，"为什么说程序设计很容易成为一种媒介，用于表述理解浮浅、草率而就的思想"

本书是麻省理工学院（MIT）计算机科学的入门教材。在MIT主修电子工程或者计算机科学的所有学生都必须学这门课，作为"公共核心课程计划"的四分之一。该计划还包含两个关于电路和线性系统的科目，以及一个关于数字系统设计的科目。我们从1978年开始涉足这些科目的开发，从1980年秋季以后，我们就一直按照现在这种形式教授这门课程，每年600到700个学生。大部分学生此前没有或者很少有计算方面的正式训练，虽然许多人玩过计算机，也有少数人有丰富的程序设计或者硬件设计经验。

我们所设计的这门计算机科学入门课程主要考虑了两个方面。首先，我们希望建立起一种认识：计算机语言并不仅仅是一种让计算机去执行操作的方式，更重要的，它是一种表述有关方法学的思想的新颖的形式化媒介。因此，程序必须写得能够供人们阅读，偶尔地去供计算机执行。其次，我们相信，在这一层次的课程里，最基本的材料并不是特定程序设计语言的语法，不是高效完成某种功能的巧妙算法，也不是算法的数学分析或者计算的本质基础，而是一些能够控制大型软件系统的复杂性的技术。

我们的目标是，完成了这一科目的学生能对程序设计的风格要素有一种很好的审美观。他们应该掌握了控制大型系统的复杂性的主要技术。他们应该能够去读50页长的程序，只要该程序是以一种值得模仿的形式写出来的。他们应该知道在什么时候哪些东西不需要去读，哪些东西不需要去理解。他们应该很有把握地去修改一个程序，同时又能保持原来作者的精神和风格。

这些技能并不仅仅适用于计算机程序设计。我们所教授和提炼出来的这些技术，对于所有的工程设计都是通用的。我们在适当的时候隐藏起一些细节，通过创建抽象去控制复杂性。我们通过建立约定的界面，以一种"混合与匹配"的方式组合起一些标准的、已经很好理解的片段去控制复杂性。我们通过建立一些新的语言去描述各种设计，每种语言强调设计中的一个特定方面并降低其他方面的重要性，以控制复杂性。

设计这门课程的基础是我们的一种信念——"计算机科学"并不是一种科学，而且其重要性也与计算机本身并无太大关系。计算机革命是关于我们如何去思考，以及如何去表达自己的思考的。在这个变化里，最基本的东西就是出现了一种或许最好称为过程性认识论的现象——如何从命令式的观点去研究知识的结构，这一观点与经典数学领域中所采用的更具说明性的观点是完全不同的。数学为精确处理“是什么”提供了一种框架，而计算则为精确处理“怎样做”提供了一种框架。

在教授这里的材料时，我们采用的是Lisp语言的一种方言。我们绝没有形式化地教授这一语言，因为完全不必那样做。我们只是使用它，学生可以在几天之内就学会它。这也是类Lisp语言的重要优点：只有为数不多的几种构造复合表达式的方式，几乎没有语法结构。所有的形式化性质都可以在一个小时里讲完，就像下象棋的规则一样。在很短时间之后，我们就可以不再去管语言的语法细节（因为这里根本就没有），而进入真正的问题——弄清楚我们需要计算什么，怎样将问题分解为一组可以控制的部分，如何对各个部分开展工作。Lisp的另一优势在于，与我们所知的任何其他语言相比，它可以支持（但并不是强制性的）更多以模块化的方式分解程序的大规模策略。我们可以做过程性抽象和数据抽象，可以通过高阶函数抓住公共的使用模式，可以用赋值和数据操作去模拟局部状态，可以利用流和延时求值连接起一个程序里的各个部分，可以很容易地实现嵌入性语言。所有这些都融合在一个交互式的环境里，带有对递增式程序设计、构造、测试和排除错误的绝佳支持功能。我们要感谢一代又一代的Lisp大师，从John McCarthy开始，是他们打造了这样一个优美的、具有空前威力的好工具。

作为我们所用的Lisp方言，Scheme试图将Lisp和Algol的威力和优雅集成到一起。我们从Lisp那里取来了元语言的威力——简单的语法形式、程序与数据对象的统一表示，以及带有废料收集的堆分配数据。我们从Algol那里取来了词法作用域和块结构，这是来自当年参加Algol委员会的程序设计语言先驱者的礼物。这些先驱者包括丘奇（Alonzo Church）、罗塞尔（Barkley Rosser）、克里尼（Stephen Kleene）和库里（Haskell Curry）。我们想特别感谢John Reynolds和 Peter Landin对丘奇的lambda演算与程序设计语言的结构之间关系的真知灼见。我们也感谢那些数学家们，他们在计算机出现之前，就已经在这一领域中探索了许多年。

致谢

感谢许多在这本书和教学计划的开发中帮助过我们的人们。

可以把这门课看作课程"6.231"的后继者。"6.231"是20世纪60年代后期由Jack Wozencraft和Arthur Evans, Jr. 在MIT教授的有关程序设计语言学和lambda演算的一门美妙课程。

我们从Robert Fano那里受益良多。是他组织了MIT电子工程和计算机科学的教学计划，强调工程设计的原理。他带领我们开始了这一事业，并为此写出了第一批问题注记。本书就是从那里演化出来的。

我们试图教授的大部分程序设计风格和艺术都是与Guy Lewis Steele Jr.一起开发的，他与Gerald Jay Sussman在Scheme语言的初始开发阶段合作。此外，David Turner、Peter Henderson、Dan Friedman、David Wise和Will Clinger也教给我们许多函数式程序设计社团所掌握的技术，它们出现在本书的许多地方。

Joel Moses教我们如何考虑大型系统的构造。他在Macsyma符号计算系统上的真知灼见是，应该避免控制中的复杂性，将精力集中到数据的组织上，以反映所模拟世界的真实结构。

这里有关程序设计及其在我们的智力活动中的位置的许多认识是Marvin Minsky和Seymour Papert提出的。从他们那里我们理解了计算是一种探索各种思想的表达方式的手段，如果不这样做，这些思想将会因为太复杂而无法精确地处理。他们进一步强调，学生编写和修改程序的能力是一种威力强大的工具，将使这种探索变成一种自然的活动。

我们也完全同意Alan Perlis的看法，即程序设计有着许多乐趣，我们应该认真地支持程序设计的趣味性。这种趣味性部分来源于观察大师们的工作。我们曾经在Bill Gosper和Richard Greenblatt手下学习程序设计，为此我们感到非常幸运。

很难列出所有对教学计划的开发做出过贡献的人们。我们衷心感谢在过去15年里与我们一起工作过，并在此科目上付出时间和心血的所有教师、答疑老师和辅导员，特别是Bill Siebert、Albert Meyer、Joe Stoy、Randy Davis、Louis Braida、Eric Grimson、Rod Brooks、Lynn Stein和Peter Szolovits。我们想特别向Franklyn Turbak（现在在Wellesley）对教学的特殊贡献表示谢意，他在本科生指导方面的工作为我们的努力设定了一个标准。我们还要感谢Jerry Saltzer和Jim Miller帮助我们克服并发性的难点，以及Peter Szolovits和David McAllester对第4章中非确定性求值讨论的贡献。

许多人在他们自己的大学里讲授本书时付出了极大努力，其中与我们密切合作的有以色列理工学院的Jacob Katzenelson、加州大学欧文分校的Hardy Mayer、牛津大学的Joe Stoy、普度大学的Elisha Sacks以及挪威科技大学的Jan Komorowski。我们特别为那些在其他大学改进这一课程，并由此获得重要教学奖的同行们感到骄傲，包括耶鲁大学的Kenneth Yip、加州大学伯克利分校的Brian Harvey和康奈尔大学的Dan Huttenlocher。

Al Moyé安排我们到惠普公司为工程师教授这一课程，并为这些课程制作了录像带。我们感谢那些有才干的教师，特别是Jim Miller、Bill Siebert和Mike Eisenberg，他们设计了结合这些录像带的继续教育课程，并在全世界的许多大学和企业讲授。

其他国家的许多教育工作者也在翻译本书的第1版方面做了许多工作。Michel Briand、Pierre Chamard和André Pic做了法文版，Susanne Daniels-Herold做了德文版，Fumio Motoyoshi做了日文版。

要列举出所有为我们用于教学的Scheme系统做出过贡献的人是非常困难的。除了Guy Steele之外，主要的专家还包括Chris Hanson、Joe Bowbeer、Jim Miller、Guillermo Rozas和Stephen Adams。在这项工作中付出许多精力的还有Richard Stallman、Alan Bawden、Kent Pitman、Jon Taft、Neil Mayle、John Lamping、Gwyn Osnos、Tracy Larrabee、George Carrette、Soma Chaudhuri、Bill Chiarchiaro、Steven Kirsch、Leigh Klotz、Wayne Noss、Todd Cass、Patrick O'Donnell、Kevin Theobald、Daniel Weise、Kenneth Sinclair、Anthony Courtemanche、Henry M. Wu、Andrew Berlin和Ruth Shyu。

我们还要感谢那些为IEEE Scheme标准工作的人们，包括：William Clinger和Jonathan Rees，他们编写了R^{4}RS；Chris Haynes、David Bartley、Chris Hanson和Jim Miller，他们撰写了IEEE标准。

Dan Friedman多年以来一直是Scheme社团的领袖。这一社团的工作范围已经从语言设计问题扩展到重要的教育创新问题，例如基于Schemer's Inc. 的EdScheme的高中教学计划，由Mike Eisenberg以及由Brian Harvey和Matthew Wright撰写的绝妙著作。

我们还要感谢那些为本教材的成书做出贡献的人们，特别是MIT出版社的Terry Ehling、Larry Cohen和Paul Bethge。Ella Mazel为本书找到了最美妙的封面图片。对于第2版，我们要特别感谢Bernard和Ella Mazel对本书设计的帮助，以及David Jones作为TEX专家的非凡能力。我们还要感谢对于新版提出深刻意见的审阅者——Jacob Katzenelson、Hardy Mayer、Jim Miller，特别是Brian Harvey，他对于本书所做的就像Julie对于Harvey的著作《Simply Scheme》所做的那样。

最后我们还想对资助组织表示感谢，它们多年来一直支持这项工作，包括惠普公司（由Ira Goldstein和Joel Birnbaum促成）和DARPA（得到了Bob Kahn的帮助）。

目　录

序

第2版前言

第1版前言

致谢

第1章　构造过程抽象 ……1

1.1　程序设计的基本元素 ……3

1.1.1　表达式 ……3

1.1.2　命名和环境 ……5

1.1.3　组合式的求值 ……6

1.1.4　复合过程 ……7

1.1.5　过程应用的代换模型 ……9

1.1.6　条件表达式和谓词 ……11

1.1.7　实例：采用牛顿法求平方根 ……14

1.1.8　过程作为黑箱抽象 ……17

1.2　过程及其产生的计算 ……20

1.2.1　线性的递归和迭代 ……21

1.2.2　树形递归 ……24

1.2.3　增长的阶 ……28

1.2.4　求幂 ……29

1.2.5　最大公约数 ……32

1.2.6　实例：素数检测 ……33

1.3　用高阶函数做抽象 ……37

1.3.1　过程作为参数 ……37

1.3.2　用lambda构造过程 ……41

1.3.3　过程作为一般性的方法 ……44

1.3.4　过程作为返回值 ……48

第2章　构造数据抽象 ……53

2.1　数据抽象导引 ……55

2.1.1　实例：有理数的算术运算 ……55

2.1.2　抽象屏障 ……58

2.1.3　数据意味着什么 ……60

2.1.4　扩展练习：区间算术 ……62

2.2　层次性数据和闭包性质 ……65

2.2.1　序列的表示 ……66

2.2.2　层次性结构 ……72

2.2.3　序列作为一种约定的界面 ……76

2.2.4　实例：一个图形语言 ……86

2.3　符号数据 ……96

2.3.1　引号 ……96

2.3.2　实例：符号求导 ……99

2.3.3　实例：集合的表示 ……103

2.3.4　实例：Huffman编码树 ……109

2.4　抽象数据的多重表示 ……115

2.4.1　复数的表示 ……116

2.4.2　带标志数据 ……119

2.4.3　数据导向的程序设计和可加性 ……122

2.5　带有通用型操作的系统 ……128

2.5.1　通用型算术运算 ……129

2.5.2　不同类型数据的组合 ……132

2.5.3　实例：符号代数 ……138

第3章　模块化、对象和状态 ……149

3.1　赋值和局部状态 ……149

3.1.1　局部状态变量 ……150

3.1.2　引进赋值带来的利益 ……154

3.1.3　引进赋值的代价 ……157

3.2　求值的环境模型 ……162

3.2.1　求值规则 ……163

3.2.2　简单过程的应用 ……165

3.2.3　将框架看作局部状态的展台 ……167

3.2.4　内部定义 ……171

3.3　用变动数据做模拟 ……173

3.3.1　变动的表结构 ……173

3.3.2　队列的表示 ……180

3.3.3　表格的表示 ……183

3.3.4　数字电路的模拟器 ……188

3.3.5　约束的传播 ……198

3.4　并发：时间是一个本质问题 ……206

3.4.1 并发系统中时间的性质 ……207
3.4.2 控制并发的机制……210
3.5 流 ……220
3.5.1 流作为延时的表……220
3.5.2 无穷流 ……226
3.5.3 流计算模式的使用……232
3.5.4 流和延时求值 ……241
3.5.5 函数式程序的模块化和对象的模块化 ……245
第4章 元语言抽象 ……249
4.1 元循环求值器……251
4.1.1 求值器的内核 ……252
4.1.2 表达式的表示 ……255
4.1.3 求值器数据结构……260
4.1.4 作为程序运行求值器……264
4.1.5 将数据作为程序……266
4.1.6 内部定义 ……269
4.1.7 将语法分析与执行分离 ……273
4.2 Scheme的变形——惰性求值 ……276
4.2.1 正则序和应用序……277
4.2.2 一个采用惰性求值的解释器 ……278
4.2.3 将流作为惰性的表……284
4.3 Scheme的变形——非确定性计算……286
4.3.1 amb和搜索……287
4.3.2 非确定性程序的实例……290
4.3.3 实现amb求值器……296
4.4 逻辑程序设计……304
4.4.1 演绎信息检索 ……306
4.4.2 查询系统如何工作……315
4.4.3 逻辑程序设计是数理逻辑吗 ……321
4.4.4 查询系统的实现……324
第5章 寄存器机器里的计算 ……343
5.1 寄存器机器的设计 ……344
5.1.1 一种描述寄存器机器的语言 ……346
5.1.2 机器设计的抽象……348
5.1.3 子程序 ……351
5.1.4 采用堆栈实现递归……354
5.1.5 指令总结 ……358
5.2 一个寄存器机器模拟器 ……359
5.2.1 机器模型 ……360
5.2.2 汇编程序 ……364
5.2.3 为指令生成执行过程……366
5.2.4 监视机器执行 ……372
5.3 存储分配和废料收集 ……374
5.3.1 将存储看作向量……374
5.3.2 维持一种无穷存储的假象 ……378
5.4 显式控制的求值器……383
5.4.1 显式控制求值器的内核……384
5.4.2 序列的求值和尾递归……388
5.4.3 条件、赋值和定义 ……391
5.4.4 求值器的运行 ……393
5.5 编译 ……397
5.5.1 编译器的结构 ……399
5.5.2 表达式的编译 ……402
5.5.3 组合式的编译 ……407
5.5.4 指令序列的组合……412
5.5.5 编译代码的实例……415
5.5.6 词法地址 ……422
5.5.7 编译代码与求值器的互连 ……425
参考文献 ……431
练习表 ……437
索引 ……439

第1章 构造过程抽象

心智的活动，除了尽力产生各种简单的认识之外，主要表现在如下三个方面：1）将若干简单认识组合为一个复合认识，由此产生出各种复杂的认识。2）将两个认识放在一起对照，不管它们如何简单或者复杂，在这样做时并不将它们合而为一。由此得到有关它们的相互关系的认识。3）将有关认识与那些在实际中和它们同在的所有其他认识隔离开，这就是抽象，所有具有普遍性的认识都是这样得到的。

John Locke, *An Essay Concerning Human Vnderstanding*

（有关人类理解的随笔，1690）

我们准备学习的是有关计算过程的知识。计算过程是存在于计算机里的一类抽象事物，在其演化进程中，这些过程会去操作一些被称为数据的抽象事物。人们创建出一些称为程序的规则模式，以指导这类过程的进行。从作用上看，就像是我们在通过自己的写作魔力去控制计算机里的精灵似的。

一个计算过程确实很像一种神灵的巫术，它看不见也摸不到，根本就不是由物质组成的。然而它却又是非常真实的，可以完成某些智力性的工作。它可以回答提问，可以通过在银行里支付现金或者在工厂里操纵机器人等等方式影响这个世界。我们用于指挥这种过程的程序就像是巫师的咒语，它们是用一些诡秘而深奥的程序设计语言，通过符号表达式的形式精心编排而成，它们描述了我们希望相应的计算过程去完成的工作。

在正常工作的计算机里，一个计算过程将精密而准确地执行相应的程序。这样，初学程序设计的人们就像巫师的徒弟们那样，必须学习如何去理解和预期他们所发出的咒语的效果。程序里即使有一点小错误（常常被称为程序错误（bug）或者故障（glitch）），也可能产生复杂而无法预料的后果。

幸运的是，学习程序的危险性远远小于学习巫术，因为我们要去控制的神灵以一种很安全的方式被约束着。而真实的程序设计则需要极度细心，需要经验和智慧。例如，在一个计算机辅助设计系统里的一点小毛病，就可能导致一架飞机或者一座水坝的灾难性损毁，或者一个工业机器人的自我破坏。

软件工程大师们能组织好自己的程序，使自己能合理地确信这些程序所产生的计算过程将能完成预期的工作。他们可以事先看到自己系统的行为方式，知道如何去构造这些程序，使其中出现的意外问题不会导致灾难性的后果。而且，在发生了这种问题时，他们也能排除程序中的错误。设计良好的计算系统就像设计良好的汽车或者核反应堆一样，具有某种模块化的设计，其中的各个部分都可以独立地构造、替换、排除错误。

用Lisp编程

为了描述这类计算过程，我们需要有一种适用的语言。我们将为此使用程序设计语言Lisp。正如人们每天用自然语言（如英语、法语或日语等）表述自己的想法，用数学形式的记法描述定量的现象一样，我们将要用Lisp表述过程性的思想。Lisp是20世纪50年代后期发明的一种记法形式，是为了能对某种特定形式的逻辑表达式（称为*递归方程*）的使用做推理。递归方程可以作为计算的模型。这一语言是由John McCarthy设计的，基于他的论文“Recursive Functions of Symbolic Expressions and Their Computation by Machine”（符号表达式的递归函数及其机械计算，McCarthy 1960）。

虽然在开始时，McCarthy是想以Lisp作为一种数学记述形式，但它确实是一种实用的程序设计语言。一个Lisp*解释器*就像是一台机器，它能实现用Lisp语言描述的计算过程。第一个Lisp解释器是McCarthy在MIT电子研究实验室的人工智能组和MIT计算中心里他的同事和学生的帮助下实现的[1]。Lisp的名字来自表处理（LISt Processing），其设计是为了提供符号计算的能力，以便能用于解决一些程序设计问题，例如代数表达式的符号微分和积分。它包含了适用于这类目的的一些新数据对象，称为原子和表，这是它与那一时代的所有其他语言之间最明显的不同之处。

Lisp并不是一个刻意的设计努力的结果，它以一种试验性的非正式的方式不断演化，以满足用户的需要和实际实现的各种考虑。Lisp的这种非官方演化持续了许多年，Lisp用户社团具有抵制制定这一语言的“官方”定义企图的传统。这种演化方式以及语言初始概念的灵活和优美，使得Lisp成为今天还在广泛使用的历史第二悠久的语言（只有Fortran比它更老）。这一语言还在不断调整，以便去包容有关程序设计的最新思想。正因为这样，今天的Lisp已经形成了一族方言，它们共享着初始语言的大部分特征，也可能有这样或那样的重要差异。用于本书的Lisp方言名为Scheme[2]。

由于Lisp的试验性质以及强调符号操作的特点，开始时的这个语言对于数值计算而言是很低效的，至少与Fortran比较时是这样。经过这么多年的发展，人们已经开发出了Lisp编译器，它们可以将程序翻译为机器代码，这样的代码能相当高效地完成各种数值计算。Lisp已经可以非常有效地用于一些特殊的应用领域[3]。虽然Lisp还没有完全战胜有关它特别低效的诋毁，但它现在已被用于许多性能并不是最重要考虑因素的应用领域。例如，Lisp已经成为操作系统外壳语言的一种选择，作为编辑器和计算机辅助设计系统的扩充语言等等。

既然Lisp并不是一种主流语言，我们为什么要用它作为讨论程序设计的基础呢？这是因为，这一语言具有许多独有的特征，这些特征使它成为研究重要程序的设计、构造，以及各种数据结构，并将其关联于支持它们的语言特征的一种极佳媒介。这些特征之中最重要的就

---

[1] *Lisp 1 Programmer's Manual*在1960年发表，*Lisp 1.5 Programmer's Manual*（McCarthy 1965）在1962年发表。有关Lisp的早期历史见McCarthy 1978。

[2] 在20世纪70年代，最主要的两个Lisp方言是MIT的MAC项目中开发的MacLisp（Moon 1978; Pitman 1983），以及在Bolt Beranek and Newman Inc. 和Xerox Palo Alto Research Center开发的Interlisp（Teitelman 1974），那时主要的Lisp程序都是用它们写的。Portable Standard Lisp（Hearn 1969; Griss 1981）是另一种Lisp方言，其设计就是为能更容易地移植到不同的计算机上。MacLisp又发展出一些子方言，例如加州大学伯克利分校开发的Franz Lisp，还有ZetaLisp（Moon 1981），它基于MIT人工智能实验室设计的一种专用处理器，这一处理器可以非常高效地运行Lisp。本书所用的Lisp方言称为Scheme（Steele 1975），是1975年由MIT人工智能实验室的Guy Lewis Steele Jr. 和Gerald Jay Sussman设计的，后来在MIT为了教学使用而重新实现。在1990年Scheme变成了IEEE标准（IEEE 1990）。Common Lisp方言（Steele 1982, Steele 1990）是由Lisp社团综合了早前各种Lisp方言的特征而开发出来的，希望能做成Lisp的工业标准。Common Lisp在1994年成为ANSI标准（ANSI 1994）。

[3] 这方面有一个应用是科学计算的重要突破——有关太阳系统运动的整合，它将以前的结果提高了两个数量级，并显示出太阳系统动力学的混沌性。完成这一计算依靠了一种新的整合算法、一个特殊的编译器以及一台专用计算机，所有这些都是在用Lisp写的软件工具的帮助下实现的（Abelson et al. 1992; Sussman和Wisdom 1992）。

是：计算过程的Lisp描述（称为过程）本身又可以作为Lisp的数据来表示和操作。这一事实的重要性在于，现存的许多威力强大的程序设计技术，都依赖于填平在“被动的”数据和“主动的”过程之间的传统划分。正如我们将要看到的，Lisp可以将过程作为数据进行处理的灵活性，使它成为探索这些技术的最方便的现存语言之一。能将过程表示为数据的能力，也使Lisp成为编写那些必须将其他程序当作数据去操作的程序的最佳语言，例如支持计算机语言的解释器和编译器。除了这些考虑之外，用Lisp编程本身也是极其有趣的。

1.1 程序设计的基本元素

一个强有力的程序设计语言，不仅是一种指挥计算机执行任务的方式，它还应该成为一种框架，使我们能够在其中组织自己有关计算过程的思想。这样，当我们描述一个语言时，就需要将注意力特别放在这一语言所提供的，能够将简单的认识组合起来形成更复杂认识的方法方面。每一种强有力的语言都为此提供了三种机制：

- **基本表达形式**，用于表示语言所关心的最简单的个体。
- **组合的方法**，通过它们可以从较简单的东西出发构造出复合的元素。
- **抽象的方法**，通过它们可以为复合对象命名，并将它们当作单元去操作。

在程序设计中，我们需要处理两类要素：过程和数据（以后读者将会发现，它们实际上并不是这样严格分离的）。非形式地说，数据是一种我们希望去操作的“东西”，而过程就是有关操作这些数据的规则的描述。这样，任何强有力的程序设计语言都必须能表述基本的数据和基本的过程，还需要提供对过程和数据进行组合和抽象的方法。

本章只处理简单的数值数据，这就使我们可以把注意力集中到过程构造的规则方面[4]。在随后几章里我们将会看到，用于构造过程的这些规则同样也可以用于操作各种数据。

1.1.1 表达式

开始做程序设计，最简单方式就是去观看一些与Lisp方言Scheme解释器交互的典型实例。设想你坐在一台计算机的终端前，用键盘输入了一个*表达式*，解释器的响应就是将它对这一表达式的*求值*结果显示出来。

你可以键入的一种基本表达式就是数（更准确地说，你键入的是由数字组成的表达式，它表示的是以10作为基数的数）。如果你给Lisp一个数

```
486
```

解释器的响应是打印出[5]

---

[4] 将数值作为“简单数据”看待实际上完全是一种虚张声势。事实上，对于数值的处理是任何程序设计语言里最错综复杂而且也最迷惑人的事项之一，其中涉及的典型问题包括：某些计算机系统区分了*整数*（例如2）和*实数*（例如2.71）。那么实数2.00和整数2不同吗？用于整数的算术运算是否与用于实数的运算相同呢？用6除以2的结果是3还是3.0？我们可以表示的最大的数是多少？最多能表示的精度包含了多少个十进制位？整数的表示范围与实数一样吗？显然，上述这些问题以及许多其他问题，都会带来有关舍入和截断误差的一系列问题——这就是数值分析的整个科学领域。因为我们在本书中主要关心的是大规模程序的设计，而不是数值技术，因此将忽略对这些问题的讨论。本章中有关数值的实例将没有常规的舍入动作，而如果对非整数使用具有有限的十进制位数精度的算术运算，就会看到这方面的情况。

[5] 在这本书里的任何地方，当我们希望强调用户键入的输入和解释器的响应之间的差异时，就用斜体的形式显示后者。

```
486
```

可以用表示基本过程的表达形式（例如+或者 *），将表示数的表达式组合起来，形成复合表达式，以表示求要把有关过程应用于这些数。例如：

```
(+ 137 349)
486

(- 1000 334)
666

(* 5 99)
495

(/ 10 5)
2

(+ 2.7 10)
12.7
```

像上面这样的表达式称为*组合式*，其构成方式就是用一对括号括起一些表达式，形成一个表，用于表示一个过程应用。在表里最左的元素称为*运算符*，其他元素都称为*运算对象*。要得到这种组合式的值，采用的方式就是将由运算符所刻画的过程应用于有关的*实际参数*，而所谓实际参数也就是那些运算对象的值。

将运算符放在所有运算对象左边，这种形式称为*前缀表示*。刚开始看到这种表示时会感到有些不习惯，因为它与常规数学表示差别很大。然而前缀表示也有一些优点，其中之一就是它完全适用于可能带有任意个实参的过程，例如在下面实例中的情况：

```
(+ 21 35 12 7)
75

(* 25 4 12)
1200
```

在这里不会出现歧义，因为运算符总是最左边的元素，而整个表达式的范围也由括号界定。

前缀表示的第二个优点是它可以直接扩充，允许出现组合式*嵌套*的情况，也就是说，允许组合式的元素本身又是组合式：

```
(+ (* 3 5) (- 10 6))
19
```

原则上讲，对于这种嵌套的深度，以及Lisp解释器可以求值的表达式的整体复杂性，都没有任何限制。倒是我们自己有可能被一些并不很复杂的表达式搞糊涂，例如：

```
(+ (* 3 (+ (* 2 4) (+ 3 5))) (+ (- 10 7) 6))
```

对于这个表达式，解释器可以马上求值出57。将上述表达式写成下面的形式有助于阅读：

```
(+ (* 3
      (+ (* 2 4)
         (+ 3 5)))
   (+ (- 10 7)
      6))
```

这就是遵循一种称为*美观打印*的格式规则。按照这种规则，在写一个很长的组合式时，我们令其中的各个运算对象垂直对齐。这样缩格排列的结果能很好地显示出表达式的结构[6]。

即使对于非常复杂的表达式，解释器也总是按同样的基本循环运作：从终端读入一个表达式，对这个表达式求值，而后打印出得到的结果。这种运作模式常常被人们说成是解释器运行在一个*读入－求值－打印循环*之中。请特别注意，在这里完全没有必要显式地去要求解释器打印表达式的值[7]。

1.1.2 命名和环境

程序设计语言中一个必不可少的方面，就是它需要提供一种通过名字去使用计算对象的方式。我们将名字标识符称为*变量*，它的值也就是它所对应的那个对象。

在Lisp方言Scheme里，给事物命名通过define（定义）的方式完成，输入：

```
(define size 2)
```

会导致解释器将值2与名字size相关联[8]。一旦名字size与2关联之后，我们就可以通过这个名字去引用值2了：

```
size
2
(* 5 size)
10
```

下面是另外几个使用define的例子：

```
(define pi 3.14159)
(define radius 10)
(* pi (* radius radius))
314.159
(define circumference (* 2 pi radius))
circumference
62.8318
```

define是我们所用的语言里最简单的抽象方法，它允许我们用一个简单的名字去引用一个组合运算的结果，例如上面算出的circumference。一般而言，计算得到的对象完全可以具有非常复杂的结构，如果每次需要使用它们时，都必须记住并重复地写出它们的细节，那将是极端不方便的事情。实际上，构造一个复杂的程序，也就是为了去一步步地创建出越来越复杂的计算性对象。解释器使这种逐步的程序构造过程变得非常方便，因为我们可以通过一系列交互式动作，逐步创建起所需要的名字－对象关联。这种特征鼓励人们采用递增的方式去开发和调试程序。在很大程度上，这一情况也出于另一个事实，那就是，一个Lisp程序通常总是由一大批相对简单的过程组成的。

---

[6] Lisp系统通常都为用户提供了一些对表达式进行格式化的特征。其中包含两个最有用的特征，其一是在开始一个新行时，自动缩格到美观打印形式的准确位置，另一特征是在输入右括号时自动加亮显示与之对应的左括号。

[7] Lisp遵循一种约定，规定每个表达式都有一个值。这一约定和有关Lisp是一个低效语言的陈旧说法一起，形成了Alan Perlis的妙语（由Oscar Wilde释义）："Lisp程序员知道所有东西的值（value，价值），但却不知道任何东西的代价（cost）。"

[8] 本书中将不给出解释器在对定义求值时的响应，因为这依赖于具体实现。

应该看到，我们可以将值与符号关联，而后又能提取出这些值，这意味着解释器必须维护某种存储能力，以便保持有关的名字-值对偶的轨迹。这种存储被称为*环境*（更精确地说，是*全局环境*，因为我们以后将看到，在一个计算过程中完全可能涉及若干不同环境）[9]。

1.1.3 组合式的求值

本章的一个目标，就是要把与过程性思维有关的各种问题隔离出来。现在让我们考虑组合式的求值问题。解释器本身就是按照下面过程工作的。

• 要求值一个组合式，做下面的事情：

1) 求值该组合式的各个子表达式。

2) 将作为最左子表达式（运算符）的值的那个过程应用于相应的实际参数，所谓实际参数也就是其他子表达式（运算对象）的值。

即使是一条这样简单的规则，也显示出计算过程里的一些具有普遍性的重要问题。首先，由上面的第一步可以看到，为了实现对一个组合式的求值过程，我们必须先对组合式里的每个元素执行同样的求值过程。因此，在性质上，这一求值过程是*递归*的，也就是说，它在自己的工作步骤中，包含着调用这个规则本身的需要[10]。

在这里应该特别注意，采用递归的思想可以多么简洁地描述深度嵌套的情况。如果不用递归，我们就需要把这种情况看成相当复杂的计算过程。例如，对下列表达式求值：

```
(* (+ 2 (* 4 6))
   (+ 3 5 7))
```

需要将求值规则应用于4个不同的组合式。如图1-1中所示，我们可以采用一棵树的形式，用图形表示这一组合式的求值过程，其中的每个组合式用一个带分支的结点表示，由它发出的分支对应于组合式里的运算符和各个运算对象。终端结点（即那些不再发出分支的结点）表示的是运算符或者数值。以树的观点看这种求值过程，可以设想那些运算对象的值向上穿行，从终端结点开始，而后在越来越高的层次中组合起来。一般而言，我们应该把递归看作一种处理层次性结构的（像树这样的对象）极强有力的技术。事实上，“值向上穿行”形式的求值形式是一类更一般的计算过程的一个例子，这种计算过程称为*树形积累*。

进一步的观察告诉我们，反复地应用第一个步骤，总可以把我们带到求值中的某一点，在这里遇到的不是组合式而是基本表达式，例如数、内部运算符或者其他名字。处理这些基础情况的方式如下规定：

• 数的值就是它们所表示的数值。

• 内部运算符的值就是能完成相应操作的机器指令序列。

• 其他名字的值就是在环境中关联于这一名字的那个对象。

我们可以将第二种规定看作是第三种规定的特殊情况，为此只需将像 + 和 * 一类的运算符也包含在全局环境里，并将相应的指令序列作为与之关联的“值”。对于初学者，应该指出的关键一点是，环境所扮演的角色就是用于确定表达式中各个符号的意义。在如Lisp这样的交互

[9] 第3章将说明，无论对于理解解释器的工作，还是实现解释器而言，环境的概念都是至关重要的。

[10] 这一求值规则说，在它的第一步要对组合式的最左元素求值，这一说法看起来好像有点奇怪，因为在这里出现的只是 + 和 * 一类的运算符，它们表示的是内部基本过程，例如求和和求乘积。后面将看到这一规则是有用的，因为我们还需要处理那些运算符部分也是组合表达式的情况。

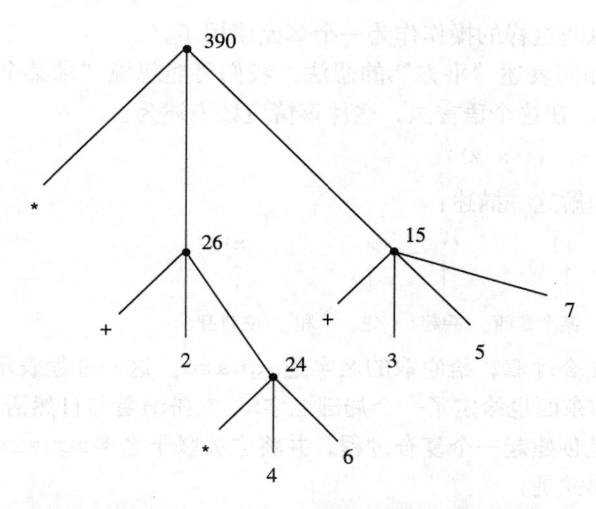

图1-1 树形表示方法，其中显示了每个子表达式的值

式语言里，如果没有关于有关环境的任何信息，那么说例如表达式（`+ x 1`）的值是毫无意义的，因为需要有环境为符号`x`提供意义（甚至需要它为符号+提供意义）。正如我们将要在第3章看到的，环境是具有普遍性的概念，它为求值过程的进行提供了一种上下文，对于我们理解程序的执行起着极其重要的作用。

请注意，上面给出的求值规则里并没有处理定义。例如，对（`define x 3`）的求值并不是将`define`应用于它的两个实际参数：其中的一个是符号`x`的值，另一个是3。这是因为`define`的作用就是为`x`关联一个值（也就是说，（`define x 3`）并不是一个组合式）。

一般性求值规则的这种例外称为*特殊形式*，`define`是至今我们已经看到的唯一的一种特殊形式，下面还将看到另外一些特殊形式。每个特殊形式都有其自身的求值规则，各种不同种类的表达式（每种有着与之相关联的求值规则）组成了程序设计语言的语法形式。与大部分其他程序设计语言相比，Lisp的语法非常简单。也就是说，对各种表达式的求值规则可以描述为一个简单的通用规则和一组针对不多的特殊形式的专门规则[11]。

1.1.4 复合过程

我们已经看到了Lisp里的某些元素，它们必然也会出现在任何一种强有力的程序设计语言里。这些东西包括：

- 数和算术运算是基本的数据和过程。
- 组合式的嵌套提供了一种组织起多个操作的方法。
- 定义是一种受限的抽象手段，它为名字关联相应的值。

现在我们来学习*过程定义*，这是一种威力更加强大的抽象技术，通过它可以为复合操作

[11] 这里的特殊语法形式，只不过是为那些完全可以采用统一形式描述的东西给出的另一种表面结构，通常被称为*语法的糖衣*，这个术语源自Peter Landin。与其他语言相比，Lisp程序员更少关心语法的问题（与此相对应，查看一下Pascal的手册，就可以看到它将多少篇幅用于描述语法）。Lisp对语法的藐视情况，部分地归因于它的灵活性，因此使它很容易改变表面的语法形式。此外还源自对许多“方便的”语法结构的看法，认为那样做产生出的语言更少统一性，在程序变得更大更复杂时，最终带来的麻烦比它们的价值更大。按照Alan Perlis的说法，“语法的糖衣会导致分号的癌症”。

提供名字，而后就可以将这样的操作作为一个单元使用了。

现在我们要考察如何表述“平方”的想法。我们可能想说“求某个东西的平方，就是用它自身去乘以它自身”。在这个语言里，这件事情应该表述为：

```
(define (square x) (* x x))
```

可以按如下方式理解这一描述：

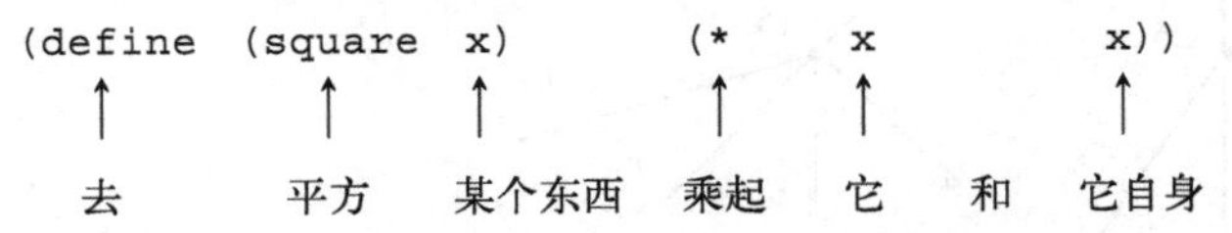

这样我们就有了一个复合过程，给它取的名字是square。这一过程表示的是将一个东西乘以它自身的操作。被乘的东西也给定了一个局部名字x，它扮演着与自然语言里代词同样的角色。求值这一定义的结果是创建起一个复合过程，并将它关联于名字square[12]。

过程定义的一般形式是：

```
(define (<name> <formal parameters>) <body>)
```

其中*<name>*是一个符号，过程定义将在环境中关联于这个符号[13]。*<formal parameters>*（形式参数）是一些名字，它们用在过程体中，用于表示过程应用时与它们对应的各个实际参数。*<body>*是一个表达式，在应用这一过程时，这一表达式中的形式参数将用与之对应的实际参数取代，对这样取代后的表达式的求值，产生出这个过程应用的值[14]。*<name>*和*<formal parameters>*被放在一对括号里，成为一组，就像实际调用被定义过程时的写法。

定义好square之后，我们就可以使用它了：

```
(square 21)
441

(square (+ 2 5))
49

(square (square 3))
81
```

我们还可以用square作为基本构件去定义其他过程。例如，x^2+y^2可以表述为：

```
(+ (square x) (square y))
```

现在我们很容易定义一个过程sum-of-squares，给它两个数作为实际参数，让它产生这两个数的平方和：

```
(define (sum-of-squares x y)
  (+ (square x) (square y)))

(sum-of-squares 3 4)
25
```

---

[12] 可以看到，这里实际上组合了两个不同操作：建立了一个过程，并为它给定了名字square。完全可能将这两个概念分离开，能够那样做也是非常重要的。我们可以创建一个过程但并不予以命名，也可以给以前创建好的过程命名。在1.3.2节里将会做这些事情。

[13] 在本书里描述表达式的语法形式时，用尖括号括起的斜体符号（例如*<name>*）表示表达式中的一些“空位置”。在实际采用这种表达式时就需要填充它们。

[14] 更一般的情况是，过程体可以是一系列的表达式。此时解释器将顺序求值这个序列中的各个表达式，并将最后一个表达式的值作为整个过程应用的值并返回它。

现在我们又可以用sum-of-squares作为构件，进一步去构造其他过程：

```
(define (f a)
  (sum-of-squares (+ a 1) (* a 2)))
(f 5)
136
```

复合过程的使用方式与基本过程完全一样。实际上，如果人们只看上面sum-of-squares的定义，根本就无法分辨出square究竟是（像+和 * 那样）直接做在解释器里呢，还是被定义为一个复合过程。

1.1.5 过程应用的代换模型

为了求值一个组合式（其运算符是一个复合过程的名字），解释器的工作方式将完全按照1.1.3节中所描述的那样，采用与以运算符名为基本过程的组合式一样的计算过程。也就是说，解释器将对组合式的各个元素求值，而后将得到的那个过程（也就是该组合式里运算符的值）应用于那些实际参数（即组合式里那些运算对象的值）。

我们可以假定，把基本运算符应用于实参的机制已经在解释器里做好了。对于复合过程，过程应用的计算过程是：

- 将复合过程应用于实际参数，就是在将过程体中的每个形参用相应的实参取代之后，对这一过程体求值。

为了说明这种计算过程，让我们看看下面组合式的求值：

```
(f 5)
```

其中的f是1.1.4节定义的那个过程。我们首先提取出f的体：

```
(sum-of-squares (+ a 1) (* a 2))
```

而后用实际参数5代换其中的形式参数：

```
(sum-of-squares (+ 5 1) (* 5 2))
```

这样，问题就被归约为对另一个组合式的求值，其中有两个运算对象，有关的运算符是sum-of-squares。求值这一组合式牵涉三个子问题：我们必须对其中的运算符求值，以便得到应该去应用的那个过程；还需要求值两个运算对象，以得到过程的实际参数。这里的（+ 5 1）产生出6，（* 5 2）产生出10，因此我们就需要将sum-of-squares过程用于6和10。用这两个值代换sum-of-squares体中的形式参数x和y，表达式被归约为：

```
(+ (square 6) (square 10))
```

使用square的定义又可以将它归约为：

```
(+ (* 6 6) (* 10 10))
```

通过乘法又能将它进一步归约为：

```
(+ 36 100)
```

最后得到：

```
136
```

上面描述的这种计算过程称为过程应用的代换模型，在考虑本章至今所定义的过程时，我们可以将它看作确定过程应用的“意义”的一种模型。但这里还需要强调两点：

- 代换的作用只是为了帮助我们领会过程调用中的情况，而不是对解释器实际工作方式的具体描述。通常的解释器都不采用直接操作过程的正文，用值去代换形式参数的方式去完成对过程调用的求值。在实际中，它们一般采用提供形式参数的局部环境的方式，产生“代换”的效果。我们将在第3章和第4章考察一个解释器的细节实现，在那里更完整地讨论这一问题。
- 随着本书讨论的进展，我们将给出有关解释器如何工作的一系列模型，一个比一个更精细，并最终在第5章给出一个完整的解释器和一个编译器。这里的代换模型只是这些模型中的第一个——作为形式化地考虑这种求值过程的起点。一般来说，在模拟科学研究或者工程中的现象时，我们总是从最简单的不完全的模型开始。随着更细致地检查所考虑的问题，这些简单模型也会变得越来越不合适，从而必须用进一步精化的模型取代。代换模型也不例外。特别地，在第3章中，我们将要讨论将过程用于“变化的数据”的问题，那时就会看到替换模型完全不行了，必须用更复杂的过程应用模型来代替它[15]。

应用序和正则序

按照1.1.3节给出的有关求值的描述，解释器首先对运算符和各个运算对象求值，而后将得到的过程应用于得到的实际参数。然而，这并不是执行求值的唯一可能方式。另一种求值模型是先不求出运算对象的值，直到实际需要它们的值时再去做。采用这种求值方式，我们就应该首先用运算对象表达式去代换形式参数，直至得到一个只包含基本运算符的表达式，然后再去执行求值。如果我们采用这一方式，对下面表达式的求值：

```
(f 5)
```

将按照下面的序列逐步展开：

```
(sum-of-squares (+ 5 1) (* 5 2))

(+    (square (+ 5 1))       (square (* 5 2))  )

(+    (* (+ 5 1) (+ 5 1))    (* (* 5 2) (* 5 2)))
```

而后是下面归约：

```
(+          (* 6 6)             (* 10 10))

(+            36                  100)

                    136
```

这给出了与前面求值模型同样的结果，但其中的计算过程却是不一样的。特别地，在对下面表达式的归约中，对于（+5 1）和（* 5 2）的求值各做了两次：

```
(* x x)
```

其中的x分别被代换为（+5 1）和（* 5 2）。

这种“完全展开而后归约”的求值模型称为*正则序求值*，与之对应的是现在解释器里实际使用的“先求值参数而后应用”的方式，它称为*应用序求值*。可以证明，对那些可以通过

[15] 虽然代换模型看起来似乎非常简单，但令人吃惊的是，给出代换过程的严格数学定义却异常复杂。问题在于，用作过程中形式参数的名字，可能会与该过程可能应用的那些表达式中的（同样）名字相互混淆。在逻辑和程序设计的语义学文献里，关于代换的充满错误的定义有一个很长的历史。请参考Stoy 1977中有关代换的详细讨论。

替换去模拟，并能产生出合法值的过程应用（包括本书前两章中的所有过程），正则序和应用序求值将产生出同样的值（参见练习1.5中一个“非法”值的例子，其中正则序和应用序将给出不同的结果）。

Lisp采用应用序求值，部分原因在于这样做能避免对于表达式的重复求值（例如上面的`(+5 1)`和`(* 5 2)`的情况），从而可以提高一些效率。更重要的是，在超出了可以采用替换方式模拟的过程范围之后，正则序的处理将变得更复杂。而在另一些方面，正则序也可以成为特别有价值的工具，我们将在第3章和第4章研究它的某些内在性质[16]。

1.1.6 条件表达式和谓词

至此我们能定义出的过程类的表达能力还非常有限，因为还没办法去做某些检测，而后依据检测的结果去确定做不同的操作。例如，我们还无法定义一个过程，使它能计算出一个数的绝对值。完成此事需要先检查一个数是正的、负的或者零，而后依据遇到的不同情况，按照下面规则采取不同的动作：

$$|x| = \begin{cases} x & \text{如果 } x > 0 \\ 0 & \text{如果 } x = 0 \\ -x & \text{如果 } x < 0 \end{cases}$$

这种结构称为一个*分情况分析*，在Lisp里有着一种针对这类分情况分析的特殊形式，称为`cond`（表示“条件”）。其使用形式如下：

```
(define (abs x)
  (cond ((> x 0) x)
        ((= x 0) 0)
        ((< x 0) (- x))))
```

条件表达式的一般性形式为：

```
(cond (<p1> <e1>)
      (<p2> <e2>)
      ⋮
      (<pn> <en>))
```

这里首先包含了一个符号`cond`，在它之后跟着一些称为*子句*的用括号括起的表达式对偶`(<p> <e>)`。在每个对偶中的第一个表达式是一个*谓词*，也就是说，这是一个表达式，它的值将被解释为真或者假[17]。

条件表达式的求值方式如下：首先求值谓词<p_1>，如果它的值是`false`，那么就去求值<p_2>，如果<p_2>的值是`false`就去求值<p_3>。这一过程将继续做下去，直到发现了某个谓词的值为真为止。此时解释器就返回相应子句中的*序列表达式*<e>的值，以这个值作为整个条件表达式的值。如果无法找到值为真的<p>，`cond`的值就没有定义。

---

[16] 第3章将引进流处理的概念，这是一种采用了正则序的受限形式去处理明显的“无限”数据结构的方式。在4.2节将修改Scheme解释器，做出Scheme的一种采用正则序求值的变形。

[17] “解释为真或者假”的意思如下：在Scheme里存在这两个特殊的值，它们分别用常量#t和#f表示。当解释器检查一个谓词的值时，它将#f解释为假，而将所有其他的值都作为真（这样，提供 #t在逻辑上就是不必要的，只是为了方便）。在本书中将使用`true`和`false`，令它们分别关联于#t和#f。

我们用术语谓词指那些返回真或假的过程，也指那种能求出真或者假的值的表达式。求绝对值的过程abs使用了基本谓词>、<和=[18]，这几个谓词都以两个数为参数，分别检查第一个数是否大于、小于或者等于第二个数，并据此分别返回真或者假。

写绝对值函数的另一种方式是：

```
(define (abs x)
  (cond ((< x 0) (- x))
        (else x)))
```

用自然语言来说，就是“如果x小于0就返回−x，否则就返回x”。else是一个特殊符号，可以用在cond的最后一个子句中<*p*>的位置，这样做时，如果该cond前面的所有子句都被跳过，它就会返回最后子句中<*e*>的值。事实上，所有永远都求出真值的表达式都可以用在这个<*p*>的位置上。

下面是又一种写绝对值函数的方式：

```
(define (abs x)
  (if (< x 0)
      (- x)
      x))
```

这里采用的是特殊形式if，它是条件表达式的一种受限形式，适用于分情况分析中只有两个情况的需要。if表达式的一般形式是：

```
(if <predicate> <consequent> <alternative>)
```

在求值一个if表达式时，解释器从求值其<*predicate*>部分开始，如果<*predicate*>得到真值，解释器就去求值<*consequent*>并返回其值，否则它就去求值<*alternative*>并返回其值[19]。

除了一批基本谓词如<、=和>之外，还有一些逻辑复合运算符，利用它们可以构造出各种复合谓词。最常用的三个复合运算符是：

- (and <e_1> ... <e_n>)

解释器将从左到右一个个地求值<*e*>，如果某个<*e*>求值得到假，这一and表达式的值就是假，后面的那些<*e*>也不再求值了。如果前面所有的<*e*>都求出真值，这一and表达式的值就是最后那个<*e*>的值。

- (or <e_1> ... <e_n>)

解释器将从左到右一个个地求值<*e*>，如果某个<*e*>求值得到真，or表达式就以这个表达式的值作为值，后面的那些<*e*>也不再求值了。如果所有的<*e*>都求出假值，这一or表达式的值就是假。

- (not <*e*>)

如果<*e*>求出的值是假，not表达式的值就是真，否则其值为假。

注意，and和or都是特殊形式而不是普通的过程，因为它们的子表达式不一定都求值。not则是一个普通的过程。

作为使用这些逻辑复合运算符的例子，数x的值位于区间$5 < x < 10$之中的条件可以写为：

---

[18] abs还用到负号运算符“−”，这个运算符作用于一个对象时（例如写(−x)），表示求出其负值。

[19] 在if和cond之间的另一个小差异是每个cond子句的<*e*>部分可以是一个表达式的序列，如果对应的<*p*>确定为真，<*e*>中的表达式就会顺序地求值，并将其中最后一个表达式的值作为整个cond的值返回。而在if表达式里，<*consequent*>和<*alternative*>都只能是单个表达式。

```
(and (> x 5) (< x 10))
```

作为另一个例子，下面定义了一个谓词，它检测某个数是否大于或者等于另一个数：

```
(define (>= x y)
  (or (> x y) (= x y)))
```

或者也可以定义为：

```
(define (>= x y)
  (not (< x y)))
```

练习1.1 下面是一系列表达式，对于每个表达式，解释器将输出什么结果？假定这一系列表达式是按照给出的顺序逐个求值的。

```
10

(+ 5 3 4)

(- 9 1)

(/ 6 2)

(+ (* 2 4) (- 4 6))

(define a 3)

(define b (+ a 1))

(+ a b (* a b))

(= a b)

(if (and (> b a) (< b (* a b)))
    b
    a)

(cond ((= a 4) 6)
      ((= b 4) (+ 6 7 a))
      (else 25))

(+ 2 (if (> b a) b a))

(* (cond ((> a b) a)
         ((< a b) b)
         (else -1))
   (+ a 1))
```

练习1.2 请将下面表达式变换为前缀形式：

$$\frac{5+4+\left(2-\left(3-(6+\frac{4}{5})\right)\right)}{3(6-2)(2-7)}$$

练习1.3 请定义一个过程，它以三个数为参数，返回其中较大的两个数之和。

练习1.4 请仔细考察上面给出的允许运算符为复合表达式的组合式的求值模型，根据对这一模型的认识描述下面过程的行为：

```
(define (a-plus-abs-b a b)
  ((if (> b 0) + -) a b))
```

练习1.5 Ben Bitdiddle发明了一种检测方法，能够确定解释器究竟采用哪种序求值，是采用应用序，还是采用正则序。他定义了下面两个过程：

```
(define (p) (p))

(define (test x y)
  (if (= x 0)
      0
      y))
```

而后他求值下面的表达式：

```
(test 0 (p))
```

如果某个解释器采用的是应用序求值，Ben会看到什么样的情况？如果解释器采用正则序求值，他又会看到什么情况？请对你的回答做出解释。（无论采用正则序或者应用序，假定特殊形式if的求值规则总是一样的。其中的谓词部分先行求值，根据其结果确定随后求值的子表达式部分。）

1.1.7 实例：采用牛顿法求平方根

上面介绍的过程都很像常规的数学函数，它们描述的是如何根据一个或者几个参数去确定一个值。然而，在数学的函数和计算机的过程之间有一个重要差异，那就是，这一过程还必须是有效可行的。

作为目前情况下的一个实例，现在我们来考虑求平方根的问题。我们可以将平方根函数定义为：

$\sqrt{x}$ = 那样的y，使得$y \geqslant 0$而且$y^2 = x$

这就描述出了一个完全正统的数学函数，我们可以利用它去判断某个数是否为另一个数的平方根，或根据上面叙述，推导出一些有关平方根的一般性事实。然而，另一方面，这一定义并没有描述一个计算过程，因为它确实没有告诉我们，在给定了一个数之后，如何实际地找到这个数的平方根。即使将这个定义用类似Lisp的形式重写一遍也完全无济于事：

```
(define (sqrt x)
  (the y (and (>= y 0)
              (= (square y) x))))
```

这只不过是重新提出了原来的问题。

函数与过程之间的矛盾，不过是在描述一件事情的特征，与描述如何去做这件事情之间的普遍性差异的一个具体反映。换一种说法，人们有时也将它说成是说明性的知识与行动性的知识之间的差异。在数学里，人们通常关心的是说明性的描述（是什么），而在计算机科学里，人们则通常关心行动性的描述（怎么做）[20]。

计算机如何算出平方根呢？最常用的就是牛顿的逐步逼近方法。这一方法告诉我们，如

[20] 说明性描述和行动性描述有着内在的联系，就像数学和计算机科学有着内在联系一样。举个例子，说一个程序产生的结果“正确”，就是给出了一个有关该程序性质的说明性语句。存在着大量的研究工作，其目标就是创建起一些技术，设法证明一个程序是正确的。在这一领域中有许多技术性困难，究其根源，都出自需要在行动性语句（程序是由它们构造起来的）和说明性语句（它们可以用于推导出某些结果）之间转来转去。在与此相关的研究分支里，有一个当前在程序设计语言设计领域中很重要的问题，那就是所谓的甚高级语言，在这种语言里编程就是写说明性的语句。这里的想法是将解释器做得足够复杂，程序员描述了需要“做什么”的知识之后，这种解释器就能自动产生出“怎样做”的知识。一般而言这是不可能做到的，但在这一领域已经取得了巨大进步。第4章我们将再来考虑这一想法。

果对x的平方根的值有了一个猜测y，那么就可以通过执行一个简单操作去得到一个更好的猜测：只需要求出y和x/y的平均值（它更接近实际的平方根值）[21]。例如，可以用这种方式去计算2的平方根，假定初始值是1：

猜测	商	平均值
1	$\frac{2}{1}=2$	$\frac{(2+1)}{2}=1.5$
1.5	$\frac{2}{1.5}=1.3333$	$\frac{(1.3333+1.5)}{2}=1.4167$
1.4167	$\frac{2}{1.4167}=1.4118$	$\frac{(1.4167+1.4118)}{2}=1.4142$
1.4142	…	…

继续这一计算过程，我们就能得到对2的平方根的越来越好的近似值。

现在，让我们设法用过程的语言来描述这一计算过程。开始时，我们有了被开方数的值（现在需要做的就是算出它的平方根）和一个猜测值。如果猜测值已经足够好了，有关工作也就完成了。如若不然，那么就需要重复上述计算过程去改进猜测值。我们可以将这一基本策略写成下面的过程：

```
(define (sqrt-iter guess x)
  (if (good-enough? guess x)
      guess
      (sqrt-iter (improve guess x)
                 x)))
```

改进猜测的方式就是求出它与被开方数除以上一个猜测的平均值：

```
(define (improve guess x)
  (average guess (/ x guess)))
```

其中

```
(define (average x y)
  (/ (+ x y) 2))
```

我们还必须说明什么叫作“足够好”。下面的做法只是为了说明问题，它确实不是一个很好的检测方法（参见练习1.7）。这里的想法是，不断改进答案直至它足够接近平方根，使得其平方与被开方数之差小于某个事先确定的误差值（这里用的是0.001）[22]：

```
(define (good-enough? guess x)
  (< (abs (- (square guess) x)) 0.001))
```

最后还需要一种方式来启动整个工作。例如，我们可以总用1作为对任何数的初始猜测值[23]：

---

[21] 这一平方根算法实际上是牛顿法的一个特例，牛顿法是一种寻找方程的根的通用技术。平方根算法本身是由亚历山大的Heron在公元一世纪提出的。我们将在1.3.4节看到如何用Lisp描述一般性的牛顿法。

[22] 我们将在谓词名字的最后用一个问号，以帮人注意到它们是谓词。这不过是一种风格上的约定。对于解释器而言，问号也就是一个普通的字符。

[23] 请注意，这里所用的初始猜测是1.0而不是1。在许多Lisp实现中，这样做并不会造成任何不同。MIT Scheme区分了精确的整数和十进制数值，两个整数的商是一个有理数而不是十进制数值。例如，用6去除10将得到5/3，而用6.0去除10.0得到的是1.6666666666666667（我们将在2.1.1节学习怎样实现有理数的算术运算）。如果我们用1作为平方根程序的初始猜测，x就会是一个精确的整数，随后在平方根过程里算出的所有值都将是有理数而不是十进制数值。对有理数和十进制数值的混合运算总是产生十进制数值。所以，开始时采用初始猜测1.0，将迫使随后的所有结果都得到十进制的数值。

```
(define (sqrt x)
  (sqrt-iter 1.0 x))
```

如果把这些定义都送给解释器，我们就可以使用sqrt了，就像可以使用其他过程一样：

```
(sqrt 9)
3.00009155413138

(sqrt (+ 100 37))
11.704699917758145

(sqrt (+ (sqrt 2) (sqrt 3)))
1.7739279023207892

(square (sqrt 1000))
1000.000369924366
```

这个sqrt程序也说明，在用于写纯粹的数值计算程序时，至今已介绍的简单程序设计语言已经足以写出可以在其他语言（例如C或者Pascal）中写出的任何东西了。这看起来很让人吃惊，因为这一语言中甚至还没有包括任何迭代结构（循环），它们用于指挥计算机去一遍遍地做某些事情。而另一方面，sqrt-iter展示了如何不用特殊的迭代结构来实现迭代，其中只需要使用常规的过程调用能力[24]。

练习1.6 Alyssa P. Hacker看不出为什么需要将if提供为一种特殊形式，她问："为什么我不能直接通过cond将它定义为一个常规过程呢？"Alyssa的朋友Eva Lu Ator断言确实可以这样做，并定义了if的一个新版本：

```
(define (new-if predicate then-clause else-clause)
  (cond (predicate then-clause)
        (else else-clause)))
```

Eva给Alyssa演示她的程序：

```
(new-if (= 2 3) 0 5)
5

(new-if (= 1 1) 0 5)
0
```

她很高兴地用自己的new-if重写了求平方根的程序：

```
(define (sqrt-iter guess x)
  (new-if (good-enough? guess x)
          guess
          (sqrt-iter (improve guess x)
                     x)))
```

当Alyssa试着用这个过程去计算平方根时会发生什么事情呢？请给出解释。

练习1.7 对于确定很小的数的平方根而言，在计算平方根中使用的检测good-enough?是很不好的。还有，在现实的计算机里，算术运算总是以一定的有限精度进行的。这也会使我们的检测不适合非常大的数的计算。请解释上述论断，用例子说明对很小和很大的数，这种检测都可能失败。实现good-enough?的另一种策略是监视猜测值在从一次迭代到下一次的变化情况，当改变值相对于猜测值的比率很小时就结束。请设计一个采用这种终止测试方式的平方根过程。对于很大和很小的数，这一方式都能工作吗？

---

[24] 关心通过过程调用来实现迭代时的效率问题的读者，可以去看1.2.1节里有关"尾递归"的说明。

练习1.8 求立方根的牛顿法基于如下事实，如果y是x的立方根的一个近似值，那么下式将给出一个更好的近似值：

$$\frac{x/y^2+2y}{3}$$

请利用这一公式实现一个类似平方根过程的求立方根的过程。（在1.3.4节里，我们将看到如何实现一般性的牛顿法，作为这些求平方根和立方根过程的抽象。）

1.1.8 过程作为黑箱抽象

sqrt是我们用一组手工定义的过程来实现一个计算过程的第一个例子。请注意，在这里sqrt-iter的定义是*递归的*，也就是说，这一过程的定义基于它自身。能够基于一个过程自身来定义它的想法很可能会令人感到不安，人们可能觉得它不够清晰，这种“循环”定义怎么能有意义呢？是不是完全刻画了一个能够由计算机实现的计算过程呢？在1.2节里，我们将更细致地讨论这一问题。现在首先来看看sqrt实例所显示出的其他一些要点。

可以看到，对于平方根的计算问题可以自然地分解为若干子问题：怎样说一个猜测是足够好了，怎样去改进一个猜测，等等。这些工作中的每一个都通过一个独立的过程完成，整个sqrt程序可以看作一族过程（如图1-2所示），它们直接反映了从原问题到子问题的分解。

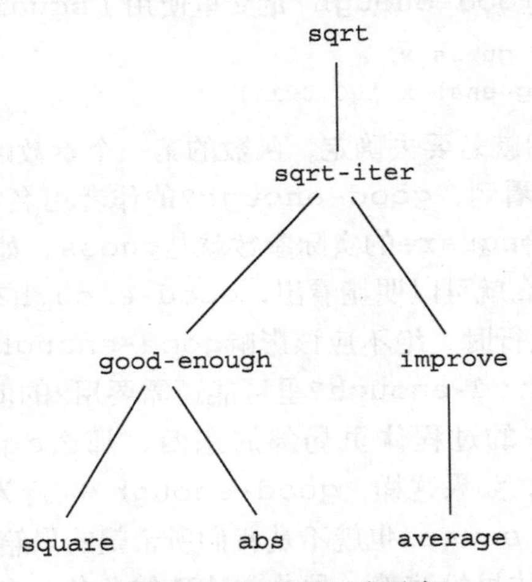

图1-2 sqrt程序的过程分解

这一分解的重要性，并不仅仅在于它将一个问题分解成了几个部分。当然，我们总可以拿来一个大程序，并将它分割成若干部分——最前面10行、后面10行、再后面10行等等。这里最关键的问题是，分解中的每一个过程完成了一件可以清楚标明的工作，这使它们可以被用作定义其他过程的模块。例如，当我们基于square定义过程good-enough?之时，就是将square看作一个“黑箱”。在这样做时，我们根本无须关注这个过程是如何计算出它的结果的，只需要注意它能计算出平方值的事实。关于平方是如何计算的细节被隐去不提了，可以推迟到后来再考虑。情况确实如此，如果只看good-enough?过程，与其说square是一个过程，不如说它是一个过程的抽象，即所谓的*过程抽象*。在这一抽象层次上，任何能计算出平方的过程都同样可以用。

这样，如果我们只考虑返回值，那么下面这两个求平方的过程就是不可区分的。它们中的每一个都取一个数值参数，产生出这个数的平方作为值[25]。

```
(define (square x) (* x x))

(define (square x)
  (exp (double (log x))))

(define (double x) (+ x x))
```

由此可见，一个过程定义应该能隐藏起一些细节。这将使过程的使用者可能不必自己去写这些过程，而是从其他程序员那里作为一个黑箱而接受了它。用户在使用一个过程时，应该不需要去弄清它是如何实现的。

局部名

过程用户不必去关心的实现细节之一，就是在有关的过程里面形式参数的名字，这是由实现者所选用的。也就是说，下面两个过程定义应该是无法区分的：

```
(define (square x) (* x x))

(define (square y) (* y y))
```

这一原则（过程的意义应该不依赖于其作者为形式参数所选用的名字）从表面看起来很明显，但其影响却非常深远。最直接的影响是，过程的形式参数名必须局部于有关的过程体。例如，我们在前面平方根程序中的good-enough?定义里使用了square：

```
(define (good-enough? guess x)
  (< (abs (- (square guess) x)) 0.001))
```

good-enough?作者的意图就是要去确定，函数的第一个参数的平方是否位于第二个参数附近一定的误差范围内。可以看到，good-enough?的作者用名字guess表示其第一个参数，用x表示第二个参数，而送给square的实际参数就是guess。如果square的作者也用x（上面确实如此）表示参数，那么就可以明显看出，good-enough?里的x必须与square里的那个x不同。在过程square运行时，绝不应该影响good-enough?里所用的那个x的值，因为在square完成计算之后，good-enough?里可能还需要用x的值。

如果参数不是它们所在的过程体里局部的东西，那么square里的x就会与good-enough?里的参数x相混淆。如果这样，good-enough?的行为方式就将依赖于我们所用的square的不同版本。这样，square也就不是我们所希望的黑箱了。

过程的形式参数在过程体里扮演着一种非常特殊的角色，在这里，形式参数的具体名字是什么，其实完全没有关系。这样的名字称为*约束变量*，因此我们说，一个过程的定义*约束*了它的所有形式参数。如果在一个完整的过程定义里将某个约束变量统一换名，这一过程定义的意义将不会有任何改变[26]。如果一个变量不是被约束的，我们就称它为*自由的*。一个名字的定义被约束于的那一集表达式称为这个名字的*作用域*。在一个过程定义里，被声明为这个过程的形式参数的那些约束变量，就以这个过程的体作为它们的作用域。

在上面good-enough?的定义中，guess和x是约束变量，而<、-、abs和square则是自由的。要想保证good-enough?的意义与我们对guess和x的名字选择无关，只要求它

[25] 至于这两个过程中哪一个实现更有效，这一问题并不很明确，依赖于所使用的硬件。确实存在这样的机器，对于它们，其中那个“最明显的”实现效率更低一些。例如，考虑一种机器，它有一些范围很广的对数和反对数表，以某种非常有效的方式存放着。

[26] 统一换名的概念实际上也是很微妙的，很难形式地定义好。一些著名的逻辑学家也在这里犯过错误。

们的名字与<、-、abs和square都不同就可以了（如果将guess重新命名为abs，我们就会因为捕获了变量名abs而引进了一个错误，因为这样做就把一个原本自由的名字变成约束的了）。good-enough?的意义当然与其中的自由变量有关，显然它的意义依赖于（在这一定义之外的）一些事实：要求符号abs是一个过程的名字，该过程能求出一个数的绝对值。如果我们将good-enough?的定义里的abs换成cos，它计算出的就会是另一个不同函数了。

内部定义和块结构

至今我们才仅仅分离出了一种可用的名字：过程的形式参数是相应过程体里的局部名字。平方根程序还展现出了另一种情况，我们也会希望能控制其中的名字使用。现在这个程序由几个相互分离的过程组成：

```
(define (sqrt x)
  (sqrt-iter 1.0 x))

(define (sqrt-iter guess x)
  (if (good-enough? guess x)
      guess
      (sqrt-iter (improve guess x) x)))

(define (good-enough? guess x)
  (< (abs (- (square guess) x)) 0.001))

(define (improve guess x)
  (average guess (/ x guess)))
```

问题是，在这个程序里只有一个过程对用户是重要的，那就是，这里所定义的sqrt确实是sqrt。其他的过程（sqrt-iter、good-enough?和improve）则只会干扰他们的思维，因为他们再也不能定义另一个称为good-enough?的过程，作为需要与平方根程序一起使用的其他程序的一部分了，因为现在sqrt需要它。在许多程序员一起构造大系统的时候，这一问题将会变得非常严重。举例来说，在构造一个大型的数值过程库时，许多数值函数都需要计算出一系列的近似值，因此我们就可能希望有一些名字为good-enough?和improve的过程作为其中的辅助过程。由于这些情况，我们也希望将这个种子过程局部化，将它们隐藏到sqrt里面，以使sqrt可以与其他采用逐步逼近的过程共存，让它们中的每一个都有自己的good-enough?过程。为了使这一方式成为可能，我们要允许一个过程里带有一些内部定义，使它们是局部于这一过程的。例如，在解决平方根问题时，我们可以写：

```
(define (sqrt x)
  (define (good-enough? guess x)
    (< (abs (- (square guess) x)) 0.001))
  (define (improve guess x)
    (average guess (/ x guess)))
  (define (sqrt-iter guess x)
    (if (good-enough? guess x)
        guess
        (sqrt-iter (improve guess x) x)))
  (sqrt-iter 1.0 x))
```

这种嵌套的定义称为*块结构*，它是最简单的名字包装问题的一种正确解决方式。实际上，在这里还潜藏着一个很好的想法。除了可以将所用的辅助过程定义放到内部，我们还可能简化它们。因为x在sqrt的定义中是受约束的，过程good-enough?、improve和sqrt-iter也都定义在sqrt里面，也就是说，都在x的定义域里。这样，显式地将x在这些过程之间传来传去也就没有必要了。我们可以让x作为内部定义中的自由变量，如下所示。这样，在外围的sqrt被调用时，x由实际参数得到自己的值。这种方式称为*词法作用域*[27]。

```
(define (sqrt x)
  (define (good-enough? guess)
    (< (abs (- (square guess) x)) 0.001))
  (define (improve guess)
    (average guess (/ x guess)))
  (define (sqrt-iter guess)
    (if (good-enough? guess)
        guess
        (sqrt-iter (improve guess))))
  (sqrt-iter 1.0))
```

下面将广泛使用这种块结构，以帮助我们将大程序分解成一些容易把握的片段[28]。块结构的思想来自程序设计语言Algol 60，这种结构出现在各种最新的程序设计语言里，是帮助我们组织大程序的结构的一种重要工具。

1.2 过程及其产生的计算

我们现在已经考虑了程序设计中的一些要素：使用过许多基本的算术操作，对操作进行组合，通过定义各种复合过程，对复合操作进行抽象。但是，即使是知道了这些，我们还不能说自己已经理解了如何去编程序。我们现在的情况就像是在学下象棋的过程中的一个阶段，此时已经知道了移动棋子的各种规则，但却还不知道典型的开局、战术和策略。就像初学象棋的人们那样，我们还不知道编程领域中各种有用的常见模式，缺少有关各种棋步的价值（值得定义哪些过程）的知识，缺少对所走棋步的各种后果（执行一个过程的效果）做出预期的经验。

能够看清楚所考虑的动作的后果的能力，对于成为程序设计专家是至关重要的，就像这种能力在所有综合性的创造性的活动中的作用一样。要成为一个专业摄影家，必须学习如何去考察各种景象，知道在各种可能的暴光和显影选择条件下，景象中各个区域在影像中的明暗程度。只有在此之后，人才能去做反向推理，对取得所需效果应该做的取景、亮度、曝光和显影等等做出规划。在程序设计里也一样，在这里，我们需要对计算过程中各种动作的进行情况做出规划，用一个程序去控制这一过程的进展。要想成为专家，我们就需要学会去看清各种不同种类的过程会产生什么样的计算过程。只有在掌握了这种技能之后，我们才能学会如何去构造出可靠的程序，使之能够表现出所需要的行为。

一个过程也就是一种模式，它描述了一个计算过程的*局部演化方式*，描述了这一计算过程中的每个步骤是怎样基于前面的步骤建立起来的。在有了一个刻画计算过程的过程描述之

[27] 词法作用域要求过程中的自由变量实际引用外围过程定义中所出现的约束，也就是说，应该在定义本过程的环境中去寻找它们。我们将在第3章看到这种规定的细节工作情况，在那里我们将要研究环境的概念和解释器的一些行为细节。

[28] 嵌套的定义必须出现在过程体之前。如果我们运行一个程序，但是其中的定义与使用混杂在一起，管理程序将不负任何责任。

后，我们当然希望能做出一些有关这一计算过程的整体或全局行为的论断。一般来说这是非常困难的，但我们至少还是可以试着去描述过程演化的一些典型模式。

在这一节里，我们将考察由一些简单过程所产生的计算过程的"形状"，还将研究这些计算过程消耗各种重要计算资源（时间和空间）的速率。这里将要考察的过程都是非常简单的，它们所扮演的角色就像是摄影术中的测试模式，是作为极度简化的摄影模式，而其自身并不是很实际的例子。

```
(factorial 6)
(* 6 (factorial 5))
(* 6 (* 5 (factorial 4)))
(* 6 (* 5 (* 4 (factorial 3))))
(* 6 (* 5 (* 4 (* 3 (factorial 2)))))
(* 6 (* 5 (* 4 (* 3 (* 2 (factorial 1))))))
(* 6 (* 5 (* 4 (* 3 (* 2 1)))))
(* 6 (* 5 (* 4 (* 3 2))))
(* 6 (* 5 (* 4 6)))
(* 6 (* 5 24))
(* 6 120)
720
```

图1-3 计算6!的线性递归过程

1.2.1 线性的递归和迭代

首先考虑由下面表达式定义的阶乘函数：

$$n! = n \cdot (n-1) \cdot (n-2) \cdots 3 \cdot 2 \cdot 1$$

计算阶乘的方式有许多种，一种最简单方式就是利用下述认识：对于一个正整数n，$n!$就等于n乘以（$n-1$）!：

$$n! = n \cdot [(n-1) \cdot (n-2) \cdots 3 \cdot 2 \cdot 1] = n \cdot (n-1)!$$

这样，我们就能通过算出（$n-1$）!，并将其结果乘以n的方式计算出$n!$。如果再注意到1!就是1，这些认识就可以直接翻译成一个过程了：

```
(define (factorial n)
  (if (= n 1)
      1
      (* n (factorial (- n 1)))))
```

我们可以利用1.1.5节介绍的代换模型，观看这一过程在计算6!时表现出的行为，如图1-3所示。

现在让我们采用另一种不同的观点来计算阶乘。我们可以将计算阶乘$n!$的规则描述为：先乘起1和2，而后将得到的结果乘以3，而后再乘以4，这样下去直到达到n。更形式地说，我们要维持着一个变动中的乘积product，以及一个从1到n的计数器counter，这一计算过程可以描述为counter和product的如下变化，从一步到下一步，它们都按照下面规则改变：

$$\text{product} \leftarrow \text{counter} \cdot \text{product}$$

$$\text{counter} \leftarrow \text{counter} + 1$$

可以看到，$n!$也就是计数器counter超过n时乘积product的值。

我们又可以将这一描述重构为一个计算阶乘的过程[29]：

```
(define (factorial n)
  (fact-iter 1 1 n))

(define (fact-iter product counter max-count)
  (if (> counter max-count)
      product
      (fact-iter (* counter product)
                 (+ counter 1)
                 max-count)))
```

与前面一样，我们也可以应用替换模型来查看6!的计算过程，如图1-4所示。

```
(factorial 6)
(fact-iter   1 1 6)
(fact-iter   1 2 6)
(fact-iter   2 3 6)
(fact-iter   6 4 6)
(fact-iter  24 5 6)
(fact-iter 120 6 6)
(fact-iter 720 7 6)
720
```

图1-4　计算6!的线性迭代过程

现在对这两个计算过程做一个比较。从一个角度看，它们并没有很大差异：两者计算的都是同一个定义域里的同一个数学函数，都需要使用与n正比的步骤数目去计算出$n!$。确实，这两个计算过程甚至采用了同样的乘运算序列，得到了同样的部分乘积序列。但另一方面，如果我们考虑这两个计算过程的"形状"，就会发现它们的进展情况大不相同。

考虑第一个计算过程。代换模型揭示出一种先逐步展开而后收缩的形状，如图1-3中的箭头所示。在展开阶段里，这一计算过程构造起一个*推迟进行的操作*所形成的链条（在这里是一个乘法的链条），收缩阶段表现为这些运算的实际执行。这种类型的计算过程由一个推迟执行的运算链条刻画，称为一个*递归计算过程*。要执行这种计算过程，解释器就需要维护好那些以后将要执行的操作的轨迹。在计算阶乘$n!$时，推迟执行的乘法链条的长度也就是为保存其轨迹需要保存的信息量，这个长度随着n值而线性增长（正比于n），就像计算中的步骤数目一样。这样的计算过程称为一个*线性递归过程*。

与之相对应，第二个计算过程里并没有任何增长或者收缩。对于任何一个n，在计算过程中的每一步，在我们需要保存轨迹里，所有的东西就是变量product、counter和max-

[29] 在实际程序里，我们可能会用上一节介绍的块结构将fact-iter的定义隐藏起来：

```
(define (factorial n)
  (define (iter product counter)
    (if (> counter n)
        product
        (iter (* counter product)
              (+ counter 1))))
  (iter 1 1))
```

在上面没有这样做，是因为希望尽可能减少需要同时考虑的事项。

count的当前值。我们称这种过程为一个*迭代计算过程*。一般来说，迭代计算过程就是那种其状态可以用固定数目的*状态变量*描述的计算过程；而与此同时，又存在着一套固定的规则，描述了计算过程在从一个状态到下一状态转换时，这些变量的更新方式；还有一个（可能有的）结束检测，它描述这一计算过程应该终止的条件。在计算$n!$时，所需的计算步骤随着n线性增长，这种过程称为*线性迭代过程*。

我们还可以从另一个角度来看这两个过程之间的对比。在迭代的情况里，在计算过程中的任何一点，那几个程序变量都提供了有关计算状态的一个完整描述。如果我们令上述计算在某两个步骤之间停下来，要想重新唤醒这一计算，只需要为解释器提供有关这三个变量的值。而对于递归计算过程而言，这里还存在着另外的一些"隐含"信息，它们并未保存在程序变量里，而是由解释器维持着，指明了在所推迟的运算所形成的链条里的漫游中，"这一计算过程处在何处"。这个链条越长，需要保存的信息也就越多[30]。

在做迭代与递归之间的比较时，我们必须当心，不要搞混了*递归计算过程*的概念和*递归过程*的概念。当我们说一个过程是递归的时候，论述的是一个语法形式上的事实，说明这个过程的定义中（直接或者间接地）引用了该过程本身。在说某一计算过程具有某种模式时（例如，线性递归），我们说的是这一计算过程的进展方式，而不是相应过程书写上的语法形式。当我们说某个递归过程（例如fact-iter）将产生出一个迭代的计算过程时，可能会使人感到不舒服。然而这一计算过程确实是迭代的，因为它的状态能由其中的三个状态变量完全刻画，解释器在执行这一计算过程时，只需要保持这三个变量的轨迹就足够了。

区分计算过程和写出来的过程可能使人感到困惑，其中的一个原因在于各种常见语言（包括Ada、Pascal和C）的大部分实现的设计中，对于任何递归过程的解释，所需要消耗的存储量总与过程调用的数目成正比，即使它所描述的计算过程从原理上看是迭代的。作为这一事实的后果，要在这些语言里描述迭代过程，就必须借助于特殊的"循环结构"，如do、repeat、until、for和while等等。我们将在第5章里考察的Scheme的实现则没有这一缺陷，它将总能在常量空间中执行迭代型计算过程，即使这一计算是用一个递归过程描述的。具有这一特性的实现称为*尾递归的*。有了一个尾递归的实现，我们就可以利用常规的过程调用机制表述迭代，这也会使各种复杂的专用迭代结构变成不过是一些语法糖衣了[31]。

练习1.9 下面几个过程各定义了一种加起两个正整数的方法，它们都基于过程inc（它将参数增加1）和dec（它将参数减少1）。

```
(define (+ a b)
  (if (= a 0)
      b
      (inc (+ (dec a) b))))

(define (+ a b)
  (if (= a 0)
```

[30] 在第5章里，我们将要讨论过程在寄存器机器上的实现，那时将看到所有的迭代过程都可以"以硬件的方式"实现为一个机器，其中只有固定数目的寄存器，无须任何辅助存储器。与这种情况不同，要实现递归计算过程，就需要一种机器，其中使用了一个称为*堆栈*的辅助数据结构。

[31] 长期以来，尾递归一直被看作一种编译技巧。尾递归的坚实语义基础由Carl Hewitt（1977）提供，他用计算的"消息传递"模型解释尾递归。第3章将讨论这种模型。在该工作的启发下，Gerald Jay Sussman和Guy Lewis Steele Jr.（见Steele 1975）为Scheme构造了尾递归的解释器。Steele后来证明了尾递归是编译过程调用的自然方式的推论（Steele 1977）。Scheme的IEEE标准要求Scheme解释器必须是尾递归的。

```
        b
        (+ (dec a) (inc b))))
```

请用代换模型展示这两个过程在求值（+4　5）时所产生的计算过程。这些计算过程是递归的或者迭代的吗？

练习1.10 下面过程计算一个称为Ackermann函数的数学函数：

```
(define (A x y)
  (cond ((= y 0) 0)
        ((= x 0) (* 2 y))
        ((= y 1) 2)
        (else (A (- x 1)
                 (A x (- y 1))))))
```

下面各表达式的值是什么：

```
(A 1 10)

(A 2 4)

(A 3 3)
```

请考虑下面的过程，其中的A就是上面定义的过程：

```
(define (f n) (A 0 n))

(define (g n) (A 1 n))

(define (h n) (A 2 n))

(define (k n) (* 5 n n))
```

请给出过程f、g和h对给定整数值n所计算的函数的数学定义。例如，（k　n）计算的是$5n^2$。

1.2.2 树形递归

另一种常见计算模式称为*树形递归*。作为例子，现在考虑斐波那契（Fibonacci）数序列的计算，这一序列中的每个数都是前面两个数之和：

0, 1, 1, 2, 3, 5, 8, 13, 21, …

一般说，斐波那契数由下面规则定义：

$$\mathrm{Fib}(n)=\begin{cases}0 & \text{如果 } n=0\\ 1 & \text{如果 } n=1\\ \mathrm{Fib}(n-1)+\mathrm{Fib}(n-2) & \text{否则}\end{cases}$$

我们马上就可以将这个定义翻译为一个计算斐波那契数的递归过程：

```
(define (fib n)
  (cond ((= n 0) 0)
        ((= n 1) 1)
        (else (+ (fib (- n 1))
                 (fib (- n 2))))))
```

考虑这一计算的模式。为了计算（fib　5），我们需要计算出（fib　4）和（fib　3）。而为了计算（fib　4），又需要计算（fib　3）和（fib　2）。一般而言，这一展开过程看起来像一棵树，如图1-5所示。请注意，这里的每层分裂为两个分支（除了最下面），反映出对

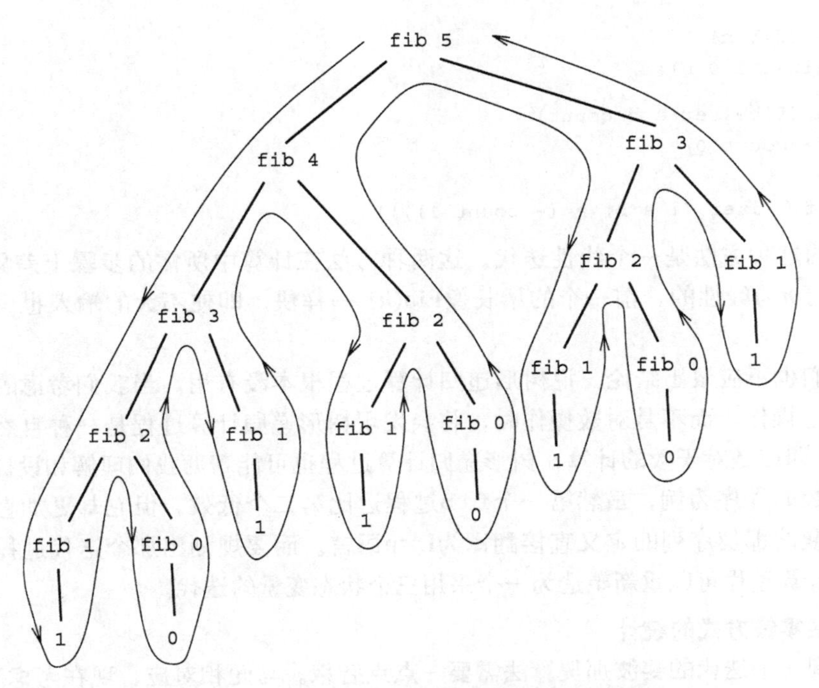

图1-5 计算（fib 5）中产生的树形递归计算过程

fib过程的每个调用中两次递归调用自身的事实。

上面过程作为典型的树形递归具有教育意义，但它却是一种很糟的计算斐波那契数的方法，因为它做了太多的冗余计算。在图1-5中，求（fib 3）差不多是这里的一半工作，这一计算整个地重复做了两次。事实上，不难证明，在这一过程中，计算（fib 1）和（fib 0）的次数（一般说，也就是上面树里树叶的个数）正好是$\text{Fib}(n+1)$。要领会这种情况有多么糟糕，我们可以证明$\text{Fib}(n)$值的增长相对于n是指数的。更准确地说（见练习1.13），$\text{Fib}(n)$就是最接近$\phi^n/\sqrt{5}$的整数，其中：

$$\phi=(1+\sqrt{5})/2\approx 1.6180$$

就是黄金分割的值，它满足方程：

$$\phi^2=\phi+1$$

这样，该过程所用的计算步骤数将随着输入增长而指数性地增长。另一方面，其空间需求只是随着输入增长而线性增长，因为，在计算中的每一点，我们都只需保存树中在此之上的结点的轨迹。一般说，树形递归计算过程里所需的步骤数将正比于树中的结点数，其空间需求正比于树的最大深度。

我们也可以规划出一种计算斐波那契数的迭代计算过程，其基本想法就是用一对整数a和b，将它们分别初始化为$\text{Fib}(1)=1$和$\text{Fib}(0)=0$，而后反复地同时使用下面变换规则：

$$a\leftarrow a+b$$
$$b\leftarrow a$$

不难证明，在n次应用了这些变换后，a和b将分别等于$\text{Fib}(n+1)$和$\text{Fib}(n)$。因此，我们可以用下面过程，以迭代方式计算斐波那契数：

```
(define (fib n)
  (fib-iter 1 0 n))

(define (fib-iter a b count)
  (if (= count 0)
      b
      (fib-iter (+ a b) a (- count 1))))
```

计算Fib(n)的这种方法是一个线性迭代。这两种方法在计算中所需的步骤上差异巨大——后一方法相对于n为线性的，前一个的增长像Fib(n) 一样快，即使不大的输入也可能造成很大的差异。

但是我们也不应做出结论，说树形递归计算过程根本没有用。当我们考虑的是在层次结构性的数据上操作，而不是对数操作时，将会发现树形递归计算过程是一种自然的、威力强大的工具[32]。即使是对于数的计算，树形递归计算过程也可能帮助我们理解和设计程序。以计算斐波那契数的程序为例，虽然第一个`fib`过程远比第二个低效，但它却更加直截了当，基本上就是将斐波那契序列的定义直接翻译为Lisp语言。而要规划出那个迭代过程，则需要注意到，这一计算过程可以重新塑造为一个采用三个状态变量的迭代。

实例：换零钱方式的统计

要想得到一个迭代的斐波那契算法需要一点点智慧。与此相对应，现在考虑下面的问题：给了半美元、四分之一美元、10美分、5美分和1美分的硬币，将1美元换成零钱，一共有多少种不同方式？更一般的问题是，给定了任意数量的现金，我们能写出一个程序，计算出所有换零钱方式的种数吗？

采用递归过程，这一问题有一种很简单的解法。假定我们所考虑的可用硬币类型种类排了某种顺序，于是就有下面的关系：

将总数为a的现金换成n种硬币的不同方式的数目等于

- 将现金数a换成除第一种硬币之外的所有其他硬币的不同方式数目，加上
- 将现金数$a-d$换成所有种类的硬币的不同方式数目，其中的d是第一种硬币的币值。

要问为什么这一说法是对的，请注意这里将换零钱分成两组时所采用的方式，第一组里都没有使用第一种硬币，而第二组里都使用了第一种硬币。显然，换成零钱的全部方式的数目，就等于完全不用第一种硬币的方式的数目，加上用了第一种硬币的换零钱方式的数目。而后一个数目也就等于去掉一个第一种硬币值后，剩下的现金数的换零钱方式数目。

这样就可以将某个给定现金数的换零钱方式的问题，递归地归约为对更少现金数或者更少种类硬币的同一个问题。仔细考虑上面的归约规则，设法使你确信，如果采用下面方式处理退化情况，我们就能利用上面规则写出一个算法来[33]：

- 如果a就是0，应该算作是有1种换零钱的方式。
- 如果a小于0，应该算作是有0种换零钱的方式。
- 如果n是0，应该算作是有0种换零钱的方式。

我们很容易将这些描述翻译为一个递归过程：

```
(define (count-change amount)
```

[32] 我们已经在1.1.3节里遇到过这种情况的例子。在求值表达式时，解释器本身采用的就是树形的递归计算过程。

[33] 例如，仔细地将上述归约规则用于将10分换成5分和1分零钱的问题。

```
  (cc amount 5))

(define (cc amount kinds-of-coins)
  (cond ((= amount 0) 1)
        ((or (< amount 0) (= kinds-of-coins 0)) 0)
        (else (+ (cc amount
                     (- kinds-of-coins 1))
                 (cc (- amount
                        (first-denomination kinds-of-coins))
                     kinds-of-coins)))))

(define (first-denomination kinds-of-coins)
  (cond ((= kinds-of-coins 1) 1)
        ((= kinds-of-coins 2) 5)
        ((= kinds-of-coins 3) 10)
        ((= kinds-of-coins 4) 25)
        ((= kinds-of-coins 5) 50)))
```

(过程first-denomination以可用的硬币种数作为输入，返回第一种硬币的币值。这里认为硬币已经从最大到最小排列好了，其实采用任何顺序都可以)。我们现在就能回答开始的问题了，下面是换1美元硬币的不同方式数目：

```
(count-change 100)
292
```

count-change产生出一个树形的递归计算过程，其中的冗余计算与前面fib的第一种实现类似（它计算出292需要一点时间）。另一方面，要想设计出一个更好的算法，使之能算出同样结果，就不那么明显了。我们将这一问题留给读者作为一个挑战。人们认识到，树形递归计算过程有可能极其低效，但常常很容易描述和理解，这就导致人们提出了一个建议，希望能利用世界上的这两个最好的东西。人们希望能设计出一种"灵巧编译器"，使之能将一个树形递归的过程翻译为一个能计算出同样结果的更有效的过程[34]。

练习1.11 函数 f 由如下的规则定义：如果$n<3$，那么 $f(n)=n$；如果$n\geqslant 3$，那么 $f(n)=f(n-1)+2f(n-2)+3f(n-3)$。请写一个采用递归计算过程计算 f 的过程。再写一个采用迭代计算过程计算 f 的过程。

练习1.12 下面数值模式称为帕斯卡三角形：

$$
\begin{array}{c}
1 \\
1\quad 1 \\
1\quad 2\quad 1 \\
1\quad 3\quad 3\quad 1 \\
1\quad 4\quad 6\quad 4\quad 1 \\
\cdots
\end{array}
$$

[34] 对付冗余计算的一种途径是通过重新安排，使计算过程能自动构造出一个已经计算出的值的表格。每次要求对某一参数调用过程时，首先去查看这个值是否已在表里，如果存在就可以避免重复计算。这一策略被称为表格技术或记忆技术，它也很容易实现。有时采用表格技术可以将原本需要指数步骤的计算过程（例如count-change）转变成空间和时间需求都相对于输入线性增长的计算过程。参见练习3.27。

三角形边界上的数都是1，内部的每个数是位于它上面的两个数之和[35]。请写一个过程，它采用递归计算过程计算出帕斯卡三角形。

练习1.13 证明Fib(n)是最接近$\phi^n/\sqrt{5}$的整数，其中$\phi=(1+\sqrt{5})/2$。提示：利用归纳法和斐波那契数的定义（见1.2.2节），证明Fib(n)$=(\phi^n-\gamma^n)/\sqrt{5}$。

1.2.3 增长的阶

前面一些例子说明，不同的计算过程在消耗计算资源的速率上可能存在着巨大差异。描述这种差异的一种方便方式是用*增长的阶*的记法，以便我们理解在输入变大时，某一计算过程所需资源的粗略度量情况。

令n是一个参数，它能作为问题规模的一种度量，令$R(n)$是一个计算过程在处理规模为n的问题时所需要的资源量。在前面的例子里，我们取n为给定函数需要计算的那个数，当然也存在其他可能性。例如，如果我们的目标是计算出一个数的平方根的近似值，那么就可以将n取为所需精度的数字个数。对于矩阵乘法，我们可以将n取为矩阵的行数。一般而言，总存在着某个有关问题特性的数值，使我们可以相对于它去分析给定的计算过程。与此类似，$R(n)$也可以是所用的内部寄存器数目的度量值，也可能是需要执行的机器操作数目的度量值，或者其他类似东西。在每个时刻只能执行固定数目的操作的计算机里，所需的时间将正比于需要执行的基本机器指令条数。

我们称$R(n)$具有$\Theta(f(n))$的增长阶，记为$R(n)=\Theta(f(n))$（读作“$f(n)$的theta”），如果存在与n无关的整数k_1和k_2，使得：

$$k_1f(n)\leqslant R(n)\leqslant k_2f(n)$$

对任何足够大的n值都成立（换句话说，对足够大的n，值$R(n)$总位于$k_1f(n)$和$k_2f(n)$之间）。

举例来说，在1.2.1节中描述的计算阶乘的线性递归计算过程里，步骤数目的增长正比于输入n。也就是说，这一计算过程所需步骤的增长为$\Theta(n)$，其空间需求的增长也是$\Theta(n)$。对于迭代的阶乘，其步数还是$\Theta(n)$而空间是$\Theta(1)$，即为一个常数[36]。树形递归的斐波那契计算需要$\Theta(\phi^n)$步和$\Theta(n)$空间，这里的ϕ就是1.2.2节中描述的黄金分割率。

增长的阶为我们提供了对计算过程行为的一种很粗略的描述。例如，某计算过程需要n^2步，另一计算过程需要$1000n^2$步，还有一个计算过程需要$3n^2+10n+17$步，它们增长的阶都是$\Theta(n^2)$。但另一方面，增长的阶也为我们在问题规模改变时，预期一个计算过程的行为变化提供了有用的线索。对于一个$\Theta(n)$（线性）的计算过程，规模增大一倍大致将使它所用的资源

[35] 帕斯卡三角形的元素又称为*二项式系数*，因其中第n行就是$(x+y)^n$的展开式的系数。计算这些系数的这一模式发表在布赖斯·帕斯卡有关概率论的开创性工作“论算术三角形”（*Traité du triangle arithmétique*）中。根据Knuth（1973），同样的模式也出现在中国数学家朱世杰于1303成书的《四元玉鉴》，还出现在12世纪波斯诗人和数学家Omar Khayyam的论文，以及12世纪印度数学家Bháscara Ácharya的论文中。（这一三角形也称为“贾宪三角形”（贾宪，宋朝，960—1127）和“杨辉三角形”（杨辉，1261），是中国古代数学的辉煌成就。——译者注）

[36] 这些说法都是经过了很大简化。例如，如果采用“机器操作”去计算步数，我们实际上就做了一个假定，假定所需执行的各种机器操作，例如执行一次乘法与需要乘的那两个数的大小无关。如果需要乘的数非常大，这一假定实际上是不成立的。对于空间的估计也需要做类似的说明。与计算过程的设计和描述的情况类似，对于计算过程的分析也可以在不同的抽象层次上进行。

增加了一倍。对于一个指数的计算过程，问题规模每增加1都将导致所用资源按照某个常数倍增长。在1.2节剩下的部分，我们将考察两个算法，其增长的阶都是对数型增长的，因此，当问题规模增大一倍时，所需资源量只增加一个常数。

练习1.14 请画出有关的树，展示1.2.2节的过程`count-change`在将11美分换成硬币时所产生的计算过程。相对于被换现金量的增加，这一计算过程的空间和步数增长的阶各是什么？

练习1.15 在角（用弧度描述）x足够小时，其正弦值可以用$\sin x \approx x$计算，而三角恒等式：

$$\sin x = 3\ \sin\frac{x}{3} - 4\sin^3\frac{x}{3}$$

可以减小sin的参数的大小（为完成这一练习，我们认为一个角是“足够小”，如果其数值不大于0.1弧度）。这些想法都体现在下述过程中：

```
(define (cube x) (* x x x))

(define (p x) (- (* 3 x) (* 4 (cube x))))

(define (sine angle)
   (if (not (> (abs angle) 0.1))
       angle
       (p (sine (/ angle 3.0)))))
```

a) 在求值（`sine 12.15`）时，`p`将被使用多少次？

b) 在求值（`sine a`）时，由过程`sine`所产生的计算过程使用的空间和步数（作为a的函数）增长的阶是什么？

1.2.4 求幂

现在考虑对一个给定的数计算乘幂的问题，我们希望这一过程的参数是一个基数b和一个正整数的指数n，过程计算出b^n。做这件事的一种方式是通过下面这个递归定义：

$$b^n = b \cdot b^{n-1}$$

$$b^0 = 1$$

它可以直接翻译为如下过程：

```
(define (expt b n)
  (if (= n 0)
      1
      (* b (expt b (- n 1)))))
```

这是一个线性的递归计算过程，需要$\Theta(n)$步和$\Theta(n)$空间。就像阶乘一样，我们很容易将其形式化为一个等价的线性迭代：

```
(define (expt b n)
  (expt-iter b n 1))
(define (expt-iter b counter product)
  (if (= counter 0)
      product
      (expt-iter b
```

```
                (- counter 1)
                (* b product))))
```

这一版本需要$\Theta(n)$ 步和$\Theta(1)$ 空间。

我们可以通过连续求平方，以更少的步骤完成乘幂计算。例如，不是采用下面这样的方式算b^8：

$$b \cdot (b \cdot (b \cdot (b \cdot (b \cdot (b \cdot (b \cdot b))))))$$

而是用三次乘法算出它来：

$$b^2 = b \cdot b$$
$$b^4 = b^2 \cdot b^2$$
$$b^8 = b^4 \cdot b^4$$

这一方法对于指数为2的乘幂都可以用。如果采用下面规则，我们就可以借助于连续求平方，去完成一般的乘幂计算：

$$b^n = (b^{n/2})^2 \quad \text{若}n\text{是偶数}$$
$$b^n = b \cdot b^{n-1} \quad \text{若}n\text{是奇数}$$

这一方法可以定义为如下的过程：

```
(define (fast-expt b n)
  (cond ((= n 0) 1)
        ((even? n) (square (fast-expt b (/ n 2))))
        (else (* b (fast-expt b (- n 1))))))
```

其中检测一个整数是否偶数的谓词可以基于基本过程remainder定义：

```
(define (even? n)
  (= (remainder n 2) 0))
```

由fast-expt演化出的计算过程，在空间和步数上相对于n都是对数的。要看到这些情况，请注意，在用fast-expt计算b^{2n}时，只需要比计算b^n多做一次乘法。每做一次新的乘法，能够计算的指数值（大约）增大一倍。这样，计算指数n所需要的乘法次数的增长大约就是以2为底的n的对数值，这一计算过程增长的阶为$\Theta(\log n)$[37]。

随着n变大，$\Theta(\log n)$ 增长与$\Theta(n)$ 增长之间的差异也会变得非常明显。例如对$n = 1000$，fast-expt只需要14次乘法[38]。我们也可能采用连续求平方的想法，设计出一个具有对数步数的计算乘幂的迭代算法（见练习1.16）。但是，就像迭代算法的常见情况一样，写出这一算法就不像对递归算法那样直截了当了[39]。

练习1.16 请定义一个过程，它能产生出一个按照迭代方式的求幂计算过程，其中使用一系列的求平方，就像一样fast-expt只用对数个步骤那样。（提示：请利用关系 $(b^{n/2})^2 = (b^2)^{n/2}$，除了指数$n$和基数$b$之外，还应维持一个附加的状态变量$a$，并定义好状态变换，使得

---

[37] 更准确地说，这里所需乘法的次数等于n的以2为底的对数值，再加上n的二进制表示中1的个数减1。这个值总小于n的以2为底的对数值的两倍。对于对数的计算过程而言，在阶记法定义中的任意常量k_1和k_2，意味着对数的底并没有关系。因此这种过程被描述为$\Theta(\log n)$。

[38] 你可能奇怪什么人会关心去求数的1000次乘幂。参看1.2.6节。

[39] 这一迭代算法也是一个古董，它出现在公元前200年之前Áchárya Pingala所写的*Chandah-sutra*里。有关求幂的这一算法和其他算法的完整讨论和分析，请参看Knuth 1981的4.6.3节。

从一个状态转到另一状态时乘积$a\ b^n$不变。在计算过程开始时令a取值1，并用计算过程结束时a的值作为回答。一般说，定义一个**不变量**，要求它在状态之间保持不变，这一技术是思考迭代算法设计问题时的一种非常强有力的方法。）

练习1.17 本节里的求幂算法的基础就是通过反复做乘法去求乘幂。与此类似，也可以通过反复做加法的方式求出乘积。下面的乘积过程与`expt`过程类似（其中假定我们的语言只有加法而没有乘法）：

```
(define (* a b)
  (if (= b 0)
      0
      (+ a (* a (- b 1)))))
```

这一算法具有相对于`b`的线性步数。现在假定除了加法之外还有运算`double`，它能求出一个整数的两倍；还有`halve`，它将一个（偶数）除以2。请用这些运算设计一个类似`fast-expt`的求乘积过程，使之只用对数的计算步数。

练习1.18 利用练习1.16和1.17的结果设计一个过程，它能产生出一个基于加、加倍和折半运算的迭代计算过程，只用对数的步数就能求出两个整数的乘积[40]。

练习1.19 存在着一种以对数步数求出斐波那契数的巧妙算法。请回忆1.2.2节`fib-iter`计算过程中状态变量a和b的变换规则，$a \leftarrow a+b$和$b \leftarrow a$，现在将这种变换称为T变换。通过观察可以发现，从1和0开始将T反复应用n次，将产生出一对数Fib$(n+1)$和Fib(n)。换句话说，斐波那契数可以通过将T^n（变换T的n次方）应用于对偶(1, 0)而产生出来。现在将T看作变换族T_{pq}中$p=0$且$q=1$的特殊情况，其中T_{pq}是对于对偶(a, b)按照$a \leftarrow bq+aq+ap$和$b \leftarrow bp+aq$规则的变换。请证明，如果我们应用变换T_{pq}两次，其效果等同于应用同样形式的一次变换$T_{p'q'}$，其中的p'和q'可以由p和q计算出来。这就指明了一条求出这种变换的平方的路径，使我们可以通过连续求平方的方式去计算T^n，就像`fast-expt`过程里所做的那样。将所有这些集中到一起，就形成了下面的过程，其运行只需要对数的步数[41]：

```
(define (fib n)
  (fib-iter 1 0 0 1 n))

(define (fib-iter a b p q count)
  (cond ((= count 0) b)
        ((even? count)
         (fib-iter a
                   b
                   <??>      ; compute p'
                   <??>      ; compute q'
                   (/ count 2)))
        (else (fib-iter (+ (* b q) (* a q) (* a p))
                        (+ (* b p) (* a q))
                        p
                        q
                        (- count 1)))))
```

---

[40] 这一算法有时被称为乘法的“俄罗斯农民的方法”，它的历史也很悠久。使用它的实例可以在莱因德纸草书（Rhind Papyrus）中找到，这是现存最悠久的两份数学文献之一，由一位名为A'h-mose的埃及抄写人写于大约公元前1700年（而且是另一份年代更久远的文献的复制品）。

[41] 这一练习是Joy Stoy给我们建议的，基于在Kaldewaij 1990的一个例子。

1.2.5 最大公约数

两个整数a和b的最大公约数（GCD）定义为能除尽这两个数的那个最大的整数。例如，16和28的GCD就是4。在第2章里，当我们要去研究有理数算术的实现时，就会需要GCD，以便能把有理数约化到最简形式（要将有理数约化到最简形式，我们必须将其分母和分子同时除掉它们的GCD。例如，16/28将约简为4/7）。找出两个整数的GCD的一种方式是对它们做因数分解，并从中找出公共因子。但存在着一个更高效的著名算法。

这一算法的思想基于下面的观察：如果r是a除以b的余数，那么a和b的公约数正好也是b的r的公约数。因此我们可以借助于等式：

$$\mathrm{GCD}(a, b) = \mathrm{GCD}(b, r)$$

这就把一个GCD的计算问题连续地归约到越来越小的整数对的GCD的计算问题。例如：

$$\begin{aligned}\mathrm{GCD}(206, 40) &= \mathrm{GCD}(40, 6)\\ &= \mathrm{GCD}(6, 4)\\ &= \mathrm{GCD}(4, 2)\\ &= \mathrm{GCD}(2, 0)\\ &= 2\end{aligned}$$

将GCD (206, 40) 归约到GCD (2, 0)，最终得到2。可以证明，从任意两个正整数开始，反复执行这种归约，最终将产生出一个数对，其中的第二个数是0，此时的GCD就是另一个数。这一计算GCD的方法称为欧几里得算法[42]。

不难将欧几里得算法写成一个过程：

```
(define (gcd a b)
  (if (= b 0)
      a
      (gcd b (remainder a b))))
```

这将产生一个迭代计算过程，其步数依所涉及的数的对数增长。

欧几里得算法所需的步数是对数增长的，这一事实与斐波那契数之间有一种有趣关系：

Lamé定理：如果欧几里得算法需要用k步计算出一对整数的GCD，那么这对数中较小的那个数必然大于或者等于第k个斐波那契数[43]。

---

[42] 这一算法称为欧几里得算法，是因为它出现在欧几里得的《几何原本》（Elements，第7卷，大约为公元前300年）。根据Knuth（1973）的看法，这一算法应该被认为是最老的非平凡算法。古埃及的乘方法（练习1.18）确实年代更久远，但按Knuth的看法，欧几里得算法是已知的最早描述为一般性算法的东西，而不是仅仅给出一集示例。

[43] 这一定理是1845年由Gabriel Lamé证明的。Gabriel Lamé是法国数学家和工程师，他以在数学物理领域的贡献而闻名。为了证明这一定理，考虑数对序列 (a_k, b_k)，其中$a_k \geqslant b_k$，假设欧几里得算法在第k步结束。这一证明基于下述论断：如果 $(a_{k+1}, b_{k+1}) \to (a_k, b_k) \to (a_{k-1}, b_{k-1})$ 是归约序列中连续的三个数对，我们必然有$b_{k+1} \geqslant b_k + b_{k-1}$。为验证这一论断，我们需要注意到，这里的每个归约步骤都是通过应用变换$a_{k-1} = b_k$，$b_{k-1} = a_k$除以b_k的余数。第二个等式意味着$a_k = qb_k + b_{k-1}$，其中的q是某个正整数。因为q至少是1，所以我们有$a_k = qb_k + b_{k-1} \geqslant b_k + b_{k-1}$。但在前面一个归约步中有$b_{k+1} = a_k$，因此$b_{k+1} = a_k \geqslant b_k + b_{k-1}$。这就证明了上述论断。现在就可以通过对$k$归纳来证明这一定理了，假设$k$是算法结束所需要的步数。对$k = 1$结论成立，因为此时不过是要求$b$不小于$\mathrm{Fib}(1) = 1$。现在假定结果对所有小于等于$k$的整数都成立，让我们来设法建立对$k + 1$的结果。令 $(a_{k+1}, b_{k+1}) \to (a_k, b_k) \to (a_{k-1}, b_{k-1})$ 是归约计算过程中的几个连续的数对，我们有$b_{k-1} \geqslant \mathrm{Fib}(k-1)$ 以及$b_k \geqslant \mathrm{Fib}(k)$。这样，应用我们在上面已证明的论断，再根据Fibonacci数的定义，就可以给出$b_{k+1} \geqslant b_k + b_{k-1} \geqslant \mathrm{Fib}(k) + \mathrm{Fib}(k-1) = \mathrm{Fib}(k+1)$，这就完成了Lamé定理的证明。

我们可以利用这一定理，做出欧几里得算法的增长阶估计。令n是作为过程输入的两个数中较小的那个，如果计算过程需要k步，那么我们就一定有$n \geqslant \text{Fib}(k) \approx \phi^k/\sqrt{5}$。这样，步数$k$的增长就是$n$的对数（对数的底是$\phi$）。这样，算法的增长阶就是$\Theta(\log n)$。

练习1.20 一个过程所产生的计算过程当然依赖于解释器所使用的规则。作为一个例子，考虑上面给出的迭代式`gcd`过程，假定解释器用第1.1.5节讨论的正则序去解释这一过程（对`if`的正则序求值规则在练习1.5中描述）。请采用（正则序的）代换方法，展示在求值表达式`(gcd 206 40)`中产生的计算过程，并指明实际执行的`remainder`运算。在采用正则序求值`(gcd 206 40)`中实际执行了多少次`remainder`运算？如果采用应用序求值呢？

1.2.6 实例：素数检测

本节将描述两种检查整数n是否素数的方法，第一个具有$\Theta(\sqrt{n})$的增长阶，而另一个“概率”算法具有$\Theta(\log n)$的增长阶。本节最后的练习提出了若干基于这些算法的编程作业。

寻找因子

自古以来，数学家就被有关素数的问题所吸引，许多人都研究过确定整数是否素数的方法。检测一个数是否素数的一种方法就是找出它的因子。下面的程序能找出给定数n的（大于1的）最小整数因子。它采用了一种直接方法，用从2开始的连续整数去检查它们能否整除n。

```
(define (smallest-divisor n)
  (find-divisor n 2))

(define (find-divisor n test-divisor)
  (cond ((> (square test-divisor) n) n)
        ((divides? test-divisor n) test-divisor)
        (else (find-divisor n (+ test-divisor 1)))))

(define (divides? a b)
  (= (remainder b a) 0))
```

我们可以用如下方式检查一个数是否素数：n是素数当且仅当它是自己的最小因子：

```
(define (prime? n)
  (= n (smallest-divisor n)))
```

`find-divisor`的结束判断基于如下事实，如果n不是素数，它必然有一个小于或者等于$\sqrt{n}$的因子[44]。这也意味着该算法只需在1和$\sqrt{n}$之间检查因子。由此可知，确定是否素数所需的步数将具有$\Theta(\sqrt{n})$的增长阶。

费马检查

$\Theta(\log n)$的素数检查基于数论中著名的费马小定理的结果[45]。

---

[44] 如果d是n的因子，那么d/n当然也是。而d和d/n绝不会都大于$\sqrt{n}$。

[45] 皮埃尔·得·费马（1601－1665）是现代数论的奠基人，他得出了许多有关数论的重要理论结果，但他通常只是通告这些结果，而没有提供证明。费马小定理是在1640年他所写的一封信里提到的，公开发表的第一个证明由欧拉在1736年给出（更早一些，同样的证明也出现在莱布尼茨的未发表的手稿中）。费马的最著名结果——称为费马的最后定理——是1637年草草写在他所读的书籍《算术》里（3世纪希腊数学家丢番图所著），还带有一句注释“我已经发现了一个极其美妙的证明，但这本书的边栏太小，无法将它写在这里”。找出费马最后定理的证明成为数论中最著名的挑战。完整的解最终由普林斯顿大学的安德鲁·怀尔斯在1995年给出。

费马小定理：如果n是一个素数，a是小于n的任意正整数，那么a的n次方与a模n同余。（两个数称为是模n同余，如果它们除以n的余数相同。数a除以n的余数称为a取模n的余数，或简称为a取模n）。

如果n不是素数，那么，一般而言，大部分的$a<n$都将满足上面关系。这就引出了下面这个检查素数的算法：对于给定的整数n，随机任取一个$a<n$并计算出a^n取模n的余数。如果得到的结果不等于a，那么n就肯定不是素数。如果它就是a，那么n是素数的机会就很大。现在再另取一个随机的a并采用同样方式检查。如果它满足上述等式，那么我们就能对n是素数有更大的信心了。通过检查越来越多的a值，我们就可以不断增加对有关结果的信心。这一算法称为费马检查。

为了实现费马检查，我们需要有一个过程来计算一个数的幂对另一个数取模的结果：

```
(define (expmod base exp m)
  (cond ((= exp 0) 1)
        ((even? exp)
         (remainder (square (expmod base (/ exp 2) m))
                    m))
        (else
         (remainder (* base (expmod base (- exp 1) m))
                    m))))
```

这个过程很像1.2.4节的`fast-expt`过程，它采用连续求平方的方式，使相对于计算中指数，步数增长的阶是对数的[46]。

执行费马检查需要选取位于1和$n-1$之间（包含这两者）的数a，而后检查a的n次幂取模n的余数是否等于a。随机数a的选取通过过程`random`完成，我们假定它已经包含在Scheme的基本过程中，它返回比其整数输入小的某个非负整数。这样，要得到1和$n-1$之间的随机数，只需用输入$n-1$去调用`random`，并将结果加1：

```
(define (fermat-test n)
  (define (try-it a)
    (= (expmod a n n) a))
  (try-it (+ 1 (random (- n 1)))))
```

下面这个过程的参数是某个数，它将按照由另一参数给定的次数运行上述检查。如果每次检查都成功，这一过程的值就是真，否则就是假：

```
(define (fast-prime? n times)
  (cond ((= times 0) true)
        ((fermat-test n) (fast-prime? n (- times 1)))
        (else false)))
```

概率方法

从特征上看，费马检查与我们前面已经熟悉的算法都不一样。前面那些算法都保证计算的结果一定正确，而费马检查得到的结果则只有概率上的正确性。说得更准确些，如果数n不

[46] 对于指数值e大于1的情况，所采用归约方式是基于下面事实：对任意的x、y和m，我们总可以通过分别计算x取模m和y取模m，而后将它们乘起来之后取模m，得到x乘y取模的余数。例如，在e是偶数时，我们计算$b^{e/2}$取模m的余数，求它的平方，而后再求它取模m的余数。这种技术非常有用，因为它意味着我们的计算中不需要去处理比m大很多的数（请与练习1.25比较）。

能通过费马检查，我们可以确信它一定不是素数。而n通过了这一检查的事实只能作为它是素数的一个很强的证据，但却不是对n为素数的保证。我们能说的是，对于任何数n，如果执行这一检查的次数足够多，而且看到n通过了检查，那么就能使这一素数检查出错的概率减小到所需要的任意程度。

不幸的是，这一断言并不完全正确。因为确实存在着一些能骗过费马检查的整数：某些数n不是素数但却具有这样的性质，对任意整数$a<n$，都有a^n与a模n同余。由于这种数极其罕见，因此费马检查在实践中还是很可靠的[47]。也存在着一些费马检查的不会受骗的变形，它们也像费马方法一样，在检查整数n是否为素数时，选择随机的整数$a<n$并去检查某些依赖于n和a的关系（练习1.28是这类检查的一个例子）。另一方面，与费马检查不同的是可以证明，对任意的数n，相应条件对整数$a<n$中的大部分都不成立，除非n是素数。这样，如果n对某个随机选出的a能通过检查，n是素数的机会就大于一半。如果n对两个随机选择的a能通过检查，n是素数的机会就大于四分之三。通过用更多随机选择的a值运行这一检查，我们可以使出现错误的概率减小到所需要的任意程度。

能够证明，存在着使这样的出错机会达到任意小的检查算法，激发了人们对这类算法的极大兴趣，已经形成了人所共知称为*概率算法*的领域。在这一领域中已经有了大量研究工作，概率算法也已被成功地应用于许多重要领域[48]。

练习1.21 使用`smallest-divisor`过程找出下面各数的最小因子：199、1999、19999。

练习1.22 大部分Lisp实现都包含一个`runtime`基本过程，调用它将返回一个整数，表示系统已经运行的时间（例如，以微秒计）。在对整数n调用下面的`timed-prime-test`过程时，将打印出n并检查n是否为素数。如果n是素数，过程将打印出三个星号，随后是执行这一检查所用的时间量。

```
(define (timed-prime-test n)
  (newline)
  (display n)
  (start-prime-test n (runtime)))
(define (start-prime-test n start-time)
  (if (prime? n)
      (report-prime (- (runtime) start-time))))

(define (report-prime elapsed-time)
  (display " *** ")
  (display elapsed-time))
```

请利用这一过程写一个`search-for-primes`过程，它检查给定范围内连续的各个奇数的

---

[47] 能够骗过费马检查的数称为*Carmichael*数，我们对它们知之甚少，只知其非常罕见。在100 000 000之内有255个Carmichael数，其中最小的几个是561、1105、1729、2465、2821和6601。在检查很大的数是否为素数时，所用选择是随机的。撞上能欺骗费马检查的值的机会比宇宙射线导致计算机在执行“正确”算法中出错的机会还要小。对算法只考虑第一个因素而不考虑第二个因素恰好表现出数学与工程的不同。

[48] 概率素数检查的最惊人应用之一是在密码学的领域中。虽然完成200位数的因数分解现在在计算上还是不现实的，但用费马检查却可以在几秒钟内判断这么大的数的素性。这一事实成为Rivest、Shamir和Adleman（1977）提出的一种构造“不可摧毁的密码”的技术基础，这一RSA算法已成为提高电子通信安全性的一种使用广泛的技术。因为这项研究和其他相关研究的发展，素数研究这一曾被认为是“纯粹”数学的缩影，是仅仅因为其自身原因而被研究的课题，现在已经变成在密码学、电子资金流通和信息查询领域里有重要实际应用的问题了。

素性。请用你的过程找出大于1 000、大于10 000、大于100 000和大于1 000 000的三个最小的素数。请注意其中检查每个素数所需要的时间。因为这一检查算法具有$\Theta(\sqrt{n})$的增长阶，你可以期望在10 000附近的素数检查的耗时大约是在1 000附近的素数检查的$\sqrt{10}$倍。你得到的数据确实如此吗？对于100 000和1 000 000得到的数据，对这一$\sqrt{n}$预测的支持情况如何？有人说程序在你的机器上运行的时间正比于计算所需的步数，你得到的结果符合这种说法吗？

练习1.23 在本节开始时给出的那个`smallest-divisor`过程做了许多无用检查：在它检查了一个数是否能被2整除之后，实际上已经完全没必要再检查它是否能被任何偶数整除了。这说明`test-divisor`所用的值不应该是2，3，4，5，6，…，而应该是2，3，5，7，9，…。请实现这种修改。其中应定义一个过程`next`，用2调用时它返回3，否则就返回其输入值加2。修改`smallest-divisor`过程，使它去使用`(next test-divisor)`而不是`(+ test-divisor 1)`。让`timed-prime-test`结合这个`smallest-divisor`版本，运行练习1.22里的12个找素数的测试。因为这一修改使检查的步数减少一半，你可能期望它的运行速度快一倍。实际情况符合这一预期吗？如果不符合，你所观察到的两个算法速度的比值是什么？你如何解释这一比值不是2的事实？

练习1.24 修改练习1.22的`timed-prime-test`过程，让它使用`fast-prime?`（费马方法），并检查你在该练习中找出的12个素数。因为费马检查具有$\Theta(\log n)$的增长速度，对接近1 000 000的素数检查与接近1000的素数检查作对期望时间之间的比较有怎样的预期？你的数据确实表明了这一预期吗？你能解释所发现的任何不符合预期的地方吗？

练习1.25 Alyssa P. Hacker提出，在写`expmod`时我们做了过多的额外工作。她说，毕竟我们已经知道怎样计算乘幂，因此只需要简单地写：

```
(define (expmod base exp m)
  (remainder (fast-expt base exp) m))
```

她说的对吗？这一过程能很好地用于我们的快速素数检查程序吗？请解释这些问题。

练习1.26 Louis Reasoner在做练习1.24时遇到了很大困难，他的`fast-prime?`检查看起来运行得比他的`prime?`检查还慢。Louis请他的朋友Eva Lu Ator过来帮忙。在检查Louis的代码时，两个人发现他重写了`expmod`过程，其中用了一个显式的乘法，而没有调用`square`：

```
(define (expmod base exp m)
  (cond ((= exp 0) 1)
        ((even? exp)
         (remainder (* (expmod base (/ exp 2) m)
                       (expmod base (/ exp 2) m))
                    m))
        (else
         (remainder (* base (expmod base (- exp 1) m))
                    m))))
```

"我看不出来这会造成什么不同，"Louis说。"我能看出，"Eva说，"采用这种方式写出该过程时，你就把一个$\Theta(\log n)$的计算过程变成$\Theta(n)$的了。"请解释这一问题。

练习1.27 证明脚注47中列出的Carmichael数确实能骗过费马检查。也就是说，写一个过程，它以整数n为参数，对每个$a<n$检查a^n是否与a模n同余。用你的过程去检查前面给出的那些Carmichael数。

练习1.28 费马检查的一种不会被欺骗的变形称为Miller-Rabin检查（Miller 1976; Rabin 1980），它来源于费马小定理的一个变形。这一变形断言，如果n是素数，a是任何小于n的整数，则a的$(n-1)$次幂与1模n同余。要用Miller-Rabin检查考察数n的素性，我们应随机地取一个数$a<n$并用过程`expmod`求a的$(n-1)$次幂对n的模。然而，在执行`expmod`中的平方步骤时，我们需要查看是否遇到了“1取模n的非平凡平方根”，也就是说，是不是存在不等于1或者$n-1$的数，其平方取模n等于1。可以证明，如果1的这种非平凡平方根存在，那么n就不是素数。还可以证明，如果n是非素数的奇数，那么，至少有一半的数$a<n$，按照这种方式计算a^{n-1}，将会遇到1取模n的非平凡平方根。这也是Miller-Rabin检查不会受骗的原因。请修改`expmod`过程，让它在发现1的非平凡平方根时报告失败，并利用它实现一个类似于`fermat-test`的过程，完成Miller-Rabin检查。通过检查一些已知素数和非素数的方式考验你的过程。提示：送出失败信号的一种简单方式就是让它返回0。

1.3 用高阶函数做抽象

我们已经看到，在作用上，过程也就是一类抽象，它们描述了一些对于数的复合操作，但又并不依赖于特定的数。例如，在定义：

```
(define (cube x) (* x x x))
```

时，我们讨论的并不是某个特定数值的立方，而是对任意的数得到其立方的方法。当然，我们也完全可以不去定义这一过程，而总是写出下面这样的表达式：

```
(* 3 3 3)
(* x x x)
(* y y y)
```

并不明确地提出*cube*。但是，这样做将把自己置于一个非常糟糕的境地，迫使我们永远在语言恰好提供了的那些特定基本操作（例如这里的乘法）的层面上工作，而不能基于更高级的操作去工作。我们写出的程序也能计算立方，但是所用的语言却不能表述立方这一概念。人们对功能强大的程序设计语言有一个必然要求，就是能为公共的模式命名，建立抽象，而后直接在抽象的层次上工作。过程提供了这种能力，这也是为什么除最简单的程序语言外，其他语言都包含定义过程的机制的原因。

然而，即使在数值计算过程中，如果将过程限制为只能以数作为参数，那也会严重地限制我们建立抽象的能力。经常有一些同样的程序设计模式能用于若干不同的过程。为了把这种模式描述为相应的概念，我们就需要构造出这样的过程，让它们以过程作为参数，或者以过程作为返回值。这类能操作过程的过程称为高阶过程。本节将展示高阶过程如何能成为强有力的抽象机制，极大地增强语言的表述能力。

1.3.1 过程作为参数

考虑下面的三个过程，第一个计算从a到b的各整数之和：

```
(define (sum-integers a b)
  (if (> a b)
      0
      (+ a (sum-integers (+ a 1) b))))
```

第二个计算给定范围内的整数的立方之和：

```
(define (sum-cubes a b)
  (if (> a b)
      0
      (+ (cube a) (sum-cubes (+ a 1) b))))
```

第三个计算下面的序列之和：

$$\frac{1}{1\cdot 3}+\frac{1}{5\cdot 7}+\frac{1}{9\cdot 11}+\cdots$$

它将（非常缓慢地）收敛[49]到π/8：

```
(define (pi-sum a b)
  (if (> a b)
      0
      (+ (/ 1.0 (* a (+ a 2))) (pi-sum (+ a 4) b))))
```

可以明显看出，这三个过程共享着一种公共的基础模式。它们的很大一部分是共同的，只在所用的过程名字上不一样：用于从a算出需要加的项的函数，还有用于提供下一个a值的函数。我们可以通过填充下面模板中的各空位，产生出上面的各个过程：

```
(define (<name> a b)
  (if (> a b)
      0
      (+ (<term> a)
         (<name> (<next> a) b))))
```

这种公共模式的存在是一种很强的证据，说明这里实际上存在着一种很有用的抽象，在那里等着浮现出来。确实，数学家很早就认识到序列求和中的抽象模式，并提出了专门的“求和记法”，例如：

$$\sum_{n=a}^{b} f(n)=f(a)+\cdots+f(b)$$

用于描述这一概念。求和记法的威力在于它使数学家能去处理求和的概念本身，而不只是某个特定的求和——例如，借助它去形式化某些并不依赖于特定求和序列的求和结果。

与此类似，作为程序模式，我们也希望所用的语言足够强大，能用于写出一个过程，去表述求和的概念，而不是只能写计算特定求和的过程。我们确实可以在所用的过程语言中做到这些，只要按照上面给出的模式，将其中的“空位”翻译为形式参数：

```
(define (sum term a next b)
  (if (> a b)
      0
      (+ (term a)
         (sum term (next a) next b))))
```

请注意，sum仍然以作为下界和上界的参数a和b为参数，但是这里又增加了过程参数term和next。使用sum的方式与其他函数完全一样。例如，我们可以用它去定义sum-cubes（还需要一个过程inc，它得到参数值加一）：

[49] 这一序列通常被写成与之等价的形式（π/4）＝1－（1/3）＋（1/5）－（1/7）＋…。这归功于莱布尼茨。我们将在3.5.3节看到如何用它作为某些数值技巧的基础。

```
(define (inc n) (+ n 1))
(define (sum-cubes a b)
  (sum cube a inc b))
```

我们可以用这个过程算出从1到10的立方和：

```
(sum-cubes 1 10)
3025
```

利用一个恒等函数帮助算出项值，我们就可以基于sum定义出sum-integers：

```
(define (identity x) x)
(define (sum-integers a b)
  (sum identity a inc b))
```

而后就可以求出从1到10的整数之和了：

```
(sum-integers 1 10)
55
```

我们也可以按同样方式定义pi-sum[50]：

```
(define (pi-sum a b)
  (define (pi-term x)
    (/ 1.0 (* x (+ x 2))))
  (define (pi-next x)
    (+ x 4))
  (sum pi-term a pi-next b))
```

利用这一过程就能计算出π的一个近似值了：

```
(* 8 (pi-sum 1 1000))
3.139592655589783
```

一旦有了sum，我们就能用它作为基本构件，去形式化其他概念。例如，求出函数f在范围a和b之间的定积分的近似值，可以用下面公式完成

$$\int_a^b f = \left[f\left(a+\frac{dx}{2}\right)+f\left(a+dx+\frac{dx}{2}\right)+f\left(a+2dx+\frac{dx}{2}\right)+\cdots\right]dx$$

其中的dx是一个很小的值。我们可以将这个公式直接描述为一个过程：

```
(define (integral f a b dx)
  (define (add-dx x) (+ x dx))
  (* (sum f (+ a (/ dx 2.0)) add-dx b)
     dx))

(integral cube 0 1 0.01)
.24998750000000042

(integral cube 0 1 0.001)
.249999875000001
```

（cube在0和1间积分的精确值是1/4。）

练习1.29 辛普森规则是另一种比上面所用规则更精确的数值积分方法。采用辛普森规

[50] 注意，我们已经用（1.1.8节介绍的）块结构将pi-next和pi-term嵌入pi-sum内部，因为这些函数不大可能用于其他地方。我们将在1.3.2节说明如何完全摆脱这种定义。

则，函数f在范围a和b之间的定积分的近似值是：

$$\frac{h}{3}\left[y_0+4y_1+2y_2+4y_3+2y_4+\cdots+2y_{n-2}+4y_{n-1}+y_n\right]$$

其中$h=(b-a)/n$，n是某个偶数，而$y_k=f(a+kh)$（增大n能提高近似值的精度）。请定义一个具有参数f、a、b和n，采用辛普森规则计算并返回积分值的过程。用你的函数求出cube在0和1之间的积分（用$n=100$和$n=1000$），并将得到的值与上面用integral过程所得到的结果比较。

练习1.30　上面的过程sum将产生出一个线性递归。我们可以重写该过程，使之能够迭代地执行。请说明应该怎样通过填充下面定义中缺少的表达式，完成这一工作。

```
(define (sum term a next b)
  (define (iter a result)
    (if <??>
        <??>
        (iter <??> <??>)))
  (iter <??> <??>))
```

练习1.31　a) 过程sum是可以用高阶过程表示的大量类似抽象中最简单的一个[51]。请写出一个类似的称为product的过程，它返回在给定范围中各点的某个函数值的乘积。请说明如何用product定义factorial。另请按照下面公式计算π的近似值[52]：

$$\frac{\pi}{4}=\frac{2\cdot4\cdot4\cdot6\cdot6\cdot8\cdots}{3\cdot3\cdot5\cdot5\cdot7\cdot7\cdots}$$

b) 如果你的product过程生成的是一个递归计算过程，那么请写出一个生成迭代计算过程的过程。如果它生成一个迭代计算过程，请写一个生成递归计算过程的过程。

练习1.32　a) 请说明，sum和product（练习1.31）都是另一称为accumulate的更一般概念的特殊情况，accumulate使用某些一般性的累积函数组合起一系列项：

```
(accumulate combiner null-value term a next b)
```

accumulate取的是与sum和product一样的项和范围描述参数，再加上一个（两个参数的）combiner过程，它描述如何将当前项与前面各项的积累结果组合起来，另外还有一个null-value参数，它描述在所有的项都用完时的基本值。请写出accumulate，并说明我们能怎样基于简单地调用accumulate，定义出sum和product来。

b) 如果你的accumulate过程生成的是一个递归计算过程，那么请写出一个生成迭代计算过程的过程。如果它生成一个迭代计算过程，请写一个生成递归计算过程的过程。

练习1.33　你可以通过引进一个处理被组合项的过滤器（filter）概念，写出一个比accumulate（练习1.32）更一般的版本。也就是说，在计算过程中，只组合起由给定范围得到的项里的那些满足特定条件的项。这样得到的filtered-accumulate抽象取与上面累

---

[51] 练习1.31～1.33的意图是阐释用一个适当的抽象去整理许多貌似毫无关系的操作，所获得的巨大表达能力。显然，虽然累积和过滤器都是很优美的想法，我们并没有急于将它们用在这里，因为我们还没有数据结构的思想，无法用它们去提供组合这些抽象的适当手段。我们将在2.2.3节回到这些思想，那时将说明如何用序列的概念作为界面，组合起过滤器和累积，去构造出更强大得多的抽象。我们将在那里看到，这些方法本身如何能成为设计程序的强有力而又非常优美的途径。

[52] 这一公式是由17世纪英国数学家John Wallis发现的。

积过程同样的参数，再加上一个另外的描述有关过滤器的谓词参数。请写出filtered-accumulate作为一个过程，说明如何用filtered-accumulate表达以下内容：

a) 求出在区间a到b中所有素数之和（假定你已经写出了谓词prime?）。

b) 小于n的所有与n互素的正整数（即所有满足GCD$(i, n)=1$的整数$i<n$）之乘积。

1.3.2 用lambda构造过程

在1.3.1节里用sum时，我们必须定义出一些如pi-term和pi-next一类的简单函数，以便用它们作为高阶函数的参数，这种做法看起来很不舒服。如果不需要显式定义pi-term和pi-next，而是有一种方法去直接刻画“那个返回其输入值加4的过程”和“那个返回其输入与它加2的乘积的倒数的过程”，事情就会方便多了。我们可以通过引入一种lambda特殊形式完成这类描述，这种特殊形式能够创建出所需要的过程。利用lambda，我们就能按照如下方式写出所需的东西：

```
(lambda (x) (+ x 4))
```

和

```
(lambda (x) (/ 1.0 (* x (+ x 2))))
```

这样就可以直接描述pi-sum过程，而无须定义任何辅助过程了：

```
(define (pi-sum a b)
  (sum (lambda (x) (/ 1.0 (* x (+ x 2))))
       a
       (lambda (x) (+ x 4))
       b))
```

借助于lambda，我们也可以写出integral过程而不需要定义辅助过程add-dx：

```
(define (integral f a b dx)
  (* (sum f
          (+ a (/ dx 2.0))
          (lambda (x) (+ x dx))
          b)
     dx))
```

一般而言，lambda用与define同样的方式创建过程，除了不为有关过程提供名字之外：

```
(lambda (<formal-parameters>) <body>)
```

这样得到的过程与通过define创建的过程完全一样，仅有的不同之处，就是这种过程没有与环境中的任何名字相关联。事实上，

```
(define (plus4 x) (+ x 4))
```

等价于

```
(define plus4 (lambda (x) (+ x 4)))
```

我们可以按如下方式来阅读lambda表达式：

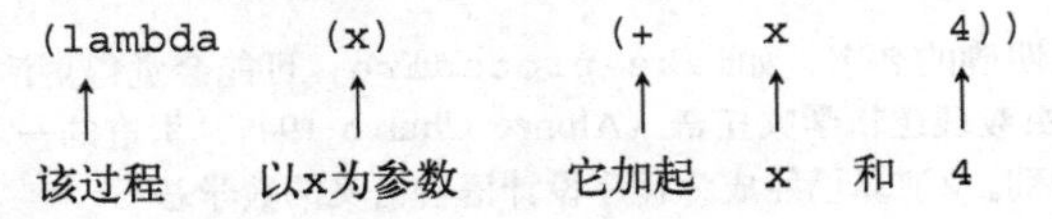

像任何以过程为值的表达式一样，lambda表达式可用作组合式的运算符，例如：

```
((lambda (x y z) (+ x y (square z))) 1 2 3)
12
```

或者更一般些，可以用在任何通常使用过程名的上下文中[53]。

用let创建局部变量

lambda的另一个应用是创建局部变量。在一个过程里，除了使用那些已经约束为过程参数的变量外，我们常常还需要另外一些局部变量。例如，假定我们希望计算函数：

$$f(x, y) = x(1+xy)^2 + y(1-y) + (1+xy)(1-y)$$

可能就希望将它表述为：

$$a = 1 + xy$$
$$b = 1 - y$$
$$f(x, y) = xa^2 + yb + ab$$

在写计算 f 的过程时，我们可能希望还有几个局部变量，不只是x和y，还有中间值的名字如a和b。做到这些的一种方式就是利用辅助过程去约束局部变量：

```
(define (f x y)
  (define (f-helper a b)
    (+ (* x (square a))
       (* y b)
       (* a b)))
  (f-helper (+ 1 (* x y))
            (- 1 y)))
```

当然，我们也可以用一个lambda表达式，用以描述约束局部变量的匿名过程。这样，f的体就变成了一个简单的对该过程的调用：

```
(define (f x y)
  ((lambda (a b)
     (+ (* x (square a))
        (* y b)
        (* a b)))
   (+ 1 (* x y))
   (- 1 y)))
```

这一结构非常有用，因此，语言里有一个专门的特殊形式称为let，使这种编程方式更为方便。利用let，过程f可以写为：

```
(define (f x y)
  (let ((a (+ 1 (* x y)))
        (b (- 1 y)))
    (+ (* x (square a))
       (* y b)
       (* a b))))
```

[53] 对于学习Lisp的人而言，如果用一个比lambda更明确的名字，如make-procedure，可能会觉得更清楚。但是习惯成自然，这一记法形式取自λ演算，那是由数理逻辑学家丘奇（Alonzo Church 1941）引进的一种数学记法，为研究函数和函数应用提供一个严格的基础。λ演算已经成为程序设计语言语义的数学基石。

let表达式的一般形式是：

```
(let ((<var1> <exp1>)
      (<var2> <exp2>)
      ⋮
      (<varn> <expn>))
   <body>)
```

可以将它读作：

令 <var_1> 具有值 <exp_1> 而且
<var_2> 具有值 <exp_2> 而且
⋮
<var_n> 具有值 <exp_n>
在 <*body*> 中

let表达式的第一部分是个名字-表达式对偶的表，当let被求值时，这里的每个名字将被关联于对应表达式的值。在将这些名字约束为局部变量的情况下求值let的体。这一做法正好使let表达式被解释为替代如下表达式的另一种语法形式：

```
((lambda (<var1> ...<varn>)
    <body>)
 <exp1>
 ⋮
 <expn>)
```

这样，解释器里就不需要为提供局部变量增加任何新机制。let表达式只是作为其基础的lambda表达式的语法外衣罢了。

根据这一等价关系，我们可以认为，由let表达式描述的变量的作用域就是该let的体，这也意味着：

- let使人能在尽可能接近其使用的地方建立局部变量约束。例如，如果x的值是5，下面表达式

```
(+ (let ((x 3))
     (+ x (* x 10)))
   x)
```

  就是38。在这里，位于let体里的x是3，因此这一let表达式的值是33。另一方面，作为最外层的+的第二个参数的x仍然是5。

- 变量的值是在let之外计算的。在为局部变量提供值的表达式依赖于某些与局部变量同名的变量时，这一规定就起作用了。例如，如果x的值是2，表达式：

```
(let ((x 3)
      (y (+ x 2)))
  (* x y))
```

  将具有值12，因为在这里let的体里，x将是3而y是4（其值是外面的x加2）。

有时我们也可以通过内部定义得到与let同样的效果。例如可以将上述f定义为：

```
(define (f x y)
  (define a (+ 1 (* x y)))
  (define b (- 1 y))
```

```
        (+ (* x (square a))
           (* y b)
           (* a b)))
```

当然，在这种情况下我们更愿意用let，而仅将define用于内部过程[54]。

练习1.34 假定我们定义了：

```
(define (f g)
  (g 2))
```

而后就有：

```
(f square)
4

(f (lambda (z) (* z (+ z 1))))
6
```

如果我们（坚持）要求解释器去求值 (f f)，那会发生什么情况呢？请给出解释。

1.3.3 过程作为一般性的方法

我们在1.1.4节里介绍了复合过程，是为了作为一种将若干操作的模式抽象出来的机制，使所描述的计算不再依赖于所涉及的特定的数值。有了高阶过程，例如1.3.1节的integral过程，我们开始看到一种威力更强大的抽象，它们也是一类方法，可用于表述计算的一般性过程，与其中所涉及的特定函数无关。本节将讨论两个更精细的实例——找出函数零点和不动点的一般性方法，并说明如何通过过程去直接描述这些方法。

通过区间折半寻找方程的根

区间折半方法是寻找方程 $f(x)=0$根的一种简单而又强有力的方法，这里的 f 是一个连续函数。这种方法的基本想法是，如果对于给定点a和b有 $f(a)<0<f(b)$，那么 f 在a和b之间必然有一个零点。为了确定这个零点，令x是a和b的平均值并计算出 $f(x)$。如果 $f(x)>0$，那么在a和x之间必然有的一个 f 的零点；如果 $f(x)<0$，那么在x和b之间必然有的一个 f 的零点。继续这样做下去，就能确定出越来越小的区间，且保证在其中必然有 f 的一个零点。当区间“足够小”时，就结束这一计算过程了。因为这种不确定的区间在计算过程的每一步都缩小一半，所需步数的增长将是$\Theta(\log(L/T))$，其中L是区间的初始长度，T是可容忍的误差（即认为“足够小”的区间的大小）。下面是一个实现了这一策略的过程：

```
(define (search f neg-point pos-point)
  (let ((midpoint (average neg-point pos-point)))
    (if (close-enough? neg-point pos-point)
        midpoint
        (let ((test-value (f midpoint)))
          (cond ((positive? test-value)
                 (search f neg-point midpoint))
                ((negative? test-value)
```

[54] 要很好地理解内部定义，保证一个程序的意义确实是我们所希望的那个意义，实际上要求另一个比我们在本章给出的求值计算过程更精细的模型。然而这一难以捉摸的问题不会出现在过程内部定义方面。我们将在对求值有了更多理解之后，在4.1.6节回到这一问题。

```
                    (search f midpoint pos-point))
                   (else midpoint))))))
```

假定开始时给定了函数 f，以及使它取值为负和为正的两个点。我们首先算出两个给定点的中点，而后检查给定区间是否已经足够小。如果是的话，就返回这一中点的值作为回答；否则就算出 f 在这个中点的值。如果检查发现得到的这个值为正，那么就以从原来负点到中点的新区间继续下去；如果这个值为负，就以中点到原来为正的点为新区间并继续下去。还有，也存在着检测值恰好为0的可能性，这时中点就是我们所寻找的根。

为了检查两个端点是否“足够接近”，我们可以用一个过程，它与1.1.7节计算平方根时所用的那个过程很类似[55]：

```
(define (close-enough? x y)
  (< (abs (- x y)) 0.001))
```

search很难直接去用，因为我们可能会偶然地给了它一对点，相应的 f 值并不具有这个过程所需的正负号，这时就会得到错误的结果。让我们换一种方式，通过下面的过程去用search，这一过程检查是否某个点具有负的函数值，另一个点是正值，并根据具体情况去调用search过程。如果这一函数在两个给定点的值同号，那么就无法使用折半方法，在这种情况下过程发出错误信号[56]。

```
(define (half-interval-method f a b)
  (let ((a-value (f a))
        (b-value (f b)))
    (cond ((and (negative? a-value) (positive? b-value))
           (search f a b))
          ((and (negative? b-value) (positive? a-value))
           (search f b a))
          (else
           (error "Values are not of opposite sign" a b)))))
```

下面实例用折半方法求π的近似值，它正好是sin $x=0$在2和4之间的根：

```
(half-interval-method sin 2.0 4.0)
3.14111328125
```

这里是另一个例子，用折半方法找出$x^3-2x-3=0$在1和2之间的根：

```
(half-interval-method (lambda (x) (- (* x x x) (* 2 x) 3))
                      1.0
                      2.0)
1.89306640625
```

找出函数的不动点

数x称为函数 f 的*不动点*，如果x满足方程 $f(x)=x$。对于某些函数，通过从某个初始猜测出发，反复地应用 f

$$f(x), f(f(x)), f(f(f(x))), \ldots$$

[55] 这里用0.001作为示意性的“小”数，表示计算中可以接受的容许误差。实际计算中所适用的容许误差依赖于被求解的问题，以及计算机和算法的限制。这一问题常常需要很细节的考虑，需要数值专家或者某些其他类型术士们的帮助。

[56] 用error可以完成此事，该过程以几个项作为参数，将它们打印出来作为出错信息。

直到值的变化不大时，就可以找到它的一个不动点。根据这个思路，我们可以设计出一个过程fixed-point，它以一个函数和一个初始猜测为参数，产生出该函数的一个不动点的近似值。我们将反复应用这个函数，直至发现连续的两个值之差小于某个事先给定的容许值：

```
(define tolerance 0.00001)

(define (fixed-point f first-guess)
  (define (close-enough? v1 v2)
    (< (abs (- v1 v2)) tolerance))
  (define (try guess)
    (let ((next (f guess)))
      (if (close-enough? guess next)
          next
          (try next))))
  (try first-guess))
```

例如，下面用这一方法求出的是余弦函数的不动点，其中用1作为初始近似值[57]：

```
(fixed-point cos 1.0)
.7390822985224023
```

类似地，我们也可以找出方程$y = \sin y + \cos y$的一个解：

```
(fixed-point (lambda (y) (+ (sin y) (cos y)))
             1.0)
1.2587315962971173
```

这一不动点的计算过程使人回忆起1.1.7节里用于找平方根的计算过程。两者都是基于同样的想法：通过不断地改进猜测，直至结果满足某一评价准则为止。事实上，我们完全可以将平方根的计算形式化为一个寻找不动点的计算过程。计算某个数x的平方根，就是要找到一个y使得$y^2 = x$。将这一等式变成另一个等价形式$y = x/y$，就可以发现，这里要做的就是寻找函数$y \mapsto x/y$的不动点[58]。因此，可以用下面方式试着去计算平方根：

```
(define (sqrt x)
  (fixed-point (lambda (y) (/ x y))
               1.0))
```

遗憾的是，这一不动点搜寻并不收敛。考虑某个初始猜测y_1，下一个猜测将是$y_2 = x/y_1$，而再下一个猜测是$y_3 = x/y_2 = x/(x/y_1) = y_1$。结果是进入了一个无限循环，其中没完没了地反复出现两个猜测y_1和y_2，在答案的两边往复振荡。

控制这类振荡的一种方法是不让有关的猜测变化太剧烈。因为实际答案总是在两个猜测y和x/y之间，我们可以做出一个猜测，使之不像x/y那样远离y，为此可以用y和x/y的平均值。这样，我们就取y之后的下一个猜测值为$(1/2)(y + x/y)$而不是x/y。做出这种猜测序列的计算过程也就是搜寻$y \mapsto (1/2)(y + x/y)$的不动点：

```
(define (sqrt x)
  (fixed-point (lambda (y) (average y (/ x y)))
               1.0))
```

[57] 在一个没意思的课上试试下面计算：将你的计数器设置为弧度模式，而后反复按cos键直至你得到了这一不动点。

[58] $\mapsto$（读作“映射到”）是数学家写lambda的方式，$y \mapsto x/y$的意思就是(lambda (y) (/ x y))，也就是说，那个在y处的值为x/y的函数。

（请注意，$y=(1/2)(y+x/y)$ 是方程$y=x/y$经过简单变换的结果，导出它的方式是在方程两边都加y，然后将两边都除以2。）

经过这一修改，平方根过程就能正常工作了。事实上，如果我们仔细分析这一定义，那么就可以看到，它在求平方根时产生的近似值序列，正好就是1.1.7节原来那个求平方根过程产生的序列。这种取逼近一个解的一系列值的平均值的方法，是一种称为*平均阻尼*的技术，它常常用在不动点搜寻中，作为帮助收敛的手段。

练习1.35 请证明黄金分割率ϕ（1.2.2节）是变换$x \mapsto 1+1/x$的不动点。请利用这一事实，通过过程`fixed-point`计算出ϕ的值。

练习1.36 请修改`fixed-point`，使它能打印出计算中产生的近似值序列，用练习1.22展示的`newline`和`display`基本过程。而后通过找出$x \mapsto \log(1000)/\log(x)$ 的不动点的方式，确定$x^x=1000$的一个根（请利用Scheme的基本过程`log`，它计算自然对数值）。请比较一下采用平均阻尼和不用平均阻尼时的计算步数。（注意，你不能用猜测1去启动`fixed-point`，因为这将导致除以$\log(1)=0$。）

练习1.37 a) 一个*无穷连分式*是一个如下形式的表达式：

$$f=\cfrac{N_1}{D_1+\cfrac{N_2}{D_2+\cfrac{N_3}{D_3+\cdots}}}$$

作为一个例子，我们可以证明在所有的N_i和D_i都等于1时，这一无穷连分式产生出$1/\phi$，其中的ϕ就是黄金分割率（见1.2.2节的描述）。逼近某个无穷连分式的一种方法是在给定数目的项之后截断，这样的一个截断称为*k项有限连分式*，其形式是：

$$\cfrac{N_1}{D_1+\cfrac{N_2}{\ddots+\cfrac{N_K}{D_K}}}$$

假定`n`和`d`都是只有一个参数（项的下标i）的过程，它们分别返回连分式的项N_i和D_i。请定义一个过程`cont-frac`，使得对`(cont-frac n d k)`的求值计算出k项有限连分式的值。通过如下调用检查你的过程对于顺序的k值是否逼近$1/\phi$：

```
(cont-frac (lambda (i) 1.0)
           (lambda (i) 1.0)
           k)
```

你需要取多大的`k`才能保证得到的近似值具有十进制的4位精度？

b) 如果你的过程产生一个递归计算过程，那么请写另一个产生迭代计算的过程。如果它产生迭代计算，请写出另一个过程，使之产生一个递归计算过程。

练习1.38 在1737年，瑞士数学家莱昂哈德·欧拉发表了一篇论文*De Fractionibus Continuis*，文中包含了`e-2`的一个连分式展开，其中的e是自然对数的底。在这一分式中，N_i全都是1，而D_i依次为1, 2, 1, 1, 4, 1, 1, 6, 1, 1, 8, …。请写出一个程序，其中使用你在练习1.37中所做的`cont-frac`过程，并能基于欧拉的展开式求出e的近似值。

练习1.39 正切函数的连分式表示由德国数学家J.H. Lambert在1770年发表：

$$\tan x = \cfrac{x}{1 - \cfrac{x^2}{3 - \cfrac{x^2}{5 - \ddots}}}$$

其中的x用弧度表示。请定义过程（`tan-cf x k`），它基于Lambert公式计算正切函数的近似值。`k`描述的是计算的项数，就像练习1.37一样。

1.3.4 过程作为返回值

上面的例子说明，将过程作为参数传递，能够显著增强我们的程序设计语言的表达能力。通过创建另一种其返回值本身也是过程的过程，我们还能得到进一步的表达能力。

我们将阐释这一思想，现在还是先来看1.3.3节最后描述的不动点例子。在那里我们构造出一个平方根程序的新版本，它将这一计算看作一种不动点搜寻过程。开始时，我们注意到$\sqrt{x}$就是函数$y \mapsto x/y$的不动点，而后又利用平均阻尼使这一逼近收敛。平均阻尼本身也是一种很有用的一般性技术。很自然，给定了一个函数f之后，我们就可以考虑另一个函数，它在x处的值等于x和$f(x)$的平均值。

我们可以将平均阻尼的思想表述为下面的过程：

```
(define (average-damp f)
  (lambda (x) (average x (f x))))
```

这里的`average-damp`是一个过程，它的参数是一个过程`f`，返回值是另一个过程（通过`lambda`产生），当我们将这一返回值过程应用于数`x`时，得到的将是`x`和（`f x`）的平均值。例如，将`average-damp`应用于`square`过程，就会产生出另一个过程，它在数值x处的值就是x和x^2的平均值。将这样得到的过程应用于10，将返回10与100的平均值55[59]：

```
((average-damp square) 10)
55
```

利用`average-damp`，我们可以重做前面的平方根过程如下：

```
(define (sqrt x)
  (fixed-point (average-damp (lambda (y) (/ x y)))
               1.0))
```

请注意，看看上面这一公式中怎样把三种思想结合在同一个方法里：不动点搜寻，平均阻尼和函数$y \mapsto x/y$。拿这一平方根计算的过程与1.1.7节给出的原来版本做一个比较，将是很有教益的。请记住，这些过程表述的是同一计算过程，也应注意，当我们利用这些抽象描述该计算过程时，其中的想法如何变得更加清晰了。将一个计算过程形式化为一个过程，一般说，存在很多不同的方式，有经验的程序员知道如何选择过程的形式，使其特别地清晰且易理解，使该计算过程中有用的元素能表现为一些相互分离的个体，并使它们还可能重新用于其他的应用。作为重用的一个简单实例，请注意x的立方根是函数$y \mapsto x/y^2$的不动点，因此我们可以立

[59] 请注意看，这就是一个其中的运算符本身也是一个组合式的组合式。练习1.4已经阐释了描述这种形式的组合式的能力，但那里用的是一个玩具例子。在这里可以看到，在应用一个作为高阶函数的返回值而得到的函数时，我们确实需要这种形式的组合式。

刻将前面的平方根过程推广为一个提取立方根的过程[60]：

```
(define (cube-root x)
  (fixed-point (average-damp (lambda (y) (/ x (square y))))
               1.0))
```

牛顿法

在1.1.7节介绍平方根过程时曾经提到牛顿法的一个特殊情况。如果$x \mapsto g(x)$ 是一个可微函数，那么方程$g(x)=0$的一个解就是函数$x \mapsto f(x)$ 的一个不动点，其中：

$$f(x)=x-\frac{g(x)}{Dg(x)}$$

这里的$Dg(x)$ 是g对x的导数。牛顿法就是使用我们前面看到的不动点方法，通过搜寻函数f的不动点的方式，去逼近上述方程的解[61]。对于许多函数，以及充分好的初始猜测x，牛顿法都能很快收敛到$g(x)=0$的一个解[62]。

为了将牛顿方法实现为一个过程，我们首先必须描述导数的思想。请注意，“导数”不像平均阻尼，它是从函数到函数的一种变换。例如，函数$x \mapsto x^3$的导数是另一个函数$x \mapsto 3x^2$。一般而言，如果g是一个函数而$\mathrm{d}x$是一个很小的数，那么g的导数在任一数值x的值由下面函数（作为很小的数$\mathrm{d}x$的极限）给出：

$$Dg(x)=\frac{g(x+\mathrm{d}x)-g(x)}{\mathrm{d}x}$$

这样，我们就可以用下面过程描述导数的概念（例如取$\mathrm{d}x$为0.00001）：

```
(define (deriv g)
  (lambda (x)
    (/ (- (g (+ x dx)) (g x))
       dx)))
```

再加上定义：

```
(define dx 0.00001)
```

与average-damp一样，deriv也是一个以过程为参数，并且返回一个过程值的过程。例如，为了求出函数$x \mapsto x^3$在5的导数的近似值（其精确值为75），我们可以求值：

```
(define (cube x) (* x x x))

((deriv cube) 5)
75.00014999664018
```

有了deriv之后，牛顿法就可以表述为一个求不动点的过程了：

```
(define (newton-transform g)
  (lambda (x)
    (- x (/ (g x) ((deriv g) x)))))
```

---

[60] 进一步推广参见练习1.45。

[61] 基础微积分书籍中通常将牛顿法描述为逼进序列 $x_{n+1}=x_n-g(x_n)/Dg(x_n)$。有了能够描述计算过程的语言，采用了不动点的思想，这一方法的描述也得到了简化。

[62] 牛顿法并不保证能收敛到一个答案。我们还可以证明，在顺利的情况下，每次迭代将使解的近似值的有效数字位数加倍。在处理这些情况时，牛顿法将比折半法的收敛速度快得多。

```
(define (newtons-method g guess)
  (fixed-point (newton-transform g) guess))
```

newton-transform过程描述的就是在本节开始处的公式，基于它去定义newtons-method已经很容易了。这一过程以一个过程为参数，它计算的就是我们希望去找到零点的函数，这里还需要给出一个初始猜测。例如，为确定x的平方根，可以用初始猜测1，通过牛顿法去找函数$y \mapsto y^2 - x$的零点[63]。这样就给出了求平方根函数的另一种形式：

```
(define (sqrt x)
  (newtons-method (lambda (y) (- (square y) x))
                  1.0))
```

抽象和第一级过程

上面我们已经看到用两种方式，它们都能将平方根计算表述为某种更一般方法的实例，一个是作为不动点搜寻过程，另一个是使用牛顿法。因为牛顿法本身表述的也是一个不动点的计算过程，所以我们实际上看到了将平方根计算作为不动点的两种形式。每种方法都是从一个函数出发，找出这一函数在某种变换下的不动点。我们可以将这一具有普遍性的思想表述为一个函数：

```
(define (fixed-point-of-transform g transform guess)
  (fixed-point (transform g) guess))
```

这个非常具有一般性的过程有一个计算某个函数的过程参数g，一个变换g的过程，和一个初始猜测，它返回经过这一变换后的函数的不动点。

我们可以利用这一抽象重新塑造本节的第一个平方根计算（搜寻$y \mapsto x/y$在平均阻尼下的不动点），以它作为这个一般性方法的实例：

```
(define (sqrt x)
  (fixed-point-of-transform (lambda (y) (/ x y))
                            average-damp
                            1.0))
```

与此类似，我们也可以将本节的第二个平方根计算（是用牛顿法搜寻$y \mapsto y^2 - x$的牛顿变换的实例）重新描述为：

```
(define (sqrt x)
  (fixed-point-of-transform (lambda (y) (- (square y) x))
                            newton-transform
                            1.0))
```

我们在1.3节开始时研究复合过程，并将其作为一种至关重要的抽象机制，因为它使我们能将一般性的计算方法，用这一程序设计语言里的元素明确描述。现在我们又看到，高阶函数能如何去操作这些一般性的方法，以便建立起进一步的抽象。

作为编程者，我们应该对这类可能性保持高度敏感，设法从中识别出程序里的基本抽象，基于它们去进一步构造，并推广它们以创建威力更加强大的抽象。当然，这并不是说总应该采用尽可能抽象的方式去写程序，程序设计专家们知道如何根据工作中的情况，去选择合适的抽象层次。但是，能基于这种抽象去思考确实是最重要的，只有这样才可能在新的上下文中去应用它们。高阶过程的重要性，就在于使我们能显式地用程序设计语言的要素去描述这

[63] 对于寻找平方根而言，牛顿法可以从任意点出发迅速收敛到正确的答案。

些抽象，使我们能像操作其他计算元素一样去操作它们。

一般而言，程序设计语言总会对计算元素的可能使用方式强加上某些限制。带有最少限制的元素被称为具有*第一级*的状态。第一级元素的某些“权利或者特权”包括[64]：

- 可以用变量命名；
- 可以提供给过程作为参数；
- 可以由过程作为结果返回；
- 可以包含在数据结构中[65]。

Lisp不像其他程序设计语言，它给了过程完全的第一级状态。这就给有效实现提出了挑战，但由此所获得的描述能力却是极其惊人的[66]。

练习1.40 请定义一个过程cubic，它和newtons-method过程一起使用在下面形式的表达式里：

```
(newtons-method (cubic a b c) 1)
```

能逼近三次方程x^3+ax^2+bx+c的零点。

练习1.41 请定义一个过程double，它以一个有一个参数的过程作为参数，double返回一个过程。这一过程将原来那个参数过程应用两次。例如，若inc是个给参数加1的过程，(double inc) 将给参数加2。下面表达式返回什么值：

```
(((double (double double)) inc) 5)
```

练习1.42 令f和g是两个单参数的函数，f在g之后的复合定义为函数$x \mapsto f(g(x))$。请定义一个函数compose实现函数复合。例如，如果inc是将参数加1的函数，那么：

```
((compose square inc) 6)
49
```

练习1.43 如果f是一个数值函数，n是一个正整数，那么我们可以构造出f的n次重复应用，将其定义为一个函数，这个函数在x的值是$f(f(\cdots(f(x))\cdots))$。举例说，如果f是函数$x \mapsto x+1$，n次重复应用f就是函数$x \mapsto x+n$。如果f是求一个数的平方的操作，n次重复应用f就求出其参数的2^n次幂。请写一个过程，它的输入是一个计算f的过程和一个正整数n，返回的是能计算f的n次重复应用的那个函数。你的过程应该能以如下方式使用：

```
((repeated square 2) 5)
625
```

提示：你可能发现使用练习1.42的compose能带来一些方便。

练习1.44 平滑一个函数的想法是信号处理中的一个重要概念。如果f是一个函数，dx是某个很小的数值，那么f的平滑也是一个函数，它在点x的值就是$f(x-dx)$、$f(x)$和$f(x+dx)$的平均值。请写一个过程smooth，它的输入是一个计算f的过程，返回一个计算平滑后的f的过程。有时可能发现，重复地平滑一个函数，得到经过n次平滑的函数（也就是说，对平滑后的函数再做平滑，等等）也很有价值。说明怎样利用smooth和练习1.43的repeated，对给定的函数生成n次平滑函数。

---

[64] 程序设计语言元素的第一级状态的概念应归功于英国计算机科学家Christopher Strachey（1916-1975）。

[65] 我们将在第2章介绍了数据结构之后看到这方面的例子。

[66] 实现第一级过程的主要代价是，为使过程能够作为值返回，我们就需要为过程里的自由变量保留空间，即使这一过程并不执行。在4.1节有关Scheme实现的研究中，这些变量都被存储在过程的环境里。

练习1.45 在1.3.3节里，我们看到企图用朴素的方法去找$y \mapsto x/y$的不动点，以便计算平方根的方式不收敛，这个缺陷可以通过平均阻尼的方式弥补。同样方法也可用于找立方根，将它看作平均阻尼后的$y \mapsto x/y^2$的不动点。遗憾的是，这一计算过程对于四次方根却行不通，一次平均阻尼不足以使对$y \mapsto x/y^3$的不动点搜寻收敛。而另一方面，如果我们求两次平均阻尼（即，用$y \mapsto x/y^3$的平均阻尼的平均阻尼），这一不动点搜寻就会收敛了。请做一些试验，考虑将计算n次方根作为基于$y \mapsto x/y^{n-1}$的反复做平均阻尼的不动点搜寻过程，请设法确定各种情况下需要做多少次平均阻尼。并请基于这一认识实现一个过程，它使用`fixed-point`、`average-damp`和练习1.43的`repeated`过程计算n次方根。假定你所需要的所有算术运算都是基本过程。

练习1.46 本章描述的一些数值算法都是*迭代式改进*的实例。迭代式改进是一种非常具有一般性的计算策略，它说的是：为了计算出某些东西，我们可以从对答案的某个初始猜测开始，检查这一猜测是否足够好，如果不行就改进这一猜测，将改进之后的猜测作为新的猜测去继续这一计算过程。请写一个过程`iterative-improve`，它以两个过程为参数：其中之一表示告知某一猜测是否足够好的方法，另一个表示改进猜测的方法。`iterative-improve`的返回值应该是一个过程，它以某一个猜测为参数，通过不断改进，直至得到的猜测足够好为止。利用`iterative-improve`重写1.1.7节的`sqrt`过程和1.3.3节的`fixed-point`过程。

第2章 构造数据抽象

现在到了数学抽象中最关键的一步：让我们忘记这些符号所表示的对象。……（数学家）不应在这里停步，有许多操作可以应用于这些符号，而根本不必考虑它们到底代表着什么东西。

Hermann Weyl，*The Mathematical Way of Thinking*
（思维的数学方式）

我们在第1章里关注的是计算过程，以及过程在程序中所扮演的角色。在那里我们还看到了怎样使用基本数据（数）和基本操作（算术运算），怎样通过复合、条件，以及参数的使用将一些过程组合起来，形成复合的过程；怎样通过define做过程抽象。我们也看到，可以将一个过程看作一类计算演化的一个模式。那里还对过程中蕴涵着的某些常见计算模式做了一些分类和推理，并做了一些简单的算法分析。我们也看到了高阶过程，这种机制能够提升语言的威力，因为它将使我们能去操纵通用的计算方法，并能对它们做推理。这些都是程序设计中最基本的东西。

在这一章里，我们将进一步去考察更复杂的数据。第1章里的所有过程，操作的都是简单的数值数据，而对我们希望用计算去处理的许多问题而言，只有这种简单数据还不够。许多程序在设计时就是为了模拟复杂的现象，因此它们就常常需要构造起一些计算对象，这些对象都是由一些部分组成的，以便去模拟真实世界里的那些具有若干侧面的现象。这样，与我们在第1章里所做的事情（通过将一些过程组合起来形成复合的过程，以这种方式构造起各种抽象）相对应，本章将重点转到各种程序设计语言都包含的另一个关键方面：讨论它们所提供的，将数据对象组合起来，形成复合数据的方式。

为什么在程序设计语言里需要复合数据呢？与我们需要复合过程的原因一样：同样是为了提升我们在设计程序时所位于的概念层次，提高设计的模块性，增强语言的表达能力。正如定义过程的能力使我们有可能在更高的概念层次上处理计算工作一样，能够构造复合数据的能力，也将使我们得以在比语言提供的基本数据对象更高的概念层次上，处理与数据有关的各种问题。

现在考虑设计一个系统，它完成有理数的算术。我们可以设想一个运算add-rat，它以两个有理数为参数，产生出它们的和。从基本数据出发，一个有理数可以看作两个整数，一个分子和一个分母。这样，我们就可以设计出一个程序，其中的每个有理数用两个整数表示（一个分子和一个分母），而其中的add-rat用两个过程实现（一个产生和数的分子，另一个产生和数的分母）。然而，这样做下去会非常难受，因为我们必须明确地始终记住哪个分子与哪个分母相互对应。在一个需要执行大量有理数操作的系统里，这种记录工作将会严重地搅乱我们的程序，而这些麻烦又与我们心中真正想做的事情毫无关系。如果能将一个分子和一个分母“粘在一起”，形成一个对偶——一个复合数据对象——事情就会好得多了，因为这样，程序中对有理数的操作就可以按照将它们作为一个概念单位的方式进行了。

复合数据的使用也使我们能进一步提高程序的模块性。如果我们可以直接在将有理数本身当作对象的方式下操作它们，那么也就可能把处理有理数的那些程序部分，与有理数如何表示的细节（可能是表示为一对整数）隔离开。这种将程序中处理数据对象的表示的部分，与处理数据对象的使用的部分相互隔离的技术非常具有一般性，形成了一种称为*数据抽象*的强有力的设计方法学。我们将会看到，数据抽象技术能使程序更容易设计、维护和修改。

复合对象的使用将真正提高程序设计语言的表达能力。考虑形成“线性组合” $ax+by$，我们可能想到写一个过程，让它接受a、b、x和y作为参数并返回$ax+by$的值。如果以数值作为参数，这样做没有任何困难，因为我们立刻就能定义出下面的过程：

```
(define (linear-combination a b x y)
  (+ (* a x) (* b y)))
```

但是，如果我们关心的不仅仅是数，假定在写这个过程时，我们希望表述的是基于加和乘形成线性组合的思想，所针对的可以是有理数、复数、多项式或者其他东西，我们可能将其表述为下面形式的过程：

```
(define (linear-combination a b x y)
  (add (mul a x) (mul b y)))
```

其中的add和mul不是基本过程+和 *，而是某些更复杂的东西，它们能对通过参数a、b、x和y送来的任何种类的数据执行适当的操作。在这里最关键的是，linear-combination对于a、b、x和y需要知道的所有东西，也就是过程add和mul能够执行适当的操作。从过程linear-combination的角度看，a、b、x和y究竟是什么，其实根本就没有关系，至于它们是怎样基于更基本的数据表示就更没有关系了。这个例子也说明了，为什么一种程序设计语言能够提供直接操作复合对象的能力是如此的重要，因为如果没有这种能力，我们就没有办法让一个像linear-combination这样的过程将其参数传递给add和mul，而不必知道这些参数的具体细节结构[67]。

作为本章的开始，我们要实现上面所说的那样一个有理数算术系统，它将成为后面讨论复合数据和数据抽象的一个基础。与复合过程一样，在这里需要考虑的主要问题，也是将抽象作为克服复杂性的一种技术。下面将会看到，数据抽象将如何使我们能在程序的不同部分之间建立起适当的*抽象屏障*。

我们将会看到，形成复合数据的关键就在于，程序设计语言里应该提供了某种“黏合剂”，它们可以用于把一些数据对象组合起来，形成更复杂的数据对象。黏合剂可能有很多不同的种类。确实的，我们还会发现怎样去构造出根本没有任何特定“数据”操作，只是由过程形成的复合数据。这将进一步模糊“过程”和“数据”之间的划分。实际上，在第1章的最后，这一界限已经开始变得不那么清楚了。我们还要探索表示序列和树的一些常规技术。在处理

---

[67] 直接操作过程的能力，也使程序设计语言的表达能力得到类似的提高。例如，在1.3.1节里给出了过程sum，它以过程term作为一个参数，计算出term在某个特定区间上的值之和。为了定义这一sum，必不可少的条件就是能直接去说像term这样的过程，而不必考虑它可能如何通过更基本的操作表达出来。的确，如果没有“过程”这一概念，认为我们有可能定义像sum这样的操作就很值得怀疑了。进一步说，就执行求和而言，term究竟能怎样由更基本的操作构造起来的情况，确实也没必要去关心。

复合数据中的一个关键性思想是闭包的概念——也就是说，用于组合数据对象的黏合剂不但能用于组合基本的数据对象，同样也可以用于复合的数据对象。另一关键思想是，复合数据对象能够成为以混合与匹配的方式组合程序模块的方便界面。我们将通过给出一个利用闭包概念的简单图形语言的方式，阐释有关的思想。

而后我们要引进符号表达式，进一步扩大语言的表述能力。符号表达式的基本部分可以是任意的符号，不一定就是数。我们将探索表示对象集合的各种不同方式，由此可以发现，就像一个给定的数学函数可以通过许多不同的计算过程计算一样，对于一种给定的数据结构，也可以有许多方式将其表示为简单对象的组合，而这种表示的选择，有可能对操作这些数据的计算过程的时间与空间需求造成重大的影响。我们将在符号微分、集合的表示和信息编码的上下文中研究这些思想。

随后我们将转去处理在一个程序的不同部分可能采用不同表示的数据的问题，这就引出了实现通用型操作的需要，这种操作必须能处理许多不同的数据类型。为了维持模块性，通用型操作的出现，将要求比只有简单数据抽象更强大的抽象屏障。特别地，我们将介绍数据导向的程序设计。这是一种技术，它能允许我们孤立地设计每一种数据表示，而后用添加的方式将它们组合进去（也就是说，不需要任何修改）。为了展示这一系统设计方法的威力，在本章的最后，我们将用已经学到的东西实现一个多项式符号算术的程序包，其中多项式的系数可以是整数、有理数、复数，甚至还可以是其他多项式。

2.1 数据抽象导引

从1.1.8节可以看到，在构造更复杂的过程时可以将一个过程用作其中的元素，这样的过程不但可以看作是一组特定操作，还可以看作一个过程抽象。也就是说，有关过程的实现细节可以被隐蔽起来，这个特定过程完全可以由另一个具有同样整体行为的过程取代。换句话说，我们可以这样造成一个抽象，它将这一过程的使用方式，与该过程究竟如何通过更基本的过程实现的具体细节相互分离。针对复合数据的类似概念被称为数据抽象。数据抽象是一种方法学，它使我们能将一个复合数据对象的使用，与该数据对象怎样由更基本的数据对象构造起来的细节隔离开。

数据抽象的基本思想，就是设法构造出一些使用复合数据对象的程序，使它们就像是在“抽象数据”上操作一样。也就是说，我们的程序中使用数据的方式应该是这样的，除了完成当前工作所必要的东西之外，它们不对所用数据做任何多余的假设。与此同时，一种“具体”数据表示的定义，也应该与程序中使用数据的方式无关。在我们的系统里，这样两个部分之间的界面将是一组过程，称为选择函数和构造函数，它们在具体表示之上实现抽象的数据。为了展示这一技术，下面我们将考虑怎样设计出一组为操作有理数而用的过程。

2.1.1 实例：有理数的算术运算

假定我们希望做有理数上的算术，希望能做有理数的加减乘除运算，比较两个有理数是否相等，等等。

作为开始，我们假定已经有了一种从分子和分母构造有理数的方法。并进一步假定，如果有了一个有理数，我们有一种方法取得（选出）它的分子和分母。现在再假定有关的构造函数和选择函数都可以作为过程使用：

- (make-rat <*n*> <*d*>) 返回一个有理数，其分子是整数<*n*>，分母是整数<*d*>。
- (numer <*x*>) 返回有理数<*x*>的分子。
- (denom <*x*>) 返回有理数<*x*>的分母。

我们要在这里使用一种称为*按愿望思维*的强有力的综合策略。现在我们还没有说有理数将如何表示，也没有说过程numer、denom和make-rat应如何实现。然而，如果我们真的有了这三个过程，那么就可以根据下面关系去做有理数的加减乘除和相等判断了：

$$\frac{n_1}{d_1}+\frac{n_2}{d_2}=\frac{n_1d_2+n_2d_1}{d_1d_2}$$

$$\frac{n_1}{d_1}-\frac{n_2}{d_2}=\frac{n_1d_2-n_2d_1}{d_1d_2}$$

$$\frac{n_1}{d_1}\cdot\frac{n_2}{d_2}=\frac{n_1n_2}{d_1d_2}$$

$$\frac{n_1/d_1}{n_2/d_2}=\frac{n_1d_2}{d_1n_2}$$

$$\frac{n_1}{d_1}=\frac{n_2}{d_2} \quad \text{当且仅当} \quad n_1d_2=n_2d_1$$

我们可以将这些规则表述为如下几个过程：

```
(define (add-rat x y)
  (make-rat (+ (* (numer x) (denom y))
               (* (numer y) (denom x)))
            (* (denom x) (denom y))))
(define (sub-rat x y)
  (make-rat (- (* (numer x) (denom y))
               (* (numer y) (denom x)))
            (* (denom x) (denom y))))
(define (mul-rat x y)
  (make-rat (* (numer x) (numer y))
            (* (denom x) (denom y))))
(define (div-rat x y)
  (make-rat (* (numer x) (denom y))
            (* (denom x) (numer y))))
(define (equal-rat? x y)
  (= (* (numer x) (denom y))
     (* (numer y) (denom x))))
```

这样，我们已经有了定义在选择和构造过程numer、denom和make-rat基础之上的各种有理数运算，而这些基础还没有定义。现在需要有某种方式，将一个分子和一个分母粘接起来，构成一个有理数。

序对

为了在具体的层面上实现这一数据抽象，我们所用的语言提供了一种称为*序对*的复合结构，这种结构可以通过基本过程cons构造出来。过程cons取两个参数，返回一个包含这两个参数作为其成分的复合数据对象。如果给了一个序对，我们可以用基本过程car和cdr[68]，按如下方式提取出其中各个部分：

```
(define x (cons 1 2))

(car x)
1

(cdr x)
2
```

请注意，一个序对也是一个数据对象，可以像基本数据对象一样给它一个名字且操作它。进一步说，还可以用cons去构造那种其元素本身就是序对的序对，并继续这样做下去。

```
(define x (cons 1 2))

(define y (cons 3 4))

(define z (cons x y))

(car (car z))
1

(car (cdr z))
3
```

在2.2节里我们将看到，这种组合起序对的能力表明，序对可以用作构造任意种类的复杂数据结构的通用的基本构件。通过过程cons、car和cdr实现的这样一种最基本的复合数据，序对，也就是我们需要的所有东西。从序对构造起来的数据对象称为*表结构数据*。

有理数的表示

序对为完成这里的有理数系统提供了一种自然方式，我们可以将有理数简单表示为两个整数（分子和分母）的序对。这样就很容易做出下面make-rat、numer和denom的实现[69]：

```
(define (make-rat n d) (cons n d))

(define (numer x) (car x))

(define (denom x) (cdr x))
```

---

[68] 名字cons表示“构造”（construct）。名字car和cdr则来自Lisp最初在IBM 704机器上的实现。在这种机器有一种取址模式，使人可以访问一个存储地址中的“地址”（address）部分和“减量”（decrement）部分。car表示“Contents of Address part of Register”（寄存器的地址部分的内容），cdr（读作“could-er”）表示“Contents of Decrement part of Register”（寄存器的减量部分的内容）。

[69] 定义选择符和构造符的另一种方式是：

```
(define make-rat cons)
(define numer car)
(define denom cdr)
```

这里的第一个定义将名字make-rat关联于表达式cons的值，也就是那个构造序对的过程。这样就使make-rat和cons成了同一个基本过程的名字。

按照这种方式定义出选择函数和构造函数的效率更高，因为它不是让make-rat去调用cons，而是使make-rat本身就是cons，因此，如果调用make-rat，在这里就只有一次过程调用而不是两次调用。而在另一方面，这种做法也会击溃系统的排错辅助功能，那种功能可以追踪过程的调用或者在过程调用处放入断点。你有可能希望监视对make-rat的调用，而决不会希望去监视程序里的每个cons调用。

我们的选择是，不在本书中采用这里所说的定义风格。

还有，为了显示这里的计算结果，我们可以将有理数打印为一个分子，在斜线符之后打印相应的分母[70]：

```
(define (print-rat x)
  (newline)
  (display (numer x))
  (display "/")
  (display (denom x)))
```

现在就可以试验我们的有理数过程了：

```
(define one-half (make-rat 1 2))

(print-rat one-half)
1/2

(define one-third (make-rat 1 3))

(print-rat (add-rat one-half one-third))
5/6

(print-rat (mul-rat one-half one-third))
1/6

(print-rat (add-rat one-third one-third))
6/9
```

正如上面最后一个例子所显示的，我们的有理数实现并没有将有理数约化到最简形式。通过修改make-rat很容易做到这件事。如果我们有了一个如1.2.5节中那样的gcd过程，用它可以求出两个整数的最大公约数，那么现在就可以利用它，在构造序对之前将分子和分母约化为最简单的项：

```
(define (make-rat n d)
  (let ((g (gcd n d)))
    (cons (/ n g) (/ d g))))
```

现在我们就有：

```
(print-rat (add-rat one-third one-third))
2/3
```

正如所期望的。为了完成这一改动，我们只需修改构造符make-rat，完全不必修改任何实现实际运算的过程（例如add-rat和mul-rat）。

练习2.1 请定义出make-rat的一个更好的版本，使之可以正确处理正数和负数。当有理数为正时，make-rat应当将其规范化，使它的分子和分母都是正的。如果有理数为负，那么就应只让分子为负。

2.1.2 抽象屏障

在继续讨论更多复合数据和数据抽象的实例之前，让我们首先考虑一下由有理数的例子提出的几个问题。前面给出的所有有理数操作，都是基于构造函数make-rat和选择函数

[70] display是Scheme系统里打印数据的基本过程，基本过程newline为随后的打印开始一个新行。这两个过程都不返回有用的值，所以，在下面使用print-rat时，我们只显示了print-rat打印的是什么，而没有显式解释器对print-rat的返回值打印了什么。

numer、denom定义出来的。一般而言，数据抽象的基本思想就是为每一类数据对象标识出一组操作，使得对这类数据对象的所有操作都可以基于它们表述，而且在操作这些数据对象时也只使用它们。

图2-1形象化地表示了有理数系统的结构。其中的水平线表示*抽象屏障*，它们隔离了系统中不同的层次。在每一层上，这种屏障都把使用数据抽象的程序（上面）与实现数据抽象的程序（下面）分开来。使用有理数的程序将仅仅通过有理数包提供给“公众使用”的那些过程（add-rat、sub-rat、mul-rat、div-rat和equal-rat?）去完成对有理数的各种操作；这些过程转而又是完全基于构造函数和选择函数make-rat、numer和denom实现的；而这些函数又是基于序对实现的。只要序对可以通过cons、car和cdr操作，有关序对如何实现的细节与有理数包的其余部分都完全没有关系。从作用上看，每一层次中的过程构成了所定义的抽象屏障的界面，联系起系统中的不同层次。

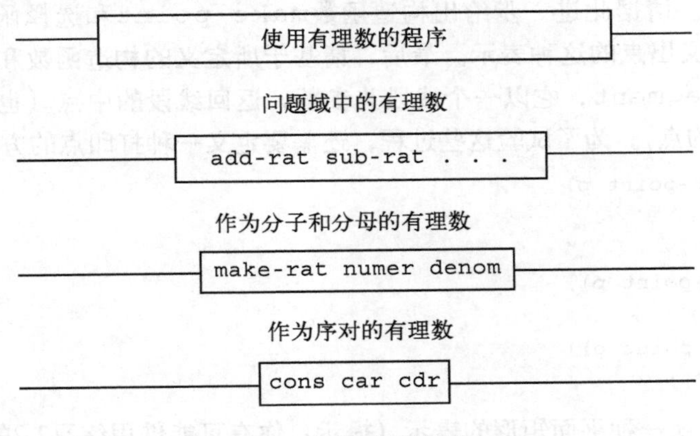

图2-1 有理数包中的数据抽象屏障

这一简单思想有许多优点。第一个优点是这种方法使程序很容易维护和修改。任意一种比较复杂的数据结构，都可以以多种不同方式用程序设计语言所提供的基本数据结构表示。当然，表示方式的选择会对操作它的程序产生影响，这样，如果后来表示方式改变了，所有受影响的程序也都需要随之改变。对于大型程序而言，这种工作将非常耗时，而且代价极其昂贵，除非在设计时就已经将依赖于表示的成分限制到很少的一些程序模块上。

例如，将有理数约化到最简形式的工作，也完全可以不在构造的时候做，而是在每次访问有理数中有关部分时去做。这样就会导致另一套不同的构造函数和选择函数：

```
(define (make-rat n d)
  (cons n d))
(define (numer x)
  (let ((g (gcd (car x) (cdr x))))
    (/ (car x) g)))
(define (denom x)
  (let ((g (gcd (car x) (cdr x))))
    (/ (cdr x) g)))
```

这一实现与前面实现的不同之处在于何时计算gcd。如果在有理数的典型使用中，我们需要多次访问同一个有理数的分子和分母，那么最好是在构造有理数的时候计算gcd。如果情况并不是这样，那么把对gcd的计算推迟到访问时也许更好一些。在这里，在任何情况下，当我们从一种表示方式转到另一种表示时，过程add-rat、sub-rat等等都完全不必修改。

把对于具体表示方式的依赖性限制到少数几个界面过程，不但对修改程序有帮助，同时也有助于程序的设计，因为这种做法将使我们能保留考虑不同实现方式的灵活性。继续前面的简单例子，假定现在我们正在设计有理数程序包，而且还无法决定究竟是在创建时执行gcd，还是应该将它推迟到选择的时候。数据抽象方法使我们能推迟决策的时间，而又不会阻碍系统其他部分的工作进展。

练习2.2 请考虑平面上线段的表示问题。一个线段用一对点表示，它们分别是线段的始点与终点。请定义构造函数make-segment和选择函数start-segment、end-segment，它们基于点定义线段的表示。进而，一个点可以用数的序对表示，序对的两个成分分别表示点的x坐标和y坐标。请据此进一步给出构造函数make-point和选择函数x-point、y-point，用它们定义出点的这种表示。最后，请基于所定义的构造函数和选择函数，定义出过程midpoint-segment，它以一个线段为参数，返回线段的中点（也就是那个坐标值是两个端点的平均值的点）。为了试验这些过程，还需要定义一种打印点的方法：

```
(define (print-point p)
  (newline)
  (display "(")
  (display (x-point p))
  (display ",")
  (display (y-point p))
  (display ")"))
```

练习2.3 请实现一种平面矩形的表示（提示：你有可能借用练习2.2的结果）。基于你的构造函数和选择函数定义几个过程，计算给定矩形的周长和面积等。现在请再为矩形实现另一种表示方式。你应该怎样设计系统，使之能提供适当的抽象屏障，使同一个周长或者面积过程对两种不同表示都能工作？

2.1.3 数据意味着什么

在2.1.1节里实现有理数时，我们基于三个尚未定义的过程make-rat、numer和denom，由这些出发去做有理数操作add-rat、sub-rat等等的实现。按照那时的想法，这些操作是基于数据对象（分子、分母、有理数）定义的，这些对象的行为完全由前面三个过程刻画。

那么，数据究竟意味着什么呢？说它就是“由给定的构造函数和选择函数所实现的东西”还是不够的。显然，并不是任意的三个过程都适合作为有理数实现的基础。在这里，我们需要保证，如果从一对整数n和d构造出一个有理数x，那么，抽取出x的numer和denom并将它们相除，得到的结果应该与n除以d相同。换句话说，make-rat、numer和denom必须满足下面条件，对任意整数n和任意非零整数d，如果x是（make-rat n d），那么：

$$\frac{\text{(numer x)}}{\text{(denom x)}}=\frac{\text{n}}{\text{d}}$$

事实上，这就是为了能成为适宜表示有理数的基础，make-rat、numer和denom必须满足的全部条件。一般而言，我们总可以将数据定义为一组适当的选择函数和构造函数，以及为使这些过程成为一套合法表示，它们就必须满足的一组特定条件[71]。

这一观点不仅可以服务于“高层”数据对象的定义，例如有理数，同样也可用于低层的对象。请考虑序对的概念，我们在前面用它定义有理数。我们从来都没有说过序对究竟是什么，只说所用的语言为序对的操作提供了三个过程cons、car和cdr。有关这三个操作，我们需要知道的全部东西就是，如果用cons将两个对象粘接到一起，那么就可以借助于car和cdr提取出这两个对象。也就是说，这些操作满足的条件是：对任何对象x和y，如果z是(cons x y)，那么（car z）就是x，而（cdr z）就是y。我们确实说过这三个过程是所用的语言里的基本过程。然而，任何能满足上述条件的三个过程都可以成为实现序对的基础。下面这个令人吃惊的事实能够最好地说明这一点：我们完全可以不用任何数据结构，只使用过程就可以实现序对。下面是有关的定义：

```
(define (cons x y)
  (define (dispatch m)
    (cond ((= m 0) x)
          ((= m 1) y)
          (else (error "Argument not 0 or 1 -- CONS" m))))
  dispatch)

(define (car z) (z 0))

(define (cdr z) (z 1))
```

过程的这一使用方式与我们有关数据应该是什么的直观认识大相径庭。但不管怎么说，如果要求我们说明这确实是一种表示序对的合法方式，那么只需要验证，上述几个过程满足了前面提出的所有条件。

应该特别注意这里的一个微妙之处：由（cons x y）返回的值是一个过程——也就是那个内部定义的过程dispatch，它有一个参数，并能根据参数是0还是1，分别返回x或者y。与此相对应，(car z）被定义为将z应用于0，这样，如果z是由（cons x y）形成的过程，将z应用于0将会产生x，这样就证明了（car (cons x y)）产生出x，正如我们所需要的。与此类似，(cdr (cons x y)）将（cons x y）产生的过程应用于1而得到y。因此，序对的这一过程实现确实是一个合法的实现，如果只通过cons、car和cdr访问序对，我们将无法把这一实现与“真正的”数据结构区分开。

上面展示了序对的一种过程性表示，这并不意味着我们所用的语言就是这样做的(Scheme和一般的Lisp系统都直接实现序对，主要是为了效率)，而是说它确实可以这样做。这一过程性表示虽然有些隐晦，但它确实是一种完全合适的表示序对的方式，因为它满足了序对需要满足的所有条件。这一实例也说明可以将过程作为对象去操作，因此就自动地为我

---

[71] 令人吃惊的是，将这一思想严格地形式化却非常困难。目前存在着两种完成这一形式化的途径。第一种由C. A. R. Hoare（1972）提出，称为*抽象模型方法*，它形式化了如上面有理数实例中所勾勒出的“过程加条件”的规范描述。请注意，这里对于有理数表示的条件是基于有关整数的事实（相等和除法）陈述的。一般而言，抽象模型方法总是基于某些已经有定义的数据对象类型，定义出一类新的数据对象。这样，有关这些新对象的断言就可以归约为有关已有定义的数据对象的断言。另一种途径由MIT的Zilles、Goguen和IBM的Thatcher、Wagner和Wright（见Thatcher，Wagner，and Wright 1978），以及Toronto的Guttag（见Guttag 1977）提出，称为*代数规范*。这一方式将“过程”看作是一个抽象代数系统的元素，系统的行为由一些对应于我们的“条件”的公理刻画，并通过抽象代数的技术去检查有关数据对象的断言。Liskov和Zilles的论文（Liskov and Zilles1975）里综述了这两种方法。

们提供了一种表示复合数据的能力。这些东西现在看起来好像只是很好玩，但实际上，数据的过程性表示将在我们的程序设计宝库里扮演一种核心角色。有关的程序设计风格通常称为*消息传递*。在第3章里讨论模型和模拟时，我们将用它作为一种基本工具。

练习2.4 下面是序对的另一种过程性表示方式。请针对这一表示验证，对于任意的x和y，(car (cons x y))都将产生出x。

```
(define (cons x y)
  (lambda (m) (m x y)))

(define (car z)
  (z (lambda (p q) p)))
```

对应的cdr应该如何定义？（提示：为了验证这一表示确实能行，请利用1.1.5节的代换模型。）

练习2.5 请证明，如果将a和b的序对表示为乘积$2^a 3^b$对应的整数，我们就可以只用非负整数和算术运算表示序对。请给出对应的过程cons、car和cdr的定义。

练习2.6 如果觉得将序对表示为过程还不足以令人如雷灌顶，那么请考虑，在一个可以对过程做各种操作的语言里，我们完全可以没有数（至少在只考虑非负整数的情况下），可以将0和加一操作实现为：

```
(define zero (lambda (f) (lambda (x) x)))

(define (add-1 n)
  (lambda (f) (lambda (x) (f ((n f) x)))))
```

这一表示形式称为*Church*计数，名字来源于其发明人数理逻辑学家Alonzo Church（丘奇），λ演算也是他发明的。

请直接定义one和two（不用zero和add-1）（提示：利用代换去求值(add-1 zero)）。请给出加法过程+的一个直接定义（不要通过反复应用add-1）。

2.1.4 扩展练习：区间算术

Alyssa P. Hacker正在设计一个帮助人们求解工程问题的系统。她希望这个系统提供的一个特征是能够去操作不准确的量（例如物理设备的测量参数），这种量具有已知的精度，所以，在对这种近似量进行计算时，得到的结果也应该是已知精度的数值。

电子工程师将会用Alyssa的系统去计算一些电子量。有时他们必须使用下面公式，从两个电阻R_1和R_2计算出并联等价电阻R_p的值：

$$R_p = \frac{1}{1/R_1 + 1/R_2}$$

此时所知的电阻值通常是由电阻生产厂商给出的带误差保证的值，例如你可能买到一支标明“6.8欧姆误差10%”的电阻，这时我们就只能确定，这支电阻的阻值在6.8－0.68＝6.12和6.8＋0.68＝7.48欧姆之间。这样，如果将一支6.8欧姆误差10%的电阻与另一支4.7欧姆误差5%的电阻并联，这一组合的电阻值可以在大约2.58欧姆（如果两支电阻都有最小值）和2.97欧姆（如果两支电阻都是最大值）之间。

Alyssa的想法是实现一套“区间算术”，即作为可以用于组合“区间”（表示某种不准确量的可能值的对象）的一组算术运算。两个区间的加、减、乘、除的结果仍是一个区间，表示的是计算结果的范围。

Alyssa假设有一种称为“区间”的抽象对象，这种对象有两个端点，一个下界和一个上界。她还假定，给了一个区间的两个端点，就可以用数据构造函数make-interval构造出相应的区间来。Alyssa首先写出了一个做区间加法的过程，她推理说，和的最小值应该是两个区间的下界之和，其最大值应该是两个区间的上界之和：

```
(define (add-interval x y)
  (make-interval (+ (lower-bound x) (lower-bound y))
                 (+ (upper-bound x) (upper-bound y))))
```

Alyssa还找出了这种界的乘积的最小和最大值，用它们做出了两个区间的乘积（min和max是求出任意多个参数中的最小值和最大值的基本过程）。

```
(define (mul-interval x y)
  (let ((p1 (* (lower-bound x) (lower-bound y)))
        (p2 (* (lower-bound x) (upper-bound y)))
        (p3 (* (upper-bound x) (lower-bound y)))
        (p4 (* (upper-bound x) (upper-bound y))))
    (make-interval (min p1 p2 p3 p4)
                   (max p1 p2 p3 p4))))
```

为了做出两个区间的除法，Alyssa用第一个区间乘上第二个区间的倒数。请注意，倒数的两个界限分别是原来区间的上界的倒数和下界的倒数：

```
(define (div-interval x y)
  (mul-interval x
                (make-interval (/ 1.0 (upper-bound y))
                               (/ 1.0 (lower-bound y)))))
```

练习2.7 Alyssa的程序是不完整的，因为她还没有确定区间抽象的实现。这里是区间构造符的定义：

```
(define (make-interval a b) (cons a b))
```

请定义选择符upper-bound和lower-bound，完成这一实现。

练习2.8 通过类似于Alyssa的推理，说明两个区间的差应该怎样计算。请定义出相应的减法过程sub-interval。

练习2.9 区间的*宽度*就是其上界和下界之差的一半。区间宽度是有关区间所描述的相应数值的非确定性的一种度量。对于某些算术运算，两个区间的组合结果的宽度就是参数区间的宽度的函数，而对其他运算，组合区间的宽度则不是参数区间宽度的函数。证明两个区间的和（与差）的宽度就是被加（或减）的区间的宽度的函数。举例说明，对于乘和除而言，情况并非如此。

练习2.10 Ben Bitdiddle是个专业程序员，他看了Alyssa工作后评论说，除以一个跨过横跨0的区间的意义不清楚。请修改Alyssa的代码，检查这种情况并在出现这一情况时报错。

练习2.11 在看了这些东西之后，Ben又说出了下面这段有些神秘的话：“通过监测区间的端点，有可能将mul-interval分解为9种情况，每种情况中所需的乘法都不超过两次。”请根据Ben的建议重写这个过程。

在排除了自己程序里的错误之后，Alyssa给一个可能用户演示自己的程序。那个用户却说她的程序解决的问题根本不对。他希望能够有一个程序，可以用于处理那种用一个中间值和一个附加误差的形式表示的数，也就是说，希望程序能处理3.5±0.15而不是[3.35，3.65]。Alyssa回到自己的办公桌来纠正这一问题，另外提供了一个构造符和一个选择符：

```
(define (make-center-width c w)
  (make-interval (- c w) (+ c w)))

(define (center i)
  (/ (+ (lower-bound i) (upper-bound i)) 2))

(define (width i)
  (/ (- (upper-bound i) (lower-bound i)) 2))
```

不幸的是，Alyssa的大部分用户是工程师，现实中的工程师经常遇到只有很小非准确性的测量值，而且常常是以区间宽度对区间中点的比值作为度量值。他们通常用的是基于有关部件的参数的百分数描述的误差，就像前面描述电阻值的那种方式一样。

练习2.12 请定义一个构造函数make-center-percent，它以一个中心点和一个百分比为参数，产生出所需要的区间。你还需要定义选择函数percent，通过它可以得到给定区间的百分数误差，选择函数center与前面定义的一样。

练习2.13 请证明，在误差为很小的百分数的条件下，存在着一个简单公式，利用它可以从两个被乘区间的误差算出乘积的百分数误差值。你可以假定所有的数为正，以简化这一问题。

经过相当多的工作之后，Alyssa P. Hacker发布了她的最后系统。几年之后，在她已经忘记了这个系统之后，接到了一个愤怒的用户Lem E. Tweakit的发疯式的电话。看起来Lem注意到并联电阻的公式可以写成两个代数上等价的公式：

$$\frac{R_1 R_2}{R_1 + R_2}$$

和

$$\frac{1}{1/R_1 + 1/R_2}$$

这样他就写了两个程序，它们以不同的方式计算并联电阻值：

```
(define (par1 r1 r2)
  (div-interval (mul-interval r1 r2)
                (add-interval r1 r2)))

(define (par2 r1 r2)
  (let ((one (make-interval 1 1)))
    (div-interval one
                  (add-interval (div-interval one r1)
                                (div-interval one r2)))))
```

Lem抱怨说，Alyssa程序对两种不同计算方法给出不同的值。这确实是很严重的抱怨。

练习2.14 请确认Lem是对的。请你用各种不同的算术表达式来检查这一系统的行为。请做出两个区间A和B，并用它们计算表达式A/A和A/B。如果所用区间的宽度相对于中心值取很小百分数，你将会得到更多的认识。请检查对于中心－百分比形式（见练习2.12）进行计算的结果。

练习2.15 另一用户Eva Lu Ator也注意到了由不同的等价代数表达式计算出的区间的差异。她说，如果一个公式可以写成一种形式，其中具有非准确性的变量不重复出现，那么Alyssa的系统产生出的区间的限界更紧一些。她说，因此，在计算并联电阻时，par2是比par1“更好的”程序。她说得对吗？

练习2.16 请给出一个一般性的解释：为什么等价的代数表达式可能导致不同计算结果？你能设计出一个区间算术包，使之没有这种缺陷吗？或者这件事情根本不可能做到？（警告：这个问题非常难。）

2.2 层次性数据和闭包性质

正如在前面已经看到的，序对为我们提供了一种用于构造复合数据的基本“黏结剂”。图2-2展示的是一种以形象的形式看序对的标准方式，其中的序对是通过（cons 1 2）形成的。在这种称为*盒子和指针表示方式*中，每个对象表示为一个指向盒子的*指针*。与基本对象相对应的盒子里包含着该对象的表示，例如，表示数的盒子里就放着那个具体的数。用于表示序对的盒子实际上是一对方盒，其中左边的方盒里放着序对的car（指向car的指针），右边部分放着相应的cdr。

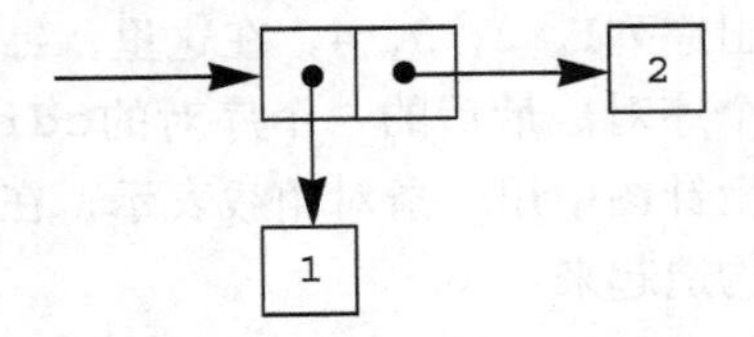

图2-2 （cons 1 2）的盒子和指针表示

前面已经看到了，我们不仅可以用cons去组合起各种数值，也可以用它去组合起序对（你在做练习2.2和练习2.3时已经，或者说应该，熟悉这一情况了）。作为这种情况的推论，序对就是一种通用的建筑砌块，通过它可以构造起所有不同种类的数据结构来。图2-3显示的是组合起数值1、2、3、4的两种不同方式。

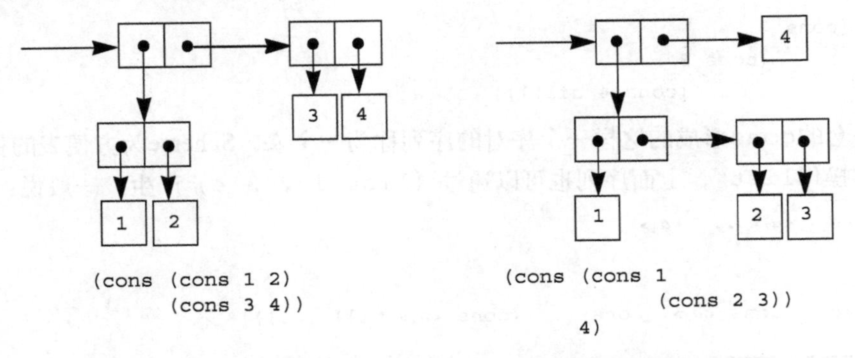

图2-3 用序对组合起数值1、2、3、4的两种不同方式

我们可以建立元素本身也是序对的序对，这就是表结构得以作为一种表示工具的根本基础。我们将这种能力称为cons的*闭包性质*。一般说，某种组合数据对象的操作满足闭包性质，那就是说，通过它组合起数据对象得到的结果本身还可以通过同样的操作再进行组合[72]。闭包

[72] 术语“闭包”来自抽象代数。在抽象代数里，一集元素称为在某个运算（操作）之下封闭，如果将该运算应用于这一集合中的元素，产生出的仍然是该集合里的元素。然而Lisp社团（很不幸）还用术语“闭包”描述另一个与此毫不相干的概念：闭包也是一种为表示带有自由变量的过程而用的实现技术。本书中没有采用闭包这一术语的第二种意义。

性质是任何一种组合功能的威力的关键要素，因为它使我们能够建立起*层次性*的结构，这种结构由一些部分构成，而其中的各个部分又是由它们的部分构成，并且可以如此继续下去。

从第1章的开始，我们在处理过程的问题中就利用了闭包性质，而且是最本质性的东西，因为除了最简单的程序外，所有程序都依赖于一个事实：组合式的成员本身还可以是组合式。在这一节里，我们要着手研究复合数据的闭包所引出的问题。这里将要描述一些用起来很方便的技术，包括用序对来表示序列和树。还要给出一种能以某种很生动的形式显示闭包的图形语言[73]。

2.2.1 序列的表示

利用序对可以构造出的一类有用结构是*序列*——一批数据对象的一种有序汇集。显然，采用序对表示序列的方式很多，一种最直接的表示方式如图2-4所示，其中用一个序对的链条表示出序列1，2，3，4，在这里，每个序对的car部分对应于这个链中的条目，cdr则是链中下一个序对。最后的一个序对的cdr用一个能辨明不是序对的值表示，标明序列的结束，在盒子指针图中用一条对角线表示，在程序里用变量nil的值。整个序列可以通过嵌套的cons操作构造起来：

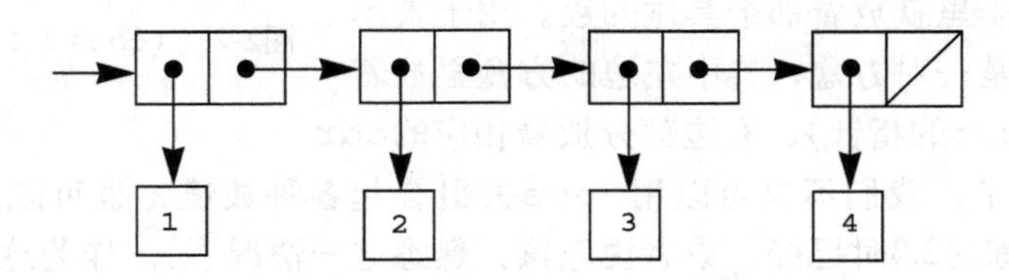

图2-4 将序列1，2，3，4表示为序对的链

```
(cons 1
      (cons 2
            (cons 3
                  (cons 4 nil))))
```

通过嵌套的cons形成的这样一个序对的序列称为一个*表*，Scheme为方便表的构造，提供了一个基本操作list[74]，上面序列也可以通过（list 1 2 3 4）产生。一般说：

```
(list <a1> <a2> ... <an>)
```

等价于：

```
(cons <a1> (cons <a2> (cons ... (cons <an> nil) ...)))
```

[73] 一种组合方法应该满足闭包的要求是一种很明显的想法。然而，许多常见程序设计语言所提供的数据组合机制都不满足这一性质，或者是使得其中的闭包性质很难利用。在Fortran或Basic里，组合数据的一种典型方式是将它们放入数组——但人却不能做出元素本身是数组的数组。Pascal和C允许结构的元素又是结构，但却要求程序员去显式地操作指针，并限制性地要求结构的每个域都只能包含预先定义好形式的元素。与Lisp及其序对不同，这些语言都没有内部的通用性粘接剂，因此无法以统一的方式去操作复合数据。这一限制也就是Alan Perlis在本书前言中的评论的背景："在Pascal里，过多的可声明数据结构导致了函数的专用化，这就造成了对合作的阻碍和惩罚。让100个函数在一个数据结构上操作，远比让10个函数在10个数据结构上操作更好些。"

[74] 在这本书里，我们用术语*表*专指那些有表尾结束标记的序对的链。与此相对应，用术语*表结构*指所有的由序对构造起来的数据结构，而不仅是表。

Lisp系统通常用元素序列的形式打印出表，外面用括号括起。按照这种方式，图2-4里的数据对象就将打印为（1 2 3 4）：

```
(define one-through-four (list 1 2 3 4))

one-through-four
(1 2 3 4)
```

请当心，不要将表达式（list 1 2 3 4）和表（1 2 3 4）搞混了。后面这个表是对前面表达式求值得到的结果。如果想去求值表达式（1 2 3 4），解释器就会试图将过程1应用于参数2、3和4，这时会发出一个出错信号。

我们可以将car看作选取表的第一项的操作，将cdr看作是选取表中除去第一项之后剩下的所有项形成的子表。car和cdr的嵌套应用可以取出一个表里的第二、第三以及后面的各项[75]。构造符cons可用于构造表，它在原有的表前面增加一个元素：

```
(car one-through-four)
1

(cdr one-through-four)
(2 3 4)

(car (cdr one-through-four))
2

(cons 10 one-through-four)
(10 1 2 3 4)

(cons 5 one-through-four)
(5 1 2 3 4)
```

nil的值用于表示序对的链结束，它也可以当作一个不包含任何元素的序列，空表。单词“nil”是拉丁词汇“nihil”的缩写，这个拉丁词汇表示“什么也没有”[76]。

表操作

利用序对将元素的序列表示为表之后，我们就可以使用常规的程序设计技术，通过顺序“向下cdr”表的方式完成对表的各种操作了。例如，下面的过程list-ref的实际参数是一个表和一个数n，它返回这个表中的第n个项。这里人们习惯令表元素的编号从0开始。计算list-ref的方法如下：

- 对$n=0$，list-ref应返回表的car。
- 否则，list-ref返回表的cdr的第（$n-1$）个项。

---

[75] 因为嵌套地应用car和cdr也会感到很麻烦，所以许多Lisp方言都提供了它们的缩写形式，例如：

```
(cadr <arg>) = (car (cdr <arg>))
```

所有这类过程的名字都以c开头，以r结束，其中每个a表示一个car操作，每个d表示一个cdr操作，按照它们在名字中出现的顺序应用。读car和cdr的方式则继续保留，因为像cadr这样的简单组合还是可以发音的。

[76] 值得提出的是，在Lisp方言的标准化方面，人们已经令人气馁地将许许多多精力花在一些毫无意义的字面问题的争论上：nil应该是个普通的名字吗？nil的值应该算是一个符号吗？它应该算是一个表吗？它应该算一个序对吗？在Scheme里nil是个普通的名字，在本节里被我们用作一个变量，其值就是表尾标记（正如true是个普通变量，具有真的值一样）。Lisp的其他方言，包括Common Lisp，都将nil作为一个特殊符号。本书的作者参加过许多语言标准化方面的无益口角，真是希望完全避免这些东西。到2.3节引进了引号之后，我们就将一直用 '() 表示空表，完全抛弃变量nil。

```
(define (list-ref items n)
  (if (= n 0)
      (car items)
      (list-ref (cdr items) (- n 1))))

(define squares (list 1 4 9 16 25))

(list-ref squares 3)
16
```

我们经常要向下cdr整个的表，为了帮助做好这件事，Scheme包含一个基本操作null?，用于检查参数是不是空表。返回表中项数的过程length可以说明这一典型应用模式：

```
(define (length items)
  (if (null? items)
      0
      (+ 1 (length (cdr items)))))

(define odds (list 1 3 5 7))

(length odds)
4
```

过程length实现一种简单的递归方案，其中的递归步骤是：

- 任意一个表的length就是这个表的cdr的length加一。

顺序地这样应用，直至达到了基础情况：

- 空表的length是0。

我们也可以用一种迭代方式来计算length：

```
(define (length items)
  (define (length-iter a count)
    (if (null? a)
        count
        (length-iter (cdr a) (+ 1 count))))
  (length-iter items 0))
```

另一常用程序设计技术是在向下cdr一个表的过程中“向上cons”出一个结果表，例如过程append，它以两个表为参数，用它们的元素组合成一个新表：

```
(append squares odds)
(1 4 9 16 25 1 3 5 7)

(append odds squares)
(1 3 5 7 1 4 9 16 25)
```

append也是用一种递归方案实现的。要得到表list1和list2的append，按如下方式做：

- 如果list1是空表，结果就是list2。
- 否则应先做出list1的cdr和list2的append，而后再将list1的car通过cons加到结果的前面：

```
(define (append list1 list2)
  (if (null? list1)
      list2
      (cons (car list1) (append (cdr list1) list2))))
```

练习2.17 请定义出过程last-pair，它返回只包含给定（非空）表里最后一个元素的表：

```
(last-pair (list 23 72 149 34))
(34)
```

练习2.18 请定义出过程reverse，它以一个表为参数，返回的表中所包含的元素与参数表相同，但排列顺序与参数表相反：

```
(reverse (list 1 4 9 16 25))
(25 16 9 4 1)
```

练习2.19 请考虑1.2.2节的兑换零钱方式计数程序。如果能够轻而易举地改变程序里所用的兑换币种就更好了。譬如说，那样我们就能计算出1英镑的不同兑换方式的数目。在写前面那个程序时，有关币种的知识中有一部分出现在过程first-denomination里，另一部分出现在过程里count-change（它知道有5种U.S.硬币）。如果能够用一个表来提供可用于兑换的硬币就更好了。

我们希望重写出过程cc，使其第二个参数是一个可用硬币的币值表，而不是一个指定可用硬币种类的整数。而后我们就可以针对各种货币定义出一些表：

```
(define us-coins (list 50 25 10 5 1))

(define uk-coins (list 100 50 20 10 5 2 1 0.5))
```

然后我们就可以通过如下方式调用cc：

```
(cc 100 us-coins)
292
```

为了做到这件事，我们需要对程序cc做一些修改。它仍然具有同样的形式，但将以不同的方式访问自己的第二个参数，如下面所示：

```
(define (cc amount coin-values)
  (cond ((= amount 0) 1)
        ((or (< amount 0) (no-more? coin-values)) 0)
        (else
         (+ (cc amount
                (except-first-denomination coin-values))
            (cc (- amount
                   (first-denomination coin-values))
                coin-values)))))
```

请基于表结构上的基本操作，定义出过程first-denomination、except-first-denomination和no-more?。表coin-values的排列顺序会影响cc给出的回答吗？为什么？

练习2.20 过程+、*和list可以取任意个数的实际参数。定义这类过程的一种方式是采用一种*带点尾部记法*形式的define。在一个过程定义中，如果在形式参数表的最后一个参数之前有一个点号，那就表明，当这一过程被实际调用时，前面各个形式参数（如果有的话）将以前面的各个实际参数为值，与平常一样。但最后一个形式参数将以所有剩下的实际参数的表为值。例如，假若我们定义了：

```
(define (f x y . z) <body>)
```

过程f就可以用两个以上的参数调用。如果求值：

```
(f 1 2 3 4 5 6)
```

那么在f的体里，x将是1，y将是2，而z将是表（3 4 5 6）。给了定义：

```
(define (g . w) <body>)
```

过程g可以用0个或多个参数调用。如果求值：

```
(g 1 2 3 4 5 6)
```

那么在g的体里，w将是表（1 2 3 4 5 6）[77]。

请采用这种记法形式写出过程same-parity，它以一个或者多个整数为参数，返回所有与其第一个参数有着同样奇偶性的参数形成的表。例如：

```
(same-parity 1 2 3 4 5 6 7)
(1 3 5 7)

(same-parity 2 3 4 5 6 7)
(2 4 6)
```

对表的映射

一个特别有用的操作是将某种变换应用于一个表的所有元素，得到所有结果构成的表。举例来说，下面过程将一个表里的所有元素按给定因子做一次缩放：

```
(define (scale-list items factor)
  (if (null? items)
      nil
      (cons (* (car items) factor)
            (scale-list (cdr items) factor))))

(scale-list (list 1 2 3 4 5) 10)
(10 20 30 40 50)
```

我们可以抽象出这一具有一般性的想法，将其中的公共模式表述为一个高阶过程，就像1.3节里所做的那样。这一高阶过程称为map，它有一个过程参数和一个表参数，返回将这一过程应用于表中各个元素得到的结果形成的表[78]。

```
(define (map proc items)
  (if (null? items)
```

[77] 用lambda方式定义f和g，应该写：

```
(define f (lambda (x y . z) <body>))
(define g (lambda w <body>))
```

[78] Scheme标准提供了一个map过程，它比这里描述的过程更具一般性。这个更一般的map以一个取n个参数的过程和n个表为参数，将这个过程应用于所有表的第一个元素，而后应用于它们的第二个元素，如此下去，最后返回所有结果的表。例如：

```
(map + (list 1 2 3) (list 40 50 60) (list 700 800 900))
(741 852 963)

(map (lambda (x y) (+ x (* 2 y)))
     (list 1 2 3)
     (list 4 5 6))
(9 12 15)
```

```
          nil
          (cons (proc (car items))
                (map proc (cdr items)))))

(map abs (list -10 2.5 -11.6 17))
(10 2.5 11.6 17)

(map (lambda (x) (* x x))
     (list 1 2 3 4))
(1 4 9 16)
```

现在我们可以用map给出scale-list的一个新定义：

```
(define (scale-list items factor)
  (map (lambda (x) (* x factor))
       items))
```

map是一种很重要的结构，不仅因为它代表了一种公共模式，而且因为它建立起了一种处理表的高层抽象。在scale-list原来的定义里，程序的递归结构将人的注意力吸引到对于表中逐个元素的处理上。通过map定义scale-list抑制了这种细节层面上的情况，强调的是从元素表到结果表的一个缩放变换。这两种定义形式之间的差异，并不在于计算机会执行不同的计算过程（其实不会），而在于我们对这同一个过程的不同思考方式。从作用上看，map帮我们建起了一层抽象屏障，将实现表变换的过程的实现，与如何提取表中元素以及组合结果的细节隔离开。与图2-1里所示的屏障类似，这种抽象也提供了新的灵活性，使我们有可能在保持从序列到序列的变换操作框架的同时，改变序列实现的低层细节。2.2.3节将把序列的这种使用方式扩展为一种组织程序的框架。

练习2.21 过程square-list以一个数值表为参数，返回每个数的平方构成的表：

```
(square-list (list 1 2 3 4))
(1 4 9 16)
```

下面是square-list的两个定义，请填充其中缺少的表达式以完成它们：

```
(define (square-list items)
  (if (null? items)
      nil
      (cons <??> <??>)))

(define (square-list items)
  (map <??> <??>))
```

练习2.22 Louis Reasoner试图重写练习2.21的第一个square-list过程，希望使它能生成一个迭代计算过程：

```
(define (square-list items)
  (define (iter things answer)
    (if (null? things)
        answer
        (iter (cdr things)
              (cons (square (car things))
                    answer))))
  (iter items nil))
```

但是很不幸，在按这种方式定义出的square-list产生出的结果表中，元素的顺序正好与我们所需要的相反。为什么？

Louis又试着修正其程序，交换了cons的参数：

```
(define (square-list items)
  (define (iter things answer)
    (if (null? things)
        answer
        (iter (cdr things)
              (cons answer
                    (square (car things))))))
  (iter items nil))
```

但还是不行。请解释为什么。

练习2.23 过程for-each与map类似，它以一个过程和一个元素表为参数，但它并不返回结果的表，只是将这一过程从左到右应用于各个元素，将过程应用于元素得到的值都丢掉不用。for-each通常用于那些执行了某些动作的过程，如打印等。看下面例子：

```
(for-each (lambda (x) (newline) (display x))
          (list 57 321 88))
57
321
88
```

由for-each的调用返回的值（上面没有显示）可以是某种任意的东西，例如逻辑值真。请给出一个for-each的实现。

2.2.2 层次性结构

将表作为序列的表示方式，可以很自然地推广到表示那些元素本身也是序列的序列。举例来说，我们可以认为对象((1 2) 3 4)是通过下面方式构造出来的：

```
(cons (list 1 2) (list 3 4))
```

这是一个包含三个项的表，其中的第一项本身又是表(1 2)。这一情况也由解释器的打印形式所肯定。图2-5用序对的语言展示出这一结构的表示形式。

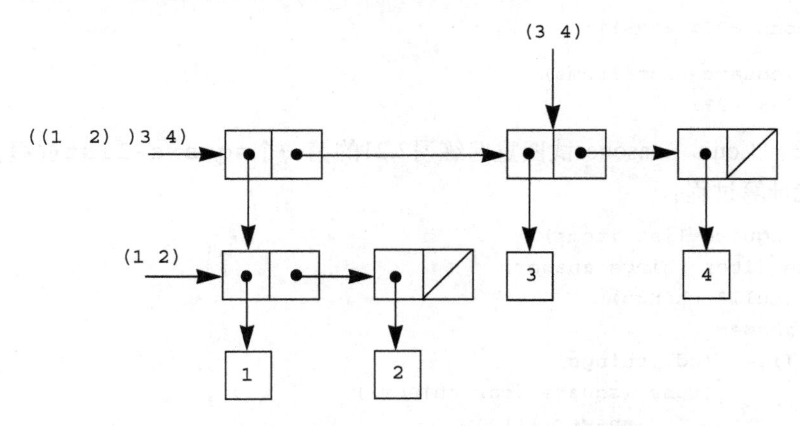

图2-5 由(cons (list 1 2) (list 3 4))形成的结构

认识这种元素本身也是序列的序列的另一种方式，是把它们看作树。序列里的元素就是树的分支，而那些本身也是序列的元素就形成了树中的子树。图2-6显示的是将图2-5的结构看作树的情况。

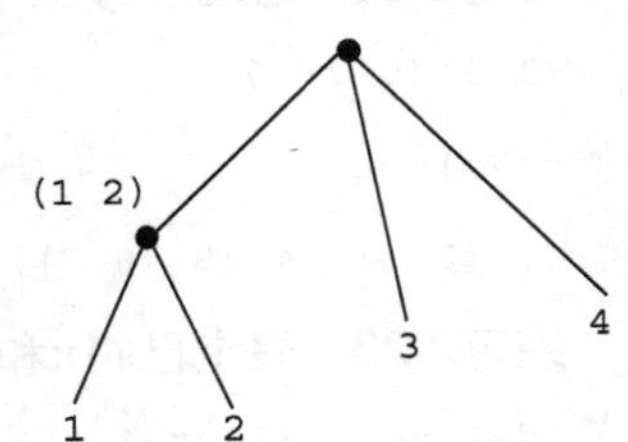

图2-6 将图2-5中的表结构看作树

递归是处理树结构的一种很自然的工具，因为我们常常可以将对于树的操作归结为对它们的分支的操作，再将这种操作归结为对分支的分支的操作，如此下去，直至达到了树的叶子。作为例子，请比较一下2.2.1节的length过程和下面的count-leaves过程，这个过程统计出一棵树中树叶的数目：

```
(define x (cons (list 1 2) (list 3 4)))

(length x)
3

(count-leaves x)
4

(list x x)
(((1 2) 3 4) ((1 2) 3 4))
(length (list x x))
2

(count-leaves (list x x))
8
```

为了实现count-leaves，可以先回忆一下length的递归方案：

- 表x的length是x的cdr的length加一。
- 空表的length是0。

count-leaves的递归方案与此类似，对于空表的值也相同：

- 空表的count-leaves是0，

但是在递归步骤中，当我们去掉一个表的car时，就必须注意这一car本身也可能是树，其树叶也需要考虑。这样，正确的归约步骤应该是：

- 对于树x的count-leaves应该是x的car的count-leaves与x的cdr的count-leaves之和。

最后，在通过car达到一个实际的树叶时，我们还需要另一种基本情况：

- 一个树叶的count-leaves是1。

为了有助于写出树上的各种递归，Scheme提供了基本过程pair?，它检查其参数是否为序对。下面就是我们完成的过程[79]：

```
(define (count-leaves x)
  (cond ((null? x) 0)
        ((not (pair? x)) 1)
        (else (+ (count-leaves (car x))
                 (count-leaves (cdr x))))))
```

练习2.24 假定现在要求值表达式（list 1 (list 2 (list 3 4)))，请给出由解释

[79] 在这个定义里，cond的前两个子句的顺序非常重要，因为空表将满足null?，而它同时又不是序对。

器打印出的结果，给出与之对应的盒子指针结构，并将它解释为一棵树（参见图2-6）。

练习2.25 给出能够从下面各表中取出7的car和cdr组合：

```
(1 3 (5 7) 9)

((7))

(1 (2 (3 (4 (5 (6 7))))))
```

练习2.26 假定已将x和y定义为如下的两个表：

```
(define x (list 1 2 3))

(define y (list 4 5 6))
```

解释器对于下面各个表达式将打印出什么结果：

```
(append x y)

(cons x y)

(list x y)
```

练习2.27 修改练习2.18中所做的reverse过程，得到一个deep-reverse过程。它以一个表为参数，返回另一个表作为值，结果表中的元素反转过来，其中的子树也反转。例如：

```
(define x (list (list 1 2) (list 3 4)))

x
((1 2) (3 4))

(reverse x)
((3 4) (1 2))

(deep-reverse x)
((4 3) (2 1))
```

练习2.28 写一个过程fringe，它以一棵树（表示为表）为参数，返回一个表，表中的元素是这棵树的所有树叶，按照从左到右的顺序。例如：

```
(define x (list (list 1 2) (list 3 4)))

(fringe x)
(1 2 3 4)

(fringe (list x x))
(1 2 3 4 1 2 3 4)
```

练习2.29 一个二叉活动体由两个分支组成，一个是左分支，另一个是右分支。每个分支是一个具有确定长度的杆，上面或者吊着一个重量，或者吊着另一个二叉活动体。我们可以用复合数据对象表示这种二叉活动体，将它通过其两个分支构造起来（例如，使用list）：

```
(define (make-mobile left right)
  (list left right))
```

分支可以从一个length（它应该是一个数）再加上一个structure构造出来，这个structure或者是一个数（表示一个简单重量），或者是另一个活动体：

```
(define (make-branch length structure)
  (list length structure))
```

a) 请写出相应的选择函数left-branch和right-branch，它们分别返回活动体的两个分支。还有branch-length和branch-structure，它们返回一个分支上的成分。

b) 用你的选择函数定义过程total-weight，它返回一个活动体的总重量。

c) 一个活动体称为是平衡的，如果其左分支的力矩等于其右分支的力矩（也就是说，如果其左杆的长度乘以吊在杆上的重量，等于这个活动体右边的同样乘积），而且在其每个分支上吊着的子活动体也都平衡。请设计一个过程，它能检查一个二叉活动体是否平衡。

d) 假定我们改变活动体的表示，采用下面构造方式：

```
(define (make-mobile left right)
  (cons left right))
(define (make-branch length structure)
  (cons length structure))
```

你需要对自己的程序做多少修改，才能将它改为使用这种新表示？

对树的映射

map是处理序列的一种强有力抽象，与此类似，map与递归的结合也是处理树的一种强有力抽象。举例来说，可以有与2.2.1节的scale-list类似的scale-tree过程，以一个数值因子和一棵叶子为数值的树作为参数，返回一棵具有同样形状的树，树中的每个数值都乘以了这个因子。对于scale-tree的递归方案也与count-leaves的类似：

```
(define (scale-tree tree factor)
  (cond ((null? tree) nil)
        ((not (pair? tree)) (* tree factor))
        (else (cons (scale-tree (car tree) factor)
                    (scale-tree (cdr tree) factor)))))
(scale-tree (list 1 (list 2 (list 3 4) 5) (list 6 7))
            10)
(10 (20 (30 40) 50) (60 70))
```

实现scale-tree的另一种方法是将树看成子树的序列，并对它使用map。我们在这种序列上做映射，依次对各棵子树做缩放，并返回结果的表。对于基础情况，也就是当被处理的树是树叶时，就直接用因子去乘它：

```
(define (scale-tree tree factor)
  (map (lambda (sub-tree)
         (if (pair? sub-tree)
             (scale-tree sub-tree factor)
             (* sub-tree factor)))
       tree))
```

对于树的许多操作可以采用类似方式，通过序列操作和递归的组合实现。

练习2.30 请定义一个与练习2.21中square-list过程类似的square-tree过程。也就是说，它应该具有下面的行为：

```
(square-tree
 (list 1
       (list 2 (list 3 4) 5)
```

```
        (list 6 7)))
(1 (4 (9 16) 25) (36 49))
```

请以两种方式定义square-tree，直接定义（即不使用任何高阶函数），以及使用map和递归定义。

练习2.31 将你在练习2.30做出的解答进一步抽象，做出一个过程，使它的性质保证能以下面形式定义square-tree：

```
(define (square-tree tree) (tree-map square tree))
```

练习2.32 我们可以将一个集合表示为一个元素互不相同的表，因此就可以将一个集合的所有子集表示为表的表。例如，假定集合为（1 2 3），它的所有子集的集合就是（() (3) (2) (2 3) (1) (1 3) (1 2) (1 2 3)）。请完成下面的过程定义，它生成出一个集合的所有子集的集合。请解释它为什么能完成这一工作。

```
(define (subsets s)
  (if (null? s)
      (list nil)
      (let ((rest (subsets (cdr s))))
        (append rest (map <??> rest)))))
```

2.2.3 序列作为一种约定的界面

我们一直强调数据抽象在对复合数据的工作中的作用，借助这种思想，我们就能设计出不会被数据表示的细节纠缠的程序，使程序能够保持很好的弹性，得以应用到不同的具体表示上。在这一节里，我们将要介绍与数据结构有关的另一种强有力的设计原理——使用*约定的界面*。

在1.3节里我们看到，可以通过实现为高阶过程的程序抽象，抓住处理数值数据的一些程序模式。要在复合数据上工作做出类似的操作，则对我们操控数据结构的方式有着深刻的依赖性。举个例子，考虑下面与2.2.2节中count-leaves过程类似的过程，它以一棵树为参数，计算出那些值为奇数的叶子的平方和：

```
(define (sum-odd-squares tree)
  (cond ((null? tree) 0)
        ((not (pair? tree))
         (if (odd? tree) (square tree) 0))
        (else (+ (sum-odd-squares (car tree))
                 (sum-odd-squares (cdr tree))))))
```

从表面上看，这一过程与下面的过程很不一样。下面这个过程构造出的是所有偶数的斐波那契数Fib(k)的一个表，其中的k小于等于某个给定整数n：

```
(define (even-fibs n)
  (define (next k)
    (if (> k n)
        nil
        (let ((f (fib k)))
          (if (even? f)
              (cons f (next (+ k 1)))
              (next (+ k 1))))))
  (next 0))
```

虽然这两个过程在结构上差异非常大，但是对于两个计算的抽象描述却会揭示出它们之间极大的相似性。第一个程序：

- 枚举出一棵树的树叶；
- 过滤它们，选出其中的奇数；
- 对选出的每一个数求平方；
- 用＋累积起得到的结果，从0开始。

而第二个程序：

- 枚举从0到n的整数；
- 对每个整数计算相应的斐波那契数；
- 过滤它们，选出其中的偶数；
- 用cons累积得到的结果，从空表开始。

信号处理工程师们可能会发现，这种过程可以很自然地用流过一些级联的处理步骤的信号的方式描述，其中的每个处理步骤实现程序方案中的一个部分，如图2-7所示。对于第一种情况sum-odd-squares，我们从一个*枚举器*开始，它产生出由给定的树的所有树叶组成"信号"。这一信号流过一个*过滤器*，所有不是奇数的数都被删除了。这样得到的信号又通过一个*映射*，这是一个"转换装置"，它将square过程应用于每个元素。这一映射的输出被馈入一个*累积器*，该装置用＋将得到的所有元素组合起来，以初始的0开始。even-fibs的工作过程与此类似。

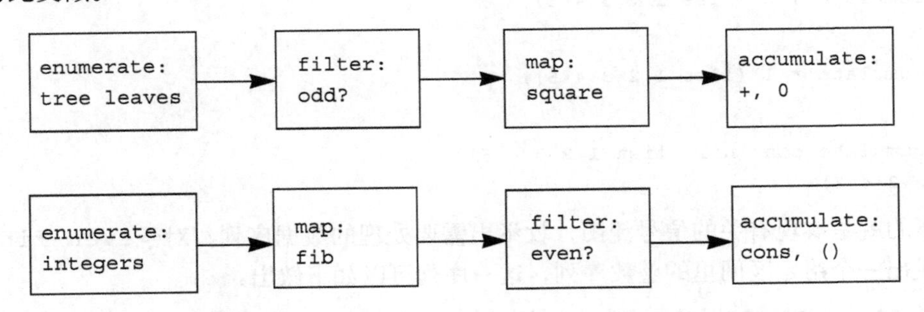

图2-7 过程sum-odd-squares（上）和even-fibs（下）的信号流图揭示出这两个程序的共性

遗憾的是，上面的两个过程定义并没有展现出这种信号流结构。譬如说，如果仔细考察sum-odd-squares过程，就会发现其中的枚举工作部分地由检查null?和pair?实现，部分地由过程的树形递归结构实现。与此类似，在那些检查中也可以看到一部分累积工作，另一部分是用在递归中的加法。一般而言，在这两个过程里，没有一个部分正好对应于信号流描述中的某一要素。我们的两个过程采用不同的方式分解了这个计算，将枚举工作散布在程序中各处，并将它与映射、过滤器和累积器混在一起。如果我们能够重新组织这一程序，使得信号流结构明显表现在写出的过程中，将会大大提高结果代码的清晰性。

序列操作

要组织好这些程序，使之能够更清晰地反映上面信号流的结构，最关键的一点就是将注意力集中在处理过程中从一个步骤流向下一个步骤的"信号"。如果我们用一些表来表示这些信号，那么就可以利用表操作实现每一步骤的处理。举例来说，我们可以用2.2.1节的map过程实现信号流图中的映射步骤：

```
(map square (list 1 2 3 4 5))
(1 4 9 16 25)
```

过滤一个序列，也就是选出其中满足某个给定谓词的元素，可以按下面方式做：

```
(define (filter predicate sequence)
  (cond ((null? sequence) nil)
        ((predicate (car sequence))
         (cons (car sequence)
               (filter predicate (cdr sequence))))
        (else (filter predicate (cdr sequence)))))
```

例如，

```
(filter odd? (list 1 2 3 4 5))
(1 3 5)
```

累积工作可以实现如下：

```
(define (accumulate op initial sequence)
  (if (null? sequence)
      initial
      (op (car sequence)
          (accumulate op initial (cdr sequence)))))

(accumulate + 0 (list 1 2 3 4 5))
15

(accumulate * 1 (list 1 2 3 4 5))
120

(accumulate cons nil (list 1 2 3 4 5))
(1 2 3 4 5)
```

剩下的就是实现有关的信号流图，枚举出需要处理的数据序列。对于even-fibs，我们需要生成出一个给定区间里的整数序列，这一序列可以如下做出：

```
(define (enumerate-interval low high)
  (if (> low high)
      nil
      (cons low (enumerate-interval (+ low 1) high))))

(enumerate-interval 2 7)
(2 3 4 5 6 7)
```

要枚举出一棵树的所有树叶，则可以用[80]：

```
(define (enumerate-tree tree)
  (cond ((null? tree) nil)
        ((not (pair? tree)) (list tree))
        (else (append (enumerate-tree (car tree))
                      (enumerate-tree (cdr tree))))))

(enumerate-tree (list 1 (list 2 (list 3 4)) 5))
```

---

[80] 这实际上就是练习2.28的过程fringe，在这里给它另取一个名字，是为了强调它是一般性的序列操控过程族的一个组成部分。

```
(1 2 3 4 5)
```

现在，我们就可以像上面的信号流图那样重新构造sum-odd-squares和even-fibs了。对于sum-odd-squares，我们需要枚举一棵树的树叶序列，过滤它，只留下序列中的奇数，求每个元素的平方，而后加起得到的结果：

```
(define (sum-odd-squares tree)
  (accumulate +
              0
              (map square
                   (filter odd?
                           (enumerate-tree tree)))))
```

对于even-fibs，我们需要枚举出从0到n的所有整数，对某个整数生成相应的斐波那契数，通过过滤只留下其中的偶数，并将结果积累在一个表里：

```
(define (even-fibs n)
  (accumulate cons
              nil
              (filter even?
                      (map fib
                           (enumerate-interval 0 n)))))
```

将程序表示为一些针对序列的操作，这样做的价值就在于能帮助我们得到模块化的程序设计，也就是说，得到由一些比较独立的片段的组合构成的设计。通过提供一个标准部件的库，并使这些部件都有着一些能以各种灵活方式相互连接的约定界面，将能进一步推动人们去做模块化的设计。

在工程设计中，模块化结构是控制复杂性的一种威力强大的策略。举例来说，在真实的信号处理应用中，设计者通常总是从标准化的过滤器和变换装置族中选出一些东西，通过级联的方式构造出各种系统。与此类似，序列操作也形成了一个可以混合和匹配使用的标准的程序元素库。例如，我们可以在另一个构造前$n+1$个斐波那契数的平方的程序里，使用取自过程sum-odd-squares和even-fibs的片段：

```
(define (list-fib-squares n)
  (accumulate cons
              nil
              (map square
                   (map fib
                        (enumerate-interval 0 n)))))

(list-fib-squares 10)
(0 1 1 4 9 25 64 169 441 1156 3025)
```

我们也可以重新安排有关的各个片段，将它们用在产生一个序列中所有奇数的平方之乘积的计算里：

```
(define (product-of-squares-of-odd-elements sequence)
  (accumulate *
              1
              (map square
                   (filter odd? sequence))))
```

```
(product-of-squares-of-odd-elements (list 1 2 3 4 5))
225
```

我们同样可以采用序列操作的方式，重新去形式化各种常规的数据处理应用。假定有一个人事记录的序列，现在希望找出其中薪水最高的程序员的工资数额。假定现在有一个选择函数salary返回记录中的工资数，另有谓词programmer?检查某个记录是不是程序员，此时我们就可以写：

```
(define (salary-of-highest-paid-programmer records)
  (accumulate max
              0
              (map salary
                   (filter programmer? records))))
```

这些例子给了我们一些启发，范围广大的许多操作都可以表述为序列操作[81]。

在这里，用表实现的序列被作为一种方便的界面，我们可以利用这种界面去组合起各种处理模块。进一步说，如果以序列作为所用的统一表示结构，我们就能将程序对于数据结构的依赖性局限到不多的几个序列操作上。通过修改这些操作，就可以在序列的不同表示之间转换，并保持程序的整个设计不变。在3.5节里还要继续探索这方面的能力，那时将把序列处理的范型推广到无穷序列。

练习2.33　请填充下面缺失的表达式，完成将一些基本的表操作看作累积的定义：

```
(define (map p sequence)
  (accumulate (lambda (x y) <??>) nil sequence))
(define (append seq1 seq2)
  (accumulate cons <??> <??>))
(define (length sequence)
  (accumulate <??> 0 sequence))
```

练习2.34　对于x的某个给定值，求出一个多项式在x的值，也可以形式化为一种累积。假定需要求下面多项式的值：

$$a_nx^n + a_{n-1}x^{n-1} + \cdots + a_1x + a_0$$

采用著名的Horner规则，可以构造出下面的计算：

$$(\cdots (a_nx + a_{n-1})\, x + \cdots + a_1)\, x + a_0$$

换句话说，我们可以从a_n开始，乘以x，再加上a_{n-1}，乘以x，如此下去，直到处理完a_0[82]。请

---

[81] Richard Waters（1979）开发了一个能自动分析传统的Fortran程序，并用映射、过滤器和累积器的观点去观察它们的程序。他发现，在Fortran Scientific Subroutine Package（Fortran科学计算子程序包）里，足足有90%的代码可以很好地纳入这一风范之中。作为程序设计语言，Lisp取得成功的一个原因，就在于它用表作为表述有序汇集的一种标准媒介，并使它们可以通过高阶操作来处理。程序设计语言APL的威力和形式也来自另一种类似选择。在APL里，所有的数据都是数组，而且为各种类型的通用数组操作提供了一集具有普遍性、使用方便的运算符。

[82] 根据Knuth（1981），这一规则是W. G. Horner在19世纪早期提出的，但这一方法在100多年前就已经被牛顿实际使用了。Horner规则在求值多项式时所用的加法和乘法次数少于直接方法，即那种先计算出$a_n x^n$，而后加上$a_{n-1}x^{n-1}$，并这样做下去的方法。事实上，可以证明，任何多项式的求值算法至少需要做Horner规则那么多次加法和乘法，因此，Horner规则就是多项式求值的最优算法。这一论断由A. M. Ostrowski在1954年的一篇文章中（对加法）证明，这也是现代最优算法研究的开创性工作。关于乘法的类似论断由V. Y. Pan 在1966年证明。Borodin和Munro的著作（1975）里有对这些工作的概述和有关最优算法的其他一些结果。

填充下面的模板，做出一个利用Horner规则求多项式值的过程。假定多项式的系数安排在一个序列里，从a_0直至a_n。

```
(define (horner-eval x coefficient-sequence)
  (accumulate (lambda (this-coeff higher-terms) <??>)
              0
              coefficient-sequence))
```

例如，为了计算$1+3x+5x^3+x^5$在$x=2$的值，你需要求值：

```
(horner-eval 2 (list 1 3 0 5 0 1))
```

练习2.35 将2.2.2节的count-leaves重新定义为一个累积：

```
(define (count-leaves t)
  (accumulate <??> <??> (map <??> <??>)))
```

练习2.36 过程accumulate-n与accumulate类似，除了它的第三个参数是一个序列的序列，假定其中每个序列的元素个数相同。它用指定的累积过程去组合起所有序列的第一个元素，而后是所有序列的第二个元素，并如此做下去，返回得到的所有结果的序列。例如，如果s是包含着4个序列的序列((1 2 3) (4 5 6) (7 8 9) (10 11 12))，那么(accumulate-n + 0 s)的值就应该是序列(22 26 30)。请填充下面accumulate-n定义中所缺失的表达式：

```
(define (accumulate-n op init seqs)
  (if (null? (car seqs))
      nil
      (cons (accumulate op init <??>)
            (accumulate-n op init <??>))))
```

练习2.37 假定我们将向量$v=(v_i)$表示为数的序列，将矩阵$m=(m_{ij})$表示为向量（矩阵行）的序列。例如，矩阵：

$$\begin{bmatrix} 1 & 2 & 3 & 4 \\ 4 & 5 & 6 & 6 \\ 6 & 7 & 8 & 9 \end{bmatrix}$$

用序列((1 2 3 4) (4 5 6 6) (6 7 8 9))表示。对于这种表示，我们可以用序列操作简洁地表达基本的矩阵与向量运算。这些运算（任何有关矩阵代数的书里都有描述）如下：

(dot-product v w)　　返回和$\Sigma_i v_i w_i$；

(matrix-*-vector m v)　　返回向量 t，其中$t_i=\Sigma_j m_{ij} v_j$；

(matrix-*-matrix m n)　　返回矩阵 p，其中$p_{ij}=\Sigma_k m_{ik} n_{kj}$；

(transpose m)　　返回矩阵 n，其中$n_{ij}=m_{ji}$。

我们可以将点积（dot product）定义为[83]：

```
(define (dot-product v w)
  (accumulate + 0 (map * v w)))
```

[83] 这一定义里使用了脚注78中描述的扩充的map。

请填充下面过程里缺失的表达式，它们计算出其他的矩阵运算结果（过程accumulate-n在练习2.36中定义）。

```
(define (matrix-*-vector m v)
  (map <??> m))

(define (transpose mat)
  (accumulate-n <??> <??> mat))

(define (matrix-*-matrix m n)
  (let ((cols (transpose n)))
    (map <??> m)))
```

练习2.38　过程accumulate也称为fold-right，因为它将序列的第一个元素组合到右边所有元素的组合结果上。也有一个fold-left，它与fold-right类似，但却是按照相反方向去操作各个元素：

```
(define (fold-left op initial sequence)
  (define (iter result rest)
    (if (null? rest)
        result
        (iter (op result (car rest))
              (cdr rest))))
  (iter initial sequence))
```

下面表达式的值是什么？

```
(fold-right / 1 (list 1 2 3))

(fold-left / 1 (list 1 2 3))

(fold-right list nil (list 1 2 3))

(fold-left list nil (list 1 2 3))
```

如果要求用某个op时保证fold-right和fold-left对任何序列都产生同样的结果，请给出op应该满足的性质。

练习2.39　基于练习2.38的fold-right和fold-left完成reverse（练习2.18）下面的定义：

```
(define (reverse sequence)
  (fold-right (lambda (x y) <??>) nil sequence))

(define (reverse sequence)
  (fold-left (lambda (x y) <??>) nil sequence))
```

嵌套映射

我们可以扩充序列范型，将许多通常用嵌套循环表述的计算也包含进来[84]。现在考虑下面的问题：给定了自然数n，找出所有不同的有序对i和j，其中$1 \leqslant j < i \leqslant n$，使得$i+j$是素数。例如，假定$n$是6，满足条件的序对就是：

[84] 有关嵌套映射的这种方式是由David Turner展现给我们的，他的语言KRC和Miranda为处理这些结构提供了很优美的形式。本节里的例子（也请看练习2.42）取自Turner 1981。3.5.3节还要将这一途径推广到处理无穷序列的情况。

i	2	3	4	4	5	6	6
j	1	2	1	3	2	1	5
$i+j$	3	5	5	7	7	7	11

完成这一计算的一种很自然的组织方式：首先生成出所有小于等于n的正自然数的有序对；而后通过过滤，得到那些和为素数的有序对；最后对每个通过了过滤的序对 (i, j)，产生出一个三元组 $(i, j, i+j)$。

这里是生成有序对的序列的一种方式：对于每个整数$i \leqslant n$，枚举出所有的整数$j<i$，并对每一对i和j生成序对 (i, j)。用序列操作的方式说，我们要对序列（enumerate-interval 1 n）做一次映射。对于这个序列里的每个i，我们都要对序列（enumerate-interval 1 (- i 1)）做映射。对于后一序列中的每个j，我们生成出序对（list i j）。这样就对每个i得到了一个序对的序列。将针对所有i的序列组合到一起（用append累积起来），就能产生出所需的序对序列了[85]。

```
(accumulate append
            nil
            (map (lambda (i)
                   (map (lambda (j) (list i j))
                        (enumerate-interval 1 (- i 1))))
                 (enumerate-interval 1 n)))
```

由于在这类程序里常要用到映射，并用append做累积，我们将它独立出来定义为一个过程：

```
(define (flatmap proc seq)
  (accumulate append nil (map proc seq)))
```

现在可以过滤这一序对的序列，找出那些和为素数的序对。对序列里的每个元素调用过滤谓词。由于这个谓词的参数是一个序对，所以它必须将两个整数从序对里提取出来。这样，作用到序列中每个元素上的谓词就是：

```
(define (prime-sum? pair)
  (prime? (+ (car pair) (cadr pair))))
```

最后还要生成出结果的序列，为此只需将下面过程映射到通过过滤后的序对上，对每个有序对里的两个元素，这一过程生成出一个包含了它们的和的三元组：

```
(define (make-pair-sum pair)
  (list (car pair) (cadr pair) (+ (car pair) (cadr pair))))
```

将所有这些组合到一起，就得到了完整的过程：

```
(define (prime-sum-pairs n)
  (map make-pair-sum
       (filter prime-sum?
               (flatmap
                (lambda (i)
                  (map (lambda (j) (list i j))
                       (enumerate-interval 1 (- i 1))))
```

---

[85] 这里的序对被表示为两个元素的表，没有直接采用Lisp的序对，因此，这里所谓的“序对” (i, j) 就是（list i j），而不是（cons i j）。

```
                        (enumerate-interval 1 n)))))
```

嵌套的映射不仅能用于枚举这种区间，也可用于其他序列。假设我们希望生成集合S的所有排列，也就是说，生成这一集合的元素的所有可能排序方式。例如，{1，2，3}的所有排列是{1，2，3}，{1，3，2}，{2，1，3}，{2，3，1}，{3，1，2}和{3，2，1}。这里是生成S所有排列的序列的一种方案：对于S里的每个x，递归地生成$S-x$的所有排列的序列[86]，而后将x加到每个序列的前面。这样就能对S里的每个x，产生出了S的所有以x开头的排列。将对所有x的序列组合起来，就可以得到S的所有排列[87]。

```
(define (permutations s)
  (if (null? s)                    ; empty set?
      (list nil)                   ; sequence containing empty set
      (flatmap (lambda (x)
                 (map (lambda (p) (cons x p))
                      (permutations (remove x s))))
               s)))
```

请注意这里所用的策略，看看它如何将生成S的所有排列的问题，归结为生成元素少于S的集合的所有排列的问题。在终极情况中我们将达到空表，它表示没有元素的集合。对此我们生成出的就是（list nil），这是一个只包含一个元素的序列，其中是一个没有元素的集合。在permutations过程中所用的remove过程返回除指定项之外的所有元素，它可以简单地用一个过滤器表示：

```
(define (remove item sequence)
  (filter (lambda (x) (not (= x item)))
          sequence))
```

练习2.40 请定义过程unique-pairs，给它整数n，它产生出序对(i, j)，其中$1 \leqslant j < i \leqslant n$。请用unique-pairs去简化上面prime-sum-pairs的定义。

练习2.41 请写出一个过程，它能产生出所有小于等于给定整数n的正的相异整数i、j和k的有序三元组，使每个三元组的三个元之和等于给定的整数s。

练习2.42 “八皇后谜题”问的是怎样将八个皇后摆在国际象棋盘上，使得任意一个皇后都不能攻击另一个皇后（也就是说，任意两个皇后都不在同一行、同一列或者同一对角线上）。一个可能的解如图2-8所示。解决这一谜题的一种方法按一个方向处理棋盘，每次在每一列里放一个皇后。如果现在已经放好了$k-1$个皇后，第k个皇后就必须放在不会被已在棋盘上的任何皇后攻击的位置上。我们可以递归地描述这一过程：假定我们已经生成了在棋盘的前$k-1$列中放置$k-1$个皇后的所有可能方式，现在需要的就是对于其中的每种方式，生成出将下一个皇后放在第k列中每一行的扩充集合。而后过滤它们，只留下能使位于第k列的皇后与其他皇后相安无事的那些扩充。这样就能产生出将k个皇后放置在前k列的所有格局的序列。继续这一过程，我们将能产生出这一谜题的所有解，而不是一个解。

将这一解法实现为一个过程queens，令它返回在$n \times n$棋盘上放n个皇后的所有解的序列。queens内部的过程queen-cols，返回在棋盘的前k列中放皇后的所有格局的序列。

---

[86] 集合$S-x$里包括了集合S中除x之外的所有元素。

[87] 在Scheme代码中，分号用于引进注释。从分号开始直至行尾的所有东西都将被解释器忽略掉。在本书里使用的注释并不多，我们主要是希望通过使用有意义的名字使程序具有自解释性。

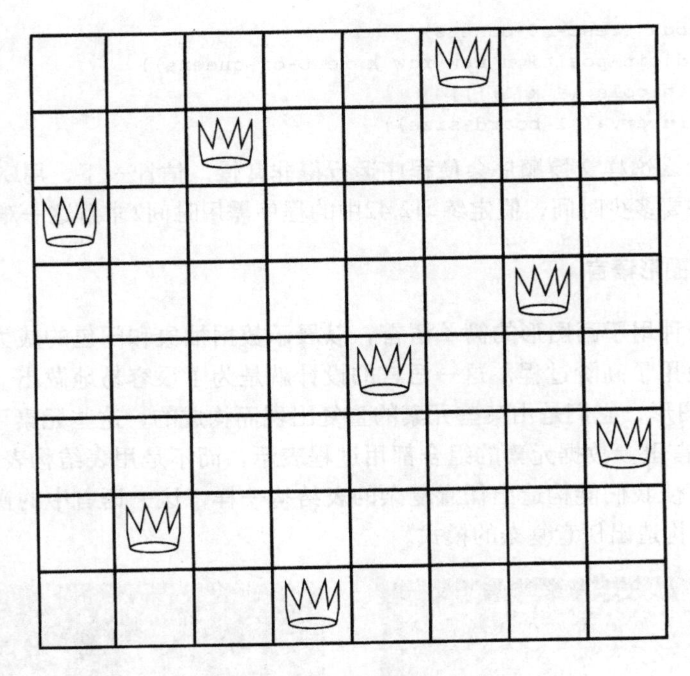

图2-8 八皇后谜题的一个解

```
(define (queens board-size)
  (define (queen-cols k)
    (if (= k 0)
        (list empty-board)
        (filter
         (lambda (positions) (safe? k positions))
         (flatmap
          (lambda (rest-of-queens)
            (map (lambda (new-row)
                   (adjoin-position new-row k rest-of-queens))
                 (enumerate-interval 1 board-size)))
          (queen-cols (- k 1))))))
  (queen-cols board-size))
```

这个过程里的rest-of-queens是在前$k-1$列放置$k-1$个皇后的一种方式，new-row是在第k列放置所考虑的行编号。请完成这一程序，为此需要实现一种棋盘格局集合的表示方式，还要实现过程adjoin-position，它将一个新的行列格局加入一个格局集合；empty-board，它表示空的格局集合。你还需要写出过程safe?，它能确定在一个格局中，在第k列的皇后相对于其他列的皇后是否为安全的（请注意，我们只需检查新皇后是否安全——其他皇后已经保证相安无事了）。

练习2.43 Louis Reasoner在做练习2.42时遇到了麻烦，他的queens过程看起来能行，但却运行得极慢（Louis居然无法忍耐到它解出6×6棋盘的问题）。当Louis请Eva Lu Ator帮忙时，她指出他在flatmap里交换了嵌套映射的顺序，将它写成了：

```
(flatmap
 (lambda (new-row)
```

```
    (map (lambda (rest-of-queens)
           (adjoin-position new-row k rest-of-queens))
         (queen-cols (- k 1))))
  (enumerate-interval 1 board-size))
```

请解释一下，为什么这样交换顺序会使程序运行得非常慢。估计一下，用Louis的程序去解决八皇后问题大约需要多少时间，假定练习2.42中的程序需用时间T求解这一难题。

2.2.4 实例：一个图形语言

本节将介绍一种用于画图形的简单语言，以展示数据抽象和闭包的威力，其中也以一种非常本质的方式使用了高阶过程。这一语言的设计就是为了很容易地做出一些模式，例如图2-9中所示的那类图形，它们是由某些元素的重复出现而构成的，这些元素可以变形或者改变大小[88]。在这个语言里，数据元素的组合都用过程表示，而不是用表结构表示。就像cons满足一种闭包性质，使我们能构造出任意复杂的表结构一样，这一语言中的操作也满足闭包性质，使我们很容易构造出任意复杂的模式。

图2-9 利用这一图形语言生成的各种设计

图形语言

在1.1节里开始研究程序设计时我们就强调说，在描述一种语言时，应该将注意力集中到语言的基本原语、它的组合手段以及它的抽象手段，这是最重要的。这里的工作也将按照同样的框架进行。

这一图形语言的优美之处，部分就在于语言中只有一种元素，称为*画家*（painter）。一个画家将画出一个图像，这种图像可以变形或者改变大小，以便能正好放到某个指定的平行四边形框架里。举例来说，这里有一个称为wave的基本画家，它能做出如图2-10所示的折线画，而所做出图画的实际形状依赖于具体的框架——图2-10里的四个图像都是由同一个画家wave产生的，但却是相对于四个不同的框架。有些画家比它更精妙：称为rogers的基本画家能画

[88] 这一图形语言是基于Peter Henderson所创建的，用于构造类似于M.C. Escher的版画“方形的极限”中那样的形象（见Henderson 1982）的一种语言。Escher的版画由一种重复的变尺度模式构成，很像本节中用square-limit过程排出的图画。

出MIT的创始人William Barton Rogers的画像，如图2-11所示[89]。图2-11里的四个图像是相对于与图2-10中wave形象同样的四个框架画出来的。

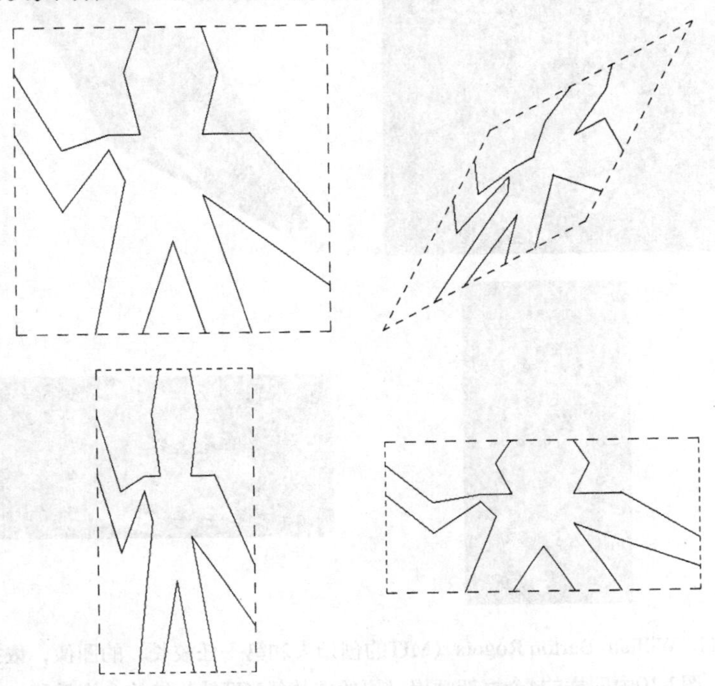

图2-10 由画家wave相对于4个不同框架而产生出的图像。相应框架用点线表示，它们并不是图像的组成部分

[89] William Barton Rogers（1804－1882）是MIT的创始人和第一任校长。他曾作为地质学家和才华横溢的教师，在William and Mary（威廉和玛丽）学院和弗吉尼亚大学任教。1859年他搬到了波士顿，在那里他可以有更多的时间去从事研究工作，可以着手他的一个创建“综合性技术学院”的计划。此时他还是马萨诸塞第一任的煤气表的州检查员。

在1861年MIT创建时，Rogers被选为第一任校长。Rogers推崇一种“学以致用”的思想，这与当时流行的有关大学教育的观点截然不同。当时在大学里人们过于强调经典，正如Rogers所写的，那些东西“阻碍了更广泛、更深入和更实际的自然科学和社会科学的教育和训练”。Rogers认为这一教育方式也应该与职业学校式的教育截然不同，用他的话说：

强制性地区分实践工作者和科学工作者是完全无益的，当代的所有经验已经证明这种区分也是完全没有价值的。

Rogers作为MIT的校长一直到1870年，是年他因为健康原因而退休。到了1878年，MIT的第二任校长John Runkle由于1873年的金融大恐慌带来的财政危机的压力，以及哈佛企图攫取MIT的斗争压力而退休，Rogers重新回到校长办公室，一直工作到1881年。

Rogers在1882年给MIT毕业班举行的毕业典礼的致辞中倒下去世。Runkle在同年举行的纪念会致辞中引用了Rogers最后的话：

“当我今天站在这里环顾校园时，……我看到了科学的开始。我记得在150年以前，Stephen Hales出版了一本小册子，讨论照明用气的课题，在书中他写到，他的研究表明了128谷（英美重量单位，每谷合64.8毫克——译者注）烟煤……”

“烟煤，”这就是他留在这个世界上的最后一个词。当时他逐渐地向前倾下去，就像是要在他面前的桌子上查看什么注记，而后他又慢慢地恢复到直立状态、举起了他的双手，慢慢地，从他那尘世劳作和胜利的喜悦感觉转变为“死亡的明天”，在那里生命的奇迹结束了，而脱离了肉体的灵魂则向往着那无穷未来中全新的永远深不可测的奥秘，并从中得到无尽的满足。

用Francis A. Walker（MIT的第三任校长）的话说：

他的整个一生都证明了他是最正直和最勇敢的人，他的死也像一个骑士所最希望的那样，穿着战袍，站在自己的岗位上，履行着他对于社会的职责。

图2-11 William Barton Rogers（MIT的创始人和第一任校长）的图像，依据与图2-10中同样的4个框架画出（原始图片经MIT博物馆的允许重印）

为了组合起有关的图像，我们要用一些可以从给定画家构造出新画家的操作。例如，操作beside从两个画家出发，产生一个复合型画家，它将第一个画家的图像画在框架中左边的一半里，将第二个画家的图像画在框架里右边一半里。与此类似，below从两个画家出发产生一个组合型画家，将第一个画家的图像画在第二个画家的图像之下。有些操作将一个画家转换为另一个新画家。例如，flip-vert从一个画家出发，产生一个将该画家所画图像上下颠倒画出的画家，而flip-horiz产生的画家将原画家的图像左右反转后画出。

图2-12说明了从wave出发，经过两步做出一个名为wave4的画家的方式：

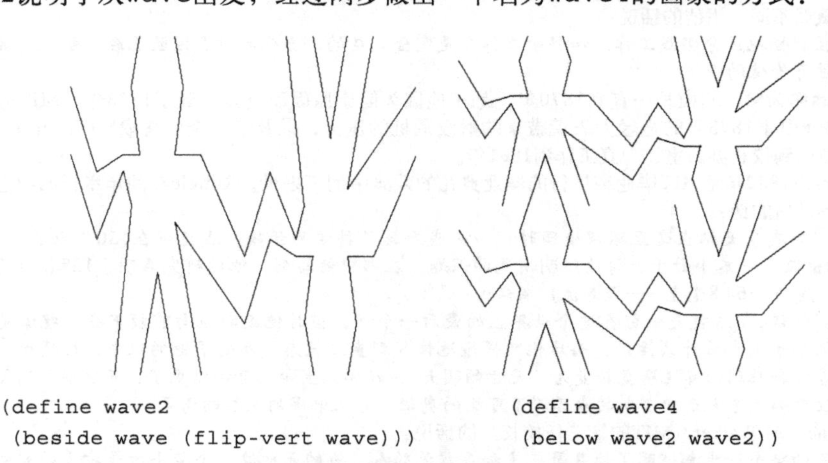
(define wave2
(beside wave (flip-vert wave)))
(define wave4
(below wave2 wave2))

图2-12 从图2-10的画家wave出发，建立起一个复杂图像

```scheme
(define wave2 (beside wave (flip-vert wave)))
(define wave4 (below wave2 wave2))
```

在按这种方法构造复杂的图像时，我们利用了一个事实：画家在有关语言的组合方式下是封闭的：两个画家的beside或者below还是画家，因此还可以用它们作为元素去构造更复杂的画家。就像用cons构造起各种表结构一样，我们所用的数据在组合方式下的闭包性质非常重要，因为这使我们能用不多几个操作构造出各种复杂的结构。

一旦能做画家的组合之后，我们就希望能抽象出典型的画家组合模式，以便将这种组合操作实现为一些Scheme过程。这也意味着我们并不需要这种图形语言里包含任何特殊的抽象机制，因为组合的方式就是采用普通的Scheme过程。这样，对于画家，我们就自动有了能够做原来可以对过程做的所有事情。例如，我们可以将wave4中的模式抽象出来：

```scheme
(define (flipped-pairs painter)
  (let ((painter2 (beside painter (flip-vert painter))))
    (below painter2 painter2)))
```

并将wave4重新定义为这种模式的实例：

```scheme
(define wave4 (flipped-pairs wave))
```

我们也可以定义递归操作。下面就是一个这样的操作，它在图形的右边做分割和分支，就像在图2-13和图2-14中显示的那样：

```scheme
(define (right-split painter n)
  (if (= n 0)
      painter
      (let ((smaller (right-split painter (- n 1))))
        (beside painter (below smaller smaller)))))
```

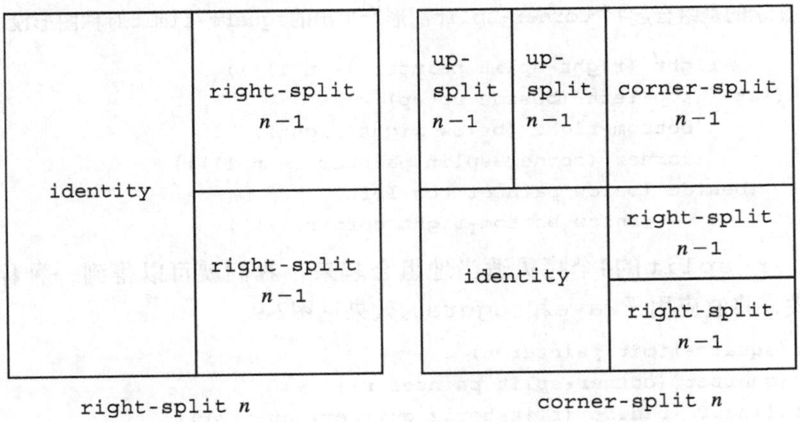

right-split n　　　　corner-split n

图2-13　right-split和corner-split的递归方案

通过同时在图形中向上和向右分支，我们可以产生出一种平衡的模式（见练习2.44、图2-13和图2-14）：

```scheme
(define (corner-split painter n)
  (if (= n 0)
      painter
      (let ((up (up-split painter (- n 1)))
```

图2-14 将递归操作right-split和corner-split应用于画家wave和rogers。图2-9中显示的是组合起4个corner-split图形产生出的square-limit对称图形设计

```
          (right (right-split painter (- n 1))))
    (let ((top-left (beside up up))
          (bottom-right (below right right))
          (corner (corner-split painter (- n 1))))
      (beside (below painter top-left)
              (below bottom-right corner))))))
```

将某个corner-split的4个拷贝适当地组合起来，我们就可以得到一种称为square-limit的模式，将它应用于wave和rogers的效果见图2-9。

```
(define (square-limit painter n)
  (let ((quarter (corner-split painter n)))
    (let ((half (beside (flip-horiz quarter) quarter)))
      (below (flip-vert half) half))))
```

练习2.44 请定义出corner-split里使用的过程up-split，它与right-split类似，除在其中交换了below和beside的角色之外。

高阶操作

除了可以获得组合画家的抽象模式之外，我们同样可以在高阶上工作，抽象出画家的各种组合操作的模式。也就是说，可以把画家操作看成是操控和描写这些元素的组合方法的元素——写出一些过程，它们以画家操作作为参数，创建出各种新的画家操作。

举例来说，flipped-pairs和square-limit两者都将一个画家的四个拷贝安排在一个正方形的模式中，它们之间的差异仅仅在这些拷贝的旋转角度。抽象出这种画家组合模式的一种方式是定义下面的过程，它基于四个单参数的画家操作，产生出一个画家操作，这一操作里将用这四个操作去变换一个给定的画家，并将得到的结果放入一个正方形里。tl、tr、bl和br分别是应用于左上角、右上角、左下角和右下角的四个拷贝的变换：

```
(define (square-of-four tl tr bl br)
  (lambda (painter)
    (let ((top (beside (tl painter) (tr painter)))
          (bottom (beside (bl painter) (br painter))))
      (below bottom top))))
```

操作flipped-pairs可以基于square-of-four定义如下[90]：

```
(define (flipped-pairs painter)
  (let ((combine4 (square-of-four identity flip-vert
                                  identity flip-vert)))
    (combine4 painter)))
```

而square-limit可以描述为[91]：

```
(define (square-limit painter n)
  (let ((combine4 (square-of-four flip-horiz identity
                                  rotate180 flip-vert)))
    (combine4 (corner-split painter n))))
```

练习2.45 可以将right-split和up-split表述为某种广义划分操作的实例。请定义一个过程split，使它具有如下性质，求值：

```
(define right-split (split beside below))
(define up-split (split below beside))
```

产生能够出过程right-split和up-split，其行为与前面定义的过程一样。

框架

在我们进一步弄清楚如何实现画家及其组合方式之前，还必须首先考虑框架的问题。一个框架可以用三个向量描述：一个基准向量和两个角向量。基准向量描述的是框架基准点相对于平面上某个绝对基准点的偏移量，角向量描述了框架的角相对于框架基准点的偏移量。如果两个角向量正交，这个框架就是一个矩形。否则它就是一个一般的平行四边形。

图2-15显示的是一个框架和与之相关的三个向量。根据数据抽象原理，我们现在完全不必去说清楚框架的具体表示方式，而只需要说明，存在着一个构造函数make-frame，它能从三个向量出发做出一个框架。与之对应的选择函数是origin-frame、edge1-frame和edge2-frame（见练习2.47）。

我们将用单位正方形（$0\leqslant x, y\leqslant 1$）里的坐标去描述图像。对于每个框架，我们要为它关联一个**框架坐标映射**，借助它完成有关图像的位移和伸缩，使之能够适配于这个框架。这一映

[90] 我们也可以等价地将其写为：

```
(define flipped-pairs
  (square-of-four identity flip-vert identity flip-vert))
```

[91] rotate180将一个画家旋转180度（见练习2.50）。不用rotate180，我们也可以利用练习1.42的compose过程，写（compose flip-vert flip-horiz）。

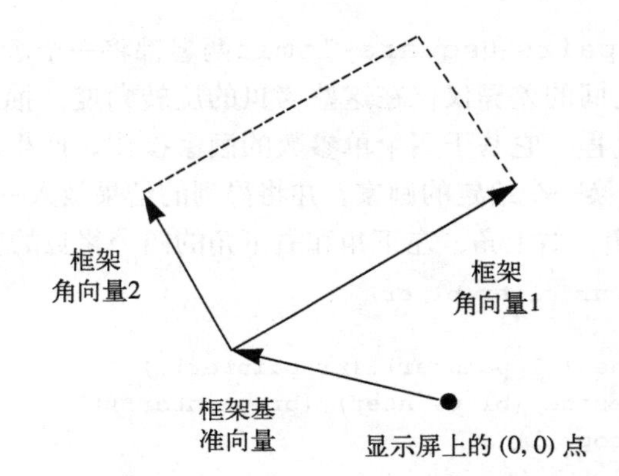

图2-15 一个框架由三个向量描述，包括一个基准向量和两个角向量

射的功能就是把单位正方形变换到相应框架，所采用的方法也就是将向量$v = (x, y)$映射到下面的向量和：

$$\text{Origin (Frame)} + x \cdot \text{Edge}_1\text{ (Frame)} + y \cdot \text{Edge}_2\text{ (Frame)}$$

例如，点 (0, 0) 将被映射到给定框架的原点，(1, 1) 被映射到与原点对角的那个点，而（0.5, 0.5）被映射到给定框架的中心点。我们可以通过下面过程建立起框架的坐标映射[92]：

```
(define (frame-coord-map frame)
  (lambda (v)
    (add-vect
     (origin-frame frame)
     (add-vect (scale-vect (xcor-vect v)
                           (edge1-frame frame))
               (scale-vect (ycor-vect v)
                           (edge2-frame frame))))))
```

请注意看，这里将frame-coord-map应用于一个框架的结果是返回了一个过程，它对于每个给定的向量返回另一个向量。如果参数向量位于单位正方形里，得到的对应结果向量也将位于相应的框架里。例如：

```
((frame-coord-map a-frame) (make-vect 0 0))
```

返回的向量如下：

```
(origin-frame a-frame)
```

练习2.46 从原点出发的一个二维向量v可以用一个由x坐标和y坐标构成的序对表示。请为这样的向量实现一个数据抽象：给出一个构造函数make-vect，以及对应的选择函数xcor-vect和ycor-vect。借助于你给出的构造函数和选择函数，实现过程add-vect、sub-vect和scale-vect，它们能完成向量加法、向量减法和向量的伸缩。

$$(x_1,\ y_1) + (x_2,\ y_2) = (x_1 + x_2,\ y_1 + y_2)$$
$$(x_1,\ y_1) - (x_2,\ y_2) = (x_1 - x_2,\ y_1 - y_2)$$
$$s \cdot (x,\ y) = (sx,\ sy)$$

[92] 过程frame-coord-map用到了练习2.46里讨论的向量操作，现在假定它们已经在某种向量表示上实现好了。由于这里采用了数据抽象，只要这些向量操作的行为是正确的，采用什么样的具体向量表示方式都没有关系。

练习2.47 下面是实现框架的两个可能的过程函数：

```
(define (make-frame origin edge1 edge2)
  (list origin edge1 edge2))

(define (make-frame origin edge1 edge2)
  (cons origin (cons edge1 edge2)))
```

请为每个构造函数提供适当的选择函数，为框架做出相应的实现。

画家

一个画家被表示为一个过程，给了它一个框架作为实际参数，它就能通过适当的位移和伸缩，画出一幅与这个框架匹配的图像。也就是说，如果p是一个画家而f是一个框架，通过以f作为实际参数调用p，就能产生出f中p的图像。

基本画家的实现细节依赖于特定图形系统的各种特性和被画图像的种类。例如，假定现在有了一个过程draw-line，它能在屏幕上两个给定点之间画出一条直线，那么我们就可以利用它创建一个画折线图的画家，例如从通过下面的线段表创建出图2-10的wave画家[93]：

```
(define (segments->painter segment-list)
  (lambda (frame)
    (for-each
     (lambda (segment)
       (draw-line
        ((frame-coord-map frame) (start-segment segment))
        ((frame-coord-map frame) (end-segment segment))))
     segment-list)))
```

这里所给出的线段都用相对于单位正方形的坐标描述，对于表中的每个线段，这个画家将根据框架坐标映射，对线段的各个端点做变换，而后在两个端点之间画一条直线。

将画家表示为过程，就在这一图形语言中竖立起一道强有力的抽象屏障。这就使我们可以创建和混用基于各种图形能力的各种类型的基本画家。任何过程只要能取一个框架作为参数，画出某些可以伸缩后适合这个框架的东西，它就可以作为一个画家[94]。

练习2.48 平面上的一条直线段可以用一对向量表示——从原点到线段起点的向量，以及从原点到线段终点的向量。请用你在练习2.46做出的向量表示定义一种线段表示，其中用构造函数make-segment以及选择函数start-segment和end-segment。

练习2.49 利用segments->painter定义下面的基本画家：

a) 画出给定框架边界的画家。

b) 通过连接框架两对角画出一个大叉子的画家。

c) 通过连接框架各边的中点画出一个菱形的画家。

d) 画家wave。

---

[93] 画家segments->painter用到了练习2.48里描述的线段表示，还用到练习2.23里描述的for-each过程。

[94] 举例来说，图2-11里的rogers画家是用一个灰度图像创建的，对于给定框架中的每个点，rogers画家都将在图像中确定一个点，它应该在有关的框架坐标映射下映射到框架中的这个点，而且涂灰这个点。通过允许不同种类的画家，我们大大发扬了2.1.3节中讨论的抽象数据的思想，在那里提出说一种有理数表示可以是任何的东西，只要它能满足适当的条件。这里利用的事实就是，一个画家可以以任何方式实现，只要它能在指定的框架里画出一些东西来。2.1.3节还说明了如何将序对实现为过程。画家也是我们用过程表示数据的又一个例子。

画家的变换和组合

各种对画家的操作（例如flip-vert或者beside）的功能就是创建另一个画家，这其中涉及原来的画家，还涉及根据参数框架派生出的某些框架。举例来说，flip-vert在反转画家时完全不必知道它们究竟如何工作，它只需知道怎样将一个框架上下颠倒就足够了。产生出的画家使用的仍是原来的画家，只不过是让它在一个颠倒的框架里工作。

对于画家的操作都基于一个过程transform-painter，它以一个画家以及有关怎样变换框架和生成画家的信息作为参数。对一个框架调用这样的变换去产生画家，实际完成的是对这个框架的一个变换，并基于变换后的框架去调用原来的画家。transform-painter的参数是一些点（用向量表示），它们描述了新框架的各个角。在用于做框架变换时，第一个点描述的是新框架的原点，另外两个点描述的是新框架的两个边向量的终点。这样，位于单位正方形里的参数描述的就是一个包含在原框架里面的框架。

```
(define (transform-painter painter origin corner1 corner2)
  (lambda (frame)
    (let ((m (frame-coord-map frame)))
      (let ((new-origin (m origin)))
        (painter
         (make-frame new-origin
                     (sub-vect (m corner1) new-origin)
                     (sub-vect (m corner2) new-origin)))))))
```

从下面可以看到如何给出反转画家的定义：

```
(define (flip-vert painter)
  (transform-painter painter
                     (make-vect 0.0 1.0)   ; new origin
                     (make-vect 1.0 1.0)   ; new end of edge1
                     (make-vect 0.0 0.0))) ; new end of edge2
```

利用transform-painter很容易定义各种新的变换。例如，我们可以定义出一个画家，它将自己的图像收缩到给定框架右上的四分之一区域里：

```
(define (shrink-to-upper-right painter)
  (transform-painter painter
                     (make-vect 0.5 0.5)
                     (make-vect 1.0 0.5)
                     (make-vect 0.5 1.0)))
```

另一个变换将图形按照逆时针方向旋转90度[95]：

```
(define (rotate90 painter)
  (transform-painter painter
                     (make-vect 1.0 0.0)
                     (make-vect 1.0 1.0)
                     (make-vect 0.0 0.0)))
```

或者将图像向中心收缩[96]：

```
(define (squash-inwards painter)
```

[95] 变换rotate90只有对正方形框架工作才是真正的旋转，因为它还要拉伸或者压缩图像去适应框架。

[96] 图2-10和图2-11里的菱形图形就是通过将squash-inwards作用于wave和rogers而得到的。

```
(transform-painter painter
                   (make-vect 0.0 0.0)
                   (make-vect 0.65 0.35)
                   (make-vect 0.35 0.65)))
```

框架变换也是定义两个或者更多画家的组合的关键。例如，beside过程以两个画家为参数，分别将它们变换为在参数框架的左半边和右半边画图，这样就产生出一个新的复合型画家。当我们给了这一画家一个框架后，它首先调用其变换后的第一个画家在框架的左半边画图，而后调用变换后的第二个画家在框架的右半边画图：

```
(define (beside painter1 painter2)
  (let ((split-point (make-vect 0.5 0.0)))
    (let ((paint-left
           (transform-painter painter1
                              (make-vect 0.0 0.0)
                              split-point
                              (make-vect 0.0 1.0)))
          (paint-right
           (transform-painter painter2
                              split-point
                              (make-vect 1.0 0.0)
                              (make-vect 0.5 1.0))))
      (lambda (frame)
        (paint-left frame)
        (paint-right frame)))))
```

请特别注意，这里的画家数据抽象，特别是将画家用过程表示，怎样使beside的实现变得如此简单。这里的beside过程完全不必了解作为其成分的各个画家的任何东西，它只需知道这些画家能够在指定框架里画出一些东西就够了。

练习2.50 请定义变换flip-horiz，它能在水平方向上反转画家。再定义出对画家做反时针方向上180度和270度旋转的变换。

练习2.51 定义对画家的below操作，它以两个画家为参数。在给定了一个框架后，由below得到的画家将要求第一个画家在框架的下部画图，要求第二个画家在框架的上部画图。请按两种方式定义below：首先写出一个类似于上面beside的过程，另一个则直接通过beside和适当的旋转操作（来自练习2.50）完成有关工作。

强健设计的语言层次

在上述的图形语言中，我们演习了前面介绍的有关过程和数据抽象的关键思想。其中的基本数据抽象和画家都用过程表示实现，这就使该语言能以一种统一方式去处理各种本质上完全不同的画图能力。实现组合的方法也满足闭包性质，使我们很容易构造起各种复杂的设计。最后，用于做过程抽象的所有工具，现在也都可用作组合画家的抽象手段。

我们也对程序设计的另一个关键概念有了一点认识，这就是分层设计的问题。这一概念说的是，一个复杂的系统应该通过一系列的层次构造出来，为了描述这些层次，需要使用一系列的语言。构造各个层次的方式，就是设法组合起作为这一层次中部件的各种基本元素，而这样构造出的部件又可以作为另一个层次里的基本元素。在分层设计中，每个层次上所用的语言都提供了一些基本元素、组合手段，还有对该层次中的适当细节做抽象的手段。

在复杂系统的工程中广泛使用这种分层设计方法。例如，在计算机工程里，电阻和晶体管被组合起来（用模拟电路的语言），产生出一些部件，例如与门、或门等等；这些门电路又被作为数字电路设计的语言中的基本元素[97]。将这类部件组合起来，构成了处理器、总线和存储系统，随即，又通过它们的组合构造出各种计算机，此时采用的是适合于描述计算机体系结构的语言。计算机的组合可以进一步构成分布式系统，采用的是适合描述网络互联的语言。我们还可以这样做下去。

作为分层设计的一个小例子，我们的图形语言用了一些基本元素（基本画家），它们是基于描述点和直线的语言建立起来，为segments->painter提供线段表，或者为rogers之类提供着色能力。前面关于这一图形语言的描述，主要是集中在这些基本元素的组合方面，采用的是beside和below一类的几何组合手段。我们也在更高的层次上工作，将beside和below作为基本元素，在一个具有square-of-four一类操作的语言中处理它们，这些操作抓住了一些将几何组合手段组合起来的常见模式。

分层设计有助于使程序更加强健，也就是说，使我们更有可能在给定规范发生一些小改变时，只需对程序做少量的修改。例如，假定我们希望改变图2-9所示的基于wave的图像，我们就可以在最低的层次上工作，直接去修改wave元素的表现细节；也可以在中间层次上工作，改变corner-split里重复使用wave的方式；也可以在最高的层次上工作，改变对图形中各个角上4个副本的安排。一般来说，分层结构中的每个层次都为表述系统的特征提供了一套独特词汇，以及一套修改这一系统的方式。

练习2.52 在上面描述的各个层次上工作，修改图2-9中所示的方块的限制。特别是：

a) 给练习2.49的基本wave画家加入某些线段（例如，加上一个笑脸）。

b) 修改corner-split的构造模式（例如，只用up-split和right-split的图像的各一个副本，而不是两个）。

c) 修改square-limit，换一种使用square-of-four的方式，以另一种不同模式组合起各个角区（例如，你可以让大的Rogers先生从正方形的每个角向外看）。

2.3 符号数据

到目前为止，我们已经使用过的所有复合数据，最终都是从数值出发构造起来的。在这一节里，我们要扩充所用语言的表述能力，引进将任意符号作为数据的功能。

2.3.1 引号

如果我们能构造出采用符号的复合数据，我们就可以有下面这类的表：

```
(a b c d)
(23 45 17)
((Norah 12) (Molly 9) (Anna 7) (Lauren 6) (Charlotte 4))
```

这些包含着符号的表看起来就像是我们语言里的表达式：

```
(* (+ 23 45) (+ x 9))

(define (fact n) (if (= n 1) 1 (* n (fact (- n 1)))))
```

[97] 3.3.4节描述了一个这样的语言。

为了能够操作这些符号，我们的语言里就需要有一种新元素：为数据对象加引号的能力。假定我们希望构造出表（a b），当然不能用（list a b）完成这件事，因为这一表达式将要构造出的是a和b的值的表，而不是这两个符号本身的表。在自然语言的环境中，这种情况也是众所周知的，在那里的单词和句子可能看作语义实体，也可以看作是字符的序列（语法实体）。在自然语言里，常见的方式就是用引号表明一个词或者一个句子应作为文字看待，将它们直接作为字符的序列。例如说，“John”的第一个字母显然是“J”。如果我们对某人说“大声说你的名字”，此时希望听到的是那个人的名字。如果说“大声说‘你的名字’”，此时希望听到的就是词组“你的名字”。请注意，我们在这里不得不用嵌套的引号去描述别人应该说的东西[98]。

我们可以按照同样的方式，将表和符号标记为应该作为数据对象看待，而不是作为应该求值的表达式。然而，这里所用的引号形式与自然语言中的不同，我们只在被引对象的前面放一个引号（按照习惯，在这里用单引号）。在Scheme里可以不写结束引号，因为这里已经靠空白和括号将对象分隔开，一个单引号的意义就是引用下一个对象[99]。

现在我们就可以区分符号和它们的值了：

```
(define a 1)

(define b 2)

(list a b)
(1 2)

(list 'a 'b)
(a b)

(list 'a b)
(a 2)
```

引号也可以用于复合对象，其中采用的是表的方便的输出表示方式[100]：

```
(car '(a b c))
a

(cdr '(a b c))
```

[98] 允许在一个语言中使用引号，将会极大地损害根据简单词语在语言中做推理的能力，因为它破坏了对等的东西可以相互替换的观念。举个例子，三等于二加一，但是“三”这个字却不等于“二加一”这个短语。引号是很有威力的东西，因为它使我们可以构造起一种能操作其他表达式的表达式（正如我们将在第4章里看到的那样）。但是，在一种语言里允许用语句去讨论这一语言里的其他语句，那么有关“对等的东西可以相互代换”究竟是什么意思，我们就很难给任何具有内在统一性的说法了。举例说，如果我们知道长庚星就是启明星，那么我们就可以从句子“长庚星就是金星”推导出“启明星就是金星”。然而，即使有“张三知道长庚星就是金星”，我们也无法推论说“张三知道启明星就是金星”。

[99] 单引号和用于括起应该打印输出的字符串的双引号不同。单引号可以用于括起表和符号，而双引号只能用于字符串。在本书里只将字符串用于需要打印输出的对象。

[100] 严格地说，引号的这种使用方式，违背了我们语言中所有复合表达式都应该由括号限定，都具有表的形式的普遍性原则。通过引进特殊形式quote就可以恢复这种一致性，这种特殊形式的作用与引号完全一样。因此，我们完全可以用（quote a）代替'a，采用（quote (a b c)）而不是'(a b c)。这也就是解释器的实际工作方式。引号只不过是一种将下一完整表达式用（quote <expression>）形式包裹起来的单字符缩写形式。这一点非常重要，因为它维持了我们的原则：解释器看到的所有表达式都可以作为数据对象去操作。例如，我们可以构造出表达式（car '(a b c)），它就等同于通过对表达式（list 'car (list 'quote '(a b c))）的求值而得到的（car (quote (a b c))）。

```
(b c)
```

记住这些之后，我们就可以通过求值 '() 得到空表，这样就可以丢掉变量nil了。

为了能对符号做各种操作，我们还需要用另一个基本过程eq?，这个过程以两个符号作为参数，检查它们是否为同样的符号[101]。利用eq?可以实现一个称为memq的有用过程，它以一个符号和一个表为参数。如果这个符号不包含在这个表里（也就是说，它与表里的任何项目都不eq?），memq就返回假；否则就返回该表的由这个符号的第一次出现开始的那个子表：

```
(define (memq item x)
  (cond ((null? x) false)
        ((eq? item (car x)) x)
        (else (memq item (cdr x)))))
```

举例来说，表达式：

```
(memq 'apple '(pear banana prune))
```

的值是假，而表达式：

```
(memq 'apple '(x (apple sauce) y apple pear))
```

的值是 (apple pear)。

练习2.53 解释器在求值下面各个表达式时将打印出什么？

```
(list 'a 'b 'c)

(list (list 'george))

(cdr '((x1 x2) (y1 y2)))

(cadr '((x1 x2) (y1 y2)))

(pair? (car '(a short list)))

(memq 'red '((red shoes) (blue socks)))

(memq 'red '(red shoes blue socks))
```

练习2.54 如果两个表包含着同样元素，这些元素也按同样顺序排列，那么就称这两个表equal?。例如：

```
(equal? '(this is a list) '(this is a list))
```

是真；而

```
(equal? '(this is a list) '(this (is a) list))
```

是假。说得更准确些，我们可以从符号相等的基本eq?出发，以递归方式定义出equal?。a和b是equal?的，如果它们都是符号，而且这两个符号满足eq?，或者它们都是表，而且(car a) 和 (car b) 相互equal?，它们的 (cdr a) 和 (cdr b) 也是equal?。请利用这一思路定义出equal?过程[102]。

---

[101] 我们可以认为，两个符号是“同样”的，如果它们是由同样字符按照同样顺序构成。这一定义回避了一个我们目前尚且无法去探讨的深入问题：程序设计语言里“同样”的意义问题。我们将在第3章中重新回到这个问题（第3.1.3节）。

[102] 在实践中，程序员们不仅用equal?比较包含符号的表，也用它比较包含数值的表。有关两个数值相等的数（用检测）是否也eq?的问题高度依赖于具体实现。对于equal?的一个更好的定义（例如Scheme中的基本过程）还要去检查a和b是否为两个数，如果是它们都是数，数值相等时就认为它们equal?。

练习2.55 Eva Lu Ator输入了表达式：

```
(car ''abracadabra)
```

令她吃惊的是解释器打印出的是quote。请解释这一情况。

2.3.2 实例：符号求导

为了阐释符号操作的情况，并进一步阐释数据抽象的思想，现在考虑设计一个执行代数表达式的符号求导的过程。我们希望该过程以一个代数表达式和一个变量作为参数，返回这个表达式相对于该变量的导数。例如，如果送给这个过程的参数是ax^2+bx+c和x，它应该返回$2ax+b$。符号求导数对于Lisp有着特殊的历史意义，它正是推动人们去为符号操作开发计算机语言的重要实例之一。进一步说，它也是人们为符号数学工作开发强有力系统的研究领域的开端，今天已经有越来越多的应用数学家和物理学家们正在使用这类系统。

为了开发出一个符号计算程序，我们将按照2.1.1节开发有理数系统那样，采用同样的数据抽象策略。也就是说，首先定义一个求导算法，令它在一些抽象对象上操作，例如"和"、"乘积"和"变量"，并不考虑这些对象实际上如何表示，以后才去关心具体表示的问题。

对抽象数据的求导程序

为了使有关的讨论简单化，我们在这里考虑一个非常简单的符号求导程序，它处理的表达式都是由对于两个参数的加和乘运算构造起来的。对于这种表达式求导的工作可以通过下面几条归约规则完成：

$$\frac{\mathrm{d}c}{\mathrm{d}x}=0 \quad \text{当}c\text{是一个常量，或者一个与}x\text{不同的变量}$$

$$\frac{\mathrm{d}x}{\mathrm{d}x}=1$$

$$\frac{\mathrm{d}(u+v)}{\mathrm{d}x}=\frac{\mathrm{d}u}{\mathrm{d}x}+\frac{\mathrm{d}v}{\mathrm{d}x}$$

$$\frac{\mathrm{d}(uv)}{\mathrm{d}x}=u\left(\frac{\mathrm{d}v}{\mathrm{d}x}\right)+v\left(\frac{\mathrm{d}u}{\mathrm{d}x}\right)$$

可以看到，这里的最后两条规则具有递归的性质，也就是说，要想得到一个和式的导数，我们首先要找出其中各个项的导数，而后将它们相加。这里的每个项又可能是需要进一步分解的表达式。通过这种分解，我们能得到越来越小的片段，最终将产生出常量或者变量，它们的导数就是0或者1。

为了能在一个过程中体现这些规则，我们用一下按愿望思维，就像在前面设计有理数的实现时所做的那样。如果现在有了一种表示代数表达式的方式，我们一定能判断出某个表达式是否为一个和式、乘式、常量或者变量，也能提取出表达式里的各个部分。对于一个和式（举例来说），我们可能希望取得其被加项（第一个项）和加项（第二个项）。我们还需要能从几个部分出发构造出整个表达式。让我们假定现在已经有了一些过程，它们实现了下述的构造函数、选择函数和谓词：

```
(variable? e)                 e是变量吗？
(same-variable? v1 v2)        v1和v2是同一个变量吗？
```

`(sum? e)`	e是和式吗?
`(addend e)`	e的被加数
`(augend e)`	e的加数
`(make-sum a1 a2)`	构造起a1与a2的和式
`(product? e)`	e是乘式吗?
`(multiplier e)`	e的被乘数
`(multiplicand e)`	e的乘数
`(make-product m1 m2)`	构造起m1与m2的乘式

利用这些过程，以及判断表达式是否数值的基本过程number?，我们就可以将各种求导规则用下面的过程表达出来了：

```
(define (deriv exp var)
  (cond ((number? exp) 0)
        ((variable? exp)
         (if (same-variable? exp var) 1 0))
        ((sum? exp)
         (make-sum (deriv (addend exp) var)
                   (deriv (augend exp) var)))
        ((product? exp)
         (make-sum
           (make-product (multiplier exp)
                         (deriv (multiplicand exp) var))
           (make-product (deriv (multiplier exp) var)
                         (multiplicand exp))))
        (else
         (error "unknown expression type -- DERIV" exp))))
```

过程deriv里包含了一个完整的求导算法。因为它是基于抽象数据表述的，因此，无论我们如何选择代数表达式的具体表示，只要设计了一组正确的选择函数和构造函数，这个过程都可以工作。表示的问题是下面必须考虑的问题。

代数表达式的表示

我们可以设想出许多用表结构表示代数表达式的方法。例如，可以利用符号的表去直接反应代数的记法形式，将表达式$ax+b$表示为表 (a * x + b)。然而，一种特别直截了当的选择，是采用Lisp里面表示组合式的那种带括号的前缀形式，也就是说，将$ax+b$表示为 (+ (* a x) b)。这样，我们有关求导问题的数据表示就是：

- 变量就是符号，它们可以用基本谓词symbol?判断：

```
(define (variable? x) (symbol? x))
```

- 两个变量相同就是表示它们的符号相互eq?：

```
(define (same-variable? v1 v2)
  (and (variable? v1) (variable? v2) (eq? v1 v2)))
```

- 和式与乘式都构造为表：

```
(define (make-sum a1 a2) (list '+ a1 a2))

(define (make-product m1 m2) (list '* m1 m2))
```

- 和式就是第一个元素为符号+的表：

```
(define (sum? x)
  (and (pair? x) (eq? (car x) '+)))
```

• 被加数是表示和式的表里的第二个元素：

```
(define (addend s) (cadr s))
```

• 加数是表示和式的表里的第三个元素：

```
(define (augend s) (caddr s))
```

• 乘式就是第一个元素为符号 * 的表：

```
(define (product? x)
  (and (pair? x) (eq? (car x) '*)))
```

• 被乘数是表示乘式的表里的第二个元素：

```
(define (multiplier p) (cadr p))
```

• 乘数是表示乘式的表里的第三个元素：

```
(define (multiplicand p) (caddr p))
```

这样，为了得到一个能够工作的符号求导程序，我们只需将这些过程与deriv装在一起。现在让我们看几个表现这一程序的行为的实例：

```
(deriv '(+ x 3) 'x)
(+ 1 0)

(deriv '(* x y) 'x)
(+ (* x 0) (* 1 y))

(deriv '(* (* x y) (+ x 3)) 'x)
(+ (* (* x y) (+ 1 0))
   (* (+ (* x 0) (* 1 y))
      (+  x 3)))
```

程序产生出的这些结果是对的，但是它们没有经过化简。我们确实有：

$$\frac{\mathrm{d}(xy)}{\mathrm{d}x}=x\cdot 0+1\cdot y$$

当然，我们也可能希望这一程序能够知道$x\cdot 0=0$，$1\cdot y=y$以及$0+y=y$。因此，第二个例子的结果就应该是简单的y。正如上面的第三个例子所显示的，当表达式变得更加复杂时，这一情况也可能变成严重的问题。

现在所面临的困难很像我们在做有理数首先时所遇到的问题：希望将结果化简到最简单的形式。为了完成有理数的化简，我们只需要修改构造函数和选择函数的实现。这里也可以采取同样的策略。我们在这里也完全不必修改deriv，只需要修改make-sum，使得当两个求和对象都是数时，make-sum求出它们的和返回。还有，如果其中的一个求和对象是0，那么make-sum就直接返回另一个对象。

```
(define (make-sum a1 a2)
  (cond ((=number? a1 0) a2)
        ((=number? a2 0) a1)
        ((and (number? a1) (number? a2)) (+ a1 a2))
        (else (list '+ a1 a2))))
```

在这个实现里用到了过程=number?，它检查某个表达式是否等于一个给定的数。

```
(define (=number? exp num)
  (and (number? exp) (= exp num)))
```

与此类似，我们也需要修改make-product，设法引进下面的规则：0与任何东西的乘积都是0，1与任何东西的乘积总是那个东西：

```
(define (make-product m1 m2)
  (cond ((or (=number? m1 0) (=number? m2 0)) 0)
        ((=number? m1 1) m2)
        ((=number? m2 1) m1)
        ((and (number? m1) (number? m2)) (* m1 m2))
        (else (list '* m1 m2))))
```

下面是这一新过程版本对前面三个例子的结果：

```
(deriv '(+ x 3) 'x)
1

(deriv '(* x y) 'x)
y

(deriv '(* (* x y) (+ x 3)) 'x)
(+ (* x y) (* y (+ x 3)))
```

显然情况已经大大改观。但是，第三个例子还是说明，要想做出一个程序，使它能将表达式做成我们都能同意的“最简单”形式，前面还有很长的路要走。代数化简是一个非常复杂的问题，除了其他各种因素之外，还有另一个根本性的问题：对于某种用途的最简形式，对于另一用途可能就不是最简形式。

练习2.56 请说明如何扩充基本求导规则，以便能够处理更多种类的表达式。例如，通过给程序deriv增加一个新子句，并以适当方式定义过程exponentiation?、base、exponent和make-exponentiation的方式，实现下述求导规则（你可以考虑用符号**表示乘幂）：

$$\frac{\mathrm{d}(u^n)}{\mathrm{d}x} = nu^{n-1}\left(\frac{\mathrm{d}u}{\mathrm{d}x}\right)$$

请将如下规则也构造到程序里：任何东西的0次幂都是1，而它们的1次幂都是其自身。

练习2.57 请扩充求导程序，使之能处理任意项（两项或者更多项）的和与乘积。这样，上面的最后一个例子就可以表示为：

```
(deriv '(* x y (+ x 3)) 'x)
```

设法通过只修改和与乘积的表示，而完全不修改过程deriv的方式完成这一扩充。例如，让一个和式的addend是它的第一项，而其augend是和式中的其余项。

练习2.58 假定我们希望修改求导程序，使它能用于常规数学公式，其中+和 * 采用的是中缀运算符而不是前缀。由于求导程序是基于抽象数据定义的，要修改它，使之能用于另一种不同的表达式表示，我们只需要换一套工作在新的、求导程序需要使用的代数表达式的表示形式上的谓词、选择函数和构造函数。

a) 请说明怎样做出这些过程，以便完成在中缀表示形式（例如(x+(3*(x+(y+2))))上的代数表达式求导。为了简化有关的工作，现在可以假定+和 * 总是取两个参数，而且表达式中已经加上了所有的括号。

b) 如果允许标准的代数写法，例如 (x + 3 * (x + y + 2))，问题就会变得更困难许多。在这种表达式里可能不写不必要的括号，并要假定乘法应该在加法之前完成。你还能为这种表示方式设计好适当的谓词、选择函数和构造函数，使我们的求导程序仍然能工作吗？

2.3.3 实例：集合的表示

在前面的实例中，我们已经构造起两类复合数据对象的表示：有理数和代数表达式。在这两个实例中，我们都采用了某一种选择，在构造时或者选择成员时去简化（约简）有关的表示。除此之外，选择用表的形式来表示这些结构都是直截了当的。现在我们要转到集合的表示问题，此时，表示方式的选择就不那么显然了。实际上，在这里存在几种选择，而且它们相互之间在几个方面存在明显的不同。

非形式地说，一个集合就是一些不同对象的汇集。要给出一个更精确的定义，我们可以利用数据抽象的方法，也就是说，用一组可以作用于“集合”的操作来定义它们。这些操作是union-set，intersection-set，element-of-set? 和adjoin-set。其中element-of-set?是一个谓词，用于确定某个给定元素是不是某个给定集合的成员。adjoin-set以一个对象和一个集合为参数，返回一个集合，其中包含了原集合的所有元素，再加上刚刚加入进来的这个新元素。union-set计算出两个集合的并集，这也是一个集合，其中包含了所有属于两个参数集合之一的元素。intersection-set计算出两个集合的交集，它包含着同时出现在两个参数集合中的那些元素。从数据抽象的观点看，我们在设计有关的表示方面具有充分的自由，只要在这种表示上实现的上述操作能以某种方式符合上面给出的解释[103]。

集合作为未排序的表

集合的一种表示方式是用其元素的表，其中任何元素的出现都不超过一次。这样，空集就用空表来表示。对于这种表示形式，element-of-set?类似于2.3.1节的过程memq，但它应该用equal? 而不是eq?，以保证集合元素可以不是符号：

```
(define (element-of-set? x set)
  (cond ((null? set) false)
        ((equal? x (car set)) true)
        (else (element-of-set? x (cdr set)))))
```

利用它就能写出adjoin-set。如果要加入的对象已经在相应集合里，那么就返回那个集合，否则就用cons将这一对象加入表示集合的表里：

```
(define (adjoin-set x set)
  (if (element-of-set? x set)
```

[103] 如果希望更形式化些，可以将“以某种方式符合上面给出的解释”说明为，有关操作必须满足以规则：

- 对于任何集合S和对象x，(element-of-set? x (adjoin-set x S)) 为真（非形式地说，“将一个对象加入某集合后产生的集合里包含着这个对象”）。
- 对于任何集合S和T，以及对象x，(element-of-set? x (union-set S T)) 等于 (or (element-of-set? x S) (element-of-set? x T))（非形式地说，“(union S T) 的元素就是在S里或者在T里的元素）。
- 对于任何对象x，(element-of-set? x '()) 为假（非形式地说，任何对象都不是空集的元素）。

```
          set
          (cons x set)))
```

实现intersection-set时可以采用递归策略：如果我们已知如何做出set2与set1的cdr的交集，那么就只需要确定是否应将set1的car包含到结果之中了，而这依赖于(car set1)是否也在set2里。下面是这样写出的过程：

```
(define (intersection-set set1 set2)
  (cond ((or (null? set1) (null? set2)) '())
        ((element-of-set? (car set1) set2)
         (cons (car set1)
               (intersection-set (cdr set1) set2)))
        (else (intersection-set (cdr set1) set2))))
```

在设计一种表示形式时，有一件必须关注的事情是效率问题。为考虑这一问题，就需要考虑上面定义的各集合操作所需要的工作步数。因为它们都使用了element-of-set?，这一操作的速度对整个集合的实现效率将有重大影响。在上面这个实现里，为了检查某个对象是否为一个集合的成员，element-of-set?可能不得不扫描整个集合（最坏情况是这一元素恰好不在集合里）。因此，如果集合有n个元素，element-of-set?就可能需要n步才能完成。这样，这一操作所需的步数将以$\Theta(n)$的速度增长。adjoin-set使用了这个操作，因此它所需的步数也以$\Theta(n)$的速度增长。而对于intersection-set，它需要对set1的每个元素做一次element-of-set?检查，因此所需步数将按所涉及的两个集合的大小之乘积增长，或者说，在两个集合大小都为n时就是$\Theta(n^2)$。union-set的情况也是如此。

练习2.59　请为采用未排序表的集合实现定义union-set操作。

练习2.60　我们前面说明了如何将集合表示为没有重复元素的表。现在假定允许重复，例如，集合{1，2，3}可能被表示为表(2 3 2 1 3 2 2)。请为在这种表示上的操作设计过程element-of-set?、adjoin-set、union-set和intersection-set。与前面不重复表示里的相应操作相比，现在各个操作的效率怎么样？在什么样的应用中你更倾向于使用这种表示，而不是前面那种无重复的表示？

集合作为排序的表

加速集合操作的一种方式是改变表示方式，使集合元素在表中按照上升序排列。为此，我们就需要有某种方式来比较两个元素，以便确定哪个元素更大一些。例如，我们可以按字典序做符号的比较；或者同意采用某种方式为每个对象关联一个唯一的数，在比较元素的时候就比较与之对应的数。为了简化这里的讨论，我们将仅仅考虑集合元素是数值的情况，这样就可以用>和<做元素的比较了。下面将数的集合表示为元素按照上升顺序排列的表。在前面第一种表示方式下，集合{1，3，6，10}的元素在相应的表里可以任意排列，而在现在的新表示方式中，我们就只允许用表(1 3 6 10)。

从操作element-of-set?可以看到采用有序表示的一个优势：为了检查一个项的存在性，现在就不必扫描整个表了。如果检查中遇到的某个元素大于当时要找的东西，那么就可以断定这个东西根本不在表里：

```
(define (element-of-set? x set)
  (cond ((null? set) false)
```

```
((= x (car set)) true)
((< x (car set)) false)
(else (element-of-set? x (cdr set)))))
```

这样能节约多少步数呢？在最坏情况下，我们要找的项目可能是集合中的最大元素，此时所需步数与采用未排序的表示时一样。但另一方面，如果需要查找许多不同大小的项，我们总可以期望，有些时候这一检索可以在接近表开始处的某一点停止，也有些时候需要检查表的一大部分。平均而言，我们可以期望需要检查表中的一半元素，这样，平均所需的步数就是大约$n/2$。这仍然是$\Theta(n)$ 的增长速度，但与前一实现相比，平均来说，现在我们节约了大约一半的步数（这一解释并不合理，因为前面说未排序表需要检查整个表，考虑的只是一种特殊情况：查找没有出现在表里的元素。如果查找的是表里存在的元素，即使采用未排序的表，平均查找长度也是表元素的一半。——译者注）。

操作intersection-set的加速情况更使人印象深刻。在未排序的表示方式里，这一操作需要$\Theta(n^2)$ 的步数，因为对set1的每个元素，我们都需要对set2做一次完全的扫描。对于排序表示则可以有一种更聪明的方法。我们在开始时比较两个集合的起始元素，例如x1和x2。如果x1等于x2，那么这样就得到了交集的一个元素，而交集的其他元素就是这两个集合的cdr的交集。如果此时的情况是x1小于x2，由于x2是集合set2的最小元素，我们立即可以断定x1不会出现在集合set2里的任何地方，因此它不应该在交集里。这样，两集合的交集就等于集合set2与set1的cdr的交集。与此类似，如果x2小于x1，那么两集合的交集就等于集合set1与set2的cdr的交集。下面是按这种方式写出的过程：

```
(define (intersection-set set1 set2)
  (if (or (null? set1) (null? set2))
      '()
      (let ((x1 (car set1)) (x2 (car set2)))
        (cond ((= x1 x2)
               (cons x1
                     (intersection-set (cdr set1)
                                       (cdr set2))))
              ((< x1 x2)
               (intersection-set (cdr set1) set2))
              ((< x2 x1)
               (intersection-set set1 (cdr set2)))))))
```

为了估计出这一过程所需的步数，请注意，在每个步骤中，我们都将求交集问题归结到更小集合的交集计算问题——去掉了set1和set2之一或者是两者的第一个元素。这样，所需步数至多等于set1与set2的大小之和，而不像在未排序表示中它们的乘积。这也就是$\Theta(n)$ 的增长速度，而不是$\Theta(n^2)$ ——这一加速非常明显，即使对中等大小的集合也是如此。

练习2.61 请给出采用排序表示时adjoin-set的实现。通过类似element-of-set?的方式说明，可以如何利用排序的优势得到一个过程，其平均所需的步数是采用未排序表示时的一半。

练习2.62 请给出在集合的排序表示上union-set的一个$\Theta(n)$ 实现。

集合作为二叉树

如果将集合元素安排成一棵树的形式，我们还可以得到比排序表表示更好的结果。树中每个结点保存集合中的一个元素，称为该结点的“数据项”，它还链接到另外的两个结点（可能为空）。其中“左边”的链接所指向的所有元素均小于本结点的元素，而“右边”链接到的元素都大于本结点里的元素。图2-16显示的是一棵表示集合的树。同一个集合表示为树可以有多种不同的方式，我们对一个合法表示的要求就是，位于左子树里的所有元素都小于本结点里的数据项，而位于右子树里的所有元素都大于它。

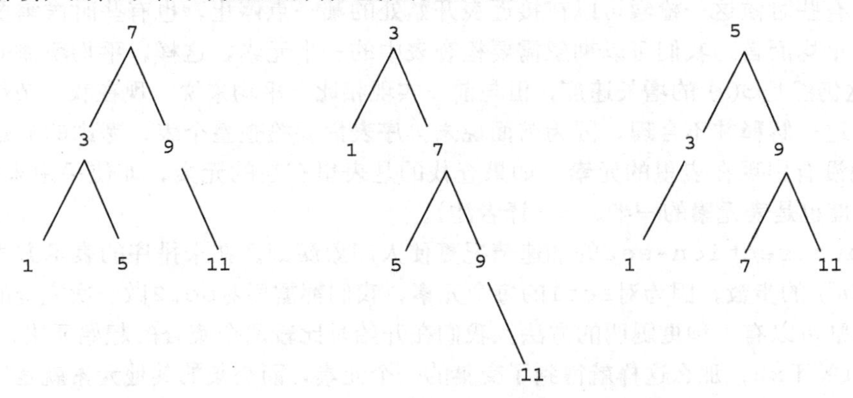

图2-16　集合{1, 3, 5, 7, 9, 11}的几种二叉树表示

树表示方法的优点在于：假定我们希望检查某个数x是否在一个集合里，那么就可以用x与树顶结点的数据项相比较。如果x小于它，我们就知道现在只需要搜索左子树；如果x比较大，那么就只需搜索右子树。在这样做时，如果该树是“平衡的”，也就是说，每棵子树大约是整个树的一半大，那么，这样经过一步，我们就将需要搜索规模为n的树的问题，归约为搜索规模为$n/2$的树的问题。由于经过每个步骤能够使树的大小减小一半，我们可以期望搜索规模为n的树的计算步数以$\Theta(\log n)$速度增长[104]。在集合很大时，相对于原来的表示，现在的操作速度将明显快得多。

我们可以用表来表示树，将结点表示为三个元素的表：本结点中的数据项，其左子树和右子树。以空表作为左子树或者右子树，就表示没有子树连接在那里。我们可以用下面过程描述这种表示[105]：

```
(define (entry tree) (car tree))

(define (left-branch tree) (cadr tree))

(define (right-branch tree) (caddr tree))

(define (make-tree entry left right)
  (list entry left right))
```

现在，我们就可以采用上面描述的方式实现过程element-of-set?了：

```
(define (element-of-set? x set)
  (cond ((null? set) false)
```

[104] 每步使问题规模减小一半，这就是对数型增长的最明显特征，就像我们在1.2.4节里的快速求幂算法和1.3.3节里的半区间搜索算法中所看到的那样。

[105] 我们用树来表示集合，而树本身又用表表示——从作用上看，这就是在一种数据抽象上面构造另一种数据抽象。我们可以把过程entry、left-branch、right-branch和make-tree看作是一种方法，它将“二叉树”抽象隔离于如何用表结构表示它的特定方式之外。

```
        ((= x (entry set)) true)
        ((< x (entry set))
         (element-of-set? x (left-branch set)))
        ((> x (entry set))
         (element-of-set? x (right-branch set)))))
```

向集合里加入一个项的实现方式与此类似，也需要Θ(log n) 步数。为了加入元素x，我们需要将x与结点数据项比较，以便确定x应该加入右子树还是左子树中。在将x加入适当的分支之后，我们将新构造出的这个分支、原来的数据项与另一分支放到一起。如果x等于这个数据项，那么就直接返回这个结点。如果需要将x加入一个空子树，那么我们就生成一棵树，以x作为数据项，并让它具有空的左右分支。下面是这个过程：

```
(define (adjoin-set x set)
  (cond ((null? set) (make-tree x '() '()))
        ((= x (entry set)) set)
        ((< x (entry set))
         (make-tree (entry set)
                    (adjoin-set x (left-branch set))
                    (right-branch set)))
        ((> x (entry set))
         (make-tree (entry set)
                    (left-branch set)
                    (adjoin-set x (right-branch set))))))
```

我们在上面断言，搜索树的操作可以在对数步数中完成，这实际上依赖于树“平衡”的假设，也就是说，每个树的左右子树中的结点大致上一样多，因此每棵子树中包含的结点大约就是其父的一半。但是我们怎么才能确保构造出的树是平衡的呢？即使是从一棵平衡的树开始工作，采用adjoin-set加入元素也可能产生出不平衡的结果。因为新加入元素的位置依赖于它与当时已经在树中的那些项比较的情况。我们可以期望，如果“随机地”将元素加入树中，平均而言将会使树趋于平衡。但在这里并没有任何保证。例如，如果我们从空集出发，顺序将数值1至7加入其中，我们就会得到如图2-17所示的高度不平衡的树。在这个树里，所有的左子树都为空，所以它与简单排序表相比一点优势也没有。解决这个问题的一种方式是定义一个操作，它可以将任意的树变换为一棵具有同样元素的平衡树。在每执行过几次adjoin-set操作之后，我们就可以通过执行它来保持树的平衡。当然，解决这一问题的方法还有许多，大部分这类方法都涉及设计一种新的数据结构，设法使这种数据结构上的搜索和插入操作都能够在Θ(log n) 步数内完成[106]。

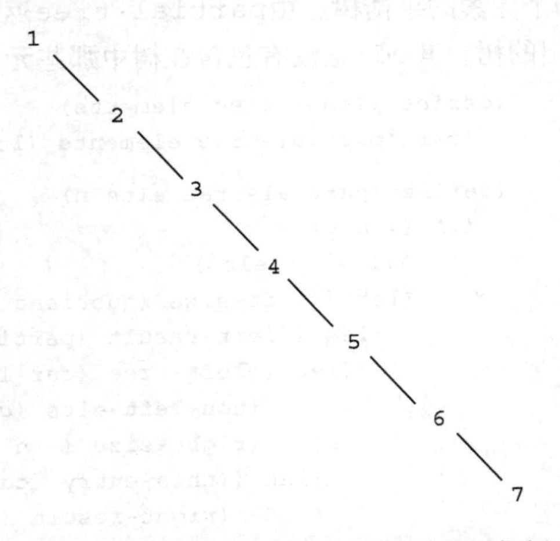

图2-17 通过顺序加入1到7产生的非平衡树

106 这种结构的例子如B树和红黑树。存在大量有关数据结构的文献讨论这一问题，参见Cormen, Leiserson, and Rivest 1990。

练习2.63 下面两个过程都能将树变换为表：

```
(define (tree->list-1 tree)
  (if (null? tree)
      '()
      (append (tree->list-1 (left-branch tree))
              (cons (entry tree)
                    (tree->list-1 (right-branch tree))))))
(define (tree->list-2 tree)
  (define (copy-to-list tree result-list)
    (if (null? tree)
        result-list
        (copy-to-list (left-branch tree)
                      (cons (entry tree)
                            (copy-to-list (right-branch tree)
                                          result-list)))))
  (copy-to-list tree '()))
```

a) 这两个过程对所有的树都产生同样结果吗？如果不是，它们产生出的结果有什么不同？它们对图2-16中的那些树产生什么样的表？

b) 将n个结点的平衡树变换为表时，这两个过程所需的步数具有同样量级的增长速度吗？如果不一样，哪个过程增长得慢一些？

练习2.64 下面过程list->tree将一个有序表变换为一棵平衡二叉树。其中的辅助函数partial-tree以整数n和一个至少包含n个元素的表为参数，构造出一棵包含这个表的前n个元素的平衡树。由partial-tree返回的结果是一个序对（用cons构造），其car是构造出的树，其cdr是没有包含在树中那些元素的表。

```
(define (list->tree elements)
  (car (partial-tree elements (length elements))))
(define (partial-tree elts n)
  (if (= n 0)
      (cons '() elts)
      (let ((left-size (quotient (- n 1) 2)))
        (let ((left-result (partial-tree elts left-size)))
          (let ((left-tree (car left-result))
                (non-left-elts (cdr left-result))
                (right-size (- n (+ left-size 1))))
            (let ((this-entry (car non-left-elts))
                  (right-result (partial-tree (cdr non-left-elts)
                                              right-size)))
              (let ((right-tree (car right-result))
                    (remaining-elts (cdr right-result)))
                (cons (make-tree this-entry left-tree right-tree)
                      remaining-elts))))))))
```

a) 请简要地并尽可能清楚地解释为什么partial-tree能完成工作。请画出将list->tree用于表（1 3 5 7 9 11）产生出的树。

b) 过程list->tree转换n个元素的表所需的步数以什么量级增长？

练习2.65 利用练习2.63和练习2.64的结果，给出对采用（平衡）二叉树方式实现的集合的union-set和intersection-set操作的$\Theta(n)$ 实现[107]。

集合与信息检索

我们考察了用表表示集合的各种选择，并看到了数据对象表示的选择可能如何深刻地影响到使用数据的程序的性能。关注集合的另一个原因是，这里所讨论的技术在涉及信息检索的各种应用中将会一次又一次地出现。

现在考虑一个包含大量独立记录的数据库，例如一个企业中的人事文件，或者一个会计系统里的交易记录。典型的数据管理系统都需将大量时间用在访问和修改所存的数据上，因此就需要访问记录的高效方法。完成此事的一种方式是将每个记录中的一部分当作标识key（键值）。所用键值可以是任何能唯一标识记录的东西。对于人事文件而言，它可能是雇员的ID编码。对于会计系统而言，它可能是交易的编号。在确定了采用什么键值之后，就可以将记录定义为一种数据结构，并包含key选择过程，它可以从给定记录中提取出有关的键值。

现在就可以将这个数据库表示为一个记录的集合。为了根据给定键值确定相关记录的位置，我们用一个过程lookup，它以一个键值和一个数据库为参数，返回具有这个键值的记录，或者在找不到相应记录时报告失败。lookup的实现方式几乎与element-of-set?一模一样，如果记录的集合被表示为未排序的表，我们就可以用：

```
(define (lookup given-key set-of-records)
  (cond ((null? set-of-records) false)
        ((equal? given-key (key (car set-of-records)))
         (car set-of-records))
        (else (lookup given-key (cdr set-of-records)))))
```

不言而喻，还有比未排序表更好的表示大集合的方法。常常需要“随机访问”其中记录的信息检索系统通常用某种基于树的方法实现，例如用前面讨论过的二叉树。在设计这种系统时，数据抽象的方法学将很有帮助。设计师可以创建某种简单而直接的初始实现，例如采用未排序的表。对于最终系统而言，这种做法显然并不合适，但采用这种方式提供一个“一挥而就”的数据库，对用于测试系统的其他部分则可能很有帮助。然后可以将数据表示修改得更加精细。如果对数据库的访问都是基于抽象的选择函数和构造函数，这种表示的改变就不会要求对系统其余部分做任何修改。

练习2.66 假设记录的集合采用二叉树实现，按照其中作为键值的数值排序。请实现相应的lookup过程。

2.3.4 实例：Huffman编码树

本节将给出一个实际使用表结构和数据抽象去操作集合与树的例子。这一应用是想确定一些用0和1（二进制位）的序列表示数据的方法。举例说，用于在计算机里表示文本的ASCII标准编码将每个字符表示为一个包含7个二进制位的序列，采用7个二进制位能够区分2^7种不同情况，即128个可能不同的字符。一般而言，如果我们需要区分n个不同字符，那么就需要为每个字符使用$\log_2 n$个二进制位。假设我们的所有信息都是用A、B、C、D、E、F、G和H这样8个字符构成的，那么就可以选择每个字符用3个二进制位，例如：

[107] 练习2.63到2.65来自Paul Hilfinger。

A 000	C 010	E 100	G 110
B 001	D 011	F 101	H 111

采用这种编码方式，消息：

BACADAEAFABBAAAGAH

将编码为54个二进制位

001000010000011000100000101000001001000000000110000111

像ASCII码和上面A到H编码这样的编码方式称为*定长编码*，因为它们采用同样数目的二进制位表示消息中的每一个字符。*变长编码*方式就是用不同数目的二进制位表示不同的字符，这种方式有时也可能有些优势。举例说，莫尔斯电报码对于字母表中各个字母就没有采用同样数目的点和划，特别是最常见的字母E只用一个点表示。一般而言，如果在我们的消息里，某些符号出现得很频繁，而另一些却很少见，那么如果为这些频繁出现的字符指定较短的码字，我们就可能更有效地完成数据的编码（对于同样消息使用更少的二进制位）。请考虑下面对于字母A到H的另一种编码：

A 0	C 1010	E 1100	G 1110
B 100	D 1011	F 1101	H 1111

采用这种编码方式，上面的同样信息将编码为如下的串：

100010100101101100011010100100000111001111

这个串中只包含42个二进制位，也就是说，与上面定长编码相比，现在的这种方式节约了超过20%的空间。

采用变长编码有一个困难，那就是在读0/1序列的过程中确定何时到达了一个字符的结束。莫尔斯码解决这一问题的方式是在每个字母的点划序列之后用一个特殊的*分隔符*（它用的是一个间歇）。另一种解决方式是以某种方式设计编码，使得其中每个字符的完整编码都不是另一字符编码的开始一段（或称前缀）。这样的编码称为*前缀码*。在上面例子里，A编码为0而B编码为100，没有其他字符的编码由0或者100开始。

一般而言，如果能够通过变长前缀码去利用被编码消息中符号出现的相对频度，那么就能明显地节约空间。完成这件事情的一种特定方式称为Huffman编码，这个名称取自其发明人David Huffman。一个Huffman编码可以表示为一棵二叉树，其中的树叶是被编码的符号。树中每个非叶结点代表一个集合，其中包含了这一结点之下的所有树叶上的符号。除此之外，位于树叶的每个符号还被赋予一个权重（也就是它的相对频度），非叶结点所包含的权重是位于它之下的所有叶结点的权重之和。这种权重在编码和解码中并不使用。下面将会看到，在构造树的过程中需要它们的帮助。

图2-18显示的是上面给出的A到H编码所对应的Huffman编码树，树叶上的权重表明，这棵树的设计所针对的消息是，字母A具有相对权重8，B具有相对权重3，其余字母的相对权重都是1。

给定了一棵Huffman树，要找出任一符号的编码，我们只需从树根开始向下运动，直到到达了保存着这一符号的树叶为止，在每次向左行时就给代码加上一个0，右行时加上一个1。在确定向哪一分支运动时，需要检查该分支是否包含着与这一符号对应的叶结点，或者其集合中包含着这个符号。举例说，从图2-18中树的根开始，到达D的叶结点的方式是走一个右分支，而后一个左分支，而后是右分支，而后又是右分支，因此其代码为1011。

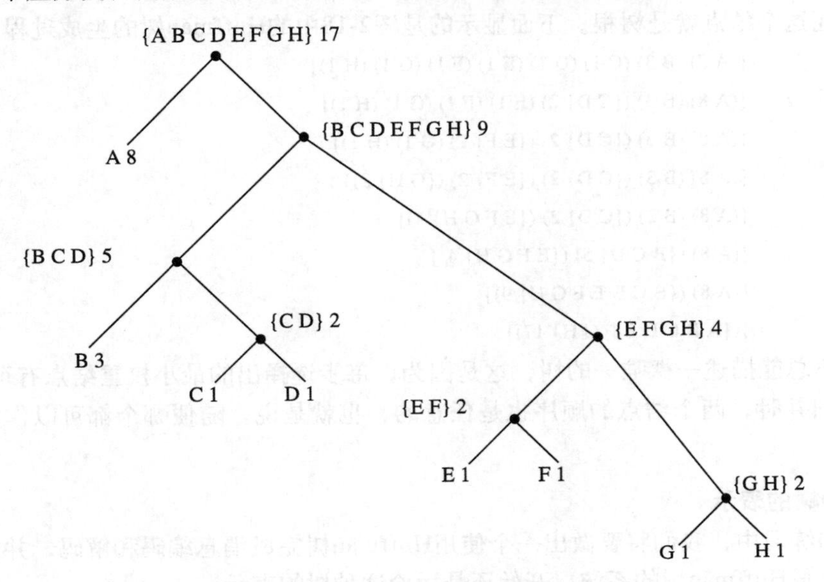

图2-18 一棵Huffman编码树

在用Huffman树做一个序列的解码时，我们也从树根开始，通过位序列中的0或1确定是移向左分支还是右分支。每当我们到达一个叶结点时，就生成出了消息中的一个符号。此时就重新从树根开始去确定下一个符号。例如，如果给我们的是上面的树和序列10001010。从树根开始，我们移向右分支（因为串中第一个位是1），而后向左分支（因为第二个位是0），而后再向左分支（因为第三个位也是0）。这时已经到达B的叶，所以被解码消息中的第一个符号是B。现在再次从根开始，因为序列中下一个位是0，这就导致一次向左分支的移动，使我们到达A的叶。然后我们再次从根开始处理剩下的串1010，经过右左右左移动后到达了C。这样，整个消息也就是BAC。

生成Huffman树

给定了符号的“字母表”和它们的相对频度，我们怎么才能构造出“最好的”编码呢？换句话说，哪样的树能使消息编码的位数达到最少？Huffman给出了完成这件事的一个算法，并且证明了，对于符号所出现的相对频度与构造树的消息相符的消息而言，这样产生出的编码确实是最好的变长编码。我们并不打算在这里证明Huffman编码的最优性质，但将展示如何去构造Huffman树[108]。

生成Huffman树的算法实际上十分简单，其想法就是设法安排这棵树，使得那些带有最低频度的符号出现在离树根最远的地方。这一构造过程从叶结点的集合开始，这种结点中包含各个符号和它们的频度，这就是开始构造编码的初始数据。现在要找出两个具有最低权重的叶，并归并它们，产生出一个以这两个结点为左右分支的结点。新结点的权重就是那两个结点的权重之和。现在我们从原来集合里删除前面的两个叶结点，并用这一新结点代替它们。

[108] 有关Huffman编码的数学性质的讨论见Hamming 1980。

随后继续这一过程，在其中的每一步都归并两个具有最小权重的结点，将它们从集合中删除，并用一个以这两个结点作为左右分支的新结点取而代之。当集合中只剩下一个结点时，这一过程终止，而这个结点就是树根。下面显示的是图2-18中的Huffman树的生成过程：

初始树叶	{(A 8) (B 3) (C 1) (D 1) (E 1) (F 1) (G 1) (H 1)}
归并	{(A 8) (B 3) ({C D} 2) (E 1) (F 1) (G 1) (H 1)}
归并	{(A 8) (B 3) ({C D} 2) ({E F} 2) (G 1) (H 1)}
归并	{(A 8) (B 3) ({C D} 2) ({E F} 2) ({G H} 2)}
归并	{(A 8) (B 3) ({C D} 2) ({E F G H} 4)}
归并	{(A 8) ({B C D} 5) ({E F G H} 4)}
归并	{(A 8) ({B C D E F G H} 9)}
最后归并	{({A B C D E F G H} 17)}

这一算法并不总能描述一棵唯一的树，这是因为，每步选择出的最小权重结点有可能不唯一。还有，在做归并时，两个结点的顺序也是任意的，也就是说，随便哪个都可以作为左分支或者右分支。

Huffman树的表示

在下面的练习中，我们将要做出一个使用Huffman树完成消息编码和解码，并能根据上面给出的梗概生成Huffman树的系统。开始还是讨论这种树的表示。

将一棵树的树叶表示为包含符号leaf、叶中符号和权重的表：

```
(define (make-leaf symbol weight)
  (list 'leaf symbol weight))

(define (leaf? object)
  (eq? (car object) 'leaf))

(define (symbol-leaf x) (cadr x))
(define (weight-leaf x) (caddr x))
```

一棵一般的树也是一个表，其中包含一个左分支、一个右分支、一个符号集合和一个权重。符号集合就是符号的表，这里没有用更复杂的集合表示。在归并两个结点做出一棵树时，树的权重也就是这两个结点的权重之和，其符号集就是两个结点的符号集的并集。因为这里的符号集用表来表示，通过2.2.1节的append过程就可以得到它们的并集：

```
(define (make-code-tree left right)
  (list left
        right
        (append (symbols left) (symbols right))
        (+ (weight left) (weight right))))
```

如果以这种方式构造，我们就需要采用下面的选择函数：

```
(define (left-branch tree) (car tree))

(define (right-branch tree) (cadr tree))

(define (symbols tree)

  (if (leaf? tree)
      (list (symbol-leaf tree))
      (caddr tree)))
```

```
(define (weight tree)
  (if (leaf? tree)
      (weight-leaf tree)
      (cadddr tree)))
```

在对树叶或者一般树调用过程symbols和weight时，它们需要做的事情有一点不同。这些不过是通用型过程（可以处理多于一种数据的过程）的简单实例，有关这方面的情况，在2.4节和2.5节将有很多讨论。

解码过程

下面的过程实现解码算法，它以一个0/1的表和一棵Huffman树为参数：

```
(define (decode bits tree)
  (define (decode-1 bits current-branch)
    (if (null? bits)
        '()
        (let ((next-branch
               (choose-branch (car bits) current-branch)))
          (if (leaf? next-branch)
              (cons (symbol-leaf next-branch)
                    (decode-1 (cdr bits) tree))
              (decode-1 (cdr bits) next-branch)))))
  (decode-1 bits tree))

(define (choose-branch bit branch)
  (cond ((= bit 0) (left-branch branch))
        ((= bit 1) (right-branch branch))
        (else (error "bad bit -- CHOOSE-BRANCH" bit))))
```

过程decode-1有两个参数，其中之一是包含二进制位的表，另一个是树中的当前位置。它不断在树里"向下"移动，根据表中下一个位是0或者1选择树的左分支或者右分支（这一工作由过程choose-branch完成）。一旦到达了叶结点，它就把位于这里的符号作为消息中的下一个符号，将其cons到对于消息里随后部分的解码结果之前。而后这一解码又从树根重新开始。请注意choose-branch里最后一个子句的错误检查，如果过程遇到了不是0/1的东西时就会报告错误。

带权重元素的集合

在树表示里，每个非叶结点包含着一个符号集合，在这里表示为一个简单的表。然而，上面讨论的树生成算法要求我们也能对树叶和树的集合工作，以便不断地归并一对一对的最小项。因为在这里需要反复去确定集合里的最小项，采用某种有序的集合表示会比较方便。

我们准备将树叶和树的集合表示为一批元素的表，按照权重的上升顺序排列表中的元素。下面用于构造集合的过程adjoin-set与练习2.61中描述的过程类似，但这里比较的是元素的权重，而且加入集合的新元素原来绝不会出现在这个集合里。

```
(define (adjoin-set x set)
  (cond ((null? set) (list x))
        ((< (weight x) (weight (car set))) (cons x set))
        (else (cons (car set)
                    (adjoin-set x (cdr set))))))
```

下面过程以一个符号-权重对偶的表为参数，例如((A 4) (B 2) (C 1) (D 1))，它构造出树叶的初始排序集合，以便Huffman算法能够去做归并：

```
(define (make-leaf-set pairs)
  (if (null? pairs)
      '()
      (let ((pair (car pairs)))
        (adjoin-set (make-leaf (car pair)    ; symbol
                               (cadr pair))  ; frequency
                    (make-leaf-set (cdr pairs))))))
```

练习2.67　请定义一棵编码树和一个样例消息：

```
(define sample-tree
  (make-code-tree (make-leaf 'A 4)
                  (make-code-tree
                   (make-leaf 'B 2)
                   (make-code-tree (make-leaf 'D 1)
                                   (make-leaf 'C 1)))))

(define sample-message '(0 1 1 0 0 1 0 1 0 1 1 1 0))
```

然后用过程decode完成该消息的编码，给出编码的结果。

练习2.68　过程encode以一个消息和一棵树为参数，产生出被编码消息所对应的二进制位的表：

```
(define (encode message tree)
  (if (null? message)
      '()
      (append (encode-symbol (car message) tree)
              (encode (cdr message) tree))))
```

其中的encode-symbol是需要你写出的过程，它能根据给定的树产生出给定符号的二进制位表。你所设计的encode-symbol在遇到未出现在树中的符号时应报告错误。请用在练习2.67中得到的结果检查所实现的过程，工作中用同样一棵树，看看得到的结果是不是原来那个消息。

练习2.69　下面过程以一个符号-频度对偶表为参数（其中没有任何符号出现在多于一个对偶中），并根据Huffman算法生成出Huffman编码树。

```
(define (generate-huffman-tree pairs)
  (successive-merge (make-leaf-set pairs)))
```

其中的make-leaf-set是前面给出的过程，它将对偶表变换为叶的有序集，successive-merge是需要你写的过程，它使用make-code-tree反复归并集合中具有最小权重的元素，直至集合里只剩下一个元素为止。这个元素就是我们所需要的Huffman树。（这一过程稍微有点技巧性，但并不很复杂。如果你正在设计的过程变得很复杂，那么几乎可以肯定是在什么地方搞错了。你应该尽可能地利用有序集合表示这一事实。）

练习2.70　下面带有相对频度的8个符号的字母表，是为了有效编码20世纪50年代的摇滚歌曲中的词语而设计的。（请注意，“字母表”中的“符号”不必是单个字母。）

A	2	NA	16
BOOM	1	SHA	3

GET	2	YIP	9
JOB	2	WAH	1

请用（练习2.69的）`generate-huffman-tree`过程生成对应的Huffman树，用（练习2.68的）`encode`过程编码下面的消息：

Get a job

Sha na na na na na na na na

Get a job

Sha na na na na na na na na

Wah yip yip yip yip yip yip yip yip yip

Sha boom

这一编码需要多少个二进制位？如果对这8个符号的字母表采用定长编码，完成这个歌曲的编码最少需要多少个二进制位？

练习2.71 假定我们有一棵n个符号的字母表的Huffman树，其中各符号的相对频度分别是1，2，4，…，2^{n-1}。请对$n=5$和$n=10$勾勒出有关的树的样子。对于这样的树（对于一般的n），编码出现最频繁的符号用多少个二进制位？最不频繁的符号呢？

练习2.72 考虑你在练习2.68中设计的编码过程。对于一个符号的编码，计算步数的增长速率是什么？请注意，这时需要把在每个结点中检查符号表所需的步数包括在内。一般性地回答这一问题是非常困难的。现在考虑一类特殊情况，其中的n个符号的相对频度如练习2.71所描述的。请给出编码最频繁的符号所需的步数和最不频繁的符号所需的步数的增长速度（作为n的函数）。

2.4 抽象数据的多重表示

我们已经介绍过数据抽象，这是一种构造系统的方法学，采用这种方法，将使一个程序中的大部分描述能与这一程序所操作的数据对象的具体表示的选择无关。举例来说，在2.1.1节里，我们看到如何将一个使用有理数的程序的设计与有理数的实现工作相互分离，具体实现中采用的是计算机语言所提供的构造复合数据的基本机制。这里的关键性思想就是构筑起一道抽象屏障——对于上面情况，也就是有理数的选择函数和构造函数（`make-rat`，`numer`，`denom`）——它能将有理数的使用方式与其借助于表结构的具体表示形式隔离开。与此类似的抽象屏障，也把执行有理数算术的过程（`add-rat`，`sub-rat`，`mul-rat`和`div-rat`）与使用有理数的“高层”过程隔离开。这样做出的程序所具有的结构如图2-1所示。

数据抽象屏障是控制复杂性的强有力工具。通过对数据对象基础表示的屏蔽，我们就可以将设计一个大程序的任务，分割为一组可以分别处理的较小任务。但是，这种类型的数据抽象还不够强大有力，因为在这里说数据对象的“基础表示”并不一定总有意义。

从一个角度看，对于一个数据对象也可能存在多种有用的表示方式，而且我们也可能希望所设计的系统能处理多种表示形式。举一个简单的例子，复数就可以表示为两种几乎等价的形式：直角坐标形式（实部和虚部）和极坐标形式（模和幅角）。有时采用直角坐标形式更合适，有时极坐标形式更方便。的确，我们完全可能设想一个系统，其中的复数同时采用了两种表示形式，而其中的过程可以对具有任意表示形式的复数工作。

更重要的是，一个系统的程序设计常常是由许多人通过一个相当长时期的工作完成的，系统的需求也在随着时间而不断变化。在这样一种环境里，要求每个人都在数据表示的选择上达成一致是根本就不可能的事情。因此，除了需要将表示与使用相隔离的数据抽象屏障之外，我们还需要有抽象屏障去隔离互不相同的设计选择，以便允许不同的设计选择在同一个程序里共存。进一步说，由于大型程序常常是通过组合起一些现存模块构造起来的，而这些模板又是独立设计的，我们也需要一些方法，使程序员可能逐步地将许多模块结合成一个大型系统，而不必去重新设计或者重新实现这些模块。

在这一节里，我们将学习如何去处理数据，使它们可能在一个程序的不同部分中采用不同的表示方式。这就需要我们去构造*通用型过程*——也就是那种可以在不止一种数据表示上操作的过程。这里构造通用型过程所采用的主要技术，是让它们在带有*类型标志*的数据对象上工作。也就是说，让这些数据对象包含着它们应该如何处理的明确信息。我们还要讨论*数据导向*的程序设计，这是一种用于构造采用了通用型操作的系统有力而且方便的技术。

我们将从简单的复数实例开始，看看如何采用类型标志和数据导向的风格，为复数分别设计出直角坐标表示和极坐标表示，而又维持一种抽象的“复数”数据对象的概念。做到这一点的方式就是定义基于通用型选择函数定义复数的算术运算（`add-complex`、`sub-complex`、`mul-complex`和`div-complex`），使这些选择函数能访问一个复数的各个部分，无论复数采用的是什么表示方式。作为结果的复数系统如图2-19所示，其中包含两种不同类型的抽象屏障，“水平”抽象屏障扮演的角色与图2-1中的相同，它们将“高层”操作与“低层”表示隔离开。此外，还存在着一道“垂直”屏障，它使我们能够隔离不同的设计，并且还能够安装其他的表示方式。

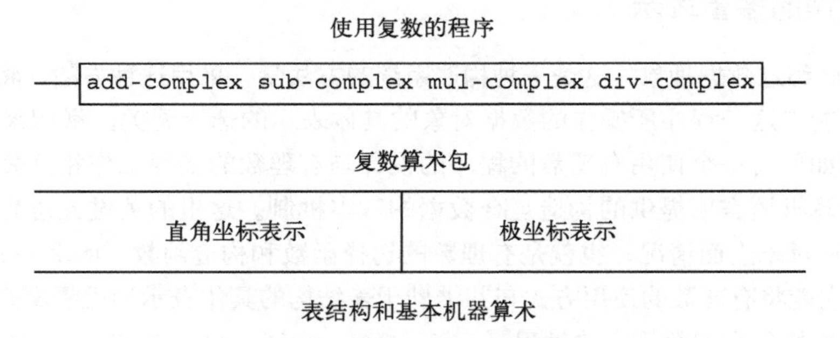

图2-19 复数系统中的数据抽象屏障

在2.5节里，我们将说明如何利用类型标志和数据导向的风格去开发一个通用型算术包，其中提供的过程（`add`、`mul`等）可以用于操作任何种类的“数”，在需要另一类新的数时也很容易进行扩充。在2.5.3节里，我们还要展示如何在执行符号代数的系统里使用通用型算术功能。

2.4.1 复数的表示

这里要开发一个完成复数算术运算的系统，作为使用通用型操作的程序的一个简单的，但不那么实际的例子。开始时，我们要讨论将复数表示为有序对的两种可能表示方式：直角坐标形式（实部和虚部）以及极坐标形式（模和幅角）[109]。2.4.2节将展示如何通过类型标志和通用型操作，使这两种表示共存于同一个系统中。

与有理数一样，复数也可以很自然地用有序对表示。我们可以将复数集合设想为一个带有两个坐标轴（“实”轴和“虚”轴）的二维空间（见图2-20）。按照这一观点，复数$z=x+iy$（其中$i^2=-1$）可看作这个平面上的一个点，其中的实坐标是x而虚坐标为y。在这种表示下，复数的加法就可以归结为两个坐标分别相加：

$$实部(z_1+z_2)=实部(z_1)+实部(z_2)$$
$$虚部(z_1+z_2)=虚部(z_1)+虚部(z_2)$$

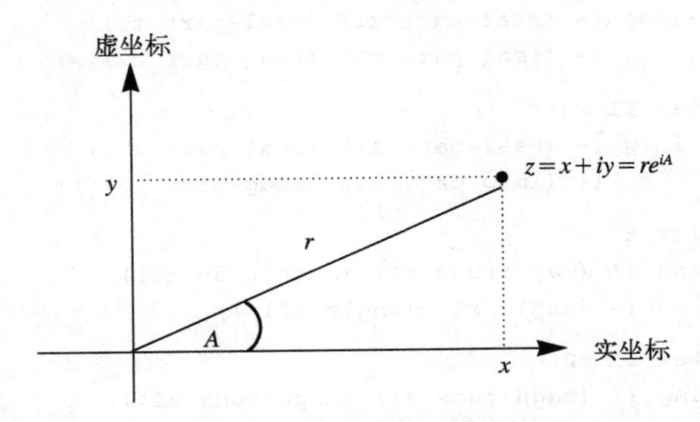

图2-20 将复数看作平面上的点

在需要乘两个复数时，更自然的考虑是采用复数的极坐标形式，此时复数用一个模和一个幅角表示（图2-20中的r和A）。两个复数的乘积也是一个向量，得到它的方式是模相乘，幅角相加。

$$模(z_1\cdot z_2)=模(z_1)\cdot 模(z_2)$$
$$幅角(z_1\cdot z_2)=幅角(z_1)+幅角(z_2)$$

可见，复数有两种不同表示方式，它们分别适合不同的运算。当然，从编写使用复数的程序的开发人员角度看，数据抽象原理的建议是所有复数操作都应该可以使用，无论计算机所用的具体表示形式是什么。例如，我们也常常需要取得一个复数的模，即使它原本采用的是复数的直角坐标表示。同样，我们也常常需要得到复数的实部，即使它实际采用的是极坐标形式。

在设计一个这样的系统时，我们将沿用在2.1.1节设计有理数包时所采用的同样的数据抽象策略，假定所有复数运算的实现都基于如下四个选择函数：`real-part`、`imag-part`、`magnitude`和`angle`；还要假定有两个构造复数的过程：`make-from-real-imag`返回一个采用实部和虚部描述的复数，`make-from-mag-ang`返回一个采用模和幅角描述的复数。这些过程的性质是，对于任何复数`z`，下面两者：

```
(make-from-real-imag (real-part z) (imag-part z))
```

[109] 在实际计算系统里，大部分情况下人们都倾向于采用直角坐标形式而不是极坐标形式，这样做的原因是在直角坐标形式和极坐标形式之间转换的舍入误差。这也是为什么说这个复数实例不实际的原因。但无论如何，这一实例清晰地阐释了采用通用型操作时的系统设计，也是对于本章后面开发的更实际的系统的一个很好准备。

和

```
(make-from-mag-ang (magnitude z) (angle z))
```

产生出的复数都等于z。

利用这些构造函数和选择函数，我们就可以实现复数算术了，其中使用由这些构造函数和选择函数所刻画的"抽象数据"，就像前面在2.1.1节中针对有理数所做的那样。正如上面公式中所描述的，复数的加法和减法采用实部和虚部的方式描述，而乘法和除法采用模和幅角的方式描述：

```
(define (add-complex z1 z2)
  (make-from-real-imag (+ (real-part z1) (real-part z2))
                       (+ (imag-part z1) (imag-part z2))))

(define (sub-complex z1 z2)
  (make-from-real-imag (- (real-part z1) (real-part z2))
                       (- (imag-part z1) (imag-part z2))))

(define (mul-complex z1 z2)
  (make-from-mag-ang (* (magnitude z1) (magnitude z2))
                     (+ (angle z1) (angle z2))))

(define (div-complex z1 z2)
  (make-from-mag-ang (/ (magnitude z1) (magnitude z2))
                     (- (angle z1) (angle z2))))
```

为了完成这一复数包，我们必须选择一种表示方式，而且必须基于基本的数值和基本表结构，基于它们实现各个构造函数和选择函数。现在有两种显见的方式完成这一工作：可以将复数按"直角坐标形式"表示为一个有序对（实部，虚部），或者按照"极坐标形式"表示为有序对（模，幅角）。究竟应该选择哪一种方式呢？

为了将不同选择的情况看得更清楚些，现在让我们假定有两个程序员，Ben Bitdiddle和Alyssa P. Hacker，他们正在分别独立地设计这一复数系统的具体表示形式。Ben选择了复数的直角坐标表示形式，采用这一选择，选取复数的实部与虚部是直截了当的，因为这种复数就是由实部和虚部构成的。而为了得到模和幅角，或者需要在给定模和幅角的情况下构造复数时，他利用了下面的三角关系：

$$x = r\cos A \qquad r = \sqrt{x^2 + y^2}$$
$$y = r\sin A \qquad A = \arctan(y,\ x)$$

这些公式建立起实部和虚部对偶 $(x,\ y)$ 与模和幅角对偶 $(r,\ A)$ 之间的联系[110]。Ben在这种表示之下给出了下面这几个选择函数和构造函数：

```
(define (real-part z) (car z))
(define (imag-part z) (cdr z))

(define (magnitude z)
  (sqrt (+ (square (real-part z)) (square (imag-part z)))))

(define (angle z)
```

[110] 这里所用的反正切函数由Scheme的atan过程计算，其定义取两个参数y和x，返回正切是y/x的角度。参数的符号决定角度所在的象限。

```
  (atan (imag-part z) (real-part z)))

(define (make-from-real-imag x y) (cons x y))

(define (make-from-mag-ang r a)
  (cons (* r (cos a)) (* r (sin a))))
```

而在另一边，Alyssa却选择了复数的极坐标形式。对于她而言，选取模和幅角的操作直截了当，但必须通过三角关系去得到实部和虚部。Alyssa的表示是：

```
(define (real-part z)
  (* (magnitude z) (cos (angle z))))

(define (imag-part z)
  (* (magnitude z) (sin (angle z))))

(define (magnitude z) (car z))

(define (angle z) (cdr z))

(define (make-from-real-imag x y)
  (cons (sqrt (+ (square x) (square y)))
        (atan y x)))

(define (make-from-mag-ang r a) (cons r a))
```

数据抽象的规则保证了add-complex、sub-complex、mul-complex和div-complex的同一套实现对于Ben的表示或者Alyssa的表示都能正常工作。

2.4.2 带标志数据

认识数据抽象的一种方式是将其看作“最小允诺原则”的一个应用。在2.4.1节中实现复数系统时，我们可以采用Ben的直角坐标表示形式或者Alyssa的极坐标表示形式，由选择函数和构造函数形成的抽象屏障，使我们可以把为自己所用数据对象选择具体表示形式的事情尽量向后推，而且还能保持系统设计的最大灵活性。

最小允诺原则还可以推进到更极端的情况。如果我们需要的话，那么还可以在设计完成选择函数和构造函数，并决定了同时使用Ben的表示和Alyssa的表示之后，仍然维持所用表示方式的不确定性。如果要在同一个系统里包含这两种不同表示形式，那么就需要有一种方式，将极坐标形式的数据与直角坐标形式的数据区分开。否则的话，如果现在要找出对偶（3, 4）的magnitude，我们将无法知道答案是5（将数据解释为直角坐标表示形式）还是3（将数据解释为极坐标表示）。完成这种区分的一种方式，就是在每个复数里包含一个类型标志部分——用符号rectangular或者polar。此后如果我们需要操作一个复数，借助于这个标志就可以确定应该使用的选择函数了。

为了能对带标志数据进行各种操作，我们将假定有过程type-tag和contents，它们分别从数据对象中提取出类型标志和实际内容（对于复数的情况，其中的极坐标或者直角坐标）。还要假定有一个过程attach-tag，它以一个标志和实际内容为参数，生成出一个带标志的数据对象。实现这些的直接方式就是采用普通的表结构：

```
(define (attach-tag type-tag contents)
  (cons type-tag contents))

(define (type-tag datum)
```

```
  (if (pair? datum)
      (car datum)
      (error "Bad tagged datum -- TYPE-TAG" datum)))

(define (contents datum)
  (if (pair? datum)
      (cdr datum)
      (error "Bad tagged datum -- CONTENTS" datum)))
```

利用这些过程，我们就可以定义出谓词rectangular?和polar?，它们分别辨识直角坐标的和极坐标的复数：

```
(define (rectangular? z)
  (eq? (type-tag z) 'rectangular))

(define (polar? z)
  (eq? (type-tag z) 'polar))
```

有了类型标志之后，Ben和Alyssa现在就可以修改自己的代码，使他们的两种不同表示能够共存于同一个系统中了。当Ben构造一个复数时，总为它加上标志，说明采用的是直角坐标；而当Alyssa构造复数时，总将其标志设置为极坐标。此外，Ben和Alyssa还必须保证他们所用的过程名并不冲突。保证这一点的一种方式是，Ben总为在他的表示上操作的过程名字加上后缀rectangular，而Alyssa为她的过程名加上后缀polar。这里是Ben根据2.4.1节修改后的直角坐标表示：

```
(define (real-part-rectangular z) (car z))

(define (imag-part-rectangular z) (cdr z))

(define (magnitude-rectangular z)
  (sqrt (+ (square (real-part-rectangular z))
           (square (imag-part-rectangular z)))))

(define (angle-rectangular z)
  (atan (imag-part-rectangular z)
        (real-part-rectangular z)))

(define (make-from-real-imag-rectangular x y)
  (attach-tag 'rectangular (cons x y)))

(define (make-from-mag-ang-rectangular r a)
  (attach-tag 'rectangular
              (cons (* r (cos a)) (* r (sin a)))))
```

下面是修改后的极坐标表示：

```
(define (real-part-polar z)
  (* (magnitude-polar z) (cos (angle-polar z))))

(define (imag-part-polar z)
  (* (magnitude-polar z) (sin (angle-polar z))))

(define (magnitude-polar z) (car z))

(define (angle-polar z) (cdr z))

(define (make-from-real-imag-polar x y)
  (attach-tag 'polar
```

```
    (cons (sqrt (+ (square x) (square y)))
          (atan y x))))

(define (make-from-mag-ang-polar r a)
  (attach-tag 'polar (cons r a)))
```

每个通用型选择函数都需要实现为这样的过程，它首先检查参数的标志，而后去调用处理该类数据的适当过程。例如，为了得到一个复数的实部，real-part需要通过检查，设法确定是去使用Ben的real-part-rectangular，还是所用Alyssa的real-part-polar。在这两种情况下，我们都用contents提取出原始的无标志数据，并将它送给所需的直角坐标过程或者极坐标过程：

```
(define (real-part z)
  (cond ((rectangular? z)
         (real-part-rectangular (contents z)))
        ((polar? z)
         (real-part-polar (contents z)))
        (else (error "Unknown type -- REAL-PART" z))))

(define (imag-part z)
  (cond ((rectangular? z)
         (imag-part-rectangular (contents z)))
        ((polar? z)
         (imag-part-polar (contents z)))
        (else (error "Unknown type -- IMAG-PART" z))))

(define (magnitude z)
  (cond ((rectangular? z)
         (magnitude-rectangular (contents z)))
        ((polar? z)
         (magnitude-polar (contents z)))
        (else (error "Unknown type -- MAGNITUDE" z))))

(define (angle z)
  (cond ((rectangular? z)
         (angle-rectangular (contents z)))
        ((polar? z)
         (angle-polar (contents z)))
        (else (error "Unknown type -- ANGLE" z))))
```

在实现复数算术运算时，我们仍然可以采用取自2.4.1节的同样过程add-complex、sub-complex、mul-complex和div-complex，因为它们所调用的选择函数现在都是通用型的，对任何表示都能工作。例如，过程add-complex仍然是：

```
(define (add-complex z1 z2)
  (make-from-real-imag (+ (real-part z1) (real-part z2))
                       (+ (imag-part z1) (imag-part z2))))
```

最后，我们还必须选择是采用Ben的表示还是Alyssa的表示构造复数。一种合理选择是，在手头有实部和虚部时采用直角坐标表示，有模和幅角时就采用极坐标表示：

```
(define (make-from-real-imag x y)
  (make-from-real-imag-rectangular x y))
```

```
(define (make-from-mag-ang r a)
  (make-from-mag-ang-polar r a))
```

这样得到的复数系统所具有的结构如图2-21所示。这一系统已经分解为三个相对独立的部分：复数算术运算、Alyssa的极坐标实现和Ben的直角坐标实现。极坐标或直角坐标的实现可以是Ben和Alyssa独立工作写出的东西，这两部分又被第三个程序员作为基础表示，用于在抽象构造函数和选择函数界面之上实现各种复数算术过程。

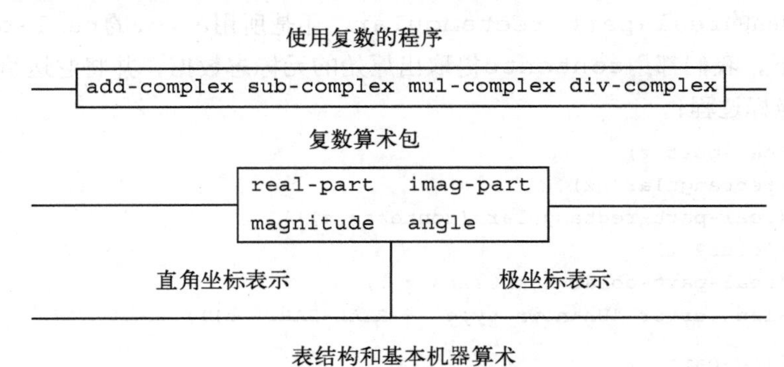

图2-21 通用型复数算术系统的结构

因为每个数据对象都以其类型作为标志，选择函数就能够在不同的数据上以一种通用的方式操作。也就是说，每个选择函数的定义行为依赖于它操作其上的特定的数据类型。请注意这里建立不同表示之间的界面的一般性机制：在一种给定的表示实现中（例如Alyssa的极坐标包），复数是一种无类型的对偶（模，幅角）。当通用型选择函数对一个`polar`类型的复数进行操作时，它会剥去标志并将相应内容传递给Alyssa的代码。与此相对应，当Alyssa去构造一个供一般性使用的复数时，她也为其加上类型标志，使这个数据对象可以为高层过程所识别。在将数据对象从一个层次传到另一层次的过程中，这种剥去和加上标志的规范方式可以成为一种重要的组织策略，正如我们将在2.5节中看到的那样。

2.4.3 数据导向的程序设计和可加性

检查一个数据项的类型，并据此去调用某个适当过程称为*基于类型的分派*。在系统设计中，这是一种获得模块性的强有力策略。而另一方面，像2.4.2节那样实现的分派有两个显著的弱点。第一个弱点是，其中的这些通用型界面过程（`real-part`、`imag-part`、`magnitude`和`angle`）必须知道所有的不同表示。举例来说，假定现在希望能为前面的复数系统增加另一种表示，我们就必须将这一新表示方式标识为一种新类型，而且要在每个通用界面过程里增加一个子句，检查这一新类型，并对这种表示形式使用适当的选择函数。

这一技术还有另一个弱点。即使这些独立的表示形式可以分别设计，我们也必须保证在整个系统里不存在两个名字相同的过程。正因为这一原因，Ben和Alyssa必须去修改原来在2.4.1节中给出的那些过程的名字。

位于这两个弱点之下的基础问题是，上面这种实现通用型界面的技术不具有*可加性*。在每次增加一种新表示形式时，实现通用选择函数的人都必须修改他们的过程，而那些做独立表示的界面的人也必须修改其代码，以避免名字冲突问题。在做这些事情时，所有修改都必须直接对代码去做，而且必须准确无误。这当然会带来极大的不便，而且还很容易引进错误。

对于上面这样的复数系统，这种修改还不是什么大问题。但如果假定现在需要处理的不是复数的两种表示形式，而是几百种不同表示形式，假定在抽象数据界面上有许许多多需要维护的通用型选择函数，再假定（事实上）没有一个程序员了解所有的界面过程和表示形式，情况又会怎样呢？在例如大规模的数据库管理系统中，这一问题是现实存在，且必须去面对的。

现在我们需要的是一种能够将系统设计进一步模块化的方法。一种称为*数据导向的程序设计*的编程技术提供了这种能力。为了理解数据导向的程序设计如何工作，我们首先应该看到，在需要处理的是针对不同类型的一集公共通用型操作时，事实上，我们正是在处理一个二维表格，其中的一个维上包含着所有的可能操作，另一个维就是所有的可能类型。表格中的项目是一些过程，它们针对作为参数的每个类型实现每一个操作。在前一节中开发的复数系统里，操作名字、数据类型和实际过程之间的对应关系散布在各个通用界面过程的各个条件子句里，我们也可以将同样的信息组织为一个表格，如图2-22所示。

操作 \ 类型	Polar	Rectangular
real-part	real-part-polar	real-part-rectangular
imag-part	imag-part-polar	imag-part-rectangular
magnitude	magnitude-polar	magnitude-rectangular
angle	angle-polar	angle-rectangular

图2-22 复数系统的操作表

数据导向的程序设计就是一种使程序能直接利用这种表格工作的程序设计技术。在我们前面的实现里，是采用一集过程作为复数算术与两个表示包之间的界面，并让这些过程中的每一个去做基于类型的显式分派。下面我们要把这一界面实现为一个过程，由它用操作名和参数类型的组合到表格中查找，以便找出应该调用的适当过程，并将这一过程应用于参数的内容。如果能做到这些，再把一种新的表示包加入系统里，我们就不需要修改任何现存的过程，而只要在这个表格里添加一些新的项目即可。

为了实现这一计划，现在假定有两个过程put和get，用于处理这种操作-类型表格：

- (put *<op>* *<type>* *<item>*)

将项*<item>*加入表格中，以*<op>*和*<type>*作为这个表项的索引。

- (get *<op>* *<type>*)

在表中查找与*<op>*和*<type>*对应的项，如果找到就返回找到的项，否则就返回假。

从现在起，我们将假定put和get已经包含在所用的语言里。在第3章里（3.3.3节，练习3.24）可以看到如何实现这些函数，以及其他操作表格的过程。

下面我们要说明，这种数据导向的程序设计如何用于复数系统。在开发了直角坐标表示时，Ben完全按他原来所做的那样实现了自己的代码，他定义了一组过程或者说一个*程序包*，并通过向表格中加入一些项的方式，告诉系统如何去操作直角坐标形式表示的数，这样就建立起了与系统其他部分的界面。完成此事的方式就是调用下面的过程：

```
(define (install-rectangular-package)
  ;; internal procedures
```

```
  (define (real-part z) (car z))
  (define (imag-part z) (cdr z))
  (define (make-from-real-imag x y) (cons x y))
  (define (magnitude z)
    (sqrt (+ (square (real-part z))
             (square (imag-part z)))))
  (define (angle z)
    (atan (imag-part z) (real-part z)))
  (define (make-from-mag-ang r a)
    (cons (* r (cos a)) (* r (sin a))))
 ;; interface to the rest of the system
  (define (tag x) (attach-tag 'rectangular x))
  (put 'real-part '(rectangular) real-part)
  (put 'imag-part '(rectangular) imag-part)
  (put 'magnitude '(rectangular) magnitude)
  (put 'angle '(rectangular) angle)
  (put 'make-from-real-imag 'rectangular
       (lambda (x y) (tag (make-from-real-imag x y))))
  (put 'make-from-mag-ang 'rectangular
       (lambda (r a) (tag (make-from-mag-ang r a))))
  'done)
```

请注意，这里的所有内部过程，与2.4.1节里Ben在自己独立工作中写出的过程完全一样，在将它们与系统的其他部分建立联系时，也不需要做任何修改。进一步说，由于这些过程定义都是上述安装过程内部的东西，Ben完全不必担心它们的名字会与直角坐标程序包外面的其他过程的名字相互冲突。为了能与系统里的其他部分建立起联系，Ben将他的`real-part`过程安装在操作名字`real-part`和类型（`rectangular`）之下，其他选择函数的情况也都与此类似[111]。这一界面还定义了提供给外部系统的构造函数[112]，它们也与Ben自己定义的构造函数一样，只是其中还需要完成添加标志的工作。

Alyssa的极坐标包与此类似：

```
(define (install-polar-package)
 ;; internal procedures
  (define (magnitude z) (car z))
  (define (angle z) (cdr z))
  (define (make-from-mag-ang r a) (cons r a))
  (define (real-part z)
    (* (magnitude z) (cos (angle z))))
  (define (imag-part z)
    (* (magnitude z) (sin (angle z))))
  (define (make-from-real-imag x y)
    (cons (sqrt (+ (square x) (square y)))
          (atan y x)))
 ;; interface to the rest of the system
  (define (tag x) (attach-tag 'polar x))
```

[111] 这里采用的是表（`rectangular`）而不是符号`rectangular`，以便能允许某些带有多个参数，而且这些参数又并非都是同一类型的操作。

[112] 这里安装的构造函数所用的类型不必是表，因为每个构造函数总是只用于做出某个特定类型的对象。

```
  (put 'real-part '(polar) real-part)
  (put 'imag-part '(polar) imag-part)
  (put 'magnitude '(polar) magnitude)
  (put 'angle '(polar) angle)
  (put 'make-from-real-imag 'polar
       (lambda (x y) (tag (make-from-real-imag x y))))
  (put 'make-from-mag-ang 'polar
       (lambda (r a) (tag (make-from-mag-ang r a))))
  'done)
```

虽然Ben和Alyssa两个人仍然使用着他们原来的过程定义，这些过程也有着同样的名字（例如real-part），但对于其他过程而言，这些定义都是内部的（参见1.1.8节），所以在这里不会出现名字冲突问题。

复数算术的选择函数通过一个通用的名为apply-generic的“操作”过程访问有关表格，这个过程将通用型操作应用于一些参数。apply-generic在表格中用操作名和参数类型查找，如果找到，就去应用查找中得到的过程[113]：

```
(define (apply-generic op . args)
  (let ((type-tags (map type-tag args)))
    (let ((proc (get op type-tags)))
      (if proc
          (apply proc (map contents args))
          (error
            "No method for these types -- APPLY-GENERIC"
            (list op type-tags))))))
```

利用apply-generic，各种通用型选择函数可以定义如下：

```
(define (real-part z) (apply-generic 'real-part z))
(define (imag-part z) (apply-generic 'imag-part z))
(define (magnitude z) (apply-generic 'magnitude z))
(define (angle z) (apply-generic 'angle z))
```

请注意，如果要将一个新表示形式加入这个系统，上述这些都完全不必修改。

我们同样可以从表中提取出构造函数，用到包之外的程序中，从实部和虚部或者模和幅角构造出复数来。就像在2.4.2节中那样，当我们有的是实部和虚部时就构造直角坐标表示的复数，有模和幅角时就构造极坐标的数：

```
(define (make-from-real-imag x y)
  ((get 'make-from-real-imag 'rectangular) x y))

(define (make-from-mag-ang r a)
  ((get 'make-from-mag-ang 'polar) r a))
```

练习2.73 2.3.2节描述了一个执行符号求导的程序：

```
(define (deriv exp var)
  (cond ((number? exp) 0)
```

113 apply-generic使用了练习2.20中描述的带点尾部记法，因为不同的通用型操作的参数个数可能不同。在apply-generic里，op将取得apply-generic的第一个参数的值，而args的值是其余参数的表。apply-generic还使用了基本过程apply，这一过程需要两个参数、一个过程和一个表。apply将应用这一过程，用表的元素作为其参数。例如（apply+ (list 1 2 3 4)）的结果是10。

```
          ((variable? exp) (if (same-variable? exp var) 1 0))
          ((sum? exp)
           (make-sum (deriv (addend exp) var)
                     (deriv (augend exp) var)))
          ((product? exp)
           (make-sum
             (make-product (multiplier exp)
                           (deriv (multiplicand exp) var))
             (make-product (deriv (multiplier exp) var)
                           (multiplicand exp))))
          <更多规则可以加在这里>
          (else (error "unknown expression type -- DERIV" exp))))
```

可以认为，这个程序是在执行一种基于被求导表达式类型的分派工作。在这里，数据的“类型标志”就是代数运算符（例如+），需要执行的操作是deriv。我们也可以将这一程序变换到数据导向的风格，将基本求导过程重新写成：

```
(define (deriv exp var)
   (cond ((number? exp) 0)
         ((variable? exp) (if (same-variable? exp var) 1 0))
         (else ((get 'deriv (operator exp)) (operands exp)
                                            var))))

(define (operator exp) (car exp))

(define (operands exp) (cdr exp))
```

a) 请解释上面究竟做了些什么。为什么我们无法将相近的谓词number?和same-variable?也加入数据导向分派中？

b) 请写出针对和式与积式的求导过程，并把它们安装到表格里，以便上面程序使用所需要的辅助性代码。

c) 请选择一些你希望包括的求导规则，例如对乘幂（练习2.56）求导等等，并将它们安装到这一数据导向的系统里。

d) 在这一简单的代数运算器中，表达式的类型就是构造起它们来的代数运算符。假定我们想以另一种相反的方式做索引，使得deriv里完成分派的代码行像下面这样：

```
((get (operator exp) 'deriv) (operands exp) var)
```

求导系统里还需要做哪些相应的改动？

练习2.74 Insatiable Enterprise公司是一个高度分散经营的联合公司，由大量分布在世界各地的分支机构组成。公司的计算机设施已经通过一种非常巧妙的网络连接模式连接成一体，它使得从任何一个用户的角度看，整个网络就像是一台计算机。在第一次试图利用网络能力从各分支机构的文件中提取管理信息时，Insatiable的总经理非常沮丧地发现，虽然所有分支机构的文件都被实现为Scheme的数据结构，但是各分支机构所用的数据结构却各不相同。她马上召集了各分支机构的经理会议，希望寻找一种策略集成起这些文件，以便在维持各个分支机构中现存独立工作方式的同时，又能满足公司总部管理的需要。

请说明这种策略可以如何通过数据导向的程序设计技术实现。作为例子，假定每个分支机构的人事记录都存放在一个独立文件里，其中包含了一集以雇员名字作为键值的记录。而有关集合的结构却由于分支机构的不同而不同。进一步说，某个雇员的记录本身又是一个集合（各分支机构所用的结构也不同），其中所包含的信息也在一些作为键值的标识符之下，例如address和salary。特别是考虑如下问题：

a) 请为公司总部实现一个get-record过程，使它能从一个特定的人事文件里提取出一个特定的雇员记录。这一过程应该能应用于任何分支机构的文件。请说明各个独立分支机构的文件应具有怎样的结构。特别是考虑，它们必须提供哪些类型信息？

b) 请为公司总部实现一个get-salary过程，它能从任何分支机构的人事文件中取得某个给定雇员的薪金信息。为了使这一操作能够工作，这些记录应具有怎样的结构？

c) 请为公司总部实现一个过程find-employee-record，该过程需要针对一个特定雇员名，在所有分支机构的文件去查找对应的记录，并返回找到的记录。假定这一过程的参数是一个雇员名和所有分支文件的表。

d) 当Insatiable购并新公司后，要将新的人事文件结合到系统中，必须做哪些修改？

消息传递

在数据导向的程序设计里，最关键的想法就是通过显式处理操作－类型表格（例如图2-22里的表格）的方式，管理程序中的各种通用型操作。我们在2.4.2节中所用的程序设计风格，是一种基于类型进行分派的组织方式，其中让每个操作管理自己的分派。从效果上看，这种方式就是将操作－类型表格分解为一行一行，每个通用型过程表示表格中的一行。

另一种实现策略是将这一表格按列进行分解，不是采用一批“智能操作”去基于数据类型进行分派，而是采用“智能数据对象”，让它们基于操作名完成所需的分派工作。如果我们想这样做，所需要做的就是做出一种安排，将每一个数据对象（例如一个采用直角坐标表示的复数）表示为一个过程。它以操作的名字作为输入，能够去执行指定的操作。按照这种方式，make-from-real-imag应该写成下面样子：

```
(define (make-from-real-imag x y)
  (define (dispatch op)
    (cond ((eq? op 'real-part) x)
          ((eq? op 'imag-part) y)
          ((eq? op 'magnitude)
           (sqrt (+ (square x) (square y))))
          ((eq? op 'angle) (atan y x))
          (else
           (error "Unknown op -- MAKE-FROM-REAL-IMAG" op))))
  dispatch)
```

与之对应的apply-generic过程应该对其参数应用一个通用型操作，此时它只需要简单地将操作名馈入该数据对象，并让那个对象去完成工作[114]：

```
(define (apply-generic op arg) (arg op))
```

请注意，make-from-real-imag返回的值是一个过程——它内部的dispatch过程。这也就是当apply-generic要求执行一个操作时所调用的过程。

这种风格的程序设计称为*消息传递*，这一名字源自将数据对象设想为一个实体，它以“消息”的方式接收到所需操作的名字。在2.1.3节中我们已经看到过一个消息传递的例子，在

[114] 这种组织方式的一个限制是只允许一个参数的通用型过程。

那里看到的是如何用没有数据对象而只有过程的方式定义cons、car和cdr。现在我们看到的是，消息传递并不是一种数学机巧，而是一种有价值的技术，可以用于组织带有通用型操作的系统。在本章剩下的部分里，我们将要继续使用数据导向的程序设计（而不是用消息传递），进一步讨论通用型算术运算的问题。在第3章里我们将会回到消息传递，并在那里看到它可能怎样成为构造模拟程序的强有力工具。

练习2.75 请用消息传递的风格实现构造函数make-from-mag-ang。这一过程应该与上面给出的make-from-real-imag过程类似。

练习2.76 一个带有通用型操作的大型系统可能不断演化，在演化中常需要加入新的数据对象类型或者新的操作。对于上面提出的三种策略——带有显式分派的通用型操作，数据导向的风格，以及消息传递的风格——请描述在加入一个新类型或者新操作时，系统所必须做的修改。哪种组织方式最适合那些经常需要加入新类型的系统？哪种组织方式最适合那些经常需要加入新操作的系统？

2.5 带有通用型操作的系统

在前一节里，我们看到了如何去设计一个系统，使其中的数据对象可以以多于一种方式表示。这里的关键思想就是通过通用型界面过程，将描述数据操作的代码连接到几种不同表示上。现在我们将看到如何使用同样的思想，不但定义出能够在不同表示上的通用操作，还能定义针对不同参数种类的通用型操作。我们已经看到过几个不同的算术运算包：语言内部的基本算术（+，-，*，/），2.1.1节的有理数算术（add-rat，sub-rat，mul-rat，div-rat），以及2.4.3节里实现的复数算术。现在我们要使用数据导向技术构造起一个算术运算包，将前面已经构造出的所有算术包都结合进去。

图2-23展示了我们将要构造的系统的结构。请注意其中的各抽象屏障。从某些使用“数值”的人的观点看，在这里只存在一个过程add，无论提供给它的数是什么。add是通用型界面的一部分，这一界面将使那些使用数的程序能以一种统一的方式，访问相互分离的常规算术、有理数算术和复数算术程序包。任何独立的算术程序包（例如复数包）本身也可能通过通用型过程（例如add-complex）访问，它也可能由针对不同表示形式设计的包（直角坐

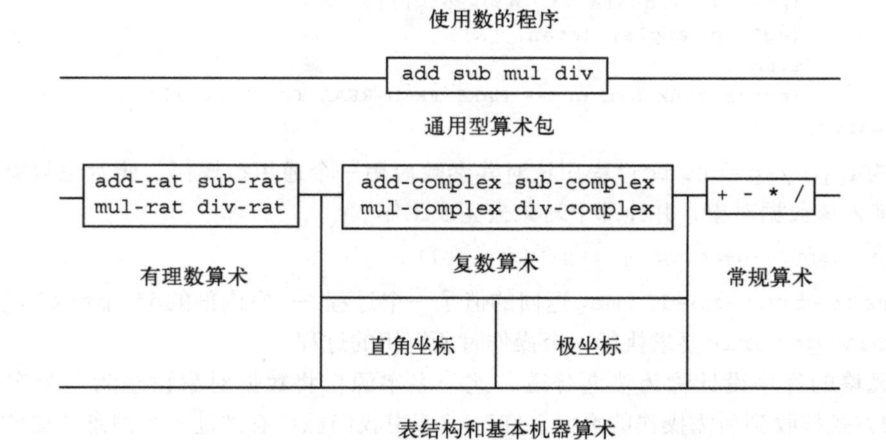

图2-23 通用型算术系统

标表示和极坐标表示）组合而成。进一步说，这一系统具有可加性，这样，人们还可以设计出其他独立的算术包，并将其组合到这一通用型的算术系统中。

2.5.1 通用型算术运算

设计通用型算术运算的工作类似于设计通用型复数运算。我们希望（例如）有一个通用型的加法过程add，对于常规的数，它的行为就像常规的基本加法+；对于有理数，它就像add-rat，对于复数就像add-complex。我们可以沿用在2.4.3节为实现复数上的通用选择函数所用的同样策略，去实现add和其他通用算术运算。下面将为每种数附着一个类型标志，以便通用型过程能够根据其参数的类型完成到某个适用的程序包的分派。

通用型算术过程的定义如下：

```
(define (add x y) (apply-generic 'add x y))
(define (sub x y) (apply-generic 'sub x y))
(define (mul x y) (apply-generic 'mul x y))
(define (div x y) (apply-generic 'div x y))
```

下面我们将从安装处理常规数（即，语言中基本的数）的包开始，对这种数采用的标志是符号scheme-number。这个包里的算术运算都是基本算术过程（因此不需要再定义过程去处理无标志的数）。因为每个操作都有两个参数，所以用表（scheme-number scheme-number）作为表格中的键值去安装它们：

```
(define (install-scheme-number-package)
  (define (tag x)
    (attach-tag 'scheme-number x))
  (put 'add '(scheme-number scheme-number)
       (lambda (x y) (tag (+ x y))))
  (put 'sub '(scheme-number scheme-number)
       (lambda (x y) (tag (- x y))))
  (put 'mul '(scheme-number scheme-number)
       (lambda (x y) (tag (* x y))))
  (put 'div '(scheme-number scheme-number)
       (lambda (x y) (tag (/ x y))))
  (put 'make 'scheme-number
       (lambda (x) (tag x)))
  'done)
```

Scheme数值包的用户可以通过下面过程，创建带标志的常规数：

```
(define (make-scheme-number n)
  ((get 'make 'scheme-number) n))
```

现在我们已经做好了通用型算术系统的框架，可以将新的数类型加入其中了。下面是一个执行有理数算术的程序包。请注意，由于具有可加性，我们可以直接把取自2.1.1节的有理数代码作为这个程序包的内部过程，完全不必做任何修改：

```
(define (install-rational-package)
;; internal procedures
  (define (numer x) (car x))
  (define (denom x) (cdr x))
  (define (make-rat n d)
```

```
    (let ((g (gcd n d)))
      (cons (/ n g) (/ d g))))
  (define (add-rat x y)
    (make-rat (+ (* (numer x) (denom y))
                 (* (numer y) (denom x)))
              (* (denom x) (denom y))))
  (define (sub-rat x y)
    (make-rat (- (* (numer x) (denom y))
                 (* (numer y) (denom x)))
              (* (denom x) (denom y))))
  (define (mul-rat x y)
    (make-rat (* (numer x) (numer y))
              (* (denom x) (denom y))))
  (define (div-rat x y)
    (make-rat (* (numer x) (denom y))
              (* (denom x) (numer y))))
 ;; interface to rest of the system
  (define (tag x) (attach-tag 'rational x))
  (put 'add '(rational rational)
       (lambda (x y) (tag (add-rat x y))))
  (put 'sub '(rational rational)
       (lambda (x y) (tag (sub-rat x y))))
  (put 'mul '(rational rational)
       (lambda (x y) (tag (mul-rat x y))))
  (put 'div '(rational rational)
       (lambda (x y) (tag (div-rat x y))))

  (put 'make 'rational
       (lambda (n d) (tag (make-rat n d))))
  'done)

(define (make-rational n d)
  ((get 'make 'rational) n d))
```

我们可以安装上另一个处理复数的类似程序包，采用的标志是complex。在创建这个程序包时，我们要从表格里抽取出操作make-from-real-imag和make-from-mag-ang，它们原来分别定义在直角坐标和极坐标包里。可加性使我们能把取自2.4.1节同样的add-complex、sub-complex、mul-complex和div-complex过程用作内部操作。

```
(define (install-complex-package)
 ;; imported procedures from rectangular and polar packages
  (define (make-from-real-imag x y)
    ((get 'make-from-real-imag 'rectangular) x y))
  (define (make-from-mag-ang r a)
    ((get 'make-from-mag-ang 'polar) r a))

 ;; internal procedures
  (define (add-complex z1 z2)
    (make-from-real-imag (+ (real-part z1) (real-part z2))
                         (+ (imag-part z1) (imag-part z2))))
  (define (sub-complex z1 z2)
    (make-from-real-imag (- (real-part z1) (real-part z2))
```

```
                        (- (imag-part z1) (imag-part z2))))
  (define (mul-complex z1 z2)
    (make-from-mag-ang (* (magnitude z1) (magnitude z2))
                       (+ (angle z1) (angle z2))))
  (define (div-complex z1 z2)
    (make-from-mag-ang (/ (magnitude z1) (magnitude z2))
                       (- (angle z1) (angle z2))))

;; interface to rest of the system
  (define (tag z) (attach-tag 'complex z))
  (put 'add '(complex complex)
       (lambda (z1 z2) (tag (add-complex z1 z2))))
  (put 'sub '(complex complex)
       (lambda (z1 z2) (tag (sub-complex z1 z2))))
  (put 'mul '(complex complex)
       (lambda (z1 z2) (tag (mul-complex z1 z2))))
  (put 'div '(complex complex)
       (lambda (z1 z2) (tag (div-complex z1 z2))))
  (put 'make-from-real-imag 'complex
       (lambda (x y) (tag (make-from-real-imag x y))))
  (put 'make-from-mag-ang 'complex
       (lambda (r a) (tag (make-from-mag-ang r a))))
  'done)
```

在复数包之外的程序可以从实部和虚部出发构造复数，也可以从模和幅角出发。请注意这里如何将原先定义在直角坐标和极坐标包里的集成过程导出，放入复数包中，又如何从这里导出送给外面的世界。

```
(define (make-complex-from-real-imag x y)
  ((get 'make-from-real-imag 'complex) x y))
(define (make-complex-from-mag-ang r a)
  ((get 'make-from-mag-ang 'complex) r a))
```

这里描述的是一个具有两层标志的系统。一个典型的复数如直角坐标表示的$3+4i$，现在的表示形式如图2-24所示。外层标志（complex）用于将这个数引导到复数包，一旦进入复数包，下一个标志（rectangular）就会引导这个数进入直角坐标表示包。在一个大型的复杂系统里可能有许多层次，每层与下一层次之间的连接都借助于一些通用型操作。当一个数据对象被“向下”传输时，用于引导它进入适当程序包的最外层标志被剥除（通过使用contents），下一层次的标志（如果有的话）变成可见的，并将被用于下一次分派。

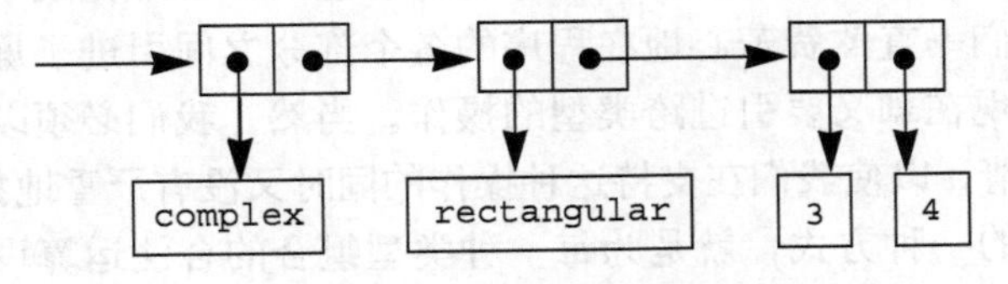

图2-24 直角坐标形式的$3+4i$的表示

在上面这些程序包里，我们使用了add-rat、add-complex以及其他算术过程，完全按照它们原来写出的形式。一旦把这些过程定义为不同安装过程内部的东西，它们的名字就没有必要再相互不同了，可以在两个包中都简单地将它们命名为add、sub、mul和div。

练习2.77 Louis Reasoner试着去求值(magnitude z),其中的z就是图2-24里的那个对象。令他吃惊的是,从apply-generic出来的不是5而是一个错误信息,说没办法对类型(complex)做操作magnitude。他将这次交互的情况给Alyssa P. Hacker看,Alyssa说“问题出在没有为complex数定义复数选择函数,而只是为polar和rectangular数定义了它们。你需要做的就是在complex包里加入下面这些东西”:

```
(put 'real-part '(complex) real-part)
(put 'imag-part '(complex) imag-part)
(put 'magnitude '(complex) magnitude)
(put 'angle '(complex) angle)
```

请详细说明为什么这样做是可行的。作为一个例子,请考虑表达式(magnitude z)的求值过程,其中z就是图2-24里展示的那个对象,请追踪一下这一求值过程中的所有函数调用。特别是看看apply-generic被调用了几次?每次调用中分派的是哪个过程?

练习2.78 包scheme-number里的内部过程几乎什么也没做,只不过是去调用基本过程+、-等等。直接使用语言的基本过程当然是不可能的,因为我们的类型标志系统要求每个数据对象都附加一个类型。然而,事实上所有Lisp实现都有自己的类型系统,使用在系统实现的内部,基本谓词symbol?和number?等用于确定某个数据对象是否具有特定的类型。请修改2.4.2节中type-tag、contents和attach-tag的定义,使我们的通用算术系统可以利用Scheme的内部类型系统。这也就是说,修改后的系统应该像原来一样工作,除了其中常规的数直接采用Scheme的数形式,而不是表示为一个car部分是符号scheme-number的序对。

练习2.79 请定义一个通用型相等谓词equ?,它能检查两个数是否相等。请将它安装到通用算术包里。这一操作应该能处理常规的数、有理数和复数。

练习2.80 请定义一个通用谓词=zero?,检查其参数是否为0,并将它安装到通用算术包里。这一操作应该能处理常规的数、有理数和复数。

2.5.2 不同类型数据的组合

前面已经看到了如何定义出一个统一的算术系统,其中包含常规的数、复数和有理数,以及我们希望发明的任何其他数值类型。但在那里也忽略了一个重要的问题。我们至今定义的所有运算,都把不同数据类型看作相互完全分离的东西,也就是说,这里有几个完全分离的程序包,它们分别完成两个常规的数,或者两个复数的加法。我们至今还没有考虑的问题是下面事实:定义出能够跨过类型界限的操作也很有意义,譬如完成一个复数和一个常规数的加法。在前面,我们一直煞费苦心地在程序的各个部分之间引进了屏障,以使它们能够分别开发和分别理解。现在却又要引进跨类型的操作。当然,我们必须以一种经过精心考虑的可控方式去做这件事情,以使我们在支持这种操作的同时又没有严重地损害模块间的分界。

处理跨类型操作的一种方式,就是为每一种类型组合的合法运算设计一个特定过程。例如,我们可以扩充复数包,使它能提供一个过程用于加起一个复数和一个常规的数,并用标志(complex scheme-number)将它安装到表格里[115]:

```
;; to be included in the complex package
```

[115] 我们还需要另一个几乎相同的过程去处理类型(scheme-number complex)。

```
(define (add-complex-to-schemenum z x)
  (make-from-real-imag (+ (real-part z) x)
                       (imag-part z)))

(put 'add '(complex scheme-number)
     (lambda (z x) (tag (add-complex-to-schemenum z x))))
```

这一技术确实可以用，但也非常麻烦。对于这样的一个系统，引进一个新类型的代价就不仅仅需要构造出针对这一类型的所有过程的包，还需要构造并安装好所有实现跨类型操作的过程。后一件事所需要的代码很容易就会超过定义类型本身所需的那些操作。这种方法也损害了以添加方式组合独立开发的程序包的能力，至少给独立程序包的实现者增加了一些限制，要求他们在对独立程序包工作时，必须同时关注其他的程序包。比如，在上面例子里，如果要处理复数和常规数的混合运算，将其看作复数包的责任是合理的。然而，有关有理数和复数的组合工作却存在许多选择，完全可以由复数包、有理数包，或者由另外的，使用了从前面两个包中取出的操作的第三个包完成。在设计包含许多程序包和许多跨类型操作的系统时，要想规划好一套统一的策略，分清各种包之间的责任，很容易变成非常复杂的任务。

强制

最一般的情况是需要处理针对一批完全无关的类型的一批完全无关的操作，直接实现跨类型操作很可能就是解决问题的最好方式了，当然，这样做起来确实比较麻烦。幸运的是，我们常常可以利用潜藏在类型系统之中的一些额外结构，将事情做得更好些。不同的数据类型通常都不是完全相互无关的，常常存在一些方式，使我们可以把一种类型的对象看作另一种类型的对象。这种过程就称为*强制*。举例来说，如果现在需要做常规数值与复数的混合算术，我们就可以将常规数值看成是虚部为0的复数。这样就把问题转换为两个复数的运算问题，可以由复数包以正常的方式处理了。

一般而言，要实现这一想法，我们可以设计出一些强制过程，它们能把一个类型的对象转换到另一类型的等价对象。下面是一个典型的强制过程，它将给定的常规数值转换为一个复数，其中的实部为原来的数而虚部是0：

```
(define (scheme-number->complex n)
  (make-complex-from-real-imag (contents n) 0))
```

我们将这些强制过程安装到一个特殊的强制表格中，用两个类型的名字作为索引：

```
(put-coercion 'scheme-number 'complex scheme-number->complex)
```

（这里假定了存在着用于操纵这个表格的put-coercion和get-coercion过程。）一般而言，这一表格里的某些格子将是空的，因为将任何数据对象转换到另一个类型并不是都能做的。例如并不存在某种将任意复数转换为常规数值的方式，因此，这个表格中就不应包括一般性的complex->scheme-number过程。

一旦将上述转换表格装配好，我们就可以修改2.4.3节的apply-generic过程，得到一种处理强制的统一方法。在要求应用一个操作时，我们将首先检查是否存在针对实际参数类型的操作定义，就像前面一样。如果存在，那么就将任务分派到由操作－类型表格中找出的相应过程去，否则就去做强制。为了简化讨论，这里只考虑两个参数的情况[116]。我们检查强

[116] 有关推广见练习2.82。

制表格，查看其中第一个参数类型的对象能否转换到第二个参数的类型。如果可以，那就对第一个参数做强制后再试验操作。如果第一个参数类型的对象不能强制到第二个类型，那么就试验另一种方式，看看能否从第二个参数的类型转换到第一个参数的类型。最后，如果不存在从一个类型到另一类型的强制，那么就只能放弃了。下面是这个过程：

```
(define (apply-generic op . args)
  (let ((type-tags (map type-tag args)))
    (let ((proc (get op type-tags)))
      (if proc
          (apply proc (map contents args))
          (if (= (length args) 2)
              (let ((type1 (car type-tags))
                    (type2 (cadr type-tags))
                    (a1 (car args))
                    (a2 (cadr args)))
                (let ((t1->t2 (get-coercion type1 type2))
                      (t2->t1 (get-coercion type2 type1)))
                  (cond (t1->t2
                         (apply-generic op (t1->t2 a1) a2))
                        (t2->t1
                         (apply-generic op a1 (t2->t1 a2)))
                        (else
                         (error "No method for these types"
                                (list op type-tags))))))
              (error "No method for these types"
                     (list op type-tags)))))))
```

与显式定义的跨类型操作相比，这种强制模式有许多优越性。就像在上面已经说过的。虽然我们仍然需要写出一些与各种类型有关的强制过程（对于n个类型的系统可能需要n^2个过程），但是却只需要为每一对类型写一个过程，而不是为每对类型和每个通用型操作写一个过程[117]。能够这样做的基础就是，类型之间的适当转换只依赖于类型本身，而不依赖于所实际应用的操作。

另一方面，也可能存在一些应用，对于它们而言我们的强制模式还不足够一般。即使需要运算的两种类型的对象都不能转换到另一种类型，也完全可能在将这两种类型的对象都转换到第三种类型后执行这一运算。为了处理这种复杂性，同时又能维持我们系统的模块性，通常就需要在建立系统时利用类型之间的进一步结构，有关情况见下面的讨论。

类型的层次结构

上面给出的强制模式，依赖于一对对类型之间存在着某种自然的关系。在实际中，还常常存在着不同类型间相互关系的更“全局性”的结构。例如，假定我们想要构造出一个通用型的算术系统，处理整数、有理数、实数、复数。在这样的一个系统里，一种很自然的做法是把整数看作是一类特殊的有理数，而有理数又是一类特殊的实数，实数转而又是一类特殊

[117] 如果做得更聪明些，常常不需要写出n^2那么多个强制过程。例如，如果知道如何从类型1转换到类型2，以及如何从类型2转换到类型3，那么也就可以利用这些知识从类型1转换到类型3。这将大大减少在向系统中加入新类型时需要显式提供的转换过程的个数。如果真的希望，也完全可以将这种复杂方式做到系统里，让系统去查找类型之间的关系“图”，而后自动地通过显式提供的强制过程，生成其他能够推导出的强制过程。

的复数。这样，我们实际有的就是一个所谓的*类型的层次结构*，在其中，（例如）整数是有理数的*子类型*（也就是说，任何可以应用于有理数的操作都可以应用于整数）。与此相对应，人们也说有理数形成了整数的一个*超类型*。在这个例子里所看到的类型层次结构是最简单的一种，其中一个类型只有至多一个超类型和至多一个子类型。这样的结构称为一个类型塔，如图2-25所示。

图2-25 一个类型塔

如果我们面对的是一个塔结构，那么将一个新类型加入层次结构的问题就可能极大地简化了，因为需要做的所有事情，也就是刻画清楚这一新类型将如何嵌入正好位于它之上的超类型，以及它如何作为下面一个类型的超类型。举例说，如果我们希望做一个整数和一个复数的加法，那么并不需要明确定义一个特殊强制函数integer->complex。相反，我们可以定义如何将整数转换到有理数，如何将有理数转换到实数，以及如何将实数转换到复数。而后让系统通过这些步骤将该整数转换到复数，在此之后再做两个复数的加法。

我们可以按照下面的方式重新设计那个apply-generic过程。对于每个类型，都需要提供一个raise过程，它将这一类型的对象“提升”到塔中更高一层的类型。此后，当系统遇到需要对两个不同类型的运算时，它就可以逐步提升较低的类型，直至所有对象都达到了塔的同一个层次（练习2.83和练习2.84关注的就是实现这种策略的一些细节）。

类型塔的另一优点，在于使我们很容易实现一种概念：每个类型能够“继承”其超类型中定义的所有操作。举例说，如果我们没有为找出整数的实部提供一个特定过程，但也完全可能期望real-part过程对整数有定义，因为事实上整数是复数的一个子类型。对于类型塔的情况，我们可以通过修改apply-generic过程，以一种统一的方式安排好这些事情。如果所需操作在给定对象的类型中没有明确定义，那么就将这个对象提升到它的超类型并再次检查。在向塔顶攀登的过程中，我们也不断转换有关的参数，直至在某个层次上找到了所需的操作而后去执行它，或者已经到达了塔顶（此时就只能放弃了）。

与其他层次结构相比，塔形结构的另一优点是它使我们有一种简单的方式去“下降”一个数据对象，使之达到最简单的表示形式。例如，如果现在做了$2+3i$和$4-3i$的加法，如果结果是整数6而不是复数$6+0i$当然就更好了。练习2.85讨论了实现这种下降操作的一种方式。这里的技巧在于需要有一种一般性的方式，分辨出哪些是可以下降的对象（例如$6+0i$），哪些是不能下降的对象（例如$6+2i$）。

层次结构的不足

如果在一个系统里，有关的数据类型可以自然地安排为一个塔形，那么正如在前面已经看到的，处理不同类型上通用型操作的问题将能得到极大的简化。遗憾的是，事情通常都不是这样。图2-26展示的是类型之间关系的一种更复杂情况，其中显示出的是表示几何图形的各种类型之间的关系。从这个图里可以看到，一般而言，一个类型可能有多于一个子类型，例如三角形和四边形都是多边形的子类型。此外，一个类型也可能有多于一个超类型，例如，等腰直角三角形可以看作是等腰三角形，又可以看作是直角三角形。这种存在多重超类型的问题特别令人棘手，因为这就意味着，并不存在一种唯一方式在层次结构中去“提升”一个类型。当我们需要将一个操作应用于一个对象时，为此而找出“正确”超类型的工作（例如，

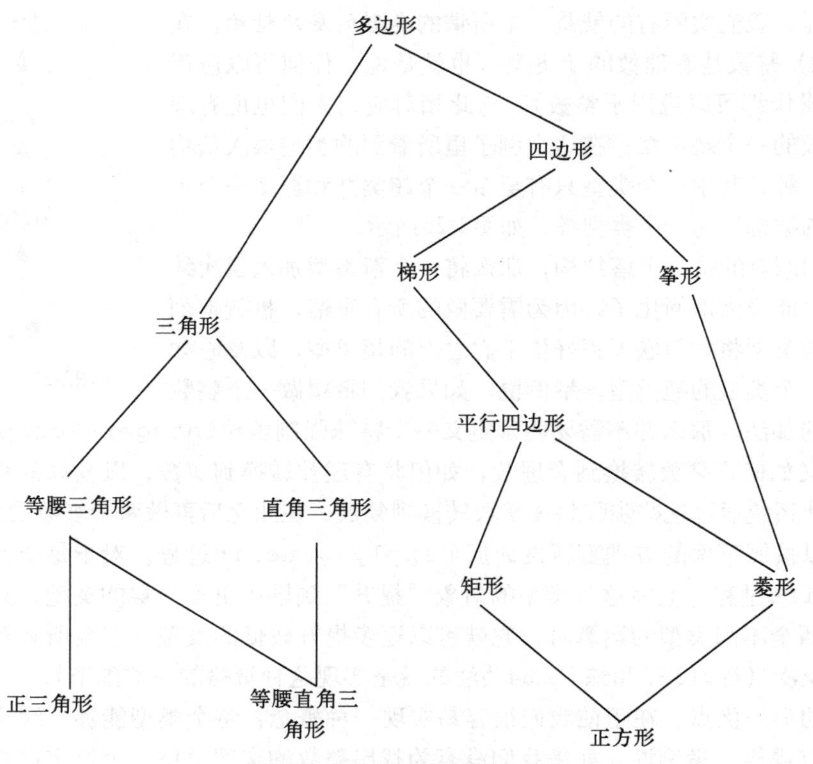

图2-26　几何图形类型间的关系

这就是apply-generic这类过程中的一部分）可能涉及对整个类型网络的大范围搜索。由于一般说一个类型存在着多个子类型，需要在类型层次结构中“下降”一个值时也会遇到类似的问题。在设计大型系统时，处理好一大批相互有关的类型而同时又能保持模块性，这是一个非常困难的问题，也是当前正在继续研究的一个领域[118]。

练习2.81　Louis Reasoner注意到，甚至在两个参数的类型实际相同的情况下，apply-generic也可能试图去做参数间的类型强制。由此他推论说，需要在强制表格中加入一些过程，以将每个类型的参数“强制”到它们自己的类型。例如，除了上面给出的scheme-number->complex强制之外，他觉得应该有：

```
(define (scheme-number->scheme-number n) n)
(define (complex->complex z) z)
(put-coercion 'scheme-number 'scheme-number
              scheme-number->scheme-number)
```

[118] 这句话也出现在本书的第1版里，它在现在就像20年前写出时一样的正确。开发出一种有用的，具有一般意义的框架，以描述不同类型的对象之间的关系（这在哲学中称为“本体论”），看来是一件极其困难的工作。在10年前存在的混乱和今天存在的混乱之间的主要差异在于，今天已经有了一批各式各样的并不合适的本体理论，它们已经被嵌入到数量过多而又先天不足的各种程序设计语言里。举例来说，面向对象语言的大部分复杂性——以及当前各种面向对象语言之间细微的而且使人迷惑的差异——的核心，就是对类型之间通用型操作的处理。我们在第3章有关计算性对象的讨论中完全避免了这些问题。熟悉面向对象程序设计的读者将会注意到，在第3章里关于局部状态说了许多东西，但是却根本没有提到“类”或者“继承”。事实上，我们的猜想是，如果没有知识表示和自动推理工作的帮助，这些问题是无法仅仅通过计算机语言设计的方式合理处理的。

```
(put-coercion 'complex 'complex complex->complex)
```

a) 如果安装了Louis的强制过程，如果在调用apply-generic时各参数的类型都为scheme-number或者类型都为complex，而在表格中又找不到相应的操作，这时会出现什么情况？例如，假定我们定义了一个通用型的求幂运算：

```
(define (exp x y) (apply-generic 'exp x y))
```

并在Scheme数值包里放入了一个求幂过程，但其他程序包里都没有：

```
;; following added to Scheme-number package
(put 'exp '(scheme-number scheme-number)
     (lambda (x y) (tag (expt x y)))) ; using primitive expt
```

如果对两个复数调用exp会出现什么情况？

b) Louis真的纠正了有关同样类型参数的强制问题吗？apply-generic还能像原来那样正确工作吗？

c) 请修改apply-generic，使之不会试着去强制两个同样类型的参数。

练习2.82 请阐述一种方法，设法推广apply-generic，以便处理多个参数的一般性情况下的强制问题。一种可能策略是试着将所有参数都强制到第一个参数的类型，而后试着强制到第二个参数的类型，并如此试下去。请给出一个例子说明这种策略还不够一般（就像上面对两个参数的情况给出的例子那样）。（提示：请考虑一些情况，其中表格里某些合用的操作将不会被考虑。）

练习2.83 假定你正在设计一个通用型的算术包，处理图2-25所示的类型塔，包括整数、有理数、实数和复数。请为每个类型（除复数外）设计一个过程，它能将该类型的对象提升到塔中的上面一层。请说明如何安装一个通用的raise操作，使之能对各个类型工作（除复数之外）。

练习2.84 利用练习2.83的raise操作修改apply-generic过程，使它能通过逐层提升的方式将参数强制到同样的类型，正如本节中讨论的。你将需要安排一种方式，去检查两个类型中哪个更高。请以一种能与系统中其他部分“相容”，而且又不会影响向塔中加入新层次的方式完成这一工作。

练习2.85 本节中提到了“简化”数据对象表示的一种方法，就是使之在类型塔中尽可能地下降。请设计一个过程drop（下落），使它能在如练习2.83所描述的类型塔中完成这一工作。这里的关键是以某种一般性的方式，判断一个数据对象能否下降。举例来说，复数$1.5+0i$至多可以下降到real，复数$1+0i$至多可以下降到integer，而复数$2+3i$就根本无法下降。现在提出一种确定一个对象能否下降的计划：首先定义一个运算project（投影），它将一个对象“压”到塔的下面一层。例如，投影一个复数就是丢掉其虚部。这样，一个数能够向下落，如果我们首先project它而后将得到的结果raise到开始的类型，最终得到的东西与开始的东西相等。请阐述实现这一想法的具体细节，并写出一个drop过程，使它可以将一个对象尽可能地下落。你将需要设计各种各样的投影函数[119]，并需要把project安装为系统里的一个通用型操作。你还需要使用一个通用型的相等谓词，例如练习2.79所描述的。最后，请利用drop重写练习2.84的apply-generic，使之可以“简化”其结果。

练习2.86 假定我们希望处理一些复数，它们的实部、虚部、模和幅角都可以是常规数

[119] 实数可以用基本过程round投射到整数，它返回最接近参数的整数值。

值、有理数，或者我们希望加入系统的任何其他数值类型。请描述和实现系统需要做的各种修改，以满足这一需要。你应设法将例如sine和cosine一类的运算也定义为在常规数和有理数上的通用运算。

2.5.3 实例：符号代数

符号表达式的操作是一种很复杂的计算过程，它能够展示出在设计大型系统时常常会出现的许多困难问题。一般来说，一个代数表达式可以看成一种具有层次结构的东西，它是将运算符作用于一些运算对象而形成的一棵树。我们可以从一集基本对象，例如常量和变量出发，通过各种代数运算符如加法和乘法的组合，构造起各种各样的代数表达式。就像在其他语言里一样，在这里也需要形成各种抽象，使我们能够有简单的方式去引用复合对象。在符号代数中，与典型抽象的有关想法包括线性组合、多项式、有理函数和三角函数等等。可以将这些看作是复合的“类型”，它们在制导对表达式的处理过程方面非常有用。例如，我们可以将表达式：

$$x^2 \sin(y^2+1) + x\cos 2y + \cos(y^3-2y^2)$$

看作一个x的多项式，其参数是y的多项式的三角函数，而y的多项式的系数是整数。

下面我们将试着开发一个完整的代数演算系统。这类系统都是异乎寻常地复杂的程序，包含着深入的代数知识和美妙的算法。我们将要做的，只是考察代数演算系统中一个简单但却很重要的部分，多项式算术。我们将展示在设计这样一个系统时所面临的各种抉择，以及如何应用抽象数据和通用型操作的思想，以利于组织好这一工作项目。

多项式算术

要设计一个执行多项式算术的系统，第一件事情就是确定多项式到底是什么。多项式通常总是针对某些特定的变量（多项式中的*未定元*）定义的。为了简单起见，我们把需要考虑的多项式限制到只有一个未定元的情况（*单变元多项式*）[120]。下面将多项式定义为项的和式，而每个项或者就是一个系数，或者是未定元的乘方，或者是一个系数与一个未定元乘方的乘积。系数也定义为一个代数表达式，但它不依赖于这个多项式的未定元。例如：

$$5x^2+3x+7$$

是x的一个简单多项式，而

$$(y^2+1)\,x^3+(2y)\,x+1$$

是x的一个多项式，而其参数又是y的多项式。

这样，我们就已经绕过了某些棘手问题。例如，上面的第一个多项式是否与多项式$5y^2+3y+7$相同？为什么？合理的回答可以是“是，如果我们将多项式看作一种纯粹的数学函数；但又不是，如果只是将多项式看作一种语法形式”。第二个多项式在代数上等价于一个y的多项式，其系数是x的多项式。我们的系统将应认定这一情况吗，或者不认定？进一步说，表示一个多项式的方式可以有很多种——例如，将其作为因子的乘积，或者（对于单变元多项式）

[120] 在另一方面，我们将允许多项式的系数本身是其他变元的多项式。这就给了我们与完全的多变量系统一样充分的表达能力，虽然会引起一些强制问题。详情见下面的讨论。

作为一组根，或者作为多项式在些特定集合里各个点处的值的列表[121]。我们可以使一点手段以避免这些问题。现在我们确定，在这一代数演算系统里，一个“多项式”就是一种特殊的语法形式，而不是在其之下的数学意义。

现在必须进一步去考虑怎样做多项式算术。在这个简单的系统里，我们将仅仅考虑加法和乘法。进一步说，我们还强制性地要求两个参与运算的多项式具有相同的未定元。

下面将根据我们已经熟悉的数据抽象的一套方式，开始设计这个系统。多项式将用一种称为poly的数据结构表示，它由一个变量和一组项组成。我们假定已有选择函数variable 和term-list，用于从一个多项式中提取相应的部分。还有一个构造函数make-poly，从给定变量和项表构造出一个多项式。一个变量也就是一个符号，因此我们可以用2.3.2节的same-variable?过程做变量的比较。下面过程定义多项式的加法和乘法：

```
define (add-poly p1 p2)
  (if (same-variable? (variable p1) (variable p2))
      (make-poly (variable p1)
                 (add-terms (term-list p1)
                            (term-list p2)))
      (error "Polys not in same var -- ADD-POLY"
             (list p1 p2))))

(define (mul-poly p1 p2)
  (if (same-variable? (variable p1) (variable p2))
      (make-poly (variable p1)
                 (mul-terms (term-list p1)
                            (term-list p2)))
      (error "Polys not in same var -- MUL-POLY"
             (list p1 p2))))
```

为了将多项式结合到前面建立起来的通用算术系统里，我们需要为其提供类型标志。这里采用标志polynomial，并将适合用于带标志多项式的操作安装到操作表格里。我们将所有代码都嵌入完成多项式包的安装过程中，与在2.5.1节里采用的方式类似：

```
(define (install-polynomial-package)
 ;; internal procedures
 ;; representation of poly
  (define (make-poly variable term-list)
    (cons variable term-list))
  (define (variable p) (car p))
  (define (term-list p) (cdr p))
  <过程 same-variable? 和 variable? 取自2.3.2节>

 ;; representation of terms and term lists
  <过程 adjoin-term ...coeff 在下面定义>

  (define (add-poly p1 p2) ...)
  <add-poly 使用的过程>
  (define (mul-poly p1 p2) ...)
  <mul-poly 使用的过程>
```

[121] 对于单变元多项式而言，给出一个多项式在一集点的值可能成为一种特别好的表示方式。这将使多项式算术变得特别简单。例如，要得到两个以这种方式表示的多项式之和，我们只需加起这两个多项式在对应点的值。要将它们变换到我们更熟悉的形式，可以利用拉格朗日插值公式，它说明了如何从多项式在$n+1$个点的给定值构造出一个n阶多项式的各个系数。

```
;; interface to rest of the system
  (define (tag p) (attach-tag 'polynomial p))
  (put 'add '(polynomial polynomial)
       (lambda (p1 p2) (tag (add-poly p1 p2))))
  (put 'mul '(polynomial polynomial)
       (lambda (p1 p2) (tag (mul-poly p1 p2))))
  (put 'make 'polynomial
       (lambda (var terms) (tag (make-poly var terms))))
  'done)
```

多项式加法通过一项项的相加完成，同次的项（即，具有同样未定元幂次的项）必须归并到一起。完成这件事的方式是建立一个同次的新项，其系数是两个项的系数之和。仅仅出现在一个求和多项式中的项就直接累积到正在构造的多项式里。

为了能完成对于项表的操作，我们假定有一个构造函数the-empty-termlist，它返回一个空的项表，还有一个构造函数adjoin-term将一个新项加入一个项表里。我们还假定有一个谓词empty-termlist?，可用于检查一个项表是否为空；选择函数first-term提取出一个项表中最高次数的项，选择函数rest-terms返回除最高次项之外的其他项的表。为了能对项进行各种操作，我们假定已经有一个构造函数make-term，它从给定的次数和系数构造出一个项；选择函数order和coeff分别返回一个项的次数和系数。这些操作使我们可以将项和项表都看成数据抽象，其具体实现就可以另行单独考虑了。

下面是一个过程，它从两个需要求和的多项式构造起一个项表[122]：

```
(define (add-terms L1 L2)
  (cond ((empty-termlist? L1) L2)
        ((empty-termlist? L2) L1)
        (else
         (let ((t1 (first-term L1)) (t2 (first-term L2)))
           (cond ((> (order t1) (order t2))
                  (adjoin-term
                   t1 (add-terms (rest-terms L1) L2)))
                 ((< (order t1) (order t2))
                  (adjoin-term
                   t2 (add-terms L1 (rest-terms L2))))
                 (else
                  (adjoin-term
                   (make-term (order t1)
                              (add (coeff t1) (coeff t2)))
                   (add-terms (rest-terms L1)
                              (rest-terms L2)))))))))
```

在这里需要注意的最重要的地方是，我们采用了通用型的加法过程add去求需要归并的项的系数之和。这样做有一个特别有利的后果，下面就会看到。

为了乘起两个项表，我们用第一个表中的每个项去乘另一表中所有的项，通过反复应用mul-term-by-all-terms（这个过程用一个给定的项去乘一个项表里的各个项）完成项

[122] 这一运算很像我们在练习2.62中开发的有序union-set运算。事实上，如果我们将多项式看成根据未定元的次数排序的集合，那么为求和产生项表的程序几乎就等同于union-set了。

表的乘法。这样得到的结果项表（对于第一个表的每个项各有一个表）通过求和积累起来。乘起两个项形成一个新项的方式是求出两个因子的次数之和作为结果项的次数，求出两个因子的系数的乘积作为结果项的系数：

```
(define (mul-terms L1 L2)
  (if (empty-termlist? L1)
      (the-empty-termlist)
      (add-terms (mul-term-by-all-terms (first-term L1) L2)
                 (mul-terms (rest-terms L1) L2))))

(define (mul-term-by-all-terms t1 L)
  (if (empty-termlist? L)
      (the-empty-termlist)
      (let ((t2 (first-term L)))
        (adjoin-term
         (make-term (+ (order t1) (order t2))
                    (mul (coeff t1) (coeff t2)))
         (mul-term-by-all-terms t1 (rest-terms L))))))
```

这些也就是多项式加法和乘法的全部了。请注意，因为我们这里的操作都是基于通用型过程add和mul描述的，所以这个多项式包将自动地能够处理任何系数类型，只要它是这里的通用算术程序包能够处理的。如果我们还把2.5.2节所讨论的强制机制也包括进来，那么我们也就自动地有了能够处理不同系数类型的多项式操作的能力，例如

$$\left[3x^2+(2+3i)x+7\right]\cdot\left[x^4+\frac{2}{3}x^2+(5+3i)\right]$$

由于我们已经把多项式的求和、求乘积的过程add-poly和mul-poly作为针对类型polynomial的操作，安装进通用算术系统的add和mul操作里，这样得到的系统将能自动处理如下的多项式操作：

$$\left[(y+1)x^2+(y^2+1)x+(y-1)\right]\cdot\left[(y-2)x+(y^3+7)\right]$$

能够完成此事的原因是，当系统试图去归并系数时，它将通过add和mul进行分派。由于这时的系数本身也是多项式（y的多项式），它们将通过使用add-poly和mul-poly完成组合。这样就产生出一种“数据导向的递归”，举例来说，在这里，对mul-poly的调用中还会递归地调用mul-poly，以便去求系数的乘积。如果系数的系数仍然是多项式（在三个变元的多项式中可能出现这种情况），数据导向就会保证这一系统仍能进入另一层递归调用，并能这样根据被处理数据的结构进入任意深度的递归调用[123]。

项表的表示

我们最后面临的工作，就是需要为项表实现一种很好的表示形式。从作用上看，一个项表就是一个以项的次数作为键值的系数集合，因此，任何能够用于有效表示集合的方法（见

---

[123] 为了使这些工作得更加平滑，我们还需在这个通用算术系统中加入将“数”强制到多项式的能力。这时把数看成是次数为0而系数就是这个数的多项式。如果要处理下面的多项式运算，就需要这种功能：

$$\left[x^2+(y+1)x+5\right]+\left[x^2+2x+1\right]$$

这其中需要求出系数$y+1$和系数2之和。

2.2.3节的讨论）都可以用于完成这一工作。但另一方面，我们所用的过程add-terms和mul-terms都以顺序方式进行访问，按照从最高次项到最低次项的顺序，因此应该考虑采用某种有序表表示。

我们应该如何构造表示项表的表结构呢？有一个需要考虑的因素是可能需要操作的多项式的“密度”。一个多项式称为*稠密的*，如果它大部分次数的项都具有非0系数。如果一个多项式有许多系数为0的项，那么就称它是*稀疏的*。例如：

$$A: \quad x^5+2x^4+3x^2-2x-5$$

是稠密的，而

$$B: \quad x^{100}+2x^2+1$$

是稀疏的。

对于稠密多项式而言，项表的最有效表示方式就是直接采用其系数的表。例如，上面的多项式A可以很好地表示为（1 2 0 3 -2 -5）。在这种表示中，一个项的次数也就是从这个项开始的子表的长度减1[124]。对于像B那样的稀疏多项式，这种表示将变得十分可怕，因为它将是一个很大的几乎全都是0值的表，其中零零落落地点缀着几个非0项。对于稀疏多项式有一种更合理方式，那就是将它们表示为非0项的表，表中的每一项包含着多项式里的一个次数和对应于这个次数的系数。按照这种模式，多项式B可以有效地表示为（(100 1) (2 2) (0 1)）。由于被操作的大部分多项式运算都是稀疏多项式，我们采用后一种方式。现在假定项表被表示为项的表，按照从最高次到最低次的顺序安排。一旦我们做出了这一决定，为项表实现选择函数和构造函数就已经直截了当了[125]。

```
(define (adjoin-term term term-list)
  (if (=zero? (coeff term))
      term-list
      (cons term term-list)))

(define (the-empty-termlist) '())
(define (first-term term-list) (car term-list))
(define (rest-terms term-list) (cdr term-list))
(define (empty-termlist? term-list) (null? term-list))

(define (make-term order coeff) (list order coeff))
(define (order term) (car term))
(define (coeff term) (cadr term))
```

这里的=zero?在练习2.80中定义（另见下面练习2.87）。

多项式程序包的用户可以通过下面过程创建多项式：

```
(define (make-polynomial var terms)
  ((get 'make 'polynomial) var terms))
```

---

[124] 在这些多项式的例子里，我们都假定使用的是练习2.78所提出的通用算术系统。这样，常规数值的系数将直接用数值本身表示，而不是表示为一个car为符号scheme-number的对偶。

[125] 虽然我们假定项表是排序的，这里还是将adjoin-term简单地实现为用cons在现存项表前加一个新项。只要能保证使用adjoin-term的过程（如add-terms）总用比表中的项次数更高的项调用它，我们就不必担心会出问题。如果不希望事先有这种保证，那么就可以采用类似于集合的有序表表示中实现构造函数adjoin-set的方式（练习2.61）实现adjoin-term。

练习2.87 请在通用算术包中为多项式安装=zero?，这将使adjoin-term也能对系数本身也是多项式的多项式使用。

练习2.88 请扩充多项式系统，加上多项式的减法。（提示：你可能发现定义一个通用的求负操作非常有用。）

练习2.89 请定义一些过程，实现上面讨论的适宜稠密多项式的项表表示。

练习2.90 假定我们希望有一个多项式系统，它应该对稠密多项式和稀疏多项式都非常有效。一种途径就是在我们的系统里同时允许两种表示形式。这时的情况类似于2.4节复数的例子，那里同时允许采用直角坐标表示和极坐标表示。为了完成这一工作，我们必须区分不同的项表类型，并将针对项表的操作通用化。请重新设计这个多项式系统，实现这种推广。这将是一项需要付出很多努力的工作，而不是一个局部修改。

练习2.91 一个单变元多项式可以除以另一个多项式，产生出一个商式和一个余式。例如：

$$\frac{x^5-1}{x^2-1}=x^3+x\text{ ，余式 }x-1$$

除法可以通过长除完成。也就是说，用被除式的最高次项除以除式的最高次项，得到商式的第一项；而后用这个结果乘以除式，并从被除式中减去这个乘积。剩下的工作就是用减后得到的差作为新的被除式，以便产生出随后的结果。当除式的次数超过被除式的次数时结束，将此时的被除式作为余式。还有，如果被除式就是0，那么就返回0作为商和余式。

我们可以基于add-poly和mul-poly的模型，设计出一个除法过程div-poly。这一过程首先检查两个多项式是否具有相同的变元，如果是的话就剥去这一变元，将问题送给过程div-terms，它执行项表上的除法运算。div-poly最后将变元重新附加到div-terms返回的结果上。将div-terms设计为同时计算出除法的商式和余式是比较方便的。div-terms可以以两个表为参数，返回一个商式的表和一个余式的表。

请完成下面div-terms的定义，填充其中空缺的表达式，并基于它实现div-poly。该过程应该以两个多项式为参数，返回一个包含商和余式多项式的表。

```
(define (div-terms L1 L2)
  (if (empty-termlist? L1)
      (list (the-empty-termlist) (the-empty-termlist))
      (let ((t1 (first-term L1))
            (t2 (first-term L2)))
        (if (> (order t2) (order t1))
            (list (the-empty-termlist) L1)
            (let ((new-c (div (coeff t1) (coeff t2)))
                  (new-o (- (order t1) (order t2))))
              (let ((rest-of-result
                     <递归地计算结果的其余部分>
                     ))
                <形成完整的结果>
                ))))))
```

符号代数中类型的层次结构

我们的多项式系统显示出，一种类型（多项式）的对象事实上可以是一个复杂的对象，又以许多不同类型的对象作为其组成部分。这种情况并不会给定义通用型操作增加任何实际困难。我们需要做的就是针对这种复合对象的各个部分的操作，并安装好适当的通用型过程。事实上，我们可以看到多项式形成了一类“递归数据抽象”，因为多项式的某些部分本身也可能是多项式。我们的通用型操作和数据导向的程序设计风格完全可以处理这种复杂性，这里并没有多少困难。

但另一方面，多项式代数也是这样的一个系统，其中的数据类型不能自然地安排到一个类型塔里。例如，在这里可能有x的多项式，其系数是y的多项式；也完全可能有y的多项式，其系数是x的多项式。这些类型中没有哪个类型自然地位于另一类型的“上面”，然而我们却常常需要去求不同集合的成员之和。有几种方式可以完成这件事情。一个可能性就是将一个多项式变换到另一个多项式的类型，这可以通过展开并重新安排多项式里的项，使两个多项式都具有同样的主变元。也可以通过对变元的排序，在其中强行加入一个类型塔结构，并且永远把所有的多项式都变换到一种“规范形式”，使具有最高优先级的变元成为主变元，将优先级较低的变元藏在系数里面。这种策略工作的相当好，但是，在做这种变换时，有可能毫无必要地扩大了多项式，使它更难读，也可能操作起来的效率更低。塔形策略在这个领域中确实不大自然，对于另一些领域也是一样，如果在那里用户可以动态地通过已有类型的各种组合形式引进新类型。这样的例子如三角函数、幂级数和积分。

如果说在设计大型代数演算系统时，对于强制的控制会变成一个很严重的问题，那完全不应该感到奇怪。这种系统里的大部分复杂性都牵涉多个类型之间的关系。确实，公平地说，我们到现在还没有完全理解强制。事实上，我们还没有完全理解类型的概念。但无论如何，已知的东西已经为我们提供了支持大型系统设计的强有力的结构化和模块化原理。

练习2.92　通过加入强制性的变量序扩充多项式程序包，使多项式的加法和乘法能对具有不同变量的多项式进行。(这绝不简单！)

扩充练习：有理函数

我们可以扩充前面已经做出的通用算术系统，将有理函数也包含进来。有理函数也就是“分式”，其分子和分母都是多项式，例如：

$$\frac{x+1}{x^3-1}$$

这个系统应该能做有理函数的加减乘除，并可以完成下面的计算：

$$\frac{x+1}{x^3-1}+\frac{x}{x^2-1}=\frac{x^3+2x^2+3x+1}{x^4+x^3-x-1}$$

(这里的和已经经过了简化，删除了公因子。常规的“交叉乘法”得到的将是一个4次多项式的分子和5次多项式的分母。)

修改前面的有理数程序包，使它能使用通用型操作，就能完成我们希望做的事情，除了无法将分式化简到最简形式之外。

练习2.93　请修改有理数算术包，采用通用型操作，但在其中改写make-rat，使它并不企图去将分式化简到最简形式。对下面两个多项式调用make-rational做出一个有理函数，以便检查你的系统：

```
(define p1 (make-polynomial 'x '((2 1)(0 1))))
(define p2 (make-polynomial 'x '((3 1)(0 1))))
```

```
(define rf (make-rational p2 p1))
```

现在用add将rf与它自己相加。你会看到这个加法过程不能将分式化简到最简形式。

我们可以用与前面针对整数工作时的同样想法，将分子和分母都是多项式的分式简化到最简形式：修改make-rat，将分子和分母都除以它们的最大公因子。“最大公因子”的概念对于多项式也是有意义的。事实上，我们也可以用与整数的欧几里得算法本质上相同的算法求出两个多项式的GCD（最大公因子）[126]。对于整数的算法是：

```
(define (gcd a b)
  (if (= b 0)
      a
      (gcd b (remainder a b))))
```

利用它，再做一点非常明显的修改，就可以定义出一个对项表工作的GCD操作：

```
(define (gcd-terms a b)
  (if (empty-termlist? b)
      a
      (gcd-terms b (remainder-terms a b))))
```

其中的remainder-terms提取出由项表除法操作div-terms返回的表里的余式成分，该操作在练习2.91中实现。

练习2.94 利用div-terms实现过程remainder-terms，并用它定义出上面的gcd-terms。现在写出一个过程gcd-poly，它能计算出两个多项式的多项式GCD（如果两个多项式的变元不同，这个过程应该报告错误）。在系统中安装通用型操作greatest-common-divisor，使得遇到多项式时，它能归约到gcd-poly，对于常规的数能归约到常规的gcd。作为试验，请做：

```
(define p1 (make-polynomial 'x '((4 1) (3 -1) (2 -2) (1 2))))
(define p2 (make-polynomial 'x '((3 1) (1 -1))))
(greatest-common-divisor p1 p2)
```

并用手工检查得到的结果。

练习2.95 请定义多项式P_1、P_2和P_3：

$$P_1:\ x^2-2x+1$$
$$P_2:\ 11x^2+7$$
$$P_3:\ 13x+5$$

现在定义Q_1为P_1和P_2的乘积，定义Q_2为P_1和P_3的乘积，而后用greatest-common-divisor（练习2.94）求出Q_1和Q_2的GCD。请注意得到的回答与P_1并不一样。这个例子将非整数操作引进了计算过程，从而引起了GCD算法的困难[127]。要理解这里发生了什么，请试着

[126] 按照代数的说法，欧几里得算法对于多项式也可以使用的事实说明多项式构成了一种代数论域，称为欧几里得环。一个欧几里得环是一种论域，它允许加、减和可交换乘，再加上一种方式为环中每个元素x赋以一个正整数的“度量”$m(x)$，其性质是，对任何非0的x和y都有$m(xy)\geqslant m(x)$，而且对于任何给定的x和y，存在一个q使得$y=qx+r$，这里有$r=0$或者$m(r)<m(x)$。从一种抽象的观点看，这些也就是证明欧几里得算法能够使用所需要的所有性质。对于整数论域而言，一个整数的度量m就是这个整数的绝对值。对多项式论域，这一度量就是多项式的次数。

[127] 在类似MIT Scheme的实现中，这将产生一个多项式，它确实是Q_1和Q_2的因子，但却有着有理数系数。许多其他Scheme系统中的整数除法可以产生有限精度的十进制数，这时可能就无法得到合法的因子了。

手工追踪gcd-terms在计算GCD或者做除法时的情况。

如果我们对于GCD算法采用下面的修改，就可以解决练习2.95揭示出的问题（这只能对整数系数的多项式使用）。在GCD计算中执行任何多项式除法之前，我们先将被除式乘以一个整数的常数因子，选择的方式是保证在除的过程中不出现分数。这样得到的回答将比实际的GCD多出一个整的常数因子，但它不会在将有理函数化简到最简形式的过程中造成任何问题。由于将用这个GCD去除分子和分母，所以这个常数因子会被消除掉。

说得更精确些，如果P和Q都是多项式，令O_1是P的次数（P的最高次项的次数），令O_2是Q的次数，令c是Q的首项系数。可以证明，如果我们给P乘上一个*整数化因子*$c^{1+O_1-O_2}$，得到的多项式用div-terms算法除以Q将不会引进任何分数。将被除式乘上这样的常数后除以除式，这种操作在某些地方称为P对于Q的*伪除*，这样除后得到的余式也被称为*伪余*。

练习2.96

a) 请实现过程pseudoremainder-terms，它就像是remainder-terms，但是像上面所描述的那样，在调用div-terms之前，先将被除式乘了整数化因子。请修改gcd-terms使之能使用pseudoremainder-terms，并检验现在greatest-common-divisor能否对练习2.95的例子产生出一个整系数的答案。

b) 现在的GCD保证能得到整系数，但它们将比P_1的系数大，请修改gcd-terms使它能从答案的所有系数中删除公因子，方法是将这些系数都除以它们的（整数）最大公约数。

至此我们已经弄清了如何将一个有理函数化简到最简形式：

- 用取自练习2.96的gcd-terms版本计算出分子和分母的GCD；
- 在你得到了这个GCD后，在用GCD去除分子和分母之前，先将它们都乘以同一个整数化因子，以使除以这个GCD不会引进任何非整数系数。作为这个因子，你可以使用得到的GCD的首项系数的$1+O_1-O_2$次幂。其中O_2是这个GCD的次数，O_1是分子与分母的次数中大的那一个。这将保证用这个GCD去除分子和分母不会引进任何分数。
- 这一操作得到的结果将是具有整系数的分子和分母。它们的系数通常会由于整数化因子而变得非常大。所以最后一步是去除这个多余的因子，为此需要首先计算出分子和分母中所有系数的（整数）最大公约数，而后除去这个公约数。

练习2.97

a) 请将这一算法实现为过程reduce-terms，它以两个项表n和d为参数，返回一个包含nn和dd的表，它们分别是由n和d通过上面描述的算法简化而得到的最简形式。另请写出一个与add-poly类似的过程reduce-poly，它检查两个多项式是否具有同样变元。如果是的话，reduce-poly就剥去其中变元，并将问题交给reduce-terms，最后为reduce-terms返回的表里的两个项表重新附加上变元。

b) 请定义一个类似于reduce-terms的过程，它完成的工作就像是make-rat对整数做的事情：

```
(define (reduce-integers n d)
  (let ((g (gcd n d)))
    (list (/ n g) (/ d g))))
```

再将reduce定义为一个通用型操作，它调用apply-generic完成到reduce-poly（对于polynomial参数）或者到reduce-integers（对scheme-number参数）的分派。你可

以很容易让有理数算术包将分式简化到最简形式，采用的方式就是让make-rat在组合给定分子和分母，做出有理数之前也调用reduce。这一系统现在就能处理整数或者多项式的有理表达式了。为测试你的程序，请首先试验下面的扩充练习：

```
(define p1 (make-polynomial 'x '((1 1)(0 1))))
(define p2 (make-polynomial 'x '((3 1)(0 -1))))
(define p3 (make-polynomial 'x '((1 1))))
(define p4 (make-polynomial 'x '((2 1)(0 -1))))

(define rf1 (make-rational p1 p2))
(define rf2 (make-rational p3 p4))

(add rf1 rf2)
```

看看能否得到正确结果，结果是否正确地化简为最简形式。

GCD计算是所有需要完成有理函数操作的系统的核心。上面所使用的算法虽然在数学上直截了当，但却异常低效。低效的部分原因在于大量的除法操作，部分在于由伪除产生的巨大的中间系数。在开发代数演算系统的领域中，一个很活跃问题就是设计计算多项式GCD的更好算法[128]。

[128] 一个特别高效而优美的计算多项式GCD的方法由Richard Zippel发明（1979）。这是一个概率算法，就像我们在第1章讨论过的素数快速检查算法。Zippel的书（1993）里讨论了这个算法，还介绍了计算多项式GCD的其他一些方法。

第3章 模块化、对象和状态

即使在变化中，它也丝毫未变。

——赫拉克利特（Heraclitus）

变得越多，它就越是原来的样子。

——阿尔芬斯·卡尔（Alphonse Karr）

前面两章介绍了组成程序的各种基本元素，我们看到了如何把基本过程和基本数据组合起来，构造出复合的实体，也从中认识到，在克服大型系统的复杂性的问题上，抽象起着至关重要的作用。但是对于设计程序而言，这些手段还不够用，有效的程序综合还需要一些组织原则，它们应能指导我们系统化地完成系统的整体设计。特别是需要一些能够帮助我们构造起模块化的大型系统的策略，也就是说，使这些系统能够"自然地"划分为一些具有内聚力的部分，使这些部分可以分别进行开发和维护。

有一种非常强有力的设计策略，特别适合用于构造那类模拟真实物理系统的程序，那就是基于被模拟系统的结构去设计程序的结构。对于有关的物理系统里的每个对象，我们构造起一个与之对应的计算对象；对该系统里的每种活动，我们在自己的计算系统里定义一种符号操作。采用这一策略时的希望是，在需要针对系统中的新对象或者新活动扩充对应的计算模型时，我们能够不必对程序做全面的修改，而只需要加入与这些对象或者动作相对应的新的符号对象。如果我们在系统的组织方面做得很成功，那么在需要添加新特征或者排除旧东西里的错误时，就只需在系统里的一些小局部中工作。

这样，在很大程度上，组织大型程序的方式会受到我们对于被模拟系统的认识的支配。在这一章里，我们要研究两种特点很鲜明的组织策略，它们源自对于系统结构的两种非常不同的"世界观"。第一种策略将注意力集中在*对象*上，将一个大型系统看成一大批对象，它们的行为可能随着时间的进展而不断变化。另一种组织策略将注意力集中在流过系统的信息流上，非常像电子工程师观察一个信号处理系统。

基于对象的途径和基于流处理的途径，都对程序设计提出了具有重要意义的语言要求。对于对象途径而言，我们必须关注计算对象可以怎样变化而又同时保持其标识。这将迫使我们抛弃老的计算的代换模型（见1.1.5节），转向更机械式的，理论上也更不容易把握的计算的*环境模型*。在处理对象、变化和标识时，各种困难的基本根源在于我们需要在这一计算模型中与时间搏斗。如果允许程序并发执行的可能性，事情就会变得更困难许多。流方式特别能够用于松解在我们的模型中对时间的模拟与计算机求值过程中的各种事件发生的顺序。我们将通过一种称为*延时求值*的技术做到这一点。

3.1 赋值和局部状态

我们关于世界的常规观点之一，就是将它看作聚集在一起的许多独立对象，每个对象都有自己的随着时间变化的状态。所谓一个对象“有状态”，也就是说它的行为受到它的历史的影响。例如一个银行账户就具有状态，对问题“我能取出100元钱吗？”的回答依赖于它的存入和支取的交易历史。我们可以用一个或几个*状态变量*刻画一个对象的状态，在它们之中维持着有关这一对象的历史，即能够确定该对象当前行为的充分的信息。在一个简单的银行系统里，我们可以用当前余额刻画一个账户的状态，而不必记住这个账户的全部交易历史。

在一个由许多对象组成的系统里，其中的这些对象极少会是完全独立的。每个对象都可能通过交互作用，影响其他对象的状态，所谓交互就是建立起一个对象的状态变量与其他对象的状态变量之间的联系。确实，如果一个系统中的状态变量可以分组，形成一些内部紧密结合的子系统，每个子系统与其他子系统之间只存在松散联系，此时将这个系统看作是由一些独立对象组成的观点就会特别有用。

对于一个系统的这种观点，有可能成为组织这一系统的计算模型的有力框架。要使这样的一个模型成为模块化的，就要求它能分解为一批计算对象，使它们能够模拟系统里的实际对象。每一个计算对象必须有它自己的一些*局部状态变量*，用于描述实际对象的状态。由于被模拟系统里的对象的状态是随着时间变化的，与它们相对应的计算对象的状态也必须变化。如果我们确定了要通过计算机里的时间顺序去模拟实际系统里时间的流逝，那么我们就必须构造起一些计算对象，使它们的行为随着程序的运行而改变。特别是，如果我们希望通过程序设计语言里常规的符号名字去模拟状态变量，那么语言里就必须提供一个*赋值运算符*，使我们能用它去改变与一个名字相关联的值。

3.1.1 局部状态变量

为了说清楚这里所说的让一个计算对象具有随着时间变化的状态的意思，现在让我们来对从一个银行账户支取现金的情况做一个模拟。我们将用一个过程withdraw完成此事，它有一个参数amount表示支取的现金量。如果对应于给定的支取额，在相应的账户里尚有足够的余额，那么withdraw就返回支取之后账户里剩余的款额，否则withdraw将返回消息Insufficient funds（*金额不足*）。举例说，假定开始时账户里有100元钱，在不断使用withdraw的过程中我们可能得到下面的响应序列：

```
(withdraw 25)
75

(withdraw 25)
50

(withdraw 60)
"Insufficient funds"

(withdraw 15)
35
```

在这里可以看到表达式（withdraw 25）求值了两次，但它产生的值却不同。这是过程的一种新的行为方式。到现在为止，我们看到的所有过程都可以看作一些可计算的数学函数的描述，对一个过程的调用将计算出相应函数作用于给定参数应得到的值，用同样的实际参数两次调用同一个过程，总会产生出相同的结果[129]。

为了实现withdraw，我们可以用一个变量balance表示账户里的现金余额，并将withdraw定义为一个访问balance的过程。过程withdraw检查是否balance的值至少如amount所需的那么多，如果是，withdraw就从balance里减去amount并返回balance的新值；否则withdraw就返回消息Insufficient funds。下面是balance和withdraw的定义：

```
(define balance 100)
(define (withdraw amount)
  (if (>= balance amount)
      (begin (set! balance (- balance amount))
             balance)
      "Insufficient funds"))
```

减少balance的工作由下面表达式完成：

```
(set! balance (- balance amount))
```

其中使用了特殊形式set!，其语法是：

```
(set! <name> <new-value>)
```

这里的*<name>*应是一个符号，*<new-value>*是任何表达式。set!将修改*<name>*，使它的值变成求值*<new-value>*得到的结果。在上面例子里，我们改变了balance的值，使它的新值等于从balance的原有值中减去amount后的结果[130]。

在过程withdraw里还使用了begin特殊形式，用于描述对两个表达式的求值，在if的检测为真时首先减少balance的值，最后又返回balance的值。一般而言，对下面表达式的求值：

```
(begin <exp₁> <exp₂> ... <expₖ>)
```

将导致表达式<exp_1>到<exp_k>按顺序求值，最后一个表达式<exp_k>的值又将作为整个begin形式的值返回[131]。

虽然withdraw能像我们期望的那样工作，变量balance却表现出一个问题。按照上面的描述，balance是定义在全局环境里的一个名字，因此完全可以自由地被任何过程检查或者修改。如果我们能将balance做成为withdraw内部的东西，情况就会好得多，因为这将使withdraw成为唯一能直接访问balance的过程，任何其他过程都只能间接地（通过对withdraw的调用）访问balance。这样才能更准确地模拟有关的概念：balance是一个只由withdraw使用的局部状态变量，用于保存账户状态的变化轨迹。

---

[129] 实际上这话并不完全对。一个例外是1.2.6节的随机数生成器。另一个例外涉及到我们在2.4.3节引进的操作/类型表格，其中用同样参数两次调用get得到的值依赖于其间对put的调用。当然，在另一方面，在没有介绍赋值之前，我们将无法自己创建起这种过程。

[130] set!表达式的值由具体实现确定。通常只应该利用set!的影响而不用它的值。名字set!也反应了Scheme所用的一种命名约定：改变变量值（或者改变数据结构，在3.3节中将会看到）的操作都被给了一个以惊叹号结尾的名字。这类似于用以问号结尾的名字表示谓词的习惯。

[131] 我们早已在程序里使用过begin，因为Scheme里的过程体本身就可以是表达式序列。还有，在cond表达式里每个子句中的*<consequent>*部分不仅可以是一个表达式，也可以是表达式的序列。

我们可以通过下面方式重写出withdraw，使balance成为它内部的东西：

```
(define new-withdraw
  (let ((balance 100))
    (lambda (amount)
      (if (>= balance amount)
          (begin (set! balance (- balance amount))
                 balance)
          "Insufficient funds"))))
```

这里的做法是用let创建起一个包含局部变量balance的环境，并使它约束到初始值100。在这个局部环境里，我们用lambda创建了一个过程，它以amount作为一个参数，其行为就像是前面withdraw的过程。通过对表达式的求值结果返回的过程就是new-withdraw，它的行为方式就像是withdraw，但其中的变量却是任何其他过程都不能访问的[132]。

将set!与局部变量相结合，形成了一种具有一般性的程序设计技术，我们将一直使用这种技术去构造带有局部状态的计算对象。但是，采用这一技术也引起了一个严重的问题：当我们最早介绍过程概念时，也同时介绍了求值的代换模型（见1.1.5节），用它为过程调用的意义提供一种解释。那时我们说，应用一个过程应该被解释为，在将过程的形式参数用对应的值取代之后求值这一过程的体。现在就出现新的麻烦：一旦在语言里引进了赋值，代换就不再适合作为过程应用的模型了（我们将在3.1.3节看到其中的原因）。作为这种情况的一个结果，我们现在还没有办法在技术上理解为什么过程new-withdraw会有上面所说的行为方式。为了真正理解像new-withdraw这样的过程，我们需要为过程应用开发一个新模型。这一模型将在3.2节里介绍，那里还包括对set!和局部变量的解释。现在我们要首先检查new-withdraw所提出的问题的几种变形。

下面过程make-withdraw能创建出一种“提款处理器”。make-withdraw的形式参数balance描述了有关账户的初始余额值[133]。

```
(define (make-withdraw balance)
  (lambda (amount)
    (if (>= balance amount)
        (begin (set! balance (- balance amount))
               balance)
        "Insufficient funds")))
```

下面用make-withdraw创建了两个对象：

```
(define W1 (make-withdraw 100))
(define W2 (make-withdraw 100))

(W1 50)
50

(W2 70)
30
```

[132] 按照程序设计语言的行话，变量balance被称为是封装在new-withdraw过程里面。封装也反应了通常所谓隐藏原理的一般性系统设计原则：通过将系统中不同的部分保护起来，也就是说，只为系统中那些“必须知道”的部分提供信息访问，这样就可以使系统更模块化，更强健。

[133] 与上面new-withdraw的情况不同，我们不必在这里用let将balance做成局部变量，因为形式参数本身就是局部的。在3.2节讨论了求值的环境模型之后，这些就会更清楚了（另见练习3.10）。

```
(W2 40)
"Insufficient funds"
(W1 40)
10
```

我们可以看到，W1和W2是相互完全独立的对象，每一个都有自己的局部状态变量balance，从一个对象提款与另一个毫无关系。

我们还可以创建出除了提款还能够存入款项的对象，这样就可以表示简单的银行账户了。下面是一个过程，它返回一个具有给定初始余额的“银行账户对象”：

```
(define (make-account balance)
  (define (withdraw amount)
    (if (>= balance amount)
        (begin (set! balance (- balance amount))
               balance)
        "Insufficient funds"))
  (define (deposit amount)
    (set! balance (+ balance amount))
    balance)
  (define (dispatch m)
    (cond ((eq? m 'withdraw) withdraw)
          ((eq? m 'deposit) deposit)
          (else (error "Unknown request -- MAKE-ACCOUNT"
                       m))))
  dispatch)
```

对于make-account的每次调用将设置好一个带有局部状态变量balance的环境，在这个环境里，make-account定义了能够访问balance的过程deposit和withdraw，另外还有一个过程dispatch，它以一个“消息”作为输入，返回这两个局部过程之一。过程dispatch本身将被返回，作为表示有关银行账户对象的值。这正好就是我们在2.4.3节已经看到过的程序设计的消息传递风格，当然，这里将它与修改局部变量的功能一起使用。

过程make-account可以像下面这样使用：

```
(define acc (make-account 100))

((acc 'withdraw) 50)
50

((acc 'withdraw) 60)
"Insufficient funds"

((acc 'deposit) 40)
90

((acc 'withdraw) 60)
30
```

对acc的每次调用将返回局部定义的deposit或者withdraw过程，这个过程随后被应用于给定的amount。就像make-withdraw一样，对make-account的另一次调用

```
(define acc2 (make-account 100))
```

将产生出另一个完全独立的账户对象，维持着它自己的局部balance。

练习3.1 一个*累加器*是一个过程，反复用数值参数调用它，就会使它的各个参数累加到一个和数中。每次调用时累加器将返回当前的累加和。请写出一个生成累加器的过程make-accumulator，它所生成的每个累加器维持着一个独立的和。送给make-accumulator的输入描述了有关和数的初始值，例如：

```
(define A (make-accumulator 5))

(A 10)
15

(A 10)
25
```

练习3.2 在对应用程序做软件测试时，能够统计出在计算过程中某个给定过程被调用的次数常常很有用处。请写出一个过程make-monitored，它以一个过程f作为输入，该过程本身有一个输入。make-monitored返回的结果是第三个过程，比如说mf，它将用一个内部计数器维持着自己被调用的次数。如果mf的输入是特殊符号how-many-calls?，那么mf就返回内部计数器的值；如果输入是特殊符号reset-count，那么mf就将计数器重新设置为0；对于任何其他输入，mf将返回过程f应用于这一输入的结果，并将内部计数器加一。例如，我们可能以下面方式做出过程sqrt的一个受监视的版本：

```
(define s (make-monitored sqrt))

(s 100)
10

(s 'how-many-calls?)
1
```

练习3.3 请修改make-account过程，使它能创建一种带密码保护的账户。也就是说，应该让make-account以一个符号作为附加的参数，就像：

```
(define acc (make-account 100 'secret-password))
```

这样产生的账户对象在接到一个请求时，只有同时提供了账户创建时给定的密码，它才处理这一请求，否则就发出一个抱怨信息：

```
((acc 'secret-password 'withdraw) 40)
60

((acc 'some-other-password 'deposit) 50)
"Incorrect password"
```

练习3.4 请修改练习3.3中的make-account过程，加上另一个局部状态变量，使得如果一个账户被用不正确的密码连续访问了7次，它就将去调用过程call-the-cops（叫警察）。

3.1.2 引进赋值带来的利益

正如下面将要看到的，将赋值引进所用的程序设计语言，将会使我们陷入许多困难的概念问题的丛林之中。但无论如何，将系统看作是一集带有局部状态的对象，也是一种维护模块化设计的强有力技术。作为一个简单实例，现在考虑如何设计出一个过程rand，每次它被调用时就会返回一个随机选出的整数。

"随机选择"的意思并不清楚。其实，我们实际希望的就是，对rand的反复调用将产生出一系列的数，这一序列具有均匀分布的统计性质。我们不准备去讨论生成合适序列的方法，相反，现在假定我们已经有一个过程rand-update，它的性质就是，如果从一个给定的数x_1开始，执行下面操作

```
x2 = (rand-update x1)
x3 = (rand-update x2)
```

得到的值序列x_1，x_2，x_3，… 将具有我们所希望的性质[134]。

我们可以将rand实现为一个带有局部状态变量x的过程，其中将这个变量初始化为某个固定值random-init。对rand的每次调用算出当前x值的rand-update值，将这个值返回作为随机数，并将它存入作为x的新值。

```
(define rand
  (let ((x random-init))
    (lambda ()
      (set! x (rand-update x))
      x)))
```

当然，即使不用赋值，我们也可以通过简单地直接调用rand-update，生成同样的随机数序列。但是，这也就意味着程序中任何使用随机数的部分都必须显式地记住，需要将x的当前值送给rand-update作为参数。要想看看这样做会造成多少烦恼，现在考虑一下用随机数实现一种称为*蒙特卡罗模拟*的技术。

蒙特卡罗方法包括从一个大集合里随机选择试验样本，并在对这些试验结果的统计估计的基础上做出推断。举例来说，$6/\pi^2$是随机选取的两个整数之间没有公共因子（也就是说，它们的最大公因子是1）的概率。我们可以利用这一事实做出π的近似值[135]。为了逼进π的值，我们需要进行大量的试验。在每次试验中随机选择两个整数并检查它们的GCD是否为1。通过这一检查的次数比率将给出我们对$6/\pi^2$的估计值，由它就可以得到π的近似值。

这一程序的核心是过程monte-carlo，它以做某个试验的次数，以及这个试验本身作为参数。有关试验用一个无参过程表示，返回的是每次运行的结果为真或假。monte-carlo运行这个试验指定的次数，它返回一个值，告知在所做的这些次试验中得到真的比例。

```
(define (estimate-pi trials)
  (sqrt (/ 6 (monte-carlo trials cesaro-test))))
(define (cesaro-test)
   (= (gcd (rand) (rand)) 1))
(define (monte-carlo trials experiment)
```

[134] 实现rand-update的一种常见方法就是采用将x更新为$ax+b$取模m的规则，其中的a、b和m都是适当选出的整数。Knuth 1981的第3章里包含了有关随机数序列生成和建立其统计性质的深入讨论。请注意，rand-update是计算一个数学函数，两次给它同一个输入，它将产生出同一个输出。这样，如果"随机"强调的是序列中每个数与其前面的数无关的话，由rand-update生成的数序列肯定不是"随机的"。在"真正的随机性"与所谓*伪随机序列*（由定义良好的确定性计算产生出的但又具有适当统计性质的序列）之间的关系是一个非常复杂的问题，涉及到数学和哲学中的一些困难问题。Kolmogorov、Solomonoff和Chaitin为这些问题做出了很多贡献，从Chaitin 1975可以找到有关的讨论。

[135] 这个定理出自E. Cesàro，见Knuth 1981 4.5.2节的讨论和证明。

```
  (define (iter trials-remaining trials-passed)
    (cond ((= trials-remaining 0)
           (/ trials-passed trials))
          ((experiment)
           (iter (- trials-remaining 1) (+ trials-passed 1)))
          (else
           (iter (- trials-remaining 1) trials-passed))))
  (iter trials 0))
```

现在让我们试一试不用rand，直接用rand-update完成同一个计算。如果我们不使用赋值去模拟局部状态，那么将不得不采取下面的做法：

```
(define (estimate-pi trials)
  (sqrt (/ 6 (random-gcd-test trials random-init))))

(define (random-gcd-test trials initial-x)
  (define (iter trials-remaining trials-passed x)
    (let ((x1 (rand-update x)))
      (let ((x2 (rand-update x1)))
        (cond ((= trials-remaining 0)
               (/ trials-passed trials))
              ((= (gcd x1 x2) 1)
               (iter (- trials-remaining 1)
                     (+ trials-passed 1)
                     x2))
              (else
               (iter (- trials-remaining 1)
                     trials-passed
                     x2))))))
  (iter trials 0 initial-x))
```

虽然这个程序还是比较简单的，但它却在模块化上打开了一些令人感到很痛苦的缺口。在上面的第一个使用rand的程序里，我们可以将蒙特卡罗方法直接表述为一个通用过程monte-carlo，它以一个任意的experiment过程为参数。而在同一程序的第二个版本中，由于没有随机数生成器的局部状态，random-gcd-test就必须显式地去操作随机数x1和x2，并通过一个迭代过程将x2送给rand-update作为新的输入。这种对于随机数的显式处理动作与积累检查结果的结构交织在一起。在这里，我们在当前的特定试验中使用了两个随机数，而其他蒙特卡罗试验里完全可能使用一个或者三个随机数。甚至在过程estimate-pi的最上层，也必须关心提供初始随机数的问题。由于内部的随机数生成器被暴露出来，进入了程序的其他部分，这就使我们很难将蒙特卡罗方法的思想孤立出来，使之可以应用于其他工作。在程序的第一个版本里，由于通过赋值将随机数生成器的状态隔离在过程rand的内部，因此就使随机数生成的细节完全独立于程序的其他部分了。

由上面蒙特卡罗方法实例展示出的一种具有普遍性的现象是：从一个复杂计算过程中一部分的观点看，其他部分都像是在随着时间不断变化，它们隐藏起自己的随时间变化的内部状态。假设我们希望写出一个计算机程序，反映这种系统分解，那么就需要让计算对象（例如银行账户和随机数生成器）的行为随着时间变化，用局部状态变量去模拟系统的状态，用对这些变量的赋值去模拟状态的变化。

目前我们可能很想用下面的话作为这段讨论的总结：与所有状态都必须显式地操作和传递额外参数的方式相比，通过引进赋值和将状态隐藏在局部变量中的技术，我们能以一种更模块化的方式构造系统。可惜的是事情并不是这么简单，我们很快就会看到这一点。

练习3.5 *蒙特卡罗积分*是一种通过蒙特卡罗模拟估计定积分值的方法。考虑由谓词$P(x, y)$描述的一个区域的面积计算问题，该谓词对于此区域内部的点 (x, y) 为真，对于不在区域内的点为假。举例来说，包含在以 (5, 7) 为圆心半径为3的圆圈所围成的区域，可以用检查公式$(x-5)^2+(y-7)^2 \leqslant 3^2$是否成立的谓词描述。要估计这样一个谓词所描述的区域的面积，我们应首先选取一个包含该区域的矩形。例如，以 (2, 4) 和 (8, 10) 作为对角点的矩形包含着上面的圆。需要确定的积分也就是这一矩形中位于所关注区域内的那个部分。我们可以这样估计积分值：随机选取位于矩形中的点 (x, y)，对每个点检查$P(x, y)$，确定该点是否位于所考虑的区域内。如果试了足够多的点，那么落在区域内的点的比率将能给出矩形中有关区域的比率。这样，用这一比率去乘整个矩形的面积，就能得到相应积分的一个估计值。

将蒙特卡罗积分实现为一个过程`estimate-integral`，它以一个谓词`P`，矩形的上下边界`x1`、`x2`、`y1`和`y2`，以及为产生估计值而要求试验的次数作为参数。你的过程应该使用上面用于估计π值的同一个`monte-carlo`过程。请用你的`estimate-integral`，通过对单位圆面积的度量产生出π的一个估计值。

你可能发现，有一个从给定区域中选取随机数的过程非常有用。下面的`random-in-range`过程利用1.2.6节里使用的`random`实现这一工作，它返回一个小于其输入的非负数[136]。

```
(define (random-in-range low high)
  (let ((range (- high low)))
    (+ low (random range))))
```

练习3.6 有时也需要能重置随机数生成器，以便从某个给定值开始生成随机数序列。请重新设计一个`rand`过程，使得我们可以用符号`generate`或者符号`reset`作为参数去调用它。其行为是：`(rand 'generate)`将产生出一个新随机数，`((rand 'reset) <new-value>)`将内部状态变量重新设置为指定的值*<new-value>*。通过这样重置状态，我们就可以重复生成同样的序列。在使用随机数测试程序，排除其中错误时，这种功能非常有用。

3.1.3 引进赋值的代价

正如在上面已经看到的，`set!`操作使我们可以去模拟带有局部状态的对象。然而，这一获益也有一个代价，它使得我们的程序设计语言不能再用1.1.5节介绍的过程应用的代换模型解释了。进一步说，任何具有“漂亮”数学性质的简单模型，都不可能继续适合作为处理程序设计语言里的对象和赋值的框架了。

只要我们不使用赋值，以同样参数对同一过程的两次求值一定产生出同样的结果，因此就可以认为过程是在计算数学函数。像我们在本书的前两章中所做的那样，不用任何赋值的程序设计称为*函数式程序设计*。

要理解赋值将怎样使事情复杂化了，现在考虑3.1.1节中`make-withdraw`过程的一个简化版本，其中不再关注是否有足够余额的问题：

---

[136] MIT Scheme提供了这个过程。如果给的是精确整数（就像1.2.6中那样），它返回一个精确整数，而如果给它一个十进制数值（就像在这个练习里），它就返回一个十进制数值。

```
(define (make-simplified-withdraw balance)
  (lambda (amount)
    (set! balance (- balance amount))
    balance))

(define W (make-simplified-withdraw 25))

(W 20)
5

(W 10)
-5
```

请将这一过程与下面make-decrementer过程做一个比较，该过程里没有用set!：

```
(define (make-decrementer balance)
  (lambda (amount)
    (- balance amount)))
```

make-decrementer返回的是一个过程，该过程从指定的量balance中减去其输入，但顺序调用时却不会像make-simplified-withdraw那样产生累积的结果

```
(define D (make-decrementer 25))

(D 20)
5

(D 10)
15
```

我们可以用代换模型解释make-decrementer如何工作。举例来说，让我们分析一下下面表达式的求值过程：

```
((make-decrementer 25) 20)
```

首先简化组合式中的操作符，用25代换make-decrementer的体里的balance。这样就归约出了下面的表达式：

```
((lambda (amount) (- 25 amount)) 20)
```

随后应用运算符，用20代换lambda表达式体里的amount：

```
(- 25 20)
```

最后结果是5。

现在看看，如果将类似的代换分析用于make-simplified-withdraw，会出现什么情况：

```
((make-simplified-withdraw 25) 20)
```

先简化其中的运算符，用25代换make-simplified-withdraw体里的balance，这样就归约出了下面的表达式[137]：

```
((lambda (amount) (set! balance (- 25 amount)) 25) 20)
```

现在应用其中的运算符，用20代换lambda表达式体里的amount：

[137] 我们没有代换set!表达式里的balance出现，因为在set!里的<*name*>并不求值。如果代换掉它，得到的(set! 25 (- 25 amount))根本就没有意义。

```
(set! balance (- 25 20)) 25
```

如果我们坚持使用代换模型，那么就必须说，这个过程应用的结果是首先将balance设置为5，而后返回25作为表达式的值。这样得到的结果当然是错误的。为了得到正确答案，我们将不得不对balance的第一个出现（在set!作用之前）和它的第二个出现（在set!作用之后）加以区分，而代换模型根本无法完成这件事情。

这里的麻烦在于，从本质上说，代换的最终基础就是，这一语言里的符号不过是作为值的名字。而一旦引进了set!和变量的值可以变化的想法，一个变量就不再是一个简单的名字了。现在的一个变量索引着一个可以保存值的位置，而存储在那里的值也是可以改变的。在3.2节里将会看到，在我们的计算模型里，环境将怎样扮演着“位置”的角色。

同一和变化

从这里暴露出的问题，远远不是简单地打破了一个特定计算模型，其意义要更深远得多。一旦将变化引进了我们的计算模型，许多以前非常简单明了的概念现在都变得有问题了。首先考虑两个物体实际上“同一”的概念。

假定我们用同样的参数调用make-decrementer两次，就会创建出两个过程：

```
(define D1 (make-decrementer 25))
(define D2 (make-decrementer 25))
```

D1和D2是同一的吗？“是”是一个可以接受的回答，因为D1和D2具有同样的计算行为——都是同样的将会从其输入里减去25的过程。事实上，我们确实可以在任何计算中用D1代替D2而不会改变结果。

与此相对应的是调用make-simplified-withdraw两次：

```
(define W1 (make-simplified-withdraw 25))
(define W2 (make-simplified-withdraw 25))
```

W1和W2是同一的吗？显然不是，因为对W1和W2的调用会有不同的效果，下面的交互显示出这方面的情况：

```
(W1 20)
5
(W1 20)
-15
(W2 20)
5
```

虽然W1和W2都是通过对同样表达式（make-simplified-withdraw 25）的求值创建起来的东西，从这个角度可以说它们“同一”。但如果说在任何表达式里都可以用W1代替W2，而不会改变表达式的求值结果，那就不对了。

如果一个语言支持在表达式里“同一的东西可以相互替换”的观念，这样替换不会改变有关表达式的值，这个语言就称为是具有*引用透明性*。在我们的计算机语言里包含了set!之后，也就打破了引用透明性，就使确定能否通过等价的表达式代换去简化表达式变成了一个异常错综复杂的问题了。由于这种情况，对使用赋值的程序做推理也将变得极其困难。

一旦我们抛弃了引用透明性，有关计算对象“同一”的意义问题就很难形式地定义清楚了。实际上，在我们企图用计算机程序去模拟的现实世界里，“同一”的意义本身就是很难搞清楚的。一般而言，我们只能用如下方式确定两个看起来同一的事物是否确实是“同一个东西”：改变其中的一个对象，去看另一个对象是否也同样改变了。但是，如果不能通过观察“同一个”对象两次，看看一次观察中看到的某些对象性质与另一次不同，我们又怎么能说清楚一个对象是否“变化”了呢？所以，如果没有有关“同一”的某些先验观念，我们也就不可能确定“变化”，而不能看到变化的影响又无法确定同一性。

现在举例说明这一问题会如何出现在程序设计里。现在考虑一种新情况，假定Peter和Paul有银行账户，其中有100块钱。关于这一事实的如下模拟：

```
(define peter-acc (make-account 100))
(define paul-acc (make-account 100))
```

和如下模拟之间有着实质性的不同：

```
(define peter-acc (make-account 100))
(define paul-acc peter-acc)
```

在前一个情况里，有关的两个银行账户互不相同。Peter所做的交易将不会影响Paul的账户，反过来也一样。而对于后一种情况，显然，由于这里把paul-acc定义为与peter-acc是同一个东西，结果就使现在Peter和Paul共有一个共用的账户，如果Peter从peter-acc支取了一笔款，Paul就会看到在paul-acc里少了钱。在构造计算模型时，这两种相近但又不同的情况就可能造成混乱。特别是其中共享账户的情形特别容易造成混乱，因为在这里，同一个对象（那个银行账户）具有两个不同的名字（peter-acc和paul-acc），如果我们想在程序里搜索出paul-acc可能被修改的所有位置，我们还必须记住，也需要检查那些修改peter-acc的地方[138]。

有了前面有关“同一”和“变化”的论述，如果Peter和Paul只能检查他们的银行账户，而不能执行修改余额的操作，那么看清这两个账户是否不同的问题就需要仔细讨论了。一般而言，如果我们绝不修改数据对象，那么就可以将一个复合数据对象完全看作是由其片段组成的一个整体。例如，一个有理数是完全由它的分子和分母确定的。如果出现了修改，这一观点也就不再合法了，此时复合数据对象有了一个“标识”，而它又是与组成这一对象的各片段都不同的东西。即使我们通过提款修改了一个账户的余额，这个账户仍然是“同一个”账户。与此相反，我们也可能有两个银行账户，它们具有相同的状态信息。这种复杂性是将银行账户看作一个对象而产生的结果，而不是程序设计语言的问题。例如，通常我们不将一个有理数看作具有标识的可修改对象，并不想修改其分子并保持“同一个”有理数。

命令式程序设计的缺陷

与函数式程序设计相对应的，广泛采用赋值的程序设计被称为*命令式程序设计*。除了会

---

[138] 一个计算对象可以通过多于一个名字访问的现象称为*别名*。共有银行账户的例子里展示的是别名的一种最简单情况。在3.3节里，我们还将看到一些更复杂的例子，例如“不同”数据结构共享某些部分。如果对一个对象的修改可能由于“副作用”而修改了另一“不同的”对象，因为这两个“不同”对象实际上只是同一个对象的不同别名，当我们忘记这一情况，程序里就可能出现错误。这种错误被称作*副作用错误*，是特别难以定位和分析的，因此某些人建议说，程序设计语言的设计应该不允许副作用或者别名（Lampson et al. 1981；Morris, Schmidt, and Wadler 1980）。

导致计算模型的复杂性之外，以命令式风格写出的程序还很容易出现一些不会在函数式程序中出现的错误。举例来说，现在重看一下1.2.1节里的迭代式求阶乘程序：

```
(define (factorial n)
  (define (iter product counter)
    (if (> counter n)
        product
        (iter (* counter product)
              (+ counter 1))))
  (iter 1 1))
```

我们也可以不通过内部迭代循环传递参数，而是采用更命令式的风格，显式地通过赋值去更新变量product和counter的值：

```
(define (factorial n)
  (let ((product 1)
        (counter 1))
    (define (iter)
      (if (> counter n)
          product
          (begin (set! product (* counter product))
                 (set! counter (+ counter 1))
                 (iter))))
    (iter)))
```

这样做不会改变程序产生的结果，但却会引进一个很微妙的陷阱。我们应该如何确定两个赋值的顺序呢？像上面那样写出的程序是正确的，但如果以相反顺序写这两个赋值：

```
(set! counter (+ counter 1))
(set! product (* counter product))
```

就会产生出与上面不同的错误结果。一般而言，带有赋值的程序将强迫人们去考虑赋值的相对顺序，以保证每个语句所用的是被修改变量的正确版本。在函数式程序设计中，这类问题根本就不会出现[139]。

如果考虑有着多个并发执行的进程的应用程序，命令式程序设计的复杂性还会变得更糟糕。我们将在3.4节回到这个问题。现在首先需要解决的问题，当然是为涉及赋值的表达式提供一种计算模型，以便考察在模拟的设计中如何使用具有局部状态的对象。

练习3.7 考虑如练习3.3所描述的，由make-account创建的带有密码的银行账户对象。假定我们的银行系统中需要一种提供共用账户的能力。请定义过程make-joint创建这种账户。make-joint应该有三个参数：第一个是有密码保护的账户；第二个参数是一个密码，它必须与那个已经定义的账户的密码匹配，以使make-joint操作能够继续下去；第三个参数是新密码。make-joint用这一新密码创建起对那个原有账户的另一访问途径。例如，如

[139] 这种看法也说明，大部分的引论性程序设计课程采用高度命令式风格教授，这确实是一件令人啼笑皆非的事情。这一情况可能源自20世纪60年代到70年代中流行的一种常见看法的残存遗迹，那种看法说调用过程的程序一定比执行赋值的程序效率更低（Steele（1977）批驳了这一论断）。还有，这种情况也可能反应了另一种观点，认为让初学者一步步地看赋值比观察过程调用更容易。无论出于什么原因，它总是给初学程序设计的人们增加了关注“我应该把给这个变量的赋值放在另一个之前呢还是之后”的负担，这会使程序设计复杂化，也使其中的主要思想变模糊了。

果peter-acc是一个具有密码open-sesame的银行账户，那么

```
(define paul-acc
  (make-joint peter-acc 'open-sesame 'rosebud))
```

将使我们可以通过名字paul-acc和密码rosebud对账户peter-acc做现金交易。你可能希望修改自己对练习3.3的解，加入这一新功能。

练习3.8 在1.1.3节定义求值模型时我们说过，求值一个表达式的第一步就是求值其中的子表达式。但那时并没有说明应该按怎样的顺序对这些子表达式求值（例如，是从左到右还是从右到左）。当我们引进了赋值之后，对一个过程的各个参数的求值顺序不同就可能导致不同的结果。请定义一个简单的过程f，使得对于（+ (f 0) (f 1)）的求值在对实际参数采用从左到右的求值顺序时返回0，而对实际参数采用从右到左的求值顺序时返回1。

3.2 求值的环境模型

我们在第1章引进复合过程时，采用求值的代换模型（见1.1.5节）定义了将过程应用于实际参数的意义。

- 将一个复合过程应用于一些实际参数，就是在用各个实际参数代换过程体里对应的形式参数之后，求值这个过程体。

一旦我们把赋值引进程序设计语言之后，这一定义就不再合适了。特别是在3.1.3节我们已经论证了，由于赋值的存在，变量已经不能再看作仅仅是某个值的名字。此时的一个变量必须以某种方式指定了一个“位置”，相应的值可以存储在那里。在我们的新求值模型里，这种位置将维持在称为*环境*的结构中。

一个环境就是*框架*（frame）的一个序列，每个框架是包含着一些*约束*的一个表格（可能为空），这些约束将一些变量名字关联于对应的值（在一个框架里，任何变量至多只能有一个约束）。每个框架还包含着一个指针，指向这一框架的*外围环境*。如果由于当前讨论的目的，将相应的框架看作是*全局的*，那么它将没有外围环境。一个*变量相对于某个特定环境的值*，也就是在这一环境中，包含着该变量的第一个框架里这个变量的约束值。如果在序列中并不存在这一变量的约束，那么我们就说这个变量在该特定环境中是*无约束的*。

图3-1展示了一个简单的环境结构，其中包含了3个框架，分别用I、II和III标记。在这个图里，A、B、C和D都是环境指针，其中C和D指向同一个环境。变量z和x在框架II里约束，而变量y和x在框架I里约束。x在环境D里的值是3，x相对于环境B的值也是3。后一情况应按如下方式确定：我们首先检查序列中的第一个框架（框架III），在这里没有找到x的约束，因此继续前进到外围环境D并在框架I里找到了相应的约束。另一方面，x在环境A中的值就是7，因为序列中的第一个框架（框架II）里包含x与7的约束。相对于环境A，我们说在框架II里x与7的约束*遮蔽*了框架I里x与3的约束。

环境对于求值过程是至关重要的，因为它确定了表达式求值的上下文。实际上，我们完全可以说，在一个程序语言里的一个表达式本身根本没有任何意义。即使像（+ 1 1）这样极其简单的表达式，其解释也要依赖于有关的操作是在某个上下文里进行的，在那里+是表示加法的符号。这样，在现在讨论的求值模型中，我们将总说某个表达式相对于某个环境的求值。为了描述与解释器的交互作用，我们将始终假定存在着一个全局环境，它只包含着一个框架（没有外围环境），这个环境里包含着所有关联于基本过程的符号的值。例如，有关+

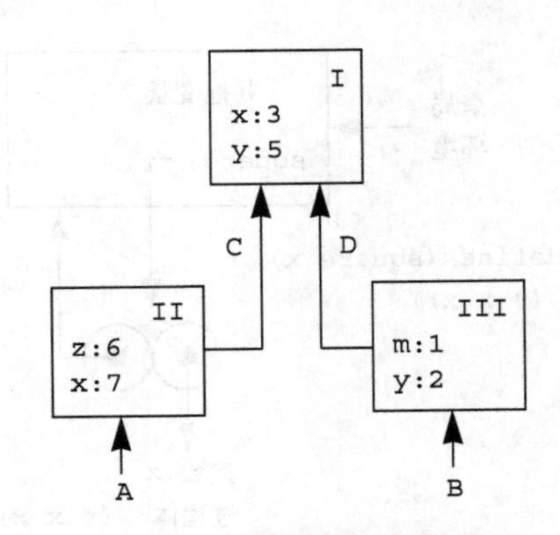

图3-1 一个简单的环境结构

是表示加法的符号这一观念，在这里的表现就是，符号+在全局环境中被约束到相应的基本加法过程。

3.2.1 求值规则

关于解释器如何求值一个组合式的问题，其整体描述仍然与我们在1.1.3节中第一次介绍时完全一样。

• 如果要对一个组合表达式求值：

1) 求值这一组合式里的各个子表达式[140]；

2) 将运算符子表达式的值应用于运算对象子表达式的值。

现在我们要用求值的环境模型代替求值的代换模型，在这一模型里需要特别说明将一个复合过程应用于参数表示的是什么。

在求值的环境模型里，一个过程总是一个对偶，由一些代码和一个指向环境的指针组成。过程只能通过一种方式创建，那就是通过求值一个lambda表达式。这样产生出的过程的代码来自这一lambda表达式的正文，其环境就是求值这个lambda表达式，产生出这个过程时的那个环境。举个例子，考虑在全局环境里求值下面的过程定义：

```
(define (square x)
  (* x x))
```

过程定义的语法形式，不过是作为其基础的隐含lambda表达式的语法糖衣，上面的定义就像是写成下面等价的表示：

```
(define square
  (lambda (x) (* x x)))
```

其中求值(lambda (x) (* x x))，并将符号square约束于这一求值得到的结果，这些都是在全局环境中完成的。

图3-2展示的是求值这一define表达式的结果，这里的过程对象是一个序对，其代码部

[140] 赋值的存在给求值规则的步骤1引进一个微妙问题。正如练习3.8所述，赋值的存在使我们可以写出一些表达式，如果以不同的顺序对组合式中各个子表达式的求值，它们就会产生出不同的值。这样，为了更精确些，我们就需要说明步骤1的特定顺序（例如从左到右）。然而，这种顺序应该总看作是一个实现细节，我们永远也不要去写依赖于特定顺序的程序。举例来说，如果一个复杂的编译器去做程序的优化，它完全可能改变其中各子表达式的求值顺序。

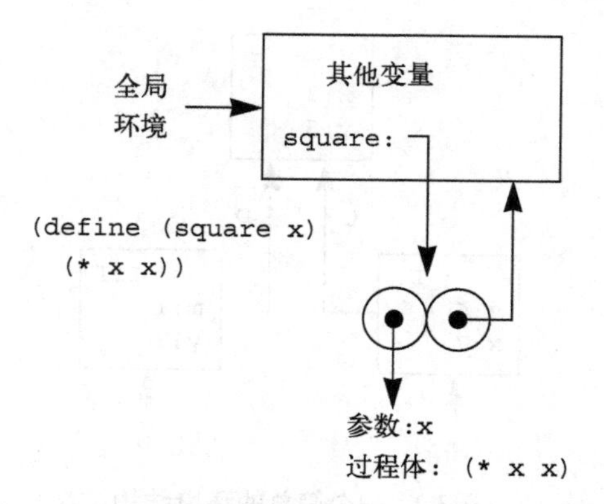

图3-2　由在全局环境中求值（define (square x)
(* x x)）而产生的环境结构

分描述的是一个带有一个形式参数x的过程，过程体是（* x x）。过程对象的环境部分是一个指向全局环境的指针，因为产生这个过程的lambda表达式是在全局环境中求值的。这个定义在全局框架中加入了一个新约束，将上述过程对象约束于符号square。一般而言，define建立定义的方式就是将新的约束加入框架里。

我们已经看到了创建过程的有关情况，现在就可以描述过程的应用了。环境模型说明：在将一个过程应用于一组实际参数时，将会建立起一个新环境，其中包含了将所有形式参数约束于对应的实际参数的框架，该框架的外围环境就是所用的那个过程的环境。随后就在这个新环境之下求值过程的体。

为了演示这一规则的实施情况，图3-3展示了通过在全局环境里对表达式（square 5）求值而创建起来的环境结构，其中的square是图3-2里生成的过程。这一过程应用的结果是创建了一个新环境，在图中标记为E1。这个环境从一个框架开始，框架里包含着将这个过程的形式参数x约束到实际参数5。从这一框架引出的指针说明这个框架的外围环境就是全局环境。在这个地方之所以应该选择全局环境，是因为它就是作为square过程对象的一部分的那个环境。现在我们要在E1里求值过程的体（* x x）。因为在E1里x的值是5，所以求值结果是（* 5 5），也就是25。

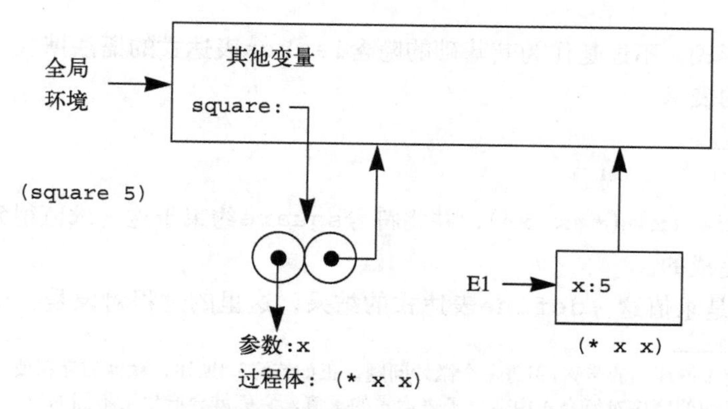

图3-3　在全局环境里求值（square 5）创建出的环境

我们可以把过程应用的环境模型总结为下面两条规则：

- 将一个过程对象应用于一集实际参数，将构造出一个新框架，其中将过程的形式参数约束到调用时的实际参数，而后在构造起的这一新环境的上下文中求值过程体。这个新框架的外围环境就是作为被应用的那个过程对象的一部分的环境。
- 相对于一个给定环境求值一个lambda表达式，将创建起一个过程对象，这个过程对象是一个序对，由该lambda表达式的正文和一个指向环境的指针组成，这一指针指向的就是创建这个过程对象时的环境。

我们也已经说明了，用define定义一个符号，也就是在当前环境框架里建立一个约束，并赋予这个符号指定的值[141]。最后让我们来说明set!的行为方式，因为一开始就是由于这个操作的存在，迫使我们引进上述的环境模型。在某个环境里求值表达式（set! *<variable>* *<value>*），要求我们首先在环境中确定有关变量的约束位置，而后再修改这个约束，使之表示这个新值。这也就是说，首先需要找到包含这个变量的约束的第一个框架，而后修改这一框架。如果该变量在环境中没有约束，set!将报告一个错误。

这些求值规则显然比代换规则复杂了许多，但也还是相当直截了当的。进一步说，虽然这一求值模型比较抽象，但它却为解释器对于表达式求值的过程提供了一个正确的描述。在第4章里我们将看到，这一模型如何能成为实现一个可以工作的解释器的蓝图。下面几节将要分析几个具有阐释意义的实例，以进一步揭示这一模型的各方面细节。

3.2.2 简单过程的应用

在1.1.5节里介绍代换模型时，我们展示了在有下面的过程定义之后，组合式（f 5）怎样求值得到136：

```
(define (square x)
  (* x x))

(define (sum-of-squares x y)
  (+ (square x) (square y)))

(define (f a)
  (sum-of-squares (+ a 1) (* a 2)))
```

现在我们用环境模型来分析同一个实例。图3-4展示出在全局环境里对f、square和sum-of-squares的定义求值后创建起的三个过程对象，每个过程对象都由一些代码和一个指向全局环境的指针组成。

在图3-5里，我们看到的是由对（f 5）的求值创建起的环境结构。对于f的调用创建了一个新环境E1，它开始于一个框架，其中f的形式参数a被约束到实参5。我们需要在E1里求值f的体：

```
(sum-of-squares (+ a 1) (* a 2))
```

在求值这个组合式时，首先需要求值其中的子表达式。第一个子表达式sum-of-squares以一个过程对象为值（请注意看这个值是如何找到的：首先在E1的第一个框架中找，这里没有包含sum-of-squares的约束。而后进入有关的外围环境，即全局环境，并在那里找到了图

---

[141] 如果在当前框架中已经有了对这一变量的约束，那么该约束就会改变。这样做比较方便，因为它允许符号的重新定义，这当然也就意味着可以用define去修改符号的值，因此，在这里没有显式使用set!却带来了同样的问题。正因为此，有些人觉得在出现重新定义时应该发出错误或者警告信息。

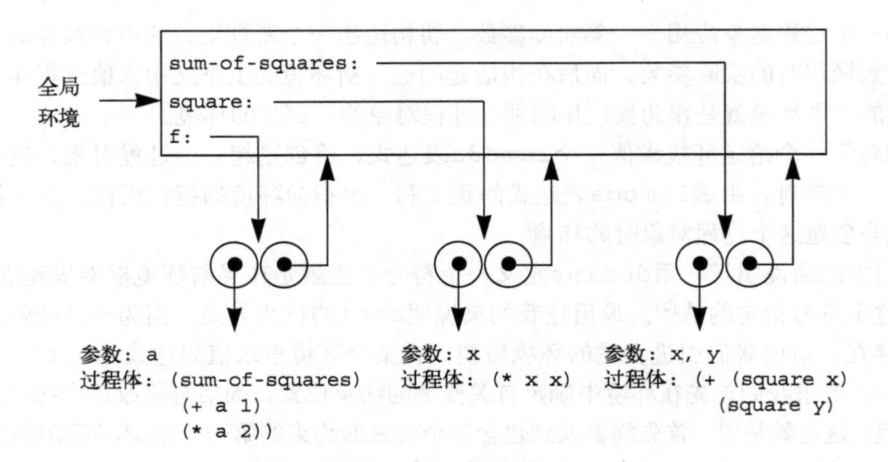

图3-4 全局框架里的几个过程对象

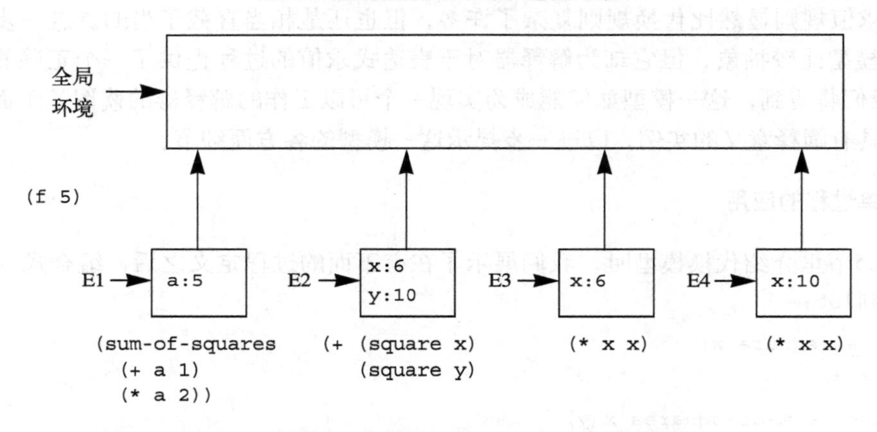

图3-5 使用图3-4里的过程求值（f 5）创建的环境

3-4所示的约束）。对另外两个表达式的求值是应用两个基本运算符+和 *，通过求值组合式（+a 1）和（* a 2）分别得到6和10。

现在需要把过程对象sum-of-squares应用于实参6和10，这时得到的是一个新环境E2，形式参数x和y在其中约束于对应的实际参数。现在要做的就是在E2里求值组合式（+ (square x)(square y)）。这进一步要求我们求值（square x），其中的square从全局环境中找到，而x是6。我们又需要设定另一个新环境E3，其中将x约束到6，并在这里求值square的体（* x x）。作为sum-of-squares应用的另一部分，我们还必须求值子表达式（square y），其中的y是10。这是对square的第二个调用，它创建起另一个环境E4，其中square的形式参数*x*约束到10。我们必须在E4里求值（* x x）。

这里应注意的要点是，对于square的每个调用都会创建起一个包含着x的约束的新环境。我们可以看到，这里就是通过不同的框架，去维持所有名字为x的局部变量互不相同。还请注意，由square创建的每个框架都指向全局环境，因为这就是对应于square的过程对象所指定的环境。

各个子表达式求值后返回得到的值。对square的两个调用产生的值被sum-of-squares加起来，作为求值的结果返回。因为我们在这里关心的是环境结构，因此将不详细考察这些返回值如何在调用之间传递的问题。当然，这件事情也是求值过程中的一个重要方面，我们将在第5章回到这一问题。

练习3.9 在1.2.1节里，我们用代换模型分析了两个计算阶乘的函数，递归版本：

```
(define (factorial n)
  (if (= n 1)
      1
      (* n (factorial (- n 1)))))
```

迭代版本：

```
(define (factorial n)
  (fact-iter 1 1 n))

(define (fact-iter product counter max-count)
  (if (> counter max-count)
      product
      (fact-iter (* counter product)
                 (+ counter 1)
                 max-count)))
```

请说明采用过程factorial的上述版本求值(factorial 6)时所创建的环境结构[142]。

3.2.3 将框架看作局部状态的展台

现在可以从环境模型出发，看看可以怎样用过程和赋值表示带有局部状态的对象。作为一个例子，还是考虑取自3.1.1节的由调用下面过程创建的“提款处理器”：

```
(define (make-withdraw balance)
  (lambda (amount)
    (if (>= balance amount)
        (begin (set! balance (- balance amount))
               balance)
        "Insufficient funds")))
```

让我们仔细看看下式的求值：

```
(define W1 (make-withdraw 100))
```

而后做：

```
(W1 50)
50
```

图3-6展示了在全局环境里定义make-withdraw过程的结果。这一求值产生出一个过程对象，其中包含着一个指向全局环境的指针。到目前为止，在这个实例里还没有出现任何与前面看过的实例不同的东西，除了过程体本身也是一个lambda表达式之外。

计算中的有趣现象出现在将过程make-withdraw应用于一个参数的时候：

```
(define W1 (make-withdraw 100))
```

与平常一样，我们在开始时设置了环境E1，其中将形式参数balance约束到实参100，并在这一环境里求值make-withdraw的体，也就是那个lambda表达式。这一求值构造起一个新

[142] 这种环境模型还不能澄清我们在1.2.1节的断言，那里说解释器使用了尾递归，只需要常量空间就可以执行像fact-iter这样的过程。我们将在5.4节里讨论解释器的控制结构时处理尾递归问题。

过程对象，其代码由这个lambda描述，而它的环境就是E1，也就是求值这个lambda生成该过程对象时的那个环境。这样做出的过程对象被作为调用make-withdraw的返回值，在全局环境里约束于W1，因为对这个define本身的求值是在全局环境里进行的。图3-7显示出这样做的结果得到的环境结构。

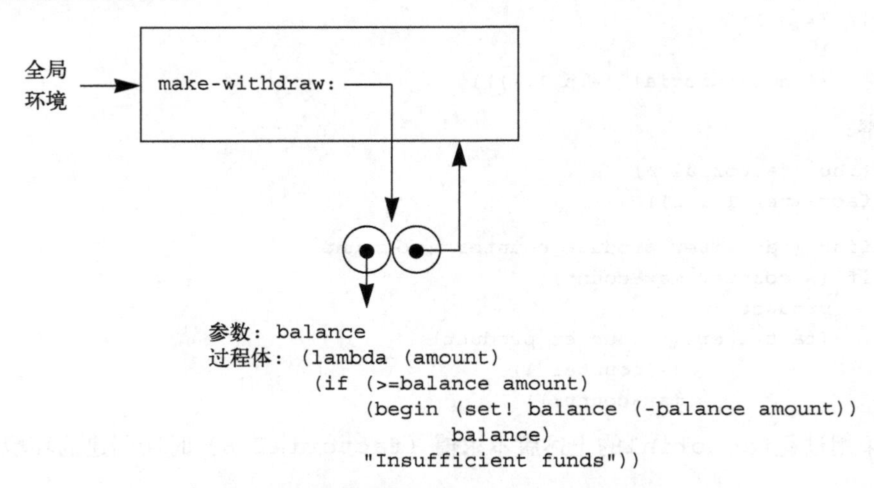

图3-6 在全局环境里定义make-withdraw的结果

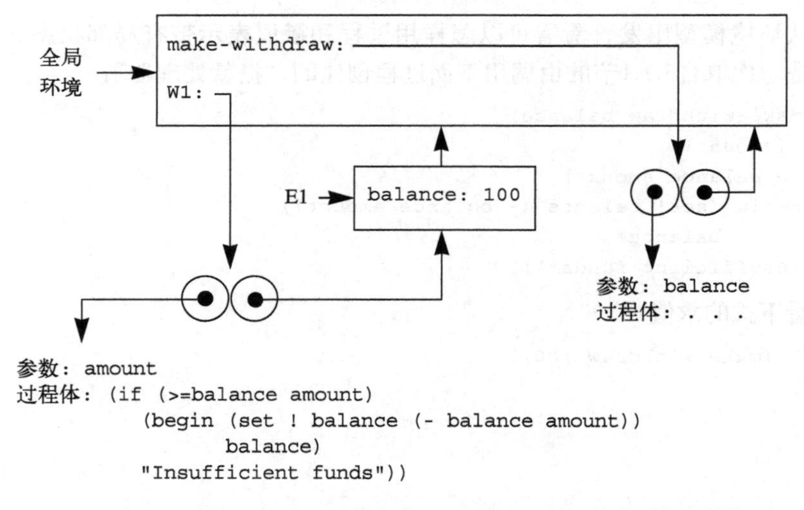

图3-7 求值(define W1 (make-withdraw 100))的结果

现在让我们来分析将W1应用于一个参数时所发生的情况：

```
(W1 50)
50
```

此时首先要构造出一个框架，W1的形式参数amount在其中约束到实参50。需要注意的最关键一点是，这个框架的外围环境并不是全局环境，而是环境E1，因为它才是由过程对象W1所指定的环境。现在我们需要在这个新环境里求值下面的过程体：

```
(if (>= balance amount)
    (begin (set! balance (- balance amount))
```

```
        balance)
    "Insufficient funds")
```

这样做得到的环境结构如图3-8所示。在被求值的表达式里引用了amount和balance，其中的amount在环境里的第一个框架里找到，而balance则沿着外围环境指针向前在E1里找到。

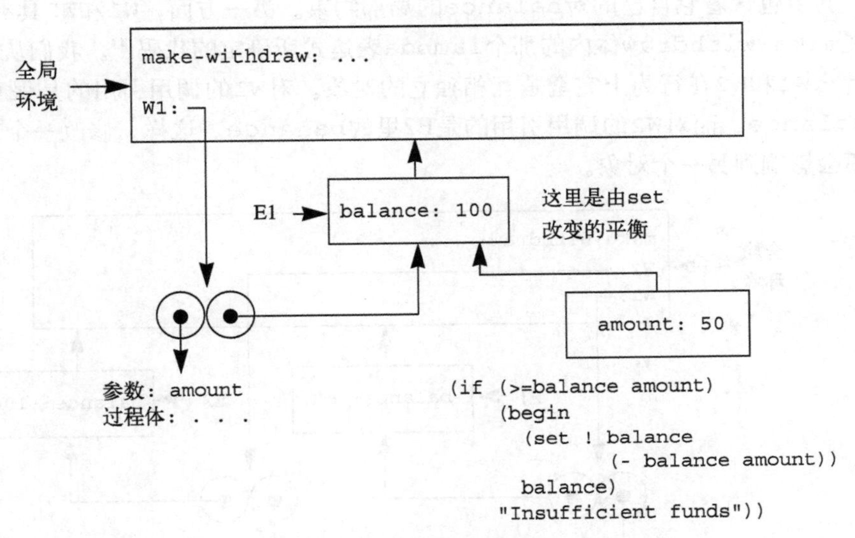

图3-8 通过应用过程对象W1创建起的环境

在执行set!时，位于E1里balance的约束就被修改了。对W1的调用完成时，balance是50，而包含着这个balance的框架仍由过程对象W1指着。约束amount的那个框架（我们曾经在其中执行了修改的balance代码）现在已经无关紧要了，因为构造它的过程已经结束，环境中的任何一部分都不再包含指向这个框架的指针。在下次W1被调用时，这一过程又会构造起另一个新框架，其中建立起amount的一个新约束，这一框架的外围环境还是E1。根据上面的分析，我们可以看到E1怎样起着保存过程对象的局部状态变量的“位置”的作用。图3-9展示的是调用W1之后的情景。

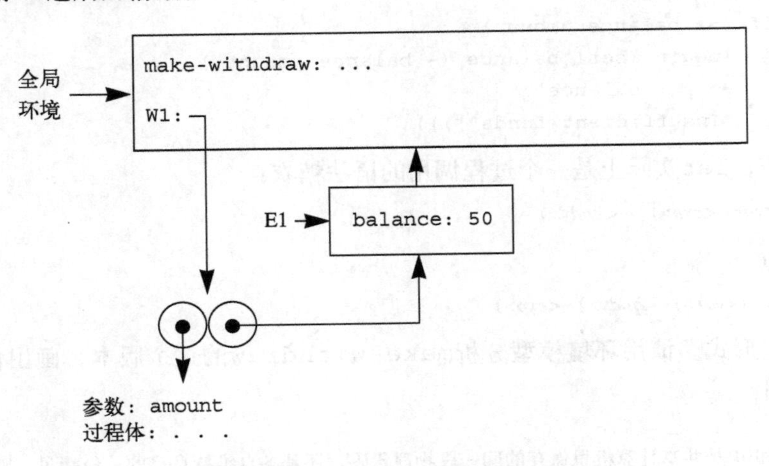

图3-9 调用W1之后的环境

现在来看我们通过再次调用make-withdraw，创建起第二个“提款”对象的情况：

```
(define W2 (make-withdraw 100))
```

这样做产生出的环境结构如图3-10所示，其中显示了W2是另一个过程对象，也就是说，是一些代码和一个环境的序对。通过调用make-withdraw为W2创建起的环境是E2，它包含了一个框架，其中包含着它自己的对balance的局部约束。另一方面，W1和W2具有相同的代码，也就是在make-withdraw体内的那个lambda表达式所确定的代码[143]。我们从这里就可以看到，为什么W1和W2在行为上完全是互相独立的对象。对W1的调用引用的是保存在E1里的状态变量balance，而对W2的调用引用的是E2里的balance。这样，修改一个对象的局部状态当然不会影响到另一个对象。

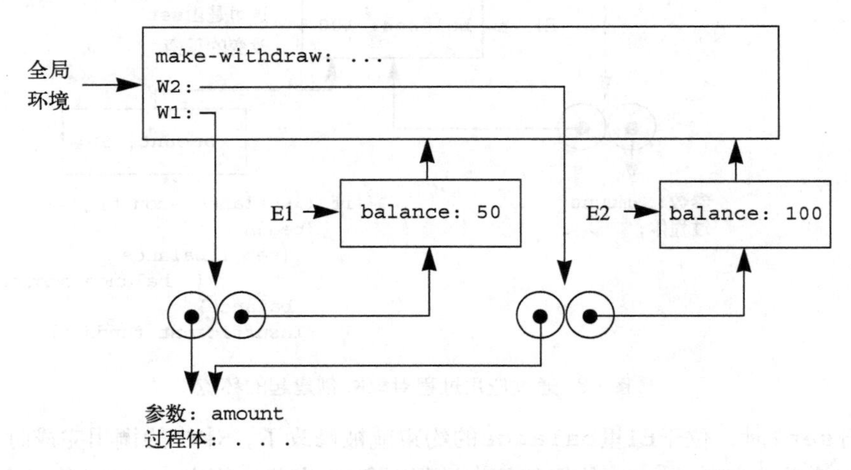

图3-10 使用 (define W2 (make-withdraw 100)) 创建第2个对象

练习3.10 在make-withdraw过程里，局部变量balance是作为make-withdraw的参数创建的。我们也可以显式地通过使用let创建局部状态变量，就像下面所做的：

```
(define (make-withdraw initial-amount)
  (let ((balance initial-amount))
    (lambda (amount)
      (if (>= balance amount)
          (begin (set! balance (- balance amount))
                 balance)
          "Insufficient funds"))))
```

请重温1.3.2节，let实际上是一个过程调用的语法糖衣：

```
(let ((<var> <exp>)) <body>)
```

它将被解释为

```
((lambda (<var>) <body>) <exp>)
```

的另一种语法形式。请用环境模型分析make-withdraw的这个版本，画出像上面那样的图示，说明调用：

[143] 究竟W1和W2是共享计算机里保存的同一段物理代码，还是各自维持自己的一份拷贝，则完全是一种实现细节。我们在第4章实现的解释器里采用共享代码的方式。

```
(define W1 (make-withdraw 100))

(W1 50)

(define W2 (make-withdraw 100))]
```

时的情况并阐释make-withdraw的这两个版本创建出的对象具有相同的行为。两个版本的环境结构有什么不同吗？

3.2.4 内部定义

1.1.8节介绍了过程可以有内部定义的思想，这样就引入了块结构，就像下面计算平方根的过程里的情况：

```
(define (sqrt x)
  (define (good-enough? guess)
    (< (abs (- (square guess) x)) 0.001))
  (define (improve guess)
    (average guess (/ x guess)))
  (define (sqrt-iter guess)
    (if (good-enough? guess)
        guess
        (sqrt-iter (improve guess))))
  (sqrt-iter 1.0))
```

现在我们就可以利用上面介绍的环境模型，去考察为什么这些内部定义具有所需要的行为。图3-11所示的是在表达式（sqrt 2）求值中的一点，在那里，内部过程good-enough?被第一次调用，其中的guess等于1。

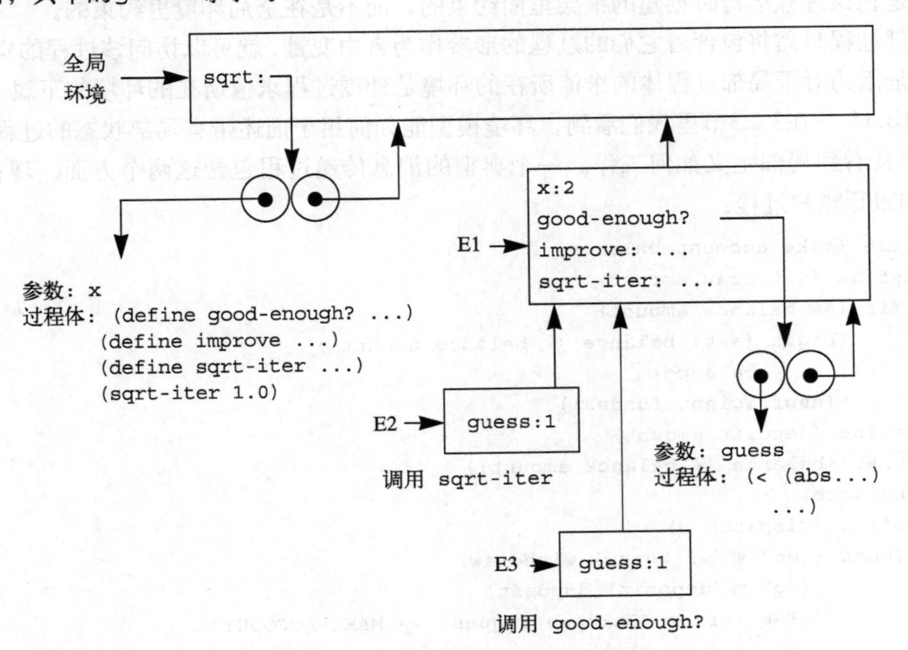

图3-11 带有内部定义的sqrt过程

请注意这时的环境结构。sqrt是全局环境里的一个符号，它被约束到一个过程对象，与之关联的环境就是全局环境。在sqrt被调用时，形成了一个新的环境E1，它将成为全局环境的下属。在这里，参数x约束到2，而后在E1里求值sqrt的体。由于sqrt体中的第一个表达式是：

```
(define (good-enough? guess)
  (< (abs (- (square guess) x)) 0.001))
```

对这一表达式的求值在环境E1里定义出过程good-enough?。说得更准确一些，符号good-enough?被加入E1的第一个框架里，并被约束于一个过程对象，其关联环境是E1。与此类似，improve和sqrt-iter也在E1里定义为过程。为了简洁起见，在图3-11里只显示了约束于good-enough?的过程对象。

在定义好各个局部过程之后，表达式（sqrt-iter 1.0）被求值，还是在环境E1里。因此，调用在E1里约束于sqrt-iter的过程对象时，我们以1作为实际参数。这一调用创建了另一个环境E2，在其中sqrt-iter的形参guess被约束到1。sqrt-iter转而（从E2里）以guess的值作为实际参数调用good-enough?，这就建立了另一个环境E3，在这个环境里，（good-enough?的参数）guess被约束到1。虽然sqrt-iter和good-enough?里都有名字为guess的形参，但它们是两个不同的局部变量，位于不同的框架里。还有，E2和E3都以E1作为其外围环境，这是因为过程sqrt-iter和good-enough?都以E1作为自己的环境部分。这种情况造成的一个后果就是，出现在good-enough?体内部的符号x将引用出现在E1里的x约束，也就是原来sqrt被调用时的那个x的值。这样，环境模型已经解释清楚了以局部过程定义作为程序模块化的有用技术中的两个关键性质：

- 局部过程的名字不会与包容它们的过程之外的名字互相干扰，这是因为这些局部过程名都是在该过程运行时创建的框架里面约束的，而不是在全局环境里约束的。
- 局部过程只需将包含着它们的过程的形参作为自由变量，就可以访问该过程的实际参数。这是因为对于局部过程体的求值所在的环境是外围过程求值所在的环境的下属。

练习3.11 在3.2.3节里我们看到，环境模型能如何用于描述带有局部状态的过程的行为，现在我们又看到局部定义如何工作。一个典型的消息传递过程包含这两个方面。现在请考虑3.1.1节的银行账户过程：

```
(define (make-account balance)
  (define (withdraw amount)
    (if (>= balance amount)
        (begin (set! balance (- balance amount))
               balance)
        "Insufficient funds"))
  (define (deposit amount)
    (set! balance (+ balance amount))
    balance)
  (define (dispatch m)
    (cond ((eq? m 'withdraw) withdraw)
          ((eq? m 'deposit) deposit)
          (else (error "Unknown request -- MAKE-ACCOUNT"
                       m))))
  dispatch)
```

请设法展示由下面交互序列生成的环境结构：

```
(define acc (make-account 50))
((acc 'deposit) 40)
90
((acc 'withdraw) 60)
30
```

acc的局部状态保存在哪里？假定我们定义了另一个账户：

```
(define acc2 (make-account 100))
```

这两个账户的局部状态又是如何保持不同的？环境结构中的哪些部分被acc和acc2共享？

3.3 用变动数据做模拟

第2章以复合数据作为构造具有多个部分的计算对象的方法，用于模拟真实世界里具有若干不同侧面的对象。在那一章里，我们介绍了数据抽象的系统方法，根据这种方法，各种数据结构应该用构造函数（用于创建数据对象）和选择函数（用于访问复合数据对象中的各个部分）来描述。但是，我们现在又了解到了有关数据结构的另外一些情况，这是第2章中没有涉及的。为了模拟那些由具有不断变化的状态组成的系统，我们除了需要做复合数据对象的构造和成分选择之外，还可能需要修改它们。为了模拟具有不断变化的状态的复合对象，我们将设计出与之对应的数据抽象，使其中不但包含了选择函数和构造函数，还有包含一些称为*改变函数*的操作，这种操作能够修改有关的数据对象。举例来说，对银行系统的模拟就需要修改账户的余额。这样，表示银行账户的数据结构可能就需要接受下面的操作：

(set-balance! *<account>* *<new-value>*)

它将根据给定的新值修改指定账户的余额。定义了改变函数的数据对象称为*变动数据对象*。

第2章引进了序对作为构造复合数据的通用“黏结剂”。我们在这一节的开始也首先定义对于序对的改变函数，使序对能够作为构造变动数据对象的基本构件。这些改变函数能够极大地提升序对的表达能力，使人能构造出（我们在2.2节里使用的）序列和树之外的其他数据结构。我们还要给出一些模拟的实例，其中使用了带有局部状态的对象的集合，以便模拟复杂系统的行为。

3.3.1 变动的表结构

针对序对的基本操作——cons、car和cdr——能用于构造表结构，或者选出表结构中的各个部分，但它们不能修改表结构。我们至今用过的其他表操作（例如append和list）也都是如此，因为它们都可以基于cons、car和cdr定义出来。要修改表结构就需要新的操作。

针对序对的基本改变函数是set-car!和set-cdr!。set-car!要求两个参数，其中的第一个参数必须是一个序对。set-car!修改这个序对，将它的car指针替换为指向set-car!的第二个参数的指针[144]。

作为一个例子，我们假定x约束到表((a b) c d)，y约束到表(e f)，如图3-12所示。

[144] set-car!和set-cdr!的返回值依赖于具体实现。与set!一样，我们只应该利用它们的效果。

对表达式（set-car! x y）的求值将修改x约束的那个表，将它的car用y的值取代。这一操作的结果如图3-13所示。从这个图中，我们可以看到结构x被修改了，现在它将被打印为((e f) c d)。原来由被取代的指针标识的那个表示表（a b）的序对，现在已经从原来的结构中摘除了[145]。

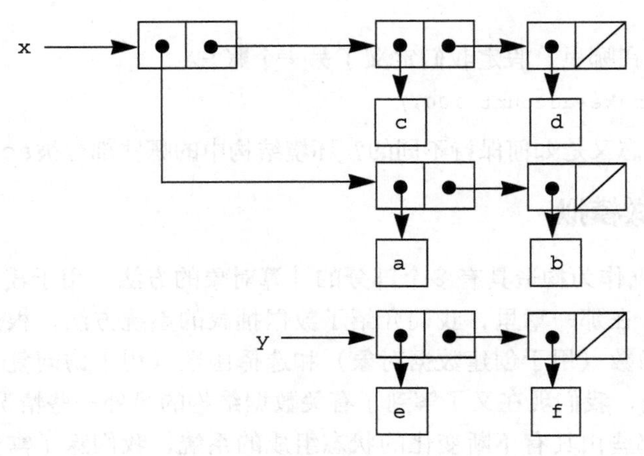

图3-12 表x：((a b) c d) 和y：(e f)

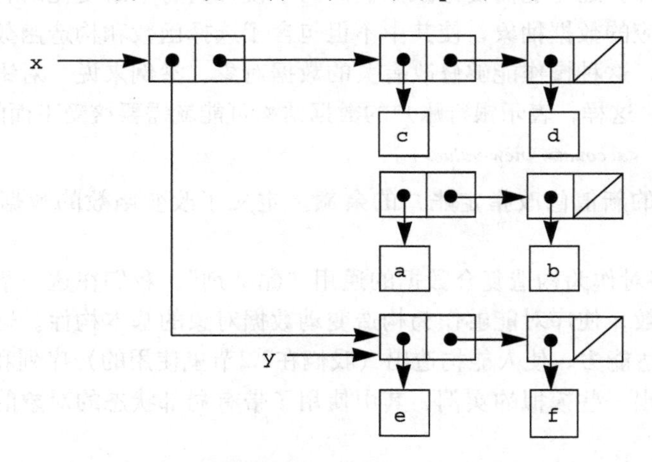

图3-13 对图3-12的表做（set-car! x y）的效果

我们可以对图3-13和图3-14做一个比较。图3-14展示的是执行（define z (cons y (cdr x)))的结果，其中x和y约束到图3-12表示的那样的两个表。这一求值使变量z约束到了由操作创建的一个新序对，而x约束的表并没有改变。

set-cdr!操作与set-car!类似，它们之间的差异就在于这里被取代的是序对的cdr指针，而不是car指针。对图3-12中的表执行（set-cdr! x y）的效果如图3-15所示。在这里，x的cdr指针被指向（e f）的指针取代。还有，原来作为x的cdr的表（c d），现在也已经从这一结构里摘掉了。

[145] 从这里可以看出，对于表的改变函数可能创建“废料”，也就是一些东西，它们不再是任何可访问结构的部分。我们将在5.3.2节里看到，Lisp的存储管理系统中包含着一个废料收集器，它能弄清楚并回收由这种不再使用的序对所占据的存储。

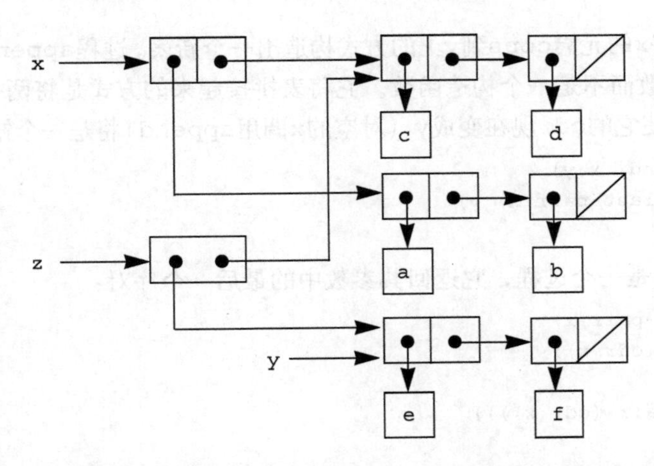

图3-14 对图3-12的表做(define z (cons y (cdr x)))的效果

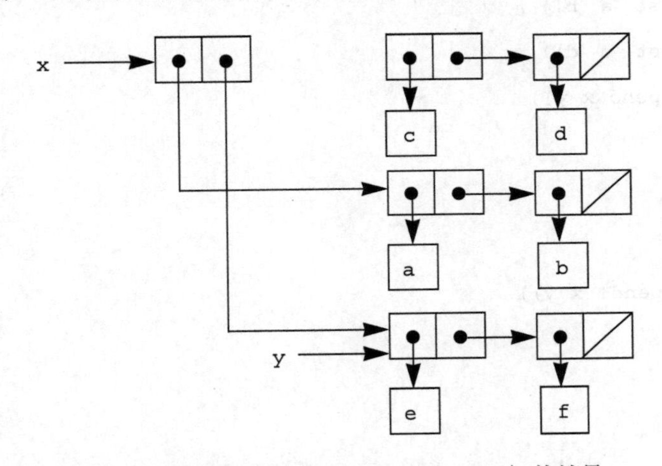

图3-15 对图3-12的表做(set-cdr! x y)的效果

cons通过创建新序对的方式构造新的表，而set-car!和set-cdr!则是修改现存的序对。cons可以用两个改变函数和一个过程get-new-pair实现，这个过程返回一个新序对，假定它不是任何现存表结构的组成部分。我们先取得一个序对，而后将它car和cdr的指针分别设置到指定对象，最后返回这个序对作为cons的结果[146]。

```
(define (cons x y)
  (let ((new (get-new-pair)))
    (set-car! new x)
    (set-cdr! new y)
    new))
```

练习3.12 下面是2.2.1节介绍过的拼接表的过程：

```
(define (append x y)
  (if (null? x)
      y
      (cons (car x) (append (cdr x) y))))
```

[146] get-new-pair必须作为Lisp系统所需的存储管理功能中的一个操作，5.3.1节将讨论这一问题。

append通过顺序将x的元素cons到y上的方式构造出一个新表。过程append!与append类似，但它是一个改变函数而不是一个构造函数。它将表拼接起来的方式是将两个表粘起来，修改x的最后一个序对，使它的cdr现在变成y（对空的x调用append!将是一个错误）。

```
(define (append! x y)
  (set-cdr! (last-pair x) y)
  x)
```

这里的last-pair是一个过程，它返回其参数中的最后一个序对：

```
(define (last-pair x)
  (if (null? (cdr x))
      x
      (last-pair (cdr x))))
```

考虑下面的交互

```
(define x (list 'a 'b))

(define y (list 'c 'd))

(define z (append x y))

z
(a b c d)

(cdr x)
<response>

(define w (append! x y))

w
(a b c d)

(cdr x)
<response>
```

其中缺少的那两个<*response*>是什么？请画出盒子指针图形，解释你的回答。

练习3.13 考虑下面的make-cycle过程，其中使用了练习3.12定义的last-pair过程：

```
(define (make-cycle x)
  (set-cdr! (last-pair x) x)
  x)
```

画出盒子指针图形，说明下面表达式创建起的z的结构：

```
(define z (make-cycle (list 'a 'b 'c)))
```

如果我们试着去计算（last-pair z），那会出现什么情况？

练习3.14 下面过程相当有用，但也有些费解：

```
(define (mystery x)
  (define (loop x y)
    (if (null? x)
        y
        (let ((temp (cdr x)))
          (set-cdr! x y)
          (loop temp x))))
  (loop x '()))
```

loop里用一个“临时”变量temp保存x的cdr原来的值，因为下一行里的set-cdr!将破坏这个cdr。请一般性地解释mystery做些什么。假定v通过（define v (list 'a 'b 'c 'd)）定义，请画出v约束的表对应的盒子指针图形。假定现在求值（define w (mystery v)），请画出求值这个表达式之后结构v和w的盒子指针图形。v和w的值打印出来是什么？

共享和相等

在3.1.3节里，我们提出了由于引入赋值而产生的“同一”和“变化”的理论问题。当不同的数据对象共享某些序对时，这些问题就表现到现实中来了。例如，考虑由下面求值形成的结构：

```
(define x (list 'a 'b))
(define z1 (cons x x))
```

正如图3-16所示，这里的z1是一个序对，其car和cdr都指向同一个序对x。这种z1的car和cdr共享x是cons的简单实现方式的自然结果。一般而言，用cons构造出的表结果总是序对的一个相互链接的结构，其中可能会有许多独立的序对被一些不同结构所共享。

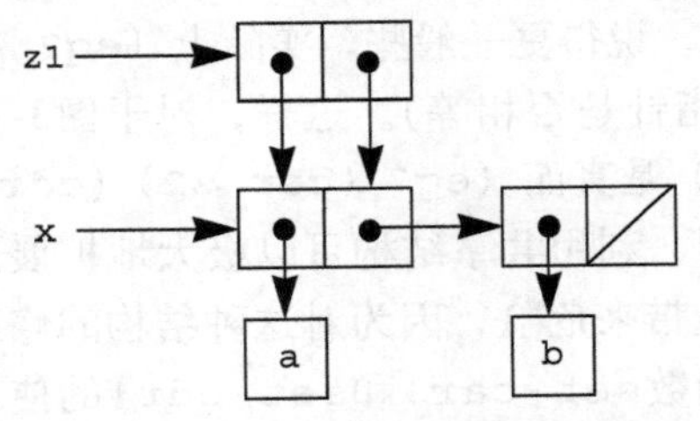

图3-16 由（cons x x）形成的表z1

与图3-16不同，图3-17展示的是由下式创建出的结构：

```
(define z2 (cons (list 'a 'b) (list 'a 'b)))
```

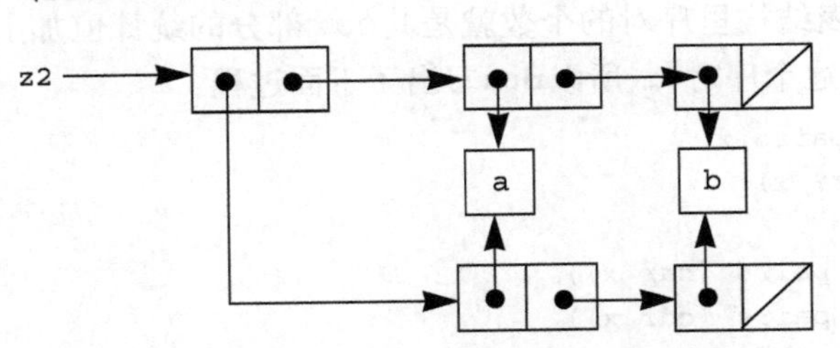

图3-17 由（cons (list 'a 'b) (list 'a 'b)）形成的表z2

在这一结构中，两个表（a b）的各个序对互不相同，虽然其中的符号是共享的[147]。

作为表考虑，z1和z2表示是“同一个”表（(a b) a b)。一般而言，如果我们只用cons、car和cdr对各种表进行操作，其中的共享就完全不会被察觉。然而，如果允许改变表结构的话，共享的情况就会显现出来了。作为考察这种共享会产生什么影响的例子，现在考虑下面的过程，它将修改被它应用的那个结构的car：

```
(define (set-to-wow! x)
```

[147] 这两个序对不同，是因为对cons的每次调用总返回一个新序对。符号共享是因为在Scheme里对应每个名字的符号是唯一的。因为Scheme不提供改变符号的方式，因此这一共享是不可分辨的。请注意，正是这种共享使我们能用eq?比较符号，这个过程就是简单比较两个指针是否相等。

```
  (set-car! (car x) 'wow)
  x)
```

虽然z1和z2可以看作是“同样的”结构，将set-to-wow!应用于它们，就会产生不同的结果。对于z1而言，修改其car也就同时修改了它的cdr，因为在z1里的car和cdr是同一个序对。而对于z2，由于其car和cdr是不同的，所以set-to-wow!只修改了它的car：

```
z1
((a b) a b)
(set-to-wow! z1)
((wow b) wow b)

z2
((a b) a b)
(set-to-wow! z2)
((wow b) a b)
```

检查表结构是否共享的一种方式是使用谓词eq?，这个谓词在2.3.1节里介绍过，是作为检查两个符号是否相同的手段。说得更一般些，实际上(eq? x y)检查x和y是否为同一个对象（也就是说，x和y作为指针是否相等）。这样，对于图3-16和图3-17所定义的z1和z2，(eq? (car z1) (cdr z1))是真而(eq? (car z2) (cdr z2))是假。

在下一节里我们可以看到，利用共享结构可以极大地扩展能够用序对表示的数据结构的范围。另一方面，共享也可能带来危险，因为对这种结构的修改将会影响那些恰好共享着被修改了的序对的结构。改变函数set-car!和set-cdr!的使用需要特别小心，除非我们很好地理解了数据对象的共享情况，否则使用改变函数就会造成意想不到的结果[148]。

练习3.15 请画出盒子指针图形，解释set-to-wow!对于上面结构z1和z2的作用。

练习3.16 Ben Bitdiddle决定写一个过程，统计任何一个表结构中的序对个数。“这太简单了，”他说，“任何表结构里序对的个数就是其car部分的统计值加上其cdr部分的统计值，再加上1，以计入当前这个序对”。所以Ben写出了下面过程：

```
(define (count-pairs x)
  (if (not (pair? x))
      0
      (+ (count-pairs (car x))
         (count-pairs (cdr x))
         1)))
```

请说明这一过程并不正确。请画出几个表示表结构的盒子指针图，它们都正好由3个序对构成，而Ben的过程对它们将分别返回3，4，7，或者根本就不返回。

练习3.17 请设计出练习3.16中count-pairs过程的一个正确版本，使它对任何结构都能正确返回不同序对的个数。（提示：遍历有关的结构，维护一个辅助性数据结构，用它记录

[148] 在处理变动数据对象的共享问题时，最微妙的地方正好就反应了3.1.3节里提出的有关“同一”和“变化”的基本问题。我们在那里说过，如果希望这个语言里容许做修改，那么每个复合对象就必须有一个“标识”，这应该是某种不同于构造起它的那些片段的东西。在Lisp里，我们所认为的“同一”也就是检查客体之间的eq?，采用指针相等表示。这是因为在大部分Lisp实现里，一个指针本质上就是一个存储地址，在这里“解决”对象标识问题的方式，是假设数据对象“本身”也是一些信息，存储在计算机中某一些特定的存储位置。对于简单的Lisp程序而言，这也就足够了。但是这并不是解决计算模型中“同一”问题的一般性方法。

已经计算过的序对的轨迹。)

练习3.18 请写一个过程检查一个表，确定其中是否包含环，也就是说，如果某个程序打算通过不断做cdr去找到这个表的结尾，是否会陷入无穷循环。练习3.13构造了这种表。

练习3.19 重做练习3.18，采用一种只需要常量空间的算法（需要一种很聪明的想法）。

改变也就是赋值

在介绍复合数据时，我们在2.1.3节看到，序对可以纯粹地用过程来表示：

```
(define (cons x y)
  (define (dispatch m)
    (cond ((eq? m 'car) x)
          ((eq? m 'cdr) y)
          (else (error "Undefined operation -- CONS" m))))
  dispatch)
(define (car z) (z 'car))
(define (cdr z) (z 'cdr))
```

这种认识对于变动数据也是对的，我们可以将变动数据对象实现为使用赋值和局部状态的过程。举例说，我们可以扩充上面的序对实现，采用与3.1.1节类似的方式，用make-account实现银行账户的方式处理set-car!和set-cdr!的问题。

```
(define (cons x y)
  (define (set-x! v) (set! x v))
  (define (set-y! v) (set! y v))
  (define (dispatch m)
    (cond ((eq? m 'car) x)
          ((eq? m 'cdr) y)
          ((eq? m 'set-car!) set-x!)
          ((eq? m 'set-cdr!) set-y!)
          (else (error "Undefined operation -- CONS" m))))
  dispatch)
(define (car z) (z 'car))

(define (cdr z) (z 'cdr))

(define (set-car! z new-value)
  ((z 'set-car!) new-value)
  z)

(define (set-cdr! z new-value)
  ((z 'set-cdr!) new-value)
  z)
```

从理论上说，为了表现变动数据的行为，所需要的全部东西也就是赋值。只要将赋值纳入这一语言，我们就引出了所有的问题，不仅是赋值，而且也包括一般性的变动对象[149]。

练习3.20 请画出显示下面一系列表达式的求值过程的环境图示：

---

[149] 而在另一方面，从实现的观点看，赋值要求我们去修改环境，而环境本身也是一个变动数据结构。这样，赋值和变动就具有同等的地位，可以相互实现。

```
(define x (cons 1 2))
(define z (cons x x))
(set-car! (cdr z) 17)

(car x)
17
```

其中使用上面给出的序对的过程实现（请与练习3.11比较）。

3.3.2 队列的表示

利用改变函数set-car!和set-cdr!，我们可以用序对构造出一些单靠cons、car和cdr无法构造的数据结构。这一节将展示如何用序对表示一种称为队列的数据结构。3.3.3节将展示如何表示称为表格的数据结构。

一个队列是一个序列，数据项只能从一端插入（这称作队列的末端），只能从另一端删除（队列的前端）。图3-18显示的是一个初始为空的队列，而后插入数据项a和b，而后删除a，又插入c和d，再后又删除b。由于数据项是按照它们插入的顺序删除，因此队列有时也被称为FIFO（先进先出）缓冲区。

操作	结果的队列
(define q (make-queue))	
(insert-queue! q 'a)	a
(insert-queue! q 'b)	a b
(delete-queue! q)	b
(insert-queue! q 'c)	b c
(insert-queue! q 'd)	b c d
(delete-queue! q)	c d

图3-18 队列操作

按照数据抽象的说法，队列可以看作是由下面一组操作定义的结构：

- 一个构造函数：
  (make-queue)
  它返回一个空队列（不包含数据项的队列）。
- 两个选择函数：
  (empty-queue? *<queue>*)
  检查队列是否为空。
  (front-queue *<queue>*)
  返回队列前端的对象，如果队列为空就报告一个错误。它不修改队列。
- 两个改变函数：
  (insert-queue! *<queue>* *<item>*)
  将数据项插入队列末端，返回修改过的队列作为值。
  (delete-queue! *<queue>*)
  删除队列前端的数据项，并返回修改后的队列作为值。如果删除之前队列为空就报告错误。

由于队列就是数据项的序列，我们当然可以将它表示为一个常规的表。这样，队列的前端就是表的car，向队列中插入数据项就是将一个项附加到表的最后，而从队列里删除一个项就是取这个表的cdr。但是这种表示是相当低效的，这是因为，为了插入一个数据项，我们就必须扫描整个表，直至到达表尾。由于扫描一个表的方法只有通过执行一系列的cdr操作，对于n个项的表，这种扫描就需要做$\Theta(n)$ 步。简单地修改一下表的表示方式，就可以克服这种缺点，使队列操作都只要需$\Theta(1)$ 步就能实现，也就是说，使所需的步数完全与队列的长度无关。

采用表的表示形式，引出的一个问题是为找到表尾需要扫描整个表。这里的原因就在于，表的标准表示方式是用一个序对的链，虽然这样可以很方便地提供一个表的开始指针，但却不能为我们提供访问表尾的方便方法。如果要避免这一缺陷，那就需要修改表示方式，将队列表示为一个表，并带有一个指向表的最后序对的指针。采用了这种方式，如果我们需要插入一个数据项时，那就只需考察这个尾指针，因此就可以避免对表的扫描了。

这样，队列被表示为一对指针front-ptr和rear-ptr，它们分别指向一个常规表中的第一个序对和最后一个序对。由于我们希望队列成为一个可标识对象，为此可以将这两个指针cons起来。这样，队列本身也将是两个指针的cons。图3-19显示了这种表示的情况。

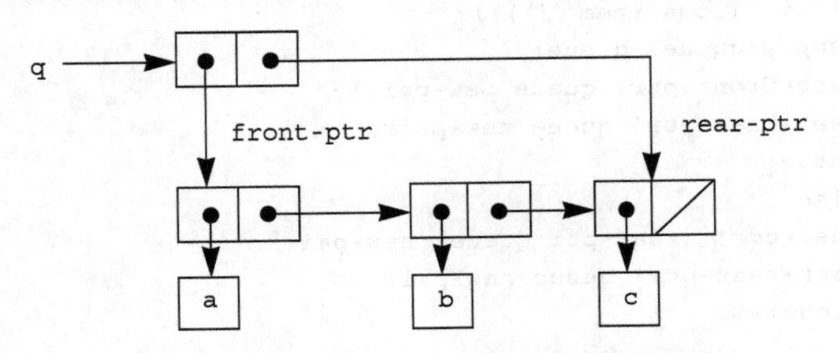

图3-19 将队列实现为一个带有首尾指针的表

为了定义出队列的各种操作，我们将使用下面几个过程，它们可以用于选择或者修改队列的前端和末端指针。

```
(define (front-ptr queue) (car queue))

(define (rear-ptr queue) (cdr queue))

(define (set-front-ptr! queue item) (set-car! queue item))

(define (set-rear-ptr! queue item) (set-cdr! queue item))
```

现在我们就可以定义队列的各个实际操作了。如果一个队列的前端指针等于其末端指针，那么就认为这个队列为空：

```
(define (empty-queue? queue) (null? (front-ptr queue)))
```

构造函数make-queue返回一个初始为空的表，也就是一个序对，其car和cdr都是空表：

```
(define (make-queue) (cons '() '()))
```

在需要选取队列前端的数据项时，我们就返回由前端指针指向的序对的car：

```
(define (front-queue queue)
  (if (empty-queue? queue)
```

```
      (error "FRONT called with an empty queue" queue)
      (car (front-ptr queue))))
```

要向队列中插入一个数据项，我们将按照图3-20中表明的方式，首先创建起一个新序对，其car是需要插入的数据项，其cdr是空表。如果这一队列原来是空的，那么就让队列的前端指针和后端指针都指向这个新序对。否则就修改队列中最后一个序对，使之指向这个新序对，而后让队列的后端指针也指向这个新序对。

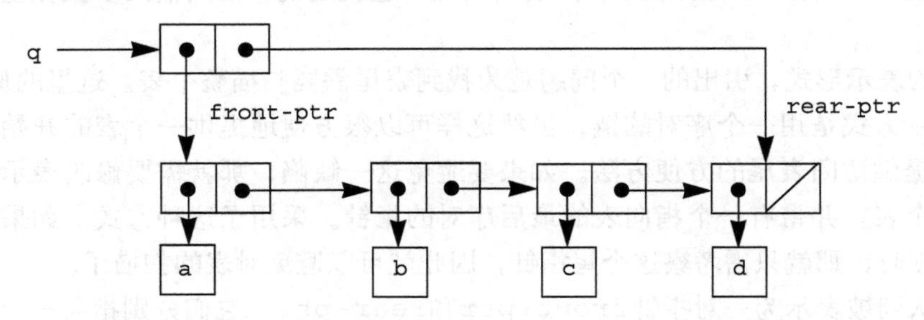

图3-20 对图3-19的队列使用（insert-queue! q' d）的结果

```
(define (insert-queue! queue item)
  (let ((new-pair (cons item '())))
    (cond ((empty-queue? queue)
           (set-front-ptr! queue new-pair)
           (set-rear-ptr! queue new-pair)
           queue)
          (else
           (set-cdr! (rear-ptr queue) new-pair)
           (set-rear-ptr! queue new-pair)
           queue))))
```

要从队列的前端删除一个数据项，我们只需要修改队列的前端指针，使它指向队列中的第二个数据项。通过队列中第一项的cdr指针就可以找到这个项（参见图3-21）[150]：

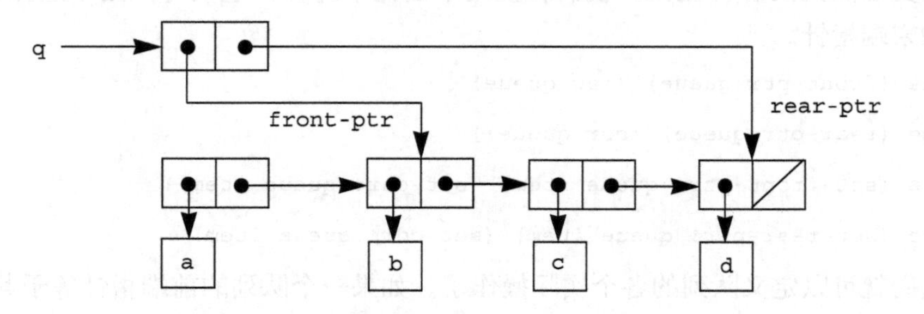

图3-21 对图3-20的队列使用（delete-queue! q）的结果

```
(define (delete-queue! queue)
  (cond ((empty-queue? queue)
         (error "DELETE! called with an empty queue" queue))
        (else
```

[150] 如果队列的第一个数据项也是最后一个，在删除之后前端指针将变成空表，这也就会使队列变成空的。此时不必去关心末端指针，虽然它还指着那个被删除的数据项。因为empty-queue?只看前端指针。

```
        (set-front-ptr! queue (cdr (front-ptr queue)))
        queue))
```

练习3.21 Ben Bitdiddle决定对上面描述的队列实现做一些测试，他顺序地给Lisp解释器输入了下面的试验表达式：

```
(define q1 (make-queue))

(insert-queue! q1 'a)
((a) a)

(insert-queue! q1 'b)
((a b) b)

(delete-queue! q1)
((b) b)

(delete-queue! q1)
(() b)
```

"不对"，他抱怨说，"解释器的响应说明最后一个数据项被插入了队列两次，因为我把两个数据项都删除了，但是第二个还在那里。因此此时这个表不空，虽然它应该已经空了。" Eva Lu Ator说是Ben错误理解了所出现的情况。"这里根本没有数据项进入队列两次的事情"，她解释说，"问题不过是Lisp的标准输出函数不知道应如何理解队列的表示。如果你希望能看到队列的正确打印结果，你就必须自己去为队列定义一个打印过程。"请解释Eva Lu说的是什么意思，特别是说明，为什么Ben的例子产生出那样的输出结果。请定义一个过程print-queue，它以队列为输入，打印出队列里的数据项序列。

练习3.22 除了可以用一对指针表示队列外，我们也可以将队列构造成一个带有局部状态的过程。这里的局部状态由指向一个常规表的开始和结束指针组成。这样，过程make-queue将具有下面的形式：

```
(define (make-queue)
  (let ((front-ptr ...)
        (rear-ptr ...))
    <内部过程定义>
    (define (dispatch m) ...)
    dispatch))
```

请完成make-queue的定义，进而采用这一表示提供队列操作的实现。

练习3.23 双端队列（deque）也是一种数据项的序列，其中的数据项可以从前端或后端插入和删除。双端队列的操作包括构造函数make-deque，谓词empty-deque?，选择函数front-deque、rear-deque，改变函数front-insert-deque!、rear-insert-deque!、front-delete-deque!、rear-delete-deque!。请说明如何用序对表示双端队列，并给出各个操作的实现。所有操作都应该在$\Theta(1)$步骤内完成[151]。

3.3.3 表格的表示

在第2章里研究集合表示的各种方式时，我们曾经在2.3.3节提到过有关维护一个由标识关键码索引的记录表格的问题。在2.4.3节里实现数据导向的程序设计时，也大量地使用了二维

[151] 请当心，不要让解释器试图去打印一个包含环的结构（参见练习3.13）。

表格，在其中存储着有关的信息，用两个关键码去提取。现在我们要考察如何用一种变动的表结构来实现表格。

我们首先考虑一维表格的问题，在这种表格里，每个值保存在一个关键码之下。我们要将这种表格实现为一个记录的表，其中的每个记录将实现为由一个关键码和一个关联值组成的序对。将这种记录连接起来构成一个序对的表，让这些序对的car指针顺序指向各个记录。这些作为连接结构的序对就成为这一表格的骨架。为了在向表格里加入记录时能有一个可以修改的位置，我们将这种表格构造为一种*带表头单元的表*。带表头单元的表在开始处有一个特殊的骨架序对，其中保存着一个哑“记录”——目前在这里存放一个特殊符号*table*。图3-22显示了下面表格的盒子指针图。

```
a:  1
b:  2
c:  3
```

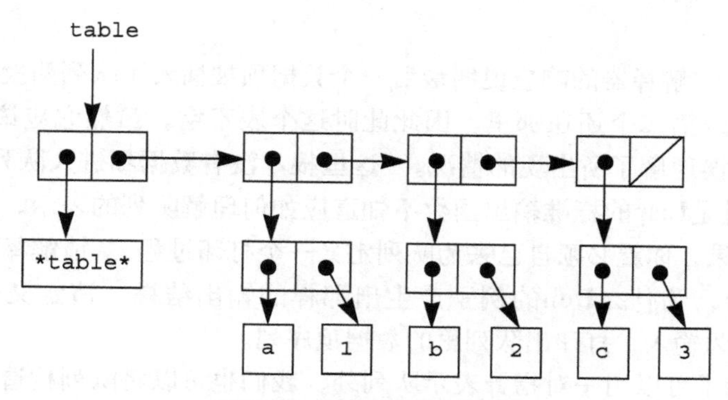

图3-22　带表头单元的表

为了从表格里提取信息，我们用了一个lookup过程，它以一个关键码为参数，返回与之相关联的值（如果在这个关键码之下没有值就返回假）。lookup是基于assoc操作定义的，这一操作要求一个关键码和一个记录的表作为参数。请注意，assoc根本不去看那个哑记录，它返回以给定关键码为car的那个记录[152]。lookup检查由assoc返回的结果记录是否为假，而后返回该记录中的值（其cdr）。

```
(define (lookup key table)
  (let ((record (assoc key (cdr table))))
    (if record
        (cdr record)
        false)))

(define (assoc key records)
  (cond ((null? records) false)
        ((equal? key (caar records)) (car records))
        (else (assoc key (cdr records)))))
```

要在一个表格里某个特定的关键码之下插入一个值，我们首先用assoc查看该表格里是否已经有以此作为关键码的记录。如果没有就cons起这个关键码和相应的值，构造出一个新记录，并将它插入到记录表的最前面，位于哑记录之后。如果表格里已经有了具有该关键码

[152] 由于assoc里用的是equal?，它能允许以符号、数值或者表结构作为关键码。

的记录，那么就将该记录的cdr设置为这个新值。表格的头单元为我们提供了一个明确的位置，使我们在插入新记录时能确定相应的修改位置[153]。

```
(define (insert! key value table)
  (let ((record (assoc key (cdr table))))
    (if record
        (set-cdr! record value)
        (set-cdr! table
                  (cons (cons key value) (cdr table)))))
  'ok)
```

在构造一个新表格时，我们只需要创建起一个包含符号 `*table*` 的表：

```
(define (make-table)
  (list '*table*))
```

二维表格

二维表格里的每个值由两个关键码索引。我们可以将这种表格构造为一个一维表格，其中的每个关键码又标识了一个子表格。图3-23中的盒子指针图表示的是下面表格：

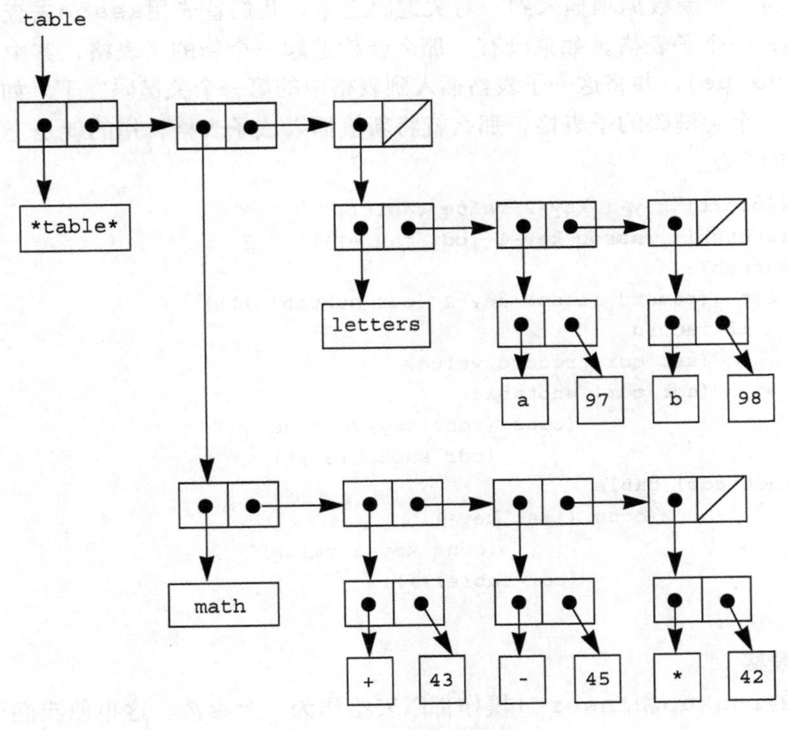

图3-23 一个二维表格

```
math:
    +:  43
    -:  45
```

[153] 这样，第一个骨架序对也就成为代表这个表列"本身"的对象，也就是说，指向这个表列的指针就是指向这个序对的指针。这个骨架序对总代表着表列的开始。如果我们不采用这种安排方式，insert!过程每次向表列中加入一个新记录后，就需要返回表列的新起始位置。

```
    *:  42
letters:
    a:  97
    b:  98
```

这其中有两个子表格。（子表格并不需要特殊的头单元符号，因为标识子表格的关键码就能起到这一作用。）

在需要查找一个数据项时，我们先用第一个关键码确定对应的子表格，而后用第二个关键码在这个子表格里确定记录。

```
(define (lookup key-1 key-2 table)
  (let ((subtable (assoc key-1 (cdr table))))
    (if subtable
        (let ((record (assoc key-2 (cdr subtable))))
          (if record
              (cdr record)
              false))
        false)))
```

如果需要将一个新数据项插入到一对关键码之下，我们首先用assoc去查看在第一个关键码下是否存在一个子表格。如果没有，那么就构造起一个新的子表格，其中只包含一个记录（key-2，value），并将这一子表格插入到表格中的第一个关键码之下。如果表格里已经有了对应于第一个关键码的子表格，那么就将新值插入该子表格，用的就是上面所述的在一维表格中插入的方法：

```
(define (insert! key-1 key-2 value table)
  (let ((subtable (assoc key-1 (cdr table))))
    (if subtable
        (let ((record (assoc key-2 (cdr subtable))))
          (if record
              (set-cdr! record value)
              (set-cdr! subtable
                        (cons (cons key-2 value)
                              (cdr subtable)))))
        (set-cdr! table
                  (cons (list key-1
                              (cons key-2 value))
                        (cdr table)))))
  'ok)
```

创建局部表格

上面定义的lookup和insert!操作都以表格作为一个参数，这也使我们可以将它们用到包含多个表格的程序里。处理多个表格的另一种方式是为每个表格提供一对独立的lookup和insert!过程。为了能够这样做，我们可以用过程的方式表示表格，将表格表示为一个以局部状态的方式维持着一个内部表格的对象。在接到一个适当的消息时，这种“表格对象”将提供相应的过程，实现对内部表格的各种操作。下面就是一个采用这种方式表示二维表格的生成器：

```
(define (make-table)
  (let ((local-table (list '*table*)))
```

```
    (define (lookup key-1 key-2)
      (let ((subtable (assoc key-1 (cdr local-table))))
        (if subtable
            (let ((record (assoc key-2 (cdr subtable))))
              (if record
                  (cdr record)
                  false))
            false)))
    (define (insert! key-1 key-2 value)
      (let ((subtable (assoc key-1 (cdr local-table))))
        (if subtable
            (let ((record (assoc key-2 (cdr subtable))))
              (if record
                  (set-cdr! record value)
                  (set-cdr! subtable
                            (cons (cons key-2 value)
                                  (cdr subtable)))))
            (set-cdr! local-table
                      (cons (list key-1
                                  (cons key-2 value))
                            (cdr local-table)))))
      'ok)
    (define (dispatch m)
      (cond ((eq? m 'lookup-proc) lookup)
            ((eq? m 'insert-proc!) insert!)
            (else (error "Unknown operation -- TABLE" m))))
    dispatch))
```

利用make-table，我们就能做出在2.4.3节里为做数据导向的程序设计而用的get和put操作了。它们的实现如下：

```
(define operation-table (make-table))
(define get (operation-table 'lookup-proc))
(define put (operation-table 'insert-proc!))
```

过程get以两个关键码为参数，put以两个关键码和一个值为参数。这两个操作都访问同一个局部表格，这一表格被封装在由对make-table的调用创建起的对象里面。

练习3.24 在上面的表格实现里，对于关键码的检查用equal?比较是否相等（它被assoc调用）。这一检查方式并不一定总是合适的。举例来说，我们可能需要一个采用数值关键码的表格，对于这种表格，我们需要的不是找到对应数值的准确匹配，而可以是有一点容许误差的数值。请设计一个表格构造函数make-table，它以一个same-key?过程作为参数，用这个过程检查关键码的“相等”与否。make-table过程应该返回一个过程dispatch，可以通过它去访问对应于局部表格的lookup和insert!过程。

练习3.25 请推广一维表格和二维表格的概念，说明如何实现一种表格，其中的值可以保存在任意多个关键码之下，不同的值可能对应于不同数目的关键码。对应的lookup和insert!过程以一个关键码的表作为参数去访问这一表格。

练习3.26 为了在上面这样实现的表格中检索，我们就需要扫描这个记录表。从本质上说，这就是2.3.3节中的无序表表示方式。对于很大的表格，以其他方式构造表格可能更加高效。请描述一种表格实现，其中的（key, value）记录用二叉树形式组织起来。这要假定关键码能够以某种方式排序（例如，数值序或者字典序）。（请与第2章的练习2.66比较。）

练习3.27　记忆法（memoization，或称表格法，tabulation）是一种技术，采用这种技术的过程将把前面已经算出的一些值记录在局部状态里。这种技术可能大大改变一个程序的性能。在一个采用记忆法的过程里维持着一个表格，其中保存着前面已经做过的调用求出的值，以产生这些值的实际参数作为关键码。当这种过程被调用去计算某个值时，它首先检查有关的表格，看看相应的值是否已经在那里，如果找到了就直接返回这个值；否则就以正常方式计算出相应的值，并将它保存到这个表格里。作为记忆性过程的一个例子，让我们重温一下1.2.2节里计算斐波那契数的指数计算过程：

```
(define (fib n)
  (cond ((= n 0) 0)
        ((= n 1) 1)
        (else (+ (fib (- n 1))
                 (fib (- n 2))))))
```

同一过程的带记录版本是：

```
(define memo-fib
  (memoize (lambda (n)
             (cond ((= n 0) 0)
                   ((= n 1) 1)
                   (else (+ (memo-fib (- n 1))
                            (memo-fib (- n 2))))))))
```

其中的记录器定义为：

```
(define (memoize f)
  (let ((table (make-table)))
    (lambda (x)
      (let ((previously-computed-result (lookup x table)))
        (or previously-computed-result
            (let ((result (f x)))
              (insert! x result table)
              result))))))
```

请为（memo-fib 3）的计算画出一个环境图，解释为什么memo-fib能以正比于n的步数计算出第n个斐波那契数。如果简单地将memo-fib定义为（memoize fib），这一模式还能工作吗？

3.3.4　数字电路的模拟器

设计复杂的数字系统，例如计算机，是一种非常重要的工程活动。数字系统都是通过连接一些简单元件构造起来的。虽然这些元件单独看起来功能都很简单，它们连接起来形成的网络就可能产生非常复杂的行为。对提出的电路设计做计算机模拟，是一种数字系统工程师广泛使用的重要工具。在这一节里，我们要设计一个执行数字逻辑模拟的系统。这一系统是通常称为事件驱动的模拟程序的一个典型代表，在这类系统里，一些活动（“事件”）引发另一些在随后时间发生的事件，它们又会引发随后的事件，并如此继续下去。

我们有关电路的计算模型将由一些对象组成，它们对应于构造电路时所用的那些基本构件。这里也有连线，它们能传递数字信号。一个数字信号在任何时刻都只能具有0或1这两个可能值之一。这里还有许多不同种类的功能块，它们连接着一些输入信号的连线和另外一些输出连线。这种功能块从它们的输入信号计算出相应的输出信号。输出信号有一个延迟，具体情况依赖于功能块的种类。例如，反门是一种基本功能块，它们对输入求反。如果一个反门的输入信号变为0，那么在一个反门延迟时间单位之后，这个反门就将其输出信号改变为1。如果一个反门的输入信号改变为1，那么在一个反门延迟时间单位之后，这个反门就将其输出信号改变为0。图3-24里画出了表示反门的符号。一个与门（如图3-24里所示）也是一个基本功能块，它有两个输入和一个输出，以其输入的逻辑与作为输出信号的值。也就是说，当一个与门的两个输入信号都变成1时，在一个与门延迟时间单位之后，该与门将产生1作为输出信号，否则其输出就是0。或门是另一种类似的功能块，以其输入的逻辑或作为输出信号的值。也就是说，当且仅当一个或门的两个输入信号之一为1时，其输出为1，否则其输出就是0。

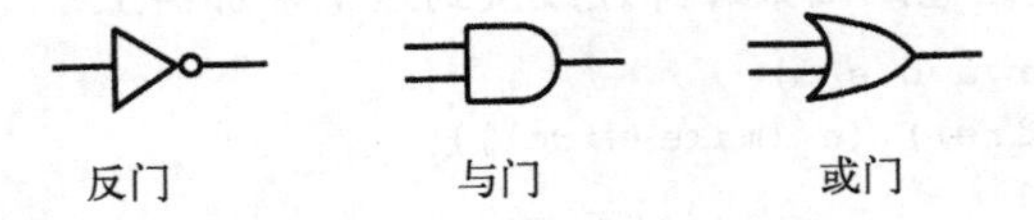

图3-24 数字逻辑模拟器的基本功能部件

我们可以将一些基本功能部件连接起来，构造出更复杂的功能。为此只需将一些功能块的输出连线接到另一些功能块的输入。举个例子，图3-25展示的是一个半加器电路，其中包括一个或门、两个与门和一个反门。这一半加器有两个输入信号A和B，以及两个输出信号S和C。当恰好A和B之一为1时，S将变成1，而当A和B都为1时C变成1。从这个图形可以看出，由于延迟的存在，这些输出可能在不同的时间产生，有关数字电路设计的许多困难都源于此。

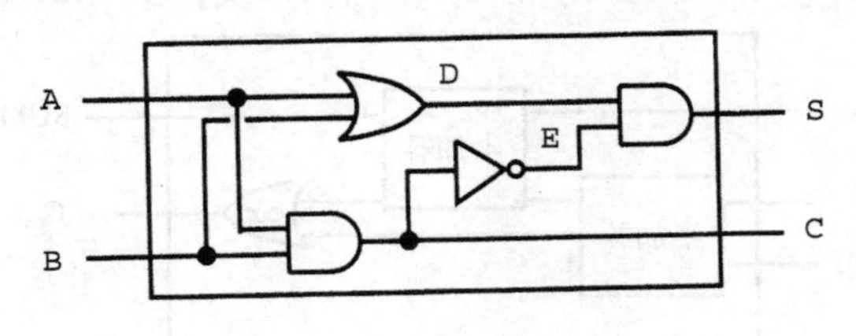

图3-25 半加器

我们现在要构造出一个程序，它能够模拟我们希望研究的各种数字逻辑电路。这一程序将构造出模拟连线的计算对象，它们能够“保持”信号。电路里的各种功能块用过程模拟，它们产生出信号之间的正确关系。

这一模拟中的一个最基本元素是过程make-wire，它用于构造连线。举例来说，我们可以像下面这样构造出6条连线：

```
(define a (make-wire))
(define b (make-wire))
(define c (make-wire))

(define d (make-wire))
(define e (make-wire))
(define s (make-wire))
```

如果需要将一个功能块连到一组连线上，我们就调用一个构造这类功能块的过程，提供给该构造过程的实际参数就是连接到这一功能块的那些连线。例如，有了上面的连线，我们可以如下构造出与门、或门和反门，并将它们连接成图3-25所示的半加器：

```
(or-gate a b d)
ok

(and-gate a b c)
ok

(inverter c e)
ok

(and-gate d e s)
ok
```

为了做得更好一点，我们还应该为这种操作命名，定义出一个过程half-adder，它能构造出这种电路，并将送给它的四条外部连线接到这个半加器上：

```
(define (half-adder a b s c)
  (let ((d (make-wire)) (e (make-wire)))
    (or-gate a b d)
    (and-gate a b c)
    (inverter c e)
    (and-gate d e s)
    'ok))
```

做出这种定义的优点，就在于我们又可以用half-adder本身作为基本构件，去创建更复杂的电路。例如，图3-26显示的是一个全加器，它由两个半加器和一个或门组成[154]。我们可以用如下方式构造出全加器：

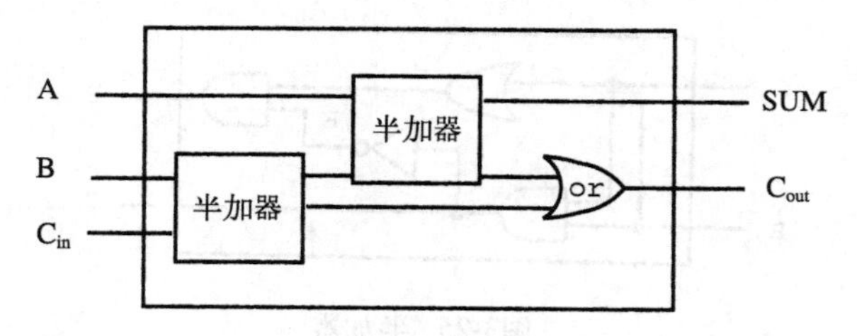

图3-26　全加器

```
(define (full-adder a b c-in sum c-out)
  (let ((s (make-wire))
        (c1 (make-wire))
        (c2 (make-wire)))
    (half-adder b c-in s c1)
    (half-adder a s sum c2)
    (or-gate c1 c2 c-out)
    'ok))
```

将全加器定义为过程之后，我们就又可以利用它作为构件，去创建更复杂的电路了（例如，练习3.30）。

[154] 全加器是二进制数求和所用的基本电路元件。这里的A和B是两个被加数中对应位置上的二进制位，C_{in}是从被加位的右边来的进位位。这一电路产生出的SUM是表示对应位置之和的二进制位，而C_{out}是传递给左边位置的进位位。

从本质上看，模拟器为我们提供了一种工具，作为构造电路的一种语言。如果我们采纳有关语言的一般性观点，就像在1.1节里研究Lisp时所做的那样，那么就可以说，各种基本功能块形成了这个语言的基本元素，将功能块连接起来就是这里的组合方法，而将特定的连接模式定义为过程就是这里的抽象方法。

基本功能块

基本功能块实现一种"效能"，使得在一根连线上的信号变化能够影响其他连线上的信号。为了构造出这些功能块，我们需要连线上的如下操作：

- (get-signal *<wire>*)
  返回连线上信号的当前值。
- (set-signal! *<wire> <new value>*)
  将连线上的信号修改为新的值。
- (add-action! *<wire> <procedure of no arguments>*)
  它断言，只要在连线上的信号值改变，这里所指定过程就需要运行。这种过程是一些媒介，它们能够将相应连线上值的变化传递到其他的连线。除这些过程之外，我们还要用一个过程after-delay，它的参数是一个时间延迟和一个过程，after-delay将在给定的时延之后执行这一指定过程。

利用这些过程，我们就可以定义基本的数字逻辑功能了。为了把输入通过一个反门连接到输出，我们应该用add-action!为输入线路关联一个过程，当输入线路的值改变时，这一过程就会执行。下面这个过程计算出输入信号的logical-not，在一个inverter-delay之后将输出线路设置为这个新值：

```
(define (inverter input output)
  (define (invert-input)
    (let ((new-value (logical-not (get-signal input))))
      (after-delay inverter-delay
                   (lambda ()
                     (set-signal! output new-value)))))
  (add-action! input invert-input)
  'ok)
(define (logical-not s)
  (cond ((= s 0) 1)
        ((= s 1) 0)
        (else (error "Invalid signal" s))))
```

与门的情况稍微复杂一点，因为在这种门的两个输入之一变化后，相应的动作过程都必须运行。下面过程计算出输出线路上信号值的logical-and（利用一个类似于logical-not的过程），并在一个and-gate-delay之后设置新值，使之出现在输出线路上。

```
(define (and-gate a1 a2 output)
  (define (and-action-procedure)
    (let ((new-value
           (logical-and (get-signal a1) (get-signal a2))))
      (after-delay and-gate-delay
                   (lambda ()
                     (set-signal! output new-value)))))
```

```
  (add-action! a1 and-action-procedure)
  (add-action! a2 and-action-procedure)
  'ok)
```

练习3.28　请将或门定义为一个基本功能块。你的or-gate构造函数应该和上面and-gate的构造函数类似。

练习3.29　构造或门的另一方式是将它作为一种复合的数字逻辑设备，用与门和反门构造出或门。请采用这种方式定义出or-gate。如何用and-gate-delay和inverter-delay表示这样定义的或门的延时？

练习3.30　图3-27展示的是通过串接起n个全加器组成的一个*级联进位加法器*。这是用于求n位二进制数之和的并行加法器的最简单形式。输入A_1，A_2，A_3，…，A_n与B_1，B_2，B_3，…，B_n是需要求和的两个二进制数（每个A_k和B_k都是0或者1）。这一电路产生出与之对应的和的n个二进制位S_1，S_2，S_3，…，S_n，以及这一求和的最终进位值C。请写出一个过程ripple-carry-adder生成这种电路，该过程应以各包含着n条线路的三个表——A_k、B_k和S_k——作为输入，还有另一线路C。级联进位加法器的主要缺点是需要等待进位信号向前传播。请设法确定，为了得到n位级联进位加法器的完整输出，我们将需要怎样的时延。请用与门、或门和反门的时延表示这种加法器的这一时延。

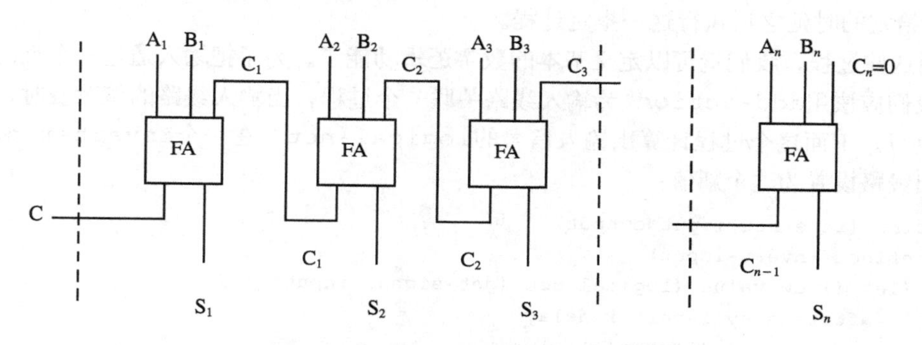

图3-27　一个对n位二进制数的逐位进位加法器

线路的表示

在这种模拟中，一条线路也就是一个具有两个局部状态变量的计算对象：其中一个是信号值signal-value（其初始值取0），另一个是一组过程action-procedures，在信号值改变时，这些过程都需要运行。我们将采用消息传递的风格，把线路实现为一组局部过程和一个dispatch过程，它负责选取适当的局部操作，这也就是我们在3.1.1节里处理简单银行账户时的做法：

```
(define (make-wire)
  (let ((signal-value 0) (action-procedures '()))
    (define (set-my-signal! new-value)
      (if (not (= signal-value new-value))
          (begin (set! signal-value new-value)
                 (call-each action-procedures))
          'done))

    (define (accept-action-procedure! proc)
      (set! action-procedures (cons proc action-procedures))
```

```
      (proc))
    (define (dispatch m)
      (cond ((eq? m 'get-signal) signal-value)
            ((eq? m 'set-signal!) set-my-signal!)
            ((eq? m 'add-action!) accept-action-procedure!)
            (else (error "Unknown operation -- WIRE" m))))
    dispatch))
```

局部过程set-my-signal!检查新的信号值是否实际改变了线路上的信号，如果真是这样，它就利用下面定义出的过程call-each运行每个动作过程。call-each逐个调用一个无参过程表中的每个过程：

```
(define (call-each procedures)
  (if (null? procedures)
      'done
      (begin
        ((car procedures))
        (call-each (cdr procedures)))))
```

局部过程accept-action-procedure!将给定的过程加入需要运行的过程表，并运行这个新过程一次（参见练习3.31）。

一旦设置好局部的dispatch过程，就可以提供以下访问线路中局部操作的过程了[155]：

```
(define (get-signal wire)
  (wire 'get-signal))

(define (set-signal! wire new-value)
  ((wire 'set-signal!) new-value))

(define (add-action! wire action-procedure)
  ((wire 'add-action!) action-procedure))
```

线路具有随着时间变化的信号，并可以逐步连接到各种设备上，因此这是一种典型的变动对象。我们已经将它们模拟为带有局部状态变量的过程，这些局部变量能够通过赋值而修改。在创建一条新线路时，就会分配一集新的状态变量（通过make-wire里的let表达式），构造并返回一个新的dispatch过程，使我们可以掌握具有这些新状态变量的那个环境。

一条线路被所有连接在该线路上的各种设备所共享。这样，由一个设备交互所造成的变化就会影响到连接在这条线路上的其他设备。线路将变化通知与之连接的设备，采用的方式就是调用相关的动作过程，这些过程是在建立连接时提供的。

待处理表

为完成这一模拟器，剩下的东西就是after-delay了。这里的想法是维护一个称为待处

155 这些过程只不过是语法糖衣，以便我们能用常规的过程语法形式去调用对象里的局部过程。能如此简单地交换“过程”和“数据”的角色也是很惊人的。例如，在写(wire 'get-signal)时，我们是把wire当作一个过程，用消息get-signal作为输入去调用它。换一种方式，(get-signal wire)的形式促使我们将wire设想为作为过程get-signal的输入的数据对象。真实的情况是，在一个可以将过程当作对象的语言里，在“过程”和“数据”之间并没有本质性的差异，因此我们可以自由选择自己所需的语法糖衣，以便按自己选定的风格去做程序设计。

理表的数据结构，其中包含着一个需要完成的事项的清单。对于这个待处理表，我们定义了如下操作：

- (make-agenda)
  返回一个新的空的待处理表。
- (empty-agenda? *<agenda>*)
  在所给待处理表空时为真。
- (first-agenda-item *<agenda>*)
  返回待处理表里的第一个项目。
- (remove-first-agenda-item! *<agenda>*)
  修改待处理表，删除其中的第一个项目。
- (add-to-agenda! *<time>* *<action>* *<agenda>*)
  修改待处理表，加入一项，要求在特定时间运行给定的动作过程。
- (current-time *<agenda>*)
  返回当时的模拟时间。

我们要用的特定待处理表用the-agenda表示。过程after-delay向the-agenda里加入一个新元素：

```
(define (after-delay delay action)
  (add-to-agenda! (+ delay (current-time the-agenda))
                  action
                  the-agenda))
```

有关的模拟用过程propagate驱动，它对the-agenda操作，顺序执行这一待处理表中的每个过程。一般而言，在模拟运行中，一些新的项目将被加入待处理表中。只要在这一待处理表里还有项目，过程propagate就会继续模拟下去：

```
(define (propagate)
  (if (empty-agenda? the-agenda)
      'done
      (let ((first-item (first-agenda-item the-agenda)))
        (first-item)
        (remove-first-agenda-item! the-agenda)
        (propagate))))
```

一个简单的实例模拟

下面过程中将一个“监测器”放到一个线路上，用于显示模拟器的活动。这一过程告诉相应的线路，只要它的值改变了，就应该打印出新的值，同时打印当前时间和线路名字：

```
(define (probe name wire)
  (add-action! wire
               (lambda ()
                 (newline)
                 (display name)
                 (display " ")
                 (display (current-time the-agenda))
                 (display "  New-value = ")
                 (display (get-signal wire)))))
```

我们从初始化待处理表和描述各种功能块的延时开始：

```
(define the-agenda (make-agenda))
(define inverter-delay 2)
(define and-gate-delay 3)
(define or-gate-delay 5)
```

现在定义4条线路，在其中的两条线路上安装监测器：

```
(define input-1 (make-wire))
(define input-2 (make-wire))
(define sum (make-wire))
(define carry (make-wire))
(probe 'sum sum)
sum 0  New-value = 0
(probe 'carry carry)
carry 0  New-value = 0
```

下面我们将这些线路连接到一个半加器电路上（参见图3-25），将input-1上的信号设置为1，而后运行这个模拟：

```
(half-adder input-1 input-2 sum carry)
ok

(set-signal! input-1 1)
done

(propagate)
sum 8  New-value = 1
done
```

在时间8，sum上的信号变为1。现在到了模拟开始之后的8个时间单位。在这一点上，我们可以将input-2上的信号设置为1，并让有关的值向前传播：

```
(set-signal! input-2 1)
done
(propagate)
carry 11  New-value = 1
sum 16  New-value = 0
done
```

在时间11处carry变为1，在时间16处sum变成0。

练习3.31 在make-wire里定义的内部过程accept-action-procedure!描述的是，当一个新的动作过程加入线路时，这一过程应立即运行。请解释为什么需要这种初始动作。特别是，请追踪上面段落里的半加器例子，看看如果我们不这样做，而是将accept-action-procedure!定义为下面形式，那会出现什么情况：

```
(define (accept-action-procedure! proc)
  (set! action-procedures (cons proc action-procedures)))
```

待处理表的实现

最后介绍待处理表数据结构的细节，这一数据结构里面保存着已经安排好，将在未来时刻运行的那些过程。

这种待处理表由一些时间段组成，每个时间段是由一个数值（表示时间）和一个队列（见练习3.32）组成的序对，在这个队列里，保存着那些已经安排好的，应该在这一时间段运行的过程。

```
(define (make-time-segment time queue)
  (cons time queue))

(define (segment-time s) (car s))

(define (segment-queue s) (cdr s))
```

我们将用3.3.2节描述的队列操作完成在时间段队列上的操作。

待处理表本身就是时间段的一个一维表格。与3.3.3节所示的表格的不同之处，就在于这些时间段应该按照时间递增的顺序排列。此外，我们还需在待处理表的头部保存一个当前时间（即，此前最后被处理的那个动作的时间）。一个新构造出的待处理表里没有时间段，其当前时间是0[156]：

```
(define (make-agenda) (list 0))

(define (current-time agenda) (car agenda))

(define (set-current-time! agenda time)
  (set-car! agenda time))

(define (segments agenda) (cdr agenda))

(define (set-segments! agenda segments)
  (set-cdr! agenda segments))

(define (first-segment agenda) (car (segments agenda)))

(define (rest-segments agenda) (cdr (segments agenda)))
```

如果一个待处理表里没有时间段，那它就是空的：

```
(define (empty-agenda? agenda)
  (null? (segments agenda)))
```

为了将一个动作加入待处理表，我们首先要检查这个待处理表是否为空。如果真是这样，那么就创建一个新的时间段，并将这个时间段装入待处理表里。否则我们就扫描整个的待处理表，检查其中各个时间段的时间。如果发现某个时间段具有合适的时间，那么就把这个动作加入与之关联的队列里。如果碰到了某个比需要预约的时间更晚的时间，那么就将一个新的时间段插入待处理表，插入这个位置之前。如果到达了待处理表的末尾，我们就必须在最后加上一个新的时间段。

```
(define (add-to-agenda! time action agenda)
  (define (belongs-before? segments)
    (or (null? segments)
        (< time (segment-time (car segments)))))
  (define (make-new-time-segment time action)
    (let ((q (make-queue)))
      (insert-queue! q action)
```

[156] 待处理表是一个带表头单元的表，就像3.3.3节的表格。但是因为这个表头中存放着当前时间，我们就不必在为它加上哑的头单元了（例如表列所用的*table*符号）。

```
      (make-time-segment time q)))
  (define (add-to-segments! segments)
    (if (= (segment-time (car segments)) time)
        (insert-queue! (segment-queue (car segments))
                       action)
        (let ((rest (cdr segments)))
          (if (belongs-before? rest)
              (set-cdr!
               segments
               (cons (make-new-time-segment time action)
                     (cdr segments)))
              (add-to-segments! rest)))))
  (let ((segments (segments agenda)))
    (if (belongs-before? segments)
        (set-segments!
         agenda
         (cons (make-new-time-segment time action)
               segments))
        (add-to-segments! segments))))
```

从待处理表中删除第一项的过程，应该删去第一个时间段的队列前端的那一项。如果删除使这个时间段变空了，我们就将这个时间段也从时间段的表里删去[157]：

```
(define (remove-first-agenda-item! agenda)
  (let ((q (segment-queue (first-segment agenda))))
    (delete-queue! q)
    (if (empty-queue? q)
        (set-segments! agenda (rest-segments agenda)))))
```

找出待处理表中里第一项，也就是找出其第一个时间段队列里的第一项。无论何时提取这个项时，都需要更新待处理表的当前时间[158]：

```
(define (first-agenda-item agenda)
  (if (empty-agenda? agenda)
      (error "Agenda is empty -- FIRST-AGENDA-ITEM")
      (let ((first-seg (first-segment agenda)))
        (set-current-time! agenda (segment-time first-seg))
        (front-queue (segment-queue first-seg)))))
```

练习3.32 在待处理表中，在某个时间段里需要运行的过程都保存在一个队列里，这就使对于每个时间段中过程的调用能按照它们加入待处理表的次序进行（先进先出）。请解释必须采用这种顺序的理由。请特别追踪一个与门的行为，假设它的输入在一个时间段里从0, 1变为1, 0。请说明，如果我们将过程按照常规表的方式存入时间段，总是在表的前端插入和删除过程（后进先出），那么会出现什么情况。

---

[157] 请注意，这个过程里用的if表达式没有<*alternative*>部分。这种“单支if语句”用于确定某件事情做或不做，而不是在两个表达式中做选择。如果if表达式没有<*alternative*>，在谓词为假时返回值不确定。

[158] 按这种方式，当前时间将总是最近处理的动作的时间。将这一时间保存在待处理表的头部，将能保证即使与这一时间关联的时间段已经被删除，当前时间仍然是可用的。

3.3.5 约束的传播

在传统上，计算机程序总被组织成一种单向的计算，它们对一些事先给定的参数执行某些操作，产生出所需要的输出。但另一方面，我们也经常需要模拟一些由各种量之间的关系描述的系统。例如，某个机械结构的数学模型里可能包含着这样的一些信息：在一个金属杆的偏转量d与作用于这个杆的力F、杆的长度L、截面面积A和弹性模数之间的关系可以由下面方程描述：

$$dAE = FL$$

这种关系并不是单向的，给定了其中任意的4个量，我们就可以利用它计算出第5个量。然而，要将这种方程翻译到传统的程序设计语言，就会迫使我们选出一个量，要求基于另外的4个量去计算出它。这样，一个用于计算面积A的过程将不能用于计算偏转量d，虽然对于A和d的计算都出自这同一个方程[159]。

在这一节里，我们要描绘一种语言的设计，这种语言将使我们可以基于各种关系进行工作。这一语言里的基本元素就是*基本约束*，它们描述了在不同量之间的某种特定关系。例如，`(adder a b c)`描述的是量a、b和c之间必须有关系$a+b=c$，`(multiplier x y z)`描述的是约束关系$xy=z$，而`(constant 3.14 x)`表示x的值永远都是3.14。

我们的语言里还提供了一些方法，使它们可以用于组合各种基本约束，以便去描述更复杂的关系。在这里，我们将通过构造*约束网络*的方式组合起各种约束，在这种约束网络里，约束通过*连接器*连接起来。连接器是一种对象，它们可以"保存"一个值，使之能参与一个或者多个约束。例如，我们知道在华氏温度和摄氏温度之间的关系是：

$$9C = 5(F - 32)$$

这样的约束就可以看作是一个网络（如图3-28所示），通过基本加法约束、乘法约束和常量约束组成。在这个图里，我们看到左边的乘法块有三个引线，分别标记为$m1$、$m2$和p。该乘法约束的这些引线以如下方式连接到网络的其他部分：引线$m1$连到连接器C，这个连接器将保存摄氏温度。引线$m2$接在连接器w，该连接器还连接着一个保存常量9的约束块。引线p被这一乘法块约束到$m1$和$m2$的乘积，它还连接到另一个乘法块的引线p。另一乘法块的$m2$连接到常量5，它的$m1$连接到另一加法块的一条引线上。

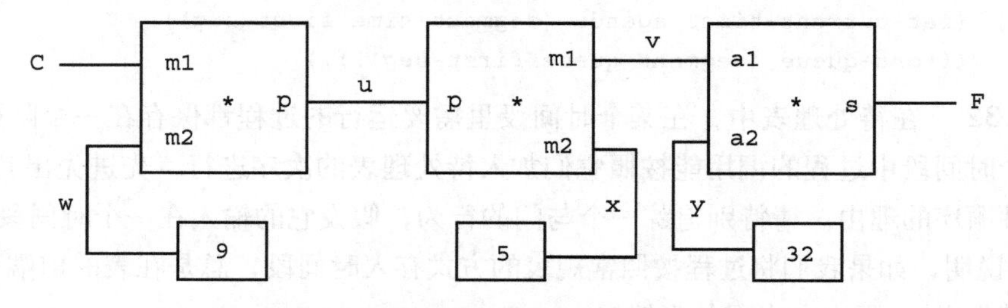

图3-28 用约束网络表示的关系$9C=5(F-32)$

[159] 约束传播的概念首先出现在Ivan Sutherland的不可思议的前瞻性系统SKETCHPAD中（1963）。Alan Borning在Xerox Palo Alto研究中心开发一个基于Smalltalk语言的漂亮的约束传播系统（1977）。Sussman、Stallman和Steele将约束传播用于电子电路分析（Sussman and Stallman 1975; Sussman and Steele 1980），TK!Solver（Konopasek and Jayaraman 1984）是一个基于约束的扩展模拟环境。

由这样的网络完成的计算以如下方式进行：当某个连接器被给定了一个值时（由用户或者由它所连接的某个约束块），它就会去唤醒所有与之关联的约束（除了刚刚唤醒它的那个约束之外），通知它们自己有了一个新值。被唤醒的每个约束块将去盘点自己的连接器，看看是否存在足够的信息为某个连接器确定一个值。如果可能的话，该块就设置相应的连接器，而这个连接器又会去唤醒与之连接的约束，并这样进行下去。举例说，位于摄氏和华氏之间的变换常数*w*、*x*和*y*将立即被各个常量块分别设置为9、5和32。这些连接器唤醒网络中的加法约束和乘法约束，但是它们都确定了现在还没有足够的信息继续工作。如果用户（或者网络中的另外某个部分）为*C*设置了一个值（譬如说25），最左边的乘法约束就会被唤醒，它会把*u*设置为25 · 9＝225。而后*u*就会唤醒第二个乘法约束，这一乘法约束将把*v*设置为45，*v*又会唤醒那个加法约束，该加法约束将把*F*设置为77。

约束系统的使用

为了使用上面给出了梗概的约束系统模型去执行温度计算，我们需要首先调用构造函数make-connector，创建起两个连接器C和F，而后将它们连接到一个适当的网络里：

```
(define C (make-connector))
(define F (make-connector))
(celsius-fahrenheit-converter C F)
ok
```

创建上述网络的过程的定义如下：

```
(define (celsius-fahrenheit-converter c f)
  (let ((u (make-connector))
        (v (make-connector))
        (w (make-connector))
        (x (make-connector))
        (y (make-connector)))
    (multiplier c w u)
    (multiplier v x u)
    (adder v y f)
    (constant 9 w)
    (constant 5 x)
    (constant 32 y)
    'ok))
```

这一过程建立起内部连接器u、v、w、x和y，调用基本约束的构造函数adder、multiplier和constant，并将它们按照图3-28所示的形式连接起来。就像3.3.4节描述的一样，以过程的方式描述几个元素的组合，也就自动地为语言提供了一种复合对象的抽象方法。

为了观察这个网络的活动，我们可以为连接器C和F安装上probe过程，这里使用的过程probe与前面在3.4.4节里监视线路的过程类似。在连接器上安装监视器，将导致每次给这个连接器一个值时，就会打印出一个消息：

```
(probe "Celsius temp" C)
(probe "Fahrenheit temp" F)
```

下面我们将C设置为25。set-value!的第三个参数告诉C，这个指示直接来自user。

```
(set-value! C 25 'user)
```

```
Probe: Celsius temp = 25
Probe: Fahrenheit temp = 77
done
```

附在C上的监视器被唤醒并报告有关的值。C还将它的值像上面所说的那样沿着网络传播，这将使F被设置为77，最后也由F的监视器报告出来。

下面我们想试试为F设置一个新值，例如212：

```
(set-value! F 212 'user)
Error! Contradiction (77 212)
```

这一连接器抱怨说它发现了一个矛盾：它的值现在是77，而别的什么地方想将它的值设置为212。如果我们真希望对新的值重新使用这一网络，那么就应该告诉C忘掉它原先的值：

```
(forget-value! C 'user)
Probe: Celsius temp = ?
Probe: Fahrenheit temp = ?
done
```

C看到user现在要求自己撤销已有的值，而该值原来就是它设置的，因此就同意丢掉该值，正如监视器所报告的情况。这一信息也通知到网络的其余部分，有关消息最终传播到F，使它发现已经不该继续保持值77了。这样，F也就放弃了原来的值，如监视器所报告的那样。

现在F没有值了，此时我们完全可以将它设置为212：

```
(set-value! F 212 'user)
Probe: Fahrenheit temp = 212
Probe: Celsius temp = 100
done
```

这一新值通过网络传播，最终迫使C具有值100，这一情况被附着在C上的监视器报告出来。从这里可以看到，同样的一个网络，在给定了F之后能用于计算C，在给定C后能算出F。这种非定向的计算是基于约束的系统的标志性特征。

约束系统的实现

约束系统用具有内部状态的过程对象实现，所用的方式很像3.3.4节里的数字电路模拟器。虽然约束系统里的基本对象在某些方面更复杂一些，但整个系统却更为简单，因为这里完全不需要关心待处理表和时间延迟等等问题。

连接器的基本操作包括：

- (has-value? *<connector>*)
  报告说这一连接器是否有值。
- (get-value *<connector>*)
  返回连接器当前的值。
- (set-value! *<connector>* *<new-value>* *<informant>*)
  通知说，信息源（informant）要求连接器将其值设置为一个新值。
- (forget-value! *<connector>* *<retractor>*)
  通知说，撤销源（retractor）要求连接器忘记其值。
- (connect *<connector>* *<new-constraint>*)
  通知连接器参与一个新约束。

连接器通过过程inform-about-value与各个相关约束通信，这一过程告知给定的约束，现在该连接器有了一个新值。过程inform-about-no-value告知有关的约束，现在该连接器丧失了自己原有的值。

过程adder在被求和连接器a1和a2与和连接器sum之间构造出一个加法约束。加法约束也实现为一个带有内部状态的过程（下面的过程me）：

```
(define (adder a1 a2 sum)
  (define (process-new-value)
    (cond ((and (has-value? a1) (has-value? a2))
           (set-value! sum
                       (+ (get-value a1) (get-value a2))
                       me))
          ((and (has-value? a1) (has-value? sum))
           (set-value! a2
                       (- (get-value sum) (get-value a1))
                       me))
          ((and (has-value? a2) (has-value? sum))
           (set-value! a1
                       (- (get-value sum) (get-value a2))
                       me))))
  (define (process-forget-value)
    (forget-value! sum me)
    (forget-value! a1 me)
    (forget-value! a2 me)
    (process-new-value))
  (define (me request)
    (cond ((eq? request 'I-have-a-value)
           (process-new-value))
          ((eq? request 'I-lost-my-value)
           (process-forget-value))
          (else
           (error "Unknown request -- ADDER" request))))
  (connect a1 me)
  (connect a2 me)
  (connect sum me)
  me)
```

过程adder将一个新的加法约束连接到指定连接器，并将这个加法约束作为自己的返回值。过程me就代表那个加法约束，它的活动方式就像是一个对完成局部过程分派的分派过程。下面的“语法界面”（参见3.3.4节里的脚注155）可以与上述分派过程结合使用：

```
(define (inform-about-value constraint)
  (constraint 'I-have-a-value))

(define (inform-about-no-value constraint)
  (constraint 'I-lost-my-value))
```

当加法约束得到了通知，知道自己的一个连接器有了新值时，这个约束里的局部过程process-new-value就会被调用。此时，加法约束首先检查a1和a2是否都有了值，如果有的话，它就告诉sum将其值设置为两个加数之和。送给set-value!的informant参数是me，也就是这个加法对象本身。如果并排a1和a2都有了值，那么加法对象就检查是否a1和sum都已经有了值，如果情况真是这样，它就将a2设置为两者之差。最后，如果a2和sum都有值，就给了这个加法对象足够的信息去设置a1。如果加法对象被告知自己的一个连接器丧失了值，那么它就要求其所有连接器丢掉它们的值（实际上，只有那些被该加法对象设置值的连接器会丢掉值），而后再运行它的过程process-new-value。需要最后这一步的原因是，还可能有些连接器仍然有自己的值（也就是说，某个连接器过去所拥有的值原来就不是由这个加法对象设置的），这些值又可能需要通过这一加法对象传播。

乘法对象很像加法对象。如果两个因子之一是0，它就会把product设置为0，即使另一个因子现在还不知道。

```
(define (multiplier m1 m2 product)
  (define (process-new-value)
    (cond ((or (and (has-value? m1) (= (get-value m1) 0))
               (and (has-value? m2) (= (get-value m2) 0)))
           (set-value! product 0 me))
          ((and (has-value? m1) (has-value? m2))
           (set-value! product
                       (* (get-value m1) (get-value m2))
                       me))
          ((and (has-value? product) (has-value? m1))
           (set-value! m2
                       (/ (get-value product) (get-value m1))
                       me))
          ((and (has-value? product) (has-value? m2))
           (set-value! m1
                       (/ (get-value product) (get-value m2))
                       me))))
  (define (process-forget-value)
    (forget-value! product me)
    (forget-value! m1 me)
    (forget-value! m2 me)
    (process-new-value))
  (define (me request)
    (cond ((eq? request 'I-have-a-value)
           (process-new-value))
          ((eq? request 'I-lost-my-value)
           (process-forget-value))
          (else
           (error "Unknown request -- MULTIPLIER" request))))
  (connect m1 me)
  (connect m2 me)
  (connect product me)
  me)
```

constant的构造函数简单地设置指定连接器的值。任何时候把I-have-a-value或者I-lost-my-value消息送到常量块都会产生一个错误。

```
(define (constant value connector)
```

```
  (define (me request)
    (error "Unknown request -- CONSTANT" request))
  (connect connector me)
  (set-value! connector value me)
  me)
```

最后，监视器在指定连接器被设置或者取消值的时候打印出一个消息：

```
(define (probe name connector)
  (define (print-probe value)
    (newline)
    (display "Probe: ")
    (display name)
    (display " = ")
    (display value))
  (define (process-new-value)
    (print-probe (get-value connector)))
  (define (process-forget-value)
    (print-probe "?"))
  (define (me request)
    (cond ((eq? request 'I-have-a-value)
           (process-new-value))
          ((eq? request 'I-lost-my-value)
           (process-forget-value))
          (else
           (error "Unknown request -- PROBE" request))))
  (connect connector me)
  me)
```

连接器的表示

连接器用带有局部状态变量value、informant和constraints的过程对象表示，value中保存这个连接器的当前值，informant是设置连接器值的对象，constraints是这一连接器所涉及的所有约束的表。

```
(define (make-connector)
  (let ((value false) (informant false) (constraints '()))
    (define (set-my-value newval setter)
      (cond ((not (has-value? me))
             (set! value newval)
             (set! informant setter)
             (for-each-except setter
                              inform-about-value
                              constraints))
            ((not (= value newval))
             (error "Contradiction" (list value newval)))
            (else 'ignored)))
    (define (forget-my-value retractor)
      (if (eq? retractor informant)
          (begin (set! informant false)
                 (for-each-except retractor
                                  inform-about-no-value
                                  constraints))
```

```
          'ignored))
    (define (connect new-constraint)
      (if (not (memq new-constraint constraints))
          (set! constraints
                (cons new-constraint constraints)))
      (if (has-value? me)
          (inform-about-value new-constraint))
      'done)
    (define (me request)
      (cond ((eq? request 'has-value?)
             (if informant true false))
            ((eq? request 'value) value)
            ((eq? request 'set-value!) set-my-value)
            ((eq? request 'forget) forget-my-value)
            ((eq? request 'connect) connect)
            (else (error "Unknown operation -- CONNECTOR"
                         request))))
  me))
```

当出现了设置一个连接器的要求时，该连接器的局部过程set-my-value就会被调用。如果这一连接器当时并没有值，那么它就设置自己的值，并在informant里记录下要求设置当前值的那个约束[160]。而后这一连接器将通知它所参与的所有约束，除了刚刚要求设置值的那个约束之外。这一工作通过下面的迭代过程完成，它将一个指定过程应用于一个表中的所有对象，除了一个给定的例外：

```
(define (for-each-except exception procedure list)
  (define (loop items)
    (cond ((null? items) 'done)
          ((eq? (car items) exception) (loop (cdr items)))
          (else (procedure (car items))
                (loop (cdr items)))))
  (loop list))
```

当连接器被要求忘记自己的值时，它就会去运行局部过程forget-my-value。这个过程首先检查这一要求是否来自原先设置值的同一个对象。如果情况确实如此，连接器就通知它所参与的所有约束，告知它们自己的值已经没有了。

局部过程connect向约束表里加入一个新约束（如果它以前不在表里）。如果这个连接器已经有值，它就会将这一事实通知这个新约束。

连接器过程me完成对于内部过程服务的分派工作，它同时也作为这个连接器对象的代表。下面几个过程为分派提供了一个语法界面：

```
(define (has-value? connector)
  (connector 'has-value?))

(define (get-value connector)
  (connector 'value))

(define (set-value! connector new-value informant)
  ((connector 'set-value!) new-value informant))
```

---

[160] 这里的setter也可能不是约束。在前面有关温度的例子里，就用了user作为setter。

```
(define (forget-value! connector retractor)
  ((connector 'forget) retractor))

(define (connect connector new-constraint)
  ((connector 'connect) new-constraint))
```

练习3.33 利用基本的加法、乘法和常量约束定义一个averager过程，它以三个连接a、b和c作为输入，建立起一个约束，使得c总是a和b的平均值。

练习3.34 Louis Reasoner想做一个平方器，也就是一种带有两条引线的约束装置，使得连接在它的第二条引线上的连接器b的值是其第一条引线上的值a的平方。他提出了用乘法约束定义这一设备的简单方法：

```
(define (squarer a b)
  (multiplier a a b))
```

这一建议有一个严重缺陷，请给出解释。

练习3.35 Ben Bitdiddle告诉Louis，为了避免他在练习3.34中遇到的麻烦，一种方式是将平方器定义为一个新的基本约束。请填充Ben所给出的下面过程概要，实现这样的约束：

```
(define (squarer a b)
  (define (process-new-value)
    (if (has-value? b)
        (if (< (get-value b) 0)
            (error "square less than 0 -- SQUARER" (get-value b))
            <alternative1>)
        <alternative2>))
  (define (process-forget-value) <body1>)
  (define (me request) <body2>)
  <其他定义>
  me)
```

练习3.36 假定我们要在全局环境里求值下面的表达式序列：

```
(define a (make-connector))
(define b (make-connector))
(set-value! a 10 'user)
```

在对set-value!求值的某个时刻，需要在连接器的局部过程中求值下面表达式：

```
(for-each-except setter inform-about-value constraints)
```

请画出表示上述表达式的求值环境的环境图。

练习3.37 与下面更具表达式风格的定义相比，过程celsius-fahrenheit-converter显得过于麻烦了：

```
(define (celsius-fahrenheit-converter x)
  (c+ (c* (c/ (cv 9) (cv 5))
          x)
      (cv 32)))

(define C (make-connector))
(define F (celsius-fahrenheit-converter C))
```

这里的c+、c*等等是算术运算的“约束”版。例如，c+以两个连接器为参数，返回另一个连接器，它与那两个连接器具有加法约束：

```
(define (c+ x y)
  (let ((z (make-connector)))
    (adder x y z)
    z))
```

请定义模拟过程c-、c*、c/和cv（常量值），使我们可以利用它们定义出各种复合约束，就像前面有关反门的例子[161]。

3.4 并发：时间是一个本质问题

我们已经看到了具有内部状态的计算对象作为模拟工具的威力。然而，正如3.1.3节提出的警告，这种威力也付出了代价：丢掉了引用透明性，造成了有关同一与变化问题中的模糊不清，还必须抛弃求值的代换模型，转而采用更复杂也难把握的环境模型。

潜藏在状态、同一、变化后面的中心问题是，引入赋值之后，我们就必须承认时间在所用的计算模型中的位置。在引入赋值之前，我们的所有程序都没有时间问题，也就是说，任何具有某个值的表达式，将总是具有这个值。与此相反，请回忆一下在3.1.1节开始介绍的，模拟从银行账户提款并返回最后余额的例子：

```
(withdraw 25)
75

(withdraw 25)
50
```

在这里，连续地对同一个表达式求值，却产生出了不同的值。这种行为的出现就是因为一个事实：赋值语句的执行（在所讨论的情况中就是对balance的赋值）描绘出有关值变化的一些时刻，对一个表达式的求值结果不但依赖于该表达式本身，还依赖于求值发生在这些时刻之前还是之后。采用具有局部状态的计算对象建立模型，就会迫使我们去直面时间问题，并将它作为程序设计中一个必不可少的概念。

在构造与我们所感知的物理世界更加匹配的计算模型方面，我们还可以走得更远一些。

---

[161] 这种类表达式的表示形式比较方便，因为在这里可以不必去命名一个计算的中间表达式。我们原来的约束语言在形式上的麻烦，与许多语言中处理复合数据的操作时所遇到的麻烦完全一样。例如，如果我们希望计算乘积 $(a+b)\cdot(c+d)$，其中的变量都表示向量，我们可以采用“命令式风格”，用一些设置指定向量参数，但自己并不返回向量值的过程：

```
(v-sum a b temp1)
(v-sum c d temp2)
(v-prod temp1 temp2 answer)
```

换一种方式，我们也可以用返回向量值的过程写表达式，因此就可以避免显式地提出temp1和temp2：

```
(define answer (v-prod (v-sum a b) (v-sum c d)))
```

因为Lisp允许返回复合对象作为过程的值，因此我们就可以将上面的命令式风格的约束语言，变换为另一种表达式风格的语言（见上述练习）。在那些处理复合数据对象方面手段贫乏的语言里，例如Algol、Basic和Pascal（一个例外的是在Pascal里显式使用指针变量），人们通常只能通过命令式风格去操作复合对象。看到了基于表达式风格的优点之后，有人可能会问，采用命令式风格实现系统（像我们在这一节里所做的这样）难道还有什么理由吗？这里的一个理由是，非表达式风格的约束语言为约束对象和连接器对象提供了句柄（例如，adder过程的值），如果我们希望为有关的系统扩充一些新操作，希望它们直接与这些约束通信，而不是通过连接器上的操作，这种句柄就会显得非常有用了。虽然在命令式的实现之上很容易实现基于表达式的风格，要想反过来做就非常困难了。

现实世界里的对象并不是一次一个地顺序变化，与此相反，我们看到它们总是并发地活动，所有东西一起活动。所以，用一集并发执行的计算进程（为了与一般讨论并行计算与并发问题的文献保持一致，在这一节里，我们把术语process翻译为“进程”。实际上，这里的process与前面译为“计算过程”的process描述的是同样的现象，都是指一个计算活动的进展情况——译者注）模拟各种系统常常是很自然的。正如我们可以通过将模型组织为一些具有相互分离的局部状态的对象，使做出的程序更加模块化一样，将计算模型划分为一些能各自独立地并发演化的部分，常常也是很合适的。即使有关的程序是在一台顺序计算机上执行，在实际写程序时就像它们将被并发地执行那样，也能帮助程序员们避免那些并不必要的时间约束，因此也可能使程序更加模块化。

除了使程序更加模块化之外，并发计算还可能提供某种超越顺序计算的速度优势。顺序计算机每次只能执行一个操作，所以它执行一件任务所花费的时间量将正比于需要执行的操作的总数[162]。然而，如果可能将一个问题分解为一些片段，这些片段之间相对独立，极少需要相互联系，那么就有可能将这些片段分配给不同的计算处理器，得到的速度提高就可能正比于可用的处理器数目了。

但是，在出现了并发的情况下，由赋值引入的复杂性问题将变得更加严重了。无论是因为真实世界确实如此，还是因为我们在计算机里这样做，并发执行的出现都会在我们对时间的理解中加入进一步的复杂性。

3.4.1 并发系统中时间的性质

从表面上看，时间似乎是非常简单的东西。它也就是强加在各种事件上的一个顺序[163]。对于任何两个事件*A*和*B*，或者是*A*出现在*B*之前，或者*A*和*B*同时发生，或者*A*出现在*B*之后。譬如说，回到前面银行账户的例子。假设Peter从两人的共用账户里提款10元而Paul提款25元。这一账户的初始余额为100元，提款后账户余额为65元。根据两次提款的顺序不同，账户中余额的序列可以是100→90→65或者100→75→65。在银行系统的一个计算机实现里，余额的这种变化序列可以用对变量balance的一系列赋值来模拟。

在更加复杂的情况下，这样的观点也会成为问题。假设Peter和Paul，可能还有其他的人，都在通过遍布全世界的银行机器网络访问这个账户。那么余额的实际序列就将严格地依赖于这些访问的确切时间顺序，以及机器之间通信的各种细节。

事件顺序的非确定性，可能对并发系统的设计提出了严重的问题。举例说，假定由Peter和Paul进行的取款被实现为两个独立的进程，它们共享同一个变量balance，这两个计算进程都由3.1.1节给出的如下过程描述：

```
(define (withdraw amount)
  (if (>= balance amount)
      (begin (set! balance (- balance amount))
             balance)
      "Insufficient funds"))
```

如果这两个进程独立地操作，那么Peter就可能去检查余额，而后企图提取出合法数量的一笔

[162] 大部分真实的处理器每次执行若干个操作，它们采用一种称为流水线的策略。虽然这一技术能极大地提高硬件性能，它也只是用于加速顺序指令流的执行，还需要保持顺序程序的行为。

[163] 引一段写在剑桥建筑墙上的话：“时间是一种设施，发明它就是为了不让所有的事情都立即发生。”

款。然而，Paul完全可能在Peter检查余额的时刻与Peter完成提款的时刻之间提取走了一笔钱，这样也就使Peter的事先检查变得不再合法了。

事情还可能变得更糟糕。考虑作为每个提款进程一部分的表达式：

```
(set! balance (- balance amount))
```

这一表达式的执行包含三个步骤：1）取得变量balance的值；2）计算出新的余额；3）将变量balance设置为新值。如果Peter和Paul在提款过程中并发地执行这一语句，那么这两次提款在访问balance和将它设置为新值的动作就可能交错。

图3-29显示的时序图勾画了一个事件顺序，其中的balance在开始时是100，Peter取走了10，Paul取走了25，然而balance最后的值却是75。正如图中所示，出现这种异常情况的原因是，Paul将75赋值给balance的前提条件是，在减少之前balance的值是100。而当Peter将balance修改为90之后，上述前提已经变得不再合法了。对于银行系统而言，这当然是灾难性的错误，因为系统里款项的总量没有维持好。在这些交易之前，款项的总额是100元。在此之后，Peter有了10元，Paul有了25元，而银行还有75元[164]。

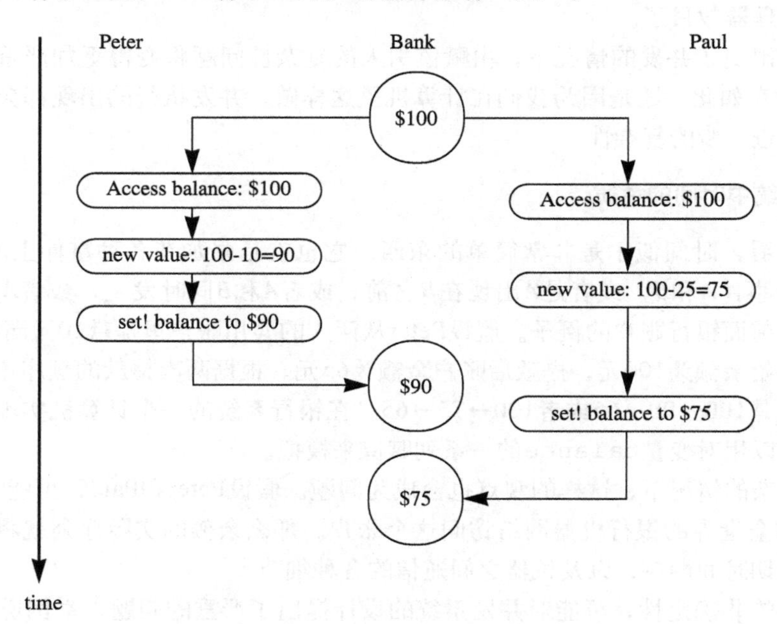

图3-29　时序图，说明两次银行提款事件怎样交错就可能导致不正确的余额

由这一实例表现出的一般性现象是，几个进程有可能共享同一个状态变量。使事情变得更加复杂的原因，就是多个进程有可能同时试图去操作这种共享的状态。对于银行账户的例子，在完成每次交易时，每个客户应该能像根本不存在其他客户那样进行自己的活动。当一个客户以某种依赖于余额的方式修改余额时，他应该能够假定，在立刻就要做修改的那个时

[164] 对于这个系统，如果两个set!操作同时试图去修改余额，产生的情况可能更糟。在这种情况下，存储器里出现的实际数据就可能是两个进程所写信息的随机组合。大部分计算机都有对存储器基本写入操作的互锁，以防止这种同时写入的情况发生。即使是这种看起来很简单的保护机制，也对于多处理计算机的设计实现提出了挑战，在那里，非常精巧的*缓存一致性*规程要求保证所有处理器对存储器的内容有一种统一观点，以提高存储器访问的速度，虽然事实上这些数据可能复制（缓存）在不同处理器里。

刻，该余额的情况仍然还是他所设想的那样。

并发程序的正确行为

上面例子的情况非常典型，是可能潜藏在并发程序里的微妙错误。这一复杂性的根源，就在于这里出现了对不同进程之间共享的变量的赋值。我们已经知道，在写那些使用`set!`的程序时必须小心，因为一个计算的结果将依赖于其中的各个赋值发生的顺序[165]。对于并发进程，我们对于赋值就更需要特别小心，因为在这里可能无法控制其他进程所做赋值的出现顺序。如果几个这样的修改可能并发出现（就像上面两个提款人访问一个共用账户的情况），我们就需要采用某些方式，以设法保证系统的行为是正确的。例如，在共用银行账户提款的情况中，我们必须保证总款额不变。为了使并发程序的行为正确，可能就需要对程序的并发执行增加一些限制。

对于并发的一种可能限制方式是规定，修改任意共享状态变量的两个操作都不允许同时发生。这是一个特别严厉的要求。对于分布式银行系统，这就要求系统设计者保证同时出现的只能有一个交易。这样做可能过于低效，也太保守了。图3-30中显示的是Peter和Paul共享同一个银行账户，而Peter自己还有一个私人账户。该图展示了从共享账户的两次提款（一次来自Peter，一次来自Paul）和对Paul的个人账户的一次存款[166]。对于共享账户的两次取款决不能并发进行（因为两者需要访问和更新同一账户），而且Paul的存款和取款也决不能并发（因为两者都访问和更新Paul账户里的款额）。但是，允许Paul向自己的个人账户存款与Peter从他们的共享账户取款并发进行，则不会有任何问题。

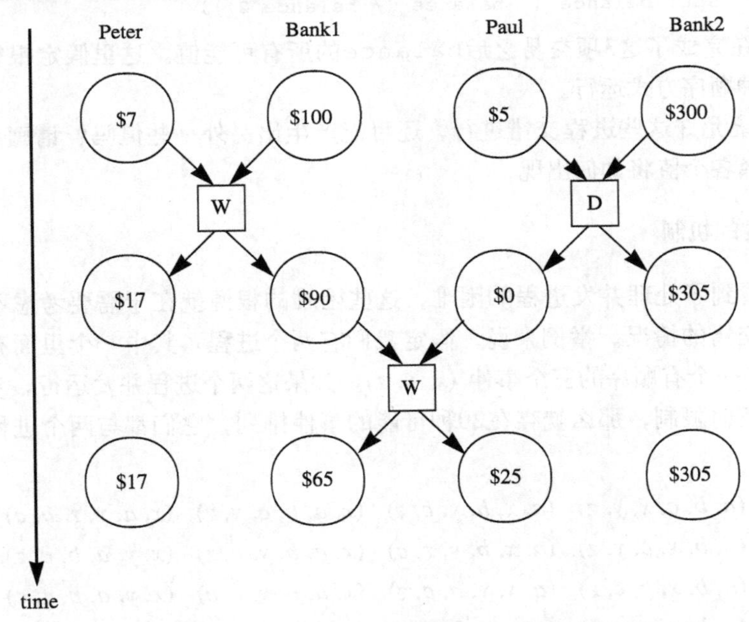

图3-30 并发地从共享账户Bank1取款和向个人账户Bank2存款

---

[165] 3.1.3节里的阶乘程序针对单个顺序进程阐释了这方面的情况。

[166] 图中各列分别显示了Peter的钱包，共用账户（Bank1），Paul的钱包，Paul的个人账户（Bank2），显示了它们在每次提款（W）和存款（D）前后的情况。Peter从Bank1取出10元，Paul向Bank2存入5元，而后又从Bank1取出25元。

对于并发的另一种不那么严厉的限制方式是，保证并发系统产生出的结果与各个进程按照某种方式顺序运行产生出的结果完全一样。这一要求中包含两个重要方面。首先，它并没有要求各个进程实际上顺序地运行，而只是要求它们产生的结果与假设它们顺序运行所产生出的结果相同。对于图3-30的例子，银行账户系统的设计者可以安全地允许Paul的存款和Peter的取款并发进行，因为这样做所造成的整体效果与这两个操作顺序出现的效果一样。第二点，一个并发程序完全可能产生多于一个“正确的”结果，因为我们只要求其结果与按照某种方式顺序化的结果相同。例如，假定Peter和Paul的共享账户里开始有100元，Peter存入40元，同时Paul并发地取出了账户中钱数的一半。顺序执行的结果可能使得账户里的余额变成70元或者90元（参见练习3.38）[167]。

对于并发程序的正确执行，我们还可以提出一些更弱的要求。一个模拟扩散过程的程序（例如，在某个对象里面的热量流动）可以由一大批进程组成，每个进程代表空间中很小的一点体积，它们并发地更新自己的值。这里的每个进程都反复将自己的值更新为自己的原值和相邻进程的值的平均值。无论有关的操作按什么顺序执行，这种算法都能收敛到正确的解，因此也就不需要对于共享变量的并发使用提出任何限制了。

练习3.38　假定Peter、Paul和Mary共享一个共用的账户，其中开始有100元钱。按照并发方式执行下面命令，Peter存入10元，Paul取出20元，而Mary取出了账户中款额的一半：

```
Peter:  (set! balance (+ balance 10))
Paul:   (set! balance (- balance 20))
Mary:   (set! balance (- balance (/ balance 2)))
```

a) 请列出在完成了这3项交易之后balance的所有可能值。这里假定银行系统强迫这三个进程按照某种顺序方式运行。

b) 如果系统允许这些进程交错进行，还可能产生出另外一些值吗？请画出类似于图3-29的时序图，解释各个值将如何出现。

3.4.2　控制并发的机制

我们已经看到了处理并发进程的困难，这些困难的根源就在于需要考虑不同进程里各个事件之间相互交错的情况。举例来说，假定我们有两个进程，其中一个里面有顺序的三个事件 (a, b, c)，另一个有顺序的三个事件 (x, y, z)。如果这两个进程并发运行，对于它们的执行如何交错没有任何限制，那么就存在20种可能的事件排列，它们都与两个进程中各个事件的排列顺序相容：

$$
\begin{array}{llll}
(a,b,c,x,y,z) & (a,x,b,y,c,z) & (x,a,b,c,y,z) & (x,a,y,z,b,c) \\
(a,b,x,c,y,z) & (a,x,b,y,z,c) & (x,a,b,y,c,z) & (x,y,a,b,c,z) \\
(a,b,x,y,c,z) & (a,x,y,b,c,z) & (x,a,b,y,z,c) & (x,y,a,b,z,c) \\
(a,b,x,y,z,c) & (a,x,y,b,z,c) & (x,a,y,b,c,z) & (x,y,a,z,b,c) \\
(a,x,b,c,y,z) & (a,x,y,z,b,c) & (x,a,y,b,z,c) & (x,y,z,a,b,c)
\end{array}
$$

作为设计这一系统的程序员，我们可能就必须考虑这20种排列中每一种的效果，检查是否每

[167] 有关这种看法的更形式化的说法是说并发程序具有内在的*非确定性*。也就是说，它们不能用单值函数描述，而只能用结果为一集可能值的函数描述。在4.3节里，我们将研究一种表述非确定性计算的语言。

种排列的行为都是可以接受的。当进程和事件的数量进一步增加时，这一方式很快就会变得无法控制了。

另一种更实际的方法是，在设计并发系统时，设法做出一些一般性的机制，使我们可能限制并行进程之间的交错情况，以保证程序具有正确的行为方式。人们已经为此目的而开发了许多不同的机制。这一节里将讨论其中的一种：串行化组（serializer）。

对共享变量的串行访问

串行化就是实现下面的想法：使进程可以并发地执行，但是其中也有一些过程不能并发地执行。说得更准确些，串行化就是创建一些不同的过程集合，并且保证在每个时刻，在任何一个串行化集合里至多只有一个过程的一个执行。如果某个集合里有过程正在执行，而另一进程企图执行这个集合里的任何过程时，它就必须等待到前一过程的执行结束。

我们可以借助串行化去控制对共享变量的访问。举例说，如果我们希望基于某个共享变量已有的值去更新它，那么就应该将访问这一变量的现有值和给这一变量赋新值的操作都放入同一个过程里。而后设法保证，任何能给这个变量赋值的过程都不会与这个过程并发运行，方法是将所有这样的过程都放在同一个串行化集合里。这就保证了在访问一个变量和给它赋值之间，这一变量的值不会改变。

Scheme里的串行化

为了使上述机制更加具体化，假定我们已经扩充了所用的Scheme语言，加入了一个称为parallel-execute的过程：

```
(parallel-execute <p1> <p2> ... <pk>)
```

这里的每个<p>必须是一个无参过程，parallel-execute为每个<p>创建一个独立的进程，该进程将应用<p>（没有参数）。这些进程都并发地运行[168]。

作为使用这种机制的例子，考虑：

```
(define x 10)

(parallel-execute (lambda () (set! x (* x x)))
                  (lambda () (set! x (+ x 1))))
```

这样就建立了两个并发计算进程，P_1要把x设置为x乘以x，而P_2要去增加x的值。在这些执行完成之后，x将具有下面5个可能值之一，具体结果将依赖于P_1和P_2中各个事件的交错情况：

101: P_1将x设置为100，而后P_2将x的值增加到101

121: P_2将x的值增加到11，而后P_1将x设置为x乘以x

110: P_2将x从10修改为11的动作出现在P_1两次访问x的值之间，这两次访问是为了求值表达式 (* x x)

11: P_2访问x，而后P_1将x设置为100，而后P_2又设置x

100: P_1访问x（两次），而后P_2将x设置为11，而后P_1又设置x

我们可以用串行化的过程给这里的并发性强加一些限制，通过串行化组实现这种限制。构造串行化组的方式是调用make-serializer，这一过程的实现将在后面给出。一个串行

---

[168] parallel-execute并不是标准Scheme的一部分，但是可以在MIT Scheme里实现它。在我们的实现中，新的并发进程也与原Scheme进程并发地执行。还有，在我们的实现里，由parallel-execute返回的值是一个特殊的控制对象，可以用于终止这个新创建的进程。

化组以一个过程为参数，它返回的串行化过程具有与原过程一样的行为方式。对一个给定串行化组的所有调用返回的串行化过程都属于同一个集合。

这样，与上面的例子不同，执行：

```
(define x 10)

(define s (make-serializer))

(parallel-execute (s (lambda () (set! x (* x x))))
                  (s (lambda () (set! x (+ x 1)))))
```

只可能产生x的两种可能值101和121，其他几种可能性都被清除掉了，因为P_1和P_2的执行不会交错进行。

下面是取自3.1.1节的make-account过程的另一个版本，其中存款和取款操作已经做了串行化：

```
(define (make-account balance)
  (define (withdraw amount)
    (if (>= balance amount)
        (begin (set! balance (- balance amount))
               balance)
        "Insufficient funds"))
  (define (deposit amount)
    (set! balance (+ balance amount))
    balance)
  (let ((protected (make-serializer)))
    (define (dispatch m)
      (cond ((eq? m 'withdraw) (protected withdraw))
            ((eq? m 'deposit) (protected deposit))
            ((eq? m 'balance) balance)
            (else (error "Unknown request -- MAKE-ACCOUNT"
                         m))))
    dispatch))
```

对于这个实现，两个进程就不会并发地在同一个账户中存款和取款，这样就清除了出现图3-29中所展示的错误的根源，那里出现错误是由于Peter修改账户余额的动作，出现在Paul访问这一余额以计算新值和实际执行赋值的动作之间。而另一方面，由于每个账户都有它自己的串行化组，因此对不同账户的存款和取款都可以并发地进行。

练习3.39 如果我们换用下面的串行化执行，上面正文中所示的5种并行执行结果中的哪一些还可能出现？

```
(define x 10)

(define s (make-serializer))

(parallel-execute (lambda () (set! x ((s (lambda () (* x x))))))
                  (s (lambda () (set! x (+ x 1)))))
```

练习3.40 请给出下面的执行可能产生出的所有x值：

```
(define x 10)

(parallel-execute (lambda () (set! x (* x x)))
                  (lambda () (set! x (* x x x))))
```

如果我们改用下面的串行化过程，上述可能性中的哪些还会存在：

```
(define x 10)

(define s (make-serializer))

(parallel-execute (s (lambda () (set! x (* x x))))
                  (s (lambda () (set! x (* x x x)))))
```

练习3.41 Ben Bitdiddle觉得像下面这样实现银行账户可能更好（其中带注释的行修改了）：

```
(define (make-account balance)
  (define (withdraw amount)
    (if (>= balance amount)
        (begin (set! balance (- balance amount))
               balance)
        "Insufficient funds"))
  (define (deposit amount)
    (set! balance (+ balance amount))
    balance)
  (let ((protected (make-serializer)))
    (define (dispatch m)
      (cond ((eq? m 'withdraw) (protected withdraw))
            ((eq? m 'deposit) (protected deposit))
            ((eq? m 'balance)
             ((protected (lambda () balance)))) ; serialized
            (else (error "Unknown request -- MAKE-ACCOUNT"
                         m))))
    dispatch))
```

因为允许非串行地访问银行账户可能导致不正常的行为。你同意Ben的观点吗？是否存在某种情况，能证明Ben所担心的问题？

练习3.42 Ben Bitdiddle建议说，在响应每个withdraw和deposit消息时创建一个新的串行化过程完全是浪费时间。他说，可以修改make-account，使得对protected的调用都可以在过程dispatch之外进行。这样，在每次要求去执行提款过程时，这个账户将总返回同一个串行化过程（它是与这个账户同时创建的）。

```
(define (make-account balance)
  (define (withdraw amount)
    (if (>= balance amount)
        (begin (set! balance (- balance amount))
               balance)
        "Insufficient funds"))
  (define (deposit amount)
    (set! balance (+ balance amount))
    balance)
  (let ((protected (make-serializer)))
    (let ((protected-withdraw (protected withdraw))
          (protected-deposit (protected deposit)))
      (define (dispatch m)
```

```
        (cond ((eq? m 'withdraw) protected-withdraw)
              ((eq? m 'deposit) protected-deposit)
              ((eq? m 'balance) balance)
              (else (error "Unknown request -- MAKE-ACCOUNT"
                           m))))
      dispatch)))
```

这样的修改安全吗？特别是这样修改之后，在所允许的并发性方面，make-account的两个版本之间有什么不同？

使用多重共享资源的复杂性

串行化提供了一种非常强有力的抽象，能帮助我们将并发程序的复杂性孤立起来，使这种程序能够被小心地和（希望是）正确地处理。然而，如果只存在一个共享资源（例如一个银行账户），串行化的使用问题是相对比较简单的。但是如果存在着多项共享资源，并发程序设计就可能变得非常难以把握了。

为了展示可能出现的一种困难，现在假定我们希望交换两个账户的余额。我们首先访问每个账户以确定其中的余额，而后计算出这两个余额之间的差额，从一个账户里减去这一差额，而后将它存入另一个账户。我们可能如下实现这一工作[169]：

```
(define (exchange account1 account2)
  (let ((difference (- (account1 'balance)
                       (account2 'balance))))
    ((account1 'withdraw) difference)
    ((account2 'deposit) difference)))
```

如果只有一个进程试图做这种交换，这一过程能够工作得很好。然而，假定Peter和Paul都能访问账户$a1$、$a2$和$a3$，在Peter要求交换$a1$和$a2$时，正好Paul也并发地要求交换$a1$和$a3$。虽然我们已对单个账户的存款和取款做了串行化（就像在上一节里所示的make-account过程），exchange还是可能产生不正确的结果。举例说，Peter可能已经算出了$a1$和$a2$的余额之差，但是Paul却可能在Peter完成交换之前改变了$a1$的余额[170]。为了得到正确的行为，我们就必须重新安排exchange过程，让它能在完成整个交换的期间锁住对于这些账户的任何其他访问。

得到这种效果的一种方式是用两个账户的串行化组将整个exchange过程串行化。为此我们就要重新安排对一个账户的串行化组的访问。请注意，我们在这里暴露了相关的串行化组，最后还是有意地打破了银行账户对象的模块化。下面的make-account版本等价于3.1.1节里的原始版本，除了其中有一个串行化组，它提供了对余额变量的保护。另外还将这个串行化组通过消息传递暴露出来了：

```
(define (make-account-and-serializer balance)
  (define (withdraw amount)
    (if (>= balance amount)
        (begin (set! balance (- balance amount))
               balance)
        "Insufficient funds"))
  (define (deposit amount)
```

[169] 我们已利用消息deposit可以接受负值的事实（这是我们银行系统里的严重错误）简化了exchange。

[170] 如果这些账户开始时的值分别是10、20和30，那么在经过任意次交换之后，它们的值应该还是按照某种顺序的10、20和30。对于单个账户的存款串行化不足以保证这一点，见练习3.43。

```
        (set! balance (+ balance amount))
        balance)
      (let ((balance-serializer (make-serializer)))
        (define (dispatch m)
          (cond ((eq? m 'withdraw) withdraw)
                ((eq? m 'deposit) deposit)
                ((eq? m 'balance) balance)
                ((eq? m 'serializer) balance-serializer)
                (else (error "Unknown request -- MAKE-ACCOUNT"
                             m))))
        dispatch))
```

我们可以用这个过程去完成存款和取款的串行化。当然，这里做出的东西不像前面的串行化账户，现在需要银行账户对象的每个用户承担起责任，通过显式的方式去管理串行化的问题，例如下面的例子[171]：

```
(define (deposit account amount)
  (let ((s (account 'serializer))
        (d (account 'deposit)))
    ((s d) amount)))
```

以这种方式导出串行化组，就使我们有了足够的灵活性，可以实现串行化的交换程序。在这里，只需要将针对两个账户做串行组，去串行化原来的exchange过程：

```
(define (serialized-exchange account1 account2)
  (let ((serializer1 (account1 'serializer))
        (serializer2 (account2 'serializer)))
    ((serializer1 (serializer2 exchange))
     account1
     account2)))
```

练习3.43　假定在三个账户里的初始余额分别是10、20和30，现在有多个进程正在运行，交换这些账户中的余额。请论证，如果这些进程是顺序运行的，那么经过任何次并发交换，这些账户里的余额还将是按照某种顺序排列的10、20和30。请画出一个类似于图3-29中那样的时间图，说明如果采用本节中第一个版本的账户交换程序实现账户交换，那么这一条件就会被破坏。另一方面，也请论证，即使是使用这个exchange程序，在这些账户里的余额之和也仍然能得以保持不变。请画出一个时序图，说明如果我们不做各个账户上交易的串行化，这一条件就可能被破坏。

练习3.44　现在考虑从一个账户向另一账户转移款项的问题。Ben Bitdiddle说这件事可以通过下面过程完成，即使存在着多个人并发地在许多账户之间转移款项。在这里可以使用任何经过存款和取款交易串行化的账户机制，例如上面正文中的make-account版本。

```
(define (transfer from-account to-account amount)
  ((from-account 'withdraw) amount)
  ((to-account 'deposit) amount))
```

Louis Reasoner说这里存在一个问题，因此需要使用更复杂精细的方法，例如在处理交换问题中所用的方法。Louis是对的吗？如果不是，那么在转移问题和交换问题之间存在着什么本质

[171] 练习3.45深入研究了为什么存款和取款不能继续由账户自动串行化的问题。

性的不同？（你应该假设from-account至少有amount那么多钱。）

练习3.45　Louis Reasoner认为我们的银行账户系统由于存款和取款不能自动串行化，已经变得毫无必要地过于复杂了，而且很容易弄错。他建议，make-account-and-serializer应该导出其中的串行化组（以便用在serialized-exchange一类过程里），而不仅是用串行化组去串行化账户和取款（像make-account所做的那样）。他建议将账户重新定义为下面的样子：

```
(define (make-account-and-serializer balance)
  (define (withdraw amount)
    (if (>= balance amount)
        (begin (set! balance (- balance amount))
               balance)
        "Insufficient funds"))
  (define (deposit amount)
    (set! balance (+ balance amount))
    balance)
  (let ((balance-serializer (make-serializer)))
    (define (dispatch m)
      (cond ((eq? m 'withdraw) (balance-serializer withdraw))
            ((eq? m 'deposit) (balance-serializer deposit))
            ((eq? m 'balance) balance)
            ((eq? m 'serializer) balance-serializer)
            (else (error "Unknown request -- MAKE-ACCOUNT"
                         m))))
    dispatch))
```

而后还像原来的make-account那样处理取款：

```
(define (deposit account amount)
  ((account 'deposit) amount))
```

请解释为什么Louis的推理是错误的。特别是考虑在调用serialized-exchange时会发生什么情况。

串行化的实现

我们将用一种更基本的称为*互斥元*（mutex）的同步机制来实现串行化。互斥元是一种对象，假定它提供了两个操作。一个互斥元可以被*获取*（acquired）或者被*释放*（released）。一旦某个互斥元被获取，对于这一互斥元的任何其他获取操作都必须等到该互斥元被释放之后[172]。在我们的实现里，每个串行化组关联着一个互斥元。给了一个过程p，串行化组将返回一个过程，该过程将获取相应互斥元，而后运行p，而后释放该互斥元。这样就能保证，由这个串行化组产生的所有过程中，一次只能运行一个，这就是需要保证的串行化性质。

[172] 术语“mutex”是“mutual exclusion”的缩写形式。有关安排一种机制，使之能允许并发进程安全地共享资源的一般性问题称为互斥问题。我们的互斥元是信号量机制的一种简化形式（见练习3.47）。信号量机制由“THE”多道程序设计系统引进，这一系统是在Eindhoven技术大学开发的，用这所大学荷兰语的首字母命名（Dijkstra 1968a）。获取和释放操作原来被命名为操作P和V，来自荷兰语词汇passeren（通过）和vrijgeven（释放），参考了铁路系统所用的信号灯。Dijkstra的经典论文（1968b）是最早澄清并发控制中的各种问题的论文之一，其中阐述了如何利用信号量处理各种并发问题。

```
(define (make-serializer)
  (let ((mutex (make-mutex)))
    (lambda (p)
      (define (serialized-p . args)
        (mutex 'acquire)
        (let ((val (apply p args)))
          (mutex 'release)
          val))
      serialized-p)))
```

互斥元是一个变动对象（这里将采用一个单元素的表，称它为一个*单元*），可以保存真或者假。在值为假时，这个互斥元可以被获取；当值为真时该互斥元就是不可用的，任何其他获取这一互斥元的进程都必须等待。

我们的互斥元构造函数make-mutex开始时将单元的内容初始化为假。为了获取一个互斥元，首先需要检查这个单元。如果互斥元可用，我们就将该单元设置为真并继续下去。否则就进入一个循环里等待，一次又一次地试图去获取这个互斥元，直到发现它可用为止[173]。为释放一个互斥元，只需要将单元的内容设置为假：

```
(define (make-mutex)
  (let ((cell (list false)))
    (define (the-mutex m)
      (cond ((eq? m 'acquire)
             (if (test-and-set! cell)
                 (the-mutex 'acquire))) ; retry
            ((eq? m 'release) (clear! cell))))
    the-mutex))

(define (clear! cell)
  (set-car! cell false))
```

test-and-set!检查单元并返回检查结果，除此之外，如果检查结果为假，test-and-set!在返回假之前还要将单元内容设置为真。我们可以用下述过程描述这种行为：

```
(define (test-and-set! cell)
  (if (car cell)
      true
      (begin (set-car! cell true)
             false)))
```

不过，这样实现test-and-set!不能保证达到所需要的效果，因为这里有一个至关重要的细节，也是整个系统完成并发控制的核心：test-and-set!操作必须以*原子操作*的方式执行。也就是说，我们必须保证，一旦某进程检查了一个单元内容并发现它是假，该单元的内容就必须设置为真，而且必须在任何其他进程检查这个单元之前完成这一设置。如果没有这种保证，则互斥元就会失效，类似于图3-29里有关银行账户的方式（见练习3.46）。

test-and-set!的实际实现方式依赖于所用系统中运行并发进程的细节。例如，我们有可能是在一台顺序处理器上，采用在各进程间轮换的时间片机制执行一些并发进程，让每

[173] 在许多分时操作系统里，被互斥元阻塞的进程并不像上面所说的那样通过“忙等待”耗费时间。相反，系统在一个进程等待时将调度另一进程去运行，当互斥元变为可用时再唤醒那些被阻塞的进程。

个进程运行很短一段时间，而后中断这一进程并转移到另一个进程去。在这种情况下，只需在检查和设置单元值之间禁止进行时间分片，test-and-set!就可以正确工作了[174]。在另一类情况中，多处理器计算机则提供了专门指令，直接在硬件中支持原子操作[175]。

练习3.46 假定我们用正文中所示的常规过程实现test-and-set!，没有企图使这一操作原子化。请画出一个像图3-29那样的时序图，说明如果允许两个进程同时访问互斥元，这个互斥元实现就会失败。

练习3.47 （大小为n）的信号量是一种推广的互斥元。像互斥元一样，信号量也支持获取和释放操作，但更一般些，它允许同时有最多n个进程获取。另外更多的获取有关信号量的进程就必须等待释放操作。请基于下述功能实现信号量：

a) 基于互斥元。

b) 基于原子的test-and-set!操作。

死锁

现在已经看了可以如何实现串行化，但也应该看到，即使采用了上面给出的过程serialized-exchange，在账户交换问题里还存在一个麻烦。现在设想Peter企图去交换账户a1和a2，同时Paul并发地企图去交换a2和a1。假定Peter的进程到达这样一点，此时它已经进入了保护a1的串行化进程，而正好在此之后，Paul的进程也进入了保护a2的串行化进程。现在Peter已经无法继续前进了（因为无法进入保护a2的串行化进程），他需要一直等到Paul退出保护a2的串行化进程。与Peter的情况类似，Paul也无法前进了，他需要等到Peter退出保护a1的串行化进程。这样每个进程都要无穷无尽地等待下去，等着另一个进程的活动，这种情况就称为*死锁*。在那些提供了对于多种共享资源的并发访问的系统里，总是存在着死锁的危险。

避免死锁的一种方式，是首先给每个账户确定一个唯一的标识编号，并且需要重写serialized-exchange，使每个进程总是首先设法进入保护具有较低标识编号的账户的过程。这种方式对于交换问题可行，但是还存在着另外一些情况，在那里需要更复杂的死锁避

[174] 在采用时间片模型的单处理器的MIT Scheme里，test-and-set!可以实现如下：

```
(define (test-and-set! cell)
  (without-interrupts
   (lambda ()
     (if (car cell)
         true
         (begin (set-car! cell true)
                false)))))
```

without-interrupts在其参数的执行期间禁止时间片中断。

[175] 这种指令有许多变形，包括检查与设置，检查与清除，交换，比较与交换，装载并保存，条件存储等等。它们的设计必须与机器的处理器－存储接口相匹配。这里出现的一个问题是，如果两个处理器恰好完全同时试图获取一个资源，通过使用这种指令可以确定此时发生什么事情。这就要求有某种裁判机制，以确定哪个进程将得到控制。这种机制称为一个*仲裁器*，它通常借助于某个硬件设备工作。遗憾的是，可以证明，我们无法物理地构造出一个在100%时间里都能工作的公平的仲裁器，除非允许这个仲裁器用任意长的时间去做出决定。这种本质现象早就由14世纪法国哲学家Jean Buridan在他关于亚里士多德的《论天》的评注中观察到了。Buridan论述说，将一条完全理性的狗放在具有同样吸引力的两处食物来源之间，这条狗将会因饥饿而死，因为它没有能力决定首先往哪一边去。

免技术。在另外一些地方则根本无法避免死锁（参见练习3.48和练习3.49）[176]。

练习3.48 请从细节上解释，为什么上面提出的避免死锁方法（例如，首先对账户编号，并使进程先试图获取编号较小的账户）能够避免交换问题中的死锁。请结合这一思想重写过程`serialized-exchange`（你还需要修改`make-account`，使创建出的每个账户有一个编号，可以通过发送适当消息的方式访问该编号）。

练习3.49 请设法描述一种情形，使上述的避免死锁机制在这种情况中不能正常工作（提示，在交换问题中，每个进程都知道它下面需要访问的账户是哪些。请考虑一种情形，其中进程必须在访问了某些共享资源之后，才能确定它是否还需要访问其他的共享资源。）

并发性、时间和通信

我们已经看到，在并发系统的程序设计中，为什么需要去控制不同进程访问共享变量的事件发生的顺序，也看到了如何通过审慎地使用串行化去完成这方面的控制。但是并发性的基本问题比这些更深刻，因为，从一种更基本的观点看，"共享状态"究竟意味着什么，这件事常常并不清楚。

像`test-and-set!`这样的机制，都要求进程能在任意时刻去检查一个全局性的共享标志。在实现新型高速处理器时，由于在那里需要采用各种优化技术，例如流水线和缓存，因此就不可能在每个时刻都保持存储器内容的一致性，此时完成上述的检查将很有问题，也必然非常低效。正因为这样，在当前的多处理器系统里，串行化方式正在被并发控制的各种新技术取代[177]。

共享变量的各方面问题也出现在大型的分布式系统里。例如，设想一个分布式的银行系统，其中的各个分支银行维护着银行余额的局部值，并且周期性地将这些值与其他分支所维护的值相互比较。在这样的系统里，"账户余额"的值可能是不确定的，除非刚刚做完了一次同步。如果Peter在他与Paul共用的一个账户里存入了一些钱，什么时候才能说这个账户的余额已经改变了——是在本地的分支银行修改了余额之后，还是在同步之后？进一步说，如果Paul从另一分支银行访问这个账户，如何在这一银行系统里对这种行为的"正确性"确定合理的约束？在这里，能考虑的可能就是保持Peter和Paul的各自行为，以及保证刚刚完成同步时刻的账户"状态"正确性。有关"真正"的账户余额或者几次同步之间事件发生的顺序，可能就是完全无关紧要，而且也没有意义的[178]。

这里的基本现象是不同进程之间的同步，建立起共享状态，或迫使进程之间通信所产生的事件按照某种特定的顺序进行。从本质上看，在并发控制中，任何时间概念都必然与通信有内在的密切联系[179]。有意思的是，时间与通信之间的这种联系也出现在相对论里，在那里

---

[176] Havender（1968）提出的避免死锁的一般性技术是枚举共享资源，按顺序去获取它们。对于不可能避免的死锁情况，就要求一种*死锁恢复*方法，要求进程能"退出"死锁状态并重新尝试运行。死锁恢复机制广泛采用于数据库管理系统中，有关这一问题的细节参见Gray and Reuter 1993。

[177] 代替串行化的另一种方式是*屏障同步*。程序员可以允许并发进程随意地执行，但需要建立起一些同步点（"屏障"），任何进程在所有进程没有到达这里之前都不能穿过它。现代处理器提供了一些机器指令，使程序员可以在需要统一性的位置上建立同步点。例如，PowerPC就提供了两条为此目的的指令SYNC和EIEIO（强制输入输出的按序执行，Enforced In-order Execution of Input/Output）。

[178] 该观点看起来有些怪，但确实存在采用这种方式的系统。例如，信用卡账户的跨国付款通常采用按国家结清的方式，在不同国家的付款则采用周期性平账的方式。这样，一个账户在不同国家里的余额就完全可能不同。

[179] 对于分布式系统而言，这种看法由Lamport提出（1978），他说明了如何通过通信建立一种"全局时钟"，通过它就可以在分布式系统里建立起事件之间的秩序。

的光速（可能用于同步事件的最快信号）是与时间和空间有关的基本常量。在处理时间和状态时，我们在计算模型领域所遭遇的复杂性，事实上，可能就是物理世界中最基本的复杂性的一种反映。

3.5 流

我们已经对采用赋值作为工具做模拟有了很好的理解，也看到了赋值所带来的复杂问题。现在是提出下面问题的时候了：我们能否走另一条路，以便避免这些问题中的某些东西。在这一节里，我们将基于一种称为流的数据结构，探索对状态进行模拟的另一条途径。正如下面将要看到的，流可能缓和状态模拟中的复杂性。

让我们先退回一步，重新考虑一下有关的复杂性来自何处。在试图模拟真实世界中的现象时，我们做了一些明显合理的决策：用具有局部状态的计算对象去模拟真实世界里具有局部状态的对象；用计算机里面随着时间的变化去表示真实世界里随着时间的变化；在计算机里，被模拟对象随着时间的变化是通过对那些模拟对象中局部变量的赋值实现的。

难道还有什么其他的办法吗？我们能够避免让计算机里的时间去对应于真实世界里的时间吗？我们必须让相应的模型随着时间变化，以便去模拟真实世界中的现象吗？如果以数学函数的方式考虑这些问题，我们可以将一个量x随着时间而变化的行为，描述为一个时间的函数$x(t)$。如果我们想集中关注的是一个个时刻的x，那么就可以将它看作一个变化着的量。然而，如果我们关注的是这些值的整个时间史，那么就不需要强调其中的变化——这一函数本身并没有改变[180]。

如果用离散的步长去度量时间，那么我们就可以用一个（可能无穷的）序列去模拟一个时间函数。在这一节里，我们将看到如何用这样的序列去模拟变化，以这种序列表示被模拟系统随着时间变化的历史。为了做到这些，我们需要引进一种称为流的新数据结构。从抽象的观点看，一个流也就是一个序列。然而我们发现，把流直接表示为表（像在2.2.1节那样）并不能完全揭示流处理的威力。作为一种替代形式，我们将要引进一种*延时求值*的技术，它将使我们能够用流去表示非常长的（甚至是无穷的）序列。

流处理使我们可以模拟一些包含状态的系统，但却不需要利用赋值或者变动数据。这一情况会产生一些重要的结果，既有理论的也有实际的。因为我们可以构造出一些模型，它们能避免由于引进了赋值而带来的内在缺陷。但是，流框架也带来它自己的困难。有关哪种建模技术能够导致更模块化、更容易维护的系统的问题，仍然不会有最后的结论。

3.5.1 流作为延时的表

正如我们已经在2.2.3节里看到的，序列可以作为组合程序的一种标准界面。我们在前面已经构造起了一些对序列进行操作的功能强大的抽象机制，例如`map`、`filter`和`accumulate`，它们以简洁优雅的方式抓住了范围非常广泛的许多操作的共同特征。

不幸的是，如果我们将序列表示为表，获得这些优雅结果就需要付出严重低效的代价，无论是在计算的时间方面还是在空间方面。当我们将对于序列的操作表示为对表的变换时，

---

[180] 物理学里有时也采用了这种观点，引进粒子的“世界线”（world lines）作为对运动做推理的一种工具。我们也已经提到过（在2.2.3节里），这是考虑信号处理系统的一种很自然的方式。下面将在3.5.3节里把流应用于信号处理。

在工作过程中的每一步，有关程序都必须去构造和复制各种数据结构（它们可能规模巨大）。

为了说明事情确实如此，我们来比较两个程序，它们都计算出一个区间里的素数之和。其中第一个程序用标准的迭代风格写出[181]：

```
(define (sum-primes a b)
  (define (iter count accum)
    (cond ((> count b) accum)
          ((prime? count) (iter (+ count 1) (+ count accum)))
          (else (iter (+ count 1) accum))))
  (iter a 0))
```

第二个程序完成同样的计算，其中使用了2.2.3节中的序列操作：

```
(define (sum-primes a b)
  (accumulate +
              0
              (filter prime? (enumerate-interval a b))))
```

在执行计算时，第一个程序里只需要维持正在累积的和。与此相对比的是，只有等enumerate-interval构造完这一区间里所有整数的表之后，第二个程序里的过滤器才能开始做自己的检查工作。这一过滤器将产生出另一个表，在将这个表挤压到一起得到和数之前，还需要将这个表传递给accumulate。在第一个程序里，完全不需要这么大的中间存储，因为我们可以认为那里是在递增地枚举这个区间，产生出一个素数后就将它加入和数之中。

如果我们采用下面的表达式，通过序列方式去计算从10 000到1 000 000的区间里的第二个素数，这种低效情况就表现得太明显了：

```
(car (cdr (filter prime?
                  (enumerate-interval 10000 1000000))))
```

这一表达式确实能找出第二个素数，但计算的开销则令人完全无法容忍。这里首先构造出一个包含了差不多一百万个整数的表，通过过滤整个表的方式去检查每个元素是否为素数，而后抛弃掉几乎所有的结果。在更传统的程序设计风格中，我们完全可能交错进行枚举和过滤，并在找到第二个素数时立即停下来。

流是一种非常巧妙的想法，使我们可能利用各种序列操作，但又不会带来将序列作为表去操作而引起的代价。利用流结构，我们能得到这两个世界里最好的东西：如此形成的程序可以像序列操作那么优雅，同时又能得到递增计算的效率。这里的基本想法就是做出一种安排，只是部分地构造出流的结构，并将这样的部分结构送给使用流的程序。如果使用者需要访问这个流的尚未构造出的那个部分，那么这个流就会自动地继续构造下去，但是只做出足够满足当时需要的那一部分。这一做法造成了一种假象，就好像整个流都存在着一样。换句话说，虽然下面将要写出各个程序都像是在处理完整的序列，但我们将要设计出流的一种实现，使得流的构造和它的使用能够交错进行，而这种交错又是完全透明的。

从表面上看，流也就是表，但是对它们进行操作的过程的名字不同。在这里有构造函数cons-stream，还有两个选择函数stream-car和stream-cdr，它们满足如下的约束条件：

```
(stream-car (cons-stream x y))=x
(stream-cdr (cons-stream x y))=y
```

[181] 假定已经有谓词prime?（例如像1.2.6节里那样定义），用于检查一个数是否为素数。

这里有一个可识别的对象the-empty-stream，它绝不会是任何cons-stream操作的结果。这个对象可以用谓词stream-null?判断[182]。有了这些东西，我们就可以像构造和使用表一样，去构造和使用流，用流去表示汇聚在一个序列里的一批数据了。特别是我们将用与第2章的各种表操作（如list-ref、map和for-each等）的类似方式去构造流[183]：

```
(define (stream-ref s n)
  (if (= n 0)
      (stream-car s)
      (stream-ref (stream-cdr s) (- n 1))))

(define (stream-map proc s)
  (if (stream-null? s)
      the-empty-stream
      (cons-stream (proc (stream-car s))
                   (stream-map proc (stream-cdr s)))))

(define (stream-for-each proc s)
  (if (stream-null? s)
      'done
      (begin (proc (stream-car s))
             (stream-for-each proc (stream-cdr s)))))
```

stream-for-each对于考察一个流非常有用：

```
(define (display-stream s)
  (stream-for-each display-line s))

(define (display-line x)
  (newline)
  (display x))
```

为了使流的实现能自动地、透明地完成一个流的构造与使用的交错进行，我们需要做出一种安排，使得对于流的cdr的求值要等到真正通过过程stream-cdr去访问它的时候再做，而不是在通过cons-stream构造流的时候做。这一实现选择使我们回忆起2.1.2节有关有理数的讨论。在那里曾经提出，我们可以选择有理数的实现方式，其中简化分子与分母的工作可以在构造的时候完成，也可以在选取的时候完成。有理数的这样两种实现将产生出同一个数据抽象，但是不同的选择可能对效率产生影响。在流和常规表之间也存在着类似的关系。作为一种数据抽象，流与表完全一样。它们的不同点就在于元素的求值时间。对于常规的表，其car和cdr都是在构造时求值；而对于流，其cdr则是在选取的时候才去求值。

我们的流实现将基于一种称为delay的特殊形式，对于（delay　*<exp>*）的求值将不对表达式*<exp>*求值，而是返回一个称为**延时对象**的对象，它可以看作是对在未来的某个时间求值*<exp>*的允诺。和delay一起的还有一个称为force的过程，它以一个延时对象为参数，执行相应的求值工作。从效果上看，也就是迫使delay完成它所允诺的求值。下面将看到delay和force可以如何实现，现在我们先用它们来构造流。

---

[182] 在MIT实现里，the-empty-stream就等同于空表 '()，而stream-null? 也就是null?。

[183] 这可能使你感到有些困惑。我们可以对流和表定义这些类似过程，正说明现在还缺乏某种更基础的抽象。遗憾的是，为了探索这种抽象，我们需要对求值过程做更细致的控制，而这种控制目前还做不到。我们将在3.5.4节里进一步讨论这个问题，在4.2节将开发出另一种框架，统一起表和流。

cons-stream是一个特殊形式，其定义将使

```
(cons-stream <a> <b>)
```

等价于

```
(cons <a> (delay <b>))
```

这就表示我们将用序对来构造流。不过，在这里并不是将流的后面部分放进序对的cdr，而是把如果需要就可以计算出有关部分的允诺放在那里。现在，stream-car和stream-cdr已经可以定义为如下的过程了：

```
(define (stream-car stream) (car stream))

(define (stream-cdr stream) (force (cdr stream)))
```

stream-car选取有关序对的car部分，stream-cdr选取有关序对的cdr部分，并求值这里的延时表达式，以获得这个流的后面部分[184]。

流实现的行为方式

要想看看上述实现的行为方式，让我们先来分析一下在上面已经看到的那个“令人完全无法容忍”的素数计算，但现在是用流的方式重新写出：

```
(stream-car
 (stream-cdr
  (stream-filter prime?
                 (stream-enumerate-interval 10000 1000000))))
```

我们将会看到它确实能有效工作。

计算开始于对参数10 000和1 000 000调用stream-enumerate-interval。这里的stream-enumerate-interval是类似于enumerate-interval（见2.2.3节）的流：

```
(define (stream-enumerate-interval low high)
  (if (> low high)
      the-empty-stream
      (cons-stream
       low
       (stream-enumerate-interval (+ low 1) high))))
```

这样，由stream-enumerate-interval返回的结果就是通过cons-stream形成的[185]：

```
(cons 10000
      (delay (stream-enumerate-interval 10001 1000000)))
```

也就是说，stream-enumerate-interval返回一个流，其car是10 000，而其cdr是一个允诺，其意为如果需要，就能枚举出这个区间里更多的东西。这个流被送去过滤出素数，用的是与过程filter（见2.2.3节）类似的针对流的过程：

```
(define (stream-filter pred stream)
```

---

[184] 虽然stream-car和stream-cdr都可以定义为普通过程，但是cons-stream却必须是特殊形式。如果cons-stream也是过程，那么按照我们的求值模型，对（cons-stream <a> <b>）的求值就会自动地对<b>的求值，而这是我们不希望的事情。同样，delay也必须是特殊形式，而force可以是常规过程。

[185] 在这里，实际出现在延时表达式里的并不是写出的数值，实际出现的是原来的表达式，有关变量在一个环境里约束到适当的数值。举例说，（+low 1）实际出现在写10 001的地方，其中low约束到10 000。

```
  (cond ((stream-null? stream) the-empty-stream)
        ((pred (stream-car stream))
         (cons-stream (stream-car stream)
                      (stream-filter pred
                                     (stream-cdr stream))))
        (else (stream-filter pred (stream-cdr stream)))))
```

stream-filter检查流的stream-car（也就是当时那个序对的car，此时就是10 000）。因为这个数并非素数，stream-filter需要去进一步去检查它的输入流的stream-cdr。这里对于stream-cdr的调用迫使系统对延时的stream-enumerate-interval求值，这一次它返回：

```
(cons 10001
      (delay (stream-enumerate-interval 10002 1000000)))
```

stream-filter现在关注的是这个流的stream-car，也就是10 001，它看到这个数也不是素数，因此就再次迫使求值stream-cdr，并如此进行下去，直至stream-enumerate-interval产生出素数10 007。这时stream-filter根据其定义返回：

```
(cons-stream (stream-car stream)
             (stream-filter pred (stream-cdr stream)))
```

这时它也就是：

```
(cons 10007
      (delay
        (stream-filter
         prime?
         (cons 10008
               (delay
                 (stream-enumerate-interval 10009
                                            1000000))))))
```

这一结果现在被送给我们原先的表达式里的stream-cdr，又迫使延时的stream-filter求值，它转而去迫使延时的stream-enumerate-interval的求值，直到它找到了下一个素数，在这里就是10 009。最后，这个结果被送给原来表达式的stream-car：

```
(cons 10009
      (delay
        (stream-filter
         prime?
         (cons 10010
               (delay
                 (stream-enumerate-interval 10011
                                            1000000))))))
```

stream-car返回10 009，整个计算结束。在此期间只检查了为找到第二个素数所必须检查的那些数是否为素数，对有关区间的枚举也只进行到为满足素数过滤器的需要所必须做的地方。

一般而言，可以将延时求值看作一种“由需要驱动”的程序设计，其中流处理的每个阶段都仅仅活动到足够满足下一阶段需要的程度。我们已经完成的工作，也就是松弛了计算中事件发生的实际顺序与过程的表面结构的关系。这样写出的过程就像是这个流已经“不折不扣地完全”放在那里，而实际上，这一计算的执行是逐步进行的，就像传统程序设计一样。

delay和force的实现

虽然delay和force貌似很有魔力的操作，其实它们的实现却真是相当直截了当的。delay必须包装起一个表达式，使它可以在以后根据需要去求值。我们可以简单地通过将这一表达式作为一个过程的体来做到这一点。下面这样的特殊形式delay：

```
(delay <exp>)
```

实际上不过是在下面形式的外面包装起一层语法糖衣：

```
(lambda () <exp>)
```

而force也就是简单地调用由delay产生的那种（无参）过程，因此，可以将force实现为一个过程：

```
(define (force delayed-object)
  (delayed-object))
```

这种实现已经足以使delay和force按照上面所说的方式工作了。但是，在这里还存在一种很重要的优化，可以将它包括进来。在许多应用中，我们都需要多次地迫使同一个延时对象求值（参见练习3.57）。解决这种问题的办法就是设法采用一种构造延时对象的方法，使它们在第一次被迫求值之后能保存起求出的值。随后再次遇到被迫求值时，这些对象就可以直接返回自己保存的值，而不必重复进行计算。换句话说，我们可以将delay实现为一种特殊的记忆性过程，类似于练习3.27中所描述的。做到这一点的一种方法是采用下面过程，它以一个（无参）过程为参数，返回该过程的记忆性版本。这种记忆性过程在第一次运行时将计算出的结果保存起来。在随后再遇到求值时，它就简单返回已有的结果：

```
(define (memo-proc proc)
  (let ((already-run? false) (result false))
    (lambda ()
      (if (not already-run?)
          (begin (set! result (proc))
                 (set! already-run? true)
                 result)
          result))))
```

此后就可以设法定义delay，使得（delay <exp>）等价于

```
(memo-proc (lambda () <exp>))
```

而force的定义与前面完全一样[186]。

练习3.50 请完成下面的定义，这个过程是stream-map的推广，它允许过程带有多个参数，类似于2.2.3节的脚注78。

```
(define (stream-map proc . argstreams)
```

[186] 除了本节所提出的方法之外，还有许多方法可以实现流。使流成为实用技术的关键是延时求值。在Algol 60语言里，按名调用参数机制是一种内在特征。利用该机制实现流的问题首先由Landin（1965）所描述。Friedman and Wise（1976）将针对流的延时求值引进了Lisp。在他们的实现里，cons总延时求值它的各个参数，因此表也就自动地成为了流。记忆性过程也称为按需调用。Algol社团更愿意称我们原来的延时对象为按名调用槽，而称后面的优化版本为按需调用槽。

```
(if (<??> (car argstreams))
    the-empty-stream
    (<??>
     (apply proc (map <??> argstreams))
     (apply stream-map
            (cons proc (map <??> argstreams))))))
```

练习3.51　为了更仔细地观察延时求值的情况，我们将使用下面过程，它在打印其参数之后简单地返回它：

```
(define (show x)
  (display-line x)
  x)
```

解释器对于顺序地求值下面各个表达式的响应是什么[187]？

```
(define x (stream-map show (stream-enumerate-interval 0 10)))

(stream-ref x 5)

(stream-ref x 7)
```

练习3.52　考虑下面的表达式序列：

```
(define sum 0)
(define (accum x)
  (set! sum (+ x sum))
  sum)
(define seq (stream-map accum (stream-enumerate-interval 1 20)))
(define y (stream-filter even? seq))
(define z (stream-filter (lambda (x) (= (remainder x 5) 0))
                         seq))

(stream-ref y 7)

(display-stream z)
```

在上面每个表达式求值之后sum的值是什么？求值其中的stream-ref和display-stream表达式将打印出什么响应？如果我们简单地将（delay <*exp*>）实现为（lambda () <*exp*>），而不使用memo-proc所提供的优化，这些响应会有什么不同吗？请给出解释。

3.5.2　无穷流

前面我们已经看到如何做出一种假象，使我们可以像对待完整的实体一样去对流进行各种操作，即使在实际上只计算出了有关的流中必须访问的那一部分。我们可以利用这种技术有效地将序列表示为流，即使对应的序列非常长。更令人吃惊的是，我们甚至可以用流去表示无穷长的序列。例如，考虑下面有关正整数的流的定义：

[187] 如练习3.51和练习3.52这样的练习，在检查我们对于delay怎样工作的理解方面很有价值。在另一方面，让延时求值和打印混在一起——更糟糕的是，与赋值混在一起——也是特别容易迷惑人的，因此在传统上，计算机语言课程的教师常常在考试里用本节里这样问题去拷问学生。应该说，写出依赖于这类狡晦细节的程序是极其丑陋的程序设计风格。流处理的部分威力就在于使我们能忽略程序中各个事件的实际发生顺序。然而，这恰好就是有赋值时我们无法做到的事情，因为赋值迫使我们必须去考虑时间和变化。

```
(define (integers-starting-from n)
  (cons-stream n (integers-starting-from (+ n 1))))

(define integers (integers-starting-from 1))
```

这确实是有意义的，因为integers将是一个序对，其car就是1，而其cdr是产生出所有从2开始的整数的允诺。这是一个无穷长的流，但在任何给定时刻，我们都只检查到它的有穷部分，因此我们的程序将永远也不会知道整个的无穷序列并不在那里。

我们可以利用integers定义出另一些无穷流，例如所有不能被7整除的整数的流：

```
(define (divisible? x y) (= (remainder x y) 0))

(define no-sevens
  (stream-filter (lambda (x) (not (divisible? x 7)))
                 integers))
```

而后就可以简单地通过访问这个流的元素的方式，找出不能被7整除的整数：

```
(stream-ref no-sevens 100)
117
```

就像可以定义integers一样，我们也可以定义斐波那契数的无穷流：

```
(define (fibgen a b)
  (cons-stream a (fibgen b (+ a b))))

(define fibs (fibgen 0 1))
```

这样定义出的fibs是一个序对，其car是0，而其cdr是一个求值(fibgen 1 1)的允诺。当我们求值延时表达式(fibgen 1 1)时，它又将产生出一个序对，其car是1，而其cdr是一个求值(fibgen 1 2)的一个允诺，如此下去。

要想看一个更令人激动的例子，我们可以推广前面的no-sevens实例，采用一种通常称为厄拉多塞筛法[188]，构造出素数的无穷流。为此我们将从整数2开始，因为这是第一个素数。为了得到其余的素数，就需要从其余的整数中过滤掉2的所有倍数。这样就留下了一个从3开始的流，而3也就是下一个素数。现在我们再从这个流的后面部分过滤掉所有3的倍数，这样就留下一个以5开头的流，而5又是下一个素数。我们可以这样继续下去。换句话说，这种方法就是通过一个筛选过程构造出各个素数，该过程可描述如下：对流S做筛选就是形成一个流，其中的第一个元素就是S的第一个元素，得到其随后的元素的方式是从S的其余元素中过滤掉S的第一个元素的所有倍数，而后再对得到的结果进行筛选。这一过程很容易用流操作描述：

```
(define (sieve stream)
  (cons-stream
   (stream-car stream)
   (sieve (stream-filter
           (lambda (x)
             (not (divisible? x (stream-car stream))))
           (stream-cdr stream)))))
```

[188] 厄拉多塞是公元前3世纪希腊亚力山大的哲学家。他由于第一个给出了地球的圆周的精确估计而闻名于世。他的计算方式是观察夏至日正午影子的角度。虽然厄拉多塞筛法历史如此之悠久，但仍成为专用硬件“筛”的基础，直至最近都一直是确定大素数存在的有力工具。直到20世纪70年代，这类方法才被1.2.6节讨论过的概率算法的成果所超越。

```
(define primes (sieve (integers-starting-from 2)))
```

如果现在希望找到某个特定素数，只需要提出以下要求：

```
(stream-ref primes 50)
233
```

一件很有意思的事情是仔细看看由sieve形成的信号处理系统，如图3-31中所示的"Henderson图"[189]。输入流馈入"反cons"，分解出这个流的首元素和流的其余元素，用这个首元素去构造一个可除性过滤器，该流的其余部分穿过这个过滤器，这个过滤器的输出再馈入另一个筛块，而后将原来的首元素cons到这个内部筛的输出上，形成最终的输出流。这样，不仅这个流是无穷的，信息处理器也是无穷的，因为在这个筛里还包含着另一个筛。

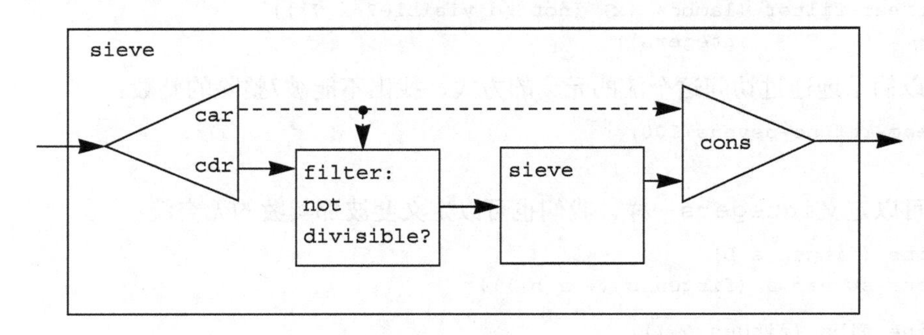

图3-31 将素数筛看作一个信号处理系统

隐式地定义流

上面的integers和fibs流是通过描述"生成"过程的方式定义的，这种过程一个个地计算出流的元素。描述流的另一种方式是利用延时求值隐式地定义流。举个例子，下面表达式将ones定义为1的一个无穷流：

```
(define ones (cons-stream 1 ones))
```

这种定义方式就像是在定义一个递归过程：这里的ones是一个序对，它的car是1，而cdr是求值ones的一个允诺。对于其cdr的求值又给了我们一个1和求值ones的一个允诺，并这样继续下去。

通过使用诸如add-streams一类的操作，我们还可以做一些更有趣的事情。add-streams操作产生出两个给定流的逐对元素之和[190]：

```
(define (add-streams s1 s2)
  (stream-map + s1 s2))
```

现在我们可以用如下方式定义整数流integers：

```
(define integers (cons-stream 1 (add-streams ones integers)))
```

这样定义出的integers是一个流，其首元素是1，其余部分是ones与integers之和。这样，integers的第二个元素就是1加上integers的第一个元素，也就是2；integers的

[189] 这种图是用Peter Henderson的名字命名的。Henderson是第一个画出这种类型的图的人，以此作为一种思考流处理的方式。这里的每条实线代表需传输值的流，从car发出的虚线表明这是一个值而不是一个流。

[190] 这里使用了来自练习3.50的推广的stream-map。

第三个元素是1加上integers的第二个元素，也就是3；如此继续下去。这一定义可行，是因为在任一点上，都已经生成出了integers流的足够部分，这就使我们可以将它馈回这一定义，去产生出下一个整数。

我们可以用同样的风格定义出斐波那契数：

```
(define fibs
  (cons-stream 0
               (cons-stream 1
                            (add-streams (stream-cdr fibs)
                                         fibs))))
```

这个定义说fibs是一个以0和1开始的流，而这个流的其余部分都可以通过加起流fibs和移动了一个位置的fibs而得到：

```
    1  1  2  3  5  8  13  21  ... = (stream-cdr fibs)
    0  1  1  2  3  5   8  13  ... = fibs
0   1  1  2  3  5  8  13  21  34  ... = fibs
```

scale-stream是描述这种流定义的另一个有用过程。这个过程将一个给定的常数乘到流中的每个项上：

```
(define (scale-stream stream factor)
  (stream-map (lambda (x) (* x factor)) stream))
```

例如：

```
(define double (cons-stream 1 (scale-stream double 2)))
```

生成出2的各个幂：1, 2, 4, 8, 16, 32, …。

素数流的另一定义方式是从整数出发，通过检查是否为素数的方式过滤它们。这里需要以第一个素数2作为开始：

```
(define primes
  (cons-stream
   2
   (stream-filter prime? (integers-starting-from 3))))
```

这个定义并不像它初看起来那么直截了当，因为检查一个数n是否素数的方式，就是检查n能否被所有小于等于$\sqrt{n}$的素数（而不是用所有这样的整数）整除：

```
(define (prime? n)
  (define (iter ps)
    (cond ((> (square (stream-car ps)) n) true)
          ((divisible? n (stream-car ps)) false)
          (else (iter (stream-cdr ps)))))
  (iter primes))
```

这是一个递归定义，因为primes是基于谓词prime?定义出来的，而在这个谓词本身的定义中又使用了流primes。这一过程能行的原因是，在计算中的任一点，流primes都已经生成出的足够多的部分，足以满足我们检查下面的任何数是否素数的需要。也就是说，在检查任何一个数n是否素数时，或者n不是素数（这时存在着一个已经生成的素数能够整除它），或者n是素数（这时，已经生成过一个素数——也就是说，已经生成过一个小于n但是大于$\sqrt{n}$的素数）[191]。

练习3.53 请不要运行程序，描述一下由下面程序定义出的流里的元素：

```
(define s (cons-stream 1 (add-streams s s)))
```

练习3.54 请定义一个与add-streams类似的过程mul-streams，对于两个输入流，它按元素逐个生成乘积。用它和integers流一起完成下面流的定义，其中的第n个元素（从0开始数）是$n+1$的阶乘：

```
(define factorials (cons-stream 1 (mul-streams <??> <??>)))
```

练习3.55 请定义函数partial-sums，它以流S为参数，返回的流中的元素是S_0, S_0+S_1, $S_0+S_1+S_2$, …。例如，(partial-sums integers) 应该生成流1, 3, 6, 10, 15, …。

练习3.56 这是一个非常著名的问题，首先由R. Hamming提出。问题是要按照递增的顺序不重复地枚举出所有满足条件的整数，这些整数都没有2、3和5之外的素数因子。完成此事的一种明显方法是简单地检查每一个整数，看看它是否有2、3和5之外的素数因子。但这样做极其低效，因为随着整数变大，它们之中满足要求的数也会变得越来越少。换一种看法，让我们将所需的流称作S，看看有关它的下述事实：

- S从1开始。
- (scale-stream S 2) 的元素也是S的元素。
- 这一说法对于 (scale-stream S 3) 和 (scale-stream 5 S) 也都对。
- 这些也就是S的所有元素了。

现在需要做的就是将所有这些来源的元素组合起来。为此我们先定义一个函数merge，它能将两个排好顺序的流合并为一个排好顺序的流，并删除其中的重复：

```
(define (merge s1 s2)
  (cond ((stream-null? s1) s2)
        ((stream-null? s2) s1)
        (else
         (let ((s1car (stream-car s1))
               (s2car (stream-car s2)))
           (cond ((< s1car s2car)
                  (cons-stream s1car (merge (stream-cdr s1) s2)))
                 ((> s1car s2car)
                  (cons-stream s2car (merge s1 (stream-cdr s2))))
                 (else
                  (cons-stream s1car
                               (merge (stream-cdr s1)
                                      (stream-cdr s2)))))))))
```

而后就可以利用merge，以如下方式构造出所需的流了：

```
(define S (cons-stream 1 (merge <??> <??>)))
```

请在上面<??>标记的位置填充所缺的表达式。

---

[191] 最后一点并不容易看到，它依赖于事实$p_{n+1} \leqslant p_n^2$（这里的p_k表示第k个素数）。像这样形式的估计是很难建立的。欧几里得在古代证明了素数有无穷多个，其中证明了$p_{n+1} \leqslant p_1 p_2 \cdots p_n+1$，直到1851年都没人得到比这更好的结果，那一年俄罗斯数学家P. L. Chebyshev证明出对于任何n都有$p_{n+1} \leqslant 2p_n$，这一结果是1845年提出的一个猜想，称为Bertrand猜想。在Hardy和Wright 1960的22.3节可以找到对这个问题的证明。

练习3.57 当我们用基于add-streams过程的fibs定义计算出第n个斐波那契数时，需要执行多少次加法？请证明，如果我们简单地用（lambda () <*exp*>）实现（delay <*exp*>），又不用3.5.1节给出的memo-proc过程所提供的优化，那么所需的加法将会指数倍地增加[192]。

练习3.58 请给下面过程所计算的流的一种解释：

```
(define (expand num den radix)
  (cons-stream
   (quotient (* num radix) den)
   (expand (remainder (* num radix) den) den radix)))
```

(这里的quotient是求两个整数的整数商的基本函数)。(expand 1 7 10) 会顺序产生出哪些元素？ (expand 3 8 10) 会产生哪些元素？

练习3.59 在2.5.3节里，我们说明了如何实现一个多项式算术系统，其中将多项式表示为项的表。我们可以按类似方式处理幂级数，例如，将

$$e^x = 1 + x + \frac{x^2}{2} + \frac{x^3}{3\cdot 2} + \frac{x^4}{4\cdot 3\cdot 2} + \cdots,$$

$$\cos x = 1 - \frac{x^2}{2} + \frac{x^4}{4\cdot 3\cdot 2} - \cdots,$$

$$\sin x = x - \frac{x^3}{3\cdot 2} + \frac{x^5}{5\cdot 4\cdot 3\cdot 2} - \cdots,$$

表示为无穷的流。我们把将级数$a_0 + a_1 x + a_2 x^2 + a_3 x^3 + \cdots$表示为流，流的元素就是级数的系数$a_0, a_1, a_2, a_3, \cdots$。

a) 级数$a_0 + a_1 x + a_2 x^2 + a_3 x^3 + \cdots$的积分是级数：

$$c + a_0 x + \frac{1}{2}a_1 x^2 + \frac{1}{3}a_2 x^3 + \frac{1}{4}a_3 x^4 + \cdots$$

这里的c是任意常数。请定义过程integrate-series，它以一个表示幂级数的流$a_0, a_1, \cdots$为参数，返回这个幂级数的积分中各个非常数项的系数的流a_0，$(\frac{1}{2})a_1$，$(\frac{1}{3})a_2$，…。(因为返回的结果中不包含常数项，因此它不是幂级数。如果要对它们使用integrate-series，我们可以用cons加上一个常数项。)

b) 函数$x \mapsto e^x$是其自身的导数。这也意味着e^x和e^x的积分是同一个级数，除了常数项之外。而常数项应该是$e^0 = 1$。根据这种情况，我们可以按如下方式生成e^x的级数：

```
(define exp-series
  (cons-stream 1 (integrate-series exp-series)))
```

我们知道sin的导数是cos，而且cos的导数是负的sin，请说明如何根据这些事实，生成sin和cos的级数：

```
(define cosine-series
  (cons-stream 1 <??>))

(define sine-series
  (cons-stream 0 <??>))
```

---

[192] 这一练习说明了按需调用与练习3.27所描述的常规记忆方法有密切联系。在那个练习里，我们利用赋值构造了一个显式的表列。这里的按需调用流能够有效地自动构造出这种表列，将值存入流的前面强迫做出的那部分里。

练习3.60　像练习3.59里那样将幂级数表示为系数的流之后，级数的和就可以直接用过程add-streams实现了。请完成下面级数乘积过程的定义：

```
(define (mul-series s1 s2)
  (cons-stream <??> (add-streams <??> <??>)))
```

你可以利用公式$\sin^2 x + \cos^2 x = 1$，用练习3.59定义的那些级数检验你定义出的过程。

练习3.61　令S是一个常数项为1的幂级数（练习3.59），假定我们现在希望找出$1/S$的幂级数，也就是说，找出一个级数X，使得$S \cdot X = 1$。将S写成$S = 1 + S_R$，其中S_R是S常数项后面的部分。而后我们就可以按下面方式解出X：

$$
\begin{aligned}
S \cdot X &= 1 \\
(1 + S_R) \cdot X &= 1 \\
X + S_R \cdot X &= 1 \\
X &= 1 - S_R \cdot X
\end{aligned}
$$

换句话说，X是那样的一个幂级数，其常数项为1，而其高阶的那些项可以由S_R求负后乘以X而得到。请利用这一思想写出一个过程，使它能对常数项为1的幂级数S计算出$1/S$。你需要使用练习3.60的mul-series。

练习3.62　请利用练习3.60和练习3.61的结果定义一个过程div-series，完成两个幂级数的除法。div-series应该能对任何两个级数工作，只要作为分母的级数具有非0的常数项（如果它的常数项为0，div-series应该报错）。请说明，如何利用div-series和练习3.59的结果产生出正切函数的幂级数。

3.5.3　流计算模式的使用

带有延时求值的流可能成为一种功能强大的模拟工具，能提供局部状态和赋值的许多效益。进一步说，这种机制还能避免将赋值引入程序设计语言所带来的一些理论困难。

流方法极富有启发性，因为借助于它去构造系统时，所用的模块划分方式可以与采用赋值、围绕着状态变量组织系统的方式不同。例如，我们可以将整个的时间序列（或者信号）作为关注的目标，而不是去关注有关状态变量在各个时刻的值。这将使我们能更方便地组合与比较来自不同时刻的状态成分。

系统地将迭代操作方式表示为流过程

1.2.1节介绍了迭代过程，这种工作过程也就是不断地更新一些状态变量。现在我们知道，状态可以表示为值的“没有时间的”流，而不是一组不断更新的变量。现在让我们采用这一观点，重新去看1.1.7节的平方根过程。请回忆一下，那里的思想就是生成出一个序列，其元素是x的平方根的一个比一个更好的猜测值，采用的方法是反复应用一个改进猜测的过程：

```
(define (sqrt-improve guess x)
  (average guess (/ x guess)))
```

在原来的sqrt过程里，我们用某个状态变量的一系列值表示这些猜测。换一种方式，我们也可以生成一个无穷的猜测序列，从初始猜测1开始[193]：

---

[193] 不能用let去建立局部变量guesses的约束，因为guesses的值依赖于guesses本身。参见练习3.63。

```
(define (sqrt-stream x)
  (define guesses
    (cons-stream 1.0
                 (stream-map (lambda (guess)
                               (sqrt-improve guess x))
                             guesses)))
  guesses)
(display-stream (sqrt-stream 2))
1.
1.5
1.4166666666666665
1.4142156862745097
1.4142135623746899
...
```

我们可以生成出这个流中越来越多的项，以得到越来越好的猜测。如果喜欢的话，我们也可以写一个过程，使它能不断生成项，直至得到足够好的答案为止（另见练习3.64）。

可以按照同样方式处理的另一个迭代是生成π的近似值，这一过程基于下面的交替级数，我们在1.3.1节已经见过的它：

$$\frac{\pi}{4}=1-\frac{1}{3}+\frac{1}{5}-\frac{1}{7}+\cdots$$

我们首先生成上述级数（各个奇数的倒数，其符号是交替的）之和的流，逐步取得越来越多的项之和（利用练习3.55的partial-sums过程），并将得到的结果除以4：

```
(define (pi-summands n)
  (cons-stream (/ 1.0 n)
               (stream-map - (pi-summands (+ n 2)))))
(define pi-stream
  (scale-stream (partial-sums (pi-summands 1)) 4))
(display-stream pi-stream)
4.
2.666666666666667
3.466666666666667
2.8952380952380956
3.3396825396825403
2.9760461760461765
3.2837384837384844
3.017071817071818
...
```

这样就给出了一个逐步逼近π的流。这一逼近收敛得非常慢，序列中的8项只能将π值界定到3.284和3.017之间。

到现在为止，我们对状态的流的使用方式与做状态变量更新还没有多大差别。但是，流确实提供了一些机会，使我们可以采用一些非常有趣的技巧。举例来说，我们可以用一个**序列加速器**对流做一个变换，这种加速器可以将一个逼近序列变换为另一个新序列，该新序列也收敛到与原序列同样的值，只是收敛速度快得多。

这种加速器中的一个应该归功于瑞士数学家利昂哈德·欧拉，这一加速器对于交错级数（具有交错符号的项的级数）的部分和工作得特别好。按照欧拉的技术，假设S_n是原有的和序列的第n项，那么加速序列的形式就是：

$$S_{n+1}-\frac{(S_{n+1}-S_n)^2}{S_{n-1}-2S_n+S_{n+1}}$$

也就是说，如果原序列采用一个值的流表示，变换后的序列可以如下给出：

```
(define (euler-transform s)
  (let ((s0 (stream-ref s 0))           ; Sn-1
        (s1 (stream-ref s 1))           ; Sn
        (s2 (stream-ref s 2)))          ; Sn+1
    (cons-stream (- s2 (/ (square (- s2 s1))
                          (+ s0 (* -2 s1) s2)))
                 (euler-transform (stream-cdr s)))))
```

我们可以用对π的逼近序列来说明欧拉加速器的效果：

```
(display-stream (euler-transform pi-stream))
3.166666666666667
3.1333333333333337
3.1452380952380956
3.13968253968254
3.1427128427128435
3.1408813408813416
3.142071817071818
3.1412548236077655
...
```

还可以做得更好些，因为我们甚至可以去加速由前面的加速得到的序列，或者递归地加速下去，如此等等。也就是说，我们可以构造出一个流的流（一种我们称为*表列*的结构），其中的每个流都是前一个流的变换结果：

```
(define (make-tableau transform s)
  (cons-stream s
               (make-tableau transform
                             (transform s))))
```

这样得到的表列具有如下形式：

```
s00   s01   s02   s03   s04   ...
      s10   s11   s12   s13   ...
            s20   s21   s22   ...
                        ...
```

最后取出表列中每行的第一项，这样就可以形成一个序列：

```
(define (accelerated-sequence transform s)
  (stream-map stream-car
              (make-tableau transform s)))
```

我们可以用逼近π的序列来展示这一“超级加速器”：

```
(display-stream (accelerated-sequence euler-transform
                                      pi-stream))
```

```
4.
3.166666666666667
3.142105263157895
3.141599357319005
3.1415927140337785
3.1415926539752927
3.1415926535911765
3.141592653589778
...
```

结果非常令人振奋。取出序列的8项，就产生出π的直至14位数字的正确值。如果我们用的是原来的逼近序列，那么将需要计算10^{13}数量级的项才能达到同样精确程度（也就是说，需要展开足够多的项，使一个项的绝对值小于10^{-13}）。如果不使用流，我们也可以实现这些加速技术，但流的描述形式特别优美而又方便，因为整个状态序列就像一个数据结构一样，可以通过一集统一的操作直接地随意使用。

练习3.63 Louis Reasoner问为什么sqrt-stream过程没采用下述更加直截了当的形式写出，其中根本不用局部变量guesses：

```
(define (sqrt-stream x)
  (cons-stream 1.0
               (stream-map (lambda (guess)
                             (sqrt-improve guess x))
                           (sqrt-stream x))))
```

Alyssa P. Hacker对所说过程的这个版本的评价是，它过于低效，因为其中执行了一些多余的操作。请解释Alyssa的回答。如果我们的delay直接采用（lambda () *<exp>*）实现，而不用memo-proc所提供的优化（见3.5.1节），这两个版本在效率方面还会有差异吗？

练习3.64 请写出过程stream-limit，它以一个流和一个数（当作容许误差）作为参数，检查这个流，直至发现连续两项之差的绝对值小于给定容许误差。这时该过程返回后一个项。利用这一过程，我们就可以用下面方式计算出满足给定误差的平方根：

```
(define (sqrt x tolerance)
  (stream-limit (sqrt-stream x) tolerance))
```

练习3.65 用级数：

$$\ln 2 = 1 - \frac{1}{2} + \frac{1}{3} - \frac{1}{4} + \cdots$$

参照上面计算π的方式，计算出逼近2的自然对数的三个序列。这些序列的收敛速度怎么样？

序对的无穷流

在2.2.3节里，我们看到过如何通过序列范型去处理传统的嵌套循环，将其作为定义在序对的序列上的计算过程。如果将这一技术推广到无穷流，我们就可以写出一些很不容易用循环表示的程序，因为要想那样做，就必须对无穷集合做“循环”。

举例说，假定我们希望推广2.2.3节的prime-sum-pairs过程，生成所有整数序对 (i, j) 的流，其中有$i \leq j$而且$i+j$是素数。如果int-pairs是所有满足$i \leq j$的整数序对 (i, j) 的序列，那么我们的需求就很简单了[194]：

```
(stream-filter (lambda (pair)
                 (prime? (+ (car pair) (cadr pair))))
               int-pairs)
```

现在问题就转化为流int-pairs的生成。更一般些，假定我们现在有了两个流$S=(S_i)$和$T=(T_j)$，设想下面的无穷矩形阵列：

$$
\begin{array}{llll}
(S_0, T_0) & (S_0, T_1) & (S_0, T_2) & \cdots \\
(S_1, T_0) & (S_1, T_1) & (S_1, T_2) & \cdots \\
(S_2, T_0) & (S_2, T_1) & (S_2, T_2) & \cdots \\
 & \cdots & &
\end{array}
$$

我们需要的是生成一个流，其中包含了在这一阵列中位于对角线及其上方的所有序对，即如下的这些序对：

$$
\begin{array}{llll}
(S_0, T_0) & (S_0, T_1) & (S_0, T_2) & \cdots \\
 & (S_1, T_1) & (S_1, T_2) & \cdots \\
 & & (S_2, T_2) & \cdots \\
 & & & \cdots
\end{array}
$$

(如果S和T都是整数的流，那么这就是我们所需要的int-pairs流。)

我们把这个一般性的流称为(pairs S T)，并认为它由三部分组成：序对(S_0, T_0)，第一行里的所有其他序对，以及其余的序对[195]：

$$
\begin{array}{l|lll}
(S_0, T_0) & (S_0, T_1) & (S_0, T_2) & \cdots \\
\hline
 & (S_1, T_1) & (S_1, T_2) & \cdots \\
 & & (S_2, T_2) & \cdots \\
 & & & \cdots
\end{array}
$$

可以看出，这一分解的第三部分（那些不在第一行的序对）正是（递归地）由(stream-cdr S)和(stream-cdr T)形成的那些序对。还可以看到其第二部分（第一列其余序对）就是：

```
(stream-map (lambda (x) (list (stream-car s) x))
            (stream-cdr t))
```

这样我们就可以按照如下方式构成所需的序对流了：

```
(define (pairs s t)
  (cons-stream
   (list (stream-car s) (stream-car t))
   (<按某种方式组合>
       (stream-map (lambda (x) (list (stream-car s) x))
                   (stream-cdr t))
       (pairs (stream-cdr s) (stream-cdr t)))))
```

为了完成这一过程，我们还必须选择一种方式，通过它组合起两个内部的流。一种想法

[194] 正像2.2.3节一样，我们在这里将整数的序对表示为两个元素的表，而不是表示为Lisp的序对。

[195] 有关为什么选择这种分解的考虑，请参考练习3.68。

是采用与2.2.1节中append过程类似的流过程：

```
(define (stream-append s1 s2)
  (if (stream-null? s1)
      s2
      (cons-stream (stream-car s1)
                   (stream-append (stream-cdr s1) s2))))
```

然而，对于无穷流而言，这一做法完全不适用，因为它要在取到第一个流的所有元素之后，才去结合进第二个流的元素。特别是如果我们试图用如下方式生成所有正整数的序对：

```
(pairs integers integers)
```

结果得到的流将会试图首先生成出第一个元素等于1的所有序对，因此也就根本不会产生出以其他整数作为第一个元素的序对了。

为了处理无穷的流，我们需要设计另一种组合顺序，以保证只要这个程序运行的时间足够长，那么最终就能得到流中的每一个元素。做到这一点的一种很美妙的方式是采用下面的interleave过程[196]：

```
(define (interleave s1 s2)
  (if (stream-null? s1)
      s2
      (cons-stream (stream-car s1)
                   (interleave s2 (stream-cdr s1)))))
```

因为interleave交替地从两个流中取元素，这样，即使第一个流是无穷的，第二个流里每个元素最终都能在这样交错得到的流里有自己的位置。

现在，我们已经可以通过如下方式生成所需的流了：

```
(define (pairs s t)
  (cons-stream
   (list (stream-car s) (stream-car t))
   (interleave
    (stream-map (lambda (x) (list (stream-car s) x))
                (stream-cdr t))
    (pairs (stream-cdr s) (stream-cdr t)))))
```

练习3.66 请仔细检查流（pairs integers integers），你能对各个序对放入在流中顺序做出任何一般性的说明吗？比如说，在序对（1，100）之前大约有多少个序对？在序对(100，100)之前呢？（如果你能在这里做出精确的数学描述，那当然更好了。但如果觉得很难做好定量的回答，你也完全不必感到沮丧。）

练习3.67 请修改过程pairs，使（pairs integers integers）能生成所有整数序对 (i, j) 的流（不考虑条件$i \leqslant j$）。提示：你需要混合进去另一个流。

练习3.68 Louis Reasoner认为从上述三个部分出发构造流，是把事情弄得过于复杂了。他建议不要把 (S_0, T_0) 与第一行的其他部分分开，而是直接对整个这一行工作，采用下面方式：

[196] 这一组合顺序所需的性质可以精确地陈述如下：应该有一个两参数的函数f，使对应于第一个流的元素i和第二个流的元素 j 的那个序对出现输出流中，作为其中的第 $f(i, j)$ 个元素。使用interleave达到这一效果的技巧是David Turner教给我们的，他在语言KRC（Turner 1981）里使用了这种技术。

```
(define (pairs s t)
  (interleave
   (stream-map (lambda (x) (list (stream-car s) x))
               t)
   (pairs (stream-cdr s) (stream-cdr t))))
```

这样做能行吗？请考虑一下，如果我们采用Louis对pairs的定义去求值（pairs integers integers），那会出现什么情况。

练习3.69　请写一个过程triples，它以三个无穷流S、T和U为参数，生成三元组（S_i，T_j，U_k）的流，其中要求有$i \leqslant j \leqslant k$。利用triples生成所有正的毕达哥拉斯三元组的流，也就是说，生成所有的三元组（i，j，k），其中$i \leqslant j$，而且有$i^2+j^2=k^2$。

练习3.70　如果能够让生成的流中的序对按照某种有用的顺序排列，而不仅仅是顺便地任由某种实际交错过程产生，也可能是很有价值的事情。问题是要定义好一种方式，使我们能够说某个序对“小于”另一个，而后就可以采用某种类似于练习3.56里的merge过程的技术了。完成此事的一种方式是定义一个“权重函数”$W(i,j)$，并规定当$W(i_1,j_1)<W(i_2,j_2)$时（i_1，j_1）就小于（i_2，j_2）。请写出过程merge-weighted，它很像merge，但还多了一个参数weight，这是一个用于计算序对权重的过程，用于确定元素在归并所产生的流中出现的顺序[197]。利用这个函数将pairs推广为过程weighted-pairs，这个过程的参数包括两个流，还有一个用于计算权重函数的过程。它按照给定的权重顺序生成出序对的流。请用你的过程生成出：

a) 所有正整数序对（i，j）的流，其中要求$i \leqslant j$，按照和数$i+j$的顺序排列。

b) 所有正整数序对（i，j）的流，其中要求$i \leqslant j$，而且这里的i或者j可以被2、3或者5整除，这些序对按照和数$2i+3j+5ij$的顺序排列。

练习3.71　可以以多于一种方式表达为两个立方数之和的数有时被称为Ramanujan数，以纪念数学家Srinivasa Ramanujan[198]。序对的有序流为计算这些数的问题提供了一种非常优美的解决方案。为了能够找到所有能以两种不同方式写为两个立方之和的数，我们只需要以和数i^3+j^3作为权重（见练习3.70）顺序地生成整数序对的流，而后在这个流里寻找具有同样权重的两个前后相邻排列的序对。请写一个过程生成Ramanujan数。第一个这样的数是1729，随后的5个数是什么？

练习3.72　请采用类似于练习3.71的方式，生成出所有满足下面条件的数的流：这些数都能够以三种不同方式表示为两个平方数之和（并请显示出它们的分解形式）。

将流作为信号

在开始有关流的讨论时，我们将它们描述为信号处理系统里的“信号”在计算中的对应物。事实上，我们可以采用流，以一种非常直接的方式为信号处理系统建模，用流的元素表

---

[197] 需要对权重函数提出以下要求：当沿着序对阵列的任何一行向右，或者沿着任何一列向下时，序对的权重一定增加。

[198] 引用哈代有关Ramanujan的传略（Hardy 1921）：“那是Littlewood先生（我认为）说的，‘每一个正整数都是他的朋友’。记得有一次我去看他，他当时正因病住在Putney。我刚刚坐的出租车号码是1729，我说这个数实在没趣，但愿这不是一个坏兆头。他回答说：‘不，这是一个非常有趣的数，它是能以两种不同方式表达为两个立方数之和的最小的数。’”利用带权数的序对生成Ramanujan数的技巧是Charles Leiserson告诉我们的。

示一个信号在顺序的一系列时间间隔上的值。举例来说，我们可以实现一个积分器或者求和器，对于输入流$x=(x_i)$，初始值C和一个小增量dt，累积下面的和：

$$S_i = C + \sum_{j=1}^{i} x_j \ \mathrm{d}t$$

并返回值$S=(S_i)$的流。下面的integral过程使我们回想起前面给出的整数流的“隐式风格的”定义（见3.5.2节）。

```
(define (integral integrand initial-value dt)
  (define int
    (cons-stream initial-value
                 (add-streams (scale-stream integrand dt)
                              int)))
  int)
```

图3-32是对应于integral过程的信号处理系统的一个图示。输入流经过dt做尺度变换后送给一个加法器，加法器的输出又重新送回同一个加法器。位于int定义里的自引用，在图中的反应就是从加法器的输出到其一个输入的反馈循环。

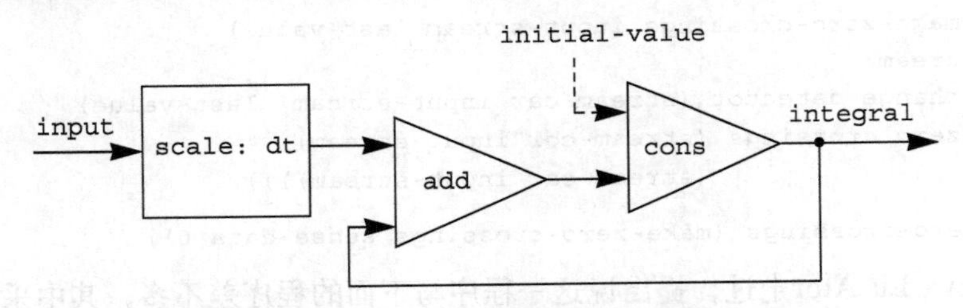

图3-32 将integral过程看作信号处理系统

练习3.73 我们可以用流表示电流或者电压在时间序列上的值，用以模拟电子线路。举例说，假定有一个*RC*电路，它由一个阻值为*R*的电阻和一个容量为*C*的电容器串联而成。该电路对输入电流*i*的电压响应*v*由图3-33里的公式表示，其结构由对应的信号流图表示。

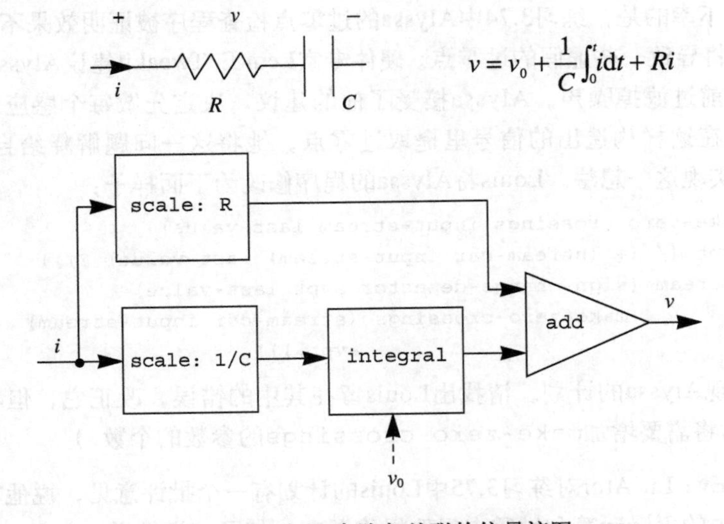

图3-33 一个*RC*电路与关联的信号流图

请写出一个过程RC模拟这个电路。RC应该以R、C和dt的值作为输入，它应返回一个过程，该过程的输入是一个表示电流的流i和一个表示电容器初始电压值的v_0，输出是表示电压的流v。例如，你应该能通过求值 (define RC1 (RC 5 1 0.5))，用RC模拟一个RC电路，其中$R=5$欧姆，$C=1$法，以0.5秒作为时间步长。这一表达式将定义出一个过程RC1，它以一个表示电流的时间序列的流和电容器的一个初始电压量为参数，能产生出表示电压的输出序列。

练习3.74 Alyssa P. Hacker正在设计一个系统，以处理来自物理传感器的信号。她希望得到的一个重要特性就是一个描述了输入信号过零点的信号。也就是说，在输入信号从负值变成正值时这个结果信号应该是+1，而当输入信号由正变负时它应该是−1，其他时刻值为0（0输入的符号也假定为正）。例如，一个典型的输入信号及其相关的过零点信号应该是：

```
...1  2  1.5  1  0.5  -0.1  -2  -3  -2  -0.5  0.2  3  4 ...
... 0  0    0  0    0     -1  0   0   0     0    1  0  0 ...
```

在Alyssa的系统里，来自传感器的信号用流sense-data表示，流zero-crossings是对应的过零点流。Alyssa首先写出一个过程sign-change-detector，它以两个值作为参数，比较它们的符号产生出适当的0、1或者−1。而后她用下面方式构造出过零点流：

```
(define (make-zero-crossings input-stream last-value)
  (cons-stream
   (sign-change-detector (stream-car input-stream) last-value)
   (make-zero-crossings (stream-cdr input-stream)
                        (stream-car input-stream))))

(define zero-crossings (make-zero-crossings sense-data 0))
```

Alyssa的上司Eva Lu Ator走过，提出说这一程序与下面的程序差不多，其中采用了取自练习3.50的stream-map的推广版本：

```
(define zero-crossings
  (stream-map sign-change-detector sense-data <expression>))
```

请填充这里缺少的*<expression>*，完成这一程序。

练习3.75 不幸的是，练习3.74中Alyssa的过零点检查程序被证明效果不好，因为来自传感器的噪声信号将导致一些虚假的过零点。硬件专家Lem E. Tweakit建议Alyssa对信号做平滑，在提取过零点之前过滤掉噪声。Alyssa接受了他的建议，决定先做每个感应值与前一感应值的平均值，而后在这样构造出的信号里提取过零点。她将这一问题解释给自己的助手Louis Reasoner，让他实现这一想法。Louis将Alyssa的程序修改为下面样子：

```
(define (make-zero-crossings input-stream last-value)
  (let ((avpt (/ (+ (stream-car input-stream) last-value) 2)))
    (cons-stream (sign-change-detector avpt last-value)
                 (make-zero-crossings (stream-cdr input-stream)
                                      avpt))))
```

这并没有正确实现Alyssa的计划。请找出Louis留在其中的错误，改正它，但不要改变程序的结构。（提示：你将需要增加make-zero-crossings的参数的个数。）

练习3.76 Eva Lu Ator对练习3.75中Louis的计划有一个批评意见，说他写出的程序不够模块化，因为其中的平滑运算和过零点提取操作混在一起了。举例说，如果Alyssa找到了另一种改善输入信号的更好方法，不应该修改这里的提取程序。请帮助Louis写一个过程smooth，它以一个流为输入，产生出另一个流，其中的每个元素都是输入流中顺序的两个元素的平均值。而后以smooth作为部件，以更模块化的方式实现这个过零点检测器。

3.5.4 流和延时求值

前一节里的最后一个过程integral，展示了我们可以怎样用流去模拟包含反馈循环的信号处理系统。图3-32中所示的加法器的反馈循环，是通过将integral的内部流int通过它本身定义的方式去模拟的：

```
(define int
  (cons-stream initial-value
               (add-streams (scale-stream integrand dt)
                            int)))
```

解释器处理这种隐式定义的能力依赖于delay，它被结合在cons-stream里面。如果没有这个delay，解释器就不可能在完成对cons-stream的两个参数的求值之前构造出int，因为这将要求int已经定义好。一般说，在利用流去模拟包含循环的信号处理系统时，delay是至关重要的。如果没有delay，我们的模拟就不得不这样描述，其中要求对每个信号处理部件的输入都能在产生输出之前完成求值。这也就完全把循环排除在外了。

但是，对于带有循环的系统的流模拟，除了cons-stream所提供的“隐藏的”delay之外，可能还需要直接使用delay。举个例子，图3-34显示了一个解微分方程$dy/dt=f(y)$的信号处理系统，其中的f是一个给定函数。图中显示了一个映射部件将函数f应用于其输入信号的情况，它也连接在一个反馈循环里，循环中包含一个积分器，连接方式很像在模拟计算机中实际用于求解这种方程的电路形式。

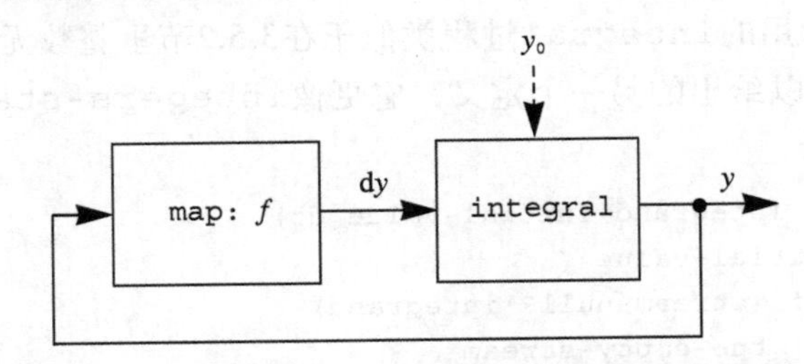

图3-34 一个求解方程$dy/dt=f(y)$的“模拟计算机电路”

假定给了y的一个输入值y_0，我们可能企图采用下面过程模拟这个系统：

```
(define (solve f y0 dt)
  (define y (integral dy y0 dt))
  (define dy (stream-map f y))
  y)
```

可是这一过程无法工作，因为在solve的第一行里对integral的调用要求dy已经定义，但这是到solve的第二行才做的事情。

换句话说，这一定义的意图确实是有意义的，因为从原则上说，我们有可能在不知道dy的情况下开始生成y。实际上，integral和其他的许多流都有类似cons-stream的这种性质，我们可以在只有参数的一部分信息的情况下，开始生成出输出流的有关部分。对于

integral，输出流的第一个元素由initial-value描述，这样我们就可以在不求值积分对象dy的情况下生成出输出流里的第一个元素。一旦我们知道了y的第一个元素，位于solve第二行的stream-map就可以开始工作，生成出dy的第一个元素，这样就可以生成出y的下一个元素，并可以这样继续下去了。

为了利用这种想法，我们就需要重新定义integral，将被积的流看作一个**延时参数**。integral将在需要生成输出流第一个元素之后的元素时force积分对象的求值：

```
(define (integral delayed-integrand initial-value dt)
  (define int
    (cons-stream initial-value
                 (let ((integrand (force delayed-integrand)))
                   (add-streams (scale-stream integrand dt)
                                int))))
  int)
```

现在我们只需在y的定义里延时求值dy，就可以实现solve过程了[199]：

```
(define (solve f y0 dt)
  (define y (integral (delay dy) y0 dt))
  (define dy (stream-map f y))
  y)
```

一般而言，integral的每个调用者现在都必须delay其被积参数。下面是展示solve过程工作情况的例子，希望在$y=1$处，初始条件为$y(0)=1$的情况下，计算微分方程$\mathrm{d}y/\mathrm{d}t=y$的解，这将计算出近似值$e\approx 2.718$。

```
(stream-ref (solve (lambda (y) y) 1 0.001) 1000)
2.716924
```

练习3.77 上面所用的integral过程类似于在3.5.2节里整数无穷流的“隐式”定义。换一种方式，我们也可以给出的另一个定义，它更像integers-starting-from（也见3.5.2节）：

```
(define (integral integrand initial-value dt)
  (cons-stream initial-value
               (if (stream-null? integrand)
                   the-empty-stream
                   (integral (stream-cdr integrand)
                             (+ (* dt (stream-car integrand))
                                initial-value)
                             dt))))
```

在用于带循环的系统时，这个过程有着与开始integral版本一样的问题。请修改这个过程，使它将integrand看作延时参数，以便能用于上述的solve过程。

练习3.78 现在考虑设计一个信号处理系统，研究齐次二阶线性微分方程：

$$\frac{\mathrm{d}^2y}{\mathrm{d}t^2}-a\frac{\mathrm{d}y}{\mathrm{d}t}-by=0$$

[199] 这一过程并不保证能在所有Scheme实现中工作，但在每一个实现中，都有它的一个简单变形可以工作。问题出在Scheme实现中对内部定义的处理方式的细微差异上（参见4.1.6节）。

输出流模拟y，它由一个包含循环的网络生成。这是因为d^2y/dt^2的值依赖于y和dy/dt的值，而它们又都由被积式d^2y/dt^2所确定。图3-35显示了我们希望去编码的图形。请写出一个过程`solve-2nd`，它以常数a、b和dt，y的初始值y_0和dy_0，以及dy/dt为参数，生成出y的一系列值的流。

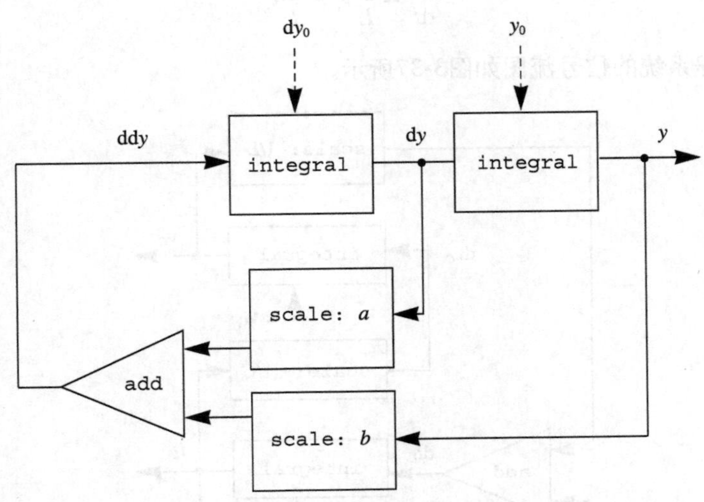

图3-35 求解二次线性微分方程的信号流图

练习3.79 请推广练习3.78里写出的过程`solve-2nd`，使之能用于求解一般的二次微分方程$d^2y/dt^2 = f(dy/dt, y)$。

练习3.80 串联*RLC*电路由一个电阻、一个电容器和一个电感串联组成，如图3-36所示。如果R、L和C分别是电路里的电阻值、电容量和电感量，那么由三个部件间的电压（v）和电流（i）关系由下面方程描述：

$$v_R = i_R R$$

$$v_L = L\frac{di_L}{dt}$$

$$i_C = C\frac{dv_C}{dt}$$

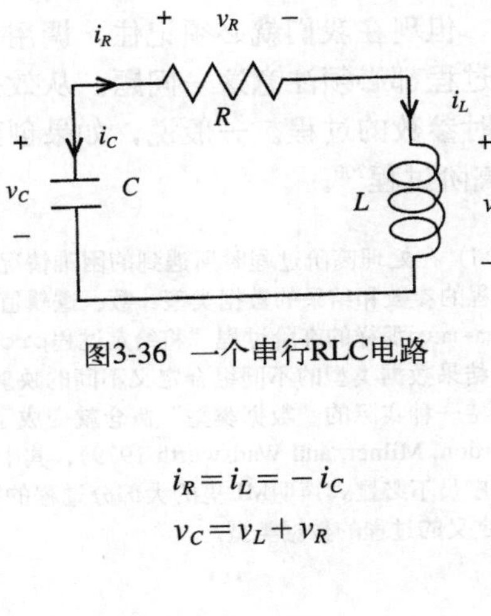

图3-36 一个串行RLC电路

电路连接导致下面的关系：

$$i_R = i_L = -i_C$$

$$v_C = v_L + v_R$$

请组合这些方程，证明电路的状态（v_C和i_L）可以由以下微分方程描述：

$$\frac{\mathrm{d}v_C}{\mathrm{d}t}=-\frac{i_L}{C}$$

$$\frac{\mathrm{d}i_L}{\mathrm{d}t}=\frac{1}{L}v_C-\frac{R}{L}i_L$$

表示这一微分方程系统的信号流图如图3-37所示。

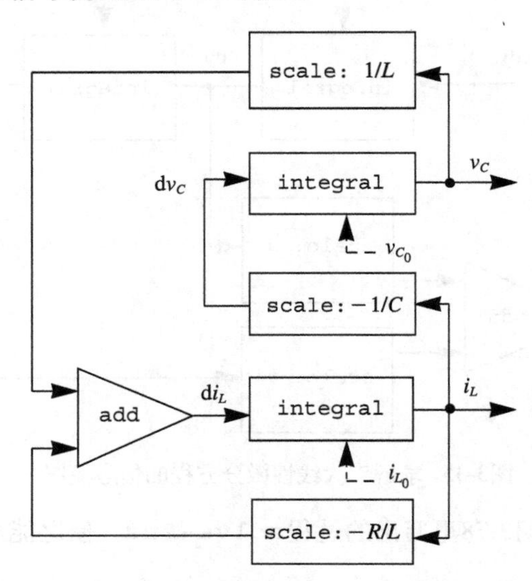

图3-37 求解串行RLC电路的信号流图

请写出一个过程RLC，它以电路的R、L、C和时间增量dt为参数，按类似于练习3.73中过程RC的方式，RLC应该生成一个过程，该过程以状态变量的初始值v_{C_0}和i_{L_0}为参数，生成出状态v_C和i_L的流的一个序对（用cons）。利用RLC生成出一对流，模拟一个RLC电路的行为，其中$R=1$欧，$C=0.2$法，$L=1$亨，$\mathrm{d}t=0.1$秒，初始值$i_{L_0}=0$安培，$v_{C_0}=10$伏特。

规范求值序

本节中的实例说明，显式使用delay和force能够提供很大的编程灵活性，但同样实例也显示出这种做法可能如何导致程序变得更加复杂。举例来说，新的integral过程给了我们模拟带有循环的系统的能力，但现在我们就必须记住，调用integral时必须用一个延时参数，每个使用integral的过程都必须注意这一问题。从效果上看，我们已经构造出了两类过程：常规的过程和要求延时参数的过程。一般说，如果创建了不同种类的过程，就将迫使我们同时去创建不同种类的高阶过程[200]。

[200] 这是常规强类型语言（如Pascal）在处理高阶过程时所遇到的困难情况在Lisp里的一种小小反应。在那些语言里，程序员必须刻画每个过程的参数和结果的数据类型：数、逻辑值、序列等等。因此我们就无法表述某些抽象，例如用一个如stream-map那样的高阶过程“将给定过程proc映射到一个序列里的每个元素”。相反，我们将需要对每种参数和结果数据类型的不同组合定义不同的映射过程，各自应用于特定的proc。在出现了高阶函数的情况下，维持一种实际的“数据类型”概念就变成了一个很困难的问题。语言ML阐明了处理这一问题的一种方法（Gordon, Milner, and Wadsworth 1979），其中的“多态数据类型”包含着数据类型间高阶变换的模式。这就使程序员不必显式声明ML里的大部分过程的数据类型。ML包含一种“类型推导”机制，用于从环境中归结出新定义的过程的数据类型。

为了避免需要两类不同过程，一种方式是让所有过程都用延时参数。我们可以采纳一种求值模型，其中所有过程参数都自动延时，只有在实际需要它们的时候（例如，当基本操作需要它们的时候）才强迫参数求值。这样做，就把我们的语言转到了采用规范序的方式，在1.1.5节介绍求值的代换模型时曾第一次介绍过这一概念。转到规范序求值，能得到一种简化延时求值使用方式的统一的优雅途径，如果我们关心的只是流处理，这将是一种应该采用的非常自然的策略。在研究了求值器之后，我们将在4.2节里看看怎样将所用的语言变换到那种样子。不幸的是，把延时包含到过程调用中，将会对我们设计依赖于事件顺序的程序的能力造成极大损害，例如使用赋值、变动数据、执行输入输出的程序等等。甚至在cons-stream里的那个delay也会产生极大的迷惑作用，如练习3.51和练习3.52所示。目前所有的人都知道，变动性和延时求值在程序设计语言里结合得非常不好，设计出某些方式，适当地处理这两种东西，仍然是一个很活跃的研究领域。

3.5.5 函数式程序的模块化和对象的模块化

正如我们在3.1.2节里所看到的，引进赋值的主要收益就是使我们可以增强系统的模块化，把一个大系统的状态中的某些部分封装，或者说“隐藏”到局部变量里。流模型可以提供等价的模块化，同时又不必使用赋值。为了展示这方面的情况，我们可以重新实现前面在3.1.2节考察过的π的蒙特卡罗估计，这次从流的观点出发来做。

这里的一个关键性的模块化问题，就是我们希望将一个随机数生成器的内部状态隐蔽起来，隔离在使用随机数的程序之外。我们从过程rand-update开始，它所提供的一系列值就是我们所需的随机数，用它作为一个随机数生成器：

```
(define rand
  (let ((x random-init))
    (lambda ()
      (set! x (rand-update x))
      x)))
```

在这一流描述中，我们根本看不到什么随机数生成器。在这里只有一个随机数的流，通过对rand-update的一系列顺序调用产生：

```
(define random-numbers
  (cons-stream random-init
               (stream-map rand-update random-numbers)))
```

我们用它构造出在random-numbers流中顺序的数对上的Cesàro试验的输出流：

```
(define cesaro-stream
  (map-successive-pairs (lambda (r1 r2) (= (gcd r1 r2) 1))
                        random-numbers))

(define (map-successive-pairs f s)
  (cons-stream
   (f (stream-car s) (stream-car (stream-cdr s)))
   (map-successive-pairs f (stream-cdr (stream-cdr s)))))
```

现在将cesaro-stream馈入monte-carlo过程，该过程生成出一个可能性估计的流。得到的结果被变换到一个估计π值的流。这一版本的程序里根本不需要用参数去告诉它试多少次，如果去查看pi流里更后面的值，我们就可以得到π的更好估计（也就是执行更多的试验）。

```
(define (monte-carlo experiment-stream passed failed)
  (define (next passed failed)
    (cons-stream
     (/ passed (+ passed failed))
     (monte-carlo
      (stream-cdr experiment-stream) passed failed)))
  (if (stream-car experiment-stream)
      (next (+ passed 1) failed)
      (next passed (+ failed 1))))

(define pi
  (stream-map (lambda (p) (sqrt (/ 6 p)))
              (monte-carlo cesaro-stream 0 0)))
```

这一方法也相当模块化，因为这里仍然构造出了一个一般性的monte-carlo过程，它可以处理任何试验。而且这里没有赋值，也没有局部状态。

练习3.81 练习3.6讨论了推广随机数生成器，使人可以重置随机数序列，以便生成出"随机"数的可重复序列。请做出这种生成器的一个流模型，它对一个表示需求的输入流操作，或者是generate一个新随机数，或者是将序列reset为某个特定值，进而生成所需的随机数流。在你的解中不要使用赋值。

练习3.82 以流的方式重新做练习3.5里的蒙特卡罗积分，estimate-integral的流版本将不需要参数告知执行试验的次数，相反，它将生成一个表示越来越多试验次数的估值流，

时间的函数式程序设计观点

现在回到有关对象和状态的问题，这是本章开始提出的，现在让我们从一种新的角度去看它们。引进赋值和变动对象，就是为了提供一种机制，以便能模块化地构造出程序，去模拟具有状态的系统。我们构造了包含内部状态变量的计算对象，用赋值去修改这些变量。我们利用对应计算对象的时序行为去模拟现实世界中的各种对象的时序行为。

现在已经看到，流为模拟具有内部状态的对象提供了另一种方式。可以用一个流去模拟一个变化的量，例如某个对象的内部状态，用流表示其顺序状态的时间史。从本质上说，这里的流将时间显式地表示了出来，因此就松开了被模拟的世界里的时间与求值过程中事件发生的顺序之间的紧密联系。确实，由于delay的出现，在模型中被模拟的时间与求值中事件发生的顺序之间已经没有什么关系了。

为了进一步对比这两种模拟方式，让我们重新考虑一个"取款处理器"的实现，它管理着一个银行账户的余额。在3.1.3节里，我们实现了这一处理器的一个简化版本：

```
(define (make-simplified-withdraw balance)
  (lambda (amount)
    (set! balance (- balance amount))
    balance))
```

调用make-simplified-withdraw将生成出这种计算对象，每个这种对象里都有局部变量balance，其值将在对这个对象的一系列调用中逐步减少。这些对象以amount为参数，返回一个新的余额值。我们可以设想，银行账户的用户送一个输入序列给这种对象，由它得到一系列返回值，显示在某个显示屏幕上。

换一种方式，我们也可以将一个提款处理器模拟为一个过程，它以一个余额值和一个提款流作为参数，生成账户中顺序余额的流：

```
(define (stream-withdraw balance amount-stream)
  (cons-stream
   balance
   (stream-withdraw (- balance (stream-car amount-stream))
                    (stream-cdr amount-stream))))
```

stream-withdraw实现了一个具有良好定义的数学函数，其输出完全由输入确定。当然，这里假定了输入amount-stream是由用户送来的顺序值构成的流，作为结果的余额流将被显示出来。这样，从送入这些值并观看结果的用户的角度看，这一流过程的行为与由make-simplified-withdraw创建的对象并没有什么不同。当然，在这种流方式里没有赋值，没有局部状态变量，因此也就不会有我们在3.1.3节所遇到的种种理论困难。但是这个系统也有状态！

这确实是极其惊人的。虽然stream-withdraw实现了一个具有良好定义的数学函数，其行为根本不会变化，用户看到的却是在这里与一个改变着状态的系统交互。消除这一悖论的一种方式是认识到，正是由于用户方的时态的存在，为这个系统赋予了状态特性。如果用户从自己的交互问题上后退一步，以余额流的方式思考问题，而不是去看个别的交易，这个系统看上去就是无状态的了[201]。

从一个复杂过程中的一部分的观点出发，其他的部分看起来正在随着时间变化，它们有着隐蔽的随时间变化的局部状态。如果我们希望去写程序，在计算机里用某种结构去模拟现实世界中的这类自然分解（就像我们从自己的观点，将它看作世界的一个部分那样），那么就会做出一些不是函数式的计算对象——它们必须随着时间不断变化。我们用局部状态变量去模拟状态，用对这些变量的赋值模拟状态的变化。在这样做的时候，就是在用计算执行中的时间去模拟我们所在的世界里的时间，也就是把“对象”弄进了计算机。

用对象来做模拟是威力强大的，也很直观，这一情况的主要根源，就在于它非常符合我们对自己身处其中并与之交流的世界的看法。然而，正如在读完这一章的整个过程中我们已经反复看到的，这种模型也产生了对于事件的顺序，以及同步多个进程的棘手问题。避免这些问题的可能性推动着*函数式程序设计语言*的开发，这类语言里根本不提供赋值或者变动对象。在这样的语言里，所有过程实现的都是它们的参数上的定义良好的数学函数，其行为不会变化。函数式途径对于处理并发系统特别有吸引力[202]。

但是，另一方面，如果我们贴近观察，就会看到与时间有关的问题也潜入了函数式模型之中。一个特别麻烦的领域出现在我们希望设计交互式系统的时候，特别是如果需要去模拟一些独立对象之间的交互。举个例子，我们再次考虑允许共用账户的银行系统的实现。普通系统里将使用赋值和状态，在模拟Peter和Paul共享一个账户时，我们让Peter和Paul将他们的交易请求送到同一个银行账户对象，就像在3.1.3节里所看到的那样。从流的观点看，在这里

[201] 物理中也类似，当我们观察一个正在移动的粒子时，我们说该粒子的位置（状态）正在变化。然而，从粒子的世界线的观点看，这里根本就不涉及任何变化。

[202] John Backus（Fortran的发明者）在1978年得到图灵奖时特别赞赏函数式程序设计。在他的授奖讲演中（Backus 1978）强烈地推崇函数式途径。Henderson 1980和Darlington, Henderson, and Turner 1982给出了有关函数式程序设计的很好综述。

根本就没有什么“对象”，我们已经说明了可以用一个计算过程去模拟银行账户，该过程在一个请求交易的流上操作，生成一个系统响应的流。我们也同样能模拟Peter和Paul有着共用账户的事实，只要将Peter的交易请求流与Paul的交易请求流归并，并把归并后的流送给那个银行账户过程，如图3-38所示。

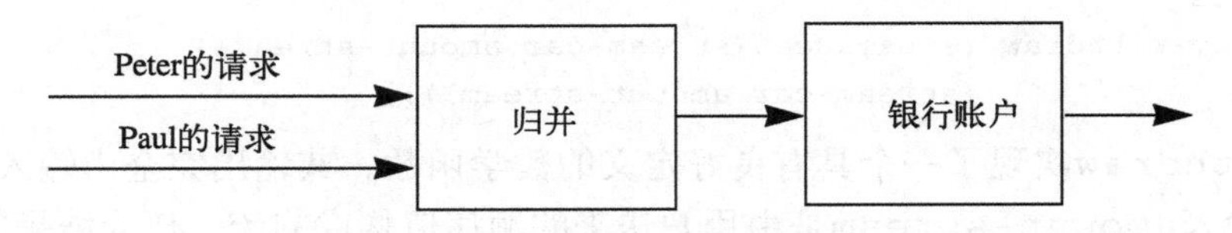

图3-38 一个合用账户，通过合并两个交易请求流的方式模拟

这种处理方式的麻烦就在于*归并*的概念。通过简单交替地从Peter的请求中取一个，而后从Paul的请求中取一个的方式根本不行。假定Paul很少访问这个账户，我们将很难强迫Peter等待Paul对账户的访问，而后才能进行自己的第二次访问。无论这种归并如何实现，它都必须在某种由Peter和Paul可以看到的“真实时间”的约束之下交错归并这两个交易流，这也就是说，如果Peter和Paul会面了，他们总可以一致地认为，某些交易已经在这次会面之前做了，其他交易将在这次会面之后做[203]。这正好是在3.4.1节里我们不得不去处理的同一个约束条件，在那里我们发现需要引进显式同步，以确保在并发处理具有状态的对象的过程中，各个事件是按照“正确”顺序发生的。这样，虽然这里试图支持函数式的风格，但在需要归并来自不同主体的输入时，又要重新引入函数式风格致力于消除的同一个问题。

本章开始时提出了一个目标，那就是构造出一些计算模型，使其结构能够符合我们对于试图去模拟的真实世界的看法。我们可以将这一世界模拟为一集相互分离的、受时间约束的、具有状态的相互交流的对象，或者可以将它模拟为单一的、无时间也无状态的统一体。每种观点都有其强有力的优势，但就其自身而言，又没有一种方式能够完全令人满意。我们还在等待着一个大统一的出现[204]。

[203] 请注意，一般地说，对于任意两个流，存在着多于一种可接受的交错顺序。这样，从技术上看，“归并”就是一个关系而不是一个函数——得到的回答并不是输入的确定性函数。我们已经提到过（脚注167），非确定性在处理并发方面是本质性的。这一归并关系展示了同样本质性的非确定性。在4.3节里我们将看到来自另一种观点的非确定性。

[204] 对象模型对世界的近似在于将其分割为独立的片断，函数式模型则不是沿着对象间的边界去做模块化。当“对象”之间不共享的状态远远大于它们所共享的状态时，对象模型就特别好用。这种对象观点失效的一个地方就是量子力学，在那里，将物体看作独立的粒子就会导致悖论和混乱。将对象观点与函数式观点合并可能与程序设计的关系不大，而是与基本认识论有关的论题。

第4章 元语言抽象

用普通的话来说，这个咒语就是——阿巴拉卡达巴拉，芝麻开门，而且还有另外的东西——在一个故事里的咒语在另一故事里就不灵了。真正的魔力在于知道哪个咒语有用，在什么时候，用于做什么，其诀窍就在于学会有关的诀窍。

而这些咒语也是用我们的字母表里的字母拼出来的，这个字母表中不过是几十个可以用笔画出来的弯弯曲线。这就是最关键的！而那些珍宝也是如此，如果我们能将它们拿到手中的话！这就像是说，就像通向珍宝的钥匙就是珍宝！

——John Barth, *Chimera*（奇想）

在前面有关程序设计的研究中，我们已经看到专业程序员在设法控制他们的设计的复杂性时，采用的正是与所有复杂系统的设计者同样的通用技术。他们将基本元素组合起来，形成复合元素，从复合元素出发通过抽象形成更高一层的构件，并通过采取某种适当的关于系统结构的大尺度观点，保持系统的模块性。为了阐释这些技术，我们一直用Lisp作为语言，描述计算过程，构造用于模拟现实世界中复杂现象的复合性计算对象和计算过程。然而，随着所面对的问题变得更加复杂，我们会发现Lisp，以及任何一种确定的程序设计语言，都不足以满足我们的需要。我们必须经常转向新的语言，以便能够更有效地表述自己的想法。建立新语言是在工程设计中控制复杂性的一种威力强大的工作策略，我们常常能通过采用一种新语言而提升处理复杂问题的能力，因为新语言可能使我们以一种完全不同的方式，利用不同的原语，不同的组合方式和抽象方式去描述（因此也是思考）所面对的问题，而这些都可以是为了手头需要处理的问题而专门打造的[205]。

程序设计中总会涉及多种语言。这里有物理的语言，例如针对特定计算机的机器语言。这些语言关注的是数据和控制在存储器和基本机器指令中一系列二进制位上的表示。机器语言程序员关心的是如何利用给定硬件构造出各种系统和有用功能，以便在资源受限的条件下有效地实现计算过程。高级语言构筑在机器语言之上，它们隐藏起数据被表示为一些二进制位，程序被表示为一个基本指令序列的许多细节。这些语言提供了一些组合和抽象机制，例如过程定义，因此更适合大规模的系统组织。

[205] 同样的想法在工程中随处可见。举例来说，电子工程师使用许多不同的语言去描述电路，其中的两种语言是电子网络的语言和电子系统的语言。网络语言强调的是基于各种电子元件为设备建模，在这个语言里的基本对象是各种基本电子元器件，如电阻器、电容器、电感器和晶体管，它们的特征采用电压和电流等物理变量刻画。在采用网络语言描述电路时，工程师关心的是一个设计的物理特性。与此相对应，系统语言中的基本对象是信号处理模块，如过滤器和放大器。此时需要关心的只是这些模块的功能行为以及对信号的操作，并不关心它们在物理的电流电压上的实现。这种系统语言是在网络语言的基础上构造起来的，因为信号处理系统的元素是用电子网络构造起来的。但是，设计者在这里关心的是为解决给定的应用问题而做的电子设备的大规模组织，并假定了其中各部分的物理可行性。2.2.4节中的图形语言所展示的分层设计技术正好是分层语言的另一个例子。

*元语言抽象*就是建立新的语言。它在工程设计的所有分支中都扮演着重要的角色，在计算机程序设计领域更是特别重要，因为这个领域中，我们不仅可以设计新的语言，还可以通过构造求值器的方式实现这些语言。对于某个程序设计语言的*求值器*（或者*解释器*）也是一个过程，在应用于这个语言的一个表达式时，它能够执行求值这个表达式所要求的动作。

把这一点看作程序设计中最基本的思想一点也不过分：

> *求值器决定了一个程序设计语言中各种表达式的意义，而它本身也不过就是另一个程序。*

认识到这一点，我们就需要修正有关自己作为程序员的看法。现在应该开始将自己看作语言的设计师，而不仅仅是别人设计好的语言的使用者。

事实上，我们几乎可以把任何程序看作某个语言的求值器。举例说，2.5.3节的多项式运算系统里包含着多项式的算术规则，以及它们基于表结构数据操作的实现。如果我们扩充这一系统，加进读入和打印多项式的过程，我们就有了一个用于处理符号数学问题的专用语言的核心部分。3.3.4节的数字逻辑模拟器和3.3.5节的约束传播系统，从它们自己的角度看，也都是完全合格的语言。它们都有自己的基本操作，组合手段和抽象手段。从这样一种观点看问题，处理大规模计算机系统的技术，与构造新的程序设计语言的技术有紧密的联系，而计算机科学本身不过（也不更少）就是有关如何构造适当的描述语言的学科。

现在我们将要启程，去讨论有关如何在一些语言的基础上构造新语言的技术。在这一章里，我们将用Lisp语言作为基础，将各种求值器实现为一些Lisp过程。因为Lisp的描述能力和操作符号表达式的能力，它特别适合用于这一工作。作为理解语言实现问题的第一步，我们将首先构造起一个针对Lisp本身的求值器。由我们的求值器实现的语言将是Lisp的Scheme方言的一个子集，也就是本书中所使用的语言。虽然本章描述的求值器针对的是Lisp的一个特定方言，但是它已经包含了任何为在顺序计算机上写程序而设计的表达式语言的求值器的基本结构（事实上，大部分语言的处理器，在其深处都包含了一个小小的“Lisp”求值器）。为便于展示和讨论，我们对这个求值器做了一些简化，某些特征被放到一边，其中有一些对于产品质量的Lisp系统可能是非常重要的。但无论如何，这个简单求值器已经足以执行本书中的大部分程序了[206]。

将求值器实现为一个清清楚楚的Lisp程序，还带来了另一个好处，这使我们可以通过修改这个求值器程序，实现各种不同的求值规则。能够很好利用这一优势的一个地方，是我们可以取得对计算模型中所嵌入的时间概念的进一步控制，这也是第3章讨论的核心问题。在那里，我们利用流的概念去松开计算机里的时间表示与现实世界的时间之间的联系，以降低由状态和赋值带来的复杂性。然而，我们的流程序有时写起来很啰唆，因为受到了Scheme的应用顺序求值的限制。在4.2节里我们要修改基础语言，提供一个更优雅的途径，采用的方式就是修改求值器，提供按照*正则序求值*的能力。

4.3节将要实现一项更加雄心勃勃的语言修改，在那里，表达式可以有多重的值，而不仅仅是一个值。在那里的*非确定性计算*的语言里，我们可以很自然地表达这样的计算过程，在

[206] 我们的求值器所没有涉及的最重要特征是有关处理错误和支持查错的机制。有关求值器的更深入讨论可见Friedman, Wand, and Haynes 1992，那里通过一系列用Scheme写出的求值器，揭示了程序设计语言里的各种有关现象。

其中生成出一个表达式的所有值，而后从中搜索出满足某些特定约束条件的值。从计算和时间模型的角度看，这样做就像是允许时间有分岔，形成一集“可能的未来”，而后搜索出适当的时间线路。借助于这个非确定性求值器，维护多重值的轨迹并执行搜索的工作都将由语言的基础机制自动处理。

在4.4节里实现了一个*逻辑程序设计*语言，在那里知识用关系的形式描述，而不是描述为带有输入输出的计算过程。虽然这样得到的语言与Lisp大相径庭，也与所有常规语言根本不同，但我们还是会看到，这个逻辑程序设计的求值器仍然享用着Lisp求值器的基本结构。

4.1 元循环求值器

现在我们要把Lisp求值器实现为一个Lisp程序，考虑用一个本身也在Lisp里实现的求值器去求值Lisp程序。这看起来似乎是一种循环定义。不过，求值是一种计算过程，所以用Lisp来描述这个过程也是合适的，因为毕竟它一直是我们用来描述计算过程的工具[207]。用与被求值的语言同样的语言写出的求值器被称为*元循环*。

从根本上说，元循环求值器也就是3.2节所描述求值的环境模型的一个Scheme表达形式。回忆一下，该模型包括两个部分：

1) 在求值一个组合式（一个不是特殊形式的复合表达式）时，首先求值其中的子表达式，而后将运算符子表达式的值作用于运算对象子表达式的值。

2) 在将一个复合过程应用于一集实际参数时，我们在一个新的环境里求值这个过程的体。构造这一环境的方式就是用一个框架扩充该过程对象的环境部分，框架中包含的是这个过程的各个形式参数与这一过程应用的各个实际参数的约束。

这两条规则描述了求值过程的核心部分，也就是它的基本循环。在这一循环中，表达式在环境中的求值被归约到过程对实际参数的应用，而这种应用又被归约到新的表达式在新的环境中的求值，如此下去，直至我们下降到符号（其值可以在环境中找到）或者基本过程（它们可以直接应用），见图4-1[208]。这一求值循环实际体现为求值器里的两个关键过程`eval`和`apply`的相互作用，4.1.1节将描述它们（参看图4-1）。

求值器的实现依赖于一些定义了被求值表达式的*语法形式*的过程。我们仍将采用数据抽象技术，设法使求值器独立于语言的具体表示。例如，我们并不事先约定一些选择，例如确

---

[207] 即便如此，这里的求值器还是没有表现出来求值过程的某些重要方面。其中最重要的就是一个过程调用其他过程以及将值返回调用者的机制的细节。我们将在第5章里讨论这些问题，那里通过将求值器实现为一个简单的寄存器机器的方式，更贴近地观察这一求值过程。

[208] 如果我们已经得到了应用基本过程的能力，那么在实现这种求值器时还需要做些什么呢？求值器的工作并不是去描述语言的基本过程，而是提供一套连接方式，提供一些组合手段和抽象手段，借助于它们将基本过程联系起来，形成一个语言。特别是：

- 求值器使我们能够处理嵌套的表达式。举例来说，虽然简单地应用基本过程足以求值表达式`(+ 1 6)`，但却无法处理`(+ 1 (* 2 3))`。如果仅仅考虑基本过程+，它要求的实际参数必须是数。如果将表达式`(* 2 3)`作为实际参数送给它，就会把它噎死。求值器所扮演的一个重要角色就是安排好一套办法，在需要将像`(* 2 3)`这样的复合参数传递给+作为实参之前，首先把它归约到6。
- 求值器使我们可以使用变量。举例说，做加法的基本过程不能处理像`(+ x 1)`这样的表达式。我们需要求值器维护一批变量的轨迹，在调用基本过程之前取得有关变量的值。
- 求值器使我们可以定义复合过程。这涉及到维护过程定义的轨迹，知道如何在求值表达式的过程中去使用这种定义，为过程接受实际参数提供一种机制等。
- 求值器还要提供一批特殊形式，它们的求值方式与普通过程调用不同。

定一个赋值是用符号set!开头的表的形式表示，而是用一个谓词assignment?去检查是不是赋值，并用抽象的选取函数assignment-variable和assignment-value去访问赋值中相应的部分。表达式的实现将在4.1.2节里描述。在4.1.3节里还要描述一些操作，它们刻画了过程和环境的表示形式。举例来说，make-procedure将构造起一个复合过程，lookup-variable-value提取变量的值，apply-primitive-procedure将一个基本过程应用于一组给定的实际参数。

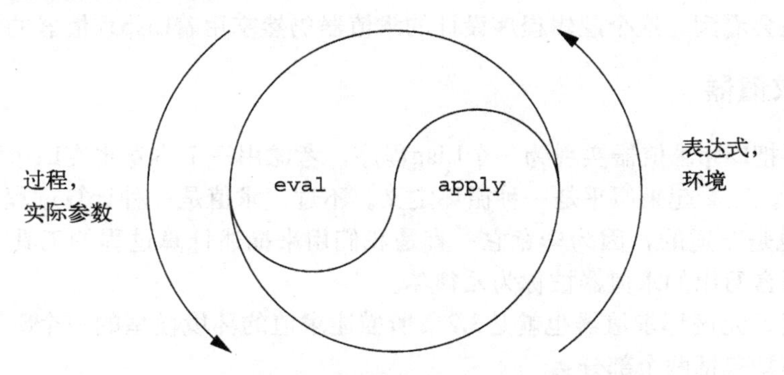

图4-1 揭示计算机语言本质的eval-apply循环

4.1.1 求值器的内核

求值过程可以描述为两个过程eval和apply之间的相互作用。

eval

eval的参数是一个表达式和一个环境。eval对表达式进行分类，依此引导自己的求值工作。eval的构造就像是一个针对被求值表达式的语法类型的分情况分析。为了保持这一过程的通用性，我们将采用抽象的方式描述表达式类型的判定工作，其中并不为各种表达式确定任何特殊表示方式。针对每类表达式有一个谓词完成相应的检测，有一套抽象方法去选择表达式里的各个部分。这种*抽象语法*使我们很容易想到，可以怎样改变这个求值器所处理的语言的语法形式。为此只需采用另一组不同的语法过程。

基本表达式：

- 对于自求值表达式，例如各种数，eval直接返回这个表达式本身。
- eval必须在环境中查找变量，找出它们的值。

特殊形式：

- 对于加引号的表达式，eval返回被引的表达式。
- 对于变量的赋值（或者定义），就需要递归地调用eval去计算出需要关联于这个变量的新值。而后需要修改环境，以改变（或者建立）相应变量的约束。
- 一个if表达式要求对其中各部分的特殊处理方式，在谓词为真时求值其推论部分，否则就求值其替代部分。
- 一个lambda必须被转换成一个可以应用的过程，方式就是将这个lambda表达式所描述的参数表和体与相应的求值环境包装起来。
- 一个begin表达式要求求值其中的一系列表达式，按照它们出现的顺序。
- 分情况分析（cond）将被变换为一组嵌套的if表达式，而后求值。

组合式：

• 对于一个过程应用，eval必须递归地求值组合式的运算符部分和运算对象部分。而后将这样得到的过程和参数送给apply，由它去处理实际的过程应用。

这里是eval的定义：

```
(define (eval exp env)
  (cond ((self-evaluating? exp) exp)
        ((variable? exp) (lookup-variable-value exp env))
        ((quoted? exp) (text-of-quotation exp))
        ((assignment? exp) (eval-assignment exp env))
        ((definition? exp) (eval-definition exp env))
        ((if? exp) (eval-if exp env))
        ((lambda? exp)
         (make-procedure (lambda-parameters exp)
                         (lambda-body exp)
                         env))
        ((begin? exp)
         (eval-sequence (begin-actions exp) env))
        ((cond? exp) (eval (cond->if exp) env))
        ((application? exp)
         (apply (eval (operator exp) env)
                (list-of-values (operands exp) env)))
        (else
         (error "Unknown expression type -- EVAL" exp))))
```

为了清晰起见，这里将eval实现为一个采用cond的分情况分析。这样做的缺点是我们的过程只处理了若干种不同类型的表达式，如果要加入新定义的表达式类型，那么就必须直接去编辑eval的定义。在大部分的Lisp实现里，针对表达式类型的分派都采用了数据导向的方式。这种做法使用户可以更容易增加eval能分辨的表达式类型，而又不必修改eval的定义本身（参见练习4.3）。

apply

apply有两个参数，一个是过程，一个是该过程应该去应用的实际参数的表。apply将过程分为两类。它直接调用apply-primitive-procedure去应用基本过程；应用复合过程的方式是顺序地求值组成该过程体的那些表达式。在求值复合过程的体时需要建立相应的环境，这个环境的构造方式就是扩充该过程所携带的基本环境，并加入一个框架，其中将过程的各个形式参数约束于过程调用的实际参数。下面是apply的定义：

```
(define (apply procedure arguments)
  (cond ((primitive-procedure? procedure)
         (apply-primitive-procedure procedure arguments))
        ((compound-procedure? procedure)
         (eval-sequence
           (procedure-body procedure)
           (extend-environment
             (procedure-parameters procedure)
             arguments
             (procedure-environment procedure))))
        (else
```

```
          (error
           "Unknown procedure type -- APPLY" procedure))))
```

过程参数

eval在处理过程应用时用list-of-values去生成实际参数表，以便完成这一过程应用。list-of-values以组合式的运算对象为参数，求值各个运算对象，返回这些值的表[209]：

```
(define (list-of-values exps env)
  (if (no-operands? exps)
      '()
      (cons (eval (first-operand exps) env)
            (list-of-values (rest-operands exps) env))))
```

条件

eval-if在给定环境中求值if表达式的谓词部分，如果得到的结果为真，eval-if就去求值这个if的推论部分，否则它就求值其替代部分：

```
(define (eval-if exp env)
  (if (true? (eval (if-predicate exp) env))
      (eval (if-consequent exp) env)
      (eval (if-alternative exp) env)))
```

从eval-if里对true?的使用中，可以清楚地看到在被实现语言与实现所用的语言之间的联系。if-predicate在被实现的语言里求值，产生出这一语言里的一个值。解释器的谓词true? 将该值翻译为可以由实现所用的语言里的if检测的值。由此可见，在这个元循环求值器中所采用的真值表示，完全可以与作为其基础的Scheme不同[210]。

序列

eval-sequence用在apply里，用于求值过程体里的表达式序列。它也用在eval里，用于求值begin表达式里的表达式序列。这个过程以一个表达式序列和一个环境为参数，按照序列里表达式出现的顺序对它们求值。它返回最后一个表达式的值。

```
(define (eval-sequence exps env)
  (cond ((last-exp? exps) (eval (first-exp exps) env))
        (else (eval (first-exp exps) env)
              (eval-sequence (rest-exps exps) env))))
```

赋值和定义

下面过程处理变量赋值。它调用eval找出需要赋的值，将变量和得到的值传给过程set-variable-value!，将有关的值安置到指定环境里：

```
(define (eval-assignment exp env)
  (set-variable-value! (assignment-variable exp)
                       (eval (assignment-value exp) env)
                       env)
  'ok)
```

[209] 我们也可以使用map（并假定operands返回的是表）简化eval里的application?部分，而不是自己另写一个list-of-values过程。这里选择不用map是为了强调一个事实：我们完全可以不用任何高阶过程实现这个求值器（这样就可以用不支持高阶过程的语言来写求值器），即使被实现的语言里包含高阶过程。

[210] 在目前情况下，被实现的语言与实现所用的语言一样。在这里仔细考究true?的意义，得到的是对情况的更深入的认识，并不会破坏事情的本质。

变量定义也用类似方式处理[211]：

```
(define (eval-definition exp env)
  (define-variable! (definition-variable exp)
                    (eval (definition-value exp) env)
                    env)
  'ok)
```

这里的选择是返回一个符号ok，作为赋值和定义的返回值[212]。

练习4.1 注意，我们没办法说循环求值器是从左到右还是从右到左求值各个运算对象，因为这一求值顺序是从作为其基础的Lisp那里继承来的：如果在list-of-values里的cons从左到右求值，那么list-of-values也将从左到右求值；如果cons的参数从右到左求值，那么list-of-values也将从右到左求值。

请写出一个list-of-values版本，使它总是从左到右求值其运算对象，无论作为其基础的Lisp采用什么求值顺序。另外写出一个总是从右到左求值的list-of-values版本。

4.1.2 表达式的表示

这个求值器很像2.3.2节讨论的符号微分程序。这两个程序完成的都是一些对符号表达式的操作。在两个程序里，对于一个复合表达式的操作结果，也都是由表达式的片段递归地确定的，结果的组合也是按照一种由表达式的类型确定的方式。在这两个程序里，我们都采用了数据抽象技术，借以松开一般性的操作规则与表达式特定表示的细节方式之间的联系。在微分程序里，这意味着同一个微分过程可以处理前缀形式、中缀形式或者其他形式的代数表达式。对于求值器，这意味着，被求值语言的语法形式可以仅仅由一些对表达式进行分类和提取表达式片段的过程确定。

这里是我们的语言的语法规范：

- 这里的自求值表达式只有数和字符串：

```
(define (self-evaluating? exp)
  (cond ((number? exp) true)
        ((string? exp) true)
        (else false)))
```

- 变量用符号表示：

```
(define (variable? exp) (symbol? exp))
```

- 引号表达式的形式是（quote *<text-of-quotation>*）[213]：

```
(define (quoted? exp)
  (tagged-list? exp 'quote))
(define (text-of-quotation exp) (cadr exp))
```

---

[211] define的实现中忽略了处理内部定义时的一个微妙问题，虽然这里的做法对于大部分情况都能工作。我们将在4.1.6节看到如何解决有关问题。

[212] 正如在前面介绍define和set!时所说的，在Scheme里这些值依赖于具体的实现——也就是说，实现者可以选择返回任意的值。

[213] 正如2.3.1节所说，求值器看到的引号表达式是以quote开头的表，即使这种表达式在输入时用的是一个引号。举例来说，求值器看到的表达式'a实际上是（quote a），见练习2.55。

quoted?借助于过程tagged-list?定义，它确定一个表的开始是不是某个给定符号：

```
(define (tagged-list? exp tag)
  (if (pair? exp)
      (eq? (car exp) tag)
      false))
```

• 赋值的形式是（set! <*var*> <*value*>）：

```
(define (assignment? exp)
  (tagged-list? exp 'set!))

(define (assignment-variable exp) (cadr exp))

(define (assignment-value exp) (caddr exp))
```

• 定义的形式是：

```
(define <var> <value>)
```

或者

```
(define (<var> <parameter1> ... <parametern>)
  <body>)
```

后一形式（标准的过程定义）只是下面形式的一种语法包装：

```
(define <var>
  (lambda (<parameter1> ... <parametern>)
    <body>))
```

相应的语法过程是

```
(define (definition? exp)
  (tagged-list? exp 'define))

(define (definition-variable exp)
  (if (symbol? (cadr exp))
      (cadr exp)
      (caadr exp)))

(define (definition-value exp)
  (if (symbol? (cadr exp))
      (caddr exp)
      (make-lambda (cdadr exp)   ; formal parameters
                   (cddr exp)))) ; body
```

• lambda表达式是由符号lambda开始的表：

```
(define (lambda? exp) (tagged-list? exp 'lambda))

(define (lambda-parameters exp) (cadr exp))

(define (lambda-body exp) (cddr exp))
```

我们还为lambda表达式提供了一个构造函数，它用在上面的definition-value里：

```
(define (make-lambda parameters body)
  (cons 'lambda (cons parameters body)))
```

• 条件式由if开始，有一个谓词部分、一个推论部分和一个（可缺的）替代部分。如果这一表达式没有替代部分，我们就以false作为其替代[214]。

```
(define (if? exp) (tagged-list? exp 'if))

(define (if-predicate exp) (cadr exp))

(define (if-consequent exp) (caddr exp))

(define (if-alternative exp)
  (if (not (null? (cdddr exp)))
      (cadddr exp)
      'false))
```

我们也为if表达式提供了一个构造函数，它在cond->if里使用，用于将cond表达式变换为if表达式。

```
(define (make-if predicate consequent alternative)
  (list 'if predicate consequent alternative))
```

- begin包装起一个表达式序列，在这里提供了对begin表达式的一组语法操作，以便从begin表达式中提取出实际表达式序列，还有选择函数返回序列中的第一个表达式和其余表达式[215]。

```
(define (begin? exp) (tagged-list? exp 'begin))

(define (begin-actions exp) (cdr exp))

(define (last-exp? seq) (null? (cdr seq)))

(define (first-exp seq) (car seq))

(define (rest-exps seq) (cdr seq))
```

我们还包括了一个构造函数sequence->exp（用在cond->if里），它把一个序列变换为一个表达式，如果需要的话就加上begin作为开头：

```
(define (sequence->exp seq)
  (cond ((null? seq) seq)
        ((last-exp? seq) (first-exp seq))
        (else (make-begin seq))))

(define (make-begin seq) (cons 'begin seq))
```

- 过程应用就是不属于上述各种表达式类型的任意复合表达式。这种表达式的car是运算符，其cdr是运算对象的表：

```
(define (application? exp) (pair? exp))

(define (operator exp) (car exp))

(define (operands exp) (cdr exp))

(define (no-operands? ops) (null? ops))

(define (first-operand ops) (car ops))

(define (rest-operands ops) (cdr ops))
```

[214] 在谓词为假时而且没有替代部分时，if表达式的值在Scheme里没有规定。我们这里的选择是让它取值假。这里将通过在全局环境里提供约束的方式支持对表达式里变量true和false的求值，见4.1.4节。

[215] 这些选择函数都直接对表达式的表定义——对应的是运算对象的表——而没有再做为一种数据抽象。引进它们采用了类似基本表操作的名字，以便使人更容易理解5.4节里的显式控制求值器。

派生表达式

在我们语言里，一些特殊形式可以基于其他特殊形式的表达式定义出来，而不必直接去实现。一个这样的例子是cond，它可以实现为一些嵌套的if表达式。举例来说，我们可以将对于下述表达式的求值问题：

```
(cond ((> x 0) x)
      ((= x 0) (display 'zero) 0)
      (else (- x)))
```

归约为对下面涉及if和begin的表达式的求值问题：

```
(if (> x 0)
    x
    (if (= x 0)
        (begin (display 'zero)
               0)
        (- x)))
```

采用这种方式实现对cond的求值能简化求值器，因为这样就减少了需要特别描述求值过程的特殊形式的数目。

我们在这里包括了提取cond表达式中各个部分的语法过程，以及过程cond->if，它能将cond表达式变换为if表达式。一个分情况分析以cond开始，并包含一个谓词-动作子句的表。如果一个子句的符号是else，那么就是一个else子句[216]。

```
(define (cond? exp) (tagged-list? exp 'cond))

(define (cond-clauses exp) (cdr exp))

(define (cond-else-clause? clause)
  (eq? (cond-predicate clause) 'else))

(define (cond-predicate clause) (car clause))

(define (cond-actions clause) (cdr clause))

(define (cond->if exp)
  (expand-clauses (cond-clauses exp)))

(define (expand-clauses clauses)
  (if (null? clauses)
      'false                          ; clause else no
      (let ((first (car clauses))
            (rest (cdr clauses)))
        (if (cond-else-clause? first)
            (if (null? rest)
                (sequence->exp (cond-actions first))
                (error "ELSE clause isn't last -- COND->IF"
                       clauses))
            (make-if (cond-predicate first)
                     (sequence->exp (cond-actions first))
                     (expand-clauses rest))))))
```

[216] 当所有的谓词都为假而且又没有else子句时，在Scheme里没有规定cond表达式的值。我们这里的选择是让这时的值为假。

我们这样选出来的，采用语法变换的方式实现的表达式（如cond表达式）称为*派生表达式*。let表达式也被作为派生表达式（见练习4.6）[217]。

练习4.2 Louis Reasoner计划重新安排eval里cond子句的位置，使得有关过程应用的子句出现在有关赋值的子句之前。他的论断是，这样做将会提高求值器的效率：因为程序里通常包含的函数应用比赋值和定义等等更多一些，而经他的修改之后，eval为确定一个表达式的类型所需检查的子句将会比原来的eval更少些。

a) Louis的计划有什么错？（提示：Louis的求值器将如何处理表达式（define x 3）？）

b) Louis因为其计划无法工作而感到非常沮丧。他希望，无论要走多远也要让自己的求值器在检查大部分表达式之前就识别出过程应用。请设法帮助他，修改被求值语言的语法，使得每个过程应用都以call开始。例如现在我们不是直接写（factorial 3），而是需要写（call factorial 3）；不能直接写（+1 2），而将必须写（call+1 2）。

练习4.3 请重写eval，使之能以一种数据导向的方式完成分派。请将这样做出的程序与练习2.73的数据导向的求导程序做一个比较。（你可以用一个复合表达式的car作为表达式的类型，采用像这一节中所实现的语法形式。）

练习4.4 回忆第1章解释的特殊形式and和or的定义：

- and：其表达式从左到右求值。如果某个表达式求出的值是假，那么就返回假值，剩下的表达式也不再求值。如果所有的表达式求出的值都是真，那么就返回最后一个表达式的值。如果没有可求值的表达式就返回真。
- or：其表达式从左到右求值。如果某个表达式求出的值是真，那么就返回真值，剩下的表达式也不再求值。如果所有的表达式求出的值都是假，或者根本就没有可求值的表达式，那么返回假值。

请将and和or作为新的特殊形式安装到求值器里，定义适当的语法过程和求值过程eval-and和eval-or。换一种方式，请说明如何将and和or实现为派生表达式。

练习4.5 Scheme还允许另一种形式的cond子句，(*<test>* => *<recipient>*)。如果*<test>*求出的值是真，那么就对*<recipient>*求值。这样求出的值必须是一个单个参数的过程，将这一过程应用于*<test>*的值，并将其返回值作为这个cond表达式的值。例如：

```
(cond ((assoc 'b '((a 1) (b 2))) => cadr)
      (else false))
```

返回值2。请修改对cond的处理，使之能支持这一语法扩充。

练习4.6 let表达式也是一种派生表达式，因为：

```
(let ((<var1> <exp1>) ... (<varn> <expn>))
  <body>)
```

等价于

```
((lambda (<var1> ... <varn>)
   <body>)
```

[217] 实际的Lisp系统提供了一种机制，使用户可以添加新的派生表达式并将它们的实现描述为语法变换，而又不必修改求值器。这种用户定义变换称为*宏*。虽然很容易为定义宏增加一种基本机制，但是这样做出的语言却会产生一种微妙的名字冲突问题。关于如何提供宏定义而又不造成这些麻烦，有许多人进行过研究。请看，例如Kohlbecker 1986、Clinger and Rees 1991以及Hanson 1991。

```
  <exp1>
  ⋮
  <expn>)
```

请实现语法变换过程let->combination，它能将对let表达式的求值归约到对于上面类型的组合式的求值。请给eval增加适当的子句以处理let表达式。

练习4.7 let*与let类似，但其中对let变量的约束是从左到右顺序进行的，每个约束都在同一个环境中完成，已经做了的约束都是可见的。例如：

```
(let* ((x 3)
       (y (+ x 2))
       (z (+ x y 5)))
  (* x z))
```

返回39。请说明，为什么一个let*表达式可以重写为一些嵌套的let表达式，并请写出一个过程let*->nested-lets完成相应变换。如果我们已经有了let的实现（练习4.6），并希望扩充求值器去处理let*，请给eval加入一个其中的动作如下的子句

```
(eval (let*->nested-lets exp) env)
```

就够了吗？或者说我们必须显式地以非派生方式来扩充对let*的处理？

练习4.8 “命名let”是let的一种变形，具有下面的形式：

```
(let <var> <bindings> <body>)
```

其中的*<bindings>*和*<body>*都与常规let完全一样，只是在*<body>*里的*<var>*应该约束到一个过程，该过程的体就是*<body>*，而其参数就是*<bindings>*里的变量。这样，我们就可以通过调用名字为*<var>*的过程的方式，反复执行这个*<body>*。举例说，迭代型的斐波纳契过程（见1.2.2节）可以用命名let重新写为：

```
(define (fib n)
  (let fib-iter ((a 1)
                 (b 0)
                 (count n))
    (if (= count 0)
        b
        (fib-iter (+ a b) a (- count 1)))))
```

请修改练习4.6里的let->combination，使之能够支持命名let。

练习4.9 许多语言都支持多种迭代结构，例如do、for、while和until。在Scheme里，迭代计算过程可以通过常规过程调用的方式表述，因此，特殊的迭代结构并不会在计算能力方面带来任何真正的收获。但另一方面，这种结构也确实能带来很多方便。请设计出若干种迭代结构，给出使用它们的例子，并说明怎样将它们实现为一些派生表达式。

练习4.10 通过使用数据抽象技术，我们就能够写出独立于被求值语言的特定语法形式的eval过程。为阐释这一点，请为Scheme设计和实现一种新的语法形式，请仅仅修改本节的有关过程，而不修改eval或者apply。

4.1.3 求值器数据结构

除了需要定义表达式的外部语法形式之外，求值器的实现还必须定义好在其内部实际操

作的数据结构，作为程序执行的一部分。例如，定义好过程和环境的表示形式，真和假的表示方式等等。

谓词检测

为了实现条件表达式，我们把除了false对象之外的所有东西都接受为真：

```
(define (true? x)
  (not (eq? x false)))
(define (false? x)
  (eq? x false))
```

过程的表示

为能处理基本过程，我们假定已经有了下述过程：

- (apply-primitive-procedure *<proc>* *<args>*)

  它能够将给定的过程应用于表*<args>*里的参数值，并返回这一应用的结果。

- (primitive-procedure? *<proc>*)

  检查*<proc>*是否为一个基本过程。

有关如何处理基本过程的机制将在4.1.4节里进一步讨论。

复合过程是由形式参数、过程体和环境，通过构造函数make-procedure做出来的：

```
(define (make-procedure parameters body env)
  (list 'procedure parameters body env))

(define (compound-procedure? p)
  (tagged-list? p 'procedure))

(define (procedure-parameters p) (cadr p))

(define (procedure-body p) (caddr p))

(define (procedure-environment p) (cadddr p))
```

对环境的操作

求值器需要一些对环境的操作。正如在3.2节里所解释的，一个环境就是一个框架的序列，每个框架都是一个约束的表格，其中的约束关联起一些变量和与之对应的值。我们提供下面这一组针对环境的操作：

- (lookup-variable-value *<var>* *<env>*)

  返回符号*<var>*在环境*<env>*里的约束值，如果这一变量没有约束就发出一个错误信号。

- (extend-environment *<variables>* *<values>* *<base-env>*)

  返回一个新环境，这个环境中包含了一个新的框架，其中的所有位于表*<variables>*里的符号约束到表*<values>*里对应的元素，而其外围环境是环境*<base-env>*。

- (define-variable! *<var>* *<value>* *<env>*)

  在环境*<env>*的第一个框架里加入一个新约束，它关联起变量*<var>*和值*<value>*。

- (set-variable-value! *<var>* *<value>* *<env>*)

  修改变量*<var>*在环境*<env>*里的约束，使得该变量现在约束到值*<value>*。如果这一变量没有约束就发出一个错误信号。

为了实现这些操作，我们将环境表示为一个框架的表，一个环境的外围环境就是这个表的cdr，空环境则直接用空表表示。

```
(define (enclosing-environment env) (cdr env))

(define (first-frame env) (car env))

(define the-empty-environment '())
```

在环境里的每个框架都是一对表形成的序对：一个是这一框架中的所有变量的表，还有就是它们的约束值的表[218]。

```
(define (make-frame variables values)
  (cons variables values))

(define (frame-variables frame) (car frame))

(define (frame-values frame) (cdr frame))

(define (add-binding-to-frame! var val frame)
  (set-car! frame (cons var (car frame)))
  (set-cdr! frame (cons val (cdr frame))))
```

为了能够用一个（关联了一些变量和值的）新框架去扩充一个环境，我们让框架由一个变量的表和一个值的表组成，并将它结合到环境上。如果变量的个数与值的个数不匹配，我们就发出一个错误信号。

```
(define (extend-environment vars vals base-env)
  (if (= (length vars) (length vals))
      (cons (make-frame vars vals) base-env)
      (if (< (length vars) (length vals))
          (error "Too many arguments supplied" vars vals)
          (error "Too few arguments supplied" vars vals))))
```

要在一个环境中查找一个变量，就需要扫描第一个框架里的变量表。如果在这里找到了所需的变量，那么就返回与之对应的值表里的对应元素。如果我们不能在当前框架里找到这个变量，那么就到其外围环境里去查找，并如此继续下去。如果遇到了空环境，那么就发出一个“未约束变量”的错误信号。

```
(define (lookup-variable-value var env)
  (define (env-loop env)
    (define (scan vars vals)
      (cond ((null? vars)
             (env-loop (enclosing-environment env)))
            ((eq? var (car vars))
             (car vals))
            (else (scan (cdr vars) (cdr vals)))))
    (if (eq? env the-empty-environment)
        (error "Unbound variable" var)
        (let ((frame (first-frame env)))
          (scan (frame-variables frame)
                (frame-values frame)))))
```

[218] 在下面的代码里并没有把框架做成一种数据抽象：set-variable-value!和define-variable!里是直接用set-car!修改框架中的值。这样定义框架过程，是为了使这些环境操作函数更容易阅读。

```
  (env-loop env))
```

在需要为某个变量在给定环境里设置一个新值时，我们也要扫描这个变量，就像在过程lookup-variable-value里一样。在找到这一变量后修改它的值。

```
(define (set-variable-value! var val env)
  (define (env-loop env)
    (define (scan vars vals)
      (cond ((null? vars)
             (env-loop (enclosing-environment env)))
            ((eq? var (car vars))
             (set-car! vals val))
            (else (scan (cdr vars) (cdr vals)))))
    (if (eq? env the-empty-environment)
        (error "Unbound variable -- SET!" var)
        (let ((frame (first-frame env)))
          (scan (frame-variables frame)
                (frame-values frame)))))
  (env-loop env))
```

为了定义一个变量，我们需要在第一个框架里查找该变量的约束，如果找到就修改其约束（就像是在set-variable-value!里一样）。如果不存在这种约束，那么就在第一个框架中加入这个约束。

```
(define (define-variable! var val env)
  (let ((frame (first-frame env)))
    (define (scan vars vals)
      (cond ((null? vars)
             (add-binding-to-frame! var val frame))
            ((eq? var (car vars))
             (set-car! vals val))
            (else (scan (cdr vars) (cdr vals)))))
    (scan (frame-variables frame)
          (frame-values frame))))
```

这里所描述的方法，只不过是表示环境的许多可能方法之一。由于前面采用了数据抽象技术，将求值器的其他部分与这些表示细节隔离开，如果需要的话，我们也完全可以修改环境的表示（见练习4.11）。在产品质量的Lisp系统里，求值器中环境操作的速度——特别是查找变量的速度——对系统的性能有着重要的影响。这里所描述的表示方式虽然在概念上非常简单，但其工作效率却很低，通常不会被用在产品系统里[219]。

练习4.11 我们完全可以不把框架表示为表的序对，而是表示为约束的表，其中的每个约束是一个名字－值序对。请重写有关的环境过程，采用这种新的表示方式。

练习4.12 过程set-variable-value!、define-variable!和lookup-variable-value可以基于更抽象的遍历环境结构的过程描述。请定义有关的抽象，使之能够抓住其中的公共模式，而后基于这些抽象重新定义上述的三个过程。

[219] 这种表示（包括练习4.11提出的变形）的缺点是，求值器为了找到一个给定变量的约束，可能需要搜索许多个框架。这样一种方式称为深约束。避免这一低效性的方法是采用一种称为语法作用域的策略，5.5.6节将讨论这种策略。

练习4.13 Scheme允许我们通过define为变量创建新的约束，但却没有提供消除约束的方式。请为求值器实现一个特殊形式make-unbound!，它能从make-unbound!表达式求值的哪个环境中删除给定符号的约束。这一问题并没有完全刻画清楚。例如，我们应该只删除环境中第一个框架里的约束吗？请完成有关的规范，并说明你所做选择的合理性。

4.1.4 作为程序运行求值器

有了一个求值器，我们手头上就有了一个有关Lisp表达式如何求值的描述（也是用Lisp描述的）。将求值器描述为程序的一个优点是我们可以运行这个程序，这样就给了我们一个能够在Lisp里运行的，有关Lisp本身如何完成表达式求值的工作模型。这一模型可以作为一个工作框架，使人能够去试验各种求值规则。这也是我们在本章后面部分将要去做的事情。

我们的求值器程序最终将把表达式归约到基本过程的应用。因此，为了能够运行这一求值器，现在需要做的全部事情就是创建一种机制，通过它能够去调用基础Lisp系统的功能，去模拟那些基本过程的应用。

每个基本过程名必须有一个约束，以便当eval求值一个应用基本过程的运算符时，可以找到相应的对象，并将这个对象传给apply。为此我们必须创建起一个初始环境，在其中建立起基本过程的名字与一个唯一对象的关联，在求值表达式的过程中可能遇到这些名字。这一全局环境里还要包含符号true和false的约束，这就使它们也可以作为变量用在被求值的表达式里。

```
(define (setup-environment)
  (let ((initial-env
         (extend-environment (primitive-procedure-names)
                             (primitive-procedure-objects)
                             the-empty-environment)))
    (define-variable! 'true true initial-env)
    (define-variable! 'false false initial-env)
    initial-env))

(define the-global-environment (setup-environment))
```

基本过程对象的具体表示形式并不重要，只要apply能识别它们，并能通过过程primitive-procedure?和apply-primitive-procedure去应用它们。我们所选择的方式，是将基本过程都表示为以符号primitive开头的表，在其中包含着基础Lisp系统里实现这一基本过程的那个过程。

```
(define (primitive-procedure? proc)
  (tagged-list? proc 'primitive))

(define (primitive-implementation proc) (cadr proc))
```

setup-environment将从一个表里取得基本过程的名字和相应的实现过程[220]：

```
(define primitive-procedures
```

[220] 在基础Lisp里定义的所有过程，都可以用作这个元循环求值器的基本过程。在求值器里设置的名字不必与它们在基础Lisp系统里的名字相同，这里采用同样的名字是因为这个元循环求值器实现的就是Scheme本身。举例来说，我们完全可以将（list 'first car）或者（list 'square (lambda (x) (* x x))）放进primitive-procedures的表里。

```
        (list (list 'car car)
              (list 'cdr cdr)
              (list 'cons cons)
              (list 'null? null?)
              <其他基本过程>
              ))

(define (primitive-procedure-names)
  (map car
       primitive-procedures))

(define (primitive-procedure-objects)
  (map (lambda (proc) (list 'primitive (cadr proc)))
       primitive-procedures))
```

为了应用一个基本过程，我们只需要简单地利用基础Lisp系统，将相应的实现过程应用于实际参数[221]：

```
(define (apply-primitive-procedure proc args)
  (apply-in-underlying-scheme
   (primitive-implementation proc) args))
```

为了能够很方便地运行这个元循环求值器，我们提供了一个*驱动循环*，它模拟基础Lisp系统里的读入－求值－打印循环。这个循环打印出一个*提示符*，读入输入表达式，在全局环境里求值这个表达式，而后打印出得到的结果。我们在每个对应结果前面放一个输出提示，以使这些表达式的值有别于其他输出[222]。

```
(define input-prompt ";;; M-Eval input:")
(define output-prompt ";;; M-Eval value:")

(define (driver-loop)
  (prompt-for-input input-prompt)
  (let ((input (read)))
    (let ((output (eval input the-global-environment)))
      (announce-output output-prompt)
      (user-print output)))
  (driver-loop))

(define (prompt-for-input string)
  (newline) (newline) (display string) (newline))

(define (announce-output string)
  (newline) (display string) (newline))
```

[221] 这里的apply-in-underlying-scheme也就是我们在前面章节里已经使用过的apply过程。元循环求值器里的apply过程（见4.1.1节）模拟的就是这一过程的工作。采用两个不同的而名字又同为apply的东西，将会在元循环求值器的运行中产生一个技术问题，因为元循环求值器的apply定义会掩盖相应基本过程的定义。绕过这一问题的一种方式是重命名元循环求值器里的apply，以避免与基本过程的名字冲突。我们假定采用另一方式，在定义元循环的apply之前，已经先用下面方式保存了基础apply的一个引用：

```
(define apply-in-underlying-scheme apply)
```

这就使我们可以以另一个不同的名字访问apply的原来版本了。

[222] 基本过程read将一直等待用户的输入，并返回键入的下一个完整表达式。举例来说，如果用户的输入是(+ 23 x)，read将返回一个包含三个元素的表，其中包含符号+、数23以及符号x。如果用户键入的是'x，返回的将是一个包含两个元素的表，其中包含了符号quote和符号x。

这里使用了一个特殊的打印过程user-print，以避免打印出复合过程的环境部分，因为它可能是一个非常长的表（而且还可能包含循环）。

```
(define (user-print object)
  (if (compound-procedure? object)
      (display (list 'compound-procedure
                     (procedure-parameters object)
                     (procedure-body object)
                     '<procedure-env>))
      (display object)))
```

为了运行这个求值器，现在我们需要着的全部事情就是初始化这个全局环境，并启动上述的驱动循环。下面是一个交互过程实例：

```
(define the-global-environment (setup-environment))
(driver-loop)
;;; M-Eval input:
(define (append x y)
  (if (null? x)
      y
      (cons (car x)
            (append (cdr x) y))))
;;; M-Eval value:
ok
;;; M-Eval input:
(append '(a b c) '(d e f))
;;; M-Eval value:
(a b c d e f)
```

练习4.14 Eva Lu Ator和Louis Reasoner各自实现了这里的元循环求值器。Eva键入了map的定义，并运行了一些使用它的测试程序，它们都工作得很好。而Louis则是将系统的map版本作为基本过程安装到自己的元循环求值器中。当他去试验这个过程时，却出现了严重的错误。请解释，为什么Eva的map能够工作而Louis的map却失败了。

4.1.5 将数据作为程序

在思考求值Lisp表达式的Lisp程序时，有一个类比可能很有帮助。关于程序意义的一种操作式观点，就是将程序看成一种抽象的（可能无穷大的）机器的一个描述。例如，考虑下面这个我们已经非常熟悉的求阶乘程序：

```
(define (factorial n)
  (if (= n 1)
      1
      (* (factorial (- n 1)) n)))
```

我们可以将这一程序看成一部机器的描述，这部机器包含的部分有减量、乘和相等测试，还有一个两位置的开关和另一部阶乘机器（这样，阶乘机器就是无穷的，因为其中包含着另一部阶乘机器）。图4-2是这部阶乘机器的流程图，说明了有关的部分如何连接在一起。

按照类似的方式，我们也可以把求值器看作一部非常特殊的机器，它要求以一部机器的描述作为输入。给定了一个输入之后，求值器就能够规划自己的行为，模拟被描述机器的执行过程。举例来说，如果我们将factorial的定义馈入求值器，如图4-3所示，求值器就能够计算阶乘。

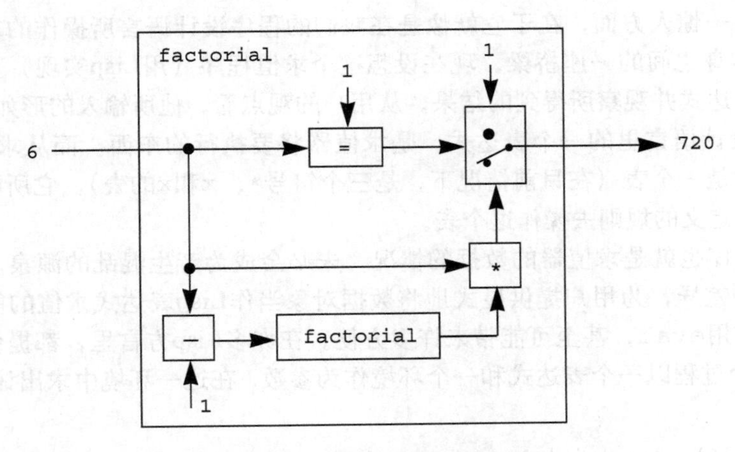

图4-2 阶乘函数，看作抽象机器

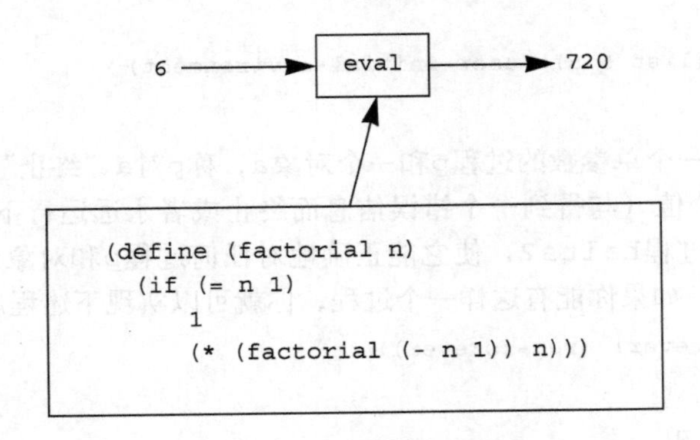

图4-3 模拟一部阶乘机器的求值器

按照这一观点，我们的求值器可以看作一种*通用机器*。它能够模拟其他的任何机器，只要它们已经被描述为Lisp程序[223]。这是非常惊人的。请想想如何为电子电路设想一种类似的求值器。这将会是一种电路，它能以另一个电路（例如某个过滤器）的信号编码方案作为输入。

[223] 有关将机器描述为Lisp程序的事情其实并不是最根本的。如果我们送给自己的求值器一个Lisp程序，其行为是另一种语言（例如C语言）的求值器，那么这个Lisp求值器就能模拟该C求值器，进而能够模拟任何用C程序的形式描述的机器。同样，在C里写出一个Lisp求值器也将产生出一个能够执行所有Lisp程序的C程序。这里的深刻思想是，任一求值器都能模拟其他的求值器。这样，有关“原则上说什么可以计算”（忽略掉有关所需时间和空间的实践性问题）的概念就是与语言或者计算机无关的了，它反映的是一个有关*可计算性*的基本概念。这一思想第一次是由图灵（Alan M. Turing，1912-1954）以如此清晰的方式阐述的，图灵1936年的论文为计算机科学理论奠定了基础。在这篇论文里，图灵给出了一种简单的计算模型——现在被称为*图灵机*——并声称，任何“有效过程”都可以描述为这种机器的一个程序（这一论断就是著名的*丘奇－图灵论题*）。图灵而后实现了一台通用机器，即一台图灵机，其行为就像是所有图灵机程序的求值器。他还用这一理论框架证明了，存在着能够清晰地提出的问题，而这种问题是图灵机不能计算的（见练习4.15）。图灵也为实践性的计算机科学做出了奠基性的贡献。例如，他发明了采用通用子程序的结构化程序的思想。有关图灵的生平参见Hodges 1983。

在给了它这种输入之后，这一电路求值器就能具有与这一描述所对应的过滤器同样的行为。这样的一个通用电子线路将会难以想象的复杂。值得提出的是，程序的求值器还是一个相当简单的程序[224]。

求值器的另一惊人方面，在于它就像是在我们的程序设计语言所操作的数据对象和这个程序设计语言本身之间的一座桥梁。现在设想这个求值程序（用Lisp实现）正在运行，一个用户正在输入表达式并观察所得到的结果。从用户的观点看，他所输入的形如（* x x）的表达式是程序设计语言里的一个表达式，是求值器将要执行的东西。而从求值器的观点看，这一表达式不过是一个表（在目前情况下，是三个符号*、x和x的表），它所要去做的，也就是按照一套良好定义的规则去操作这个表。

这种用户程序也就是求值器的数据的情况，未必会成为产生混乱的源泉。事实上，有时简单地忽略这种差异，为用户提供显式地将数据对象当作Lisp表达式求值的能力，允许他们在程序里直接使用eval，甚至可能带来许多方便。在许多Lisp方言里，都提供了一个基本的eval过程，这个过程以一个表达式和一个环境作为参数，在这一环境中求出该表达式的值[225]。例如：

```
(eval '(* 5 5) user-initial-environment)
```

和

```
(eval (cons '* (list 5 5)) user-initial-environment)
```

都将返回25[226]。

练习4.15 给定一个单参数的过程p和一个对象a，称p对a“终止”，如果对于表达式（p a）的求值能返回一个值（与得到一个错误信息而终止或者永远运行下去相对应）。请证明，我们不可能写出一个过程halts?，使它能正确地对任何过程p和对象a判定是否p对a终止。请采用如下推理过程：如果你能有这样一个过程，你就可以实现下述程序：

```
(define (run-forever) (run-forever))

(define (try p)
  (if (halts? p p)
      (run-forever)
      'halted))
```

现在考虑求值表达式（try try），并说明任何可能的结果（无论终止或者永远运行下去）都将违背所确定的halts?的行为[227]。

---

[224] 有人觉得这样的求值器是违反直觉的，因为它由一个相对简单的过程实现，却能去模拟可能比求值器本身还要复杂的各种程序。通用求值器的存在是计算的一种深刻而美妙的性质。*递归论*是数理逻辑的一个分支，这一理论研究计算的逻辑限制。Douglas Hofstadter的美妙著作《*Gödel*，*Escher*，*Bach*》（1979）里探索了其中的一些思想。

[225] 警告：这一eval基本过程并不等同于我们在4.1.1节实现的eval过程。因为它使用的是实际的Scheme环境，而不是我们自己在4.1.3节里构造的简单环境结构。这些实际环境不能由用户作为常规的表去操作，而只能通过eval和其他特殊操作去访问。与此类似，我们前面已经看到，基本过程apply也不等同于元循环求值器里的apply，因为它使用也是实际的Scheme过程，而不是我们在4.1.3节和4.1.4节构造的过程对象。

[226] 在MIT的Scheme实现中包含有eval，还有一个符号user-initial-environment，它约束到用户输入表达式的求值所用的那个初始环境。

[227] 虽然我们规定了送给halts?的是一个过程对象，但也请注意，这一推理同样适用于halts?能够访问过程的正文或者它的运行环境的情况。这就是图灵伟大的*停机定理*，是清晰给出的第一个*不可计算*的问题，也就是说，是一个良好刻画的工作，但却不能由一个计算过程完成。

4.1.6 内部定义

我们的求值和元循环求值器的环境模型将按顺序执行给它的定义，一次在环境框架里扩充一个定义。对于交互式的程序开发，这样做是特别方便的，因为程序员需要自由地混合过程应用和新过程的定义。然而，如果我们仔细想一想用于实现块结构的内部定义（在1.1.8节介绍），就会发现，这种一次一个名字的环境扩充方式可能不是定义局部变量的最好方式。

考虑一个带有内部定义的过程，例如：

```
(define (f x)
  (define (even? n)
    (if (= n 0)
        true
        (odd? (- n 1))))
  (define (odd? n)
    (if (= n 0)
        false
        (even? (- n 1))))
  <f体的其余部分>)
```

我们在这里的意图是，在过程even?的体里的名字odd?应该引用过程odd?，而它是在even?之后定义的。名字odd?的作用域是f的整个体，而不仅是f的体里从出现odd?的define点开始的那个部分。确实，在我们考虑odd?本身也是基于even?定义的时候——所以even?和odd?是相互递归定义的过程——就可以看到，有关这两个define的最令人满意的解释，应该是认为两个名字even?和odd?被同时加入环境中。更一般地说，在块结构里，一个局部名字的作用域，应该是相应define的求值所在的整个过程体。

在出现这种情况时，我们的解释器将能正确求值对f的调用，但却是由于一种“非常偶然的”原因：由于内部过程的定义出现在前，而在所有这些东西都定义好之前不会对这些过程的调用求值。因此，在even?被执行时odd? 已经定义好了。事实上，只要过程里的内部定义出现在体和用于定义变量的值表达式的求值之前，而这些值表达式又不实际使用任何被定义的变量，我们的顺序求值机制给出的结果就与直接实现同时定义完全一样。（作为不满足这些限制的一个例子，因此顺序定义将不等价于同时定义，请参见练习4.19。）[228]

不过，确实存在一种处理这些定义的方法，可以使内部名字的定义真正具有同样的作用域。为此只需在求值任何值表达式之前，在当前环境里建立起所有的局部变量。完成这一工作的一种方式时通过lambda表达式的语法变换。在求值lambda表达式的体之前，首先扫描并且删除掉这个过程体里的所有内部定义，并用一个let创建这些内部定义的变量，而后通过赋值设置它们的值。举个例子，过程

```
(lambda <vars>
  (define u <e1>)
  (define v <e2>)
```

[228] 希望一个程序不依赖于这种求值机制，就是第1章中脚注28里提出“管理并非一种责任”的原因。强调了内部定义应该出现在前，在这些定义被求值期间不使用它们，IEEE的Scheme标准在关于求值这种定义所用的机制方面将选择权留给了实现者。在这里选择某种求值方式而不是另一种，看起来像是一个小问题，只会影响到那些“形式不好的”程序的解释。然而，在5.5.6节我们将会看到，转变到内部定义的同时作用域，将能避免一些很棘手的难题，如果不这样，这些问题就会出现在编译器的实现中。

```
    <e3>)
```

将被翻译为

```
(lambda <vars>
  (let ((u '*unassigned*)
        (v '*unassigned*))
    (set! u <e1>)
    (set! v <e2>)
    <e3>))
```

这里的`*unassigned*`是一个特殊符号，在查找一个变量，企图去使用一个尚未赋值的变量的值时，它将导致发出一个错误信号。

扫描出所有内部定义的另一种策略在练习4.18中给出。与上面的变换方式不同，它将强加一种限制，要求被定义变量的值能在不用其他变量的值的情况下进行求值[229]。

练习4.16 在这一练习里，我们要实现刚刚介绍的解释内部定义的方式。现在假定求值器已经支持`let`（练习4.6）。

a) 请修改`lookup-variable-value`（第4.1.3节），使它在发现的值是符号`*unassigned*`时发出一个出错信号。

b) 请写出一个过程`scan-out-defines`，它以一个过程体为参数，返回一个不包括内部定义的等价表达式，完成上面描述的变换。

c) 请将`scan-out-defines`安装到解释器里，或者将其安到`make-procedure`里，或者安到`procedure-body`里（见4.1.3节）。安装在哪个位置更好些？为什么？

练习4.17 请画出一个图形，说明在求值正文中过程里的表达式*<e3>*时有关环境的作用。请构造出在按照顺序方式解释定义时的情况，以及如果将内部定义像上面所说的那样扫描出来时的环境情况，对它们做一些比较。为什么对于变换之后的程序多出了一个框架？请解释为什么环境结构的这种差异不会造出正确程序的不同行为方式。请设计一种方式，使解释器能实现内部定义的"同时性"作用域规则，而又不需要构造额外的框架。

练习4.18 考虑下面的另一种扫描出定义的方式，它将正文里的例子变换为：

```
(lambda <vars>
  (let ((u '*unassigned*)
        (v '*unassigned*))
    (let ((a <e1>)
          (b <e2>))
      (set! u a)
      (set! v b))
    <e3>))
```

这里的`a`和`b`表示的是新变量名字，它们由解释器建立，不会出现在用户程序里。考虑取自3.5.4节的`solve`过程：

```
(define (solve f y0 dt)
  (define y (integral (delay dy) y0 dt))
```

[229] IEEE的Scheme标准允许采取不同的实现策略，其中要求程序员遵守这样的限制，而不是要求实现去强制要求它。有些Scheme实现，包括MIT的Scheme，采用了上面所说的变换。这样，一些并不违反这一限制的程序将能够在这种实现上运行。

```
  (define dy (stream-map f y))
  y)
```

如果采用本练习所示的扫描出内部定义的方式，这一过程还能工作吗？如果采用正文中给出的扫描方式呢？请给出解释。

练习4.19 Ben Bitdiddle、Alyssa P. Hacker和Eva Lu Ator在关于下面表达式的期望求值结果上有争论：

```
(let ((a 1))
  (define (f x)
    (define b (+ a x))
    (define a 5)
    (+ a b))
  (f 10))
```

Ben断言使用define的顺序规则将能得到结果，那时b被定义为11，而后a定义为5，所以最后的结果是16。Alyssa反对说，相互递归要求内部过程定义的同时性作用域规则，将过程名字看作与其他名字不同是不合理的。因此她为练习4.16提出的机制辩护，这将导致在需要计算b值的时候a还没有赋值。按照Alyssa的观点，这个过程产生一个错误。Eva持第三种观点，她说如果a的b的定义真正是同时的，那么a的值5应该能用在b的求值中。这样，按照Eva的观点，a应该是5，b应该是15，而最终结果应该是20。你支持哪种观点？你能设计出一种实现内部定义的方案，使之具有Eva所喜欢的行为吗？[230]

练习4.20 由于内部定义表面上看是顺序的，实际上却是同时性的，有些人就希望完全避免它们，采用另一种特殊形式letrec。letrec看起来像let，因此毫不奇怪，它的变量约束都是同时建立的，各个变量都具有同样的作用域。与上面一样的过程f现在可以写成没有内部定义的形式，但却具有相同的意义：

```
(define (f x)
  (letrec ((even?
            (lambda (n)
              (if (= n 0)
                  true
                  (odd? (- n 1)))))
           (odd?
            (lambda (n)
              (if (= n 0)
                  false
                  (even? (- n 1))))))
    <f体的其余部分>))
```

letrec表达式具有如下形式

```
(letrec ((<var₁> <exp₁>) ... (<varₙ> <expₙ>))
  <body>)
```

它是let的一种变形，其中的表达式<exp_k>为变量<var_k>提供内部值，这些表达式的求值是在

---

[230] MIT的Scheme实现支持Alyssa，基于如下基础：从原则上说Eva是正确的——定义应该认为是同时的。都是看起来很难有一种一般性的有效机制实现Eva的需求。既然缺乏这样一种机制，那么最好就是在遇到困难的同时定义时产生一个错误（Alyssa的观点），而不是产生一个不正确的结果（Ben所希望的）。

一个包含了所有letrec约束的环境里完成的。这样也就允许了约束中的递归，例如上面例子里even?和odd?的相互递归，或者采用下面方式求10的阶乘：

```
(letrec ((fact
          (lambda (n)
            (if (= n 1)
                1
                (* n (fact (- n 1)))))))
  (fact 10))
```

a) 请将letrec实现为一种派生表达式，将这种表达式变换为如上面正文中所描述的，或者如练习4.18所述的let表达式。也就是说，用一个let创建的letrec变量，而后用set!给它们赋值。

b) Louis Reasoner对于所有这些有关内部定义的大惊小怪感到很困惑。他看这些问题的方式是，如果你不喜欢在一个过程里用define，你就可以只用let。请画出一个环境图，说明在求值表达式（f 5）的过程中，求值到<*rest of body of* f>时的环境情况，以此说明为什么Louis的推理是不严谨的。这里的f如本练习中的定义。再为同一个求值画出一个环境图，将f定义中的letrec换成let。

练习4.21 非常有趣，Louis在练习4.20里的直觉是正确的。确实有可能不用letrec而描述出递归过程（甚至也不需要用define），虽然完成此事的方式远比Louis的设想微妙得多。下面表达式能通过应用一个递归的阶乘过程计算出10的阶乘[231]：

```
((lambda (n)
   ((lambda (fact)
      (fact fact n))
    (lambda (ft k)
      (if (= k 1)
          1
          (* k (ft ft (- k 1)))))))
 10)
```

a) 请仔细检查（通过求值这个表达式），以确定这个表达式确实能算出阶乘。设计一个计算斐波纳契数的类似表达式。

b) 考虑下面过程，其中包含相互递归的内部定义：

```
(define (f x)
  (define (even? n)
    (if (= n 0)
        true
        (odd? (- n 1))))
  (define (odd? n)
    (if (= n 0)
        false
        (even? (- n 1))))
  (even? x))
```

---

[231] 这个例子说明了一种不用define构造递归过程的程序设计诡计。这类诡计中最一般的是Y运算符，可以用它给出递归的一个“纯λ演算”实现。（参见Stoy 1977有关lambda演算的细节，以及Gabriel 1988有关在Scheme里Y运算符的展示。）

请填充下面f的定义中空缺的表达式，完成它，其中不使用内部定义也不用letrec：

```
(define (f x)
  ((lambda (even? odd?)
     (even? even? odd? x))
   (lambda (ev? od? n)
     (if (= n 0) true (od? <??> <??> <??>)))
   (lambda (ev? od? n)
     (if (= n 0) false (ev? <??> <??> <??>)))))
```

4.1.7 将语法分析与执行分离

上面实现的求值器确实很简单，但却也非常低效，因为有关表达式的语法分析与它们的执行交织在一起。如果一个程序要执行许多次，对于它的语法分析也就需要做许多次。举例来说，考虑采用下面的factorial定义求值 (factorial 4)：

```
(define (factorial n)
  (if (= n 1)
      1
      (* (factorial (- n 1)) n)))
```

在每次调用factorial时，求值器就需要确定它的体是一个if表达式，而后提取出其中的谓词。只有到了此时，它才能去求值这个谓词并基于它的值完成分派。每次去求值表达式 (* (factorial (- n 1)) n)，或者子表达式 (factorial (- n 1)) 和 (- n 1) 时，求值器都必须执行eval里的分情况分析，以便确定相应的表达式是过程应用，而且必须提取出有关的运算符和运算对象。这种分析是代价高昂的，反复执行它们是一种浪费。

我们可以对这个求值器做一些变换，使它的效率大大提高，采用的方法就是重新安排其中的工作，使有关的语法分析只进行一次[232]。我们要将以一个表达式和一个环境为参数的eval分割为两个部分。过程analyze只取表达式作为参数，它执行语法分析，并返回一个新的过程，*执行过程*，其中封装起在分析表达式的过程中已经完成的工作。这个执行过程以一个环境作为参数，并完成实际的求值工作。这样就会节省需要做的工作，因为对一个表达式只需要调用一次analyze，而执行过程却可能被调用许多次。

将语法分析和执行分开之后，eval现在就变成了

```
(define (eval exp env)
  ((analyze exp) env))
```

调用analyze的结果得到了一个执行过程，而后将它应用于环境。analyze过程完成像4.1.1节里原来eval那样的分情况分析，除了其中的分派过程只执行分析工作，不进行完全的求值之外：

```
(define (analyze exp)
  (cond ((self-evaluating? exp)
         (analyze-self-evaluating exp))
        ((quoted? exp) (analyze-quoted exp))
```

[232] 这一技术是编译过程中的一个内在组成部分，有关编译的问题将在第5章讨论。Jonathan Rees为T项目写了一个类似这里的Scheme编译器（Rees and Adams 1982），Marc Feeley（1986）（见Feeley and Lapalme 1987）在其硕士论文里独立地发明了这一技术。

```
        ((variable? exp) (analyze-variable exp))
        ((assignment? exp) (analyze-assignment exp))
        ((definition? exp) (analyze-definition exp))
        ((if? exp) (analyze-if exp))
        ((lambda? exp) (analyze-lambda exp))
        ((begin? exp) (analyze-sequence (begin-actions exp)))
        ((cond? exp) (analyze (cond->if exp)))
        ((application? exp) (analyze-application exp))
        (else
         (error "Unknown expression type -- ANALYZE" exp))))
```

下面是一个处理自求值表达式的简单分析过程，它返回一个忽略环境参数的执行过程，直接返回相应的表达式：

```
(define (analyze-self-evaluating exp)
  (lambda (env) exp))
```

对于引号表达式，我们可以通过在分析时提取出被引表达式，而不是在执行中去做的方式，使这项工作只需要做一次，从而提高一点效率。

```
(define (analyze-quoted exp)
  (let ((qval (text-of-quotation exp)))
    (lambda (env) qval)))
```

查看变量的值仍然需要在执行过程中做，因为这个值依赖于所用的环境[233]。

```
(define (analyze-variable exp)
  (lambda (env) (lookup-variable-value exp env)))
```

analyze-assignment也必须推迟到执行时才能去实际设置变量的值，因为那时才提供了操作的环境。然而，在分析阶段已经（递归地）完成了对assignment-value表达式的分析，这一事实还是可以大大提高效率，因为现在对assignment-value表达式的分析只需要进行一次。这种说法对于定义也是对的。

```
(define (analyze-assignment exp)
  (let ((var (assignment-variable exp))
        (vproc (analyze (assignment-value exp))))
    (lambda (env)
      (set-variable-value! var (vproc env) env)
      'ok)))

(define (analyze-definition exp)
  (let ((var (definition-variable exp))
        (vproc (analyze (definition-value exp))))
    (lambda (env)
      (define-variable! var (vproc env) env)
      'ok)))
```

对于if表达式，我们在分析过程中提取并分析其谓词、推理和替代部分。

```
(define (analyze-if exp)
  (let ((pproc (analyze (if-predicate exp)))
```

[233] 然而，变量搜索中的很大一部分工作也可以在语法分析阶段完成。正如将在5.5.6节看到的，我们可以在环境结构中确定能找到变量的值的位置，这样就免除了查找整个环境去确定变量匹配的需要。

```
        (cproc (analyze (if-consequent exp)))
        (aproc (analyze (if-alternative exp))))
    (lambda (env)
      (if (true? (pproc env))
          (cproc env)
          (aproc env)))))
```

分析lambda表达式也能得到很大的效率收获，因为只要分析lambda体一次，即使作为这一lambda的求值结果的过程可能应用许多次。

```
(define (analyze-lambda exp)
  (let ((vars (lambda-parameters exp))
        (bproc (analyze-sequence (lambda-body exp))))
    (lambda (env) (make-procedure vars bproc env))))
```

对于表达式序列的分析（如一个begin或者一个lambda表达式的体）是更加深入的[234]。序列中的每个表达式都将被分析，产生出一个执行过程。这些执行过程被组合起来形成一个执行过程，该执行过程以一个环境为参数。它以这个环境作为参数，顺序地调用各个独立的执行过程。

```
(define (analyze-sequence exps)
  (define (sequentially proc1 proc2)
    (lambda (env) (proc1 env) (proc2 env)))
  (define (loop first-proc rest-procs)
    (if (null? rest-procs)
        first-proc
        (loop (sequentially first-proc (car rest-procs))
              (cdr rest-procs))))
  (let ((procs (map analyze exps)))
    (if (null? procs)
        (error "Empty sequence -- ANALYZE"))
    (loop (car procs) (cdr procs))))
```

为了分析一个过程应用，我们就需要分析其中的运算符和运算对象，并构造出一个执行过程，它能调用运算符的执行过程（获得实际需要应用的哪个过程）和运算对象的执行过程（获得实际参数）。而后我们将这些送给execute-application，这一过程与4.1.1节的apply类似。execute-application与apply的不同之处，在于这里作为复合过程的过程体已经过分析，因此不再需要做进一步的分析了。此时只需要在扩充的环境里调用过程体的执行过程。

```
(define (analyze-application exp)
  (let ((fproc (analyze (operator exp)))
        (aprocs (map analyze (operands exp))))
    (lambda (env)
      (execute-application (fproc env)
                           (map (lambda (aproc) (aproc env))
                                aprocs)))))

(define (execute-application proc args)
  (cond ((primitive-procedure? proc)
```

234 参见练习4.23有关序列处理的某些见解。

```
           (apply-primitive-procedure proc args))
          ((compound-procedure? proc)
           ((procedure-body proc)
            (extend-environment (procedure-parameters proc)
                                args
                                (procedure-environment proc))))
          (else
           (error
            "Unknown procedure type -- EXECUTE-APPLICATION"
            proc))))
```

我们的新求值器所使用的数据结构、语法过程和运行支持过程与4.1.2节、4.1.3节和4.1.4节中的完全一样。

练习4.22 请扩充本节的求值器，使之能支持特殊形式let（参见练习4.6）。

练习4.23 Alyssa P. Hacker不能理解为什么analyze-sequence需要如此复杂，而所有其他的分析过程都是4.1.1节里的对应求值过程（或者eval子句）的直接变换。她所想象的analyze-sequence大致具有下面的样子：

```
(define (analyze-sequence exps)
  (define (execute-sequence procs env)
    (cond ((null? (cdr procs)) ((car procs) env))
          (else ((car procs) env)
                (execute-sequence (cdr procs) env))))
  (let ((procs (map analyze exps)))
    (if (null? procs)
        (error "Empty sequence -- ANALYZE"))
    (lambda (env) (execute-sequence procs env))))
```

Eva Lu Ator给Alyssa解释说，正文中给出的版本在分析阶段完成了序列求值中更多的工作。Alyssa的序列求值过程并没有去调用内部建立的各个求值过程，而是循环地通过一个过程去调用它们。从效果看，虽然序列中各个表达式都经过了分析，但整个序列本身却没有分析。

请对这两个analyze-sequence版本做一个比较。例如，考虑一种常见的情况（典型的过程体），其中的序列只有一个表达式。由Alyssa的程序产生的执行过程将会做些什么？由上面正文中的程序产生的执行过程又怎么样呢？两个版本在一个包含两个表达式的序列上的工作比较如何？

练习4.24 请设计并完成一些试验，比较原来的元循环求值器和本节的这个版本的速度。用你的结果评估各种过程在分析阶段和执行阶段所花费的时间的比例。

4.2 Scheme的变形——惰性求值

有了一个以Lisp程序形式描述的求值器，我们现在就可以通过简单地修改这一求值器，试验一些语言设计的选择和变化。确实，发明新的语言，常常就是先用一种现有的高级程序设计语言写出一个嵌入了这个新语言的求值器。举例来说，如果我们希望与Lisp社团的其他成员讨论对Lisp提出的某些修改，那么就可以提供一个体现了这些修改的求值器。接收者可以用这个新求值器做一些试验，而后送回一些评论意见供进一步修改。高层次的实现基础不仅使我们更容易测试求值器，排除其中的错误，进一步说，这种嵌入也使设计者能从基础语言抄录[235]一些特征，就像我们的嵌入式Lisp求值器中使用了取自基础Lisp的基本过程和控制结构那样。只有到了后来（如果需要的话），设计者才需要进一步去面对在某个低级语言或者硬件中做出一个完整实现的麻烦事情。在本节和后面几节里，我们将探究Scheme的几种变形，它们都提供了明显的额外描述能力。

4.2.1 正则序和应用序

在1.1节里开始讨论求值模型时，我们就说Scheme是一个采用*应用序*的语言，也就是说，在过程应用的时候，提供给Scheme过程的所有参数都需要完成求值。与此相反，采用*正则序*的语言将把对过程参数的求值延后到需要这些实际参数的值的时候。将过程参数的求值拖延到最后的可能时刻（也就是说，直至某些基本操作实际需要它们的时刻）也被称为*惰性求值*[236]。考虑过程：

```
(define (try a b)
  (if (= a 0) 1 b))
```

对于 `(try 0 (/ 1 0))` 的求值将在Scheme里产生一个错误，而对于惰性求值就不会出错。在那里对这个表达式求值将返回1，因为参数 `(/ 1 0)` 根本不会被求值。

下面过程unless的定义是另一个利用惰性求值的例子：

```
(define (unless condition usual-value exceptional-value)
  (if condition exceptional-value usual-value))
```

它可以用在下面这样的表达式里：

```
(unless (= b 0)
        (/ a b)
        (begin (display "exception: returning 0")
               0))
```

在采用应用序的语言里，这样做就不行了，因为在unless被调用之前，这里的正常值和异常值都会被求值（请与练习1.6比较一下）。惰性求值的一个优点就是使某些过程（例如unless）能够完成有用的计算，即使对它们的某些参数的求值将产生错误甚至根本不能终止。

如果在某个参数还没有完成求值之前就进入一个过程的体，我们就说这一过程相对于该参数是*非严格的*。如果在进入过程体之前某个参数已经完成求值，我们就说该过程相对于这个参数为*严格的*[237]。在一个纯的应用序语言里，所有的过程相对于每个参数都是严格的。而在一个纯的正则序语言里，所有的复合过程对每个参数都是非严格的，而基本过程可以是严格的，也可以是非严格的。也存在一些语言（参见练习4.31），它们允许程序员对自己定义的

---

235 抄录："抄取，特别是对很大的文档或者材料，目的就是使用它，无论是得到或者没有得到其拥有者的允许。"摘录："抄录，有时还包含着吸收、处理的理解之意。"（这些定义抄录自Steele et al. 1983，也见Raymond 1993。）

236 术语"惰性"和"正则序"之间的差异有时会使人感到有些困惑。一般说，"惰性"指的是特定求值器里的有关机制，而"正则序"指的是语言的语义，与特定的求值策略无关。当然，这并不是黑白分明的划分，两种说法也常常被相互替代地使用。

237 "严格"和"非严格"的术语基本上表示了与"应用序"和"正则序"同样的意思，但是它们针对的是个别的过程和参数，而不是针对整个语言。在一个有关程序设计语言的会议上，你可能会听到某人说，"正则序语言Hassle包含了一些严格的基本过程。其他过程以惰性求值的方式处理其参数。"

过程的严格性做细节的控制。

将过程做成非严格的也可能很有用，一个特别使人印象深刻的例子就是cons（或者一般地说，任何数据结构的构造函数）。这样，我们就可以在甚至还不知道元素的值的情况下，就去完成一些有用的计算，将元素组合起来形成数据结构，并对得到的数据结构做各种操作。这确实非常有意义。举例来说，这样就可以在不知道一个表里的元素值的情况下计算表的长度。我们将在4.2.3节利用这一思想，把第3章的流实现为由非严格的cons序对构成的表。

练习4.25 假定（在常规的应用序的Scheme里）定义了如上所示的unless，而后基于unless将factorial定义为：

```
(define (factorial n)
  (unless (= n 1)
          (* n (factorial (- n 1)))
          1))
```

在企图计算（factorial 5）时会出现什么问题？上述定义在正则序语言里能够工作吗？

练习4.26 Ben Bitdiddle和Alyssa P. Hacker对于在实现诸如unless一类东西中惰性求值的重要性有不同意见。Ben指出，有可能在应用序语言里将unless实现为一个特殊形式。Alyssa则反对这一说法，认为如果真的那样做，unless就将只是一种语法形式而不是一个过程了，因而就不能与高阶过程结合在一起工作。请为这两种论述填充一些细节：证明可以如何将unless实现为一种派生表达式（就像cond或者let）；再给出一种情况作为实例，说明如果unless可以用作一个过程而不是特殊形式，在这一情况里就可以使用。

4.2.2 一个采用惰性求值的解释器

在这一节里，我们将要实现一种正则序语言，它与Scheme完全相同，但是其中的复合过程对任何参数都是非严格的。基本过程将仍然是严格的。修改4.1.1节的求值器，使它能按照这种方式解释程序，这一工作并不困难。需要完成的所有修改都围绕着过程应用。

这里的基本想法就是，在应用一个过程时，解释器必须确定哪些参数需要求值，哪些应该延时求值。对于这些延时的参数都不进行求值，相反，这里将它们变换为一种称为槽(thunk）的对象[238]。在槽里必须包含着为了产生这一参数的值（在需要这个值的时候）所需要的全部信息，就像它已经在应用时求出值一样。为此，槽中就必须包括参数表达式，以及这一过程应用的求值所在的那个环境。

对槽中的表达式求值的过程称为*强迫*[239]。一般而言，只有在需要一个槽的值时才会去强迫它，这包括：在将它送给一个基本过程，而基本过程需要用这个值时；当它是某个条件表达式的谓词的值时；当它是某个运算符的值，而现在需要将它作为一个过程去应用时。现在要处理的一个选择是采用或者不采用*记忆性*的槽，就像前面在3.5.1节对延时对象所做的那样。有了记忆之后，一旦某个槽第一次被强迫，它就保存起计算出的值。随后的强迫只需要简单

[238] 术语*槽*是一个非正式的工作组在讨论Algol 60中命名调用机制的实现时发明的。他们看到，有关表达式的大部分分析（“思考”）都能在编译时完成，这样到运行时，表达式已经被上槽了（Ingerman et al. 1960）。

[239] 这与对于延时对象的force的用法类似，第3章引进了这种对象，用于表示流。我们在这里所做的与在第3章所做的之间的根本差异，就在于现在是要把延时和强迫构筑到求值器里，这将使我们能在整个语言里统一地使用这些机制。

地返回其中保存的值，不必重复去做计算。我们将把这个解释器做出带记忆的，因为对于大部分应用而言，这种方式更加高效。当然，这里也存在着一些很难处理的问题[240]。

修改求值器

惰性求值器与4.1.1节中的求值器之间的最重要不同点，就在于eval和apply里对过程应用的处理。

eval里的application?子句现在变成了

```
((application? exp)
 (apply (actual-value (operator exp) env)
        (operands exp)
        env))
```

这几乎与4.1.1节里eval的application? 子句一模一样。不过，对于惰性求值，我们是用运算对象表达式去调用apply，而不是用对它们求值产生出的实际参数。因为现在参数求值已经延时进行了，而且构造槽的时候需要用到环境，因此也必须传递它。这里还是要对运算符求值，因为apply需要被实际应用的那个过程，以便根据其类型去分派并应用它。

无论何时，只要我们需要某个表达式的实际值，就用

```
(define (actual-value exp env)
  (force-it (eval exp env)))
```

而不能只用eval，这样，如果这个表达式的值是一个槽，它就会被强迫求出值来。

我们新版本的apply也几乎与4.1.1节里的一样。不同之处在于送给eval的是未经求值的运算对象表达式：对于基本过程（它们是严格的），我们需要在应用这些过程之前求值有关的参数；对于复合过程（它们非严格），就在应用这些过程时拖延对所有参数的求值。

```
(define (apply procedure arguments env)
  (cond ((primitive-procedure? procedure)
         (apply-primitive-procedure
          procedure
          (list-of-arg-values arguments env)))  ; changed
        ((compound-procedure? procedure)
         (eval-sequence
          (procedure-body procedure)
          (extend-environment
           (procedure-parameters procedure)
           (list-of-delayed-args arguments env) ; changed
           (procedure-environment procedure))))
        (else
         (error
          "Unknown procedure type -- APPLY" procedure))))
```

处理参数的过程就像4.1.1节里的list-of-values，但list-of-delayed-args也延时有关的参数而不是求值它们，而且list-of-arg-values用的是actual-value而不是

[240] 惰性求值与记忆性的组合有时被称为*按需调用*的参数传递，与*按名调用*相对应（按名调用由Algol 60引进，类似于不带记忆的惰性求值）。作为语言设计者，我们可以构造自己的求值器，使之带有记忆，或者不带记忆，或者将这一问题留给程序员（练习4.31）。正如你根据第3章可以想到的，如果在这里出现赋值，这些选择将会引出一些微妙而且迷惑人的问题（参见练习4.27和4.29）。有一篇极好的文章（Clinger 1982）曾试图澄清这里产生的混乱，理出其中的头绪。

eval：

```
(define (list-of-arg-values exps env)
  (if (no-operands? exps)
      '()
      (cons (actual-value (first-operand exps) env)
            (list-of-arg-values (rest-operands exps)
                                env))))

(define (list-of-delayed-args exps env)
  (if (no-operands? exps)
      '()
      (cons (delay-it (first-operand exps) env)
            (list-of-delayed-args (rest-operands exps)
                                  env))))
```

求值器里另一个必须修改的地方是对if的处理，在这里我们必须用actual-value取代eval，以便在测试真或者假之前取得谓词表达式的值：

```
(define (eval-if exp env)
  (if (true? (actual-value (if-predicate exp) env))
      (eval (if-consequent exp) env)
      (eval (if-alternative exp) env)))
```

最后，我们还必须修改driver-loop过程（见4.1.4节），在其中用actual-value代替eval，这就使得当延时的值传播回到读入－求值－打印循环时，在打印之前将强迫对它们求值。我们还修改了提示符，以表明这是一个惰性求值器：

```
(define input-prompt ";;; L-Eval input:")
(define output-prompt ";;; L-Eval value:")

(define (driver-loop)
  (prompt-for-input input-prompt)
  (let ((input (read)))
    (let ((output
           (actual-value input the-global-environment)))
      (announce-output output-prompt)
      (user-print output)))
  (driver-loop))
```

做完了这些修改之后，就可以启动这个求值器并测试它了。对4.2.1节里讨论的try表达式的成功求值表明这个解释器确实是在做惰性求值：

```
(define the-global-environment (setup-environment))

(driver-loop)

;;; L-Eval input:
(define (try a b)
  (if (= a 0) 1 b))
;;; L-Eval value:
ok

;;; L-Eval input:
(try 0 (/ 1 0))
```

```
;;; L-Eval value:
1
```

槽的表示

我们必须设法对这个求值器做一些安排，使它能在将过程应用于参数时创建有关的槽，并能在以后强迫这些槽的求值。一个槽必须包装起一个表达式和一个环境，以便在后来可以生成相应的实际参数。在强迫一个槽求值时，只需简单从槽中提取出表达式和环境，并在此环境里对表达式求值。这里也应该用actual-value而不是eval，如果表达式的值本身仍然是一个槽，那么就还需要强迫它，并这样继续下去，直到得到某个不是槽的东西为止：

```
(define (force-it obj)
  (if (thunk? obj)
      (actual-value (thunk-exp obj) (thunk-env obj))
      obj))
```

包装起一个表达式和一个环境的最简单方式是做出一个表，其中包含着这个表达式和对应的环境。这样，我们可以用如下方式创建槽：

```
(define (delay-it exp env)
  (list 'thunk exp env))

(define (thunk? obj)
  (tagged-list? obj 'thunk))

(define (thunk-exp thunk) (cadr thunk))

(define (thunk-env thunk) (caddr thunk))
```

实际上，我们希望自己的解释器做的还不仅是这些，还需要槽能够记忆。当一个槽被强迫求值时，我们就将它转变为一个已求值的槽，将其中的表达式用相应的值取代，并改变其thunk标志，以便能识别出它是已经求过值的[241]：

```
(define (evaluated-thunk? obj)
  (tagged-list? obj 'evaluated-thunk))

(define (thunk-value evaluated-thunk) (cadr evaluated-thunk))

(define (force-it obj)
  (cond ((thunk? obj)
         (let ((result (actual-value
                        (thunk-exp obj)
                        (thunk-env obj))))
           (set-car! obj 'evaluated-thunk)
           (set-car! (cdr obj) result)  ; replace exp with its value
           (set-cdr! (cdr obj) '())     ; forget unneeded env
           result))
        ((evaluated-thunk? obj)
```

[241] 注意：一旦在一个槽里的表达式已经计算过，在这里就从该槽中删除env。这样做对于由解释器返回的值没有任何影响，只是有助于节约空间，因为从槽中删除对env的引用，一旦这一对象不再需要，有关的结构就可以被废料收集，其空间就能回收，如我们在5.3节将要讨论的。

与此类似，在3.5.1节里，也可以对记忆了的延时对象中不再需要用的环境做废料收集，方法就是让memo-proc在保存了自己的值之后，做某种像（set! proc '()）一类的事情，抛弃其中的过程proc（它包含了一个环境，以便delay在那里求值）。

```
          (thunk-value obj))
        (else obj)))
```

请注意，同一个delay-it过程对于有记忆或者没有记忆的情况都能工作。

练习4.27 假定我们将下面定义送给惰性求值器：

```
(define count 0)

(define (id x)
  (set! count (+ count 1))
  x)
```

请给出下面交互序列中空缺的值，并解释你的回答[242]。

```
(define w (id (id 10)))

;;; L-Eval input:
count
;;; L-Eval value:
<response>

;;; L-Eval input:
w
;;; L-Eval value:
<response>

;;; L-Eval input:
count
;;; L-Eval value:
<response>
```

练习4.28 eval在把运算符送给apply之前，是采用actual-value而不是eval去求值它，以便强迫得到运算符的值。请给出一个例子，说明在这里必须这样强迫求值。

练习4.29 请展示一个程序，按照你的预期，如果没有记忆功能，它的运行会比有记忆功能时慢得多。此外，请考虑下面的交互，其中的id过程在练习4.27里定义，count从0开始：

```
(define (square x)
  (* x x))

;;; L-Eval input:
(square (id 10))
;;; L-Eval value:
<response>

;;; L-Eval input:
count
;;; L-Eval value:
<response>
```

请给出在有或者没有记忆功能时求值器的反应。

练习4.30 Cy D. Fect以前是个C程序员，他担心程序的某些副作用根本就不能实现，因为惰性求值器并不强迫一个序列里的某些表达式求值。这是因为在一个序列里，除了最后一

[242] 这个练习说明，在惰性求值和副作用之间的相互作用是非常迷惑人的。这也应该是你根据第3章的讨论可以想到的情况。

个表达式之外，其他表达式的值都没有用到（这些表达式仅仅提供自己的效果，例如给某个变量赋值或者打印输出），随后也完全可能因为不会用到这些值（例如，将它们用作某个基本过程的参数）而不会强迫对它们求值。因此Cy就想，在求值一个序列时，我们必须强迫序列中除了最后表达式之外的所有表达式求值。他为此提议修改取自4.1.1节的eval-sequence，其中采用actual-value而不是eval：

```
(define (eval-sequence exps env)
  (cond ((last-exp? exps) (eval (first-exp exps) env))
        (else (actual-value (first-exp exps) env)
              (eval-sequence (rest-exps exps) env))))
```

a) Ben Bitdiddle认为Cy的看法不对。他给Cy演示了2.23节中描述的for-each过程，这是一个重要的带有副作用的序列的例子：

```
(define (for-each proc items)
  (if (null? items)
      'done
      (begin (proc (car items))
             (for-each proc (cdr items)))))
```

他断言说，本节正文中的求值器（采用原来的eval-sequence）能够正确处理：

```
;;; L-Eval input:
(for-each (lambda (x) (newline) (display x))
          (list 57 321 88))
57
321
88
;;; L-Eval value:
done
```

请解释为什么Ben关于for-each行为的说法是正确的。

b) Cy同意Ben关于for-each实例的看法，但是他说，这并不是他在提议修改eval-sequence时所考虑的那一类程序。他在惰性求值器里定义了下面两个过程：

```
(define (p1 x)
  (set! x (cons x '(2)))
  x)

(define (p2 x)
  (define (p e)
    e
    x)
  (p (set! x (cons x '(2)))))
```

对于原来的eval-sequence，(p1 1)和(p2 1)的值将会是什么？对于按照Cy的建议修改后的eval-sequence，这两个表达式的值又会是什么？

c) Cy还指出，在像他建议的那样修改了eval-sequence之后，对于a中那种实例的行为不会有影响。请解释为什么这一说法是正确的。

d) 你认为在惰性求值器里应该如何处理序列的问题？你喜欢Cy的方法，还是喜欢正文中的方法，或者其他什么方法？

练习4.31 本节所采取的途径有些令人不快，因为它对Scheme做了一种不兼容的修改。

将惰性求值实现为一种向上兼容的扩充可能更好一些，也就是说，使常规的Scheme还能像原来一样工作。我们可以通过扩充过程定义的语法的方式达到这种目的，使用户可以控制是否让参数延时。在考虑这种做法时，我们还可以进一步允许用户在延时参数是否记忆方面做出选择。举例来说，定义：

```
(define (f a (b lazy) c (d lazy-memo))
  ...)
```

将f定义为一个包含4个参数的过程，其中的第一个和第三个参数在过程调用时求值，第二个参数延时求值，第四个参数延时并记忆。这样，常规的过程定义将产生与常规Scheme完全一样的行为，而如果给每个复合过程的各个参数都加上lazy-memo声明，就能产生出与本节定义的惰性求值器一样的行为。请设计并实现上述修改，做出一个这样的Scheme扩充。你将需要去实现新的语法过程，以处理define的新语法形式。你还必须重新安排eval或者apply，以确定什么时候参数是被延时的，并根据情况强迫或者延时有关的参数。你也必须对记忆与否做出适当的安排。

4.2.3 将流作为惰性的表

在3.5.1节里，我们说明了如何将流实现为一种延时的表。当时引进了特殊形式delay和cons-stream，它们能用于构造出一个能用于计算流的cdr的“允诺”，在实际需要之前不必去落实这种允诺。如果我们需要对求值过程的更多控制，那么就可以利用这种引进特殊形式的一般性技术，但这种做法并不令人满意。从一个方面看，特殊形式并不像过程，它们不是一阶的对象，因此我们无法将它们与高阶过程一起使用[243]。此外，我们还不得不把流创建为一类新的对象，与表类似但又不一样，这也就要求我们去重新实现许多常规的表操作（如map、append等等），以便能将它们用于流。

有了惰性求值之后，流和表就完全一样了，所以也就不再需要任何特殊形式，也不再需要区分表操作和流操作。我们需要做的全部事情就是做好一些安排，设法使cons成为非严格的。完成这件事的一种方式是扩充惰性求值器，允许非严格的基本过程，将cons实现为它们中的一个。另一更简单的方式是回忆前面讨论过的一个事实（见2.1.3节），完全可以不把cons实现为基本过程。换种方式，我们可以把序对表示为过程[244]：

```
(define (cons x y)
  (lambda (m) (m x y)))

(define (car z)
  (z (lambda (p q) p)))

(define (cdr z)
  (z (lambda (p q) q)))
```

利用这些基本操作，各种表操作的标准定义也将同样适用于无穷的表（流），就像它们可以用于有穷的表一样。流操作也都可以实现为表操作。下面是一些例子：

[243] 这也就是练习4.26里unless过程的问题。

[244] 这正是练习2.4中所描述的过程性表示。从本质上说，任何过程性表示都可以用（例如，消息传递实现）。请注意，我们可以简单地把这些定义放进驱动循环里，以此将它们安装到惰性求值器里。如果原来已将cons、car和cdr作为全局环境里的基本过程，这样就重新定义了它们（另见练习4.33和练习4.34）。

```
(define (list-ref items n)
  (if (= n 0)
      (car items)
      (list-ref (cdr items) (- n 1))))

(define (map proc items)
  (if (null? items)
      '()
      (cons (proc (car items))
            (map proc (cdr items)))))

(define (scale-list items factor)
  (map (lambda (x) (* x factor))
       items))

(define (add-lists list1 list2)
  (cond ((null? list1) list2)
        ((null? list2) list1)
        (else (cons (+ (car list1) (car list2))
                    (add-lists (cdr list1) (cdr list2))))))

(define ones (cons 1 ones))

(define integers (cons 1 (add-lists ones integers)))

;;; L-Eval input:
(list-ref integers 17)
;;; L-Eval value:
18
```

请注意，这种惰性的表甚至比第3章里的流更加惰性：这种表里的car也是延时的，与其cdr一样[245]。事实上，甚至在访问一个惰性序对的car或者cdr时，也不会去强迫得出表元素的值。只有在真正需要的时候才会强迫得到它们——也就是说，在被用作基本过程的参数，或者需要作为结果打印时。

惰性序对对于3.5.4节中由于流而引起的问题也很有帮助，在那里我们看到，当需要用一个循环做出系统的流模型时，除了使用由cons-stream提供的delay操作外，我们还不得不在程序中某些地方点缀一些显式的delay操作。有了惰性求值之后，所有的过程参数就无一例外都是延时的了。举例说，我们现在可以按3.5.4节原来所希望的方式去做表的积分，去求解微分方程：

```
(define (integral integrand initial-value dt)
  (define int
    (cons initial-value
          (add-lists (scale-list integrand dt)
                     int)))
  int)

(define (solve f y0 dt)
  (define y (integral dy y0 dt))
  (define dy (map f y))
  y)
```

[245] 这将使我们能够创建更具一般性的表结构的延时版本，而不仅仅是序列。Hughes 1990中讨论了“惰性树”的某些应用。

```
;;; L-Eval input:
(list-ref (solve (lambda (x) x) 1 0.001) 1000)
;;; L-Eval value:
2.716924
```

练习4.32 请给出一些例子，显示在第3章的流与本节描述的“更惰性”的惰性表之间的不同。你可能怎样利用这种多出来的惰性？

练习4.33 Ben Bitdiddle用下面的表达式测试了上面给出的惰性表实现：

```
(car '(a b c))
```

令他吃惊的是，这却产生出一个错误。经过一些思考之后，他认识到，由读入一个引号表达式而得到的“表”与cons、car和cdr的新定义操作的那种表是不同的。请修改求值器里对引号表达式的处理，使得驱动循环读入的加引号的表能够产生出惰性表。

练习4.34 请修改求值器的驱动循环，使得惰性序对和表能以某种合理的形式打印出来。（你将如何对付无穷表？）你可能还需要修改惰性序对的表示，使求值器能够识别它们，以便完成打印工作。

4.3 Scheme的变形——非确定性计算

在这一节里，我们将扩展Scheme求值器，以便支持另一种称为非确定性计算的程序设计范型。这里采用的方式是将一种支持自动搜索的功能做进求值器里。与4.2节引进惰性求值相比，对语言的这种修改的意义更加深远。

非确定性计算与流处理类似，对于“生成和检测式”的应用特别有价值。作为开始，现在考虑下面工作：有一对正整数的表，我们要从中造出一对整数——其中一个取自第一个表，另一个取自第二个表——它们之和是素数。在2.2.3节里我们已经看过如何通过有限序列操作的方式解决这一问题，在3.5.3节看过如何用无穷流。所采用的方式都是生成所有可能的数对，而后过滤出那些和为素数的数对。无论我们是像在第2章里那样首先实际生成出数对的序列，还是像第3章那样换一种方式，交错式地生成和过滤，对于如何组织这一计算过程的基本图景都没有产生任何影响。

非确定性的方式则召唤着另一种图景。简单设想我们需要（按照某种方式）从第一个表中取一个数，并（采用同样方式）从第二个表里取一个数，使它们之和是素数。这件事可以采用下面过程描述：

```
(define (prime-sum-pair list1 list2)
  (let ((a (an-element-of list1))
        (b (an-element-of list2)))
    (require (prime? (+ a b)))
    (list a b)))
```

看起来这个过程就像是问题的另一个重新陈述，而没有描述出一种解决它的方法。但无论如何，这就是一个合法的非确定性程序[246]。

---

[246] 我们假定已定义了过程prime?，它能检测一个数是否为素数。即使有了prime?的定义，prime-sum-pair过程看起来也非常可疑，就像是用毫无帮助的“伪Lisp”企图去定义平方根过程，如我们在1.1.7节开始时所说的那样。事实上，求平方根的过程也可以按照这条路线，实际描述为一个非确定性的程序。通过将某种搜索机制结合进求值器里，我们将逐步侵蚀位于纯的说明性描述，和有关计算机将如何给出回答的过程性描述之间的清晰界限。在4.4节里，我们将在这个方向上深入讨论。

这里的关键想法是，在一个非确定性语言里，表达式可以有多于一个可能的值。例如，an-element-of可能返回一个给定表里的任何一个元素。我们的非确定性程序求值器将进行有关的工作，从中自动选出一个可能的值，并维持有关选择的轨迹。如果随后的要求无法满足，求值器就会尝试另一种不同的选择，而且它会不断地做出新的选择，直至求值成功，或者已经用光了所有的选择。正如惰性求值器可以使程序员摆脱有关值如何延时或者强迫的细节一样，非确定性的求值器将使程序员摆脱如何做出这些选择的细节。

有一件很有教益的事情，那就是将非确定性求值和流处理中引起的不同时间图景做一个比较。流处理中利用了惰性求值，设法去松弛装配出可能回答的流的时间与实际的流元素产生出来的时间之间的关系。这种求值器支持这样一种错觉，好像所有可能的结果都以一种无时间顺序的方式摆在我们面前。对于非确定性的求值，一个表达式表示的是对于一集可能世界的探索，其中的每一个都由一集选择所确定。某些可能世界将走入死胡同，而另一些里则保存着有用的值。非确定性程序求值器支持另一种假象：时间是有分支的，而我们的程序里保存着所有可能的不同执行历史。在遇到一个死胡同时，我们总可以回到以前的某个选择点，并沿着另一个分支继续下去。

下面将要实现的非确定性程序求值器称为amb求值器，因为它基于一个称为amb的新特殊形式。我们可以将上面那样的prime-sum-pair定义送给这一求值器的驱动循环（还需要送上prime?、an-element-of和require的定义），并得到下面这样的过程运行：

```
;;; Amb-Eval input:
(prime-sum-pair '(1 3 5 8) '(20 35 110))
;;; Starting a new problem
;;; Amb-Eval value:
(3 20)
```

能够得到这里的返回值，是由于求值器将会反复地从两个表里选出一对一对元素，直至做出了一次成功的选择。

4.3.1节将介绍amb，并解释它如何通过求值器的自动搜索机制支持非确定性。4.3.2节给出了一个非确定性程序的例子，4.3.3节给出了如何通过修改常规的Scheme求值器，实现amb求值器的细节。

4.3.1 amb和搜索

为了扩充Scheme以支持非确定性，我们要引进一种称为amb的新特殊形式[247]。表达式（amb $<e_1>$ $<e_2>$ $\cdots$ $<e_n>$）"有歧义性地"返回n个表达式$<e_i>$之一的值。举例说，表达式

```
(list (amb 1 2 3) (amb 'a 'b))
```

可以有如下六个可能的值：

```
(1 a)   (1 b)   (2 a)   (2 b)   (3 a)   (3 b)
```

只有一个选择的amb将产生常规的（一个）值。

没有选择的amb——表达式（amb）——是一个没有可接受值的表达式。按照操作的观点，

[247] 实现非确定性程序设计的amb思想是John McCarthy在1961年第一次提出的（见McCarthy 1967）。

我们可以认为(amb)就是这样的一个表达式，对它的求值将导致计算“失败”：这一计算将会流产，而且不会产生任何值。利用这一思想，我们可以将某个特定谓词必须为真的要求表述为下面的定义：

```
(define (require p)
  (if (not p) (amb)))
```

有了amb和require，我们就可以实现上面的an-element-of过程了：

```
(define (an-element-of items)
  (require (not (null? items)))
  (amb (car items) (an-element-of (cdr items))))
```

当表为空时an-element-of失败，否则它就会（具有歧义性地）或者返回表里的第一个元素，或者返回选自表中其余部分的某个元素。

我们还可以表述无穷的选择。下面过程可能返回任何一个大于或者等于某个给定的*n*值的整数：

```
(define (an-integer-starting-from n)
  (amb n (an-integer-starting-from (+ n 1))))
```

这就像是在3.5.2节里描述的流过程integers-starting-from，但这里有一点重要不同：流过程返回的是一个对象，它表示的是从*n*开始的所有整数的序列，而amb过程返回的就是一个整数[248]。

抽象地看，我们可以认为，求值一个amb表达式将导致时间分裂为不同的分支，而计算将在每一个分支（其中取定了该表达式的一个值）里进行。我们说一个amb表示了一个*非确定性的选择点*。如果有一台机器，它有足够多的可以动态分配的处理器，我们就能以一种直截了当的方式实现这种搜索。这里的执行就像在一台顺序机器上那样进行，直至遇到了一个amb表达式。在这个点上，需要分配并初始化更多的处理器，并继续进行这一选择所蕴含的所有并行执行。每个处理器又将顺序地进行下去，就像它只有一种选择那样，直至或者因为遇到失败而结束，或者需要进一步分支，或者成功结束[249]。

另一方面，如果我们有一台机器，它只能执行一个进程（或者若干个并发的进程），我们就必须换一种实现顺序性的方式。我们可以设想去修改求值器，使之在遇到一个选择点时随机地选取一个分支走下去。当然，随机选取很可能导向失败的值。这样就需要一次次重新运行求值器，再做随机选择，以期找到一个不失败的值。一种更好的方式是*系统化地搜索*所有可能的执行路径。我们将要开发的，并在本节中使用的amb求值器实现了如下的一种系统化搜索方式：当这个求值器遇到一个amb应用时，它一开始总是选择第一个可能性。这一选择又可能导致随后的选择。在每个选择点，这一求值器在开始时总是选择第一

[248] 实际上，在非确定性地返回一个选择与返回所有选择之间的差异，在某种意义上看，依赖于我们的看法。从使用有关值的代码的角度看，非确定性选择返回的是一个值。从设计代码的程序员的角度看，非确定性选择是潜在地返回了所有可能的值，而计算是分支的，所以各个值将被分别探查。

[249] 有人可能反对这种极端无效的机制，它可能需要数以百万计的处理器去求解某个以这种方式可以简单陈述的问题，而且在其中大部分的时间里，大部分处理器都在闲置着。对于这种反对意见，我们应该在历史的环境中去分析。过去，存储器曾被认为是一种及其昂贵的设备。在1964年，一兆容量的RAM贵到400 000美元。而现在每台个人计算机都有许多兆的RAM，而其中的大部分RAM都没有使用。我们决不应该低估电子学的大规模生产的价值。

个可能性。如何选择的结果导致失败，那么这个求值器就自动魔法般地[250]回溯到最近的选择点，并去试验下一个可能性。如果它在任何选择点用完了所有的可能性，该求值器就将退回到前一选择点，并从那里继续下去。这个过程产生的是一种称为*深度优先*的搜索策略，或称为*按照历史回溯*[251]。

驱动循环

amb求值器的驱动循环有一些很不寻常的性质。它读入一个表达式，并且打印出第一个不失败的执行得到的值，就像在上面的prime-sum-pair例子里所示的那样。如果我们希望看到下一个成功执行的值，那就可以要求解释器回溯，让它试着去产生第二个没有失败的运行。我们可以通过键入符号try-again的方式发出这一信号。如果给的是除了try-again之外的任何表达式，解释器都会开始一个新问题，丢掉前面问题中尚未探索的那些可能性。下面是一个交互执行示例：

```
;;; Amb-Eval input:
(prime-sum-pair '(1 3 5 8) '(20 35 110))
;;; Starting a new problem
;;; Amb-Eval value:
(3 20)
;;; Amb-Eval input:
try-again
;;; Amb-Eval value:
(3 110)
;;; Amb-Eval input:
try-again
;;; Amb-Eval value:
(8 35)
;;; Amb-Eval input:
try-again
;;; There are no more values of
```

---

[250] 自动魔法般地：“自动地，但是以一种由于某些原因（典型的情况是它太复杂，或者太丑陋，或者甚至太简单），而使说话者并不喜欢去解释的方式。”（Steele 1983, Raymond 1993）

[251] 将自动搜索策略结合到程序设计语言的历史曲折而复杂。Robert Floyd（1967）第一次提出可能通过搜索和自动回溯，把非确定性算法很优雅地做进程序设计语言里。Carl Hewitt（1969）发明了称为Planner的程序设计语言，它显式地支持自动按历史回溯，提供了内部的深度优先搜索策略。Sussman、Winograd和Charniak（1971）实现了这一语言的一个子集，称为MicroPlanner，用于支持问题求解和机器人规划工作。类似的想法也出现在逻辑和定理证明的领域里，导致优美的Prolog语言在爱丁堡和马赛诞生（我们将在4.4节讨论它）。在自动搜索遇到极大的挫折之后，McDermott and Sussman（1972）开发出一种名为Conniver的语言，它包含了程序员的控制下搜索策略的安排机制。然而这种方式被证明是非常难使用的。后来，Sussman和Stallman（1975）在研究电子线路的符号分析的过程中创建了一种更容易控制的方法，他们开发出一种基于相互关联的事实之间的依赖关系的非历史的回溯模式，这种技术现在已经被称为*依赖导向的回溯*。虽然他们的方法比较复杂，但却能产生出具有合理效率的程序，因为工作中很少做多余的搜索。Doyle（1979）和McAllester（1978, 1980）推广并进一步澄清了Stallman和Sussman的方法，开发了一种新的构造搜索的形式，现在被称为*真值保持*。新型问题求解系统都用了某种形式的真值保持，作为其中的一种基本技术。参看Forbus和deKleer 1993关于构造真值保持系统方法的讨论。Zabih、McAllester和Chapman 1987描述了Scheme的一种基于amb的非确定性扩充，与本节所描述的解释器很类似，但是更复杂一些，因为其中使用的是依赖导向的回溯，而不是历史回溯。Winston 1992介绍了这两种回溯。

```
(prime-sum-pair (quote (1 3 5 8)) (quote (20 35 110)))

;;; Amb-Eval input:
(prime-sum-pair '(19 27 30) '(11 36 58))
;;; Starting a new problem
;;; Amb-Eval value:
(30 11)
```

练习4.35 请写出一个过程an-integer-between，它返回两个界限之间的一个整数。它可以用于实现一种寻找毕达哥拉斯三元组的过程，也就是说，找出在给定界限内（例如）的整数三元组 (i, j, k)，使得$i \leqslant j$且$i^2+j^2=k^2$，如下：

```
(define (a-pythagorean-triple-between low high)
  (let ((i (an-integer-between low high)))
    (let ((j (an-integer-between i high)))
      (let ((k (an-integer-between j high)))
        (require (= (+ (* i i) (* j j)) (* k k)))
        (list i j k)))))
```

练习4.36 练习3.69讨论了如何产生出所有毕达哥拉斯三元组的流，对于搜索的整数大小没有上界。请解释为什么简单地用an-integer-starting-from代替练习4.35中的过程an-integer-between，并不是生成任意毕达哥拉斯三元组的合适办法。请写出一个确实能完成这一工作的过程。（也就是说，写出一个过程，对它反复键入try-again，原则上，将能最终生成出所有的毕达哥拉斯三元组。）

练习4.37 Ben Bitdiddle断言下面生成毕达哥拉斯三元组的方法比练习4.35中的方法效率更高。他说得对吗？（提示，请考虑几个必须研究的可能性。）

```
(define (a-pythagorean-triple-between low high)
  (let ((i (an-integer-between low high))
        (hsq (* high high)))
    (let ((j (an-integer-between i high)))
      (let ((ksq (+ (* i i) (* j j))))
        (require (>= hsq ksq))
        (let ((k (sqrt ksq)))
          (require (integer? k))
          (list i j k))))))
```

4.3.2 非确定性程序的实例

4.3.3节里将要描述amb求值器的实现，我们在这里先给出几个可能怎样使用它的例子。非确定性程序设计的优点，就在于使我们可以忽略有关搜索将如何进行的细节，因此就可以在更高的层次上表述所需要的程序。

逻辑谜题

下面的谜题（取自Dinesman 1968）是一大类简单逻辑谜题的典型代表：

> 贝克、库伯、弗莱舍、米勒和斯麦尔住在一个五层公寓楼的不同层，贝克不住在顶层，库伯不住在底层，弗莱舍不住在顶层也不住在底层。米勒住的比库伯高一层，斯麦尔不住在弗莱舍相邻的层，弗莱舍不住在库伯相邻的层。请问他们各住在哪层。

我们可以通过简单地枚举出所有可能性，并加上给定约束条件的方式，来确定这几个人居住的楼层[252]：

```
(define (multiple-dwelling)
  (let ((baker (amb 1 2 3 4 5))
        (cooper (amb 1 2 3 4 5))
        (fletcher (amb 1 2 3 4 5))
        (miller (amb 1 2 3 4 5))
        (smith (amb 1 2 3 4 5)))
    (require
     (distinct? (list baker cooper fletcher miller smith)))
    (require (not (= baker 5)))
    (require (not (= cooper 1)))
    (require (not (= fletcher 5)))
    (require (not (= fletcher 1)))
    (require (> miller cooper))
    (require (not (= (abs (- smith fletcher)) 1)))
    (require (not (= (abs (- fletcher cooper)) 1)))
    (list (list 'baker baker)
          (list 'cooper cooper)
          (list 'fletcher fletcher)
          (list 'miller miller)
          (list 'smith smith))))
```

求值表达式（multiple-dwelling）将产生下面结果：

```
((baker 3) (cooper 2) (fletcher 4) (miller 5) (smith 1))
```

虽然这个简单过程能工作，但它却非常慢。练习4.39和4.40讨论了一些改进。

练习4.38 请修改上述多层住宅过程，增加斯麦尔和弗莱舍不住相邻层的要求。这个新谜题有多少个解？

练习4.39 在上述多层住宅过程中，约束条件的顺序会影响答案吗？它会影响找到答案的时间吗？如果你认为会，那么请通过重新排列上面定义中约束条件的顺序，展示出你得到的更快的程序。如果你认为没关系，请论证你的观点。

练习4.40 在上述多层住宅问题里，在各种需求和楼层指派必须完成的不同检查之前和之后，存在着多少给人指定楼层的指派集合？首先生成出所有的人到楼层的指派，而后通过回溯删除它们是很低效的方法。举例来说，大部分约束条件都只依赖于一个或者两个个人-楼层变量，因此可以在为所有人选择楼层之前安排好。请为解决这一问题写出一个更加高效得多的非确定性过程，其中只产生出通过限制排除了不可能情况之后的那些可能性，并请用试验证明你的方案有效。（提示：这将需要写出嵌套的let表达式。）

---

[252] 我们的程序用下面过程确定一个表里的各个元素是否互不相同：

```
(define (distinct? items)
  (cond ((null? items) true)
        ((null? (cdr items)) true)
        ((member (car items) (cdr items)) false)
        (else (distinct? (cdr items)))))
```

member与memq类似，只是用equal?做相等判断，而不是用eq?。

练习4.41 请写出一个常规的Scheme程序，解决这一多楼层问题。

练习4.42 请解决下面的“说谎者”谜题（取自Phillips 1934）：五个女生参加一个考试，她们的家长对考试结果过分关注。为此她们约定，在给家里写信谈到考试时，每个姑娘都要写一句真话和一句假话。下面是从她们的信里摘出的句子：

贝蒂：“凯蒂考第二，我只考了第三。”

艾赛尔：“你们应很高兴地听到我考了第一，琼第二。”

琼：“我考第三，可怜的艾赛尔考得最差。”

凯蒂：“我第二，玛丽只考了第四。”

玛丽：“我是第四，贝蒂的成绩最高。”

这五个姑娘实际的排名是什么？

练习4.43 请用求值器解决下面谜题[253]：

Mary Ann Moore的父亲有一条游艇，他的四个朋友Colonel Downing、Mr. Hall、Sir Barnacle Hood和Dr. Parker也各有一条。这五个人各有一个女儿，每个人都用另一个人的女儿的名字为自己的游艇命名。Sir Barnacle的游艇叫Gabrielle，Mr. Moore拥有Lorna，Mr. Hall的是Rosalind，Melissa属于Colonel Downing（取自Sir Barnacle的女儿的名字），Gabrielle的父亲的游艇取的是Dr. Parker的女儿的名字。请问谁是Lorna的父亲。

请设法写出一个能高效运行的程序（参见练习4.40）。另请设法确定，如果没有告诉我们Mary Ann姓Moore，那么将会有多少个解。

练习4.44 练习2.42描述了“八皇后谜题”，将八个皇后安放到国际象棋盘上使她们相互都不攻击。请写出一个非确定性的程序求解这一谜题。

自然语言的语法分析

接受自然语言作为输入的程序，通常都以对输入的*语法分析*开始，也就是说，设法将输入与一些语法结构匹配。举例说，我们可能试图去识别由一个冠词，后跟一个名词和一个动词的简单句子，比如说“The cat eats”。为了完成这种分析，我们必须能辨明各个单词的词类，这可以从下面这种对各种单词的分类表开始[254]：

```scheme
(define nouns '(noun student professor cat class))
(define verbs '(verb studies lectures eats sleeps))
(define articles '(article the a))
```

我们还需要一个*语法*，即一组描述如何从更简单的元素组合产生语法元素的规则。一个非常简单的语法，可能就是规定每个句子都由两个部分组成——一个名词短语后面跟着一个动词，而名字短语是由一个冠词后跟一个名词组成。根据这个语法，句子“The cat eats”就可以分析为：

```scheme
(sentence (noun-phrase (article the) (noun cat))
          (verb eats))
```

我们可以用一个简单的程序生成这样的分析，其中对应于每条语法规则有一个独立的过

---

[253] 这个谜题取自一本名为《Problematical Recreations》（问题娱乐）的小册子，1960年代由Litton Industries出版，上面标明作者为*Kansas State Engineer*（肯萨斯州工程师协会）。

[254] 这里我们采用了一个约定，用每个表的第一个元素指明了表中其他单词的词类。

程。为了分析一个句子，我们需要辨明它的两个组成部分，并返回一个两元素的表，用符号sentence作为标记：

```
(define (parse-sentence)
  (list 'sentence
        (parse-noun-phrase)
        (parse-word verbs)))
```

名词短语的情况与此类似，对它的分析就是要找出其中的冠词和名词：

```
(define (parse-noun-phrase)
  (list 'noun-phrase
        (parse-word articles)
        (parse-word nouns)))
```

在最下面一层，分析过程被归结到反复检查下一个尚未分析的单词，看它是不是某个对应于所需词类的单词表的成员。为了实现这一工作，我们要维护一个全局变量*unparsed*，其中包含着尚未分析的输入。每当程序去检查一个单词时，我们都要求*unparsed*必须不空，而且它应该以指定的表里的单词开始。如果真是这样，我们就从*unparsed*里删除这第一个单词，并返回这个单词和它的词类（这可以从该表的头部找出）[255]：

```
(define (parse-word word-list)
  (require (not (null? *unparsed*)))
  (require (memq (car *unparsed*) (cdr word-list)))
  (let ((found-word (car *unparsed*)))
    (set! *unparsed* (cdr *unparsed*))
    (list (car word-list) found-word)))
```

为了能开始做语法分析，我们需要的就是将*unparsed*设置为整个输入，试着去分析出一个句子来，最后还要检查没有剩下任何东西：

```
(define *unparsed* '())

(define (parse input)
  (set! *unparsed* input)
  (let ((sent (parse-sentence)))
    (require (null? *unparsed*))
    sent))
```

现在我们可以试验这个分析器，检查它是否能处理简单的测试句子：

```
;;; Amb-Eval input:
(parse '(the cat eats))
;;; Starting a new problem
;;; Amb-Eval value:
(sentence (noun-phrase (article the) (noun cat)) (verb eats))
```

amb求值器在这里很有用，因为它使我们可以通过require的帮助，很方便地描述分析中的种种约束条件。当然，如果进一步考虑更复杂的语法，其中存在有关某些单元如何分解的选择时，自动搜索和回溯也将发挥重要作用。

现在让我们在语法中增加一个介词表：

---

255 请注意，parse-word用set!修改了未分析的输入表。为使这种做法能够工作，我们的amb求值器就必须在回溯时撤销set!的作用。

```
(define prepositions '(prep for to in by with))
```

并将介词短语（例如，“for the cat”）定义为一个介词后跟一个名词短语：

```
(define (parse-prepositional-phrase)
  (list 'prep-phrase
        (parse-word prepositions)
        (parse-noun-phrase)))
```

现在我们可以将句子定义为一个名词短语后跟一个动词短语，其中的动词短语可以是一个动词，也可以是一个动词短语加上一个介词短语[256]：

```
(define (parse-sentence)
  (list 'sentence
         (parse-noun-phrase)
         (parse-verb-phrase)))

(define (parse-verb-phrase)
  (define (maybe-extend verb-phrase)
    (amb verb-phrase
         (maybe-extend (list 'verb-phrase
                             verb-phrase
                             (parse-prepositional-phrase)))))
  (maybe-extend (parse-word verbs)))
```

有了这些之后，我们还可以细化名词短语的定义，允许诸如“a cat in the class”之类的形式。前面称为名词短语的片段，现在将被称为简单名词短语，而现在的名词短语则或者是一个简单名词短语，或者是一个名词短语后跟一个介词短语：

```
(define (parse-simple-noun-phrase)
  (list 'simple-noun-phrase
        (parse-word articles)
        (parse-word nouns)))

(define (parse-noun-phrase)
  (define (maybe-extend noun-phrase)
    (amb noun-phrase
         (maybe-extend (list 'noun-phrase
                             noun-phrase
                             (parse-prepositional-phrase)))))
  (maybe-extend (parse-simple-noun-phrase)))
```

现在的新语法使得程序可以分析更复杂的句子了。例如：

```
(parse '(the student with the cat sleeps in the class))
```

将产生出：

```
(sentence
 (noun-phrase
  (simple-noun-phrase (article the) (noun student))
  (prep-phrase (prep with)
               (simple-noun-phrase
                (article the) (noun cat))))
```

256 应该看到这一定义是递归的，动词之后可以有任意多个介词短语。

```
(verb-phrase
 (verb sleeps)
 (prep-phrase (prep in)
              (simple-noun-phrase
               (article the) (noun class)))))
```

请注意，一个给定输入可能存在多于一种合法的分析结果。对于句子“The professor lectures to the student with the cat”，可以理解为教授带着猫去上课，也可以理解为该学生有那只猫。我们的非确定性程序将能找出这两种可能性：

```
(parse '(the professor lectures to the student with the cat))
```

将产生出：

```
(sentence
 (simple-noun-phrase (article the) (noun professor))
 (verb-phrase
  (verb-phrase
   (verb lectures)
   (prep-phrase (prep to)
                (simple-noun-phrase
                 (article the) (noun student))))
  (prep-phrase (prep with)
               (simple-noun-phrase
                (article the) (noun cat)))))
```

让求值器再次尝试，将会产生出：

```
(sentence
 (simple-noun-phrase (article the) (noun professor))
 (verb-phrase
  (verb lectures)
  (prep-phrase (prep to)
               (noun-phrase
                (simple-noun-phrase
                 (article the) (noun student))
                (prep-phrase (prep with)
                             (simple-noun-phrase
                              (article the) (noun cat)))))))
```

练习4.45 采用上面给出的语法，下面的句子可以有5种不同的分析方式：“The professor lectures to the student in the class with the cat”。请给出这5种分析，并解释这些分析之间的微妙差异。

练习4.46 4.1节和4.2节的求值器并没有明确规定运算对象的求值顺序。我们将看到amb求值器从左到右进行求值。请解释，如果运算对象采用其他求值顺序，为什么我们的分析程序就没有办法工作了。

练习4.47 Louis Reasoner建议说，由于动词短语或者是一个动词，或者是一个动词短语后跟一个介词短语，直接用下面方式定义一个parse-verb-phrase过程将更加方便（对于名词短语也同样可以这样做）：

```
(define (parse-verb-phrase)
  (amb (parse-word verbs)
```

```
        (list 'verb-phrase
              (parse-verb-phrase)
              (parse-prepositional-phrase))))
```

这样做能行吗？如果改变了amb求值器里表达式的顺序，程序的行为也会改变吗？

练习4.48 请扩充上面给出的语法，以处理更加复杂的句子。例如，你可以扩充名词短语和动词短语，加进形容词和副词，或者可以设法处理复合句[257]。

练习4.49 Alyssa P. Hacker更感兴趣的是生成有趣的句子而不是分析它们。她说，简单修改过程parse-word，使它忽略“输入的句子”并总是成功产生出适当的单词，就可以为语法分析程序去做句子生成。请实现Alyssa的想法，并给出这个程序所产生的前十来个句子[258]。

4.3.3 实现amb求值器

对于常规Scheme表达式的求值可能返回一个值，也可能永远不终止，或者发出一个错误信号。对于非确定性的Scheme，表达式的求值还可能遇到死胡同，在这种情况下求值必须回溯到前面的选择点。由于多出这一种情况，非确定性Scheme的解释将变得更复杂。

我们为非确定性的Scheme构造amb求值器的方法，是修改4.1.7节的分析式求值器[259]。就像在那个分析求值器里一样，完成对这里的表达式求值，也是通过调用对于该表达式的分析所产生出的执行过程。对于常规Scheme的解释和对非确定性Scheme的解释之间的差异完全在于有关的执行过程。

执行过程和继续

读者应记得，在常规求值器的执行过程里有一个参数：执行环境。与此不同，amb求值器的执行过程将取三个参数：执行环境，和两个称为*继续过程*的过程。对于一个表达式的求值，结束时就会调用这两个继续过程之一：如果该求值得到了一个结果，那么就用这个值去调用那个*成功继续*，如果结果是遇到了一个死胡同，那么就调用那个*失败继续*。构造和调用适当的继续，就是这个非确定性求值器里实现回溯的机制。

成功继续过程的工作是接受一个值并将计算进行下去。与这个值一起，成功继续过程还将得到了另一个失败继续过程，如果在使用这个值时遇到了死胡同，就会去调用它。

失败继续过程的工作是试探非确定性过程中的另一分支。非确定性语言的最关键特征，就在于表达式可以表示在不同可能性之间的选择。对于这样一个表达式的求值，必须按给定的可能选择进行下去，即使谁也不知道哪一个选择会导向可以接受的结果。为了处理好这件事，求值器取出一个可能性，并将其值送给成功继续过程。与这个值一起，求值器还构造并送去一个失败继续过程，以便在后来需要另一不同选择时能去调用它。

---

[257] 这种语法可以变得任意的复杂，但如果考虑真实的语言理解问题，这些仍然只是一种玩具。要用计算机去理解真实世界中的自然语言，将需要语法分析和意义解释之间细致的混合作用。从另一角度看，即使是玩具式的语法分析，对于支持某些需要比较灵活的查询语言的程序也非常有用，例如那些信息检索系统。Winston 1992讨论了真实语言理解的计算途径，也讨论了简单语法在命令语言方面的应用。

[258] 虽然Alyssa的想法完全可行（而且极其简单），但它产生出的句子则非常无聊——根本不能以某种很有价值的方式说明这一语言中的句子的范例。事实上，由于语法在许多地方都是高度递归的，Alyssa的技术将会落入这种递归并陷在那里。参看练习4.50有关解决这个问题的一种方法。

[259] 我们的选择是通过修改4.1.1节的元循环求值器的方式实现4.2节的惰性求值器，这次却要基于4.1.7节的分析求值器实现amb求值器。这是因为该求值器的执行过程为实现回溯提供了一种方便框架。

在求值过程中，当一个用户程序明确拒绝了当前进攻的目标（例如，一个require调用里最终可能执行到（amb），这是一个永远失败的表达式——见4.3.1节），就将触发一次失败（也就是说，调用一个失败继续过程）。在这一点，手头上的失败继续过程将导致在最近的选择点上做另一种选择。如果在被考虑的选择点上已经没有更多的选择了，那么就会触发在前一选择点的失败，并如此继续下去。驱动循环也可能直接调用失败继续过程，以响应一个try-again请求，去找出表达式的另一个值。

此外，如果在由一个选择导致的分支处理中出现了具有副作用的操作（例如做了给某个变量的赋值），在这种情况下，当处理过程遇到死胡同时，可能就需要在做出新选择之前撤销这一副作用。完成这一工作的方式，就是让产生副作用的操作生成一个能够撤销其副作用并传播这一失败的失败继续过程。

总结一下，失败继续过程的构造来自：

- amb表达式——提供一种机制，以便在amb表达式做出的当前选择遇到了死胡同时，能够做另一种选择；
- 最高层驱动循环——提供一种机制，在选择耗尽时报告失败；
- 赋值——拦截失败并在回溯之前撤销赋值的效果。

失败的初始原因就是遇到了死胡同，这种情况出现在：

- 用户程序执行（amb）时；
- 用户键入try-again给最高层驱动程序时。

失败继续过程会在处理失败的过程中被调用：

- 当由一个赋值构造出的失败继续过程完成了撤销自己副作用的工作之后，它将调用所拦截的失败继续过程，以便将这一失败传播到导致这次赋值的选择点，或者传到最高层。
- 当某个amb的失败继续过程用完了所有选择时，它将调用原来给这个amb的失败继续过程，以便将这一失败传播到前一个选择点，或者传播到最高层。

求值器的结构

amb求值器的语法和数据表示过程，以及基本的analyze过程，都与4.1.7节的求值器里的这些过程完全一样，当然，我们还需要增加几个语法过程，以便识别amb特殊形式[260]。

```
(define (amb? exp) (tagged-list? exp 'amb))

(define (amb-choices exp) (cdr exp))
```

我们必须在analyze里增加一个分派子句，识别这一特殊形式并生成一个适当的执行过程：

```
((amb? exp) (analyze-amb exp))
```

最高层过程ambeval（与在4.1.7节里给出的eval版本类似）分析给定的表达式，并将得到的执行过程应用到给定的环境和两个给定的继续过程上：

```
(define (ambeval exp env succeed fail)
  ((analyze exp) env succeed fail))
```

成功继续是一个带有两个参数的过程：刚刚得到的值以及另一个失败过程，如果这个值随后导致失败的话，它就去调用该失败继续过程。失败继续是一个无参过程。因此，执行过

[260] 我们假定求值器支持let（见练习4.22），因为在非确定性程序里需要用它。

程的一般形式是：

```
(lambda (env succeed fail)
  ;; succeed is (lambda (value fail) ...)
  ;; fail is (lambda () ...)
  ...)
```

举例说，执行

```
(ambeval <exp>
         the-global-environment
         (lambda (value fail) value)
         (lambda () 'failed))
```

将企图去求值给定的表达式，最后或者是返回表达式的值（如果这一求值成功），或者返回符号failed（如果求值失败）。在下面所示的驱动循环中，对于ambeval的调用里使用了更复杂的继续过程，它们继续进行循环以支持try-again请求。

amb求值器中最复杂的问题，也就是那些将继续过程在相互调用的执行过程之间传来传去的机制。在阅读下面给出的代码时，你应该将每一个执行过程与4.1.7节里常规求值器中相应的执行过程比较一下。

简单表达式

简单表达式的执行过程与常规求值器中的相应过程基本一样，只是它们还需要管理继续过程。这些执行过程以有关表达式的值直接成功返回，同时传递送给它们的失败继续过程：

```
(define (analyze-self-evaluating exp)
  (lambda (env succeed fail)
    (succeed exp fail)))
(define (analyze-quoted exp)
  (let ((qval (text-of-quotation exp)))
    (lambda (env succeed fail)
      (succeed qval fail))))
(define (analyze-variable exp)
  (lambda (env succeed fail)
    (succeed (lookup-variable-value exp env)
             fail)))

(define (analyze-lambda exp)
  (let ((vars (lambda-parameters exp))
        (bproc (analyze-sequence (lambda-body exp))))
    (lambda (env succeed fail)
      (succeed (make-procedure vars bproc env)
               fail))))
```

注意，查找变量值总是“成功”。如果lookup-variable-value无法找到这个变量，它像平常一样发出错误信号，这种“失败”表明了一个程序错误——引用了无约束的变量，而并不表示我们应该在当前所试的选择之外再去试探另一个非确定性的选择。

条件和序列

条件表达式的处理方式也与常规求值器中类似。由analyze-if生成的执行过程去调用谓词执行过程pproc，过程pproc的成功继续过程检查谓词的值是否为真，并根据情况去执行条件表达式的推论部分或者替代部分。如果pproc的执行失败，那么就调用这个if表达式原来的失败继续过程：

```
(define (analyze-if exp)
  (let ((pproc (analyze (if-predicate exp)))
        (cproc (analyze (if-consequent exp)))
        (aproc (analyze (if-alternative exp))))
    (lambda (env succeed fail)
      (pproc env
             ;; success continuation for evaluating the predicate
             ;; to obtain pred-value
             (lambda (pred-value fail2)
               (if (true? pred-value)
                   (cproc env succeed fail2)
                   (aproc env succeed fail2)))
             ;; failure continuation for evaluating the predicate
             fail))))
```

序列也按照与前面求值器同样的方式处理，除了子过程sequentially里的那些机制外。在那里需要传递继续过程。如果要顺序地先执行a而后执行b，我们就用一个成功继续过程调用a，而这个成功继续过程将调用b。

```
(define (analyze-sequence exps)
  (define (sequentially a b)
    (lambda (env succeed fail)
      (a env
         ;; success continuation for calling a
         (lambda (a-value fail2)
           (b env succeed fail2))
         ;; failure continuation for calling a
         fail)))
  (define (loop first-proc rest-procs)
    (if (null? rest-procs)
        first-proc
        (loop (sequentially first-proc (car rest-procs))
              (cdr rest-procs))))
  (let ((procs (map analyze exps)))
    (if (null? procs)
        (error "Empty sequence -- ANALYZE"))
    (loop (car procs) (cdr procs))))
```

定义和赋值

在对定义的处理中，继续过程的管理问题比较麻烦，因为这里必须在实际定义新变量之前对定义值的表达式求值。为了完成这一工作，在这里需要用当时的环境、一个成功继续和一个失败继续过程作为参数，去调用定义值的执行过程vproc。如果vproc的执行成功，那么就得到了定义变量所需的值val，这时就定义有关的变量并传播这一成功：

```
(define (analyze-definition exp)
  (let ((var (definition-variable exp))
        (vproc (analyze (definition-value exp))))
```

```
    (lambda (env succeed fail)
      (vproc env
             (lambda (val fail2)
               (define-variable! var val env)
               (succeed 'ok fail2))
             fail))))
```

赋值的情况更加有趣。这是我们实际使用继续过程的第一个地方，而不仅仅是将它们传来传去。针对赋值的执行过程的开始部分与定义类似，首先企图求得需要赋给变量的新值。如果对vproc的求值失败，这个赋值也就失败了。

如果vproc成功，当然就要去做实际的赋值。但在这时必须考虑计算的这一分支以后出现失败的可能性，而到那时就需要对这个赋值做回溯了。如果要完成回溯，我们就必须把撤销这个赋值的工作作为回溯过程的一部分[261]。

完成这一工作的方式是给出一个成功继续过程（下面标有注释“*1*”的部分），它在给这个变量赋新值之前保存变量原来的值，而后才实际做赋值。与这一赋值的值一起传递的失败继续过程（下面标有注释“*2*”的部分）将在继续传播有关的失败之前恢复变量的原值。这样，一个成功的赋值就提供了一个失败继续过程，这一过程将拦截随后的失败；无论出现什么失败，只要其原本需要调用fail2，现在都会转来调用这个过程，在实际调用fail2之前撤销所做的赋值。

```
(define (analyze-assignment exp)
  (let ((var (assignment-variable exp))
        (vproc (analyze (assignment-value exp))))
    (lambda (env succeed fail)
      (vproc env
             (lambda (val fail2)        ; *1*
               (let ((old-value
                      (lookup-variable-value var env)))
                 (set-variable-value! var val env)
                 (succeed 'ok
                          (lambda ()    ; *2*
                            (set-variable-value! var
                                                 old-value
                                                 env)
                            (fail2)))))
             fail))))
```

过程应用

针对应用的执行过程里并不包含什么新思想，只有一些为了管理各种继续过程而带来的复杂情况。这里的复杂性出自analyze-application，这是由于在对运算对象的求值过程中，需要维护成功和失败继续过程的轨迹。我们用一个过程get-args去求值运算对象的表，而不是像常规求值器中那样直接使用map：

```
(define (analyze-application exp)
  (let ((fproc (analyze (operator exp)))
        (aprocs (map analyze (operands exp))))
```

[261] 我们无需为撤销定义费心，因为可以假定内部的定义都已经扫描出来了（见4.1.6节）。

```
    (lambda (env succeed fail)
      (fproc env
             (lambda (proc fail2)
               (get-args aprocs
                         env
                         (lambda (args fail3)
                           (execute-application
                            proc args succeed fail3))
                         fail2))
             fail))))
```

请注意在get-args里，我们怎样通过cdr穿过aproc执行过程的表，并用cons构造起args的结果表，其中用一个成功继续过程作为参数去调用表里的各个aproc，这种调用里中又递归地调用了get-args。这里对于get-args的每个递归调用都有一个成功继续，其值是将新得到的实际参数cons到已经积累起来的实际参数表上：

```
(define (get-args aprocs env succeed fail)
  (if (null? aprocs)
      (succeed '() fail)
      ((car aprocs) env
                    ;; success continuation for this aproc
                    (lambda (arg fail2)
                      (get-args (cdr aprocs)
                                env
                                ;; success continuation for recursive
                                ;; call to get-args
                                (lambda (args fail3)
                                  (succeed (cons arg args)
                                           fail3))
                                fail2))
                    fail)))
```

实际过程应用由execute-application执行，它完成工作的方式与常规求值器一样，除了其中需要管理一些继续过程之外：

```
(define (execute-application proc args succeed fail)
  (cond ((primitive-procedure? proc)
         (succeed (apply-primitive-procedure proc args)
                  fail))
        ((compound-procedure? proc)
         ((procedure-body proc)
          (extend-environment (procedure-parameters proc)
                              args
                              (procedure-environment proc))
          succeed
          fail))
        (else
         (error
          "Unknown procedure type -- EXECUTE-APPLICATION"
          proc))))
```

amb表达式的求值

特殊形式amb是这一非确定性语言中的核心元素。我们可以从这里看到解释过程的基本情况，以及维护继续过程轨迹的原因。amb的执行过程定义了一个循环try-next，它周而复始地去做针对表达式中所有可能值的执行过程。对于每个执行过程的调用都带有一个失败继续，这一失败过程将导致我们去试探下一个可能性。当不再存在更多可试探的可能性时，整个amb表达式失败。

```
(define (analyze-amb exp)
  (let ((cprocs (map analyze (amb-choices exp))))
    (lambda (env succeed fail)
      (define (try-next choices)
        (if (null? choices)
            (fail)
            ((car choices) env
                           succeed
                           (lambda ()
                             (try-next (cdr choices))))))
      (try-next cprocs))))
```

驱动循环

由于需要有允许用户重试表达式求值（try-again）的机制，这就使amb求值器的驱动循环变得非常复杂。这一驱动程序里用了一个称为internal-loop的过程，该过程以过程try-again作为参数，这里的意图就是，调用try-again将导致在非确定性求值中走进下一个未经试探的分支。这个internal-loop或者是调用try-again，以响应用户在驱动循环中输入的try-again请求，或者是调用ambeval去开始一次新的求值。

对于ambeval调用的失败继续过程将通知用户，现在已经没有更多的值了。而后它会重新调用驱动循环。

对于ambeval调用的成功继续过程则更加精细而微妙。它将打印出当时得到的值，并用一个try-again过程去再次调用内部循环，以便去试探下一可能性。这里的next-alternative过程被作为第二个参数传递给相应的成功继续过程。按照常规，我们应该认为这第二个参数是一个失败继续过程，是在当前的求值分支在后面失败时被调用的。而在目前的这种情况里，我们刚刚完成了一次成功求值，所以应该调用这个“失败”可能性的分支，以便去搜索出其他更多的成功求值。

```
(define input-prompt ";;; Amb-Eval input:")
(define output-prompt ";;; Amb-Eval value:")

(define (driver-loop)
  (define (internal-loop try-again)
    (prompt-for-input input-prompt)
    (let ((input (read)))
      (if (eq? input 'try-again)
          (try-again)
          (begin
            (newline)
            (display ";;; Starting a new problem ")
            (ambeval input
                     the-global-environment
                     ;; ambeval success
```

```
                    (lambda (val next-alternative)
                      (announce-output output-prompt)
                      (user-print val)
                      (internal-loop next-alternative))
                    ;; ambeval failure
                    (lambda ()
                      (announce-output
                       ";;; There are no more values of")
                      (user-print input)
                      (driver-loop)))))))
  (internal-loop
   (lambda ()
     (newline)
     (display ";;; There is no current problem")
     (driver-loop))))
```

对internal-loop的初始调用里用了一个try-again过程，它将抱怨说没有当前的问题，并重新开始驱动循环。当用户在尚未求值的情况下输入try-again时，就会出现这种情况。

练习4.50 请实现一种新的特殊形式ramb，它应该与amb类似，但是以一种随机的方式搜索各种可能性，而不是严格地从左到右。请说明这一机制可能怎样对练习4.49中Alyssa遇到的问题有所帮助。

练习4.51 请实现一种新的赋值permanent-set!，在遇到失败时，这种赋值并不撤销。举例来说，我们可能需要从一个表里选出两个不同元素，并统计在完成一个成功选择的过程中做这种试验的次数，这可以写成：

```
(define count 0)

(let ((x (an-element-of '(a b c)))
      (y (an-element-of '(a b c))))
  (permanent-set! count (+ count 1))
  (require (not (eq? x y)))
  (list x y count))
;;; Starting a new problem
;;; Amb-Eval value:
(a b 2)

;;; Amb-Eval input:
try-again
;;; Amb-Eval value:
(a c 3)
```

如果在这里用的是set!而不是permanent-set!，那么这时会显示出什么？

练习4.52 请实现一种新的称为if-fail的结构，它允许用户去捕捉一个表达式里的失败。if-fail有两个参数。它像平常一样求值第一个表达式，如果求值成功就像平常一样返回。然而如果这一求值失败，那么它就返回第二个表达式的值。看下面的例子：

```
;;; Amb-Eval input:
(if-fail (let ((x (an-element-of '(1 3 5))))
           (require (even? x))
           x)
         'all-odd)
```

```
;;; Starting a new problem
;;; Amb-Eval value:
all-odd

;;; Amb-Eval input:
(if-fail (let ((x (an-element-of '(1 3 5 8))))
           (require (even? x))
           x)
         'all-odd)
;;; Starting a new problem
;;; Amb-Eval value:
8
```

练习4.53 如果采用了练习4.51的`permanent-set!`和练习4.52的`if-fail`，下面求值的结果是什么？

```
(let ((pairs '()))
  (if-fail (let ((p (prime-sum-pair '(1 3 5 8) '(20 35 110))))
             (permanent-set! pairs (cons p pairs))
             (amb))
           pairs))
```

练习4.54 如果我们原来没有认识到`require`可以用`amb`实现为一个常规过程，可以由用户作为非确定性程序的一部分来定义，那么，我们可能就不得不将它实现为一个特殊形式。这可能需要下面的语法过程：

```
(define (require? exp) (tagged-list? exp 'require))

(define (require-predicate exp) (cadr exp))
```

以及`analyze`里完成分派的一个新子句：

```
((require? exp) (analyze-require exp))
```

还要用过程`analyze-require`去处理表达式`require`。请完成下面的定义`analyze-require`：

```
(define (analyze-require exp)
  (let ((pproc (analyze (require-predicate exp))))
    (lambda (env succeed fail)
      (pproc env
             (lambda (pred-value fail2)
               (if <??>
                   <??>
                   (succeed 'ok fail2)))
             fail))))
```

4.4 逻辑程序设计

在第1章里我们强调说，计算机科学处理的是命令式（怎样做）的知识，而数学处理的是说明式（是什么）的知识。确实是这样，程序设计语言要求程序员以一种形式去表述有关的知识，其中需要指明一种为解决某一特定问题的一步一步的方法。但另一方面，作为语言实现的一部分，高级语言也提供了很大量的方法论知识，使用户可以不必关心具体计算如何进行的许多细节。

大部分程序设计语言，包括Lisp，都是围绕着数学函数值的计算组织起来的。面向表达式的语言（例如Lisp、Fortran和Algol）利用了表达式的“一语双关”：一个描述了某个函数值的表达式也可以解释为一种计算该值的方法。正由于此，大部分程序设计语言都强烈地倾向于单一方向的计算（计算中有着定义清晰的输入和输出）。然而，也确实存在一些与此有着根本性不同的程序设计语言，其中减轻了这种倾向性。在3.3.5节里我们已经看到过一个这方面的例子，那里的计算对象是一些算术约束条件。在一个约束系统里，计算的方向和顺序都没有明确定义；在执行这种计算的过程中，系统必须为“怎样做”提供许多细节，比常规的算术计算更多一些。当然，这并不意味着用户可以完全摆脱提供命令式知识的责任。存在着许多能够实现同一集约束关系的约束网络，用户必须从这些数学上等价的网络中，选出一个适合于某一特定计算的网络。

4.3节展示的非确定性程序求值器也偏离了常规的观点，即那种认为程序设计就是关于如何构造出计算单向函数的算法的观点。在一个非确定性的语言里，表达式可以有多个值，而作为这种性质的结果，计算中需要处理的就是关系，而不是单一值的函数。逻辑程序设计扩展了这一思想，提出了一种程序设计的关系模型，其中加入了一类功能强大的称为合一的符号模式匹配[262]。

在这一方法可以用的那些地方，它能成为一种威力强大的写程序方式。这种威力部分来自于下面的事实：一个有关“是什么”的事实可能被用于解决多个不同的问题，其中可能包含着不同的“怎样做”部分。作为一个例子，下面考虑简单的append操作，它以两个表作为参数，组合起它们的元素，形成一个作为结果的表。在一种过程性语言里，如Lisp，我们可以基于基本的表构造函数cons定义出append，正如前面2.2.1节所做的那样：

```
(define (append x y)
  (if (null? x)
      y
      (cons (car x) (append (cdr x) y))))
```

这个过程可以看作是把下面的两条规则翻译到Lisp语言里，其中的第一条规则涵盖了所有第一个表为空的情况，而第二条处理非空表的情况，这种表是两个部分的cons：

- 对于任何一个表y，对空表与y进行append形成的就是y。

[262] 逻辑程序设计是从有关自动定理证明的长期研究中产生出来的。早期有关定理证明程序的建树很少，因为它们都是在穷尽地搜索可能证明的空间。使这种搜索成为可能的最重要突破是在20世纪60年代前期被发现的合一算法和归结原理（Robinson 1965）。举例来说，归结被Green和Raphael（1968）（另见Green 1969）用作他们的演绎式问题回答系统的基础。在此期间，研究者们主要关注的是保证能找到证明（如果存在的话）的算法。控制这种算法，使之导向一个证明是很困难的。Hewitt（1969）认识到，我们有可能将程序设计语言的控制结构和完成逻辑操作的系统中的运算结合起来，由此导致了4.3.1节提到的自动搜索方面的工作（见脚注251）。在这同一时期，Colmerauer在马赛为处理自然语言而开发了一些基于规则的系统（见Colmerauer et al. 1973）。为了表示这些规则，他发明了一种称为Prolog的语言。在爱丁堡的Kowalski（1973; 1979）认识到，Prolog程序的执行过程可以解释为是在证明定理（采用的是一种称为线性Horn子句的证明技术）。后面这两股力量的融合最后产生出逻辑程序设计运动。正因为这样，在分配逻辑程序设计开发的荣誉时，法国人可以指出Prolog在马赛大学的诞生，而英国人则可以强调爱丁堡大学的工作。而根据MIT人士的看法，逻辑程序设计的开发，不过是这些研究组在试图弄清楚Hewitt在其才华横溢而又深不可测的博士论文中到底说了些什么的过程中搞出来的。有关逻辑程序设计的历史可参见Robinson 1983。

- 对于任何的u、v、y和z，将（cons u v）与y做append将形成（cons u z），条件是v与y的append形成z[263]。

利用这一append过程，我们可以回答诸如下面这一类的问题：

找出（a b）和（c d）的append。

但是，同样的两条规则也足以回答下面这类问题，而上述过程却无法回答：

找出一个表y，使它与（a b）的append产生出（a b c d）。

找出所有的x和y，它们的append形成（a b c d）。

在逻辑式程序设计语言里，程序员写append“过程”的方式也就是陈述出上面给出的有关append的两条规则。相应的“怎样做”的知识由解释器自动提供，这将使这一对规则能够回答上面的三类有关append的问题[264]。

当代的逻辑程序设计语言（包括我们在这里将要实现的这个）都有一些实质性的缺陷，它们里面有关“怎样做”的通用方法，有可能使它们陷入谬误性的无穷循环或者其他并非我们期望的行为之中。逻辑程序设计是计算机科学研究的一个活跃领域[265]。

在本章的前面部分里，我们探索了一些实现解释器的技术，也描述了针对类Lisp语言的解释器的基本元素（实际上，也就是针对任何常规语言的解释器）。现在我们将要应用这些思想，讨论一个逻辑程序设计语言的解释器。我们称这种语言为*查询语言*，因为在描述提取数据库信息的*查询*或称提问时，这种语言非常有用。虽然这种查询语言与Lisp差异巨大，但我们会发现，基于前面一直在使用的一般性框架描述这个语言也是很方便的：一组基本元素；加上一些组合手段，使我们能将简单元素组合起来构造更复杂的元素；还有抽象的手段，使我们能将复杂的元素看作单个的概念单元。逻辑程序设计的解释器比像Lisp那类语言的解释器复杂许多，然而，正如我们将要看到的，这个查询语言解释器里也包含了许多可以在4.1.1节的解释器里找到的同样元素。特别是这里也存在着一个“求值”部分，它基于表达式类型做分类，还有一个“应用”部分，实现语言里的抽象机制（在Lisp里是过程，在逻辑程序设计中是规则）。还有，在这一实现中扮演着核心角色的是一种框架数据结构，它确定了符号与它们的关联值之间的对应。这一查询语言中另一个有趣的地方是我们实质性地使用了流，那是在第3章里介绍的。

4.4.1 演绎信息检索

逻辑程序设计特别适合为数据库提供界面，用于完成各种信息检索。我们在本章将要实

[263] 为了看到在这些规则与过程之间的对应，令过程中的x（这里的x非空）对应于规则里的（cons u v），这样z就对应于（cdr x）和y的append。

[264] 这当然还不可能使用户摆脱有关如何计算出答案的所有问题。存在许多数学上等价的描述append关系的不同规则集合，其中只有一些可以转化为能在任意方向上有效地计算的设施。此外，有时“是什么”的信息对于并没有给出有关“怎样做”的任何线索。例如，请考虑下面问题：计算出y使得$y^2=x$。

[265] 对逻辑程序设计的兴趣在20世纪80年代前期达到高潮，其时日本政府开始了一个野心勃勃的计划，目标是构造出一种能够优化运行逻辑式程序设计语言的超高速计算机。这种计算机的速度采用LIPS（每秒完成逻辑推理次数，Logical Inferences Per Second）来衡量，而不是用通常的FLOPS（每秒浮点运算次数，FLoating-point Operations Per Second）。虽然这一项目中成功地开发出了开始计划的有关硬件和软件，但国际计算机工业却走向了不同的方向。参见Feigenbaum and Shrobe 1993有关日本项目的综合评价。逻辑程序设计社团也转向考虑那些不是基于简单模式匹配技术的关系式程序设计，例如处理数值约束的能力，类似于我们在3.3.5节展示的约束传播系统。

现的查询语言就是为了这种使用方式而设计的。

为了说明一个查询系统能够做些什么，我们要在这里展示一下如何将它用于管理Microshaft公司的人事记录数据库，这是一个位于波士顿地区的成功的高科技公司。我们的语言提供了模式导向的人事信息访问，还可以利用一般性规则去做逻辑推理。

一个实例数据库

Microshaft的人事数据库里包含了一些有关公司人事的断言，这里是有关Ben Bitdiddle的信息，他是本公司里的计算机大师：

```
(address (Bitdiddle Ben) (Slumerville (Ridge Road) 10))
(job (Bitdiddle Ben) (computer wizard))
(salary (Bitdiddle Ben) 60000)
```

每个断言是一个表（这里是个三元组），其元素本身也可以是表。

作为这里的大师，Ben管理着公司的计算机分部，他的属下有两个程序员和一个技师。下面是有关他们的信息：

```
(address (Hacker Alyssa P) (Cambridge (Mass Ave) 78))
(job (Hacker Alyssa P) (computer programmer))
(salary (Hacker Alyssa P) 40000)
(supervisor (Hacker Alyssa P) (Bitdiddle Ben))

(address (Fect Cy D) (Cambridge (Ames Street) 3))
(job (Fect Cy D) (computer programmer))
(salary (Fect Cy D) 35000)
(supervisor (Fect Cy D) (Bitdiddle Ben))

(address (Tweakit Lem E) (Boston (Bay State Road) 22))
(job (Tweakit Lem E) (computer technician))
(salary (Tweakit Lem E) 25000)
(supervisor (Tweakit Lem E) (Bitdiddle Ben))
```

在这里还有一个实习程序员，由Alyssa指导：

```
(address (Reasoner Louis) (Slumerville (Pine Tree Road) 80))
(job (Reasoner Louis) (computer programmer trainee))
(salary (Reasoner Louis) 30000)
(supervisor (Reasoner Louis) (Hacker Alyssa P))
```

所有这些人都属于计算机分部，这由他们的工作描述中的第一个词computer表明。

Ben是公司的高级雇员，他的上司就是公司的大老板本人：

```
(supervisor (Bitdiddle Ben) (Warbucks Oliver))

(address (Warbucks Oliver) (Swellesley (Top Heap Road)))
(job (Warbucks Oliver) (administration big wheel))
(salary (Warbucks Oliver) 150000)
```

除了计算机分部外，这个公司里还有一个会计分部，由一位主管会计和他的助手组成：

```
(address (Scrooge Eben) (Weston (Shady Lane) 10))
(job (Scrooge Eben) (accounting chief accountant))
(salary (Scrooge Eben) 75000)
(supervisor (Scrooge Eben) (Warbucks Oliver))
```

```
(address (Cratchet Robert) (Allston (N Harvard Street) 16))
(job (Cratchet Robert) (accounting scrivener))
(salary (Cratchet Robert) 18000)
(supervisor (Cratchet Robert) (Scrooge Eben))
```

大老板还有一个秘书：

```
(address (Aull DeWitt) (Slumerville (Onion Square) 5))
(job (Aull DeWitt) (administration secretary))
(salary (Aull DeWitt) 25000)
(supervisor (Aull DeWitt) (Warbucks Oliver))
```

这个数据库里还包含另外一些断言，描述了从事某些工作的人还可以做另外一些种类的工作。比如说，计算机大师还可以做计算机程序员和计算机技师：

```
(can-do-job (computer wizard) (computer programmer))
(can-do-job (computer wizard) (computer technician))
```

计算机程序员还可以做实习程序员的工作：

```
(can-do-job (computer programmer)
            (computer programmer trainee))
```

还有，就像我们都知道的：

```
(can-do-job (administration secretary)
            (administration big wheel))
```

简单查询

这一查询语言允许用户从数据库里检索信息，采用的方式就是在响应系统的提示时提出有关查询。举例来说，为了找出所有的计算机程序员，我们可以说：

```
;;; Query input:
(job ?x (computer programmer))
```

系统的响应将会是下面几项：

```
;;; Query results:
(job (Hacker Alyssa P) (computer programmer))
(job (Fect Cy D) (computer programmer))
```

所输入的查询应该描述出我们需要在数据库里查找的，能与一个特定模式匹配的那些条目。在这个例子里，描述条目的模式由三个项组成，其中的第一项是文字符号job，第二个项可以是任何东西，而第三项是文字的表（computer programmer）。在描述匹配的表里，作为第二项的“任何东西”用一个*模式变量*?x描述。模式变量的一般形式是一个符号，作为变量的名字，在它的最前面字符是一个问号。下面我们将看到，为模式变量取名字是有用的，因此这里没有采用在模式中放一个?，用于表示“任何东西”的形式。系统对简单查询的响应就是显示出数据库里所有的能与给定模式匹配的条目。

模式里可以有不止一个变量。例如查询：

```
(address ?x ?y)
```

将列出所有雇员的地址。

模式里也可以没有变量。此时这一查询就只是去确认该模式是否就是数据库里的一个条目。如果是的话，那么就存在一个匹配；否则就没有匹配。

同一模式变量也可以在一个查询里出现多次，这就刻画了同一个“任何东西”必须出现的各个不同位置。这也是为什么变量需要有名字的原因。举例说，

```
(supervisor ?x ?x)
```

将找出所有的人，他们的上司就是他们自己（虽然在我们的示例数据库里没有这种断言）。

查询：

```
(job ?x (computer ?type))
```

与所有这样的工作条目匹配：其第三项是一个两元素的表，其中的第一项是computer[266]：

```
(job (Bitdiddle Ben) (computer wizard))
(job (Hacker Alyssa P) (computer programmer))
(job (Fect Cy D) (computer programmer))
(job (Tweakit Lem E) (computer technician))
```

这个模式不会与下面条目匹配：

```
(job (Reasoner Louis) (computer programmer trainee))
```

因为这一条目里的第三项是一个包含三个元素的表，而模式里的第三项清清楚楚地说明它要求只有两个元素。如果我们希望修改上面模式，使被匹配的条目的第三项可以是任何一个由computer开头的表，那么就可以采用下面的描述：

```
(job ?x (computer . ?type))
```

例如，

```
(computer . ?type)
```

将能够匹配数据

```
(computer programmer trainee)
```

其中的?type与表（programmer trainee）匹配。这个模式也能匹配数据

```
(computer programmer)
```

其中的?type匹配表（programmer）。还能匹配数据

```
(computer)
```

其中的?type匹配空表()。

我们可以把对于这一查询语言中简单查询的处理描述如下：

- 系统将找出使得查询模式中变量满足这一模式的所有赋值，也就是说，为这些变量找出所有的值集合，使得如果将这些模式变量用这样的一组值实例化（取代），得到的结果就在这个数据库里。
- 系统对查询的响应方式，就是列出查询模式的所有满足要求的实例，这些实例可以通过将模式中的变量赋为满足它的值而得到。

请注意，如果模式中没有变量，这个查询就简化为一个有关此模式是否出现在数据库里的确认了。如果确实如此，空赋值（不为任何变量赋值）将在数据库里满足这一模式。

练习4.55 请给出在上述数据库里检索下面信息的简单查询：

a) 所有被Ben Bitdiddle管理的人；

---

[266] 采用带点尾部的记法形式在2.20节介绍。

b) 会计部所有人的名字和工作；

c) 在Slumerville居住的所有人的名字和住址。

复合查询

简单查询形成了这一查询语言的基本操作。为了构造复合操作，查询语言提供了一些组合手段。使查询语言成为逻辑程序设计语言的一个原因是，在这里所用的组合手段模仿了构造逻辑表达式的组合手段：and、or和not。（这里所说的and、or和not并不是Lisp基本过程，而是用于查询语言的几个内部操作。）

我们可以利用and，用下面查询找出所有计算机程序员的住址：

```
(and (job ?person (computer programmer))
     (address ?person ?where))
```

输出的结果是：

```
(and (job (Hacker Alyssa P) (computer programmer))
     (address (Hacker Alyssa P) (Cambridge (Mass Ave) 78)))

(and (job (Fect Cy D) (computer programmer))
     (address (Fect Cy D) (Cambridge (Ames Street) 3)))
```

一般说，

(and *<query₁>* *<query₂>* ... *<queryₙ>*)

由对模式变量的所有同时满足*<query₁>* ... *<queryₙ>*的值集合满足。

就像简单查询一样，系统处理复合查询的方式，也是找出对模式变量的所有满足查询的赋值，而后显示出查询对于这些值的实例化结果。

构成复合查询的另一个手段是通过or。例如：

```
(or (supervisor ?x (Bitdiddle Ben))
    (supervisor ?x (Hacker Alyssa P)))
```

将会找出所有被Ben Bitdiddle或者Alyssa P. Hacker管理的人员：

```
(or (supervisor (Hacker Alyssa P) (Bitdiddle Ben))
    (supervisor (Hacker Alyssa P) (Hacker Alyssa P)))

(or (supervisor (Fect Cy D) (Bitdiddle Ben))
    (supervisor (Fect Cy D) (Hacker Alyssa P)))

(or (supervisor (Tweakit Lem E) (Bitdiddle Ben))
    (supervisor (Tweakit Lem E) (Hacker Alyssa P)))

(or (supervisor (Reasoner Louis) (Bitdiddle Ben))
    (supervisor (Reasoner Louis) (Hacker Alyssa P)))
```

一般说，

(or *<query₁>* *<query₂>* ... *<queryₙ>*)

由对模式变量的所有满足*<query₁>* ... *<queryₙ>*中至少一个查询的那些值集合满足。

复合查询还可以用not构造。例如，

```
(and (supervisor ?x (Bitdiddle Ben))
     (not (job ?x (computer programmer))))
```

将找出所有由Ben Bitdiddle领导的不是计算机程序员的人。一般而言，

```
(not <query1>)
```

被所有的对于模式变量的不满足<query₁>的赋值满足[267]。

最后一种组合形式称为lisp-value。当lisp-value被用作某个模式的第一个元素时，就说明了下一个元素是一个Lisp的谓词，应该将它应用于作为其参数的其余（实例化的）元素。一般说，

```
(lisp-value <predicate> <arg1> ... <argn>)
```

将被那样一些对模式变量的赋值满足，这些赋值使得将<*predicate*>应用于实例化后的<arg_1> … <arg_n>得到真。举个例子，为找出所有工资高于30 000美元的人，我们可以写[268]：

```
(and (salary ?person ?amount)
     (lisp-value > ?amount 30000))
```

练习4.56 请给出检索下面信息的复合查询：

a) Ben Bitdiddle的所有下属的名字，以及他们的住址；

b) 所有工资少于Ben Bitdiddle的人，以及他们的工资和Ben Bitdiddle的工资；

c) 所有不是由计算机分部的人管理的人，以及他们的上司和工作。

规则

除了基本查询和复合查询之外，这一查询语言还为查询的抽象提供了方法。这通过规则的方式给出。规则：

```
(rule (lives-near ?person-1 ?person-2)
      (and (address ?person-1 (?town . ?rest-1))
           (address ?person-2 (?town . ?rest-2))
           (not (same ?person-1 ?person-2))))
```

描述的是如果两个人住在同一个城镇，就认为他们住得很近。最后的not子句防止这一规则说所有的人自己和自己住得近。这一关系可以定义为一条极简单的规则[269]：

```
(rule (same ?x ?x))
```

下面规则描述了某人是一个组织里的“大人物”，条件是他管理的某些人还管理其他人：

```
(rule (wheel ?person)
      (and (supervisor ?middle-manager ?person)
           (supervisor ?x ?middle-manager)))
```

规则的一般形式是：

```
(rule <conclusion> <body>)
```

---

[267] 实际上，有关not的描述只对简单情况是合法的。not的实际行为更复杂一些。我们将在4.4.2节和4.4.3节考察not的特殊性质。

[268] lisp-value应该只用于执行查询语言里没有提供的操作。特别是，不应该用它去做相等检查（因为这实际上就是查询语言中的匹配所要做的事情）或者不等检查（因为这可以按下面方式用同一规则完成）。

[269] 请注意，为弄清两个东西一样并不需要same，只需要为它们使用同样的模式变量——从效果看，这就是说有的是一个东西而不是两个。例如lives-near规则里的?town和下面wheel规则里的?middle-manager。当我们希望强迫要求两个东西不同时same才有用，如在lives-near规则里的?person-1和?person-2。虽然在一个查询里的两个部分使用同一模式变量将强迫同样的值出现在这两处，采用不同模式变量却不能强迫它们出现不同的值（赋给不同模式变量的值可以相同也可以不同）。

其中的<*conclusion*>是一个模式，<*body*>可以是任何查询[270]。我们可以认为，一个规则就像是表示了很大的（甚至是无穷的）一组断言，也就是相应规则的结论的所有实例，其变量赋值满足规则的体。前面说过，在描述一个简单查询（模式）时，如果对模式中的变量做了一个赋值，这样实例化后的模式出现在数据库里，我们就说该赋值满足这个模式。其实模式并不必显式地作为断言出现在数据库里，它也可以是由某条规则所蕴含的隐式断言。例如，查询

```
(lives-near ?x (Bitdiddle Ben))
```

结果得到

```
(lives-near (Reasoner Louis) (Bitdiddle Ben))
(lives-near (Aull DeWitt) (Bitdiddle Ben))
```

要找出所有住在Ben Bitdiddle附近的计算机程序员，我们可以问

```
(and (job ?x (computer programmer))
     (lives-near ?x (Bitdiddle Ben)))
```

就像复合过程的情况一样，规则也可以作为其他规则里的一部分（就像我们在上面lives-near规则中已经看到的那样），或者甚至可以递归地定义。举个例子，规则

```
(rule (outranked-by ?staff-person ?boss)
      (or (supervisor ?staff-person ?boss)
          (and (supervisor ?staff-person ?middle-manager)
               (outranked-by ?middle-manager ?boss))))
```

说一个职员是一个老板的下级，条件是如果这个老板就是他的主管，或者（递归的）这个人的主管是这个老板的下级。

练习4.57 请定义一条规则，说某甲可以代替某乙，如果甲所做工作与乙相同，或者任何能做甲的工作的人都能做乙的工作，而且甲与乙不是同一个人。使用你的规则，给出找出下面结果的查询：

a) 所有能代替Cy D. Fect的人；

b) 所有能代替某个工资比自己高的人的人，以及这两个人的工资。

练习4.58 请定义一条规则说，一个人是某部门里的"大腕"，如果这人工作在该部门，但在这一部门里没有他的上司。

练习4.59 Ben Bitdiddle经常开会迟到。他害怕这种习惯会影响他的职位，因此决定做点有关的事情。他在Microshaft的数据库里增加了所有每周例会的信息，写成如下断言：

```
(meeting accounting (Monday 9am))
(meeting administration (Monday 10am))
(meeting computer (Wednesday 3pm))
(meeting administration (Friday 1pm))
```

这里的每个断言对应于整个分部的一次会议。Ben还为全公司会议（包括各个分部）加入了一个条目。公司的所有雇员应该出席这个会议。

```
(meeting whole-company (Wednesday 4pm))
```

a) 在星期五上午，Ben希望查询数据库，确定今天的所有会议。他应该使用什么样的

[270] 我们允许没有体的规则，例如same。而且把这种规则解释为，规则的结论被变量的任何值满足。

查询？

b) Alyssa P. Hacker对此并不满意，她认为，如果能通过自己的名字询问有关会议，这种功能才更有用处。因此她设计了一条规则，说一个人的会议应包括所有whole-company会议，再加上这个人所在部门的所有会议。请给下面规则填充体部分。

```
(rule (meeting-time ?person ?day-and-time)
      <rule-body>)
```

c) Alyssa星期三上午回来上班，希望知道她当日必须参加哪些会议。现在已经有了上面规则，她应该写什么样的查询将这些会议查出来呢？

练习4.60 给出了查询

```
(lives-near ?person (Hacker Alyssa P))
```

Alyssa P. Hacker就能查出谁住在自己附近，这样她就可以搭同事的便车上班了。而另一方面，当她试着用下面查询去找出所有一对对的居住较近的人时

```
(lives-near ?person-1 ?person-2)
```

却注意到每对这样的人都列出了两次。例如：

```
(lives-near (Hacker Alyssa P) (Fect Cy D))
(lives-near (Fect Cy D) (Hacker Alyssa P))
```

为什么会出现这种情况？是否能查找居住接近的人，且每对人只列出一次？请解释答案。

将逻辑看作程序

我们可以认为，一条规则就是一个逻辑蕴含：如果对所有模式变量的一个赋值满足规则的体，那么它就满足其结论。因此，我们可以认为查询语言有着一种基于有关规则，执行逻辑推理的能力。作为一个示例，现在考虑在4.4节开始时提到的append操作。正如那时讲过的，append可以用下面的两条规则刻画：

- 对于任何表y，将空表与y的append形成的是y。
- 对于任何u、v、y和z，将（cons u v）与y append形成（cons u z），条件是v与y的append 形成z。

为了用上面的查询语言描述这两条规则，我们要为下面的关系定义两条规则：

```
(append-to-form x y z)
```

它的意思可以解释为“x和y的append形成了z”：

```
(rule (append-to-form () ?y ?y))

(rule (append-to-form (?u . ?v) ?y (?u . ?z))
      (append-to-form ?v ?y ?z))
```

这里的第一条规则没有体，这意味着结论对?y的任何值都成立。请注意，在第二条规则中，在为一个表的car和cdr命名时，采用了圆点尾部的记法形式。

给出这两条规则之后，我们就可以写出查询，去计算两个表的append了：

```
;;; Query input:
(append-to-form (a b) (c d) ?z)
;;; Query results:
(append-to-form (a b) (c d) (a b c d))
```

更令人震惊的是，我们还能利用这同样的两条规则提出这样的问题："哪个表被append到(a b)的后面能产生出(a b c d)"。这一查询可以按如下方式写：

```
;;; Query input:
(append-to-form (a b) ?y (a b c d))
;;; Query results:
(append-to-form (a b) (c d) (a b c d))
```

我们还可以询问所有append起来能形成(a b c d)的表的序对：

```
;;; Query input:
(append-to-form ?x ?y (a b c d))
;;; Query results:
(append-to-form () (a b c d) (a b c d))
(append-to-form (a) (b c d) (a b c d))
(append-to-form (a b) (c d) (a b c d))
(append-to-form (a b c) (d) (a b c d))
(append-to-form (a b c d) () (a b c d))
```

从表面看，这样的查询系统在使用规则推导出上述查询的回答时，好像显示出不少的智能。实际上，正如我们将在下一节里看到的，这样系统不过是按照一种精确定义的算法去拆解这些规则罢了。遗憾的是，虽然这个系统对于append示例的工作情况令人印象深刻，对于更复杂的情况，这种一般性的方法却可能失败，正如我们将在4.4.3节中看到的那样。

练习4.61 下面规则实现了next-to关系，它找出一个表里的相邻元素：

```
(rule (?x next-to ?y in (?x ?y . ?u)))
(rule (?x next-to ?y in (?v . ?z))
      (?x next-to ?y in ?z))
```

下面查询将会得到什么回应？

```
(?x next-to ?y in (1 (2 3) 4))

(?x next-to 1 in (2 1 3 1))
```

练习4.62 请定义规则实现练习2.17里的last-pair操作，该操作返回一个表，其中包含着一个非空表里的最后一个元素。通过一些查询检查你的规则，例如(last-pair (3) ?x)、(last-pair (1 2 3) ?x)和(last-pair (2 ?x) (3))。你的规则对(last-pair ?x (3))也能正确工作吗？

练习4.63 下面数据库（见《创世纪4》）追踪一个血缘关系表，从Ada的后辈一直上溯至Adam，通过Cain：

```
(son Adam Cain)
(son Cain Enoch)
(son Enoch Irad)
(son Irad Mehujael)
(son Mehujael Methushael)
(son Methushael Lamech)
(wife Lamech Ada)
(son Ada Jabal)
(son Ada Jubal)
```

请构造出一些规则，如"如果S是F的儿子，而且F是G的儿子，那么S就是G的孙子"，"如果W

是M的妻子，而且S是W的儿子，那么S也是M的儿子”（这些在圣经时代可能比在今天更正确），以便使查询系统能够找到Cain的孙子，Lamech的儿子，Methushael的孙子。（参见练习4.69有关能推导出一些更复杂关系的规则。）

4.4.2 查询系统如何工作

在4.4.4节里，我们将给出一个查询解释器的实现，它由一组过程组成。本节要给出一个概述，解释这一系统中与底层实现细节无关的一般性结构。在描述了这一解释器的实现情况之后，我们就能达到一个位置，在那里我们已经可以理解这种解释器的局限性，以及查询语言的逻辑运算与数理逻辑中的运算之间的一些微妙差异。

事情很明显，查询求值器必须执行某种搜索，以便将有关的查询与数据库里的事实和规则做匹配。完成此事的一种方式是采用4.3节的amb求值器，将查询系统实现为一个非确定性的程序（见练习4.78）。另一可能性是借助于流，去设法控制搜索。这里将要考虑的实现采用的是第二种方式。

这一查询系统的组织结构围绕着两个核心操作，它们分别称为*模式匹配*和*合一*。我们首先描述模式匹配，并给出有关解释，说明怎样让这一操作与基于框架的流组织起的信息一起工作，使我们能实现简单查询和复合查询。而后我们再解释合一操作，它是模式匹配的推广，是实现规则所需要的东西。最后还要说明如何通过一个对表达式进行分类的过程，将整个查询解释器组合起来，类似于4.1节里描述的解释器中eval对表达式分类所采用的方式。

模式匹配

一个*模式匹配器*是一个程序，它检查数据项是否符合一个给定的模式。举例来说，数据表 ((a b) c (a b)) 与模式 (?x c ?x) 匹配，其中的模式变量?x约束于 (a b)。同一个数据表也与模式匹配 (?x ?y ?z)，其中?x和?z都约束到 (a b)，?y约束到c。这一数据也与模式 ((?x ?y) c (?x ?y)) 匹配，其中的?x约束到a而?y约束到b。然而，这一数据却不与模式 (?x a ?y) 匹配，因为这个模式描述的表中的第二个元素必须是符号a。

这个查询系统所用的模式匹配器以一个模式、一个数据和一个*框架*作为输入，该框架描述了一些模式变量的约束。匹配器检查该数据是否以某种方式与模式匹配，而这种方式又是与框架里已有的约束相容的。如果确实如此，匹配器就返回原来框架的一个扩充，其中加入了由当前匹配确定的所有新约束。如果不能匹配，它就指出该匹配失败。

举例说，如果给了一个空框架，要求用模式 (?x ?y ?x) 去匹配 (a b a)，匹配器将返回一个框架，其中描述的是?x被约束到a而?y约束到b。如果用同一模式、同一数据和一个包含将?y约束到的a框架试验这一匹配，那么匹配就会失败。试验同一个匹配，用同一模式、同一数据和一个包含将?y约束到的b框架，返回的是给定框架扩充了?x到a的约束。

这个模式匹配器提供了处理不涉及规则的简单查询所需的所有机制。例如，在处理下面的查询时

```
(job ?x (computer programmer))
```

我们需要对于一个空初始框架，扫描上面数据库里的所有断言，选出其中与模式相匹配的断言。对于每一个匹配，都要用这个匹配所返回的框架里给?x的值去实例化这个模式。

框架的流

用模式去检查框架的工作被组织为一种对流的使用。给定了一个框架，匹配过程将一个个地扫描数据库里的条目。对于每个数据库条目，匹配器或者产生出一个指明匹配失败的特殊符号，或者给出相应框架的一个扩充。对所有数据库条目的匹配结果被收集到一起，形成一个流，这个流被送入一个过滤器，删除其中所有的失败信息。这样做的结果就得到了另一个流，其中包含着所有满足条件的框架，它们都是基于原来的框架，由于与数据库里某些断言相匹配而扩充后得到的[271]。

在我们的系统里，一个查询以一个框架流作为输入。它将针对这一流中的每个框架执行上述匹配操作，如图4-4所示。也就是说，对于输入流中的每一个框架，这一查询都会产生出一个新的流，其中包含了给定框架的所有通过与数据库里断言的匹配而形成的扩充。所有这些流被组合为一个规模很大的流，其中包含了输入流中每个框架的所有可能扩充。这个流就是给定查询的输出。

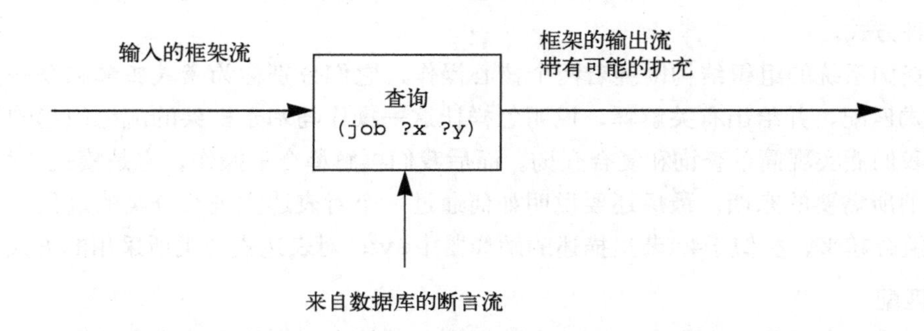

图4-4 一个查询处理一个框架的流

为了回答一个简单查询，我们用的是输入流里只包含一个空框架的查询。这样得到的输出流里包含着这一空框架的所有扩充（也就是说，对查询的所有回答）。这个输出流又被用于生成另一个流，在这个流里出现的都是初始查询模式的副本，其中的变量用框架流里各个框架做了实例化。这就是最后需要打印的结果的流。

复合查询

在这一框架流实现中，真正优美的地方在于其中对复合查询的处理方式。在对于复合查询的处理中，我们利用了这一匹配器带着一个特定框架去探查匹配的能力。举例来说，为了处理两个查询的and，例如

```
(and (can-do-job ?x (computer programmer trainee))
     (job ?person ?x))
```

（非形式地说，就是“找出所有的人，他们都能做计算机实习程序员的工作”），我们首先找到所有与下面模式相匹配的条目：

[271] 一般而言，匹配是一种代价高昂的工作，因此我们希望避免将完整的匹配器应用于数据库里的每一个元素。通常可以通过将这个过程分解为快速的粗略匹配和最终匹配而达到加速的目的。其中的粗略匹配过滤数据库，为最终匹配产生出很小的一组候选。我们也可以仔细安排这个数据库，使得粗略匹配的工作能够在数据库构造的过程中完成，而不是等到需要找出候选的时候再做。这称为数据库的*索引*。人们为创建数据库索引模式提出了大量的技术。在4.4.4节描述的实现中包含了支持这类优化的一些简单的东西。

```
(can-do-job ?x (computer programmer trainee))
```

这就产生出一个框架流，其中的每个框架里都包含了一个对?x的约束。随后，我们要对这个流里的每个框架，以某种方式去找与下面模式相匹配的所有条目：

```
(job ?person ?x)
```

这些条目都需要与已经给定的?x的约束相容。每个这种匹配将产生出一个框架，其中包含了对?x和?person的约束。两个查询的and可以看作是两个成分查询的一个序列组合，如图4-5所示。送给第一个查询过滤器的所有框架经过过滤后，再进一步被第二个查询扩充。

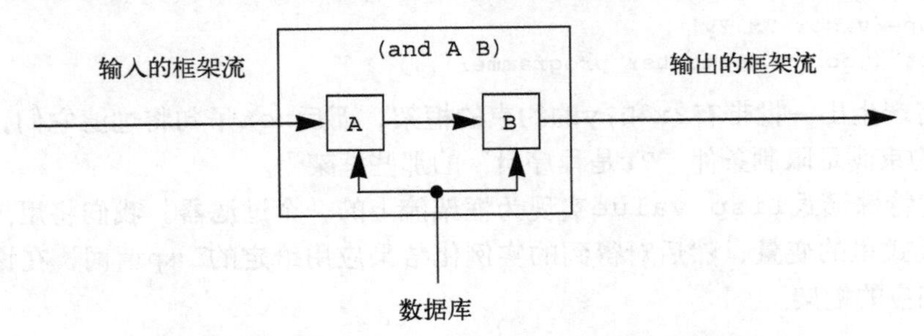

图4-5 两个查询的and组合由对序列中框架流的操作生成

图4-6显示的是采用类似方式计算两个查询的or的情况，可以将这看作是两个成分查询的并行组合。两个结果流被归并到一起，产生出最后的输出流。

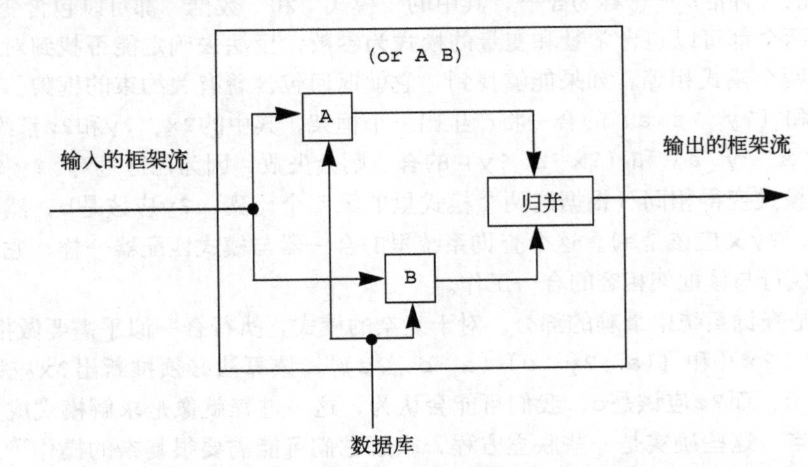

图4-6 两个查询的or组合，产生方式是并行地在两个流上操作，然后归并结果流

即使是从这种高层描述里，我们也可以明显看出，对复合操作的处理将会很慢。举例说，因为在查询中对每一个框架都可能产生出多个框架，而在and里的每个查询都需要从前面查询得到自己的输入框架流，因此，在最坏情况下，一个and查询工作中必须执行的匹配次数，就是其中的查询个数的指数函数（见练习4.76）[272]。虽然只处理简单查询的系统相当实用，处理复杂查询还是非常困难的[273]。

[272] 但是这种指数爆炸在and查询中并不常见，因为一般来说，条件的增加趋向于削减框架的数量，而不是扩张所产生的框架数量。

[273] 存在着大量关于数据库管理系统的文献，讨论如何有效地处理复杂查询。

从框架流的观点看，某个查询的not就像是一个过滤器，它要求删除所有满足这一查询的框架。举个例子，给了模式：

```
(not (job ?x (computer programmer)))
```

对输入流里的每个框架，我们要试着去产生出所有不满足（job ?x (computer programmer)）的扩充框架。为此，就需要从输入流里删除所有存在着这种扩充的框架。这样就得到了一个流，它里面只包含了那些对?x的约束不能满足（job ?x (computer programmer)）的框架。例如，在处理下面查询时：

```
(and (supervisor ?x ?y)
     (not (job ?x (computer programmer))))
```

第一个子句将产生出一批带有?x和?y的约束的框架，而后not子句将过滤它们，删除其中所有对于?x的约束满足限制条件"?x是程序员"的那些框架[274]。

这里也把特殊形式lisp-value实现为框架流上的一个过滤器。我们将用流里的各个框架去实例化模式里的变量，然后对得到的实例化结果应用给定的Lisp谓词，在谓词得到假时从流中删去相应的框架。

合一

为了处理查询语言里的规则，我们必须能找出所有这样的规则，其结论部分与给定的查询模式匹配。规则的结论很像断言，但是它们也可以包含变量。为了处理这种情况，我们就需要模式匹配的一种推广——称为合一，其中的"模式"和"数据"都可以包含变量。

合一器取两个都可以包含常量和变量的模式为参数，设法去确定能否找到对其中变量的某种赋值，使两个模式相等。如果能够找到，它就返回包含着有关约束的框架。举例说，对（?x a ?y）和（?y ?z a）的合一将产生出一个框架，其中的?x、?y和?z都约束到a。另一方面，对（?x ?y a）和（?x b ?y）的合一则会失败，因为在这里对 ?y做任何赋值，都不能使两个模式变得相同（根据这两个模式里的第二个元素，?y应该是b；然而根据它们的第三个元素，?y又应该是a）。这个查询系统里的合一器与模式匹配器一样，它也以一个框架作为输入，执行与该框架相容的合一工作。

合一算法是查询系统中最难的部分。对于复杂的模式，执行合一似乎需要做推理。例如，为了合一（?x ?x）和（(a ?y c) (a b ?z)），该算法必须推断出?x应该是（a b c），?y应该是b，而?z应该是c。我们可能会认为，这一过程就像是求解模式成分上的一集方程。一般而言，这些确实是一些联立方程，求解它们可能需要很复杂的操作[275]。例如，对（?x ?x）和（(a ?y c) (a b ?z)）的合一可以看作是描述了如下的联立方程：

```
?x  =  (a ?y c)
?x  =  (a b ?z)
```

这些方程蕴含着：

```
(a ?y c)  =  (a b ?z)
```

而它又蕴含着

```
a  =  a, ?y  =  b, c  =  ?z,
```

---

[274] 在not的这种过滤器实现和数理逻辑中not的常规意义之间有一点微妙差异，见4.4.3节。

[275] 在单边的模式匹配里，包含模式变量的所有方程都很明显，并都已将未知量（模式变量）解出。

因此就有

```
?x  =  (a b c)
```

在一次成功的模式匹配里，所有模式变量都将得到约束，而且给它们的约束值里也只包含常量。对于我们至今已看到的那些合一实例，情况也是如此。然而，一般而言，一个成功的合一也可能并没有完全确定所有变量的值，有些变量还会是未约束的，另一些也可能约束到包含着变量的值。

现在考虑 (?x a) 和 ((b ?y) ?z) 的合一。我们可以推导出?x = (b ?y) 而且 a = ?z，但是却无法对?x和?y做进一步的求解了。这个合一并没有失败，因为通过对?x和?y的赋值，确实能把两个模式弄成完全一样的。由于在这个匹配里对于?y可取的值并没有任何限制，因此框架里就不会存在对于?y的约束。另一方面，这个匹配中确实限制了?x的值，无论?y取什么值，?x都必须是 (b ?y)。因此，从?x到模式 (b ?y) 的约束就会被放入框架里。如果后来?y的值被确定并加入了框架（无论是通过某个与此框架相容的匹配还是合一），前面对?x的约束也都会引用那个值[276]。

规则的应用

对于从规则出发的推理而言，合一是这一查询系统里最关键的部件。为了看清楚这件事情应该怎样做，现在考虑一个涉及规则应用的查询的处理过程。例如：

```
(lives-near ?x (Hacker Alyssa P))
```

为了处理这一查询，我们首先需要用上面描述的常规模式匹配过程，去看数据库里是否存在任何与这一模式相匹配的断言（对于目前这个情况，我们什么也找不到。因为在数据库里根本就没有有关谁与谁住得很近的断言）。下一步就是设法用查询模式与每条规则的结论去做合一。这时我们发现，该模式可以与下面规则的结论合一：

```
(rule (lives-near ?person-1 ?person-2)
      (and (address ?person-1 (?town . ?rest-1))
           (address ?person-2 (?town . ?rest-2))
           (not (same ?person-1 ?person-2))))
```

结果得到了一个框架，其中描述的是?person-2约束到 (Hacker Alyssa P)，而?x应该约束到?person-1（应该与其有相同的值）。现在我们就需要相对于这一框架，去求值由这一规则的体给定的复合查询。成功的匹配将扩充这个框架，提供对?person-1的一个约束，并因此也给定了?x的值。此后我们就可以用这个值去实例化初始的查询模式了。

一般而言，当查询求值器试图在一个描述了某些模式变量匹配的框架里，完成对一个查询模式的匹配时，它将采用下面方法去设法应用一条规则：

- 将这个查询与规则的结论做合一，以便（在成功时）形成原来框架的一个扩充。
- 相对于这样扩充后的框架，去求值由规则体形成的查询。

请注意，这一做法与在一个Lisp的eval/apply求值器里应用过程的方法何其相似：

- 将该过程的形式参数约束于实际参数，以形成一个框架去扩充原来的过程环境。

---

[276] 认识合一的另一种方式是认为它产生的是一种最广的模式，使这一模式同时是两个输入模式的专门化。也就是说，(?x a) 和 ((b ?y) ?z) 的合一应是 ((b ?y) a)，而 (?x a ?y) 和 (?y ?z a) 的合一（按上面的讨论）应是 (a a a)。对于我们的实现，将合一结果看成框架比看成模式更方便一些。

• 相对于这样扩充后的环境，去求值由过程体形成的表达式。

我们不应对这两种求值器之间的相似性感到惊诧。这正是因为过程定义是Lisp里的抽象手段，而规则定义则是现在的查询语言里的抽象手段。在这两种情况下，我们都需要剥离开有关的抽象，方法就是创建起适当的约束，而后相对于它们去求值规则或者过程的体。

简单查询

在本节前面部分我们已经看到，在没有规则的情况下，应该如何求值简单查询。现在又看到了如何应用规则，因此，现在就可以描述如何通过使用规则和断言去求值简单查询了。

给定一个查询模式和一个框架的流之后，对输入流里的每个框架产生出两个流：

• 一个扩充框架的流。得到这些框架的方式是用模式匹配器，拿给定的模式与数据库里的所有断言做匹配。

• 另一个扩充框架的流，通过应用所有可能的规则而得到（用合一器）[277]。

将这两个流连接到一起就产生出一个新流，其中包含了与原框架相容的，能满足给定模式的所有不同方式。将这些流（对于输入流里的每个框架有一个流）组合为一个大的流，其中包含了可以从原来输入流中每个框架扩充而得到的，与给定模式相匹配的所有不同方式。

查询求值器和驱动循环

如果不看基础匹配操作的复杂性，这个系统的组织方式很像一般语言的求值器。在这里，协调各种匹配操作的过程称为qeval，它扮演着与Lisp求值器中的过程eval类似的角色。qeval以一个查询和一个框架流为输入，其输出是一个框架的流，对应于查询模式的所有成功匹配，其中的框架都是输入流里某些框架的扩充，就像图4-4所示的那样。与eval类似，qeval也根据表达式（查询）的不同类型对它们进行分类，并将进一步工作分派到与它们对应的适当过程。这其中包括了针对每类特殊形式（and、or、not和lisp-value）的过程，以及一个针对简单查询的过程。

驱动循环也与本章中其他求值器里的driver-loop过程类似，它从终端读入查询，对于每一个查询，它都用这个查询和一个仅仅包含一个空框架的流调用qeval。这一调用将产生出所有可能匹配（空框架的所有可能扩充）的流。对于结果流里的每个框架，驱动循环用该框架里找出的值去实例化原来的查询。实例化后得到的流被打印出来[278]。

驱动循环还要检查特殊命令assert!，它用于指明一个输入并不是查询，而是一个断言或者规则，应加入数据库里。例如：

```
(assert! (job (Bitdiddle Ben) (computer wizard)))

(assert! (rule (wheel ?person)
               (and (supervisor ?middle-manager ?person)
                    (supervisor ?x ?middle-manager))))
```

---

[277] 由于合一是匹配的推广，我们完全可以简化这个过程，使用合一器去产生这两个流。当然，用简单的匹配器处理简单的情况，也说明了匹配（与一般性的合一相对应）本身的也可能有用。

[278] 我们在这里采用框架的流（而没有用表），原因是，在递归地应用规则时，完全有可能产生出无穷多个满足查询的值。流中所蕴含的延时求值在这里是至关重要的。系统将一个接一个地打印出结果，无论实际结果究竟是有穷多个还是无穷多个。

4.4.3 逻辑程序设计是数理逻辑吗

初看起来，用在这一查询语言里的各种组合手段似乎等同于数理逻辑里的操作and、or和not，而查询语言规则的应用，事实上就是通过正当的推理方法完成的[279]。查询语言与数理逻辑之间的这种等同性并非真的正确，因为这一查询语言提供了一种*控制结构*，它采用过程性的方式来解释逻辑语句。我们常常可以由这种控制结构中获益。例如，为了找出程序员的所有上司，我们可以以如下的两种逻辑上完全等价的形式构造出查询：

```
(and (job ?x (computer programmer))
     (supervisor ?x ?y))
```

或者

```
(and (supervisor ?x ?y)
     (job ?x (computer programmer)))
```

如果这一公司里的上司比程序员更多（实际情况确实往往如此），采用第一种形式就比采用第二种形式更好，因为对于由and的第一个子句产生出的每个中间结果（框架），我们都需要扫描整个数据库。

逻辑程序设计的目标是为程序员提供一种技术，它能将计算问题分解为两个相互分离的问题："什么"需要计算，以及"如何"进行这一计算。达到这一目标的方式就是，选出数理逻辑中语句的一个子集，它的功能足够强大，足以描述所有可能希望去计算的问题，然而又足够的弱，使我们能有一种过程性的解释。这一做法的意图是，一方面，在逻辑程序设计语言里刻画的程序应该是足够有效的程序，能用计算机去执行。控制（"如何"去计算）将受到这一语言所采用的求值顺序的影响。我们应该设法安排好子句的顺序和每个子句里各个子目标的顺序，使得计算一定能以一种正确而又高效的方式完成。在此同时，我们还应该能看到计算的结果（"什么"需要计算），它们应该是这些逻辑法则的简单结论。

我们的查询语言，可以看作只不过是数理逻辑的一个可以用过程方式去解释的子集。一个断言表示了一个简单事实（一个原子命题）；一条规则表示一个蕴含，所有使规则的体成立的情况，也都能使规则的结论成立。规则有一种很自然的过程性解释：为了得到一条规则的结论，请设法得到这一规则的体。这样，规则也就描述了计算。当然，由于规则也可以看作是数理逻辑的语句，我们也可以通过完全在数理逻辑里工作得到同样的结果，以此来确认由逻辑程序建立起来的任何"推理"都是正确的[280]。

---

[279] 一种特定推理方法的正当性并不是一个简单的论断。人们必须证明，从真的前提出发只能推导出真的结论。通过规则应用表示的推理方法称为*假言推理*（modus ponens），这是一种人们熟知的推理方法，它说，如果A为真而且A*蕴含*B也为真，那么我们就可以做出结论说B是真。

[280] 我们必须为这种说法加上一个限制，约定在说某个逻辑程序建立了"推理"的问题时，我们总假定了计算终止。不幸的是，对下面将要给出的这个查询语言的实现而言，即使这样限制之后的语句也不对（对于Prolog的程序和当前大部分其他的逻辑程序设计语言，这种说法也同样不对），原因是我们在这里对not和lisp-value的使用。正如我们将在下面说明的，在这个查询语言里的not的实现，并不总与数理逻辑里的not一致，而lisp-value又引进了进一步的复杂情况。我们可以通过简单地从语言里删除not和lisp-value，并约定只采用简单查询来写程序，这样就可以实现一种与数理逻辑相容的语言。然而，如果真的那样做，就会极大地限制了语言的表达能力。逻辑程序设计研究中特别关注的一个问题就是找到一些方式，设法尽可能与数理逻辑更相容，而同时又不会过多牺牲语言的表达能力。

无穷循环

对于逻辑程序做过程性解释存在一个推论，那就是在解决某些问题时，我们有可能构造出极端低效的程序。这种低效的一个极端情况就是系统在做推导时陷入了无穷循环。作为一个简单的例子，假定我们在设计某个有关著名婚姻的数据库时，加入了

```
(assert! (married Minnie Mickey))
```

如果提问

```
(married Mickey ?who)
```

那么我们将无法得到答复，因为系统并不知道如果A与B结婚，那么B也与A结婚。为此我们加入下面规则：

```
(assert! (rule (married ?x ?y)
               (married ?y ?x)))
```

后再次查询

```
(married Mickey ?who)
```

不幸的是，这就导致系统进入了无穷循环。因为：

- 系统发现married规则可以应用，即规则的结论（married ?x ?y）成功地与查询模式（married Mickey ?who）匹配，产生出一个框架，其中?x约束到Mickey而?y约束到?who。这样，解释器就会继续做下去，在这一框架里求值规则的体（married ?y ?x）——从效果上看，也就是处理查询（married ?who Mickey)。
- 现在可以直接从数据库里得到了一个断言：(married Minnie Mickey)。
- 由于married规则仍然可以应用，所以解释器又会去求值规则的体，这次它等价于（married Mickey ?who)。

现在系统就进入了一个无穷循环。在实际中所用的系统能否在陷入循环之前找出简单回答（married Minnie Mickey)，还要依赖于这个系统检查数据库中条目的实现细节。这是一个非常简单的可能出现这种循环的实例。一组相互有关的规则有可能导致难以预料的循环，而这种循环的出现又可能依赖于各个子句在一个and里出现的顺序（参见练习4.64），或者依赖于系统处理查询时的顺序方面的底层细节[281]。

与not有关的问题

这一系统的另一个诡异之处与not有关。对于4.4.1节的数据库，考虑下面两个查询：

```
(and (supervisor ?x ?y)
     (not (job ?x (computer programmer))))

(and (not (job ?x (computer programmer)))
```

[281] 这并不是逻辑的问题，而是由我们的解释器为逻辑提供的过程性解释的问题。我们也可以写出一个解释器，使之不会在这里陷入循环。譬如说，我们可以枚举出从已有断言和规则出发可以导出的所有证明，以宽度优先而不是深度优先的顺序。当然，这样的系统就很难由程序中的推导顺序获得任何利益了。deKleer, et al. 1977描述了试图将复杂控制构筑到这种程序里的一次尝试。另一种不会带来如此严重控制问题的技术是将特殊知识放进去，例如放入能够检查某些类特定循环的检测功能（练习4.67)。但是，不可能存在一种可靠的一般性模式，能够防止系统在执行推导时落入无穷循环的陷阱。请设想一种具有如下形式的恶魔规则：“要证明$P(x)$为真，请证明$P(f(x))$为真”，对某个适当选出的函数f。

```
        (supervisor ?x ?y))
```

这两个查询却不会产生出同样的结果。第一个查询在开始时找出了数据库里所有与(supervisor ?x ?y)匹配的条目，而后从得到的框架里删除了所有其中的?x满足(job ?x (computer programmer))的条目。第二个查询在开始时从输入框架了删除所有满足(job ?x (computer programmer))的框架。因为一般来说数据库里存在这种形式的条目，所以这个not子句将过滤掉空框架，返回一个空的框架流。这样，整个复合查询也将得到空的流。

麻烦出自我们对not的解释，实际上，这一解释是希望作为一个针对变量值的过滤器。如果一个not子句被作用在一个框架上，其中存在着一些还没有约束的变量（例如上面例子里的?x），这个系统就会产生我们不希望出现的结果。类似问题也会出现在使用lisp-value的时候——如果那个Lisp谓词的某些参数还没有约束，它也不可能正确工作，见练习4.77。

这个查询语言里的not还在另一个更严重的方面与数理逻辑里的not不同。在逻辑里，我们将语句“非P”解释为P不真。但是，在这个查询系统里，“非P”则意味着P不能由数据库里的知识推导出来。举例来说，有了4.4.1节的人事数据库，这一系统可以推导出所有各种各样的not语句，例如Ben Bitdiddle不喜欢篮球，外面没有下雨，以及2+2不等于4。[282] 换句话说，逻辑程序设计语言里的not反映了一种所谓的*封闭世界假说*，它认为所有有关的知识都已经包含在所用的数据库里了[283]。

练习4.64 Louis Reasoner错误地从数据库里删除了有关outranked-by的规则（见4.4.1节）。在认识到这一问题后，他很快重新创建了这一规则。不幸的是，他对规则做了一点小修改，实际输入的是下面规则：

```
(rule (outranked-by ?staff-person ?boss)
      (or (supervisor ?staff-person ?boss)
          (and (outranked-by ?middle-manager ?boss)
               (supervisor ?staff-person ?middle-manager))))
```

Louis刚刚把这些信息输入系统，DeWitt Aull就希望能找到谁的级别高于Ben Bitdiddle。他发出的查询是：

```
(outranked-by (Bitdiddle Ben) ?who)
```

系统在给出回答之后就陷入了无穷循环。请解释这是为什么。

练习4.65 Cy D. Fect期望有朝一日能在这个公司里得到提拔，因此给出了一个查询，要找出这里所有的大人物（他用的是4.4.1节的wheel规则）：

```
(wheel ?who)
```

使他感到很吃惊，系统的回复居然是

```
;;; Query results:
(wheel (Warbucks Oliver))
(wheel (Bitdiddle Ben))
```

---

[282] 考虑查询(not (baseball-fan (Bitdiddle Ben)))。系统发现(baseball-fan (Bitdiddle Ben))不在数据库里，因此空框架不满足这个模式，所以它不会从初始的框架流中被删除。查询的结果就是这个空框架，它将被用于实例化输入程序，产生(not (baseball-fan (Bitdiddle Ben)))。

[283] 从论文Clark（1978）中可以找到有关这种not处理方式的讨论和其正当性的论述。

```
(wheel (Warbucks Oliver))
(wheel (Warbucks Oliver))
(wheel (Warbucks Oliver))
```

为什么Oliver Warbucks在这里列出了4次？

练习4.66 Ben正在对这一查询系统进行推广，以提供有关公司的各种统计。例如，为了找出所有程序员的工资总额，人们将可以写：

```
(sum ?amount
     (and (job ?x (computer programmer))
          (salary ?x ?amount)))
```

一般而言，Ben的新系统里允许下面形式的表达式：

```
(accumulation-function <variable>
                       <query pattern>)
```

其中accumulation-function可以是像sum、average或maximum一类的东西。Ben觉得这种扩充的实现应该是小菜一碟。他简单地将查询模式送入qeval，这将产生出一个框架流。而后他就可以把这个流送给一个映射函数，该函数从流中每个框架里提取出指定变量的值，而后将得到的结果值的流送入一个累积函数。正当Ben刚刚完成了这个实现，希望去试验它的时候，Cy走了过来，他还在为练习4.65中wheel的查询结果感到疑惑。当Cy将系统的回应展示给Ben时，Ben忽然大叫一声，"哎呀，糟糕，我的简单累积模式根本不行！"

Ben刚刚认识到什么？请勾画出一种他能利用以便将事情从危难中拯救出来的方法。

练习4.67 请设计一种方式，在查询系统里安装一个循环监测器，以避免正文和练习4.64里说明的那些简单循环。一般性的想法是系统需要维护它当前所做推导链的某种历史记录，如果遇到了正在处理之中的某个查询，就不再重新开始做它了。请描述在这一历史记录中需要包含哪些信息（模式和框架），应该做哪些检查。在学习了4.4.4节里的查询系统实现之后，你可能会希望修改该系统，加入你的循环监测器。

练习4.68 请定义一些规则，实现练习2.18的reverse操作，它返回一个与所给的表包含同样元素的表，但其中元素按相反的顺序排列（提示，利用append-to-form）。你的规则能够回答(reverse (1 2 3) ?x)和(reverse ?x (1 2 3))吗？

练习4.69 请从你在练习4.63中构造的规则出发，设计出一个规则，为祖孙关系加入"重"的关系。这一关系应该使系统能推导出Irad是Adam的重孙，或者Jabal和Jubal是Adam的重重重重重孙（提示：表示有关Irad的事实，例如，((great grandson) Adam Irad)。写出一些规则，去确定是否某个表的最后是符号grandson。利用它描述一条规则，使人可以推导出关系((great . ?rel) ?x ?y)，其中的?rel是一个以grandson结束的表）。用一些查询，例如((great grandson) ?g ?ggs)和(?relationship Adam Irad)检查你的规则。

4.4.4 查询系统的实现

4.4.2节描述了这一查询系统如何工作的情况。现在我们要填充其中的细节，给出这个系统的一个完整实现。

4.4.4.1 驱动循环和实例化

这一查询系统的驱动循环将反复读进输入表达式。如果表达式是应该加入数据库的规则或者断言，它就把有关的信息加进数据库。否则就认为这是一个查询，它将这个查询送给求值器qeval，同时送去的还有一个初始的框架流，其中只包含一个空框架。求值的结果是一个框架流，根据从数据库里找出的满足查询的变量值生成。驱动循环使用这些框架产生一个新流，其中包含了所有通过将原始查询里的变量用上述框架流提供的值实例化后得到的副本。这一最终的流从终端打印出来：

```
(define input-prompt ";;; Query input:")
(define output-prompt ";;; Query results:")

(define (query-driver-loop)
  (prompt-for-input input-prompt)
  (let ((q (query-syntax-process (read))))
    (cond ((assertion-to-be-added? q)
           (add-rule-or-assertion! (add-assertion-body q))
           (newline)
           (display "Assertion added to data base.")
           (query-driver-loop))
          (else
           (newline)
           (display output-prompt)
           (display-stream
            (stream-map
             (lambda (frame)
               (instantiate q
                            frame
                            (lambda (v f)
                              (contract-question-mark v))))
             (qeval q (singleton-stream '()))))
           (query-driver-loop)))))
```

在这里，就像在本章里讨论的所有求值器里一样，我们使用的是查询语言表达式的一种抽象语法。表达式语法的实现将在4.4.4.7节给出，包括谓词assertion-to-be-added?和选择函数add-assertion-body。add-rule-or-assertion!在4.4.4.5节定义。

在对一个输入表达式进行任何处理之前，驱动循环都以语法方式将其变换到另一种更容易有效处理的形式。其中涉及修改模式变量的表示。在对查询进行实例化时，所有仍未被约束的变量都需要在打印之前变换回原来的输入表示形式。这些变换由两个过程query-syntax-process和contract-question-mark完成（4.4.4.7节）。

为了实例化一个表达式，我们需要复制它，并用给定框架里的值取代这一表达式里相应的变量。这些值本身也可能需要实例化，因为它们也可能包含着一些变量（例如，作为合一的结果，在exp里的?x被约束到?y，而后?y又转而约束到5）。如果某个变量不能实例化时，应该执行的动作由过程instantiate的另一个参数给定。

```
(define (instantiate exp frame unbound-var-handler)
  (define (copy exp)
    (cond ((var? exp)
           (let ((binding (binding-in-frame exp frame)))
```

```
            (if binding
                (copy (binding-value binding))
                (unbound-var-handler exp frame))))
          ((pair? exp)
           (cons (copy (car exp)) (copy (cdr exp))))
          (else exp)))
  (copy exp))
```

对约束进行操作的过程在4.4.4.8节定义。

4.4.4.2 求值器

query-driver-loop调用过程qeval。该过程是这一查询的基本求值器，它以一个查询和一个框架的流作为输入，返回被扩充后的框架的流。qeval采用get和put识别出各种特殊形式，并完成数据导向的分派，就像我们在第2章实现各种通用型操作时所做的那样。任何无法识别为特殊形式的查询都被假定是一个简单查询，由simple-query处理。

```
(define (qeval query frame-stream)
  (let ((qproc (get (type query) 'qeval)))
    (if qproc
        (qproc (contents query) frame-stream)
        (simple-query query frame-stream))))
```

type和contents在4.4.4.7节定义，它们实现各种特殊形式的抽象语法。

简单查询

simple-query处理简单查询。它以简单查询（一个模式）和框架流作为实际参数，通过将查询与数据库做匹配的方式扩充其中的每个框架，并将由此生成的所有框架的流返回。

```
(define (simple-query query-pattern frame-stream)
  (stream-flatmap
   (lambda (frame)
     (stream-append-delayed
      (find-assertions query-pattern frame)
      (delay (apply-rules query-pattern frame))))
   frame-stream))
```

对于输入流里的每个框架，我们都用find-assertions（4.4.4.3节）去做模式与数据库里所有断言的匹配，生成出一个扩充框架的流，还要用apply-rules（4.4.4.4节）去应用所有可能的规则，生成出另一个扩充框架的流。这两个流被组合（用stream-append-delayed，4.4.4.6节）成一个流，表示了满足给定模式，而且也与开始框架相容的所有不同方式。用stream-flatmap（4.4.4.6节）组合起处理每个输入框架而产生的这种结果流，形成一个大的流。它表示的就是对初始输入流里的各个框架进行扩充，产生出的与给定模式匹配的所有可能方式。

复合查询

and查询的处理方式如图4-5所示，由过程conjoin完成。conjoin以有关的合取项和一个框架流作为实际参数，返回扩充框架的流。conjoin首先处理给它的框架流，找出能满足第一个合取项的所有可能的扩充框架形成的流。而后它就用这个新的框架流，递归地将conjoin应用于这一and查询的剩余部分。

```
(define (conjoin conjuncts frame-stream)
  (if (empty-conjunction? conjuncts)
      frame-stream
      (conjoin (rest-conjuncts conjuncts)
               (qeval (first-conjunct conjuncts)
                      frame-stream))))
```

表达式

```
(put 'and 'qeval conjoin)
```

设置好qeval，使之能在遇到and形式时向conjoin分派。

or查询的处理方式与此类似，如图4-6所示。这时先分别计算出这个or中各个析取项的输出流，而后用4.4.4.6节里定义的interleave-delayed过程将它们归并起来（参见练习4.71和练习4.72）。

```
(define (disjoin disjuncts frame-stream)
  (if (empty-disjunction? disjuncts)
      the-empty-stream
      (interleave-delayed
       (qeval (first-disjunct disjuncts) frame-stream)
       (delay (disjoin (rest-disjuncts disjuncts)
                       frame-stream)))))

(put 'or 'qeval disjoin)
```

用于合取和析取的语法谓词和选择函数将在4.4.4.7节给出。

过滤器

not的处理采用4.4.2节给出了梗概的方式。我们要试着去扩充输入流里的每个框架，看看它们能否满足被否定了的查询，但只把那些无法扩充的框架包含到输出流里。

```
(define (negate operands frame-stream)
  (stream-flatmap
   (lambda (frame)
     (if (stream-null? (qeval (negated-query operands)
                              (singleton-stream frame)))
         (singleton-stream frame)
         the-empty-stream))
   frame-stream))

(put 'not 'qeval negate)
```

lisp-value过滤器的情况与not类似。这里用流中的每个框架去实例化模式里的变量，而后将给定谓词应用于得到的实例。输入流里那些使谓词返回假的框架被过滤掉。如果遇到未约束的变量，结果就是一个错误。

```
(define (lisp-value call frame-stream)
  (stream-flatmap
   (lambda (frame)
     (if (execute
          (instantiate
           call
           frame
```

```
            (lambda (v f)
              (error "Unknown pat var -- LISP-VALUE" v))))
          (singleton-stream frame)
          the-empty-stream))
   frame-stream))

(put 'lisp-value 'qeval lisp-value)
```

execute将谓词应用于对应的参数。它必须求值谓词表达式，以得到应该应用的那个实际过程。然而它却不能去对参数求值，因为它们已经是实际参数了，而不是（Lisp里的）那种需要通过求值去产生实际参数的表达式。请注意，execute是利用基础Lisp系统里的eval和apply实现的。

```
(define (execute exp)
  (apply (eval (predicate exp) user-initial-environment)
         (args exp)))
```

特殊形式always-true是为了描述一种总能满足的查询。它忽略有关的内容(通常为空)，并简单地送出输入流里的所有框架。always-true被用在选择函数里（4.4.4.7节），用于作为那些没有体部分的规则（即那些结论总能够满足的规则）的规则体。

```
(define (always-true ignore frame-stream) frame-stream)

(put 'always-true 'qeval always-true)
```

所有定义not和lisp-value的语法规则的选择函数也将在4.4.4.7节给出。

4.4.4.3 通过模式匹配找出断言

find-assertions由simple-query调用（4.4.4.2节），它以一个模式和一个框架作为输入，返回一个框架的流，其中的每个框架都是由某个给定框架，经过对给定模式与数据库的匹配扩充而得到的。这个过程用fetch-assertions（4.4.5节）得到数据库里所有断言的一个流，检查这些断言是否与当时的模式和框架匹配。采用fetch-assertions的原因是，我们常常能通过一些简单测试删除掉来自数据库的很多条目，这里把数据库作为成功检索的候选存储池。如果删去了fetch-assertions，这个系统仍然能够工作，所采用的将是简单检查数据库中各个断言的方式，这一做法可能使计算变得比较低效，因为其中对匹配器的调用次数可能会增加很多。

```
(define (find-assertions pattern frame)
  (stream-flatmap (lambda (datum)
                    (check-an-assertion datum pattern frame))
                  (fetch-assertions pattern frame)))
```

check-an-assertion以一个模式、一个数据对象（断言）和一个框架作为参数。如果匹配成功就返回包含着扩充框架的单元素流，匹配失败时返回the-empty-stream。

```
(define (check-an-assertion assertion query-pat query-frame)
  (let ((match-result
         (pattern-match query-pat assertion query-frame)))
    (if (eq? match-result 'failed)
        the-empty-stream
        (singleton-stream match-result))))
```

基本模式匹配器返回的或者是符号failed，或者是给定框架的一个扩充。这一匹配器的基本思想就是对照着模式检查数据，一个一个元素地做，在此同时积累起各个模式变量的约束。如果模式与数据对象相同，匹配成功，返回至今已经积累起的约束形成的框架。否则，如果模式是变量，我们就扩充当前框架，将变量与数据的约束加入其中，条件是这一约束与框架里已有的约束相容。如果模式和数据都是序对，我们就（递归地）将模式的car与数据的car匹配，产生出一个框架，而后在这一框架上去做模式的cdr部分与数据的cdr部分的匹配工作。如果这些情况都不可用，匹配就失败了，我们返回符号failed。

```
(define (pattern-match pat dat frame)
  (cond ((eq? frame 'failed) 'failed)
        ((equal? pat dat) frame)
        ((var? pat) (extend-if-consistent pat dat frame))
        ((and (pair? pat) (pair? dat))
         (pattern-match (cdr pat)
                        (cdr dat)
                        (pattern-match (car pat)
                                       (car dat)
                                       frame)))
        (else 'failed)))
```

这个过程通过加入新约束扩充给定的框架，条件是，这一约束与框架中已有的约束相容：

```
(define (extend-if-consistent var dat frame)
  (let ((binding (binding-in-frame var frame)))
    (if binding
        (pattern-match (binding-value binding) dat frame)
        (extend var dat frame))))
```

如果在框架里不存在这个变量的约束，我们就简单地将该变量与对应数据的约束加进去。否则就需要在这个框架里，用这一数据与该变量在框架里所约束的值做一次匹配。如果保存的值中只包含常量（如果它是由extend-if-consistent在模式匹配中存入的，那么就一定是这样），那么，这个匹配也就是检查已经保存的值和新值是否相同。如果两个值相同，那么就返回没有修改的框架，如果不同就返回失败标志。当然，框架里保存的值里也可能包含变量，如果它是在合一中保存的，就有可能出现这种情况（参见4.4.4.4节）。将框架里保存的值与新值的递归匹配还可能会要求增加，或者要求检查这一模式里的有关变量的约束。举例来说，假如我们有一个框架，其中?x约束到（f ?y）而?y没有约束，现在希望通过加入?x到（f b）的约束来扩大这个框架。我们查找?x并发现了它已经约束到（f ?y），这就导致我们必须在同一框架里去做（f ?y）与所提供的新值（f b）的匹配。这个匹配最终将?y到b的约束加入框架里，而变量?x还是约束到（f ?y）。在此过程中，已保存的约束决不会修改，也不会为一个特定变量保存多个约束。

extend-if-consistent使用的那些对约束做各种操作的过程在4.4.4.8节定义。

具有带点尾部的模式

如果一个模式里包含了一个圆点，后跟一个模式变量，这一变量将与数据表里的剩余部分匹配（而不是与数据表的下一元素匹配），就像在练习2.20里描述的圆点记法所要求的那样。虽然我们刚刚实现的模式匹配器并没有查看圆点，但它确实能按我们所期望的方式工作。这是因为query-driver-loop使用Lisp的read基本过程读入查询，并将它表示为一个表结构，其中的圆点将用一种特殊方式处理。

当read遇到一个圆点时，它不是把下一个项作为表里的下一元素（一个cons的car，其cdr将是这个表的其余部分），而是将下一个项直接作为这个表结构的cdr。举例说，对于给定的模式（computer ?type），由read产生的表结构相当于对表达式（cons 'computer (cons '?type '()))求值所产生的结构；而对（computer . ?type）产生的结构相当于对表达式（cons 'computer '?type）求值构造出的结构。

这样，在pattern-match递归地比较一个数据表与一个模式中各个car和cdr的过程中，它最终会将圆点后的变量（是模式里的一个cdr）与数据表的一个子表匹配，并将其约束于这个子表。例如，将模式（computer . ?type）与（computer programmer trainee）匹配，将使变量 ?type匹配到表（programmer trainee）。

4.4.4.4 规则和合一

apply-rules用类似find-assertions的方式处理规则（4.4.4.3节）。它以一个模式和一个框架作为输入，生成一个通过应用来自数据库的规则而扩充的框架流。stream-flatmap将apply-a-rule映射到由可能应用的规则（由fetch-rules选出，4.4.4.5节）形成的流上，并组合起得到的框架流。

```
(define (apply-rules pattern frame)
  (stream-flatmap (lambda (rule)
                    (apply-a-rule rule pattern frame))
                  (fetch-rules pattern frame)))
```

apply-a-rule采用4.4.2节里概述的方法去完成规则的应用。它首先在给定框架里对规则的结论和模式做合一，以这种方式扩充自己的实参框架。如果这一工作成功完成，那么就在得到的新框架里求值规则的体。

还有，在做所有这些事情之前，程序需要将规则里的所有变量重新命名（用唯一性名字）。之所以这样，是为了避免在不同的规则应用中变量名字互扰。举个例子，如果两条规则里都有一个变量的名字是?x，那么在应用时，这两条规则就都可能向框架里加入对?x的约束。其实这两个约束相互间毫无关系，而我们却会以为这两个约束必须相容。如果不做变量的重新命名，也可以设计一种更加聪明的环境结构。然而，重新命名却是最直截了当的解决办法，虽然可能不是效率最高的办法（参见练习4.79）。下面是apply-a-rule过程：

```
(define (apply-a-rule rule query-pattern query-frame)
  (let ((clean-rule (rename-variables-in rule)))
    (let ((unify-result
           (unify-match query-pattern
                        (conclusion clean-rule)
                        query-frame)))
      (if (eq? unify-result 'failed)
          the-empty-stream
          (qeval (rule-body clean-rule)
                 (singleton-stream unify-result))))))
```

提取规则成分的选择函数rule-body和conclusion将在4.4.4.7节定义。

为了生成唯一的名字，这里的方法是为每个规则应用关联一个唯一标识（例如一个数），并将这一标识与原来的变量名组合起来。譬如说，如果规则应用的标识是7，我们就可以把规则里的每个?x都改为?x-7，将其中的每个?y都改为?y-7。(make-new-variable和new-rule-application-id与语法过程一起放在4.4.4.7节里。)

```
(define (rename-variables-in rule)
  (let ((rule-application-id (new-rule-application-id)))
    (define (tree-walk exp)
      (cond ((var? exp)
             (make-new-variable exp rule-application-id))
            ((pair? exp)
             (cons (tree-walk (car exp))
                   (tree-walk (cdr exp))))
            (else exp)))
    (tree-walk rule)))
```

合一算法也实现为一个过程。这个过程以两个模式和一个框架为参数，返回扩充后的框架或者符号failed。这个合一过程很像前面的模式匹配器，但它是对称的，因为匹配的两边都可以有变量。unify-match基本上与pattern-match相同，只是多了一些代码（下面用“***”标记的部分），用于处理匹配的右边对象也是变量的情况。

```
(define (unify-match p1 p2 frame)
  (cond ((eq? frame 'failed) 'failed)
        ((equal? p1 p2) frame)
        ((var? p1) (extend-if-possible p1 p2 frame))
        ((var? p2) (extend-if-possible p2 p1 frame))  ; ***
        ((and (pair? p1) (pair? p2))
         (unify-match (cdr p1)
                      (cdr p2)
                      (unify-match (car p1)
                                   (car p2)
                                   frame)))
        (else 'failed)))
```

在合一过程中，就像在单边的模式匹配里那样，只有在得到的扩充能够与现存匹配相容时，我们才能够接受这一扩充。在合一里面使用的extend-if-possible过程很像在模式匹配里使用的extend-if-consistent，但在这里增加了两处特殊检查，在下面的程序里用“***”标记。第一种情况出现在我们试图去匹配的变量还没有约束，而想要用它去匹配的值本身也是一个（不同的）变量时。此时就需要检查这个（作为值的）变量是否已经有了约束。如果有的话，那就让前一个变量也约束到它的值。如果两个变量都没有约束，那么就可以将其中任何一个约束到另一个。

第二个检查处理的情况出现在试图将一个变量约束到一个模式，而该模式里又包含这个变量时。当两个模式里都有重复出现的变量的时候，就可能出现这种情况。举个例子，考虑在一个?x和?y都没有约束的框架里对两个模式(?x ?x)和(?y <涉及?y的表达式>)的合一。这里首先做?x与?y的匹配，做出了一个从?x到?y的约束。下面又要用同一个?x去与一个涉及?y的表达式匹配。由于?x已经约束到?y，结果就要用?y去与这个表达式匹配。如果我们认为合一的工作就是为模式变量找到一组对应值，它们能使两个模式变得相同。那么上面的模式就意味着需要找出一个?y，使?y等价于那个包含?y的表达式。不存在求解这种方程的一般性方法，因此我们拒绝这种约束[284]。谓词depends-on?检查这种情况。另一方面，我们并不想拒绝一个变量与其自身的匹配。举例来说，在考虑（?x ?x）和（?y ?y）的合一时，第二次尝试将?x约束到?y时要做?y（?x的保存值）与?y（?x的新值）的匹配。这一情况通过unify-match里的equal?子句检查。

```
(define (extend-if-possible var val frame)
  (let ((binding (binding-in-frame var frame)))
    (cond (binding
           (unify-match
            (binding-value binding) val frame))
          ((var? val)                     ; ***
           (let ((binding (binding-in-frame val frame)))
             (if binding
                 (unify-match
                  var (binding-value binding) frame)
                 (extend var val frame))))
          ((depends-on? val var frame)    ; ***
           'failed)
          (else (extend var val frame)))))
```

depends-on?是一个谓词，它检查一个想作为某模式变量的值的表达式是否依赖于这一变量。这件事情也必须相对于当前的框架去做，因为在这个表达式里可能包含某个变量的出现，而该变量已经有了值，其值依赖于我们要检查的变量。depends-on?的结构是一个简单的递归的树遍历，其中（在需要时）要将一些变量换成相应的值。

```
(define (depends-on? exp var frame)
  (define (tree-walk e)
    (cond ((var? e)
           (if (equal? var e)
               true
               (let ((b (binding-in-frame e frame)))
```

[284] 一般地说，将?y与一个涉及?y的表达式合一，要求我们能够找到方程?y=<涉及?y的表达式>的一个不动点。有时我们确实可能通过语法方式构造出一个表达式，使它正好是有关方程的一个解。例如，?y=（f ?y）看来似乎有不动点（f（f（f ... ））），我们可以从表达式（f ?y）开始，通过反复用（f ?y）替换?y而得到它。不幸的是，并不是每个这样的方程都有一个有意义的不动点。这里出现的问题与数学里无穷级数运算中的问题类似。举例说，我们知道2是方程$y=1+y/2$的解。从表达式$1+y/2$开始，反复地用$1+y/2$替换y，将给出：

$$2=y=1+y/2=1+(1+y/2)/2=1+1/2+y/4=\cdots$$

由此将得到

$$2=1+1/2+1/4+1/8+\cdots$$

但是，如果我们由于看到了-1是方程$y=1+2y$的解，而试着去做同样的事情时，将会得到：

$$-1=y=1+2y=1+2(1+2y)=1+2+4y=\cdots$$

并由此得到

$$-1=1+2+4+8+\cdots$$

虽然对这两个方程的操作方式完全一样，第一个得到的结果是关于一个无穷级数的合法断言，而第二个却不是。与此类似，采用任意的语法操作去构造作为合一结果的表达式，也可能得到错误的结果。

```
              (if b
                  (tree-walk (binding-value b))
                  false))))
         ((pair? e)
          (or (tree-walk (car e))
              (tree-walk (cdr e))))
         (else false)))
  (tree-walk exp))
```

4.4.4.5 数据库的维护

在设计逻辑程序设计语言时，一个重要的问题就是设法做出一些安排，使我们在需要检查一个给定模式时，必须考察的无关数据库条目越少越好。在我们的系统里，除了在一个很大的流中保存了所有断言之外，我们还将car部分是常量符号的所有断言保存在另外一些流里，将这些流放入一个用这些符号作为索引的表格。在提取可能与某个模式匹配的断言时，我们首先查看这个模式的car是否为常量符号。如果是，那么就返回程序里保存的所有具有同样car的断言（送给匹配器去检查）。如果模式的car不是常量符号，那么就返回程序里保存的所有断言。更聪明的方法还可以利用框架里的信息，或者设法优化那些模式的car不是常量符号的情况。我们并没有把上述索引准则（利用car，只处理常量符号的情况）构造到程序里，而是依靠谓词和选择函数实现这种准则。

```
(define THE-ASSERTIONS the-empty-stream)

(define (fetch-assertions pattern frame)
  (if (use-index? pattern)
      (get-indexed-assertions pattern)
      (get-all-assertions)))

(define (get-all-assertions) THE-ASSERTIONS)

(define (get-indexed-assertions pattern)
  (get-stream (index-key-of pattern) 'assertion-stream))
```

get-stream到表格里查找相应的流，如果那里没有东西就返回一个空的流。

```
(define (get-stream key1 key2)
  (let ((s (get key1 key2)))
    (if s s the-empty-stream)))
```

规则也用类似方式保存，以规则中结论部分的car作为索引。当然，由于规则的结论可以是任意的模式，与断言不同点就是在这里可以包含变量。其car为常量符号的模式可以与那些结论部分具有同样car的规则匹配，还可以与那些结论部分以变量开始的规则相匹配。这样，假定某个模式的car为常量符号，在提取有可能与该模式匹配的规则时，不但需要提取所有结论部分具有同样car的规则，还要提取出所有结论部分以变量开头的规则。为此，我们就把所有的结论部分以变量开始的规则作为一个单独的流，保存在流的表格里，以符号?作为它的索引。

```
(define THE-RULES the-empty-stream)

(define (fetch-rules pattern frame)
  (if (use-index? pattern)
      (get-indexed-rules pattern)
```

```
        (get-all-rules)))

(define (get-all-rules) THE-RULES)

(define (get-indexed-rules pattern)
  (stream-append
   (get-stream (index-key-of pattern) 'rule-stream)
   (get-stream '? 'rule-stream)))
```

过程add-rule-or-assertion!用在query-driver-loop里，用于将断言和规则加入数据库。如果合适，就将条目都保存到某个索引下，还要保存在数据库里所有断言和规则的流中。

```
(define (add-rule-or-assertion! assertion)
  (if (rule? assertion)
      (add-rule! assertion)
      (add-assertion! assertion)))

(define (add-assertion! assertion)
  (store-assertion-in-index assertion)
  (let ((old-assertions THE-ASSERTIONS))
    (set! THE-ASSERTIONS
          (cons-stream assertion old-assertions))
    'ok))

(define (add-rule! rule)
  (store-rule-in-index rule)
  (let ((old-rules THE-RULES))
    (set! THE-RULES (cons-stream rule old-rules))
    'ok))
```

为了实际地保存一个规则或者断言，我们需要检查它是否能索引。如果可以的话，就将它存入适当的流。

```
(define (store-assertion-in-index assertion)
  (if (indexable? assertion)
      (let ((key (index-key-of assertion)))
        (let ((current-assertion-stream
               (get-stream key 'assertion-stream)))
          (put key
               'assertion-stream
               (cons-stream assertion
                            current-assertion-stream))))))

(define (store-rule-in-index rule)
  (let ((pattern (conclusion rule)))
    (if (indexable? pattern)
        (let ((key (index-key-of pattern)))
          (let ((current-rule-stream
                 (get-stream key 'rule-stream)))
            (put key
                 'rule-stream
                 (cons-stream rule
                              current-rule-stream)))))))
```

下面过程定义了这个数据库里所使用的索引。如果一个模式（一个断言或者一个规则的结论部分）以变量或者常量符号开始，它就将被存入表格里。

```
(define (indexable? pat)
  (or (constant-symbol? (car pat))
      (var? (car pat))))
```

将模式保存到表格里的关键码或者是?（如果它以变量开始），或者是作为该模式开始的那个符号常量。

```
(define (index-key-of pat)
  (let ((key (car pat)))
    (if (var? key) '? key)))
```

如果一个模式以某个符号常量开始，这个常量就将被用作索引，从数据库里提取出可能与这个模式相匹配的条目。

```
(define (use-index? pat)
  (constant-symbol? (car pat)))
```

练习4.70 在过程add-assertion!和add-rule!里的let约束起什么作用？如果采用下面方式实现add-assertion!，会出什么错？提示：请参考前面3.5.2节里有关ones的无穷流的定义，(define ones (cons-stream 1 ones))。

```
(define (add-assertion! assertion)
  (store-assertion-in-index assertion)
  (set! THE-ASSERTIONS
        (cons-stream assertion THE-ASSERTIONS))
  'ok)
```

4.4.4.6 流操作

这一查询系统用到了几个没有在第3章给出的流操作。

stream-append-delayed和interleave-delayed与stream-append和interleave（见3.5.3节）类似，但它们都要求延时参数（就像3.5.4节的integral过程）。在某些情况中，这将推迟循环的执行（参见练习4.71）。

```
(define (stream-append-delayed s1 delayed-s2)
  (if (stream-null? s1)
      (force delayed-s2)
      (cons-stream
       (stream-car s1)
       (stream-append-delayed (stream-cdr s1) delayed-s2))))

(define (interleave-delayed s1 delayed-s2)
  (if (stream-null? s1)
      (force delayed-s2)
      (cons-stream
       (stream-car s1)
       (interleave-delayed (force delayed-s2)
                           (delay (stream-cdr s1))))))
```

stream-flatmap在整个查询求值器里到处使用，它将一个过程映射到一个框架流上，并组合起得到的结果框架流。这个过程可以看作2.2.3节所介绍的针对常规表的flatmap过程的流版本。但其中也有一些与常规flatmap不同的地方，stream-flatmap采用一种交错的方式累积起各个流，而不是简单地将它们连接起来（参见练习4.72和4.73）。

```
(define (stream-flatmap proc s)
  (flatten-stream (stream-map proc s)))

(define (flatten-stream stream)
  (if (stream-null? stream)
      the-empty-stream
      (interleave-delayed
       (stream-car stream)
       (delay (flatten-stream (stream-cdr stream))))))
```

求值器还使用下面的简单过程，去生成一个只包含着一个元素的流：

```
(define (singleton-stream x)
  (cons-stream x the-empty-stream))
```

4.4.4.7 查询的语法过程

qeval里使用的type和contents（见4.4.4.2节）说明各种特殊形式都由其car部分的符号作为标识。这两个过程与2.4.2节的type-tag和contents过程一样，只是其中的错误信息不同。

```
(define (type exp)
  (if (pair? exp)
      (car exp)
      (error "Unknown expression TYPE" exp)))

(define (contents exp)
  (if (pair? exp)
      (cdr exp)
      (error "Unknown expression CONTENTS" exp)))
```

下面两个过程用在query-driver-loop里（见4.4.4.1节），它们说明，用于加入数据库的规则和断言所用的形式是（assert! *<rule-or-assertion>*）：

```
(define (assertion-to-be-added? exp)
  (eq? (type exp) 'assert!))

(define (add-assertion-body exp)
  (car (contents exp)))
```

这里是特殊形式and、or、not和lisp-value的语法定义（见4.4.4.2节）：

```
(define (empty-conjunction? exps) (null? exps))
(define (first-conjunct exps) (car exps))
(define (rest-conjuncts exps) (cdr exps))

(define (empty-disjunction? exps) (null? exps))
(define (first-disjunct exps) (car exps))
(define (rest-disjuncts exps) (cdr exps))

(define (negated-query exps) (car exps))

(define (predicate exps) (car exps))
(define (args exps) (cdr exps))
```

下面三个过程定义了规则的语法形式：

```scheme
(define (rule? statement)
  (tagged-list? statement 'rule))

(define (conclusion rule) (cadr rule))

(define (rule-body rule)
  (if (null? (cddr rule))
      '(always-true)
      (caddr rule)))
```

query-driver-loop（见4.4.4.1节）调用query-syntax-process，对表达式里的模式变量做一种变换，将其由?symbol形式变换为内部形式（? symbol）。这也就是说，一个形如（job ?x ?y）的模式，在系统内部的实际表示是（job (? x) (? y)）。这样做可以提高查询处理的效率，因为这就使系统在需要检查一个表达式是否为模式变量时，只需检查这一表达式的car是不是符号?，而不需要做从符号里提取字符的工作。这一语法变换由下面过程完成[285]：

```scheme
(define (query-syntax-process exp)
  (map-over-symbols expand-question-mark exp))

(define (map-over-symbols proc exp)
  (cond ((pair? exp)
         (cons (map-over-symbols proc (car exp))
               (map-over-symbols proc (cdr exp))))
        ((symbol? exp) (proc exp))
        (else exp)))

(define (expand-question-mark symbol)
  (let ((chars (symbol->string symbol)))
    (if (string=? (substring chars 0 1) "?")
        (list '?
              (string->symbol
               (substring chars 1 (string-length chars))))
        symbol)))
```

一旦以这种方式对变量做了变换，模式里的变量就都变成了以?开头的表，而常量符号（为了数据库索引需要识别它们。见4.4.4.5节）还是符号。

```scheme
(define (var? exp)
  (tagged-list? exp '?))

(define (constant-symbol? exp) (symbol? exp))
```

在规则应用过程中需要构造唯一变量（见4.4.4.4节），此事通过下面过程完成。一次过程调用的唯一标识是一个数，在每次规则应用时加一。

```scheme
(define rule-counter 0)
```

---

[285] 大部分Lisp系统允许用户修改常规的read过程，使之能执行这类变换。为此提供了定义读入器宏字符的功能。引号表达式也是按这种方式处理的：读入器能自动将'expression变为（quote expression），而后才把它送给求值器。我们可以做出一些安排，以同样方式将 ?expression变换为（? expression）。然而，为了清晰起见，这里写出了显式的变换过程。

expand-question-mark和contract-question-mark里用到几个名字里包含string的过程，它们都是Scheme的基本操作。

```
(define (new-rule-application-id)
  (set! rule-counter (+ 1 rule-counter))
  rule-counter)

(define (make-new-variable var rule-application-id)
  (cons '? (cons rule-application-id (cdr var))))
```

在query-driver-loop为了打印回答而实例化查询表达式时，它需要用下面过程将所有未约束的模式变换回打印用的正确形式：

```
(define (contract-question-mark variable)
  (string->symbol
   (string-append "?"
     (if (number? (cadr variable))
         (string-append (symbol->string (caddr variable))
                        "-"
                        (number->string (cadr variable)))
         (symbol->string (cadr variable))))))
```

4.4.4.8 框架和约束

框架被表示为一组约束的表，每个约束是一个变量-值序对：

```
(define (make-binding variable value)
  (cons variable value))

(define (binding-variable binding)
  (car binding))

(define (binding-value binding)
  (cdr binding))

(define (binding-in-frame variable frame)
  (assoc variable frame))

(define (extend variable value frame)
  (cons (make-binding variable value) frame))
```

练习4.71 Louis Reasoner感到奇怪的是，为什么simple-query和disjoin过程（见4.4.4.2节）里显式使用过程delay实现，而没有定义为下面形式：

```
(define (simple-query query-pattern frame-stream)
  (stream-flatmap
   (lambda (frame)
     (stream-append (find-assertions query-pattern frame)
                    (apply-rules query-pattern frame)))
   frame-stream))

(define (disjoin disjuncts frame-stream)
  (if (empty-disjunction? disjuncts)
      the-empty-stream
      (interleave
       (qeval (first-disjunct disjuncts) frame-stream)
       (disjoin (rest-disjuncts disjuncts) frame-stream))))
```

你能够给出一些查询实例，对于它们，这种更简单的定义将会导致非预期的行为吗？

练习4.72 为什么disjoin和stream-flatmap以交错方式合并流，而不是简单地连接它们？请给出实例说明采用交错方式更加合适。（提示，为什么我们在3.5.3节里需要使用过程interleave？）

练习4.73 为什么flatten-stream中显式地使用了delay？如果用下面形式定义它，为什么就是错误的呢？

```
(define (flatten-stream stream)
  (if (stream-null? stream)
      the-empty-stream
      (interleave
       (stream-car stream)
       (flatten-stream (stream-cdr stream)))))
```

练习4.74 Alyssa P. Hacker建议在negate、lisp-value和find-assertions里采用一种更简单些的stream-flatmap版本。她注意到，在这些情况下，被映射到框架流的过程总是或者产生一个空流，或者产生一个单元素流。因此，在组合这些流时根本不需要交错。

a) 请填充下面Alyssa的程序里缺少的表达式：

```
(define (simple-stream-flatmap proc s)
  (simple-flatten (stream-map proc s)))
(define (simple-flatten stream)
  (stream-map <??>
              (stream-filter <??> stream)))
```

b) 如果我们这样修改程序，查询系统的行为会改变吗？

练习4.75 为这一查询语言实现一种称为unique的新特殊形式。unique应该在数据库里恰好只有一个满足特殊查询的条目时成功。例如，

```
(unique (job ?x (computer wizard)))
```

应该打印出只含下面一个条目的流

```
(unique (job (Bitdiddle Ben) (computer wizard)))
```

因为Ben是这里仅有的计算机大师。而

```
(unique (job ?x (computer programmer)))
```

应输出一个空流，因为这里的计算机程序员不止一个。进一步说，

```
(and (job ?x ?j) (unique (job ?anyone ?j)))
```

应该列出所有只有一个人做的工作，以及做这些工作的人。

实现unique的工作包括两部分。第一部分是写出一个能够处理这一特殊形式的过程，第二部分是让qeval能为这个过程做分派。第二部分工作很简单，因为qeval的分派是以数据导向的方式做的，如果你的过程名字叫uniquely-asserted，需要做的事情也就是写：

```
(put 'unique 'qeval uniquely-asserted)
```

这就能使qeval在遇到某查询的type（car）是符号unique时，就会将它分派给这个过程。

真正的问题是写过程uniquely-asserted。它需要以相应unique查询的contents（cdr）部分和一个框架流作为输入，对这个流里的每个框架，它应该利用qeval去找出这

一框架的所有满足给定查询的扩充框架的流。所有包含着多个条目的流都应该抛弃。剩下的流送回并累积到一个大流里，作为unique查询的结果。这一方式与特殊形式not的实现方式类似。

通过构造下面查询检查你的实现：找出所有这样的人，他们只有一个上级。

练习4.76 我们将and实现为一系列查询的组合（见图4-5）的方式很优美，但却比较低效，因为在处理and的第二个查询时，我们还必须针对第一个查询产生出的框架扫描整个数据库。如果数据库里有N个元素，一次典型查询产生出的输出框架个数等比于N（例如N/k），那么为第一个查询所生成的所有输出框架扫描数据库，就需要N^2/k次调用模式匹配器。实现这一计算过程的另一方式是分别处理and的两个子句，而后考察两个流里的所有输出框架对偶是否兼容。如果每个查询产生出N/k个输出框架，这就意味着我们需要做N^2/k^2次相容性检查——与目前所采用的方式相比，新方式所需的匹配次数小了一个k倍的因子。

请设计一个采用这种策略的and实现。你必须实现一个过程，它以两个流作为输入，检查其中框架里的匹配是否兼容。如果是的话，就生成一个合并了这两集约束的框架。这一操作很像合一。

练习4.77 在4.4.3节里我们看到，如果将过滤器not和lisp-value作用于包含未约束变量的框架，就可能导致查询语言给出“错误的”回答。请设计一种方式纠正这个问题。一种想法是以某种“延时”方式执行过滤，让这些框架为过滤器附加一个“允诺”，只有在框架里的变量约束足够多，使这一操作能正常完成时才去执行它。我们可以等到所有其他操作都执行完之后才去执行过滤。然而，由于效率的原因，我们还是希望尽可能早地做过滤，以减少所生成出的中间框架的数量。

练习4.78 重新将这一查询语言的实现设计为一个非确定性程序（而不是作为一个流过程），利用4.3节的求值器实现它。按照这种方式，每个查询将产生出一个回答（而不是所有回答的一个流），但可以通过输入try-again得到更多的回答。你将会发现，我们在这一节里构造出来的大部分机制都已经被非确定性搜索和回溯所概括了。当然，你可能还会发现，从行为上看，这一新查询语言与本节给出的语言有一些微妙的差异。你能找出一些说明这种差异的例子吗？

练习4.79 在4.1节实现Lisp求值器时，我们曾经看到如何通过使用内部环境来避免过程参数之间的名字冲突。例如，在求值下面表达式时：

```
(define (square x)
  (* x x))

(define (sum-of-squares x y)
  (+ (square x) (square y)))

(sum-of-squares 3 4)
```

在square的x与sum-of-squares的x之间根本不会产生混乱，因为对各个过程体的求值都是在某个特别构造的，包含了局部变量的环境里进行的。在上述查询系统里，我们为避免在过程应用中的名字冲突，采用的是另一种方式。每次应用一条规则之前，我们都将其中的变量重新命名，并保证这些名字都是唯一的。要想在Lisp求值器里采用这一策略，也可以不用局部环境，而是在每次应用一个过程时重新命名过程体里的所有变量。

请为查询语言实现另一种规则应用方式，在其中使用局部环境而不是重新命名。看看你是否能够基于自己创建的环境结构，为查询语言构造起一些机构，使之能处理很大的系统，例如类似于块结构过程的规则。你能将这一结构中的一些东西与在一个上下文里做推导的问题（例如，“如果假定了P真，我就能推导出A和B。”）联系起来，做成一个问题求解方法吗？（这个问题是永无止境的，一个好回答也许可以当博士。）

第5章 寄存器机器里的计算

我的目的是想说明，这一天空机器并不是一种天赐造物或者生命体，它只不过是钟表一类的机械装置（而那些相信钟表有灵魂的人却将这一工作说成是其创造者的荣耀），在很大程度上，这里多种多样的运动都是由最简单的物质力量产生的，就像钟表里所有活动都是由一个发条产生的一样。

——约翰尼斯·开普勒（给Herwart von Hohenburg的信，1605）

本书从研究计算过程，并用Lisp写出的过程描述它们开始。为了解释这些过程的意义，我们提出了一系列的求值模型：第1章的代换模型，第3章的环境模型，以及第4章的元循环模型。我们特别仔细地考察这个元循环模型，就是为了尽可能地揭开有关类Lisp语言的程序如何解释的神秘面纱。但是，即使是这个元循环解释器，也还遗留下一些没有回答的问题，因为它无法阐释Lisp系统里的控制机制。举例来说，这个求值器不能解释子表达式的求值怎样返回一个值，以便送给使用这个值的表达式；该求值器也无法解释为什么有些递归过程能产生迭代型的计算过程（也就是说，只需要常量空间就可以求值），而另一些递归过程却生成递归型的计算。无法回答这些问题的原因在于，元循环求值器本身也是一个Lisp程序，并因此继承了基础Lisp系统的控制结构。为了提供有关Lisp求值器的控制结构的一个更完整的描述，我们就必须转到一个比Lisp本身更基本的层次上去工作。

在这一章里，我们将基于传统计算机的一步一步操作，描述一些计算过程。这类计算机也称为*寄存器机器*，它们能顺序地执行一些*指令*，对一组固定称为寄存器的存储单元的内容完成各种操作。寄存器机器的一条典型指令将一种基本操作作用于某几个寄存器的内容，并将作用的结果赋给另一个寄存器。我们对寄存器机器执行的计算过程的描述，看起来很像传统计算机的“机器语言”程序。当然，我们在这里不打算关注任何特定计算机的机器语言，而是要考察若干Lisp过程，并为执行每个过程设计一部特殊的寄存器机器。这样，我们可以把自己的工作看成是硬件结构设计师，而不是机器语言的计算机程序员。在这些寄存器机器的设计中，我们要开发出一些机制，以实现各种重要的程序设计结构，例如递归。我们还要给出一种能够用于描述寄存器机器设计的语言。在5.2节里，我们将要实现一个Lisp程序，它能够使用这样的描述去模拟我们所设计的机器。

我们的寄存器机器的大部分基本操作都非常简单。例如，有一个操作从两个寄存器里取出值后相加，产生结果后存入第三个寄存器。这样一个操作可以由很容易描述的硬件来执行。为了处理表结构，我们当然还要使用存储器操作car、cdr和cons，它们要求更精细的存储分配机制。我们将在5.3节里研究如何基于更基本的操作实现它们。

在已经积累了许多将简单过程构造为寄存器机器的经验之后，我们将在5.4节里设计一部机器，它能够执行由4.1节里的元循环求值器描述的算法。这一工作将填补起我们对于如何解释Scheme表达式的理解中的缺陷，为求值器里的控制机制提供一个显式模型。在5.5节里，我们将研究一个简单的编译器，它能将Scheme程序翻译为指令的序列，这种序列可以直接通过上述的求值器寄存器机器的寄存器和操作去执行。

5.1 寄存器机器的设计

要设计一部寄存器机器，我们必须设计好它的*数据通路*（寄存器和操作）和*控制器*，该控制器实现操作的顺序执行。为了展示一部简单寄存器机器的设计过程，让我们考察欧几里得算法，它用于计算两个整数的最大公约数（GCD）。正如我们在1.2.5节已经看到过的，欧几里得算法可以通过一个迭代计算过程执行，由下面的过程描述：

```
(define (gcd a b)
  (if (= b 0)
      a
      (gcd b (remainder a b))))
```

如果一部机器要执行这一算法，它就必须维持好两个数a和b的变动轨迹，所以，让我们假定这两个数被保存在名字与它们相同的两个寄存器里。所需要的基本操作包括检查寄存器b的内容是否为0，计算寄存器a的内容除以寄存器b的内容得到的余数。余数操作是一个复杂的计算过程，但现在暂时假定我们有一个能计算余数的基本设备。在这个GCD算法的每次循环里，寄存器a的内容都必须用寄存器b的内容取代，而b的内容必须代以原来a的内容除以原来b的内容的余数。如果这些操作能在同一个时间完成，事情就会方便得多。但是在我们的寄存器机器模型里，假定每一步中只能给一个寄存器赋新值。为了完成上述代换，我们的机器里要使用第三个“临时性的”寄存器，称为t。（首先将余数放在寄存器t，而后将b的内容存入a中，最后再把保存在t里的余数存入b中。）

我们可以用数据通路图来展示这个机器中所需的寄存器和各种操作，如图5-1所示。在这个图里，寄存器（a、b和t）用矩形表示，给某个寄存器赋值的一种方式用一个箭头表示，箭头的后面画着一个X，从数据源指向被赋值的寄存器。我们可以将这里的X看作一个按钮，在按压它的时候，就会允许这个值从数据源“流向”指定的寄存器。位于按钮旁边的名字用于表示相应的按钮。这些名字可以任意取，因此最好选用助记的名字（例如，用a<-b表示按压这一按钮将把寄存器b的内容赋值给寄存器a）。一个寄存器的数据源可以是另一个寄存器（就像赋值a<-b的情况），或者是一个操作的结果（如赋值t<-r的情况），或者是一个常数（一个不允许改变的内置的值，在数据通路图上用一个三角形表示，其中包含着这个常数）。

在数据通路图里，从常数或者寄存器内容出发计算出一个值的操作用一个梯形框表示，其中写着有关操作的名字。例如，在图5-1里用rem标记的梯形框表示一个计算余数的操作，它针对寄存器a和b的内容做计算，因为它们都连接在这个操作框上。有箭头（上面没有按钮的）从操作的输入寄存器和常量指向操作框，还有箭头从操作的输出连接到寄存器。检测用一个圆圈表示，其中写着检测的名字。例如，在这一GCD机器里有一个检测操作，它检测寄存器b的内容是否为0。一个检测同样也有从其输入寄存器和常量来的箭头，但没有输出箭头，检测的结果值将由控制器使用，并不用于数据通路。从整体上看，数据通路图表示了一部机器里所需要的寄存器和操作，以及它们之间的数据连接。如果我们将箭头看作连线，将X按钮看作开关，这种数据通路图很像是一部机器的线路图，就像这部机器可以用电子元件构造出来似的。

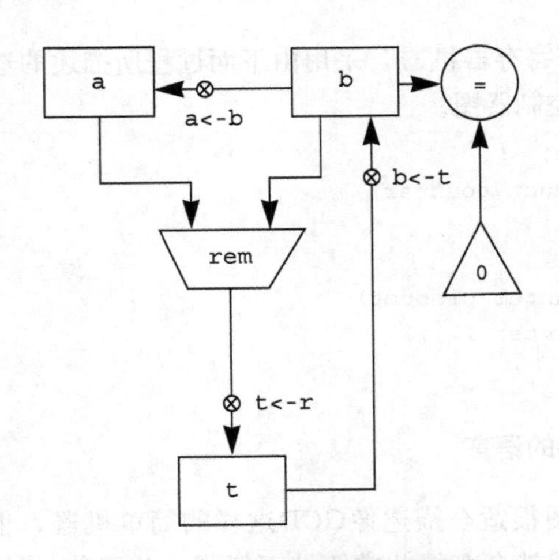

图5-1 一部GCD机器的数据通路

为了使这一数据通路图能够实现GCD的计算，其中的按钮就必须按照正确的顺序按动。我们用一个控制器图描述这种顺序，如图5-2所示。控制器图里的元素描述的是数据通路图里的部件应该如何操作。在控制器图里的矩形表示的是数据通路按钮的按压动作，其中的箭头表示从一个步骤到下一步骤的顺序。在这一图形里的菱形表示一次决策，随后有两个可以走的箭头，具体走哪一个要看菱形里标明的数据通路所检测的值。我们可以用一种物理类比来解释这个控制器：将这个图看作一个迷宫，其中有一个在里面滚的弹子。当弹子滚到一个盒子（矩形）里的时候，就会按压在这里盒子里标明的数据通路按钮；当弹子滚到一个决策结点时（例如这里对b＝0的检测），它究竟从哪条路线离开将由指定检测的结果确定。综合在一起，这里的数据通路和控制器完全描述了一部计算GCD的机器。在寄存器a和b里安放了适当的值之后，控制器的启动（弹子的滚动）从标明start的位置开始。当控制器达到done时，就会看到在寄存器a里的GCD值。

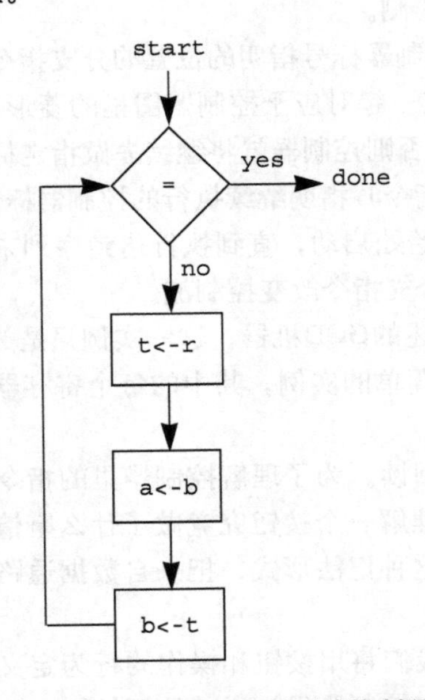

图5-2 一部GCD机器所用的控制器

练习5.1　请设计一部寄存器机器，采用由下面过程所描述的迭代算法计算阶乘。请画出这一机器的数据通路图和控制器图。

```
(define (factorial n)
  (define (iter product counter)
    (if (> counter n)
        product
        (iter (* counter product)
              (+ counter 1))))
  (iter 1 1))
```

5.1.1　一种描述寄存器机器的语言

数据通路图和控制器图很适合描述像GCD这样的简单机器，但如果用于描述大型机器，例如Lisp的解释器，这些图就会变得非常笨拙不便了。为了能够处理复杂的机器，我们将创造一种语言，它能以正文的形式表现出由数据通路图和控制器图所给出的所有信息。我们将从一种直接模仿这些图示的记法形式开始。

在定义一部机器的数据通路图时，我们需要描述其中的寄存器和各种操作。为了描述一个寄存器，我们需要给它取一个名字，并描述那些给它赋值的按钮。这里又需要给出每个按钮的名字，并描述在这些按钮的控制之下进入寄存器的数据源（这种数据源是一个寄存器，或一个常量，或一个操作）。为了描述一个操作，我们也需要给它一个名字，并描述好它的输入（寄存器或者常量）。

我们将一部机器的控制器定义为一个*指令*序列，另外再加上一些*标号*，它们标明了序列中的一些*入口点*。一条指令可以是下面几种东西之一：

- 数据通路图中的一个按钮，按压它将使一个值被赋给一个寄存器。（这对应于控制器图里的一个矩形框。）
- `test`指令，执行相应的检测。
- 有条件地转移到某个由控制器标号指明的位置的分支指令（`branch`指令），它基于前面检测的结果（检测和分支一起对应于控制器图里的菱形）。如果检测为假，控制器将继续序列中的下一条指令；否则控制器就将继续去做指定标号之后的下一条指令。
- 无条件分支指令（`goto`指令）指明继续执行的控制器标号。

机器将从控制器指令序列的开始处启动，直到执行达到序列末尾时停止。这些指令总按照它们列出的顺序执行，除非遇到分支指令改变控制流。

图5-3显示了用这种方式描述的GCD机器。这一实例只是为了说明了这种表示方式的通用性，因为GCD机器是一个非常简单的实例，其中的每个寄存器只有一个按钮，每个按钮和检测都只在控制器里使用了一次。

不幸的是，这种描述很难阅读。为了理解控制器里的指令，我们必须时常去参照查看按钮的名字和操作的名字；为了理解一个按钮究竟做了什么事情，我们又必须参照查看操作名字的定义。为此我们希望改变这种记法形式，把来自数据通路图和控制器图的描述组合到一起，使我们能在一起观看它们。

为了得到这种描述形式，我们将用按钮和操作的行为定义代替为它们任意取的名字。也就是说，不采用在一个地方（在控制器里）说“按压按钮`t<-r`”，并在另一个地方（在数据

通路图里）说“按压t<-r将把操作rem的值赋给寄存器t”以及“操作rem的输入是寄存器a和b的内容”的方式，以后将（在控制器里）直接说：“按压那个按钮，将操作rem对寄存器a和b的内容算出的值赋给寄存器t”。与此类似，不是（在控制器里）说“执行＝检测”并另外（在数据通路里）说“这个＝检测是对寄存器b的内容和常量0操作”，而将说“对于寄存器b的内容和常量0做＝检测。”我们将忽略掉数据通路描述，只留下控制器序列。这样，GCD机器就可以描述为下面的形式：

```
(controller
 test-b
   (test (op =) (reg b) (const 0))
   (branch (label gcd-done))
   (assign t (op rem) (reg a) (reg b))
   (assign a (reg b))
   (assign b (reg t))
   (goto (label test-b))
 gcd-done)
```

```
(data-paths
 (registers
  ((name a)
   (buttons ((name a<-b) (source (register b)))))
  ((name b)
   (buttons ((name b<-t) (source (register t)))))
  ((name t)
   (buttons ((name t<-r) (source (operation rem))))))
 (operations
  ((name rem)
   (inputs (register a) (register b)))
  ((name =)
   (inputs (register b) (constant 0)))))

(controller
 test-b                                   ; label
   (test =)                               ; test
   (branch (label gcd-done))              ; conditional branch
   (t<-r)                                 ; button push
   (a<-b)                                 ; button push
   (b<-t)                                 ; button push
   (goto (label test-b))                  ; unconditional branch
 gcd-done)                                ; label
```

图5-3 一部GCD机器的规范描述

与图5-3给出的形式相比，现在这种描述形式更容易阅读，但它也还有一些缺点：

- 对于大型机器而言，这种描述太啰嗦，因为只要控制器指令序列中多次提到某个数据通路元素，该元件的完整描述就会反复地出现（在GCD实例里并没有出现这一问题，因为在这里，每个操作和按钮都只出现了一次）。进一步说，重复出现的数据通路描述将使机器中的实际数据通路结构变得模糊不清，对于大型的机器而言，到底有多少个寄存器、操作和按钮，它们之间如何连接的情况都将更难看清楚。

- 因为机器定义中的控制器指令看起来像Lisp的表达式，因此就使人很容易忘记它们并不是任意的Lisp表达式，只能表示合法的机器指令。举例来说，这里的操作只能直接对常量和寄存器的内容去做，不能作用于其他操作的结果。

虽然存在这些缺点，在这一章里我们还是准备始终采用这一寄存器机器语言，因为下面将更加关注对于控制器的理解，而较少注意数据通路里的元素和连接。当然，我们还是应该记住，对于设计实际机器而言，数据通路的设计是至关重要的。

练习5.2 请用这里的寄存器机器语言描述练习5.1的迭代型阶乘机器。

动作

我们现在要修改上述GCD机器，以便能把想求GCD的数输入给它，并使它能把结果从终端打印出来。我们并不想讨论如何使机器能够读入和打印，而是假定这些都可以作为基本操作使用（就像我们在Scheme里需要时就直接用read和display一样）[286]。

read就像我们已经在用的那些操作，它产生出一个可以保存到寄存器里的值。但是read并不从任何寄存器取得输入，它所产生的值依赖于某些情况，而这些情况发生在我们所设计的机器的组成部分之外。我们允许机器的一些操作具有这种行为方式，并据此画出或者说明read的使用，就像所用的是一个能计算出值的操作一样。

另一方面，print与我们已经使用的任何操作都有本质性的不同：它并不产生任何可以存入寄存器的输出值。虽然print会产生一种效果，但这种效果却不是我们所设计的机器的一部分。下面把这类操作称为*动作*。在数据通路图上，动作的表示形式就像是一个能产生值的操作——用一个梯形，其中包含着这个动作的名字。应该有来自输入（寄存器或者常量）的箭头指向动作框，我们也为这些动作关联一个按钮，按压这个按钮将导致该动作的出现。为了使控制器可以按压动作的按钮，在这里增加一种新的称为perform的指令。这样，在控制器序列里，打印寄存器a的内容的动作用下面指令表示：

```
(perform (op print) (reg a))
```

图5-4显示的是新的GCD机器的数据通路和控制器。这里我们没有让这一机器打印结果后就停止，而是让它重新开始，因此这部机器将反复地读入一对数，计算它们的GCD并打印出结果。这种结构很像我们在第4章讲的解释器里用的驱动循环。

5.1.2 机器设计的抽象

我们经常需要定义一部包括某些“基本”操作的机器，这些操作本身实际上也非常复杂。举例说，在5.4和5.5节里，我们将要把Scheme的环境操作当作基本操作。这种抽象非常有价值，因为它使我们能忽略机器中一些部分的细节，将注意力集中到有关设计的其他方面。当然，我们能够将大量复杂事务隐藏起来，这并不意味着该机器的设计是不实际的。因为我们总能用一些更简单的基本操作来取代这些复杂的“基本操作”。

考虑上面的GCD机器，在这一机器里有一条指令，它计算寄存器a和b的内容的余数，并将结果赋值给寄存器t。如果我们希望在构造这一GCD机器时不用这种余数基本操作，那么就

[286] 这一假设掩盖了很多复杂问题。通常在Lisp系统的实现里，大部分工作就是完成读入和打印的工作。

必须描述清楚如何利用更简单的操作计算出余数来，例如采用减法。我们确实能写出下面的能够找出余数的Scheme过程：

```
(define (remainder n d)
  (if (< n d)
      n
      (remainder (- n d) d)))
```

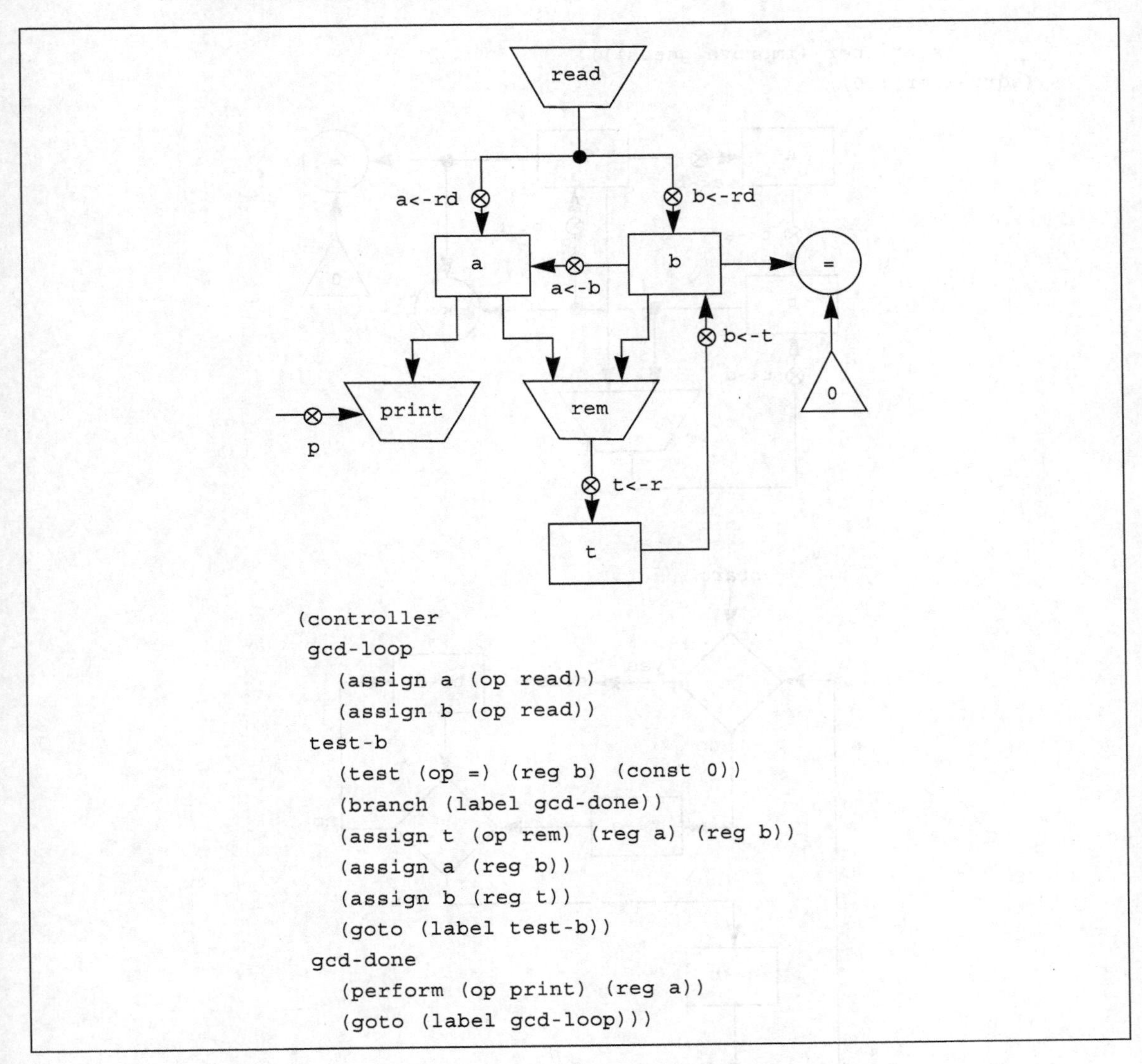
read
a<-rd
b<-rd
a
b
a<-b
=
b<-t
0
print
rem
p
t<-r
t
(controller
gcd-loop
(assign a (op read))
(assign b (op read))
test-b
(test (op =) (reg b) (const 0))
(branch (label gcd-done))
(assign t (op rem) (reg a) (reg b))
(assign a (reg b))
(assign b (reg t))
(goto (label test-b))
gcd-done
(perform (op print) (reg a))
(goto (label gcd-loop)))

图5-4 一部读输入并打印结果的GCD机器

这样，我们就可以用一个减法操作和一个比较检测，去代替GCD机器的数据通路里的余数操作。图5-5显示了这一细化后的机器的数据通路和控制器。原GCD控制器定义里的指令：

```
(assign t (op rem) (reg a) (reg b))
```

现在被一个包含循环的指令序列取代了，如图5-6所示。

练习5.3 请设计一部机器，采用牛顿法计算平方根，如1.1.7节所描述的：

```
(define (sqrt x)
  (define (good-enough? guess)
    (< (abs (- (square guess) x)) 0.001))
  (define (improve guess)
    (average guess (/ x guess)))
  (define (sqrt-iter guess)
    (if (good-enough? guess)
        guess
        (sqrt-iter (improve guess))))
  (sqrt-iter 1.0))
```

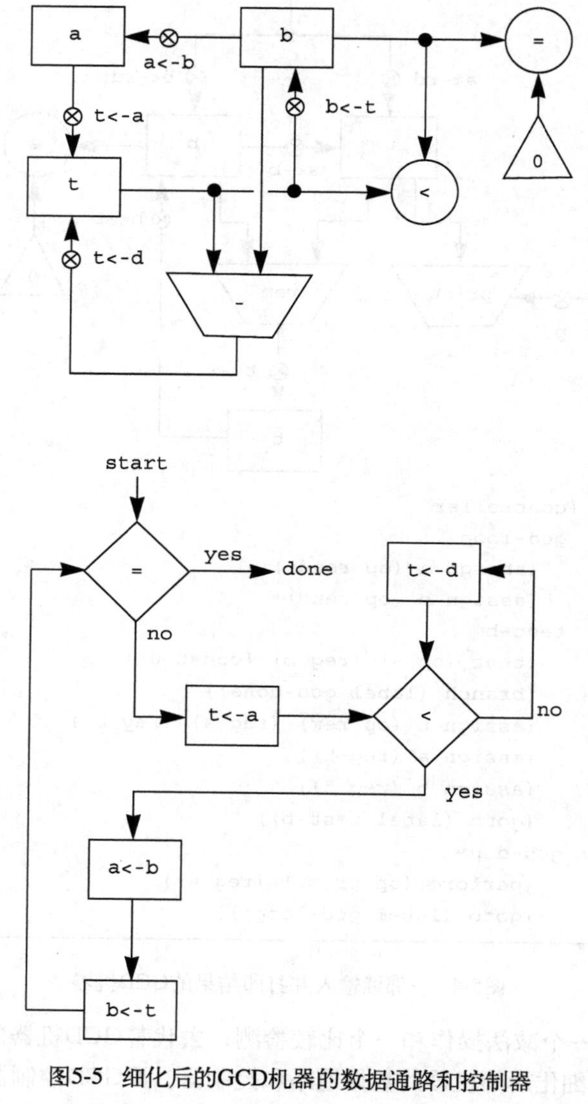

图5-5 细化后的GCD机器的数据通路和控制器

在开始时，请假设good-enough?和improve都是可用的基本操作。而后说明如何基于算术操作展开它们。请描述这些sqrt机器的设计，画出它们数据通路图，并用寄存器机器语言写出控制器的定义。

```
(controller
 test-b
   (test (op =) (reg b) (const 0))
   (branch (label gcd-done))
   (assign t (reg a))
 rem-loop
   (test (op <) (reg t) (reg b))
   (branch (label rem-done))
   (assign t (op -) (reg t) (reg b))
   (goto (label rem-loop))
 rem-done
   (assign a (reg b))
   (assign b (reg t))
   (goto (label test-b))
 gcd-done)
```

图5-6 针对图5-5中GCD机器的控制器指令序列

5.1.3 子程序

在设计一部执行某种计算的机器时，我们常常更希望能对其中的一些部件做出一些安排，使计算中某些不同的部分可以共享这些部件，而不是重复描述这些部件。现在考虑一部包含着两个GCD计算的机器，一个找出寄存器a和b的内容的GCD，另一个找出寄存器c和d的内容的GCD。在开始时，我们可以假定已经有了一个gcd基本操作，而后再基于更基本的操作展开gcd的这两个实例。图5-7中只显示了结果机器的数据通路里与GCD有关的部分，没有显示它们与机器中其他部分的连接。这个图里还显示了这一机器的控制器序列里的相应部分。

在这一机器里有两个余数操作框和两个检测相等的框。如果重复出现的部件比较复杂，就像这里的余数框，这样做就不是构造这一机器的最经济方式了。我们希望能用同一个部件完成这两个GCD计算，以避免数据通路部件的重复出现，条件是这样做时不会影响更大的机器计算里的其他部分。如果在控制器到达gcd-2的时候，寄存器a和b里的值已经不再需要了（或者，如果为了保证安全，已经将这些值搬到了其他寄存器），我们就可以修改这部机器，使它在计算第二个GCD时也使用寄存器a和b，而不用寄存器c和d，就像在第一次计算GCD时那样。如果这样做，我们就会得到如图5-8所示的控制器序列。

这样我们就除去了重复的数据通路部件（因此数据通路又变回到图5-1的样子），但是在控制器里还是有两个有关GCD的序列，它们之间的差异仅仅在于入口标号不同。如果能将这样的两个序列代换为到同一个序列（一个gcd子程序）的不同分支，并能在该序列最后重新通过分支，回到主流指令序列中正确的位置，那当然就更好了。我们可以通过如下方式完成这一工作：在分支进入gcd之前，首先在特定的寄存器continue里存入一个区分值（例如0或者1），在gcd子程序结束时，让计算根据寄存器continue里的值决定是回到after-gcd-1还是after-gcd-2。图5-9显示了这样做之后的控制器序列里的相关部分，其中只包含了gcd指令的一个副本。

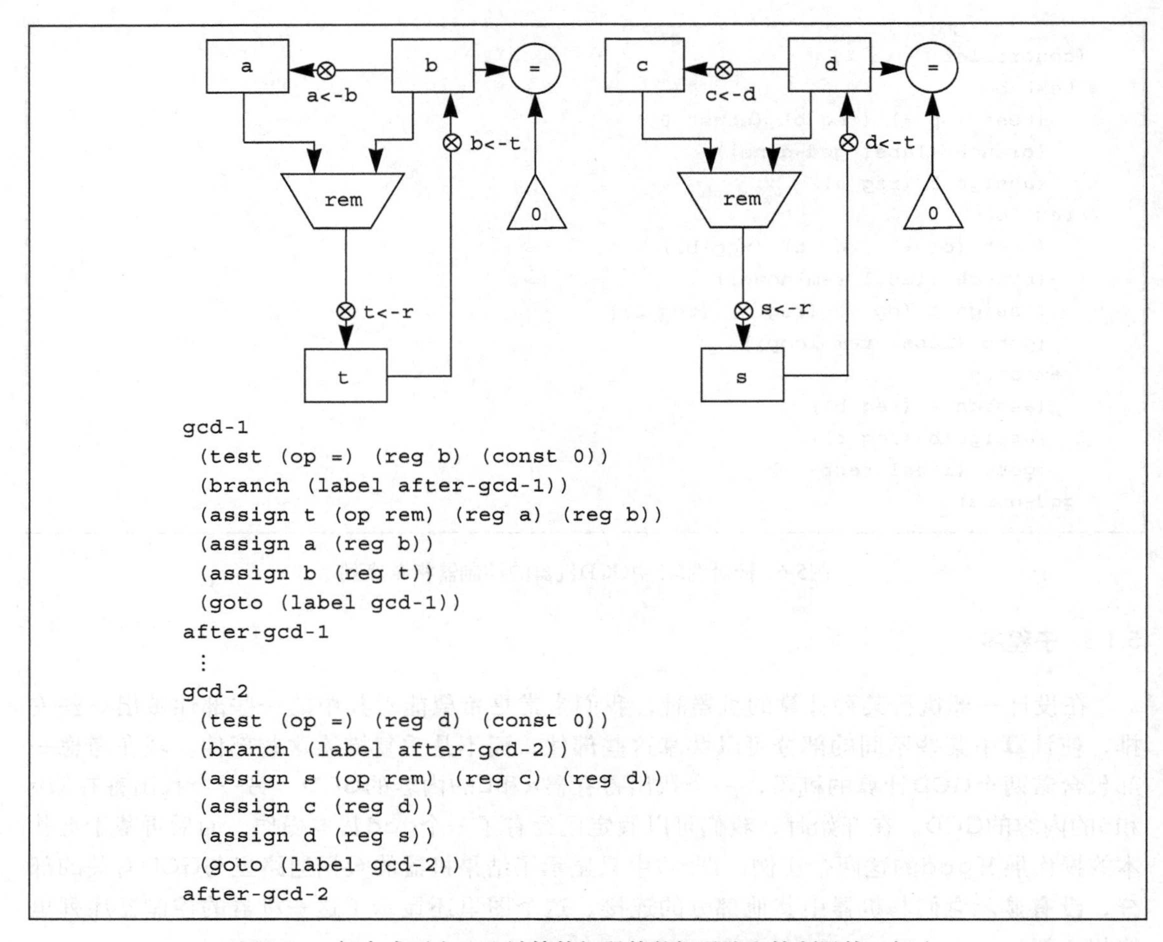
a
a<-b
b
=
c
c<-d
d
=
b<-t
d<-t
rem
0
rem
0
t<-r
s<-r
t
s
gcd-1
(test (op =) (reg b) (const 0))
(branch (label after-gcd-1))
(assign t (op rem) (reg a) (reg b))
(assign a (reg b))
(assign b (reg t))
(goto (label gcd-1))
after-gcd-1
⋮
gcd-2
(test (op =) (reg d) (const 0))
(branch (label after-gcd-2))
(assign s (op rem) (reg c) (reg d))
(assign c (reg d))
(assign d (reg s))
(goto (label gcd-2))
after-gcd-2

图5-7 一部完成两次GCD计算的机器的数据通路和控制器的一部分

```
gcd-1
 (test (op =) (reg b) (const 0))
 (branch (label after-gcd-1))
 (assign t (op rem) (reg a) (reg b))
 (assign a (reg b))
 (assign b (reg t))
 (goto (label gcd-1))
after-gcd-1
  ⋮
gcd-2
 (test (op =) (reg b) (const 0))
 (branch (label after-gcd-2))
 (assign t (op rem) (reg a) (reg b))
 (assign a (reg b))
 (assign b (reg t))
 (goto (label gcd-2))
after-gcd-2
```

图5-8 在一部机器中为两个不同GCD计算使用了同样的数据通路部件，这里是它的控制器序列的一部分

```
gcd
 (test (op =) (reg b) (const 0))
 (branch (label gcd-done))
 (assign t (op rem) (reg a) (reg b))
 (assign a (reg b))
 (assign b (reg t))
 (goto (label gcd))
gcd-done
 (test (op =) (reg continue) (const 0))
 (branch (label after-gcd-1))
 (goto (label after-gcd-2))
   ⋮
;; Before branching to gcd from the first place where
;; it is needed, we place 0 in the continue register
 (assign continue (const 0))
 (goto (label gcd))
after-gcd-1
   ⋮
;; Before the second use of gcd, we place 1 in the continue register
 (assign continue (const 1))
 (goto (label gcd))
after-gcd-2
```

图5-9 采用一个continue寄存器，避免像图5-8那样重复的控制器序列

在处理很小的问题时，这是一种合理的方法，但如果在控制器序列里出现了许多GCD计算的实例，事情就会变得很难弄了。为了在gcd子程序完成之后确定转到哪里继续执行，我们就需要为在控制器里所有使用gcd的地方加上做检测的数据通路和分支指令。实现子程序的另一种更有力的方法，是在寄存器continue里保存控制器序列里一个入口点的标号，用这个标号指明子程序结束时执行应从哪里继续下去。要实现这一策略，就需要在寄存器机器的数据通路与控制器之间建立一类新的联系：这里必须有一种方式，能用于控制器序列里一个标号的值赋给一个寄存器，而所用的赋值方式又必须使这种值可以从寄存器里提取出来，用于确定继续执行的指定入口点。

为了实现这种能力，我们要扩充寄存器机器里assign指令的能力，允许将控制器序列里的标号作为值（作为一种特殊常量）赋给一个寄存器。还要扩充goto指令的能力，允许执行进程不仅可以从一个常量标号描述的入口点继续，还可以从一个寄存器的内容所描述的入口点继续下去。利用这些新的结构，我们就可以在gcd子程序的结束处放一条分支指令，要求转向保存在continue寄存器里的那个位置。这样做出的控制器序列如图5-10所示。

如果一部机器里有多个子程序，那么可以采用多个继续寄存器（例如，gcd-continue，factorial-continue），也可以让所有子程序共享同一个continue寄存器。共享一个寄存器当然更经济一些，但是在出现一个子程序（sub1）调用另一个子程序（sub2）的情况下，我们就必须小心了。除非sub1在设置continue寄存器以便准备去调用sub2之前，事先保存了continue寄存器的内容，否则在sub1本身结束时就不知道该往哪里去了。下一节将开发一种用于处理递归的机制，它也同样为解决子程序嵌套调用提供了一种更好的办法。

```
gcd
 (test (op =) (reg b) (const 0))
 (branch (label gcd-done))
 (assign t (op rem) (reg a) (reg b))
 (assign a (reg b))
 (assign b (reg t))
 (goto (label gcd))
gcd-done
 (goto (reg continue))
   ⋮
;; Before calling gcd, we assign to continue
;; the label to which gcd should return.
 (assign continue (label after-gcd-1))
 (goto (label gcd))
after-gcd-1
   ⋮
;; Here is the second call to gcd, with a different continuation.
 (assign continue (label after-gcd-2))
 (goto (label gcd))
after-gcd-2
```

图5-10 为continue寄存器做标号赋值，可以简化并推广图5-9中展示的策略

5.1.4 采用堆栈实现递归

有了至今所阐述的思想，我们已经可以通过描述有关的寄存器机器，实现所有的迭代计算过程了，其中用一个寄存器对应于计算过程中的一个状态变量。这种机器反复地执行一个控制器循环，并不断改变各个寄存器的内容，直至满足了某些结束条件。在控制器序列中的每一点，机器的状态（对应于迭代计算过程的状态）完全由这些寄存器的内容（对应于状态变量的值）所确定。

然而，要想实现递归计算过程，我们还需要增加新的机制。考虑下面计算阶乘的递归方法，我们在1.2.1节第一次看到它：

```
(define (factorial n)
  (if (= n 1)
      1
      (* (factorial (- n 1)) n)))
```

正如从这一过程中可以看到的，在计算$n!$时将需要计算（$n-1$）!。用下面过程描述的另一部GCD机器

```
(define (gcd a b)
  (if (= b 0)
      a
      (gcd b (remainder a b))))
```

也类似地需要去计算另一个GCD。但是，在这个gcd过程与上面的factorial之间有一点重要不同，这个gcd过程将原来的计算简化为一个新的GCD计算，而factorial则要求计算出另一个阶乘作为一个子问题。在这个GCD过程里，对于新的GCD计算的回答也就是原来问题

的回答。为了计算下一个GCD，我们只需简单地将新的参数放进GCD机器的输入寄存器里，并通过执行同一个控制器序列，重新使用这个机器的数据通路。在机器完成了最后一个GCD问题的求解时，整个计算也就完成了。

但是，在阶乘（以及其他任何递归计算过程）的情形里，对于新的阶乘子问题的回答并不是对于原问题的回答。由 $(n-1)!$得到的值还必须乘以n，才能得到最后的结果。如果我们试图去模仿GCD设计，通过减少寄存器n的值并重新运行阶乘机器的方式求解这里的阶乘子问题，我们就会丧失n原来的值，也就无法再用它去乘计算结果了。这样我们就需要第二部阶乘机器去完成子问题的工作。而这第二个子问题本身又有一个阶乘子问题，它又要求第三部阶乘机器，并继续这样下去。因为每部阶乘机器里都需要包含另一部阶乘机器，完整的机器中将要包含着无穷嵌套的类似机器，这是不可能从固定的有限个部件构造起来的。

然而，我们还是可能将这一阶乘计算过程实现为一部寄存器机器，只要我们能做出一种安排，设法使每个嵌套的机器实例都使用同样的一组部件。也就是说，计算$n!$的机器应该用同样部件去完成计算针对 $(n-1)!$的子问题，去计算针对 $(n-2)!$的子问题，并如此下去。这是可能的，因为，虽然阶乘计算过程在执行中要求同一机器的无穷多个副本，但是在任何给定时刻，它所实际使用的只是这些副本中的一个。当这部机器遇到一个递归子问题时，它就可以挂起针对原问题的工作，重新使用同样物理部件去处理这个子问题，完成后再继续进行前面挂起的计算。

在处理子问题时，寄存器的内容与它们在原问题里的情况不同（在目前情况下，寄存器n的值减小了）。为了能够继续进行前面挂起的计算，机器必须把解决了子问题之后还需要的那些寄存器的内容保存起来，以便后来能恢复它们，以继续进行前面挂起的计算。对于阶乘问题，我们应该保存起n的原值，在完成对减小后n寄存器的阶乘计算之后再恢复它[287]。

由于对递归调用的嵌套深度并没有一个事先知道的界限，我们可能需要保存任意多个寄存器值。这些值需要以与它们的保存顺序相反的顺序存储起来，因为在嵌套的递归中，最后进入的那个子问题将首先结束。这就要求我们使用一个*堆栈*，或称为“后进先出”数据结构，用它保存寄存器的值。我们可以扩充寄存器机器语言，增加两种指令，将一个堆栈包括进来：将值放入堆栈用一个save指令，从堆栈中恢复一个值用restore指令。在将一系列值save到堆栈里之后，一系列的restore将以相反的顺序提取出这些值[288]。

有了堆栈的帮助之后，我们就可以重复使用阶乘机器的数据通路的同一个副本，完成所有的阶乘子问题了。在重复使用对这个数据通路进行操作的控制器序列时，也存在类似的设计问题。为了重复地执行阶乘计算，这个控制器就不能像迭代计算过程那样简单地转回到开始的地方，因为在解决了 $(n-1)!$子问题之后，这部机器还必须将结果乘以n。控制器需要挂起它对$n!$的计算，去解决 $(n-1)!$子问题，而后再继续它对$n!$的计算。对阶乘计算的这种观点提示我们采用5.1.3节里描述的子程序机制，在那里使用了一个continue寄存器，以便在转到解决子问题的序列部分之后，还能回到它脱离主问题的那个位置继续下去。我们同样可以让阶乘子程序把返回的入口点保存到continue寄存器里。围绕着每个子程序调用，我们都

---

287 有人可能会说，在这里并不需要保存n的原值，因为再减小它并解决了子问题之后，我们可以再增大它去恢复到原来的值。虽然这种策略对于阶乘确实可行，但却不是一般可用的，因为一般而言，一个寄存器原来的值不一定能从它的新值计算出来。

288 在5.3节里，我们将看到如何基于更基本的操作实现堆栈。

需要做寄存器continue的保存和恢复，就像对寄存器n所做的那样，因为每一“层”阶乘计算都将使用同一个continue寄存器。这样，阶乘子程序在调用自己以开始解决一个子问题之前，必须将一个新值存入continue，但它后来还会需要那个老的值，以便能返回原来调用它以解决这个子问题的位置。

图5-11显示了实现这一递归的factorial过程的机器的数据通路和控制器。在这一机器里，有一个堆栈以及三个分别称为n、val和continue的寄存器。为了简化数据通路图，我

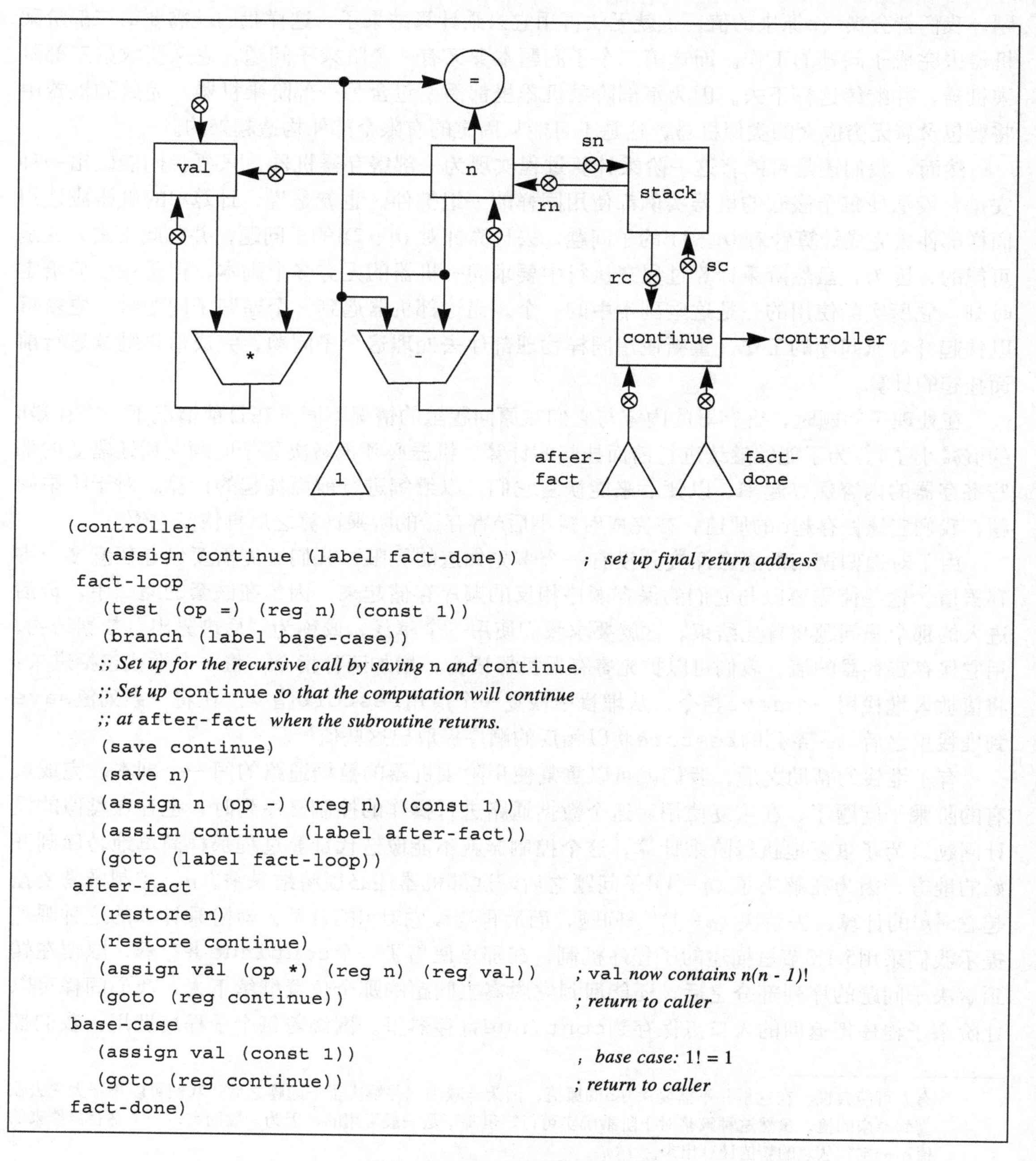


```
(controller
   (assign continue (label fact-done))     ; set up final return address
 fact-loop
   (test (op =) (reg n) (const 1))
   (branch (label base-case))
   ;; Set up for the recursive call by saving n and continue.
   ;; Set up continue so that the computation will continue
   ;; at after-fact when the subroutine returns.
   (save continue)
   (save n)
   (assign n (op -) (reg n) (const 1))
   (assign continue (label after-fact))
   (goto (label fact-loop))
 after-fact
   (restore n)
   (restore continue)
   (assign val (op *) (reg n) (reg val))   ; val now contains n(n - 1)!
   (goto (reg continue))                   ; return to caller
 base-case
   (assign val (const 1))                  ; base case: 1! = 1
   (goto (reg continue))                   ; return to caller
 fact-done)
```

图5-11 一部递归的阶乘机器

们并没有给寄存器赋值按钮命名，而是只给堆栈操作按钮命了名（sc和sn保存寄存器内容，rc和rn恢复寄存器内容）。为了操作这部机器，我们在寄存器*n*里存入希望计算阶乘值的数，而后启动机器。当机器到达fact-done时计算结束，在寄存器val里将能找到对应回答。在相应的控制器序列里，每次递归调用之前都保存起n和continue，从调用返回时恢复它们。完成从一个调用返回的方式就是转到保存在continue里的位置。在机器启动时对continue做初始化，使得机器在最后能返回到fact-done。val寄存器里保存着阶乘计算的结果，在递归调用时并不保存它，因为val原来的内容在子程序返回后已经没有用了。此时只需要它的新值，是由这一次子计算产生出来的。

虽然从原理上说阶乘计算需要一部无穷机器，图5-11所示的机器实际上却是有穷的，除了其中的堆栈之外，因为它是潜在无界的。当然，堆栈的任何特定物理实现都具有有穷的大小，这也将限制这一机器所能处理的递归调用深度。阶乘的这一具体实现展示了实现递归算法的通用策略：采用一部常规的寄存器机器，再增加一个堆栈。在遇到递归子程序时，只要某些寄存器的值在子问题求解完成后还需要用，就把它们的当前值存入堆栈。而后去求解递归的子问题，再恢复保存起来的寄存器值，并继续执行原来的主程序。continue寄存器的值必须保存，其他寄存器的值是否需要保存，就要看特定机器的情况，因为并不是所有的递归计算都需要各个寄存器原来的值，即使这些值在求解子问题的过程中修改了（见练习5.4）。

双重递归

现在让我们来考察一个更复杂的递归计算过程，有关斐波那契数的树型递归计算。这是在1.2.2节介绍过的：

```
(define (fib n)
  (if (< n 2)
      n
      (+ (fib (- n 1)) (fib (- n 2)))))
```

与阶乘的情况类似，我们也可以把递归的斐波那契计算实现为一部寄存器机器，其中采用寄存器n、val和continue。这部机器比计算阶乘的机器更复杂一些，因为在这里的控制序列中有两个地方需要执行递归调用——一个计算Fib($n-1$)，另一个计算Fib($n-2$)。为了安排好其中的各个递归调用，我们需要保存起那些后来需要使用的寄存器值，而后将n寄存器设置为需要去递归计算Fib的数值（$n-1$或$n-2$），并将continue赋值为计算返回时应该转向的主序列入口点（分别为afterfib-n-1或者afterfib-n-2），而后转向fib-loop。在从递归调用返回时答案就在val里。图5-12显示了这一机器的控制器序列。

练习5.4 请描述实现下面各个过程的寄存器机器。对于这里的每部机器，请写出它的控制器指令序列，并画出相应的数据通路图形。

a) 递归的指数计算：

```
(define (expt b n)
  (if (= n 0)
      1
      (* b (expt b (- n 1)))))
```

b) 迭代的指数计算：

```
(define (expt b n)
```

```
(define (expt-iter counter product)
  (if (= counter 0)
      product
      (expt-iter (- counter 1) (* b product))))
(expt-iter n 1))
```

```
(controller
   (assign continue (label fib-done))
 fib-loop
   (test (op <) (reg n) (const 2))
   (branch (label immediate-answer))
   ;; set up to compute Fib(n-1)
   (save continue)
   (assign continue (label afterfib-n-1))
   (save n)                           ; save old value of n
   (assign n (op -) (reg n) (const 1)); clobber n to n-1
   (goto (label fib-loop))            ; perform recursive call
 afterfib-n-1                         ; upon return, val contains Fib(n-1)
   (restore n)
   (restore continue)
   ;; set up to compute Fib(n-2)
   (assign n (op -) (reg n) (const 2))
   (save continue)
   (assign continue (label afterfib-n-2))
   (save val)                         ; save Fib(n-1)
   (goto (label fib-loop))
 afterfib-n-2                         ; upon return, val contains Fib(n-2)
   (assign n (reg val))               ; n now contains Fib(n-2)
   (restore val)                      ; val now contains Fib(n-1)
   (restore continue)
   (assign val                        ; Fib(n-1) + Fib(n-2)
           (op +) (reg val) (reg n))
   (goto (reg continue))              ; return to caller, answer is in val
 immediate-answer
   (assign val (reg n))               ; base case: Fib(n) = n
   (goto (reg continue))
 fib-done)
```

图5-12 一部计算斐波那契数的机器的控制器

练习5.5 请用手工模拟阶乘和斐波那契机器的计算过程，用某个非平凡的输入（需要执行至少一次递归调用）。说明执行中每个关键点上堆栈的内容。

练习5.6 Ben Bitdiddle注意到，在斐波那契机器的控制序列里有一个额外的`save`和一个额外的`restore`，可以将它们删去，得到一个更快速的机器。这些指令在哪里？

5.1.5 指令总结

在我们的寄存器机器语言里，一条控制器指令具有下述之一的形式，其中的每个<*input*$_i$>或者是一个（`reg` <*register-name*>），或者是一个（`const` <*constant-value*>）。

下面指令是在5.1.1节介绍的：

```
(assign <register-name> (reg <register-name>))

(assign <register-name> (const <constant-value>))

(assign <register-name> (op <operation-name>) <input_1> ... <input_n>)

(perform (op <operation-name>) <input_1> ... <input_n>)

(test (op <operation-name>) <input_1> ... <input_n>)

(branch (label <label-name>))

(goto (label <label-name>))
```

采用寄存器保存标号的指令是在5.1.3节讨论的：

```
(assign <register-name> (label <label-name>))

(goto (reg <register-name>))
```

使用堆栈的指令在5.1.4节介绍：

```
(save <register-name>)

(restore <register-name>)
```

我们至今已经见过的<*constant-value*>都是数值，后面还会用到字符串、符号和表。例如，`(const "abc")`就是字符串`"abc"`。`(const abc)`是符号abc，`(const (a b c))`是表`(a b c)`，而`(const ())`就是空表。

5.2 一个寄存器机器模拟器

为了取得对于寄存器机器设计的更好理解，我们必须测试自己设计出的机器，看看它能否按照预期的方式执行。测试一个设计的一种方法是手工模拟控制器的操作，如练习5.5中所说的那样。但是，如果这一机器不是特别简单，手工做就会特别冗长而枯燥。在这一节里，我们要为用寄存器机器语言描述的机器构造一个模拟器。这一模拟器是一个Scheme程序，其中包括四个界面过程。第一个过程根据一个寄存器机器的描述，为这部机器构造一个模型（一个数据结构，其中的各个部分对应于被模拟机器的各个组成部分），另外三个过程使我们可以通过操作这个模型，去模拟相应的机器：

```
(make-machine <register-names> <operations> <controller>)
```

构造并返回机器的模型，其中包含了给定的寄存器、操作和控制器。

```
(set-register-contents! <machine-model> <register-name> <value>)
```

将一个值存入给定机器的一个被模拟的寄存器里。

```
(get-register-contents <machine-model> <register-name>)
```

返回给定机器里一个被模拟的寄存器的内容。

```
(start <machine-model>)
```

模拟给定机器的执行，从相应控制器序列的开始处启动，直至到达这一序列的结束时停止。

作为说明这些过程如何使用的实例，我们可以定义下面的`gcd-machine`，为5.1.1节的

GCD机器定义一个模型：

```
(define gcd-machine
  (make-machine
   '(a b t)
   (list (list 'rem remainder) (list '= =))
   '(test-b
       (test (op =) (reg b) (const 0))
       (branch (label gcd-done))
       (assign t (op rem) (reg a) (reg b))
       (assign a (reg b))
       (assign b (reg t))
       (goto (label test-b))
     gcd-done)))
```

make-machine的第一个参数是一个寄存器名字的表，下一参数是一个表格（两个元素的表的表），其中的每个对偶包括一个操作的名字和实现这一操作（即，对于给定的同样输入值，能够产生出同样的输出值）的一个Scheme过程。最后一个参数描述了相应控制器，用一个标号和机器指令的表表示，就像在5.1节里那样。

为了用这一机器去计算GCD，我们需要设置输入寄存器，启动这部机器，在模拟结束时检查计算结果：

```
(set-register-contents! gcd-machine 'a 206)
done

(set-register-contents! gcd-machine 'b 40)
done

(start gcd-machine)
done

(get-register-contents gcd-machine 'a)
2
```

这个计算的运行速度比直接用Scheme写出的gcd过程慢得多，因为我们是在模拟低级的机器指令，例如assign，而使用的却是比它高级得多的操作。

练习5.7 用这个模拟器检查你在练习5.4中设计的机器。

5.2.1 机器模型

由make-machine生成的机器模型被表示为一个包含局部变量的过程，其中采用了第3章里开发的消息传递技术。为了实现这一模型，make-machine在开始时调用过程make-new-machine，构造出所有寄存器机器的机器模型里都需要一些公共部分。由make-new-machine构造出的基本机器模型，从本质上说就是一个容器，其中包含了若干个寄存器和一个堆栈，还有一个执行机制，它一条一条地处理控制器指令。

在此之后，make-machine将扩充这一基本模型（通过给它传递消息），把现在要定义的特殊机器的寄存器、操作和控制器加进去。它首先为新机器里需要提供的每个寄存器名字分配一个寄存器，并安装好这一机器所指定的各种操作。最后，它用一个*汇编程序*（在下面的5.2.2节讨论）把控制器列表变换为新机器所用的指令，并将它们安装为这一机器的指令序列。make-machine返回修改后的机器模型作为值。

```
(define (make-machine register-names ops controller-text)
  (let ((machine (make-new-machine)))
    (for-each (lambda (register-name)
                ((machine 'allocate-register) register-name))
              register-names)
    ((machine 'install-operations) ops)
    ((machine 'install-instruction-sequence)
     (assemble controller-text machine))
    machine))
```

寄存器

我们把一个寄存器表示为一个带有局部状态的过程，就像第3章里那样，make-register过程创建这种寄存器，它们里面保存着一个值，可以访问或者修改：

```
(define (make-register name)
  (let ((contents '*unassigned*))
    (define (dispatch message)
      (cond ((eq? message 'get) contents)
            ((eq? message 'set)
             (lambda (value) (set! contents value)))
            (else
             (error "Unknown request -- REGISTER" message))))
    dispatch))
```

下面过程用于访问这些寄存器：

```
(define (get-contents register)
  (register 'get))
(define (set-contents! register value)
  ((register 'set) value))
```

堆栈

我们把堆栈也表示为一个带有局部状态的过程。make-stack过程创建起一个堆栈，其局部状态就是一个包含着这一堆栈里的数据项的表。堆栈接受的请求包括将一个数据项放入堆栈的push，以及将数据项从堆栈里去掉并返回它的pop。initialize将堆栈初始化为空。

```
(define (make-stack)
  (let ((s '()))
    (define (push x)
      (set! s (cons x s)))
    (define (pop)
      (if (null? s)
          (error "Empty stack -- POP")
          (let ((top (car s)))
            (set! s (cdr s))
            top)))
    (define (initialize)
      (set! s '())
      'done)
    (define (dispatch message)
```

```
          (cond ((eq? message 'push) push)
                ((eq? message 'pop) (pop))
                ((eq? message 'initialize) (initialize))
                (else (error "Unknown request -- STACK"
                             message))))
        dispatch))
```

下面过程用于访问堆栈：

```
(define (pop stack)
  (stack 'pop))

(define (push stack value)
  ((stack 'push) value))
```

基本机器

过程make-new-machine如图5-13所示，它构造起一个对象，其内部状态包括了一个堆栈；另外还有一个初始为空的指令序列和一个操作的表，开始时这个表里只包含一个初始化堆栈的操作；还有一个*寄存器的列表*，初始时包含两个分别称为flag和pc（表示“程序计数器”，program counter）的寄存器。内部过程allocate-register用于向寄存器列表中加入新项，内部过程lookup-register在这个列表里查找寄存器。

寄存器flag用于控制被模拟机器的分支动作。test指令设置flag的内容，表示检测的结果（真或者假）。branch指令通过检查flag的内容确定是否需要转移。

在机器的运行中，pc寄存器决定了指令的执行顺序。这一顺序由内部过程execute实现。在这个模拟模型里，每条机器指令就是一个数据结构，其中包含了一个无参过程，称为*指令执行过程*，调用这一过程就能模拟相应指令的执行。在模拟运行时，pc总是指向指令序列里下一条需要执行的指令的开始位置。execute取得这条指令，通过调用与之对应的指令执行过程，完成相应的执行。这一循环重复进行，直到再也没有需要执行的指令为止（也就是说，直到pc指向了指令序列的结束）。

作为操作的一部分，每个指令执行过程都将修改pc，使之指向下一条需要执行的指令。branch和goto指令直接修改pc，使之指向一个新的位置，其他所有指令都简单地增加pc的值，使它指向序列中的下一条指令。可以看到，每次对execute的调用都将再次调用execute，但这并不会产生一个无穷循环，因为指令执行过程的执行会改变pc的内容。

make-new-machine返回一个dispatch过程，这一过程实现对内部状态的消息传递访问。请注意，启动这一机器就是把pc设置到指令序列的开始并调用execute。

为了方便起见，一部机器除了有设置和检查寄存器内容的过程之外，我们还为start的操作提供另一个过程性界面，如5.2节开始时所描述的：

```
(define (start machine)
  (machine 'start))

(define (get-register-contents machine register-name)
  (get-contents (get-register machine register-name)))

(define (set-register-contents! machine register-name value)
  (set-contents! (get-register machine register-name) value)
  'done)
```

```scheme
(define (make-new-machine)
  (let ((pc (make-register 'pc))
        (flag (make-register 'flag))
        (stack (make-stack))
        (the-instruction-sequence '()))
    (let ((the-ops
           (list (list 'initialize-stack
                       (lambda () (stack 'initialize)))))
          (register-table
           (list (list 'pc pc) (list 'flag flag))))
      (define (allocate-register name)
        (if (assoc name register-table)
            (error "Multiply defined register: " name)
            (set! register-table
                  (cons (list name (make-register name))
                        register-table)))
        'register-allocated)
      (define (lookup-register name)
        (let ((val (assoc name register-table)))
          (if val
              (cadr val)
              (error "Unknown register:" name))))
      (define (execute)
        (let ((insts (get-contents pc)))
          (if (null? insts)
              'done
              (begin
                ((instruction-execution-proc (car insts)))
                (execute)))))
      (define (dispatch message)
        (cond ((eq? message 'start)
               (set-contents! pc the-instruction-sequence)
               (execute))
              ((eq? message 'install-instruction-sequence)
               (lambda (seq) (set! the-instruction-sequence seq)))
              ((eq? message 'allocate-register) allocate-register)
              ((eq? message 'get-register) lookup-register)
              ((eq? message 'install-operations)
               (lambda (ops) (set! the-ops (append the-ops ops))))
              ((eq? message 'stack) stack)
              ((eq? message 'operations) the-ops)
              (else (error "Unknown request -- MACHINE" message))))
      dispatch)))
```

图5-13 过程make-new-machine，它实现基本机器模型

这些过程（以及5.2和5.3节里的许多其他过程）里都使用了下面过程，其中用给定的名字在一部给定的机器里查看有关寄存器的内容：

```scheme
(define (get-register machine reg-name)
  ((machine 'get-register) reg-name))
```

5.2.2 汇编程序

这一汇编程序将一部机器的控制器表达式序列翻译为与之对应的机器指令的表，每条指令都带着相应的执行过程。从整体上看，这个汇编程序很像我们在第4章里研究过的各种求值器——它有一个输入语言（目前情况下就是寄存器机器语言），以及对于这一语言里的每个类型必须执行的适当动作。

为每条指令生成一个执行过程的技术，也就是我们在4.1.7节里采用的，为加快求值器的速度，把分析工作与运行时的执行动作分离的技术。正如在第4章已经看到过的，对于Scheme表达式的大部分的有用分析，都可以在不知道变量实际值的情况下完成。与此类似，在这里，对寄存器机器语言表达式的许多有用分析，也可以在不知道机器寄存器的实际内容的情况下完成。举例来说，我们可以用指向寄存器对象的指针代替对寄存器的引用，可以用指向标号所指定的指令序列中的位置的指针代替对相应标号的引用。

在能够开始生成指令执行过程之前，这个汇编程序还必须知道所有标号的引用位置。为此它首先扫描控制器的正文，从指令序列中分辨出各个标号。在扫描这一正文的过程中，汇编程序构造起一个指令的表和另一个列表，列表里为每个标号关联一个指到指令表里的指针。汇编程序而后扩充这样得到的指令表，为每条指令插入一个执行过程。

过程assemble是这个汇编程序的主要入口，它以一个控制器正文和相应机器模型作为参数，返回存储在模型里的指令序列。assemble调用extract-labels，这个过程根据所提供的控制器正文构造出初始的指令表和标号列表。extract-labels的第二个参数是一个过程，需要调用它去处理上面得到的结果。这个过程使用update-insts！生成指令执行过程，将其插入指令表里，并返回修改之后的表。

```
(define (assemble controller-text machine)
  (extract-labels controller-text
    (lambda (insts labels)
      (update-insts! insts labels machine)
      insts)))
```

extract-labels的参数是一个表text（也就是控制器指令表达式的序列）和一个过程receive。receive将被用两个值调用：(1) 一个指令数据结构的表insts，其中每个指令数据结构包含一条来自text的指令；(2) 一个名字为labels的表格，其中是来自text的各个标号，它们都关联于相应标号在表insts里的位置。

```
(define (extract-labels text receive)
  (if (null? text)
      (receive '() '())
      (extract-labels (cdr text)
       (lambda (insts labels)
         (let ((next-inst (car text)))
           (if (symbol? next-inst)
               (receive insts
                            (cons (make-label-entry next-inst
                                                          insts)

                                   labels))
               (receive (cons (make-instruction next-inst)
```

```
                    insts)
                labels)))))))
```

extract-labels的工作方式是顺序扫描text里的各个元素，逐渐积累起insts和labels。如果一个元素是个符号（因此就是一个标号），它就将适当的条目加入表格labels，否则就把这个元素加入到insts表里[289]。

update-insts!修改指令表，原来这里只包含指令的正文，现在要加入对应的执行过程：

```
(define (update-insts! insts labels machine)
  (let ((pc (get-register machine 'pc))
        (flag (get-register machine 'flag))
        (stack (machine 'stack))
        (ops (machine 'operations)))
    (for-each
     (lambda (inst)
       (set-instruction-execution-proc!
        inst
        (make-execution-procedure
         (instruction-text inst) labels machine
         pc flag stack ops)))
     insts)))
```

机器指令的数据结构也就是指令正文和对应的执行过程的对偶。在extract-labels构造这些指令时，这些执行过程还不能用。它们是后来由update-insts!插入的。

```
(define (make-instruction text)
  (cons text '()))
```

[289] 在这里使用receive过程，是作为一种有效地返回两个值（labels和insts）的方式，这样就不必做出一个复合数据结构去保存它们。另一实现方式是返回这两个值的序对：

```
(define (extract-labels text)
  (if (null? text)
      (cons '() '())
      (let ((result (extract-labels (cdr text))))
        (let ((insts (car result)) (labels (cdr result)))
          (let ((next-inst (car text)))
            (if (symbol? next-inst)
                (cons insts
                      (cons (make-label-entry next-inst insts) labels))
                (cons (cons (make-instruction next-inst) insts)
                      labels)))))))
```

汇编程序应该采用如下方式调用它：

```
(define (assemble controller-text machine)
  (let ((result (extract-labels controller-text)))
    (let ((insts (car result)) (labels (cdr result)))
      (update-insts! insts labels machine)
      insts)))
```

你也可以认为，这里对receive的使用展示了一个返回多个值的优雅方法，或者简单地将它看成不过是一个程序设计技巧。向receive这样的参数被作为下一个被调用过程，这种过程通常称为“继续”过程。请回忆一下，在4.3.3节的amb求值器里实现回溯控制结构时，使用的也是这种继续过程。

```
(define (instruction-text inst)
  (car inst))

(define (instruction-execution-proc inst)
  (cdr inst))

(define (set-instruction-execution-proc! inst proc)
  (set-cdr! inst proc))
```

我们的模拟器并不使用这些指令正文，但还是把它们保存在这里。将指令正文留到排除程序错误时，可能带来许多方便（见练习5.16）。

标号列表里的元素是序对：

```
(define (make-label-entry label-name insts)
  (cons label-name insts))
```

下面过程用于在这个列表里查找条目：

```
(define (lookup-label labels label-name)
  (let ((val (assoc label-name labels)))
    (if val
        (cdr val)
        (error "Undefined label -- ASSEMBLE" label-name))))
```

练习5.8 下面寄存器机器代码有歧义，因为其中的标号here有不止一个定义：

```
start
  (goto (label here))
here
  (assign a (const 3))
  (goto (label there))
here
  (assign a (const 4))
  (goto (label there))
there
```

对于上面写出的模拟器，当控制到达there时，寄存器a的内容是什么？请修改过程extract-labels，使汇编程序在发现同一标号用于指明两个不同位置时，能发出一个错误信号。

5.2.3 为指令生成执行过程

汇编程序调用make-execution-procedure，为一条指令生成一个执行过程。这很像4.1.7节里求值器中的analyze过程。这一过程也基于指令的类型，把生成适当的执行过程的工作分派出去。

```
(define (make-execution-procedure inst labels machine
                                  pc flag stack ops)
  (cond ((eq? (car inst) 'assign)
         (make-assign inst machine labels ops pc))
        ((eq? (car inst) 'test)
         (make-test inst machine labels ops flag pc))
        ((eq? (car inst) 'branch)
         (make-branch inst machine labels flag pc))
```

```
        ((eq? (car inst) 'goto)
         (make-goto inst machine labels pc))
        ((eq? (car inst) 'save)
         (make-save inst machine stack pc))
        ((eq? (car inst) 'restore)
         (make-restore inst machine stack pc))
        ((eq? (car inst) 'perform)
         (make-perform inst machine labels ops pc))
        (else (error "Unknown instruction type -- ASSEMBLE"
                     inst))))
```

对于这个寄存器机器语言里的每类指令，在这里都有一个生成器，其功能就是构造出适当的执行过程。这些过程的细节由相应寄存器机器语言里每条具体指令的语法和意义确定。我们采用数据抽象，将寄存器机器表达式的语法细节与通用的执行机制隔离开，就像前面对4.1.2节的求值器所采用的做法，这里用一些语法过程提取出一条指令里的各个部分，并对它们进行分类。

assign指令

过程make-assign处理assign指令：

```
(define (make-assign inst machine labels operations pc)
  (let ((target
         (get-register machine (assign-reg-name inst)))
        (value-exp (assign-value-exp inst)))
    (let ((value-proc
           (if (operation-exp? value-exp)
               (make-operation-exp
                value-exp machine labels operations)
               (make-primitive-exp
                (car value-exp) machine labels))))
      (lambda ()                ; execution procedure for assign
        (set-contents! target (value-proc))
        (advance-pc pc)))))
```

make-assign用了几个选择函数，从assign指令里提取出目标寄存器的名字（指令的第二个元素）和值表达式（形成指令里剩余部分的表）：

```
(define (assign-reg-name assign-instruction)
  (cadr assign-instruction))

(define (assign-value-exp assign-instruction)
  (cddr assign-instruction))
```

get-register用寄存器名的名字去查找，产生对应的目标寄存器对象。如果有关的值是一个操作的结果，这个值表达式就被送给make-operation-exp，否则就送给make-primitive-exp。这些过程（下面给出）还要进一步分析值表达式，并为它生成一个执行过程。这是一个称为value-proc的无参过程，在模拟中，当需要为寄存器赋值生成实际的值时就会调用这个过程。请注意，查找寄存器名字和分析值表达式的工作，都只需在汇编时做一次，而不是在指令模拟时每次做。这样将能节省工作，也是我们采用执行过程的原因。这一做法与4.1.7节的求值器里将程序分析工作从执行中分离出来有着直接的对应。

由make-assign返回的结果就是assign指令的执行过程。当这个过程被调用时（由机器模型的execute过程调用），它将用执行value-proc得到的结果设置目标寄存器的内容。而后通过运行下面过程更新pc，使之指向下一条指令。

```
(define (advance-pc pc)
  (set-contents! pc (cdr (get-contents pc))))
```

advance-pc是每条指令的正常结束操作，除了branch和goto之外。

test、branch和goto指令

make-test以类似方式处理test指令。它提取出描述了需要检测的条件的表达式，并为它生成一个执行过程。在模拟时，对应于有关条件的过程被调用，检测结果赋给flag寄存器，而后更新pc：

```
(define (make-test inst machine labels operations flag pc)
  (let ((condition (test-condition inst)))
    (if (operation-exp? condition)
        (let ((condition-proc
               (make-operation-exp
                condition machine labels operations)))
          (lambda ()
            (set-contents! flag (condition-proc))
            (advance-pc pc)))
        (error "Bad TEST instruction -- ASSEMBLE" inst))))

(define (test-condition test-instruction)
  (cdr test-instruction))
```

branch指令的执行过程检查flag寄存器的内容，或者是将pc的内容设置为分支的目标（如果需要执行分支），或者是简单地更新pc（如果不要分支）。请注意，一条branch指令里所指定的目标必须是一个标号，make-branch过程要求这件事。还请注意标号也是在汇编时查找，而不是在模拟branch指令的时候再查找。

```
(define (make-branch inst machine labels flag pc)
  (let ((dest (branch-dest inst)))
    (if (label-exp? dest)
        (let ((insts
               (lookup-label labels (label-exp-label dest))))
          (lambda ()
            (if (get-contents flag)
                (set-contents! pc insts)
                (advance-pc pc))))
        (error "Bad BRANCH instruction -- ASSEMBLE" inst))))

(define (branch-dest branch-instruction)
  (cadr branch-instruction))
```

goto指令的情况与分支类似，这里的目标可以用一个标号或者一个寄存器描述，而且也不需要检测条件。这里总将pc设置为新的目标位置。

```
(define (make-goto inst machine labels pc)
  (let ((dest (goto-dest inst)))
    (cond ((label-exp? dest)
```

```
            (let ((insts
                   (lookup-label labels
                                 (label-exp-label dest))))
              (lambda () (set-contents! pc insts))))
           ((register-exp? dest)
            (let ((reg
                   (get-register machine
                                 (register-exp-reg dest))))
              (lambda ()
                (set-contents! pc (get-contents reg)))))
           (else (error "Bad GOTO instruction -- ASSEMBLE"
                        inst)))))

(define (goto-dest goto-instruction)
  (cadr goto-instruction))
```

其他指令

堆栈指令save和restore简单地对指定寄存器使用堆栈，并且更新pc：

```
(define (make-save inst machine stack pc)
  (let ((reg (get-register machine
                           (stack-inst-reg-name inst))))
    (lambda ()
      (push stack (get-contents reg))
      (advance-pc pc))))

(define (make-restore inst machine stack pc)
  (let ((reg (get-register machine
                           (stack-inst-reg-name inst))))
    (lambda ()
      (set-contents! reg (pop stack))
      (advance-pc pc))))

(define (stack-inst-reg-name stack-instruction)
  (cadr stack-instruction))
```

最后一类指令由make-perform处理，它为需要执行的动作生成有关执行过程。在模拟时执行相应的动作过程并更新pc。

```
(define (make-perform inst machine labels operations pc)
  (let ((action (perform-action inst)))
    (if (operation-exp? action)
        (let ((action-proc
               (make-operation-exp
                action machine labels operations)))
          (lambda ()
            (action-proc)
            (advance-pc pc)))
        (error "Bad PERFORM instruction -- ASSEMBLE" inst))))

(define (perform-action inst) (cdr inst))
```

子表达式的执行过程

在为一个寄存器赋值（make-assign），或者为其他操作提供输入时（make-operation-exp，见下），可能需要使用一个reg、label或者const表达式的值。下面过程为这些表达式生成出一个执行过程，在模拟中产生出这些子表达式的值：

```
(define (make-primitive-exp exp machine labels)
  (cond ((constant-exp? exp)
         (let ((c (constant-exp-value exp)))
           (lambda () c)))
        ((label-exp? exp)
         (let ((insts
                (lookup-label labels
                              (label-exp-label exp))))
           (lambda () insts)))
        ((register-exp? exp)
         (let ((r (get-register machine
                                (register-exp-reg exp))))
           (lambda () (get-contents r))))
        (else
         (error "Unknown expression type -- ASSEMBLE" exp))))
```

reg、label和const表达式的语法形式由下面过程确定：

```
(define (register-exp? exp) (tagged-list? exp 'reg))

(define (register-exp-reg exp) (cadr exp))

(define (constant-exp? exp) (tagged-list? exp 'const))

(define (constant-exp-value exp) (cadr exp))

(define (label-exp? exp) (tagged-list? exp 'label))

(define (label-exp-label exp) (cadr exp))
```

在assign、perform和test指令里，可能需要将一个机器操作（由一个op表达式描述）的应用到某些操作对象（由reg和const表达式描述）。下面过程为一个“操作表达式”（一个包含着一条指令里的操作和操作对象表达式的表）生成一个执行过程：

```
(define (make-operation-exp exp machine labels operations)
  (let ((op (lookup-prim (operation-exp-op exp) operations))
        (aprocs
         (map (lambda (e)
                (make-primitive-exp e machine labels))
              (operation-exp-operands exp))))
    (lambda ()
      (apply op (map (lambda (p) (p)) aprocs)))))
```

操作表达式的语法由下面过程确定：

```
(define (operation-exp? exp)
  (and (pair? exp) (tagged-list? (car exp) 'op)))

(define (operation-exp-op operation-exp)
  (cadr (car operation-exp)))

(define (operation-exp-operands operation-exp)
  (cdr operation-exp))
```

可以看到，这里对于操作表达式的处理很像4.1.7节的求值器里的analyze-application过程里对过程应用的处理。我们要为每个操作对象生成一个执行过程。模拟时将调用这些对应于操作对象的过程，得到它们的值；而后将模拟有关操作的Scheme过程应用于这些值。找出模拟过程的方式，就是用操作的名字到机器的操作表格里查找：

```
(define (lookup-prim symbol operations)
  (let ((val (assoc symbol operations)))
    (if val
        (cadr val)
        (error "Unknown operation -- ASSEMBLE" symbol))))
```

练习5.9 在上面对于机器操作的处理中，除了允许它们对常量和寄存器的内容进行操作外，还允许它们处理标号。请修改上述表达式处理过程，加上一个条件，要求这些操作只能用于寄存器和常量。

练习5.10 请为寄存器机器指令设计一种新的语法形式，而后修改这个模拟器，使模拟器能采用你的新语法。你能实现你的新语法，而且在修改中除了语法过程之外不修改本节的模拟器里的任何部分吗？

练习5.11 我们在5.1.4节引入save和restore时，并没有说明如果试图恢复一个并不是以前最后保存的寄存器，那会出现什么情况。例如下面的序列：

```
(save y)
(save x)
(restore y)
```

对于这里restore的意义有几种合理的可能性：

a) (restore y) 把最后存入堆栈里的值放入y，无论这个值原来来自哪个寄存器。这也是上面模拟器中的行为方式。请说明如何利用这种方式的优点，从5.1.4节（参见图5-12）的斐波那契机器中删去一条指令。

b) (restore y) 把最后存入堆栈里的值放入y，但只是在这个值原来确实来自y的情况下；否则就发出一个错误消息。请修改模拟器，使之按这种方式活动。你需要修改save，使它不但把值存入堆栈，还要存入寄存器的名字。

c) (restore y) 把来自y的最后存入堆栈里的值放入y，而不管在保存y之后又有哪些寄存器的值存入或者恢复。请修改模拟器，使它能按照这种方式活动。你将需要为每个寄存器关联一个堆栈，还需要修改initialize-stack操作，让它初始化所有的寄存器堆栈。

练习5.12 这个模拟器可用于帮助我们确定为实现一个采用给定控制器的机器所需要的数据通路。请扩充这个汇编程序，将下面信息存储到机器模型里：

- 一个指令的表，其中删除了所有的重复，并按照指令的类型保存（assign、goto等等）；
- 一个用于保存入口点的寄存器的表（其中没有重复），这些入口点都有goto指令引用；
- 一个使用了save或者restore的寄存器的表（其中没有重复）；
- 对于每个寄存器，一个对它的赋值来源的表（其中没有重复）。例如，对于图5-11的阶乘机器，寄存器val的赋值来源包括 (const 1) 和 ((op *) (reg n) (reg val))。

请扩充有关机器的消息传递界面，提供对这些新信息的访问机制。为了测试你的分析器，请定义图5-12的斐波那契机器，并检查所列出的各个表。

练习5.13　请修改上面的模拟器，使它可以直接利用控制器序列去确定机器里需要哪些寄存器，不必另将一个寄存器表作为make-machine的参数；不采用在make-machine里预先分配这些寄存器的方式，你可以在汇编指令的过程中，第一次遇到一个寄存器时完成它的分配。

5.2.4 监视机器执行

模拟的用途不仅在于可用于验证所提出的机器的正确性，还能帮助度量机器的性能。举例说，我们可以在自己的模拟程序里安装一个“测量仪器”，记录在计算中使用堆栈操作的次数。要做好这件事，我们应该修改被模拟的堆栈，记录将寄存器保存到堆栈里的次数和堆栈达到的最大深度的轨迹，如下面所示。我们还需要在基本机器模型里增加一个操作，用于对应对于堆栈的统计数据，并在make-new-machine里将the-ops初始化为：

```
(list (list 'initialize-stack
            (lambda () (stack 'initialize)))
      (list 'print-stack-statistics
            (lambda () (stack 'print-statistics))))
```

这里是make-stack的新定义：

```
(define (make-stack)
  (let ((s '())
        (number-pushes 0)
        (max-depth 0)
        (current-depth 0))
    (define (push x)
      (set! s (cons x s))
      (set! number-pushes (+ 1 number-pushes))
      (set! current-depth (+ 1 current-depth))
      (set! max-depth (max current-depth max-depth)))
    (define (pop)
      (if (null? s)
          (error "Empty stack -- POP")
          (let ((top (car s)))
            (set! s (cdr s))
            (set! current-depth (- current-depth 1))
            top)))
    (define (initialize)
      (set! s '())
      (set! number-pushes 0)
      (set! max-depth 0)
      (set! current-depth 0)
      'done)
    (define (print-statistics)
      (newline)
      (display (list 'total-pushes  '= number-pushes
                     'maximum-depth '= max-depth)))
    (define (dispatch message)
      (cond ((eq? message 'push) push)
            ((eq? message 'pop) (pop))
```

```
            ((eq? message 'initialize) (initialize))
            ((eq? message 'print-statistics)
             (print-statistics))
            (else
             (error "Unknown request -- STACK" message))))
    dispatch))
```

练习5.15到5.19描述了其他一些在监视和排除程序错误方面很有用的特征，可以考虑将它们加入寄存器机器模拟器中。

练习5.14 请度量由图5-11所示的阶乘机器对各种小的*n*值计算*n*!时，所执行的堆栈压入次数和最大深度。根据你得到的数据确定有关的公式，对于任何*n*>1，基于*n*描述压入操作的次数和在计算*n*!时的最大堆栈深度。请注意，这两个公式都是*n*的线性函数，因此请设法确定其中的两个常数。为了打印统计数据，你将需要扩充这一阶乘机器，增加初始化堆栈和打印统计结果的指令。你还可能想修改有关机器，使它能反复地将值读入*n*，计算其阶乘并打印结果（就像我们在图5-4里对GCD机器所做的那样），使你以后再也不必反复去调用`get-register-contents`、`set-register-contents!`和`start`。

练习5.15 给寄存器机器模拟器增加指令计数功能。也就是说，让这一机器模型维持所执行指令的数目。扩充这一机器模型，使它能接受一个新消息，打印出当时的指令计数值并将计数器重新设置为0。

练习5.16 扩充上述模拟器，提供指令追踪功能。也就是说，在每条指令被执行之前，让模拟器打印出这一指令的正文。让扩充后的机器模型能接受`trace-on`和`trace-off`消息，并能相应地打开或者关闭追踪功能。

练习5.17 扩充练习5.16的指令追踪功能，使得在打印一条指令之前，模拟器先打印出在控制序列里正好位于这条指令之前的标号。在做这件事情时，请小心地保证它不会干扰了指令计数功能（练习5.15）。你需要让模拟器保存必要的标号信息。

练习5.18 请修改第5.2.1节里的`make-register`过程，使寄存器可以被追踪。寄存器应该能接受打开和关闭追踪的消息。当一个寄存器被追踪时，一旦给这个寄存器赋值，就会打印出寄存器的名字，寄存器原来的内容和当时将要赋值的新内容。请扩充机器模型的界面，以允许你打开或者关闭对任何特定寄存器的追踪。

练习5.19 Alyssa P. Hacker希望在模拟器里有断点功能，以帮助她排除机器设计中的错误。你现在被雇佣来为她安装这种特征。她希望能够描述控制序列里的任何位置，使模拟器能停止在那里，并使她能够检测机器的状态。你需要实现一个过程：

```
(set-breakpoint <machine> <label> <n>)
```

它将在第*n*条指令之前的给定标号后面设置一个断点。例如，

```
(set-breakpoint gcd-machine 'test-b 4)
```

将在`gcd-machine`里给寄存器a赋值前安装一个断点。当模拟器到达这个断点时，它应打印那个标号和断点的偏移量，并停止指令的执行。这样Alyssa就可以用`get-register-contents`和`set-register-contents!`去操作被模拟机器的状态。此后她应该能让机器继续执行，用

```
(proceed-machine <machine>)
```

她还应该可以用下面方式删除某个特定断点

```
(cancel-breakpoint <machine> <label> <n>)
```

或者用下面方式删除所有断点：

```
(cancel-all-breakpoints <machine>)
```

5.3 存储分配和废料收集

在5.4节里，我们将要说明如何把一个Scheme求值器实现为一部寄存器机器。为了简化这一讨论，下面将假定在我们的寄存器机器里可以安装好一个表结构存储器，其中对于表结构数据的基本操作都是机器的基本过程。当我们需要集中精力考虑Scheme解释器里的控制机制时，假定存在这样一个存储器是一种很有用的抽象，但这并没有反映当前计算机中实际的基本数据操作的情况。为了得到有关一个Lisp系统如何工作的一种更完整的认识，我们还必须去考察表结构怎样以一种与常规的计算机存储器相容的方式表示。

有关表结构的实现需要考虑两方面问题。首先是一个纯粹的表示问题：如何去表示Lisp序对的“盒子和指针”结构，其中只使用到典型计算机存储器的存储单元和寻址能力。第二个问题，是需要关心如何将对存储的管理作为一个计算过程。Lisp系统的操作强烈地依赖于连续创建新数据对象的能力，包括那些被解释的Lisp过程里显式创建的各种对象，以及由解释器本身创建的对象，例如环境和参数表等等。如果计算机里有数量无穷的可以快速寻址的存储器，那么连续不断地创建新对象就不会有问题。但是，实际的计算机存储器只有有穷的规模（实在可惜）。因此Lisp系统需要提供一种*自动存储分配*功能，以支撑一种无穷存储器的假象。当一个数据对象不再需要时，分配给它的存储就自动回收，并可用于构造新的数据对象。存在着多种能提供这样的自动存储分配的技术。我们将要在这一节里讨论的方法称为*废料收集*。

5.3.1 将存储看作向量

常规计算机的存储器可以看作是一串排列整齐的小隔间，每个小隔间里可以保存一点信息。这里的每个小隔间有一个具有唯一性的名字，称为它的*地址*或者*位置*。典型的存储器系统提供了两个基本操作，一个能取出保存在一个特定位置的数据，另一个能将新的数据赋给指定的位置。我们可以做存储器地址的增量操作，以支持对某一组小隔间的顺序访问。更一般的情况是，许多重要的数据操作都要求将存储器地址也作为数据来看待和处理，以便可以将地址保存到存储位置里，并能在机器的寄存器里对它们做各种操作。表结构的表示就是这种*地址算术*的一个具体应用。

为了模拟计算机的存储器，我们采用一种新的数据结构，称为*向量*。抽象地看，一个向量也是一个复合数据对象，其中各个元素都可以通过一个整数下标访问，这种访问所需的时间量与具体下标无关[290]。为描述存储器操作，我们用Scheme里的两个完成向量操作的过程：

- `(vector-ref <vector> <n>)` 返回向量里的第n个元素。
- `(vector-set! <vector> <n> <value>)` 将向量里的第n个元素设置为指定值。

举例说，如果v是一个向量，那么，`(vector-ref v 5)` 将取得向量v里的第5个元素，而

[290] 我们也可以将存储器表示为数据项的表。但是这样做时，访问时间就不会与下标无关了，因为要访问其中的第n个元素需要做$n-1$次`cdr`操作。

(vector-set! v 5 7)把向量v里的第5个元素修改为7。[291] 对于计算机存储器而言，这种访问可以通过地址算术实现，其中采用描述一个向量在存储器里的开始位置的*基址*加上一个下标，这种下标描述的是向量里某个特定元素的偏移量。

Lisp数据的表示

我们可以用向量实现表结构存储器所需的基本序对结构。让我们设想计算机的存储器被分成了两个向量，the-cars和the-cdrs。这时我们就可以采用下面方式表示表结构了：指向序对的指针就是到这两个向量的下标，一个序对的car就是向量the-cars里具有指定下标的项，该序对的cdr部分就是向量the-cdrs里具有指定下标的项。我们还需要为那些不是序对的对象（例如数和符号）确定表示方式，需要有一种方式来区分是这种数据还是那种数据。完成这些事情的方法很多，但它们都可以归结为采用某种*带类型的指针*，也就是说，现在需要扩充指针的概念，使之包含有关数据类型的信息[292]。数据类型使系统能辨别是指向序对的指针（它包括“序对”数据类型和一个到存储器向量的下标），还是指向其他种类的数据的指针（它包含有关某种数据类型的信息和某些用于表示该类型的数据的其他东西）。认为两个数据对象是同一个东西（eq?）的条件就是它们的指针相同[293]。图5-14显示的是采用这种方法表示表((1 2) 3 4)的情况，这个表的盒子和指针表示也显示在图中。图中用字母前缀标明类型信息。这样，指向下标为5的序对的指针标的是p5，空表用指针e0表示，指向数4的指针标的是用n4。在盒子和指针图里，我们在每个序对的左下方标了一个向量下标，表示这个序对的car和 cdr存储的地方。在the-cars和the-cdrs里空白的地方可能保存了其他数据结构的序对（在这里不关心它们）。

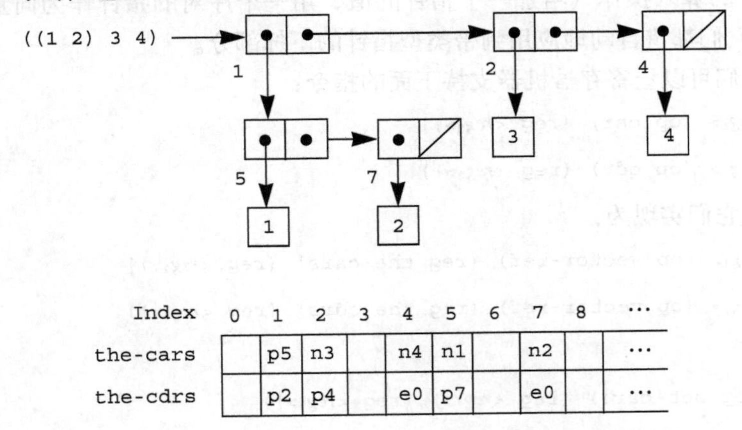

Index	0	1	2	3	4	5	6	7	8	…
the-cars		p5	n3		n4	n1		n2		…
the-cdrs		p2	p4		e0	p7		e0		…

图5-14 表((1 2) 3 4)的方块指针图和存储器向量表示

[291] 为完整起见，我们还要描述一个构造向量的make-vector操作。但在目前的应用里，我们只是使用向量去模拟计算机存储器的固定划分情况。

[292] 这与我们在第2章为处理通用操作而引进的“带标志数据”的思想完全一样。当然，在这里的数据类型位于基本的机器层面上，而不是在表的基础上构造出来的。

[293] 类型信息可以采用各种方式编码，具体做法依赖于Lisp系统的实现所在的机器细节。Lisp程序执行的效率在很大程度上依赖于所做出的这种选择有多么聪明，但是，想把好的选择形式化为一般性的设计原则却非常困难。实现带类型指针的最直接方式是在每个指针里都分配固定的一组二进制位作为*类型域*，用于做类型的编码。在设计这样的表示时，必须处理的重要问题包括下面这些：表示类型需要多少个二进制位？向量的下标必须有多大？用于对指针的类型域操作的基本机器指令的效率如何？有些机器为有效操作类型域提供了特殊的硬件，这种机器也被称为是*带标志体系结构*的机器。

指向一个数值的指针，例如n4，也完全可能同时包含着指明数值对象的类型信息以及数4的表示本身[294]。如果需要处理的数值太大，无法在固定大小的指针空间里表示，可以用一个大数数据类型，此时就是让指针指向一个表，在其中存储这个大数里的各个部分[295]。

一个符号也可以表示为一个带类型的指针，它指向一个字符序列，这个字符序列形成了该符号的输出表示形式。这一序列是由Lisp读入程序在输入时第一次遇到这一字符序列时构造起来的。因为我们希望同一个符号的两个实例被eq?认定为“同一个”符号，而希望eq?只是简单地检测指针相等，因此我们就必须保证，当读入程序两次看到同一个符号时，它一定能用同一个指针（指向相应的字符序列）表示这两个出现。为了做到这一点，读入程序一直维护着它所遇到的所有符号的一个表格，按照传统，这称为*对象表*（obarray）。当读入程序遇到了一个字符串，并考虑据此构造一个符号时，它就会去检查对象表，看看前面是否已经看到过同样的字符串。如果前面没看到过，它就用这一字符串构造出一个新符号（指向新的字符序列的带类型指针），并将这个指针加入对象表里。如果读入程序已经看到过这个字符串，它就直接返回保存在对象表里的符号指针。将字符串用这种唯一指针取代的过程称为*加入*（interning）一个符号。

基本表操作的实现

有了上面的表示方式，我们就可以将寄存器机器里的各个“基本”表操作代换为一个或者几个基本向量操作了。下面将使用两个寄存器the-cars和the-cdrs，用它们标识与之对应的内存向量，假定vector-ref和vector-set!是可以使用的基本向量操作。我们还要假定有对指针的算术操作（增加一个指针的值，用一个序对的指针作为向量的下标，或者加起两个数），它们都将自动地应用到带类型指针的下标部分。

举例说，我们可以让寄存器机器支持下面的指令：

```
(assign <reg₁> (op car) (reg <reg₂>))
(assign <reg₁> (op cdr) (reg <reg₂>))
```

如果我们分别将它们实现为：

```
(assign <reg₁> (op vector-ref) (reg the-cars) (reg <reg₂>))
(assign <reg₁> (op vector-ref) (reg the-cdrs) (reg <reg₂>))
```

指令：

```
(perform (op set-car!) (reg <reg₁>) (reg <reg₂>))
(perform (op set-cdr!) (reg <reg₁>) (reg <reg₂>))
```

将实现为

```
(perform
 (op vector-set!) (reg the-cars) (reg <reg₁>) (reg <reg₂>))
```

---

[294] 有关数值如何表示的决定，也确定了我们能否用eq?（它检测指针的相等）检测两个数值的相等与否。如果指针里包含的是数值本身，那么相等的数值就会有相同的指针值。但是如果指针里包含的是保存数的位置的下标，那么，要想保证相等的数也具有相同的指针，我们就需要小心安排，不能让同一个数存入多个位置里。

[295] 这就像是将一个数写成一个数字的序列，除了这里的每个“数字”有所不同之外，它的取值可以是位于0到某个可能保存在一个指针里的最大的数之间的一个值。

```
(perform
 (op vector-set!) (reg the-cdrs) (reg <reg1>) (reg <reg2>))
```

执行cons时需要分配一个闲置未用的下标，将cons的参数存入向量the-cars和the-cdrs里由这个下标确定的位置。我们还要假定有一个特殊的寄存器free，它保存着一个序对指针，总是指向下一个可用下标，而且我们可以增加这一指针的下标部分，以便找到下一个自由的位置[296]。举例说，指令：

```
(assign <reg1> (op cons) (reg <reg2>) (reg <reg3>))
```

由下面的向量操作序列实现[297]：

```
(perform
 (op vector-set!) (reg the-cars) (reg free) (reg <reg2>))
(perform
 (op vector-set!) (reg the-cdrs) (reg free) (reg <reg3>))
(assign <reg1> (reg free))
(assign free (op +) (reg free) (const 1))
```

操作eq?

```
(op eq?) (reg <reg1>) (reg <reg2>)
```

简单检测寄存器的所有域是否相等，而像pair?、null?、symbol?和number?一类谓词都只检测指针的类型域。

堆栈的实现

虽然我们的寄存器机器里使用了堆栈，但在这里却不需要做任何特殊事情，因为堆栈可以用表来模拟。堆栈可以是一个用于保存值的表，由一个特定寄存器the-stack指向。这样，(save <reg>) 就可以实现为：

```
(assign the-stack (op cons) (reg <reg>) (reg the-stack))
```

类似地，(restore <reg>) 可以实现为：

```
(assign <reg> (op car) (reg the-stack))
(assign the-stack (op cdr) (reg the-stack))
```

而 (perform (op initialize-stack)) 可以实现为：

```
(assign the-stack (const ()))
```

这些操作都可以进一步基于上面给出的向量操作给出解释。在常规计算机体系结构里，堆栈另行分配为一个单独的向量常有很大优越性。采用这种做法，对于堆栈的压入和弹出操作都可以通过增加或者减少向量下标的方式实现。

练习5.20 请画出由下面表达式产生的表结构的盒子和指针表示，以及对应的存储器向量表示的图形（就像图5-4里那样）。

```
(define x (cons 1 2))
(define y (list x x))
```

---

[296] 也有找自由存储的其他方式。举例说，我们也可以将所有未用的序对链接起来，形成一个*自由表*。在这里的自由位置是连续的（并因此可以通过增加指针值的方式访问），是因为这里采用了一种紧缩式的废料收集程序，我们将在5.3.2节看到有关的情况。

[297] 从本质上说，这就是基于set-car!和set-cdr!的cons实现，如3.3.1节所述。在那里的实现中所用的get-new-pair，现在通过free指针实现了。

假定free指针开始时的值是p1。表示x和y的值的是哪些指针?

练习5.21 为下面过程实现寄存器机器。假定表结构存储操作可以作为机器的基本操作使用:

a) 递归的count-leaves:

```
(define (count-leaves tree)
  (cond ((null? tree) 0)
        ((not (pair? tree)) 1)
        (else (+ (count-leaves (car tree))
                 (count-leaves (cdr tree))))))
```

b) 递归的count-leaves,带有一个显式的计数器:

```
(define (count-leaves tree)
  (define (count-iter tree n)
    (cond ((null? tree) n)
          ((not (pair? tree)) (+ n 1))
          (else (count-iter (cdr tree)
                            (count-iter (car tree) n)))))
  (count-iter tree 0))
```

练习5.22 练习3.12和3.3.1节给出了一个append过程,它连接起两个表,构成一个新表;还有另一个过程append!,它直接将两个表粘连到一起。请为实现这两个操作各设计一个寄存器机器,假定表结构存储操作是可用的基本操作。

5.3.2 维持一种无穷存储的假象

在5.3.1节所勾画的表示方式能够解决表结构的问题,当然这里还需要有一个前提,那就是需要有无穷数量的存储。如果采用实际的计算机,我们最终总会用光所有用于构造新序对的自由空间[298]。然而,典型计算中产生的大部分序对只是用于保存计算的中间结果,在这些结果被访问之后,有关的序对就不再有用了——它们变成了废料。例如,计算

```
(accumulate + 0 (filter odd? (enumerate-interval 0 n)))
```

将构造起两个表:枚举出的表和对枚举进行过滤的结果表。在这里的累计工作完成之后,这两个表就都不需要了,为它们分配的存储可以回收。如果我们能做出一种安排,周期性地收集起所有的废料,而且对存储的这种重复使用的速度与构造新序对的速率大致差不多,那么我们就能维持一种假象,好像这里存在着无穷数量的存储器。

为了回收这些序对,我们必须有一种方式来确定原先分配的哪些序对已经不再需要了(这一说法实际上意味着它们的内容对今后的计算不再有影响了)。我们下面要考察的方法称为*废料收集*。废料收集是基于如下的认识:在Lisp解释过程中的任何时刻,有可能影响未来的计算过程的对象,也就是从当前机器寄存器里的指针出发,经过一系列car和cdr操作能够

[298] 这句话将来也可能不成立,因为存储器有可能变得足够大,以至在一部计算机的存在期间不可能用完它。举例说,一年里大约有3×10^{13}微秒,因此如果我们每个微秒做一次cons,大约需要有10^{15}个存储单元就可以构造出一台机器,它可以运行30年而不会用光所有的存储器。按照今天的标准,这样的存储器似乎太大了,但在物理上这并不是不可能的。而在另一方面,处理器的速度也在变得更快,明天的一台计算机可能有着一大批处理器,在一个内存上并行操作,因此使用存储的速度也可能远远快于上面的假定。

达到的那些对象[299]。所有不能以这种方式访问的对象都可以回收了。

执行废料收集的方法也很多。我们将要在这里考察的方法称为*停止并复制*，其基本思想就是将存储器分成两半，分为“工作存储区”和“自由存储区”。当cons需要构造序对时，它就在工作存储区里分配它们。当工作存储区满的时候就执行废料收集，确定位于工作存储器里的所有有用序对的位置，并将它们复制到自由存储区里的一些连续位置去。确定有用序对的方式是从机器的寄存器出发，追踪所有的car和cdr指针。由于我们不复制废料，因此可以预期还会剩下一些自由存储，可供分配给新的序对。此外，原来工作存储区里也不再有有用的东西了，因为其中有用的序对都已复制。这样，如果我们交换工作存储区和自由存储区的角色，计算就可以继续进行下去，在新的工作存储区（它也就是原来的自由存储区）里分配新的序对。当这一存储区满时，我们又可以将其中有用的序对复制到新的自由存储区（它也就是原来的工作存储区）[300]。

停止并复制废料收集的实现

现在我们要用自己的寄存器机器语言，给出这种停止并复制算法的更多细节。现在假定存在着一个称为root的寄存器，其中包含一个指针，它指向了一个结构，该结构最终能够指向所有可以访问的数据。这件事情很容易安排，我们只需在废料收集即将开始时将机器里所有寄存器的内容保存到一个预先分配好的表里，并让root指向这个表[301]。我们还假定，除了当前的工作存储区外，还存在着一个自由存储区，可以把有用的数据复制进去。当前工作存储区由两个向量组成，其基址分别存放在称为the-cars和the-cdrs的寄存器里，自由存储区的基址存放在寄存器new-cars和new-cdrs里。

当计算耗尽了当前工作存储区里的所有自由单元时，就触发了废料收集。也就是说，事情发生在某次cons操作企图去增加free指针，使它超出当前工作存储向量范围的时候。当废料收集完成时，root指针将指向新的存储区，从root出发可以访问的所有对象都已经移入新的存储区。而free指针指向新存储区里的下一个位置，新的序对将从那里分配。此外，工作存储区和自由存储区的角色也交换了——新的序对将在新的存储区里分配，从free指针所指的位置开始。（原先的）工作存储区现在已经变成可用的新存储区，它将用于下一次废料

---

[299] 假定这里的堆栈按照5.3.1节的描述用表的形式表示，因此位于堆栈里的数据项都可以通过堆栈寄存器访问。

[300] 这一思想是Minsky发明并最早实现的，作为MIT电子学实验室里为PDP-1所做的Lisp系统的一部分。Fenichel和Yochelson（1969）进一步发展了这一思想，并将它用于Multics分时系统中的Lisp实现。后来Baker（1978）开发出这一思想的一个“实时”版本，其中不需要在废料收集时将计算停下来。Baker的思想又得到Hewitt、Lieberman和Moon的进一步发展（参见Lieberman and Hewitt 1983），以利用实际中的一种情况：计算中得到的一些结构更具变动性，而另一些结构则更持久些。

另一种常用的废料收集技术是*标记－清扫*方法。其工作过程包括追踪从机器寄存器出发可以访问的所有结构，在遇到每个结构时做好标记。而后扫描整个存储区，将所有没有标记的位置作为废料“扫入”自由空间，使其可以重新使用。有关标记－清扫方法的更完整讨论可参见Allen 1978。

Minsky-Fenichel-Yochelson的算法已经成为实用的大型存储系统的主导算法，因为它只需要检查存储器里的有用部分。标记－清扫方法的情况与此不同，那里的清扫阶段必须检查存储区的所有部分。停止并复制方法的另一优势在于它是一种*紧缩型*废料收集算法。也就是说，在废料收集阶段结束时，有用数据都被移到一片连续存储位置中，所有的废料都被挤了出来。对于使用虚拟存储器的机器而言，这样可能得到很可观的性能提升，因为在这种系统里，访问非常分散的存储地址可能需要更多的换页操作。

[301] 这一寄存器表里并不包含用于存储分配系统的寄存器——root、the-cars、the-cdrs，以及这一节里引进的其他寄存器。

收集。图5-15显示的是在一次废料收集之前和之后的存储安排情况。

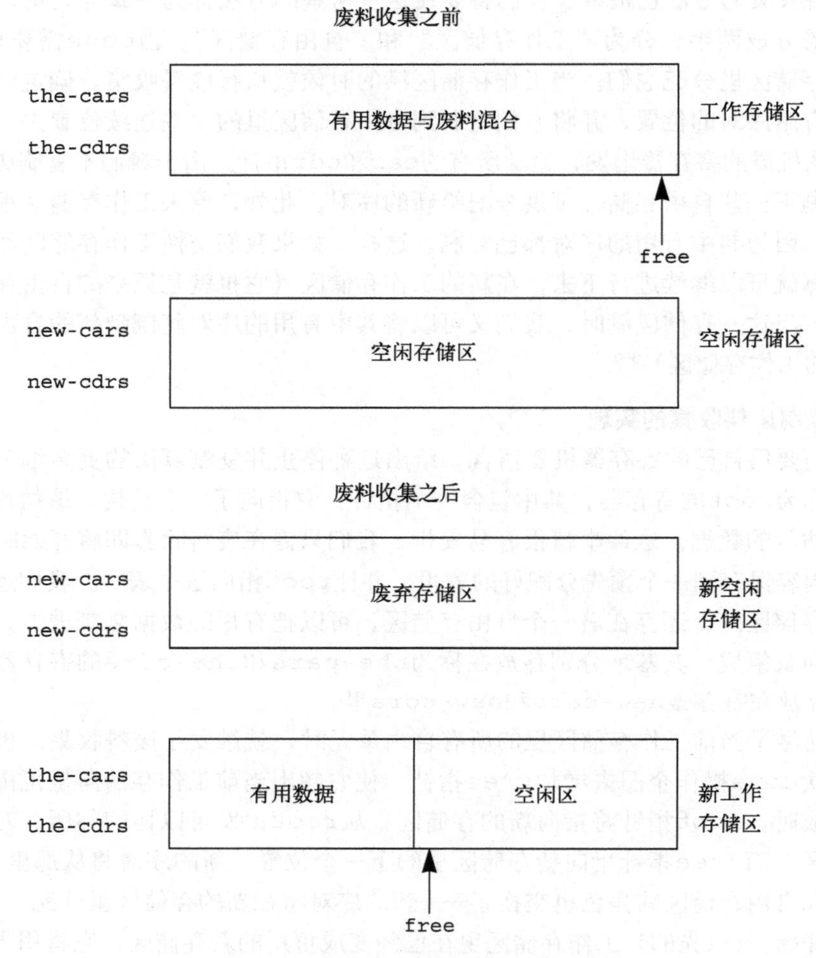

图5-15 废料收集过程完成存储区的重新配置

废料收集过程中的状态控制也就是维持两个指针，free和scan。它们被初始化到新存储区的开始位置。在算法开始时，我们把root所指向的序对（根）重新分配到新存储区的开始位置。在复制了这个序对之后，root指针也将被调整为指向这一新位置，free指针的值被增加。此外，还要在这一序对原来的位置加上标记，说明这个位置的内容已经移走了。标记方法如下：在原序对的car位置里放一个特殊标记，表示这是一个已经移走的对象（按照传统，这种对象称为*破碎的心*）[302]，在其cdr位置里放一个*前向指针*，指向这个对象移动后的新位置。

在为根重新分配之后，废料收集程序就进入了它的基本循环。在这个算法的每一步，扫描指针scan（初始时指向重新分配的根）指向的是一个本身已经移入新存储区的对象，但它的car和cdr指针仍然指着老存储区里的对象。现在要重新分配这样的被指对象，并相应增加

[302] 术语*破碎的心*是David Cressey创造的，他写出了MDL的废料收集系统。MDL是20世纪70年代早期在MIT开发的一种Lisp方言。

scan指针的值。为了重新分配一个对象（例如由我们正在扫描的那个序对的car指针指向的对象），我们需要检查它，看看这一对象是否已经移走（看这个对象的car位置是否存放着一个破碎的心标记）。如果该对象还没有移走，我们就将它复制到由free所指的位置，更新free，在这个对象的老位置里设置破碎的心标志和前向指针，并更新指向这个对象的指针（在现在的假设里，也就是正被扫描的序对里的car指针），使之指向刚刚确定的新位置。如果这一对象已经移走，那么就利用它的前向指针（可以从破碎的心中的cdr位置找到）替换正被扫描的序对里的指针。最终所有可访问的对象都完成了移动和扫描，此时scan指针将超过free指针，这一过程就结束了。

我们可以用一部寄存器机器的指令序列描述这种停止并复制算法。重新分配一个对象的基本步骤由一个称为relocate-old-result-in-new的子程序完成。这个子程序的参数是指向需要移动的对象的指针，它来自一个称为old的寄存器。子程序为指定对象重新分配存储（在这一过程中，也就是增大free的值），将重新分配后的对象的地址放入另一个称为new的寄存器，最后利用分支指令，按照保存在寄存器relocate-continue里的入口点返回。在开始进行废料收集时，我们在初始化free和scan之后调用这个子程序，为root指针做重新分配。在完成了root的重新分配后，我们就将root指针设置到新的根位置，而后进入废料收集程序的主循环。

```
begin-garbage-collection
  (assign free (const 0))
  (assign scan (const 0))
  (assign old (reg root))
  (assign relocate-continue (label reassign-root))
  (goto (label relocate-old-result-in-new))
reassign-root
  (assign root (reg new))
  (goto (label gc-loop))
```

在废料收集程序的主循环里，我们必须检查是否还存在着需要扫描的对象。完成此事的方式就是检查scan指针是否已经与free指针重合。如果这两个指针相等，那么所有可以访问对象都已完成了重新分配，现在就可以分支到gc-flip去了。在那里需要做一些清理工作，使我们能继续进行前面中断下来的计算。如果还有需要扫描的序对，我们就调用子程序，为下一个序对的car做重新分配（将那个指针car放入old），并设置relocate-continue寄存器，使子程序能够返回到更新car指针的位置。

```
gc-loop
  (test (op =) (reg scan) (reg free))
  (branch (label gc-flip))
  (assign old (op vector-ref) (reg new-cars) (reg scan))
  (assign relocate-continue (label update-car))
  (goto (label relocate-old-result-in-new))
```

在update-car之后，我们修改被扫描的这个序对的car指针，而后去处理这个序对的cdr指针。这次完成重新分配之后返回到update-cdr。在对cdr的重新分配和更新之后，对于这一序对的扫描已经完成，此时就可以继续进行主循环了。

```
update-car
```

```
    (perform
     (op vector-set!) (reg new-cars) (reg scan) (reg new))
    (assign old (op vector-ref) (reg new-cdrs) (reg scan))
    (assign relocate-continue (label update-cdr))
    (goto (label relocate-old-result-in-new))
  update-cdr
    (perform
     (op vector-set!) (reg new-cdrs) (reg scan) (reg new))
    (assign scan (op +) (reg scan) (const 1))
    (goto (label gc-loop))
```

子程序relocate-old-result-in-new按如下方式重新分配对象：如果要求重新分配的对象（由old指向）不是序对，那么子程序就返回指向该对象的同一个指针，并不做任何修改（在new里）。举例说，如果现在扫描到一个序对，其car部分是数4。如果我们像5.3.1节所言，将这个car部分表示为n4，那么我们当然希望“重新分配”后的car指针仍然是n4。如果情况不是这样（遇到的是序对），那么就必须执行重新分配操作。如果要求重新分配的位置里包含着一个破碎的心标记，那就说明该序对已经移走了，因此需要提取出其中的前向地址（从破碎的心里的cdr位置），并在new里返回这个地址。如果指针old指向的是一个尚未移动的序对，那就把这个序对移到新存储区里的第一个自由位置（由free指向），将破碎的心标志和前向指针存入这一序对的老位置，设置好这个破碎的心。relocate-old-result-in-new用寄存器oldcr保存由old指向的对象的car或者cdr[303]。

```
relocate-old-result-in-new
  (test (op pointer-to-pair?) (reg old))
  (branch (label pair))
  (assign new (reg old))
  (goto (reg relocate-continue))
pair
  (assign oldcr (op vector-ref) (reg the-cars) (reg old))
  (test (op broken-heart?) (reg oldcr))
  (branch (label already-moved))
  (assign new (reg free)) ; new location for pair
  ;; Update free pointer.
  (assign free (op +) (reg free) (const 1))
  ;; Copy the car and cdr to new memory.
  (perform (op vector-set!)
           (reg new-cars) (reg new) (reg oldcr))
  (assign oldcr (op vector-ref) (reg the-cdrs) (reg old))
  (perform (op vector-set!)
           (reg new-cdrs) (reg new) (reg oldcr))
  ;; Construct the broken heart.
  (perform (op vector-set!)
           (reg the-cars) (reg old) (const broken-heart))
```

[303] 这一废料收集程序使用了一个低级谓词pointer-to-pair?，而没有用表结构操作pair?，这是因为在真实的系统里，有许多不同的东西都需要为了废料收集而当作序对来处理。举例说，在一个符合IEEE标准的Scheme系统里，一个过程对象也可能被实现为一类特别的“序对”，它们就不会满足pair?谓词。如果只是为了模拟，那么我们就可以用pair?实现pointer-to-pair?。

```
    (perform
      (op vector-set!) (reg the-cdrs) (reg old) (reg new))
     (goto (reg relocate-continue))
already-moved
    (assign new (op vector-ref) (reg the-cdrs) (reg old))
    (goto (reg relocate-continue))
```

在这一废料收集过程的最后，我们还需要交换老存储区和新存储区的角色，为此只需交换指针的值：将the-cars与new-cars交换，the-cdrs与new-cdrs交换。这样就已经做好了准备，可以在下次存储区耗尽时执行下一次废料收集了。

```
gc-flip
   (assign temp (reg the-cdrs))
   (assign the-cdrs (reg new-cdrs))
   (assign new-cdrs (reg temp))
   (assign temp (reg the-cars))
   (assign the-cars (reg new-cars))
   (assign new-cars (reg temp))
```

5.4 显式控制的求值器

在5.1节里，我们看到如何将简单的Scheme程序变换为寄存器机器的描述。下面将要对一个更复杂的程序做这种变换。这里将要处理的就是4.1.1节到4.1.4节讨论的元循环求值器，该程序说明了一个Scheme解释器的行为可以怎样用一对过程eval和apply描述。在本节里，我们将要开发一个显式控制求值器，用以说明求值过程中所用的过程调用的参数传递的基础机制，说明如何基于寄存器和堆栈操作描述这种机制。除此之外，显式控制求值器还可以作为Scheme解释器的一种实现，而且，描述这一实现时所用的语言也非常接近常规计算机的本机机器语言。这个求值器可以在5.2节的寄存器机器模拟器上执行。换一个看法，它也可以用作构造一个机器语言的Scheme求值器实现的出发点，或者甚至是作为一个求值Scheme表达式的特殊机器的出发点。图5-16显示的就是这样一个硬件实现：一片作为Scheme求值器的硅芯片。这一芯片的设计者就是从描述一部寄存器机器的数据通路和控制器规范开始，类似于我们将要在本节里描述的求值器，而后利用设计自动化工具程序，构造出集成电路的布线[304]。

寄存器和操作

在设计显式控制求值器时，我们必须描述用于这部寄存器机器的各种操作。在采用抽象语法的方式描述元循环求值器时使用了一些过程，例如quoted? 和make-procedure。为了实现相应的寄存器机器，我们就需要将这些过程展开为基本的表结构操作序列，在我们的寄存器机器上实现这些操作。当然，这样做会使这个求值器变得非常长，使它的基本结构被许多细节弄得很不清楚。为使这一展示更清晰一些，我们将把4.1.2节中给出的语法过程，以及在4.1.3和4.1.4节给出的表示环境和其他运行时数据的过程，都作为这一寄存器机器的基本操作。如果要完整地描述这一求值器，使它能用低级的机器语言编程实现，或者在硬件中实现，我们就需要用更基本的操作取代这些操作，还要用到5.3节所解释的表结构实现。

我们的Scheme求值器寄存器机器里包含了一个堆栈和七个寄存器：exp、env、val、continue、proc、argl和unev。exp用于掌握住被求值的表达式，env里包含着这一求

[304] 有关这个芯片及其设计方法的更多信息，可以参见Batali, et al. 1982。

值的进行所在的环境。在求值结束时，val里包含着通过在指定环境里求值表达式得到的结果。continue寄存器用于实现递归，就像5.1.4节里所解释的那样（这一求值器需要调用其自身，因为对一个表达式的求值将要求对其中的子表达式求值）。寄存器proc、argl和unev用在求值组合式的时候。

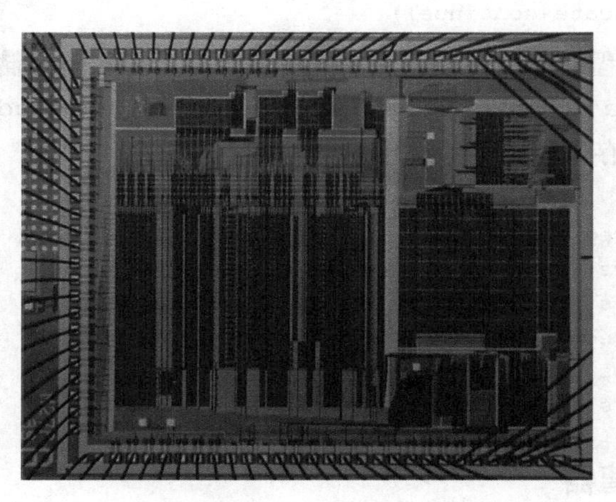

图5-16 实现了一个Scheme求值器的芯片

我们将不再画数据通路图去说明求值器里的寄存器与操作如何连接，也不准备罗列出这一机器中所有操作。这些都隐含在求值器的控制器里，下面要介绍它的各方面细节。

5.4.1 显式控制求值器的内核

这一求值器的核心部分是从eval-dispatch开始的指令序列，它对应于4.1.1节中描述的元循环求值器里的eval过程。当控制器从eval-dispatch开始工作时，它将在由env确定的环境里对由exp确定的表达式求值。当这一求值完成时，控制器将进入保存在寄存器continue里的入口点，而val寄存器里保存着表达式的值。就像元循环求值器里的eval一样，eval-dispatch的结构也是一个基于被求值表达式的类型的分情况分析[305]。

```
eval-dispatch
  (test (op self-evaluating?) (reg exp))
  (branch (label ev-self-eval))
  (test (op variable?) (reg exp))
  (branch (label ev-variable))
  (test (op quoted?) (reg exp))
  (branch (label ev-quoted))
  (test (op assignment?) (reg exp))
  (branch (label ev-assignment))
  (test (op definition?) (reg exp))
  (branch (label ev-definition))
  (test (op if?) (reg exp))
```

[305] 在这个求值器里，分派采用一系列test和branch指令描述。也可以换一种方式，采用一种数据导向的风格写出它来（在真实的系统里常常是这样），以避免执行一系列检测的需要，并能有利于定义新的表达式类型。一台特别为运行Lisp而设计的机器中很可能包含一条dispatch-on-type指令，它能有效地执行这种数据导向的分派工作。

```
  (branch (label ev-if))
  (test (op lambda?) (reg exp))
  (branch (label ev-lambda))
  (test (op begin?) (reg exp))
  (branch (label ev-begin))
  (test (op application?) (reg exp))
  (branch (label ev-application))
  (goto (label unknown-expression-type))
```

简单表达式的求值

数和字符串（它们都是自求值的）、变量、引号式和lambda表达式中都没有需要进一步求值的子表达式，对于它们，求值器简单地将正确的值放入val寄存器里，并从continue所描述的入口点继续执行下去。对简单表达式的求值由下面的控制器代码完成：

```
ev-self-eval
  (assign val (reg exp))
  (goto (reg continue))
ev-variable
  (assign val (op lookup-variable-value) (reg exp) (reg env))
  (goto (reg continue))
ev-quoted
  (assign val (op text-of-quotation) (reg exp))
  (goto (reg continue))
ev-lambda
  (assign unev (op lambda-parameters) (reg exp))
  (assign exp (op lambda-body) (reg exp))
  (assign val (op make-procedure)
              (reg unev) (reg exp) (reg env))
  (goto (reg continue))
```

请注意ev-lambda怎样利用unev和exp寄存器保存参数和lambda表达式的体，使它们可以作为参数，与env里的环境一起传递给make-procedure操作。

过程应用的求值

过程应用由组合式描述，其中包含了运算符和运算对象。这个运算符是一个子表达式，其值是一个过程，而运算对象是一些子表达式，它们的值就是这个过程应该作用于的实际参数。在元循环求值器里，eval处理过程应用的方式是递归地调用自己，去求值组合式里的每个元素，而后将结果送给apply，由它去执行实际过程应用。显式控制求值器也需要做同样的事情，那些递归调用都通过goto指令实现，还需要用堆栈保存起一些寄存器，以便在递归调用返回之后恢复它们。在每个调用之前，我们都需要仔细辩明哪些寄存器必须保存（因为后面还需要它们的值）[306]。

在对过程应用求值时，我们首先求值运算符以产生出一个过程，这个过程后来要被应用于求值得到的那些实际参数。为了完成运算符的求值，我们需要将它移入exp寄存器并转回

[306] 在把用过程性语言（例如Lisp）描述的算法翻译为寄存器机器语言时，这个问题特别重要，其中的细枝末节很多。如果不采用只保存必须保存的东西的方式，我们也可以在每次递归调用之前保存所有寄存器（除了val之外）。这种方式称为框架堆栈方式，它当然能工作，但是却可能保存了一些并不必须保存的寄存器。对那种堆栈操作代价昂贵的系统，这样做可能对系统性能产生很大影响。将那些后面不再需要的检查保存起来，还可能维持了一些原本可以经过废料收集，回到自由空间重复使用的无用数据。

到eval-dispatch。位于env寄存器里的环境就是求值这个运算符时所需要的正确环境。但是我们还是需要保存起这一环境，以便将来用于运算对象的求值。在这里还必须把运算对象提取出来存入unev，并将它保存到堆栈里。还要设好continue，使得eval-dispatch能在运算符求值完毕之后回到ev-appl-did-operator。在做这件事情之前，必须先把continue的原值存入堆栈，这个值告诉控制器在完成过程应用之后应转向何处。

```
ev-application
  (save continue)
  (save env)
  (assign unev (op operands) (reg exp))
  (save unev)
  (assign exp (op operator) (reg exp))
  (assign continue (label ev-appl-did-operator))
  (goto (label eval-dispatch))
```

在对于运算符子表达式的求值返回后，我们需要继续去求值组合式里的各个运算对象，并将求出的实际参数积累到一个表里，保存到argl中。为此，我们需要首先恢复未求值的运算对象及其求值环境，并将argl初始化为一个空表。而后将proc寄存器设置为求值运算符产生出的那个过程。如果当时没有运算对象，我们就直接转到apply-dispatch。如果有运算对象，那么就将proc保存到堆栈里，并开始执行参数求值循环[307]。

```
ev-appl-did-operator
  (restore unev)                  ; the operands
  (restore env)
  (assign argl (op empty-arglist))
  (assign proc (reg val))         ; the operator
  (test (op no-operands?) (reg unev))
  (branch (label apply-dispatch))
  (save proc)
```

每执行一次参数求值循环，完成对取自unev里的表里的一个参数的求值，并把结果积累到argl里。在求值一个运算对象时，我们也把它放入exp寄存器，并在设置continue寄存器后转到eval-dispatch，以便这个积累实际参数的阶段还能继续下去。在转移之前，还需要保存至今已积累起来的实际参数（保存在argl里），求值环境（保存在env），以及剩下的那些尚未求值的参数（保存在unev）。对于最后一个参数的求值是一种特别情况，由下面的ev-appl-last-arg处理。

```
ev-appl-operand-loop
  (save argl)
  (assign exp (op first-operand) (reg unev))
```

---

[307] 我们需要为4.1.3节里求值器的数据结构过程增加下面两个操作参数表的过程：

```
(define (empty-arglist) '())

(define (adjoin-arg arg arglist)
  (append arglist (list arg)))
```

还需要增加下面的语法过程，以检查组合式的最后参数：

```
(define (last-operand? ops)
  (null? (cdr ops)))
```

```
  (test (op last-operand?) (reg unev))
  (branch (label ev-appl-last-arg))
  (save env)
  (save unev)
  (assign continue (label ev-appl-accumulate-arg))
  (goto (label eval-dispatch))
```

在完成了对一个运算对象的求值后，这个值就被累积到argl的表里，而后将这一参数从unev里尚未求值的运算对象表中删除，并继续对下面的参数求值。

```
ev-appl-accumulate-arg
  (restore unev)
  (restore env)
  (restore argl)
  (assign argl (op adjoin-arg) (reg val) (reg argl))
  (assign unev (op rest-operands) (reg unev))
  (goto (label ev-appl-operand-loop))
```

最后一个参数的求值需要不同的处理方式。这次在转入eval-dispatch之前，已经不再需要保存环境和未求值参数的表了，因为在最后一个运算对象求值之后，它们也都不需要了。这样，我们将从这一求值返回到一个特殊的入口点ev-appl-accum-last-arg，在那里恢复实际参数表，并将新的实际参数放进去，恢复前面保存的过程并转去执行过程应用[308]。

```
ev-appl-last-arg
  (assign continue (label ev-appl-accum-last-arg))
  (goto (label eval-dispatch))
ev-appl-accum-last-arg
  (restore argl)
  (assign argl (op adjoin-arg) (reg val) (reg argl))
  (restore proc)
  (goto (label apply-dispatch))
```

参数求值循环的细节情况确定了解释器对组合式中各个运算对象的求值顺序（即，从左到右或者从右到左——见练习3.8）。元循环求值器并没有明确规定这一顺序，而是由它的实现所在的那个基础Scheme继承得到自己的控制结构[309]。因为first-operand选择函数（用在ev-appl-operand-loop里，用于从unev提取顺序的各个运算对象）用car实现，而选择函数rest-operands用cdr实现，现在这个显式控制求值器将采用从左到右的顺序求值组合式里的各个运算对象。

过程应用

入口点apply-dispatch对应于元循环求值器的apply过程。在我们到达apply-dispatch的时候，寄存器proc里包含着需要应用的过程，argl里包含着过程将要去应用的已经求出值的实际参数表。保存起的continue值（最开始是返回到eval-dispatch，

---

[308] 对最后参数采用这种特殊的优化处理方式，称为*表求值的尾递归*（见Wand 1980）。如果我们把对于第一个参数的求值也作为特殊情况对待，那么就可能使参数表的求值更加高效。因为这将使我们可以推迟对argl的初始化，直到做完第一个参数的求值，因此也避免了保存argl的工作。在5.5节的编译器执行了这种优化（请与5.5.3节的construct-arglist过程做一个比较）。

[309] 在元循环求值器里，运算对象的求值顺序是由4.1.1节中位于过程list-of-values里的cons对参数的求值顺序确定的（参见练习4.1）。

在ev-application保存的）在堆栈里，它告诉我们在得到了过程应用的结果之后应该返回到哪里。当这次应用完成后，控制器将转移到由保存起的continue值所确定的入口点，过程应用的结果存放在val里。就像元循环求值器里的apply一样，现在也有两种情况需要考虑，因为被应用的过程可能是基本过程，也可能是组合过程。

```
apply-dispatch
  (test (op primitive-procedure?) (reg proc))
  (branch (label primitive-apply))
  (test (op compound-procedure?) (reg proc))
  (branch (label compound-apply))
  (goto (label unknown-procedure-type))
```

我们假定每个基本过程的实现方式都保证它能从argl获取自己的实际参数表，并将结果存入val里。为了描述这一机器如何处理基本过程，我们就必须提供一个控制器的指令序列，实现每一个基本过程，并为primitive-apply做好一种安排，使之能分派到由proc的内容确定的基本过程的指令序列。由于我们感兴趣的是求值过程的结构，而不是基本过程的细节，这里将不做上面所说的事情，而仅仅用一个apply-primitive-procedure操作，表示把proc里的过程应用于argl里的实际参数。为了能用5.2节的模拟器去模拟这个求值器，我们用了一个过程apply-primitive-procedure，它基于基础的Scheme系统去执行有关的过程应用，这与在前面4.1.4节元循环求值器里的做法一样。在计算出基本过程应用的值之后，我们恢复寄存器continue，并转到它所指定的入口点。

```
primitive-apply
  (assign val (op apply-primitive-procedure)
              (reg proc)
              (reg argl))
  (restore continue)
  (goto (reg continue))
```

在应用一个组合过程时，这里采用的做法也与元循环求值器里相同。我们将构造起一个框架，其中把过程的形式参数约束于对应的实际参数，用这一框架扩充过程所携带的环境，并在这一扩充后的环境里求值构成过程体的表达式序列。有关表达式序列的求值问题由下面5.4.2节描述的ev-sequence处理。

```
compound-apply
  (assign unev (op procedure-parameters) (reg proc))
  (assign env (op procedure-environment) (reg proc))
  (assign env (op extend-environment)
              (reg unev) (reg argl) (reg env))
  (assign unev (op procedure-body) (reg proc))
  (goto (label ev-sequence))
```

在这个解释器里，只有在compound-apply处需要给env寄存器赋一个新值。正如在元循环求值器里一样，这个新环境是在过程所携带的环境的基础上构造起来的，加入了实际参数表与相应的变量表的约束。

5.4.2 序列的求值和尾递归

在显式控制求值器里，位于ev-sequence的部分与元循环求值器里的eval-sequence

过程类似。它处理过程体里或者显式的begin表达式里的表达式序列。

在求值显式的begin表达式时，我们先把被求值的表达式序列放入unev，将continue保存到堆栈里，而后转跳到ev-sequence。

```
ev-begin
  (assign unev (op begin-actions) (reg exp))
  (save continue)
  (goto (label ev-sequence))
```

对于过程体里的隐式序列的处理，就是直接从compound-apply跳到ev-sequence。在这一点，所需的continue已经保存在堆栈里，这是由ev-application保存的。

位于ev-sequence的入口和ev-sequence-continue形成了一个循环，循环中顺序地求值序列里的一个个表达式。尚未求值的表达式表保存在unev。在对一个表达式求值之前，我们要检查这个序列里是否还有另外的表达式需要求值。如果有，那么就把剩下的未求值表达式（在unev里）和当时的环境（在env里）保存到堆栈，因为在求值那些表达式时还需要用这个环境。然后去调用eval-dispatch完成表达式的求值。从这一求值返回后，在ev-sequence-continue处恢复保存起来的两个寄存器。

对序列里最后一个表达式采用了不同的处理方式，由入口点ev-sequence-last-exp处理。因为到这时，求值完这个表达式后已经没有其他表达式了，因此在转入eval-dispatch之前就不需要保存unev和env。整个序列的值也就是最后这个表达式的值，因此，在对最后这个表达式的求值完成后已经不必再做其他事情，只需要从当时堆栈里保存的入口点继续下去（这是由ev-application或者ev-begin保存的）。此时不应该采用准备好continue为eval-dispatch做好返回这里的安排，而后从堆栈里恢复continue并从这个入口点继续的方式；而是在转到eval-dispatch前，直接从堆栈里恢复continue。这就使eval-dispatch在完成了这里的表达式求值之后，能够从continue里的那个入口点继续下去。

```
ev-sequence
  (assign exp (op first-exp) (reg unev))
  (test (op last-exp?) (reg unev))
  (branch (label ev-sequence-last-exp))
  (save unev)
  (save env)
  (assign continue (label ev-sequence-continue))
  (goto (label eval-dispatch))
ev-sequence-continue
  (restore env)
  (restore unev)
  (assign unev (op rest-exps) (reg unev))
  (goto (label ev-sequence))
ev-sequence-last-exp
  (restore continue)
  (goto (label eval-dispatch))
```

尾递归

在第1章里我们说过，由例如下面过程描述的计算

```
(define (sqrt-iter guess x)
```

```
(if (good-enough? guess x)
    guess
    (sqrt-iter (improve guess x)
               x)))
```

实际上是一个迭代过程。即使这个过程定义在语法上是递归的（基于它自身定义），从逻辑上说，求值器在从对sqrt-iter的一个调用转到下一个调用时，完全不必保存信息[310]。如果一个求值器在执行像sqrt-iter这样的过程时，采用的方式能使在该过程继续调用自身时不需要增加存储，这种求值器就称为*尾递归*求值器。在第4章里求值器的元循环实现中，我们并没有描述清楚该求值器是否为尾递归的，因为那个求值器从基础Scheme系统继承了保存状态的机制。对于现在的显式控制求值器，我们当然就可以追踪全部的求值过程，仔细观察在过程调用时堆栈里的信息堆积情况。

我们这里的求值器确实是尾递归的，因为在求值一个序列里的最后一个表达式时，求值器是直接转到eval-dispatch，并没有把任何信息存入堆栈。这样，对于序列里最后一个表达式的求值——即使这是一次过程调用（就像在sqrt-iter里，过程体里的最后表达式也就是那里的if表达式，该表达式将归结到一个对sqrt-iter的调用）——也不会导致向堆栈里积累任何信息[311]。

如果我们不想利用这一情况带来的益处（在这里完全不必保存信息），那么也可以采用如下方式实现eval-sequence，以同样方式统一处理序列里所有的表达式——将寄存器内容存入堆栈，求值表达式，返回时恢复寄存器。重复地这样做，直至完成所有表达式的求值[312]。

```
ev-sequence
  (test (op no-more-exps?) (reg unev))
  (branch (label ev-sequence-end))
  (assign exp (op first-exp) (reg unev))
  (save unev)
  (save env)
  (assign continue (label ev-sequence-continue))
  (goto (label eval-dispatch))
ev-sequence-continue
  (restore env)
  (restore unev)
  (assign unev (op rest-exps) (reg unev))
  (goto (label ev-sequence))
ev-sequence-end
  (restore continue)
  (goto (reg continue))
```

这看起来好像只是对前面有关序列求值的代码做了一点小变动，仅有的不同点就是对序

---

310 在5.1节里，我们已经看到过如何在一个寄存器机器里实现这种计算过程，那里并没有堆栈，计算过程的状态都保存在一组固定的寄存器里。

311 用在ev-sequence里的尾递归实现，是许多编译程序里所采用的一种有名的优化技术的变形。在编译一个过程时，如果这一过程的最后是一个过程调用，那么就可以用直接跳到该过程入口点来取代这个调用。像我们在本节中所做的这样，将这一策略构筑到解释器里，就为整个语言提供了统一的优化。

312 no-more-exps?可以采用下面的定义：

```
(define (no-more-exps? seq) (null? seq))
```

列里最后一个表达式也像对其他表达式一样处理，使之穿过保存和恢复循环。对于任何表达式，修改后的解释器仍将给出同样的值。但是，对于尾递归实现而言，这一改动却是致命的，因为如果现在要返回，那就必须是在序列里的最后一个表达式完成求值之后，因为这时才能恢复所保存的（无用的）寄存器值。在嵌套的过程调用中，这些额外的保存值就会积累起来。由于这种情况，像sqrt-iter一类的过程所需的空间也就会正比于迭代的次数，而不再是常量空间了。这种差异可能变得非常重要，举例来说，在采用尾递归时，一个无穷循环也可以只通过过程调用机制来表述：

```
(define (count n)
  (newline)
  (display n)
  (count (+ n 1)))
```

如果没有尾递归，这个过程最终会用光所有的堆栈空间，而要想表述迭代型的计算，就必须有过程调用之外的其他机制了。

5.4.3 条件、赋值和定义

与元循环求值器的情况一样，这里对各种特殊形式的处理，也是通过有选择地求值表达式里的一些部分。对于if表达式，我们必须求值其谓词部分，并基于谓词的值确定是求值它的推论部分呢，还是求值它的替代部分。

在求值其谓词部分之前，我们需要把if表达式本身保存起来，以便后来可以从中提取出推论部分或者替代部分。我们也要保存当时的环境，后面求值推论部分或者替代部分时还需要用它。还要保存起continue，因为将来还要根据它返回到等着这个if的值的那个表达式去，继续进行该表达式的求值。

```
ev-if
  (save exp)                        ; save expression for later
  (save env)
  (save continue)
  (assign continue (label ev-if-decide))
  (assign exp (op if-predicate) (reg exp))
  (goto (label eval-dispatch))   ; evaluate the predicate
```

当我们从对谓词的求值返回时，需要检查得到的值是真还是假，并根据这一检查的结果，把表达式的推论部分或者替代部分放入exp里，而后转向eval-dispatch。请注意，在这里重新恢复了env和continue，就是为设置好eval-dispatch，使之具有正确的环境以及接受if表达式值的正确继续位置。

```
ev-if-decide
  (restore continue)
  (restore env)
  (restore exp)
  (test (op true?) (reg val))
  (branch (label ev-if-consequent))
ev-if-alternative
  (assign exp (op if-alternative) (reg exp))
  (goto (label eval-dispatch))
```

```
ev-if-consequent
  (assign exp (op if-consequent) (reg exp))
  (goto (label eval-dispatch))
```

赋值和定义

赋值由ev-assignment处理，当eval-dispatch在exp里遇到了赋值表达式，控制就会转到这里。位于ev-assignment的代码首先求出赋值中表达式部分的值，而后把这一新值装入环境里。这里假定set-variable-value!是一个可用的机器操作。

```
ev-assignment
  (assign unev (op assignment-variable) (reg exp))
  (save unev)                        ; save variable for later
  (assign exp (op assignment-value) (reg exp))
  (save env)
  (save continue)
  (assign continue (label ev-assignment-1))
  (goto (label eval-dispatch))  ; evaluate the assignment value
ev-assignment-1
  (restore continue)
  (restore env)
  (restore unev)
  (perform
   (op set-variable-value!) (reg unev) (reg val) (reg env))
  (assign val (const ok))
  (goto (reg continue))
```

定义的处理方式与此类似：

```
ev-definition
  (assign unev (op definition-variable) (reg exp))
  (save unev)                        ; save variable for later
  (assign exp (op definition-value) (reg exp))
  (save env)
  (save continue)
  (assign continue (label ev-definition-1))
  (goto (label eval-dispatch))  ; evaluate the definition value
ev-definition-1
  (restore continue)
  (restore env)
  (restore unev)
  (perform
   (op define-variable!) (reg unev) (reg val) (reg env))
  (assign val (const ok))
  (goto (reg continue))
```

练习5.23 请扩充这个求值器，以处理cond、let等等的派生表达式（见4.1.2节）。你可以假定cond->if等等语法变换都是可用的机器操作，以“蒙混过关”[313]。

练习5.24 请将cond直接实现为一个新的特殊形式，而不是将它归结到if。你将不得不构造一个循环，顺序检查cond里各个子句的谓词，直至找到一个真的，而后用ev-

[313] 这并不真的就是“蒙混过关”。在实际从空白开始实现时，我们很可能在用这种显式控制求值器先去解释一个Scheme程序，完成例如cond->if这样的源代码层次的变换，在实际执行前先运行这个程序。

sequence去求值这一子句中的动作序列。

练习5.25 请基于4.2节的惰性求值器修改这个求值器，使它能采用正则顺序去求值。

5.4.4 求值器的运行

有了这个显式控制求值器之后，我们从第1章开始的一个开发也就到达了终点。在此期间，我们研究了求值过程的一系列越来越精确的模型。我们从相对非形式的代换模型开始，而后在第3章里将其扩充为一个环境模型，使我们能够处理状态和变化。在第4章的元循环求值器里，我们用Scheme本身作为语言，以便把表达式求值过程中环境结构的构造情况显式地表现出来。现在有了寄存器机器，我们已经更加仔细地观看了求值器里有关存储管理、参数传递和控制的机制。在每一个新的描述层次上，我们都提出了一些问题，并解决了一些意义含糊的情况，而在前面的对求值过程的处理不那么精确的层次上，这些根本就不会出现。为了理解显式控制求值器的行为，我们可以去模拟执行它，并监视其执行过程。

现在要为我们的求值器机器安装一个驱动循环，它扮演着4.1.4节里driver-loop过程的角色。这一求值器将反复打印出提示，读入一个表达式，通过转到eval-dispatch去求值这个表达式，最后打印出结果。下面的指令序列形成了这一显式控制求值器中控制器序列的最前面一部分[314]：

```
read-eval-print-loop
  (perform (op initialize-stack))
  (perform
   (op prompt-for-input) (const ";;; EC-Eval input:"))
  (assign exp (op read))
  (assign env (op get-global-environment))
  (assign continue (label print-result))
  (goto (label eval-dispatch))
print-result
  (perform
   (op announce-output) (const ";;; EC-Eval value:"))
  (perform (op user-print) (reg val))
  (goto (label read-eval-print-loop))
```

当我们在一个过程中遇到了错误时（例如，由apply-dispatch指明的“未知过程类型错误”），我们需要打印错误信息并返回到驱动循环[315]。

```
unknown-expression-type
  (assign val (const unknown-expression-type-error))
  (goto (label signal-error))
```

---

[314] 在这里，我们假定read和若干打印操作都可以作为机器的基本操作使用，这样的假定在模拟中很有用，但在实践中却是不实际的。这些操作实际上都是非常复杂。在实践中，我们同样需要基于低级的输入输出操作实现它们，这种低级操作的例子如将一个字符送到某设备，或者从某设备取一个字符。

为了支持get-global-environment操作，我们定义：

```
(define the-global-environment (setup-environment))

(define (get-global-environment)
  the-global-environment)
```

[315] 也存在一些特殊错误，我们可能更希望由解释器去处理它们。但这种事情不那么简单。请看练习5.30。

```
unknown-procedure-type
  (restore continue)      ; clean up stack (from apply-dispatch)
  (assign val (const unknown-procedure-type-error))
  (goto (label signal-error))

signal-error
  (perform (op user-print) (reg val))
  (goto (label read-eval-print-loop))
```

为了模拟的需要，我们在每次穿过这一驱动循环时都做一次堆栈的初始化，因为在出现错误（例如遇到未定义的变量）导致循环中断之后，堆栈有可能不空[316]。

如果把从5.4.1节到5.4.4节的代码片段组合到一起，我们就构造出了一个求值器机器模型。现在就可以用5.2节里的寄存器机器模拟器去运行它了。

```
(define eceval
  (make-machine
   '(exp env val proc argl continue unev)
   eceval-operations
  '(
    read-eval-print-loop
      <如上给出的完整的机器控制器>
    )))
```

我们还必须定义一些Scheme过程，去模拟这个求值器里使用的所有基本操作。这些也就是我们在4.1节定义元循环模拟器时所定义的那些过程，还有在5.4节的各个脚注里定义的那些过程。

```
(define eceval-operations
  (list (list 'self-evaluating? self-evaluating)
        <eceval机器操作的完整列表>))
```

现在我们已经可以初始化有关的全局环境，并运行这个求值器了：

```
(define the-global-environment (setup-environment))

(start eceval)

;;; EC-Eval input:
(define (append x y)
  (if (null? x)
      y
      (cons (car x)
            (append (cdr x) y))))
;;; EC-Eval value:
ok

;;; EC-Eval input:
(append '(a b c) '(d e f))
;;; EC-Eval value:
(a b c d e f)
```

当然，以这种方式求值表达式，所需的时间将远远长于我们直接把它们送给Scheme，因

[316] 我们也可以仅仅在出现错误之后才去初始化堆栈。但是，在驱动循环里完成此事，能使我们更方便地监视求值器的执行，下面将讨论这方面的问题。

为在这个模拟过程中涉及许多层次。我们的表达式由显式控制求值器求值，这个求值器是通过一个Scheme程序模拟的，而那个程序本身又被Scheme解释器求值。

监视求值器的执行性能

模拟可以成为指导求值器的实际实现的一种有力工具。模拟不仅使人更容易去探索寄存器机器设计的各种变形，也使人更容易监视被模拟求值器的执行性能。举例说，性能中的一个重要因素就是求值器对于堆栈的使用是否非常有效。我们只需要用一个特殊的模拟器版本定义求值器寄存器机器，在其中收集有关堆栈使用的各种统计信息（见5.2.4节），并且在这个求值器的print-result入口点增加了一条打印统计信息的指令，就可以观察在求值各种表达式时堆栈操作的执行次数了：

```
print-result
  (perform (op print-stack-statistics)); added instruction
  (perform
   (op announce-output) (const ";;; EC-Eval value:"))
  ... ; same as before
```

与求值器的交互，现在看起来是下面的样子：

```
;;; EC-Eval input:
(define (factorial n)
  (if (= n 1)
      1
      (* (factorial (- n 1)) n)))
(total-pushes = 3 maximum-depth = 3)
;;; EC-Eval value:
ok

;;; EC-Eval input:
(factorial 5)
(total-pushes = 144 maximum-depth = 28)
;;; EC-Eval value:
120
```

注意，求值器的驱动循环将在每次交互开始时重新初始化堆栈，因此，这样打印出的统计信息也就是在对前一表达式求值中所用的堆栈操作次数。

练习5.26 请利用上述的受监视堆栈考察求值器的尾递归性质（见5.4.2节）。启动求值器并定义下面取自1.2.1节的迭代型factorial过程：

```
(define (factorial n)
  (define (iter product counter)
    (if (> counter n)
        product
        (iter (* counter product)
              (+ counter 1))))
  (iter 1 1))
```

用一个比较小的n值运行这一过程。记录下对每个值计算$n!$时的最大堆栈深度和压栈次数。

a) 你会发现求值$n!$时的最大堆栈深度是与n无关的。这个深度是什么？

b) 根据你得到的数据确定一个公式，对于任何$n \geqslant 1$，它都基于n的值描述了在求值$n!$中所用的总的压栈操作次数。请注意，这里的次数应该是n的一个线性函数，因此你需要确定其中的两个常量。

练习5.27 与练习5.26做一个比较，研究下面这个采用递归方式求阶乘的过程的行为：

```
(define (factorial n)
  (if (= n 1)
      1
      (* (factorial (- n 1)) n)))
```

通过在受监视的堆栈上运行这一过程，确定对任何$n \geqslant 1$，在求值$n!$的过程中堆栈的最大深度和总的压栈次数，将它们描述为n的函数（这些函数仍然是线性的）。将你的试验结果总结在下面表里，在表中各个空格里填入基于n的适当表达式。

	最大深度	压栈次数
递归的阶乘		
迭代的阶乘		

堆栈的最大深度是求值器在执行计算中所用存储空间量的一个度量，压栈次数则对应于求值所需的时间。

练习5.28 请修改上面求值器的定义，像5.4.2节所说的那样修改`eval-sequence`，使求值器不再是尾递归的。重新运行你在练习5.26和练习5.27里做的试验，以此说明上面两个`factorial`过程版本现在需要的空间都随输入线性增长。

练习5.29 请监视在树型递归的斐波那契计算中堆栈操作的情况：

```
(define (fib n)
  (if (< n 2)
      n
      (+ (fib (- n 1)) (fib (- n 2)))))
```

a) 给出一个基于n的公式，描述对$n \geqslant 2$计算$\mathrm{Fib}(n)$时所需的最大堆栈深度。提示：在1.2.2节我们曾经说过，这一过程所需的空间随着n线性增长。

b) 给出一个基于n的公式，描述对$n \geqslant 2$计算$\mathrm{Fib}(n)$时所需的全部压栈操作次数。你将发现这一压栈次数（对应于计算所需的时间）将随着n指数地增长。提示：令$S(n)$是计算$\mathrm{Fib}(n)$中所用的压栈次数，你应能论证，存在着某个与n无关的“开销”常数k，可以基于$S(n-1)$，$S(n-2)$和常数k写出一个表示$S(n)$的公式。请给出这个公式，并说明k是什么。而后说明$S(n)$可以表述为$a\ \mathrm{Fib}(n+1)+b$，并请给出a和b的值。

练习5.30 我们的求值器现在只能捕捉两类错误并发出信号——未知的表达式类型，以及未知的过程类型。其他错误将使这个求值器退出读入－求值－打印循环。当我们用寄存器机器模拟器运行这个求值器时，这些错误都只能由基础的Scheme系统去捕捉。这种情况类似于当用户程序出了一个错时计算机就会垮台[317]。做好一个真正的处理错误的系统是一个大项目，但理解在这里会遇到什么问题，却很值得花一点时间。

[317] 非常遗憾，这正是常规的基于编译的语言系统（例如C）的普遍情况。在UNIX里出现这种情况时系统会“内核卸载”，在DOS/Windows里它将变成大灾难。Macintosh机器将显示出一个爆炸的炸弹图画，并给人提供重新引导计算机的机会——如果你幸运的话。

a) 出现在求值过程中的错误，例如企图访问未约束的变量，可以通过修改查询操作的方式捕捉。可以让它在遇到这种情况时返回一个可辨认的条件码，要求这个条件码不是任何用户变量的可能值。这样，求值器就可以检查这一条件码，如果需要时就转到signal-error去。请在上面求值器里找出所有需要修改的地方，并设法更正之。为此需要做很多工作。

b) 更糟糕的是处理由基本操作的应用产生出错误信号的问题，例如要用0去除，或者企图去求一个符号的car。在专业水平的高质量系统里，系统将检查每个基本操作的应用，因为安全性也是这些基本操作的一部分。举个例子，在每次调用car之前都需要确认其参数确实是序对。如果参数不是序对，那么这一应用就会将一个可辨认的条件码返回给求值器，导致求值器报告一个错误。我们也可以在寄存器机器模拟器中安排好这些事情，在那里让每个基本过程检查自己的参数的可用性，在出问题时返回适当的可辨认的条件码。这样，求值器里的primitive-apply代码就可以检查这里的条件码，在需要时转到signal-error。请构造起这一结构并使之能够工作。这是一个很大的工作课题。

5.5 编译

5.4节的显式控制求值器是一部寄存器机器，它的控制器能解释Scheme程序。在这一节里，我们将要看到的是如何在一部控制器不是Scheme解释器的寄存器机器上运行Scheme程序。

显式控制求值器是一部通用机器——它可以执行用Scheme语言描述的任何计算过程。该求值器的控制器与它的数据通路和谐地相互配合，以执行所需要的计算过程。也就是说，这一求值器的数据通路也是通用的：只要给出一个适当的控制器，它们就足以执行我们所需要的任何计算[318]。

作为商品的通用计算机也是寄存器机器，它们的组织形式也是围绕着一组寄存器和一组操作，这些东西构成了一个高效而又方便的数据通路集合。通用计算机的控制器也是一个寄存器机器语言的解释器，该语言与我们前面看到的东西类似。这样的一个语言被称为这台计算机的*本机语言*，或称为*机器语言*。用这种机器语言写出的程序就是指令的序列，它们使用这部机器的数据通路。例如，我们完全可以将显式控制求值器的指令序列看作是某台通用计算机的一个机器语言程序，而不是看作一部特定的解释器机器的控制器。

为了在高级语言和寄存器机器语言之间的鸿沟上架设起一座桥梁，存在着两种常见的策略。显式控制求值器展示的是一种称为解释的策略。此时我们用有关机器的本机语言写出一个解释器，它设法配置好这部机器，使它能够执行某个语言（称为*源语言*）的程序，而这一源语言可能与执行求值的机器的本机语言完全不同。这种源语言的基本过程被实现为一个子程序库，用给定机器的本机语言写出。被解释的程序（称为*源程序*）用一个数据结构表示。解释器遍历这种数据结构，分析源程序的情况。在这样做的过程中，它需要调用取自库的适当的基本子程序，以模拟源程序所要求的行为。

在这一节里，我们将要探讨另一种称为*编译*的策略。一个针对某种给定源语言和某种给

[318] 这只是一个理论性的结论。我们并不想断言说，对于作为一种通用计算机而言，这一求值器的数据通路是特别方便的或者特别有效的数据通路集合。举例说，对于实现高性能的浮点计算，或者其中包含大量对二进制序列操作的计算，这组数据通路就不是很好。

定机器的编译器，能够将源程序翻译为用这部机器的本机语言写出的等价程序（称为目标程序）。我们在这一节里将要实现的编译器，能够将用Scheme写出的程序，翻译为可以用显式控制求值器的数据通路执行的指令序列[319]。

与解释方式相比，采用编译方式可以大大提高程序执行的效率，我们将在下面有关编译器的综述里解释有关情况。另一方面，解释器则为程序开发和排除错误提供了一个更强大的环境，因为被执行的源代码在运行期间都是可用的，可用去检查和修改。此外，由于整个基本操作的库都在那里，我们可以在排除错误的过程中构造新程序，随时把它们加入系统中。

由于看到了编译和解释的互补优势，现代程序开发环境很推崇一种混合的策略。Lisp解释器通常都采用一种组织方式，使得解释性程序和编译性程序可以相互调用。这就使程序员可以编译那些自己认为已经排除了错误的程序部分，从而取得编译方式的效率优势；而让那些正在进行交互式开发和排错的，还在不断变化的程序部分的执行仍然维持在解释模式之中。在下面的编译器实现完成之后，在5.5.7节里，我们将要说明如何将它与解释器连接，产生出一个集成的编译器－解释器开发环境。

有关编译器的综述

从结构和所执行的功能上看，我们的编译器都很像前面的解释器。正因为此，在这个编译器里分析表达式的机制将与解释器中使用的东西类似。进一步说，为了使编译代码与解释代码方便地互连，我们将按照下面方式设计这一编译器，使它产生的代码遵循与解释器相同的寄存器使用规则：执行环境仍保存在env寄存器里，实际参数表在argl寄存器里积累，被应用的过程存在proc寄存器里，过程通过val返回它们的值，过程将要使用的返回地址保存在continue里。一般而言，这个编译器将把一个源程序翻译为一个目标程序，该目标程序所执行的寄存器操作，从本质上说，也就是解释器求值同一个源程序时所执行的操作。

这一描述提出了一种实现基本编译器的策略：我们应该以与解释器同样的方式去遍历表达式。当遇到解释器在求值表达式时应该执行一条寄存器指令时，我们不是去执行这条指令，而是将它收集到一个序列里。这样得到的指令序列就是我们所需要的目标代码。现在就可以看到编译器优于解释器的地方了。解释器在每次求值一个表达式时——例如，(f 84 96)，都需要去做对这个表达式的分类工作（发现这是一个过程应用），需要检查表达式的表是否结束（发现这里存在两个运算对象）。而在采用编译器的情况下，对这一表达式的分析只需要做一次，也就是在编译期间生成指令序列的时候。在由编译器产生出的目标代码里，只包含了那些对运算符和两个运算对象求值的指令，以及将有关的过程（在proc里）应用于实际参数（在argl里）的指令。

这里所看到的，实际上也就是我们在4.1.7节实现分析型求值器时所采用的同一类优化技术。但是，在编译性的代码里还存在进一步获得效率的可能性。在解释器运行时，它需要按照一种能够适用于该语言里的所有表达式的方式工作。一段给定的编译代码的情况则与此完

[319] 实际上，运行这种编译产生的代码的机器可以比相应的解释器机器更简单，因为我们并没有使用其中的exp和unev寄存器。解释器里用这些寄存器保存未求值的表达式。采用了编译器之后，这些表达式都被构造到寄存器机器需要去执行的编译结果代码里了。由于同样的原因，我们也不再需要处理表达式语法的机器操作。但是编译结果代码里将使用另外几个机器操作（用于表示编译后的过程对象），它们没有出现在显式控制求值器机器里。

全不同，因为它的目标就是执行某个特定的表达式。这种差异可能产生极大的影响，例如在用堆栈保存寄存器方面。当解释器求值一个表达式时，它必须为所有偶然可能发生的情况做好准备。因此，在求值一个子表达式之前，解释器就必须将所有后来可能需要的寄存器存入堆栈，因为在子表达式里可能做任何求值工作。而在另一面，编译器就可以去考察它所处理的特定表达式，在产生出的代码里避免所有并不必要的堆栈操作。

作为这方面情况的一个例子，现在考虑组合式(f 84 96)。在解释器求值这个组合式的运算符之前，它需要为这个求值做好准备，将保存着运算对象和环境的寄存器都存入堆栈，因为这些值后来还要使用。而后解释器去做运算符的求值，在val里得到求值的结果，恢复所有保存在堆栈里的寄存器值，最后把val里的结果移到proc。然而，在需要处理的这个特定表达式里，运算符也就是符号f，对于它的求值由机器操作lookup-variable-value完成，在此过程中根本不会修改任何寄存器。我们将要在本节里实现的编译器就能利用这一事实，在产生出的代码里，它将用下面指令完成对这个运算符的求值工作：

```
(assign proc (op lookup-variable-value) (const f) (reg env))
```

这一代码不仅避免了原本就没有必要的保存和恢复工作，而且直接将找出的值赋给proc。而解释器是先在val里得到这个值，而后又把它移到proc。

编译器还能优化对环境的访问。通过对代码的分析，在许多情况下，编译器可以确定在哪个框架保存着某个特定值，并直接访问这一框架，而不需要去执行lookup-variable-value搜索。我们将在5.5.6节讨论如何实现这种变量访问。当然，在那之前，我们还是准备集中精力，讨论如何完成上面所描述的寄存器和堆栈优化。编译器还可以执行许多其他优化工作，例如将某些基本操作“在线处理”，而不是使用一次通用的apply机制（见练习5.38）。但我们将不在这里强调这些东西。这一节里的主要目标，就是在一个经过简化（但仍然很有意思）的上下文中展示编译过程里的各种情况。

5.5.1 编译器的结构

在4.1.7节里，我们修改了原来的元循环解释器，将分析过程与实际执行分离开。在分析每个表达式后产生出一个执行过程，它以一个环境作为参数，执行所需的操作。在我们的编译器里，也要做本质上与那里相同的分析。但现在不是要产生出一个执行过程，而是要生成出一些能够在我们的寄存器机器上运行的指令序列。

这个编译器里的过程compile完成最高层的分派，它对应于4.4.1节里的eval过程，4.1.7节里的analyze过程，以及在5.4.1节里的显式控制求值器里的eval-dispatch入口点。这个编译器很像一个解释器，它也要使用4.1.2节里定义的各种表达式语法过程[320]。compile执行一个基于被编译的表达式语法类型的分情况分析，对于每种表达式类型，都将它们分派到一个特定的代码生成器：

```
(define (compile exp target linkage)
  (cond ((self-evaluating? exp)
```

[320] 请注意，我们的编译器是一个Scheme程序，而那些用于操作表达式的语法过程，也是在元循环求值器里使用的真正的Scheme过程。在另一方面，对于显式控制求值器，我们则假定了同样的一组等价的语法过程可用作寄存器机器的操作。（当然，在Scheme里模拟寄存器机器时，在我们的寄存器机器模拟器里使用的确实是这些真实的Scheme过程。）

```
        (compile-self-evaluating exp target linkage))
       ((quoted? exp) (compile-quoted exp target linkage))
       ((variable? exp)
        (compile-variable exp target linkage))
       ((assignment? exp)
        (compile-assignment exp target linkage))
       ((definition? exp)
        (compile-definition exp target linkage))
       ((if? exp) (compile-if exp target linkage))
       ((lambda? exp) (compile-lambda exp target linkage))
       ((begin? exp)
        (compile-sequence (begin-actions exp)
                          target
                          linkage))
       ((cond? exp) (compile (cond->if exp) target linkage))
       ((application? exp)
        (compile-application exp target linkage))
       (else
        (error "Unknown expression type -- COMPILE" exp))))
```

目标和连接

除了被编译表达式之外，compile和它所调用的代码生成器还有另外两个参数。一个是目标（target），它描述的是一个寄存器，被编译出的代码段应该将表达式的值保存到这里。还有一个称为连接描述符（linkage），它描述的是相关表达式的编译结果代码在完成自己的执行之后，应该如何继续下去。这一连接描述符可以要求代码做下面三件事情之一：

- 继续序列里的下一条指令（采用连接描述符next表示）。
- 从被编译的过程返回（采用连接描述符return表示）。
- 跳到一个命名的入口点（描述这种情况的方式就是以指定标号作为连接描述符）。

举例来说，以val寄存器作为目标，以next作为连接描述符编译表达式5（这是一个自求值表达式），将产生出下面的指令

```
(assign val (const 5))
```

而用连接return编译同一表达式，将产生下面的指令序列

```
(assign val (const 5))
(goto (reg continue))
```

对于第一种情况，执行将继续去做序列里的下一指令。对于第二种情况，我们将从一个过程调用里返回。在这两种情况中，表达式的值都被存放在目标寄存器val里。

指令序列和堆栈的使用

每个代码生成器都返回一个指令序列，其中包含的是由被编译表达式生成出的目标代码。由复合表达式生成的代码，是通过组合起针对其中的成分表达式的代码生成器的输出而建立起来的，就像前面对复合表达式的求值，是通过求值其中的成分表达式而完成一样。

组合指令序列的最简单方式就是调用一个名为append-instruction-sequences的过程。这个过程以任意数目的指令序列作为参数，假定这些序列应该顺序执行。这一过程将这些序列拼接起来，返回这样组合而成的指令序列。也就是说，如果<seq_1>和<seq_2>都是指

令序列，那么求值：

```
(append-instruction-sequences <seq1> <seq2>)
```

产生出的指令序列就是

```
<seq1>
<seq2>
```

如果某个时候需要保存一些寄存器的值，编译器的代码生成器就会使用preserving，它实现了一种更加精细的组合指令序列的方式。preserving有三个参数，一个寄存器集合和两个需要顺序执行的指令序列。preserving组合这两个序列的方式能够保证，如果其参数集合中的某个寄存器的值在第二个指令序列里需要用的话，这个值就不会受到第一个指令序列执行的影响。这也就是说，如果第一个序列里修改某个寄存器，而第二个序列里实际需要这个寄存器的原值，那么preserving就会在把第一个序列归并进来之前，在这个序列的外面包上对这个寄存器的一个save和一个restore。如果情况不是这样，preserving就返回简单连接起来的序列。这样，举例来说，对于：

```
(preserving (list <reg1> <reg2>) <seq1> <seq2>)
```

根据<seq_1>和<seq_2>里如何使用<reg_1>和<reg_2>，有可能产生下面四种序列之一：

<seq_1> <seq_2>	(save <reg_1>) <seq_1> (restore <reg_1>) <seq_2>)	(save <reg_2>) <seq_1> (restore <reg_2>, <seq_2>	(save <reg_2>) (save <reg_1>) <seq_1>) (restore <reg_1>) (restore <reg_2>) <seq_2>

通过采用preserving组合指令序列，编译器就可以避免各种不必要做的堆栈操作了。这一做法也把是否需要生成save和restore指令的细节全部隔离在preserving过程里，把这件事情与写各个代码生成器时所需要关心的问题分离开来。事实上，各个代码生成器都不会显式地产生save和restore指令。

从原则上说，我们完全可以用一个简单的指令的表去表示一个指令序列。如果采用这种形式，append-instruction-sequences组合指令序列的工作也就是执行一次常规的表append。但是如果真的那样做，preserving就会变成一个非常复杂的操作，因为它将不得不去分析每个指令序列，设法确定指令序列里使用它的寄存器（参数）的情况。这不单会使preserving变得异常复杂，也使它非常低效，因为它将必须去分析自己的每个指令序列参数，即使这些参数本身也是通过调用preserving而构造起来的，此时它们里的各个部分都曾经分析过。为了避免这种重复分析，我们将为每个指令序列关联上有关其中寄存器使用的信息。当我们构造起一个简单的指令序列时，就会显式地提供有关的信息，而那些组合指令的过程，也会从各个成分序列的相关信息中推导出组合后产生的序列的寄存器使用信息。

一个指令序列将包含三部分信息：

- 它在序列中的指令执行之前必须初始化的那些寄存器的集合（我们称这些寄存器为这个序列所需要的）。
- 在这一序列中，其值会被修改的那些寄存器的集合。
- 序列里的实际指令（也称为语句）。

我们将把指令序列表示为一个包含这三个部分的表。这样，指令序列的构造函数就是：

```
(define (make-instruction-sequence needs modifies statements)
  (list needs modifies statements))
```

举个例子，设想一个包含了两条指令的序列，它在当前环境里查看变量x的值并将这个值赋给val，而后返回。这个指令序列要求寄存器env和continue已经过初始化，并要修改寄存器val。因此这个序列可以如下构造：

```
(make-instruction-sequence '(env continue) '(val)
 '((assign val
           (op lookup-variable-value) (const x) (reg env))
   (goto (reg continue))))
```

我们有时也可能需要构造不含语句的指令序列：

```
(define (empty-instruction-sequence)
  (make-instruction-sequence '() '() '()))
```

5.5.4节将给出各种组合指令序列的过程。

练习5.31　在求值一个过程应用时，显式控制求值器总要在运算符求值的前后保存和恢复env寄存器，在对每个运算对象（除了最后一个之外）求值的前后保存和恢复env，在对每个运算对象求值的前后保存和恢复argl，在求值运算对象序列的前后保存和恢复proc。对于下面的每个组合式，请说明这其中的那些save和restore操作是多余的，因此可以由编译器里的preserving机制删除：

```
(f 'x 'y)

((f) 'x 'y)

(f (g 'x) y)

(f (g 'x) 'y)
```

练习5.32　采用了preserving机制之后，在一个组合式的运算符是简单符号的情况下，编译器就可以避免在求值运算符的前后保存和恢复env寄存器。我们也可以将这种优化构筑到求值器里。实际上，5.4节的显式控制求值器已经做了一种类似的优化，其中将没有运算对象的组合式作为一种特殊情况处理。

a) 请扩充显式控制求值器，使之能识别出运算符是符号的组合式，作为一类特殊的表达式，并在求值这种表达式时利用这一特殊事实。

b) Alyssa P. Hacker建议，求值器应该识别出更多的我们可能结合到编译器里的特殊情况，并据此完全剔除编译器的所有优势。你觉得这种想法怎么样？

5.5.2　表达式的编译

在本节和下一节里，我们要实现compile过程分派的那些代码生成器。

连接代码的编译

一般而言，每个代码生成器的输出最后都将是一些指令——由过程compile-linkage生成，实现所需要的连接。如果这一连接是return，那么我们就必须生成指令（goto (reg continue)）。这条指令需要continue寄存器，而且不修改任何寄存器。如果这一连接是next，那么我们就不需要包括任何指令进来。否则相应的连接就是一个标号，需要产生一条转向那个标号的goto指令。这条指令既不需要也不修改任何寄存器[321]。

```
(define (compile-linkage linkage)
  (cond ((eq? linkage 'return)
         (make-instruction-sequence '(continue) '()
          '((goto (reg continue)))))
        ((eq? linkage 'next)
         (empty-instruction-sequence))
        (else
         (make-instruction-sequence '() '()
          `((goto (label ,linkage)))))))
```

连接代码将被preserving用保留continue寄存器的方式，附加到相应的指令序列之后，因为return连接将需要continue寄存器。这样，如果这一指令序列修改了continue寄存器，而连接代码又需要它，continue的内容就会被保存和恢复。

```
(define (end-with-linkage linkage instruction-sequence)
  (preserving '(continue)
   instruction-sequence
   (compile-linkage linkage)))
```

简单表达式的编译

对于自求值表达式、引号表达式和变量，相应的代码生成器构造出的指令序列将所需的值赋给指定的目标寄存器，而后根据连接描述符继续下去：

```
(define (compile-self-evaluating exp target linkage)
  (end-with-linkage linkage
   (make-instruction-sequence '() (list target)
    `((assign ,target (const ,exp))))))

(define (compile-quoted exp target linkage)
  (end-with-linkage linkage
   (make-instruction-sequence '() (list target)
    `((assign ,target (const ,(text-of-quotation exp)))))))

(define (compile-variable exp target linkage)
  (end-with-linkage linkage
   (make-instruction-sequence '(env) (list target)
    `((assign ,target
              (op lookup-variable-value)
              (const ,exp)
              (reg env))))))
```

所有这些赋值指令都修改目标寄存器，查找变量内容的指令需要env寄存器。

赋值和定义的处理方式很像在解释器里的做法。我们要递归地生成出那些用于计算所需值（准备赋给变量）的代码，并在它后面附加一个包含两条指令的序列，实际完成对变量的赋值，并将整个表达式的值（符号ok）赋给目标寄存器。这种递归编译使用目标val和连接

---

[321] 这个过程里使用了Lisp的一种称为*反引号*（或者*拟引号*）的特征，这种特征在构造表的时候非常方便。在表的前面放一个反引号很像是为它加了引号，但是这个表里所有加了逗号标记的东西都将被求值。

举个例子，如果linkage的值是符号branch25，那么对 `((goto (label ,linkage))) 求值就会得到表 ((goto (label branch25)))。与此类似，如果x的值是表 (a b c)，那么 `(1 2 ,(car x)) 求出的值就是 (1 2 a)。

next，所以由此生成的代码将把值放入val，并继续去执行跟随其后的代码。这里采用的拼接方式是保留env，因为在设置或者定义变量都需要当时的环境，而产生变量值的代码可能是任何复杂表达式的编译结果，其中完全可能以任何方式修改env寄存器。

```
(define (compile-assignment exp target linkage)
  (let ((var (assignment-variable exp))
        (get-value-code
         (compile (assignment-value exp) 'val 'next)))
    (end-with-linkage linkage
     (preserving '(env)
      get-value-code
      (make-instruction-sequence '(env val) (list target)
       `((perform (op set-variable-value!)
                  (const ,var)
                  (reg val)
                  (reg env))
         (assign ,target (const ok))))))))

(define (compile-definition exp target linkage)
  (let ((var (definition-variable exp))
        (get-value-code
         (compile (definition-value exp) 'val 'next)))
    (end-with-linkage linkage
     (preserving '(env)
      get-value-code
      (make-instruction-sequence '(env val) (list target)
       `((perform (op define-variable!)
                  (const ,var)
                  (reg val)
                  (reg env))
         (assign ,target (const ok))))))))
```

在拼接两个指令序列时需要env和val，并要修改目标寄存器。请注意，虽然我们为这个序列保留了env，但是却没有保留val，因为get-value-code的设计将会显式地把它的返回值放入val，供这一序列使用。（事实上，如果我们真去保留val的值，反而会引进一个错误，因为这将导致在get-value-code运行之后又恢复了val原来的内容。）

条件表达式的编译

对给定的目标和连接，编译一个if表达式而产生出的指令序列将具有下面形式：

```
 <谓词的编译，目标为 val，连接为 next>
 (test (op false?) (reg val))
 (branch (label false-branch))
true-branch
 <以给定目标及连接或after-if对推论部分的编译结果>
false-branch
 <以给定目标及连接对替代部分的编译结果>
after-if
```

为了生成这样的代码，我们需要编译其中的谓词、推论和替代部分。为了将得到的代码与检测谓词结果的代码组合起来，这里还需要生成几个新标号，用于标识出检测的真假分支和条件表达式计算的结束位置[322]。在安排这些代码时，我们必须在谓词检测为假时跳过真分支。稍微复杂一些的情况出现在对于真分支的连接处理的位置。如果这个条件表达式的连接是return或是标号，真分支和假分支都应该使用这个连接。如果当时的连接是next，真分支的最后就需要一个跳过假分支的指令，跳到标明这一条件结束的标号位置。

```
(define (compile-if exp target linkage)
  (let ((t-branch (make-label 'true-branch))
        (f-branch (make-label 'false-branch))
        (after-if (make-label 'after-if)))
    (let ((consequent-linkage
           (if (eq? linkage 'next) after-if linkage)))
      (let ((p-code (compile (if-predicate exp) 'val 'next))
            (c-code
             (compile
              (if-consequent exp) target consequent-linkage))
            (a-code
             (compile (if-alternative exp) target linkage)))
        (preserving '(env continue)
         p-code
         (append-instruction-sequences
          (make-instruction-sequence '(val) '()
           `((test (op false?) (reg val))
             (branch (label ,f-branch))))
          (parallel-instruction-sequences
           (append-instruction-sequences t-branch c-code)
           (append-instruction-sequences f-branch a-code))
          after-if))))))
```

在谓词的前后需要保留env，因为在真分支和假分支中都可能需要它；还需要保留continue，因为这些分支的连接代码可能需要它。由真分支和假分支生成的代码（它们绝不会顺序执行）用另一个特殊组合操作parallel-instruction-sequences拼接起来，这一操作将在5.5.4节里描述。

请注意，cond是一个派生表达式。因此，为了处理它，编译器需要做的全部事情就是应用cond->if变换过程（取自4.1.2节），而后编译得到的if表达式。

---

[322] 我们不能像上面所示的那样直接采用标号true-branch、false-branch和after-if，因为在一个程序里完全可能有不止一个if。因此编译器需要用make-label过程生成新标号。过程make-label以一个符号作为参数，它将返回一个新符号，这一标号以给定的符号作为开始部分。例如，连续地反复调用（make-label 'a）将返回a1、a2等等。过程make-label的实现可以采用与查询语言中生成唯一变量名类似的方式，例如下面这样：

```
(define label-counter 0)

(define (new-label-number)
  (set! label-counter (+ 1 label-counter))
  label-counter)

(define (make-label name)
  (string->symbol
    (string-append (symbol->string name)
                   (number->string (new-label-number)))))
```

表达式序列的编译

对于表达式序列（来自过程体或者显式的begin表达式）的编译与对它们的求值一样。首先分别编译序列里的每个表达式——最后一个表达式将采用整个序列的连接，其他表达式都用next连接（表示随后应该执行序列里剩下的部分）。将各个表达式编译得到的指令序列拼接起来，形成一个指令序列。在这里需要保留起env（序列的其余部分可能需要它）和continue（序列最后的连接可能需要它）。

```
(define (compile-sequence seq target linkage)
  (if (last-exp? seq)
      (compile (first-exp seq) target linkage)
      (preserving '(env continue)
       (compile (first-exp seq) target 'next)
       (compile-sequence (rest-exps seq) target linkage))))
```

lambda表达式的编译

lambda表达式构造出的是过程。一个lambda表达式的目标代码必须具有下面的形式：

```
<构造过程对象并将它赋给目标寄存器>
<连接>
```

在编译lambda表达式时，我们还要生成出过程体的代码。虽然这个体在过程构造期间并不执行，但是，将它的目标代码插入到紧接着lambda的代码之后是很方便的。如果对于lambda表达式的连接是一个标号或者return，这样做就正好合适。但是如果当时的连接是next，那么我们就需要跳过过程体的代码，此时采用一个转跳连接，将相应的标号放在过程体的后面。这样，目标代码将具有下面形式：

```
 <构造过程对象并将它赋给目标寄存器>
 <给连接的代码>或(goto (label after-lambda))
 <过程体的编译结果>
after-lambda
```

compile-lambda生成出构成过程对象的代码，随后是过程体的代码。这种过程对象将在运行时构造起来，构造的方式就是组合起当时的环境（定义点的环境）和编译后的过程体的入口点（一个新生成的标号）[323]。

```
(define (compile-lambda exp target linkage)
  (let ((proc-entry (make-label 'entry))
        (after-lambda (make-label 'after-lambda)))
    (let ((lambda-linkage
           (if (eq? linkage 'next) after-lambda linkage)))
```

[323] 我们需要几个机器操作，以便实现表示编译后的过程的数据结构，类似于在4.1.3节里所描述的复合过程的结构：

```
(define (make-compiled-procedure entry env)
  (list 'compiled-procedure entry env))

(define (compiled-procedure? proc)
  (tagged-list? proc 'compiled-procedure))

(define (compiled-procedure-entry c-proc) (cadr c-proc))
(define (compiled-procedure-env c-proc) (caddr c-proc))
```

```
        (append-instruction-sequences
         (tack-on-instruction-sequence
          (end-with-linkage lambda-linkage
           (make-instruction-sequence '(env) (list target)
            `((assign ,target
                      (op make-compiled-procedure)
                      (label ,proc-entry)
                      (reg env)))))
          (compile-lambda-body exp proc-entry))
         after-lambda))))
```

compile-lambda采用特殊的组合操作tack-on-instruction-sequence（见5.5.4节），将过程体代码拼接到lambda表达式的代码后面。这里没有用append-instruction-sequences，因为当执行进入被组合的序列时，过程体并不是相应指令序列的一部分。将它放在这里，只不过因为这是安放它的一个方便位置。

compile-lambda-body构造出过程体的代码。这段代码的开始是一个入口点标号。随后是一些指令，这些指令完成的工作是将运行时的执行环境转换到求值过程体的正确环境——也就是说，转换到过程的定义环境，还要完成用形式参数与这一过程被调用时的实际参数约束的扩充。在此之后就是构成过程体的表达式序列的编译结果代码。这个序列用连接return和目标val进行编译，因此它的结束是从过程里返回，过程的结果放在val里。

```
(define (compile-lambda-body exp proc-entry)
  (let ((formals (lambda-parameters exp)))
    (append-instruction-sequences
     (make-instruction-sequence '(env proc argl) '(env)
      `(,proc-entry
        (assign env (op compiled-procedure-env) (reg proc))
        (assign env
                (op extend-environment)
                (const ,formals)
                (reg argl)
                (reg env))))
     (compile-sequence (lambda-body exp) 'val 'return))))
```

5.5.3 组合式的编译

编译过程中最本质的东西就是过程应用的编译。一个组合式对给定目标和连接的编译结果代码具有下面形式：

<运算符的编译结果，目标为proc，连接为next>
<求值运算对象并构造实际参数表，放入argl>
<用给定的目标和连接编译过程调用的结果>

在求值运算符和运算对象期间，我们可能需要保留与恢复寄存器env、proc和argl。请注意，在这个编译器中，仅有这一个地方使用的目标描述不是val。

这里所需要的代码由compile-application生成。compile-application递归地编译运算符，生成出的代码把需要应用的过程放入proc，而后去编译各个运算对象，生成出对过程应用所需的各个运算对象求值的代码。针对各个运算对象的指令序列还要与在argl里构造实际参数表的代码组合起来（通过construct-arglist），得到的实际参数表代码再与过程的代码和执行过程调用的代码（由compile-procedure-call生成）组合到一起。在拼接这一代码序列的过程中，在运算符求值的前后必须保留和恢复env（因为运算符的求值可能修改env，而在运算对象求值时还需要它），在构造实际参数表的前后必须保留起寄存器proc（因为对运算对象的求值中可能修改proc，在实际过程应用时还需要它）。在整个这一段的前后需要保留continue，因为过程调用的连接需要它。

```
(define (compile-application exp target linkage)
  (let ((proc-code (compile (operator exp) 'proc 'next))
        (operand-codes
         (map (lambda (operand) (compile operand 'val 'next))
              (operands exp))))
    (preserving '(env continue)
     proc-code
     (preserving '(proc continue)
      (construct-arglist operand-codes)
      (compile-procedure-call target linkage)))))
```

构造实参表的代码将对每个运算对象求值，结果放入val，而后把这个值cons到在argl里积累起来的实参表中。因为这里是顺序地将实参cons到argl上，因此我们就必须从最后一个参数开始，第一个参数最后做，这样才能使实际参数在结果表里出现的顺序是从第一个到最后一个。为了不浪费一条指令去做将argl初始化为空表，准备好这一系列求值的工作，我们让第一个代码序列构造出初始的argl。这样，实际产生表构造的一般形式就是：

```
<最后运算对象的编译结果，目标为val>
(assign argl (op list) (reg val))
<下一运算对象的编译结果，目标为val>
(assign argl (op cons) (reg val) (reg argl))
...
<第一个运算对象的编译结果，目标为val>
(assign argl (op cons) (reg val) (reg argl))
```

除了第一个运算对象之外，在每个运算对象求值的前后都必须保留和恢复argl（以保证至今已经积累起的实际参数不会丢失）；除了最后一个参数之外，在每个运算对象求值的前后都必须保留和恢复env（以便后续的运算对象求值中使用）。

由于对第一个参数需要特殊处理，并需要在不同的地方保留argl和env，编译这段实参代码中有些小麻烦。construct-arglist过程以求值各个运算对象的代码段为参数。如果根本就没有运算对象，它就直接送出下面指令：

```
(assign argl (const ()))
```

否则，construct-arglist就用最后一个实际参数创建起初始化argl的代码，并拼接起求值其他参数得到的代码，并将它们顺序结合到argl里。为了从后向前处理各个实际参数，我们必须把compile-application提供的运算对象代码序列的表反转过来。

```
(define (construct-arglist operand-codes)
  (let ((operand-codes (reverse operand-codes)))
    (if (null? operand-codes)
        (make-instruction-sequence '() '(argl)
```

```
              '((assign argl (const ())))))
           (let ((code-to-get-last-arg
                  (append-instruction-sequences
                   (car operand-codes)
                   (make-instruction-sequence '(val) '(argl)
                    '((assign argl (op list) (reg val)))))))
             (if (null? (cdr operand-codes))
                 code-to-get-last-arg
                 (preserving '(env)
                  code-to-get-last-arg
                  (code-to-get-rest-args
                   (cdr operand-codes))))))))

(define (code-to-get-rest-args operand-codes)
  (let ((code-for-next-arg
         (preserving '(argl)
          (car operand-codes)
          (make-instruction-sequence '(val argl) '(argl)
           '((assign argl
               (op cons) (reg val) (reg argl)))))))
    (if (null? (cdr operand-codes))
        code-for-next-arg
        (preserving '(env)
         code-for-next-arg
         (code-to-get-rest-args (cdr operand-codes))))))
```

过程应用

在完成了组合式里的各个元素的求值之后，得到的编译结果代码需要把位于proc里的过程应用于argl里的实际参数。从本质上看，这段代码执行就是分派动作，与4.1.1节里元循环求值器里的apply过程，或者5.4.1节里显式控制求值器里apply-dispatch入口点所完成的动作差不多。它检查被应用的过程是基本过程还是编译出的过程。对于基本过程使用apply-primitive-procedure。下面马上会看到对于编译出的过程的处理方式。过程应用的代码具有如下形式：

```
 (test (op primitive-procedure?) (reg proc))
 (branch (label primitive-branch))
compiled-branch
 <对给定目标及适当连接应用编译好的过程的代码>
primitive-branch
 (assign <目标>
         (op apply-primitive-procedure)
         (reg proc)
         (reg argl))

 <连接>
after-call
```

应注意，这里有关编译后过程的分支必须跳过处理基本过程的分支。这样，如果原过程调用的连接是next，复合分支就必须使用另一个连接，以便能跳到插入在基本分支后面的那个标号处。（这类似于在compile-if里真分支所用的连接。）

```
(define (compile-procedure-call target linkage)
  (let ((primitive-branch (make-label 'primitive-branch))
```

```
          (compiled-branch (make-label 'compiled-branch))
          (after-call (make-label 'after-call)))
      (let ((compiled-linkage
             (if (eq? linkage 'next) after-call linkage)))
        (append-instruction-sequences
         (make-instruction-sequence '(proc) '()
          `((test (op primitive-procedure?) (reg proc))
            (branch (label ,primitive-branch))))
         (parallel-instruction-sequences
          (append-instruction-sequences
           compiled-branch
           (compile-proc-appl target compiled-linkage))
          (append-instruction-sequences
           primitive-branch
           (end-with-linkage linkage
            (make-instruction-sequence '(proc argl)
                                       (list target)
             `((assign ,target
                       (op apply-primitive-procedure)
                       (reg proc)
                       (reg argl)))))))
        after-call))))
```

这里的基本分支和复合分支很像compile-if里的真分支和假分支，它们也是用过程parallel-instruction-sequences拼接的，而没有用常规的append-instruction-sequences，因为它们不会顺序执行。

编译出的过程的应用

处理过程调用的代码是这个编译器里最难处理的部分，虽然它所生成的指令序列实际上很短。一个编译出的过程（由compile-lambda构造出来）有一个入口点，就是一个标号，它标明了这个过程的开始位置。位于这一入口点的代码能够计算出一个结果，并将它放入val，而后通过执行指令（goto (reg continue)）返回。由于这些情况，我们可能认为，如果连接是一个标号，针对给定的目标和连接应用一个编译过程的代码（由compile-proc-appl生成）看起来会是下面的形式：

```
 (assign continue (label proc-return))
 (assign val (op compiled-procedure-entry) (reg proc))
 (goto (reg val))
proc-return
 (assign <目标> (reg val))   ; included if target is not val
 (goto (label <连接>))       ; linkage code
```

当连接是return时，它会像下面的样子：

```
 (save continue)
 (assign continue (label proc-return))
 (assign val (op compiled-procedure-entry) (reg proc))
 (goto (reg val))
proc-return
 (assign <目标> (reg val))   ; included if target is not val
 (restore continue)
 (goto (reg continue))       ; linkage code
```

这里的代码将设置好continue（以便使过程能返回标号proc-return），而后就跳到过程的入口点。位于proc-return的代码把过程产生的结果从val传送到目标寄存器（如果需要），而后跳到由连接描述的特定位置（这一连接一定是一个return或者是一个标号，因为compile-procedure-call已把对复合过程分支的next连接换成为一个after-call标号了）。

事实上，如果这里的目标不是val，那么它正好就是我们的编译器将要生成的代码[324]。当然，有关的目标通常都是val（编译器里以另一个寄存器作为求值目标的地方仅有一处，那就是将求值运算符的目标定在proc），所以过程的结果将直接放入目标寄存器，而不需要将结果先放入特定位置，而后再去复制它。还有，我们还要简化这里的代码，通过设置好continue，使得过程能直接“返回”到调用者描述的连接所指定的位置：

```
<为连接设置continue>
(assign val (op compiled-procedure-entry) (reg proc))
(goto (reg val))
```

如果连接是一个标号，我们就设置好continue，使过程直接返回到那个标号（也就是说，作为过程结束的（goto (reg continue)），此时将变得等价于上面的proc-return处的（goto (label <连接>))。）

```
(assign continue (label <连接>))
(assign val (op compiled-procedure-entry) (reg proc))
(goto (reg val))
```

如果连接是return，我们将根本不需要设置continue：它里面已经保存着所需的地址。（也就是说，作为这一过程结束的（goto (reg continue)），将能直接跳到上面的proc-return处的（goto (reg continue)）应该跳到的地方。）

```
(assign val (op compiled-procedure-entry) (reg proc))
(goto (reg val))
```

采用这样的return连接实现后，编译器就能生成尾递归代码了。在调用一个过程时，作为过程体的最后一个步骤将完成一次直接转移，无需向堆栈里保存任何信息。

假如我们不采取这种做法，对于具有return连接和val目标的过程调用，也采用上面所示的那种对非val目标的代码的处理方式，那么就会破坏尾递归。虽然这样得到的系统对任何表达式都将给出同样结果，但在每次调用过程时，它都要保存起continue，并在相应调用最后返回时撤销这种（无用）保存的效果。这一额外的保存将会在嵌套的过程调用中积累起来[325]。

[324] 在实际中，当目标不是val而连接是return时，我们将发出一个错误信号，因为只有在编译过程时才需要return连接，而按照我们的约定，过程总是在val里返回它们的值。

[325] 这样看起来，编译器生成尾递归代码的思想是非常直截了当的。但是，处理常见语言（包括C和Pascal）的大部分编译器都没有做这件事，因此在这些语言里就不能仅仅用过程调用来描述迭代。在那些语言里处理尾递归的困难，在于它们的实现中不但在堆栈里保存返回地址，还要保存过程实际参数和局部变量。在本书所描述的Scheme实现里，实参和变量都保存在能做废料收集的存储区里。采用堆栈保存实参和局部变量，是因为那样做可以避免在语言里使用废料收集（如果不那样做就会需要它），一般认为这种情况有利于程序执行效率。事实上，复杂的Lisp编译器也可以用堆栈保存实参而又不破坏尾递归（参看Hanson 1990的讨论）。在更基本的问题上，有关堆栈分配是否确实能得到高于废料收集的效率，也存在着许多争论，其中的细节看来依赖于计算机体系结构的某些细微要点（参见Appel 1987和Miller and Rozas 1994有关这一问题的对立观点）。

compile-proc-appl生成上面所述的过程调用代码，其中考虑了四种不同情况，根据一个调用的目标是否为val，以及其连接是否为return。可以看到，这里的代码序列都说明为需要修改所有寄存器，因为执行过程体完全可能以任何方式修改寄存器[326]。还请注意，有关目标val和连接return情况的代码序列说明了需要continue：即使continue并没有被用在其中的两个指令序列里，我们也必须保证在进入编译好的过程时，continue将有正确的值。

```
(define (compile-proc-appl target linkage)
  (cond ((and (eq? target 'val) (not (eq? linkage 'return)))
         (make-instruction-sequence '(proc) all-regs
           `((assign continue (label ,linkage))
             (assign val (op compiled-procedure-entry)
                         (reg proc))
             (goto (reg val)))))
        ((and (not (eq? target 'val))
              (not (eq? linkage 'return)))
         (let ((proc-return (make-label 'proc-return)))
           (make-instruction-sequence '(proc) all-regs
            `((assign continue (label ,proc-return))
              (assign val (op compiled-procedure-entry)
                          (reg proc))
              (goto (reg val))
              ,proc-return
              (assign ,target (reg val))
              (goto (label ,linkage))))))
        ((and (eq? target 'val) (eq? linkage 'return))
         (make-instruction-sequence '(proc continue) all-regs
          '((assign val (op compiled-procedure-entry)
                        (reg proc))
            (goto (reg val)))))
        ((and (not (eq? target 'val)) (eq? linkage 'return))
         (error "return linkage, target not val -- COMPILE"
                target))))
```

5.5.4 指令序列的组合

本节将说明如何表示指令序列，以及如何组合起它们的细节。回忆一下5.5.1节，那时我们说明了，指令序列用一个表来表示，其中包含所需要的寄存器集合，所修改的寄存器集合，以及一串实际指令。我们还要把标号（一个符号）看作是指令序列里的一种退化情况，它既不需要也不修改任何寄存器。这样，在需要确定一个指令序列需要哪些寄存器，修改哪些寄存器时，我们将使用下面的选择函数：

```
(define (registers-needed s)
  (if (symbol? s) '() (car s)))

(define (registers-modified s)
```

[326] 变量all-regs将约束于一个包含所有寄存器名字的表：

```
(define all-regs '(env proc val argl continue))
```

```
  (if (symbol? s) '() (cadr s)))
(define (statements s)
  (if (symbol? s) (list s) (caddr s)))
```

要确定某个指令序列是否需要或者修改某个特定的寄存器，我们使用下面的谓词：

```
(define (needs-register? seq reg)
  (memq reg (registers-needed seq)))

(define (modifies-register? seq reg)
  (memq reg (registers-modified seq)))
```

现在我们就可以基于这些谓词和选择函数，去实现用在这个编译器里的各种组合指令序列的过程了。

最基本的组合过程是append-instruction-sequences，它以任意多个意欲顺序执行的指令序列为实际参数，返回一个指令序列，其中的语句是由所有参数序列里的语句顺序拼接而形成的。在这里，更复杂的问题是确定结果序列所需要和修改的寄存器集合。它所修改的寄存器就是被其中的任一个序列修改的寄存器，而它所需要的寄存器就是在其中的第一个序列可以运行前必须初始化的那些寄存器（第一个序列所需要的寄存器），再加上其他序列里的某一个所需要的那些寄存器，而这些寄存器又没有被它前面的序列初始化（或者修改）。

这些序列用append-2-sequences两个一次地拼接起来。这个过程以两个指令序列seq1和seq2作为参数，返回一个指令序列，其中的语句是序列seq1里的语句后跟着序列seq2里的语句，它所修改的寄存器包括所有被seq1或者seq2修改的寄存器，它需要的寄存器是seq1所需要的寄存器，再加上那些seq2需要同时又没有被seq1修改的寄存器（按照集合操作的描述方式，这一新语句序列需要的寄存器，就是seq1需要的寄存器集合，与seq2需要的寄存器集合与seq1修改的寄存器集的差集之并集）。这样，append-instruction-sequences可以实现如下：

```
(define (append-instruction-sequences . seqs)
  (define (append-2-sequences seq1 seq2)
    (make-instruction-sequence
     (list-union (registers-needed seq1)
                 (list-difference (registers-needed seq2)
                                  (registers-modified seq1)))
     (list-union (registers-modified seq1)
                 (registers-modified seq2))
     (append (statements seq1) (statements seq2))))
  (define (append-seq-list seqs)
    (if (null? seqs)
        (empty-instruction-sequence)
        (append-2-sequences (car seqs)
                            (append-seq-list (cdr seqs)))))
  (append-seq-list seqs))
```

这个过程里使用了一些简单操作，完成对以表的形式表示的集合的各种运算。这种表与2.3.3节里描述的（无序）集合表示类似：

```
(define (list-union s1 s2)
  (cond ((null? s1) s2)
```

```
        ((memq (car s1) s2) (list-union (cdr s1) s2))
        (else (cons (car s1) (list-union (cdr s1) s2)))))

(define (list-difference s1 s2)
  (cond ((null? s1) '())
        ((memq (car s1) s2) (list-difference (cdr s1) s2))
        (else (cons (car s1)
                    (list-difference (cdr s1) s2)))))
```

preserving是第二个主要的序列组合过程，它的参数是一个寄存器表regs和两个应该顺序执行的指令序列seq1和seq2。它返回一个指令序列，其中的语句是seq1的语句后跟着seq2的语句，再加上围绕在seq1的语句前后的适当的save和restore指令，以便保护regs里的那些seq2需要的而又将被seq1修改的寄存器。为了完成这一工作，preserving首先创建出一个序列，其中包含了所需要的那些save，后面跟着seq1里的语句，而后是所需的所有restore。这一序列所需要的寄存器，除了seq1需要的那些寄存器外，还有所有在这里保留和恢复的寄存器，它修改的寄存器就是seq1修改的寄存器，但要除去在这里保留和恢复的那些寄存器。最后将这一扩充序列与seq2按常规方式拼接起来。下面过程以递归方式实现这一策略，逐一处理需要保留的寄存器表里的寄存器[327]：

```
(define (preserving regs seq1 seq2)
  (if (null? regs)
      (append-instruction-sequences seq1 seq2)
      (let ((first-reg (car regs)))
        (if (and (needs-register? seq2 first-reg)
                 (modifies-register? seq1 first-reg))
            (preserving (cdr regs)
             (make-instruction-sequence
              (list-union (list first-reg)
                          (registers-needed seq1))
              (list-difference (registers-modified seq1)
                               (list first-reg))
              (append `((save ,first-reg))
                      (statements seq1)
                      `((restore ,first-reg))))
             seq2)
            (preserving (cdr regs) seq1 seq2)))))
```

另一个序列组合过程是tack-on-instruction-sequence，它用在compile-lambda里，用于将过程与另一个序列拼接起来。由于过程体本身并不是作为组合序列的一部分而“在线”执行的，它所使用的寄存器对于它嵌入其中的序列的寄存器使用并没有影响。这样，我们在将过程体纳入其他序列时，就应该忽略它所需要和修改的寄存器集合。

```
(define (tack-on-instruction-sequence seq body-seq)
  (make-instruction-sequence
   (registers-needed seq)
   (registers-modified seq)
   (append (statements seq) (statements body-seq))))
```

[327] 请注意，这里preserving用三个参数调用append。虽然本书里介绍的append定义只接受两个参数，Scheme标准提供的append过程可以接受任意多个参数。

compile-if和compile-procedure-call采用了一个特殊的组合过程，完成条件表达式中检测之后的两个分支的拼接，这个过程名为parallel-instruction-sequences。这里的两个分支决不会顺序执行，对于任何一种特定的检测求值情况，有且仅有两个分支之一执行。正因为这样，第二个分支所需要的寄存器也将是整个组合序列所需要的，即使其中的一些被第一个分支修改也如此。

```
(define (parallel-instruction-sequences seq1 seq2)
  (make-instruction-sequence
   (list-union (registers-needed seq1)
               (registers-needed seq2))
   (list-union (registers-modified seq1)
               (registers-modified seq2))
   (append (statements seq1) (statements seq2))))
```

5.5.5 编译代码的实例

至此我们已经看到了这一编译器的所有元素，现在让我们来考察一个编译代码的实例，看看这里的各种东西如何相互配合浑然一体。我们将通过下面形式调用compile，编译其中递归定义的factorial过程的定义：

```
(compile
 '(define (factorial n)
    (if (= n 1)
        1
        (* (factorial (- n 1)) n)))
 'val
 'next)
```

前面已经说过，define表达式的值应该放入寄存器val，我们也不关心在执行define之后的编译代码是什么。因此在这里就随意地选择next作为连接描述符。

由于compile确定了被处理的表达式是一个定义，所以它调用compile-definition去编译出计算被赋的值的代码（以val为目标），随后是安装这一定义的代码，随后是将这一define的值（就是符号ok）放入目标寄存器的代码，再后面是最后的连接代码。env被保留起来，绕过值的计算部分，因为后来还需要用它去安装这个定义。由于连接是next，在这种情况下就没有连接代码。这样，编译结果代码的框架如下：

```
<如果env被计算值的代码修改就保存它>
<定义值的编译结果，目标为val，连接next>
<如果env在前面保存就恢复它>
(perform (op define-variable!)
         (const factorial)
         (reg val)
         (reg env))
(assign val (const ok))
```

在这里，需要编译并产生出变量factorial的值的表达式是一个lambda表达式，这个值是一个计算阶乘的过程。compile处理这种表达式的方式是调用compile-lambda，让这个过程去编译过程体，用新标号将它标记为一个入口点，并生成出一些指令，将位于这个新入口点的过程体组合到运行时的环境中，最后将结果赋给val。虽然编译好的过程代码被插入在这个位置，整个序列则需要跳过这些代码。过程代码在它开始的地方去扩充过程的定义环境，在这里需要增加一个框架，其中将形式参数*n*约束到过程的实际参数。随后就是实际的过程体。由于求出变量值的这段代码并不修改env寄存器，因此前面所示的可选的save和restore就不会产生（位于entry2的过程代码在这一点还没有执行，因此它对env的使用与此无关）。这样，编译生成的代码框架变成了：

```
  (assign val (op make-compiled-procedure)
              (label entry2)
              (reg env))
  (goto (label after-lambda1))
entry2
  (assign env (op compiled-procedure-env) (reg proc))
  (assign env (op extend-environment)
              (const (n))
              (reg argl)
              (reg env))
  <过程体的编译结果>
after-lambda1
  (perform (op define-variable!)
           (const factorial)
           (reg val)
           (reg env))
  (assign val (const ok))
```

过程体总是被（用compile-lambda-body）编译为一个序列，用val作为目标，用的连接是return。目前这个序列来自一个if表达式：

```
(if (= n 1)
    1
    (* (factorial (- n 1)) n))
```

compile-if生成的代码首先计算谓词部分（目标为val），而后检查计算结果，在谓词为假时跳过真分支。在谓词代码的前后需要保留和恢复env、continue，因为if表达式的其他部分还可能需要它们。因为这个if表达式也是构成这个过程体的序列里的最后一个（也是仅有的一个）表达式，其目标是val而且连接是return，所以它的真分支和假分支都用目标val和连接return编译。（也就是说，这个条件表达式的值，也就是从它的任何分支计算出的值，实际上就是整个过程的值。）

```
  <如果 continue, env被谓词部分修改且后面分支需要，就保存>
  <谓词部分的编译结果，目标为val，连接为next>
  <如果continue, env在前面保存，现在恢复>
  (test (op false?) (reg val))
  (branch (label false-branch4))
true-branch5
  <真分支的编译结果，目标为val，连接为return>
false-branch4
  <假分支的编译结果，目标为val，连接为return>
after-if3
```

谓词（= n 1）是一个过程调用，这时需要查找运算符（符号=），并把相应的值放入

proc。而后把实参1和*n*的值装进argl里。这时需要检查proc里面包含的是基本过程还是复合过程，并根据情况分派到基本分支或者复合分支，这两个分支都结束在after-call标号。有关在求值运算符和运算对象的前后保留和恢复寄存器的要求，在目前这一情况里没有导致任何寄存器保留动作，因为这里的求值都不会修改需要考虑的那些寄存器。

```
  (assign proc
          (op lookup-variable-value) (const =) (reg env))
  (assign val (const 1))
  (assign argl (op list) (reg val))
  (assign val (op lookup-variable-value) (const n) (reg env))
  (assign argl (op cons) (reg val) (reg argl))
  (test (op primitive-procedure?) (reg proc))
  (branch (label primitive-branch17))
compiled-branch16
  (assign continue (label after-call15))
  (assign val (op compiled-procedure-entry) (reg proc))
  (goto (reg val))
primitive-branch17
  (assign val (op apply-primitive-procedure)
              (reg proc)
              (reg argl))
after-call15
```

真分支就是常数1，它将被编译为（用目标val和连接return）

```
  (assign val (const 1))
  (goto (reg continue))
```

相对于假分支的代码是另一个过程调用，其中的过程是符号*的值，参数是n和另一过程调用的结果（这里又是一个对factorial的调用）。这些调用中的每一个都要设置proc和argl，以及它们的基本分支和复合分支。图5-17显示的是factorial过程的定义的完整编译结果。请注意，在那里围绕着谓词的，还有对于continue和env的save和restore，它们都被实际生成出来了，这是因为在谓词里的过程调用要修改这些寄存器，而两个分支里的过程调用和return连接都还需要它们。

```
;; construct the procedure and skip over code for the procedure body
  (assign val
          (op make-compiled-procedure) (label entry2) (reg env))
  (goto (label after-lambda1))
entry2     ; calls to factorial will enter here
  (assign env (op compiled-procedure-env) (reg proc))
  (assign env
          (op extend-environment) (const (n)) (reg argl) (reg env))
;; begin actual procedure body
  (save continue)
  (save env)
;; compute (= n 1)
```

图5-17 对过程factorial定义的编译结果

```
    (assign proc (op lookup-variable-value) (const =) (reg env))
    (assign val (const 1))
    (assign argl (op list) (reg val))
    (assign val (op lookup-variable-value) (const n) (reg env))
    (assign argl (op cons) (reg val) (reg argl))
    (test (op primitive-procedure?) (reg proc))
    (branch (label primitive-branch17))
  compiled-branch16
    (assign continue (label after-call15))
    (assign val (op compiled-procedure-entry) (reg proc))
    (goto (reg val))
  primitive-branch17
    (assign val (op apply-primitive-procedure) (reg proc) (reg argl))

  after-call15   ; val now contains result of (= n 1)
    (restore env)
    (restore continue)
    (test (op false?) (reg val))
    (branch (label false-branch4))
  true-branch5  ; return 1
    (assign val (const 1))
    (goto (reg continue))

  false-branch4
  ;; compute and return (* (factorial (- n 1)) n)
    (assign proc (op lookup-variable-value) (const *) (reg env))
    (save continue)
    (save proc)  ; save * procedure
    (assign val (op lookup-variable-value) (const n) (reg env))
    (assign argl (op list) (reg val))
    (save argl)   ; save partial argument list for *

  ;; compute (factorial (- n 1)), which is the other argument for *
    (assign proc
           (op lookup-variable-value) (const factorial) (reg env))
    (save proc)  ; save factorial procedure

  ;; compute (- n 1), which is the argument for factorial
    (assign proc (op lookup-variable-value) (const -) (reg env))
    (assign val (const 1))
    (assign argl (op list) (reg val))
    (assign val (op lookup-variable-value) (const n) (reg env))
    (assign argl (op cons) (reg val) (reg argl))
    (test (op primitive-procedure?) (reg proc))
    (branch (label primitive-branch8))
  compiled-branch7
    (assign continue (label after-call6))
    (assign val (op compiled-procedure-entry) (reg proc))
    (goto (reg val))
  primitive-branch8
```

图 5-17（续）

```
  (assign val (op apply-primitive-procedure) (reg proc) (reg argl))

after-call6   ; val now contains result of (- n 1)
  (assign argl (op list) (reg val))
  (restore proc) ; restore factorial
;; apply factorial
  (test (op primitive-procedure?) (reg proc))
  (branch (label primitive-branch11))
compiled-branch10
  (assign continue (label after-call9))
  (assign val (op compiled-procedure-entry) (reg proc))
  (goto (reg val))
primitive-branch11
  (assign val (op apply-primitive-procedure) (reg proc) (reg argl))

after-call9      ; val now contains result of (factorial (- n 1))
  (restore argl) ; restore partial argument list for *
  (assign argl (op cons) (reg val) (reg argl))
  (restore proc) ; restore *
  (restore continue)
;; apply * and return its value
  (test (op primitive-procedure?) (reg proc))
  (branch (label primitive-branch14))
compiled-branch13
;; note that a compound procedure here is called tail-recursively
  (assign val (op compiled-procedure-entry) (reg proc))
  (goto (reg val))
primitive-branch14
  (assign val (op apply-primitive-procedure) (reg proc) (reg argl))
  (goto (reg continue))
after-call12
after-if3
after-lambda1
;; assign the procedure to the variable factorial
  (perform
   (op define-variable!) (const factorial) (reg val) (reg env))
  (assign val (const ok))
```

图 5-17（续）

练习5.33 考虑下面这个阶乘过程的定义，它与上面给出的定义略有不同：

```
(define (factorial-alt n)
  (if (= n 1)
      1
      (* n (factorial-alt (- n 1)))))
```

请编译这个过程，并将得到的代码与factorial的代码做比较。请解释你所看到的各个不同之处。在这两个程序中，会不会有一个比另一个更高效？

练习5.34 请编译下面的迭代型阶乘过程：

```
(define (factorial n)
```

```
  (define (iter product counter)
    (if (> counter n)
        product
        (iter (* counter product)
              (+ counter 1))))
  (iter 1 1))
```

请在结果代码里加上标注，说明在factorial的迭代型和递归型版本的代码中，存在着哪些本质性的差异，使得一个过程需要不断使用堆栈空间，而另一个可以在常量空间里运行。

练习5.35　编译产生出图5-18所示代码的表达式是什么？

```
  (assign val (op make-compiled-procedure) (label entry16)
                                           (reg env))
  (goto (label after-lambda15))
entry16
  (assign env (op compiled-procedure-env) (reg proc))
  (assign env
          (op extend-environment) (const (x)) (reg argl) (reg env))
  (assign proc (op lookup-variable-value) (const +) (reg env))
  (save continue)
  (save proc)
  (save env)
  (assign proc (op lookup-variable-value) (const g) (reg env))
  (save proc)
  (assign proc (op lookup-variable-value) (const +) (reg env))
  (assign val (const 2))
  (assign argl (op list) (reg val))
  (assign val (op lookup-variable-value) (const x) (reg env))
  (assign argl (op cons) (reg val) (reg argl))
  (test (op primitive-procedure?) (reg proc))
  (branch (label primitive-branch19))
compiled-branch18
  (assign continue (label after-call17))
  (assign val (op compiled-procedure-entry) (reg proc))
  (goto (reg val))
primitive-branch19
  (assign val (op apply-primitive-procedure) (reg proc) (reg argl))
after-call17
  (assign argl (op list) (reg val))
  (restore proc)
  (test (op primitive-procedure?) (reg proc))
  (branch (label primitive-branch22))
compiled-branch21
  (assign continue (label after-call20))
  (assign val (op compiled-procedure-entry) (reg proc))
  (goto (reg val))
primitive-branch22
  (assign val (op apply-primitive-procedure) (reg proc) (reg argl))
```

图5-18　编译器输出结果一个实例。见练习5.35

```
after-call20
  (assign argl (op list) (reg val))
  (restore env)
  (assign val (op lookup-variable-value) (const x) (reg env))
  (assign argl (op cons) (reg val) (reg argl))
  (restore proc)
  (restore continue)
  (test (op primitive-procedure?) (reg proc))
  (branch (label primitive-branch25))
compiled-branch24
  (assign val (op compiled-procedure-entry) (reg proc))
  (goto (reg val))
primitive-branch25
  (assign val (op apply-primitive-procedure) (reg proc) (reg argl))
  (goto (reg continue))
after-call23
after-lambda15
  (perform (op define-variable!) (const f) (reg val) (reg env))
  (assign val (const ok))
```

图 5-18（续）

练习5.36 在我们的编译器所产生的代码里，对于组合式里的运算对象的求值顺序是什么？是从左到右，是从右到左，还是其他什么顺序？这一编译器里的哪个部分确定了这一顺序？请修改编译器，使之能产生其他求值顺序（参见5.4.1节里有关显式控制求值器里求值顺序的讨论）。这样修改了运算对象的求值顺序，会改变构造参数表的代码的效率吗？

练习5.37 理解编译器里为优化堆栈使用的preserving机制的一种方式，是去看看如果不采用这一想法，将会生成出多少额外的操作。请修改preserving，使它总是生成save和restore操作。请编译一些简单的表达式，并标出这样生成出来的不必要的堆栈操作。将这样生成出的代码与采用原来的preserving机制生成的代码做比较。

练习5.38 我们的编译器在避免不必要的堆栈操作方面很聪明，但是当它遇到编译对于语言中的基本过程的调用，将其编译为机器提供的基本操作时，就表现得一点也不聪明了。举个例子，让我们考虑一下对计算（+ a 1）的编译将产生多少代码：将实参表设置到argl的代码，将基本的加法过程（是通过用符号+在环境中查找而得到的）放入proc，检测这个过程是基本过程还是复合过程。编译器总是要生成执行这种检测的代码，还要生成构成基本分支和复合分支的代码（只有其中之一会执行）。我们还没有展示控制器中实现基本操作的那些部分，但是可以假定，有关指令使用了机器的数据通路里的一些基本算术操作。请考虑一下，如果编译器可以将基本操作做成*开放式代码*——也就是说，如果它能生成出直接使用这些基本机器操作的代码——产生出的代码将会有多么少。表达式（+ a 1）有可能被编译为某种像下面这样简单的东西[328]：

```
(assign val (op lookup-variable-value) (const a) (reg env))
(assign val (op +) (reg val) (const 1))
```

[328] 我们在这里用同一个符号+指称在源语言里的过程和机器操作。一般而言，在源语言的基本过程和机器的基本操作之间并没有一一对应关系。

在这个练习里，我们要扩充自己的编译器，以支持对特别选出的一些基本操作的开放代码。对于这些基本过程调用，我们要生成专门用途的代码，而不是生成通用的过程应用代码。为了支持这种功能，我们将假定所用的机器有两个特殊的参数寄存器arg1和arg2，机器的所有基本算术操作都从arg1和arg2取得它们的输入，结果将存入里val、arg1或者arg2。

编译器必须能在源程序里识别出开放代码基本操作的应用。我们将为此扩充compile过程里的分派，除了在那里完成它目前已经能识别的保留字（特殊形式）外，让它还能够识别这些基本操作的名字[329]。对于每个特殊形式，我们的编译器都有一个代码生成器。在这个练习里，我们也为开放代码基本操作构造起一组代码生成器。

a) 开放代码基本操作与特殊形式不同，它们都要求自己的参数被求值。请写出一个代码生成器spread-arguments用于所有的开放代码生成器。spread-arguments应该以一个运算对象表为参数，以参数寄存器为目标，按顺序编译给定的运算对象。注意，一个运算对象里还可能包含对开放代码基本操作的另一个调用，因此在求值运算对象时，参数寄存器也必须保存起来。

b) 请为基本过程=、*、－和＋各写出一个代码生成器，它们都以一个具有这个运算符的组合式，一个目标和一个连接描述符作为参数，生成的代码将实际参数传到寄存器里，而后以指定目标和给定连接执行相应的操作。你可以只处理两个运算对象的表达式。请让compile能够分派到这些代码生成器。

c) 对上面的factorial实例试验你的新编译器，将结果代码与没有开放代码时生成的代码比较一下。

d) 扩充你为＋和 * 开发的代码生成器，使它们能够处理具有任意多个运算对象的表达式。对多于两个运算对象的表达式，应该编译为一系列的运算，每次处理两个输入。

5.5.6 词法地址

编译器执行的最重要优化之一是优化变量查找操作。对于我们编译器至今的实现，所生成的代码里一直使用求值器机器里的lookup-variable-value操作。这个操作查找变量的方式就是在运行环境里的一个个框架中做查找，与那里当前有约束的变量比较。如果框架嵌套很深，或者存在的变量很多，这种查找的代价就非常高。举个例子，考虑在某个过程应用里对表达式（* x y z）求值时查找变量值的情况，该过程由下面的表达式返回：

```
(let ((x 3) (y 4))
  (lambda (a b c d e)
    (let ((y (* a b x))
          (z (+ c d x)))
      (* x y z))))
```

因为let表达式不过是lambda组合式的语法包装，这个表达式等价于：

```
((lambda (x y)
   (lambda (a b c d e)
```

[329] 一般而言，将基本操作作为保留字并不是一种好想法，因为这样用户就不能将这些名字重新约束到其他过程了。进一步说，如果我们给一个已经在使用的编译器增加新的保留字，一些现存的程序里如果定义了采用这些名字的过程，现在就不能工作了。参见练习5.44有关如何避免这种情况的一些想法。

```
    ((lambda (y z) (* x y z))
     (* a b x)
     (+ c d x))))
 3
 4)
```

每次当lookup-variable-value去查找x时，它都需要确定符号x并不与y或者z相等（用eq?，在第一个框架里），也不同于a、b、c、d或者e（在第二个框架里）。目前我们假定这个程序里没有使用define——这样就只有lambda建立变量约束。因为我们的语言采用的是词法作用域规则，任何表达式的运行时环境所具有的结构，与该表达式出现所在的程序词法结构是平行的[330]。这样，在编译器分析上述表达式时，它完全可以弄清楚，每次过程应用时，表达式（* x y z）里的变量x总是在当前框架外面的第二个框架里找到，而且将出现在那个框架里的第二个位置。

我们可以利用这一事实，发明一种新的变量查找操作lexical-address-lookup。这一操作以一个环境和一个*词法地址*作为参数。这种词法地址由两个数组成：一个是*框架号*，它描述了需要跳过多少框架；另一个是*移位数*，它描述了在这个框架里应该跳过多少变量。过程lexical-address-lookup将相对于当前环境，产生出保存在给定词法地址处的变量的值。如果把lexical-address-lookup操作加进前面开发的机器，我们就可以在编译生成的代码里使用这个操作引用变量，而不再用lookup-variable-value。与此类似，还可以用一个新的操作lexical-address-set!，而不用set-variable-value!。

为了生成这种代码，当编译器需要去编译一个变量引用时，它就必须能确定该变量的词法地址。变量在一个程序里的词法地址依赖于具体变量在代码里出现的位置。举例说，在下面的程序里，在表达式<*e1*>里变量x的地址是（2, 0）——向后第二个框架里的最前面一个变量。在这一点上y的地址是（0, 0），c的地址是（1, 2）。在表达式<*e2*>里，变量x的地址是（1, 0），y的地址是（1, 1），c的地址是（0, 2）。

```
((lambda (x y)
   (lambda (a b c d e)
     ((lambda (y z) <e1>)
      <e2>
      (+ c d x))))
 3
 4)
```

要想使编译器能够生成出使用词法地址的代码，一种方法就是维持一个称为*编译时环境*的数据结构，在这个结构里保存各种变化的轨迹，说明在程序执行到特定的变量访问操作时，各个变量将出现在运行环境的哪个框架里的哪个位置上。这种编译时环境也是框架的一个表，每个框架包含了一个变量的表（在这里当然没有约束于变量的值，因为编译时不可能计算出这种值）。把这种编译时环境作为compile的另一个参数，与原有参数一起传送给各个代码生成器。对于compile的最高层调用，我们应采用一个空的编译时环境。在编译lambda体时，compile-lambda-body会用一个包含着该过程的所有变量的框架扩充当时的编译时环

[330] 如果我们允许内部定义，这一说法就不成立了，除非我们通过扫描将它们移出去，见练习5.43。

境，构成lambda体的表达式序列将在这一扩充后的环境里编译。在编译过程中的每一点，compile-variable和compile-assignment都使用这个编译时环境，生成出合适的词法地址。

上面是这一词法地址策略的概要，练习5.39到5.43描述了如何完成这一策略，以便将词法查找结合到我们的编译器里。练习5.44描述了编译时环境的另一个用途。

练习5.39　请写出一个过程lexical-address-lookup实现这种新的查找操作。这个过程应该有两个参数——一个词法地址和一个运行时环境，它返回保存在特定词法地址的变量的值。如果变量的值是*unassigned*、lexical-address-lookup应该发出一个错误信号[331]。请再写一个过程lexical-address-set!，实现修改位于特定词法地址的变量值的操作。

练习5.40　请修改编译器，使之能维护好如上所述的编译时环境。这时需要给compile和各种代码生成器增加一个编译时环境参数，还要在compile-lambda-body里扩充它。

练习5.41　请写一个过程find-variable，它以一个变量和一个编译时环境为参数，返回该变量相对于该运行时环境的词法地址。举例说，在上面所示的程序片段里，编译表达式*<e1>*期间的编译时环境是 ((y z) (a b c d e) (x y))。find-variable应该产生：

```
(find-variable 'c '((y z) (a b c d e) (x y)))
(1 2)

(find-variable 'x '((y z) (a b c d e) (x y)))
(2 0)

(find-variable 'w '((y z) (a b c d e) (x y)))
not-found
```

练习5.42　请利用练习5.41的find-variable重写compile-variable和compile-assignment，产生出采用词法地址的指令。对于find-variable返回not-found的情况（也就是说，该变量不在编译时环境里），你就应该让代码生成器像以前一样使用求值器，去进一步查找它的约束（在编译时无法找到的变量只能出现在全局环境里。全局环境是运行时环境的一部分，但它不是编译时环境的一部分[332]。这也就是说，如果你希望的话，完全可以让求值器操作直接到全局环境里去查找，而无须先搜索完从env里得到的整个运行时环境。全局环境可以通过操作（op get-global-environment）得到）。用几个简单实例测试这一修改后的编译器，例如用本节开始给出的嵌套lambda组合式。

练习5.43　我们在4.1.6节说过，块结构的内部定义不能认为是“真正的”define。相反，在解释一个过程体时，应该将其中的内部变量看成就像是作为常规的lambda变量定义，而后又通过使用set!，为它们的正确初始化值。4.1.6节和练习4.16说明了如何修改元循环解释器，通过将内部定义扫描出来而完成这件事。请修改这里的编译器，在它编译过程体之前执行同

[331] 如果我们实现通过扫描的方式消除内部定义，变量查找操作也需要做这种修改（见练习5.43）。为了使词法作用域能够工作，我们就需要消除这种定义。

[332] 词法地址不能用于访问全局环境里的变量，因为这些变量可以在任何时候定义或者重新定义。有了如练习5.43所说的内部定义扫描功能，编译器看到的所有定义都在顶层，都在全局环境里活动。对一个定义的编译并不会导致被定义的名字进入编译时环境。

样的变换。

练习5.44 在这一节里，我们将注意力集中在如何使用编译时环境生成词法地址的问题上。实际上，编译时环境还有其他用途。举例来说，在练习5.38里，我们通过基本过程开放代码的方式提高编译后代码的效率。在相关的实现中，我们把开放代码过程的名字当作保留字看待。如果程序里对这一名字做了重新约束，练习5.38里描述的机制将仍然会把它作为基本过程，开放其代码，从而忽略新的约束。作为例子，请考虑下面过程：

```
(lambda (+ * a b x y)
  (+ (* a x) (* b y)))
```

它计算x和y的线性组合。我们可能用参数+matrix、*matrix以及4个矩阵来调用这个函数，但是开放代码编译器还是会将(+ (* a x) (* b y))里的+和 * 当作基本过程，去开放+和 * 的代码。请修改开放代码编译器，让它去查询编译时环境。使它在遇到涉及基本过程名的表达式时都能编译出正确的代码。（使这些代码都能正确工作，只要程序里不对这些名字define或者set!做定义或赋值。）

5.5.7 编译代码与求值器的互连

我们至今还没有解释如何将编译得到的代码装入求值器，也没有讨论怎样去运行它们。现在我们假设显式控制求值器已经像在5.4.4节那样定义好了，其中还包括了脚注323里描述的那些操作。下面要实现一个过程compile-and-go，它编译一个Scheme表达式，将目标代码装入这部求值器机器，并启动该机器，使之在求值器的全局环境里运行这一代码，打印其结果，而后进入求值器的驱动循环。我们还要修改这一求值器，使解释性的表达式除了能调用其他编译代码外，也能调用编译后的过程。在此之后，我们就可以将编译后的过程放进机器，并用求值器去调用它们了：

```
(compile-and-go
 '(define (factorial n)
    (if (= n 1)
        1
        (* (factorial (- n 1)) n))))
 ;;; EC-Eval value:
ok

 ;;; EC-Eval input:
(factorial 5)
;;; EC-Eval value:
120
```

为了使求值器能处理编译后的过程（例如，求值上面对factorial的调用），我们需要修改位于apply-dispatch的代码（见5.4.1节），使它能识别编译后的过程（与基本过程和复合过程都不同），并将控制直接传到编译后代码的入口点[333]：

```
apply-dispatch
  (test (op primitive-procedure?) (reg proc))
  (branch (label primitive-apply))
```

[333] 当然，编译性过程和解释性过程一样，都是复合过程（不是基本过程）。为了与显式控制求值器所用的术语保持一致，在这一节里，我们将用“复合过程”专指解释性过程（与编译性过程相对应）。

```
  (test (op compound-procedure?) (reg proc))
  (branch (label compound-apply))
  (test (op compiled-procedure?) (reg proc))
  (branch (label compiled-apply))
  (goto (label unknown-procedure-type))
compiled-apply
  (restore continue)
  (assign val (op compiled-procedure-entry) (reg proc))
  (goto (reg val))
```

请注意，在compiled-apply处需要恢复continue。请回忆一下求值器里各方面安排的情况，在apply-dispatch处，继续点位于堆栈顶。而在另一边，编译代码的入口点却期望继续点在continue里。因此，在编译代码执行之前必须恢复continue。

为使我们能在启动求值器机器时运行一些编译代码，我们在求值器机器的开始处增加一条branch指令，如果寄存器flag被设置，它就要求这一机器转向一个新的入口点[334]。

```
  (branch (label external-entry))      ; branches if flag is set
read-eval-print-loop
  (perform (op initialize-stack))
  ...
```

external-entry入口假定在这一机器启动时，val里包含着一个指令序列的位置，该指令序列将结果放在val里并以（goto (reg continue)）结束。从这一入口点启动，执行过程就会跳到由val指定的位置，但会首先设置continue使执行还能转回print-result。这将使val里的值被打印出来，而后转到求值器的读入－求值－打印循环的开始位置[335]。

```
external-entry
  (perform (op initialize-stack))
  (assign env (op get-global-environment))
  (assign continue (label print-result))
  (goto (reg val))
```

[334] 现在这一求值器机器开始处就是一条branch指令，我们在启动求值器机器之前必须初始化flag寄存器。为了能在常规的读入－求值－打印循环中启动这一机器，我们可以用：

```
(define (start-eceval)
  (set! the-global-environment (setup-environment))
  (set-register-contents! eceval 'flag false)
  (start eceval))
```

[335] 因为编译后的过程是一个对象，系统也可能会试着去打印它，因此，我们还要修改系统的打印操作user-print（参见4.1.4节），使它不企图去打印编译后的过程里的各个成分。

```
(define (user-print object)
  (cond ((compound-procedure? object)
         (display (list 'compound-procedure
                        (procedure-parameters object)
                        (procedure-body object)
                        '<procedure-env>)))
        ((compiled-procedure? object)
         (display '<compiled-procedure>))
        (else (display object))))
```

现在，我们已经可以用下面过程来编译过程定义，执行编译后的代码，然后运行读入－求值－打印循环，这就使我们能够试验这个过程。因为我们希望编译后的代码能返回到continue里的地址，并在val里存放好结果，我们应该用目标val和连接return去编译表达式。为了将编译器生成的目标代码转换到求值器寄存器机器的可执行指令，我们使用来自寄存器机器模拟器的过程assemble（见5.2.2节）。而后我们设置val寄存器，使之指向指令的表，设置flag使求值器转向入口点external-entry，并启动求值器。

```
(define (compile-and-go expression)
  (let ((instructions
         (assemble (statements
                    (compile expression 'val 'return))
                   eceval)))
    (set! the-global-environment (setup-environment))
    (set-register-contents! eceval 'val instructions)
    (set-register-contents! eceval 'flag true)
    (start eceval)))
```

如果我们设置了堆栈监视器（像5.4.4节最后所说的那样），那么就可以检测编译代码的堆栈使用情况了：

```
(compile-and-go
 '(define (factorial n)
    (if (= n 1)
        1
        (* (factorial (- n 1)) n))))
(total-pushes = 0 maximum-depth = 0)
 ;;; EC-Eval value:
ok

 ;;; EC-Eval input:
(factorial 5)
(total-pushes = 31 maximum-depth = 14)
;;; EC-Eval value:
120
```

请将这个例子与对同一过程的解释性版本的求值（factorial 5）的情况比较一下（5.4.4节的最后介绍过）。解释性版本需要144次压栈操作，最大堆栈深度为28。这也显示出我们从编译策略中得到的优化。

解释和编译

有了这节开发的程序，我们现在就可以对解释和编译的不同策略做各种试验了[336]。解释器将所用的机器提升到用户程序层面上；而编译器将用户程序降低到机器语言的层面上。我们可以认为Scheme语言（或者任何程序设计语言）是矗立在机器语言之上的一族有内聚力的抽象。解释器对于交互式的程序开发和排错是非常好的，因为程序执行的各个步骤都以这些抽象的方式组织起来了，因此更容易被程序员理解。编译后的代码执行得更快，因为程序执

[336] 我们还可以做得更好一些，可以扩充编译器，允许编译代码去调用解释性过程，见练习5.47。

行步骤在机器语言层面上，编译器也可以自由去地做各种跨越高层抽象的优化[337]。

解释和编译之间的相互替代关系还引出了将一种语言移植到新计算机的不同策略。假定我们希望在一种新机器上实现Lisp。一种策略是从5.4节的显式控制求值器出发，将其中的指令一条一条翻译到新的机器。另一种不同的策略是从编译器出发，修改其中的代码生成器，使它们能为这种新计算机生成代码。第二种策略使我们可以在这种新机器上运行任何Lisp程序，方式是先用我们原有的Lisp机器上的编译器去编译它，并将它与有关运行库的编译后的版本连接[338]。事情还可以做得更好，我们可以去编译这个编译器本身，并在新机器上运行这一编译结果，去编译其他的Lisp程序[339]。或者我们可以去编译4.1节里的一个解释器，生成出一个可以在这一新机器上运行的解释器。

练习5.45 通过比较完成同样计算的编译后代码所用的堆栈操作，和求值器所用的堆栈操作，我们可以确定编译器对于堆栈使用的优化程度，包括在速度上的（减少了堆栈操作的总次数）和空间上的（减小了堆栈的最大深度）。将这一优化后的堆栈使用情况与某台专用计算机对于同样计算的执行情况做些比较，可以为判断编译器的质量提供一些标准。

a) 练习5.27要求你去确定使用那里给出的阶乘函数计算$n!$时，求值器所需的压栈次数和最大堆栈深度（作为n的函数）。练习5.14要求你对于图5-11所示的专用阶乘机器完成同样的度量工作。现在请对编译后的`factorial`过程做同样的分析。

算出编译后过程版本的压栈次数与解释版本的压栈次数之比率，对最大堆栈深度做同样计算。因为计算$n!$所用的操作次数和堆栈深度都是n的线性函数，因此，这些比率在n变大的过程中应趋于常数。这些常数是什么？类似地，请找出专用机器里的堆栈使用情况与解释版本中使用情况的比率。

请比较专用机器与解释性代码的比率和编译与解释代码的比率。你应该看到，专用机器的工作情况远远优于编译代码，因为手工打造的控制器代码应该比我们这个初步的通用编译器生成的代码好许多。

b) 你能对编译器提出一些修改建议，使它生成的代码更接近手工版本的性能吗？

练习5.46 请像练习5.45那样做一些分析，确定编译下面树型递归的斐波那契过程的效率：

---

[337] 如果我们强制性地要求在用户程序里遇到的错误都需要检查并报告，而不允许强行终止系统或者产生错误的结果，那么就会带来很大的开销，与实际的执行策略无关。举个例子，数组的越界引用可以通过在执行前检查引用合法性的方式查出。但是这一检查的开销可能是数组应用本身开销的许多倍，因此程序员需要在速度与安全性之间做权衡，确定是否进行这种检查。一个好的编译器应该可以产生出做这种检查的代码，也应该避免多余的检查，并且应该允许程序员去控制在编译代码中错误检查的范围和种类。

流行语言（例如C和C＋＋）的编译器通常都不将错误检查代码放入运行代码里，以便使程序尽可能快速。作为这样做的一个结果，它实际上将显式提供错误检查的问题交给程序员处理。不幸的是，人们常常因为疏忽而没有去做，甚至在某些关键应用中，在那里速度原本并不是问题。他们的程序导致一种快速和危险的生活。举个例子，在1988年使Internet瘫痪的臭名昭著的“蠕虫”揭示了UNIX操作系统里的一个错误，因为那里的探询守护程序里没有检查输入缓冲区溢出（参见Spafford 1989）。

[338] 当然，无论采用编译策略还是解释策略，我们都必须为新机器实现存储分配、输入输出，以及我们在讨论求值器和编译器时作为“基本操作”的那些五彩缤纷的操作。减少这方面工作量的一种策略是尽可能多地在Lisp里写出这些操作，而后针对新机器编译它们。最后，所有的东西都归结到一个很小的内核（例如废料收集和实际的基本机器操作的应用），这些必须专门为新机器硬性编出代码。

[339] 这一策略产生出一种对编译器本身的非常有趣的测试，例如，在这一新机器上，用通过编译产生的编译器去编译一个程序，检查这样得到的结果是否与原来的Lisp系统编译这一程序的结果相同。追踪差异的根源常常很有趣，但也累人，因为得到的结果常常源自一些细微的问题。

```
(define (fib n)
  (if (< n 2)
      n
      (+ (fib (- n 1)) (fib (- n 2)))))
```

请将这一情况与图5-12里的专用斐波那契机器的效率比较（有关解释性代码的性能度量，请参见练习5.29）。对于斐波那契过程，所用的时间资源并不是n的线性函数，因此堆栈操作的比率将不会趋近某个与n无关的极限值。

练习5.47 本节描述了如何修改显式控制求值器，使解释性代码可以调用编译后的过程。请说明如何修改编译器，使编译后的代码不但能调用基本过程和编译后的过程，还能调用解释性过程。为此我们就需要修改compile-procedure-call，使之能够处理复合的（解释）过程。请设法确保能像在compile-proc-appl里那样处理所有相同的target和linkage组合式。在做实际的过程应用时，代码需要跳到求值器的compound-apply入口点。这一入口点不能直接在目标代码里引用（因为汇编程序要求它所汇编的所有被引用标号都已经定义好），因此我们将为求值器机器增加一个称为compapp的寄存器，掌握住这一入口点，并加入下面指令去初始化它：

```
  (assign compapp (label compound-apply))
  (branch (label external-entry))       ; branches if flag is set
read-eval-print-loop
  ...
```

为了测试你的代码，开始请定义一个过程f，它调用另一个过程g。用compile-and-go编译好f的定义后启动求值器。现在为求值器输入g的定义，而后试试去调用f。

练习5.48 本节中实现的compile-and-go界面还是非常麻烦的，因为其中只能调用编译器一次（在求值器机器启动时）。请扩大这一编译器－解释器界面，提供一个compile-and-run基本过程，使人可以采用如下方式在显式控制求值器里调用它：

```
;;; EC-Eval input:
(compile-and-run
 '(define (factorial n)
    (if (= n 1)
        1
        (* (factorial (- n 1)) n))))
;;; EC-Eval value:
ok

;;; EC-Eval input:
(factorial 5)
;;; EC-Eval value:
120
```

练习5.49 作为替代使用显式控制求值器的读入－求值－打印循环的另一种方式，请设计一部寄存器机器，让它执行一个读入－编译－求值－打印循环。也就是说，这一机器应该运行一个循环，其中读入一个表达式，编译它，装配并执行结果代码，最后打印出结果。在我们的模拟环境里很容易运行它，因为我们可以做好安排，让过程compile和assemble都作为“寄存器机器的操作”。

练习5.50 使用编译器去编译4.1节的元循环求值器，并用寄存器机器模拟器运行这个程序（要一下子编译多个定义，你可以将这些定义放进一个begin里）。由于存在着多个层次的解释，结果解释器将运行得非常慢，但是使得所有东西都能工作是一个极具教益的练习。

练习5.51 请在C（或者你所选定的另外某个低级的语言）里开发一个初步的Scheme实现，采用的方式是将5.4节的显式控制求值器翻译到C。为了运行这一代码，你将需要提供适当的存储分配例程和其他运行支持。

练习5.52 作为与练习5.51相对应的工作，请修改前面的编译器，使它能够将Scheme程序编译为C指令序列。请编译4.1节的元循环求值器，生成一个用C写出的Scheme解释器。

参考文献

Abelson, Harold, Andrew Berlin, Jacob Katzenelson, William McAllister, Guillermo Rozas, Gerald Jay Sussman, and Jack Wisdom. 1992. The Supercomputer Toolkit: A general framework for special-purpose computing. *International Journal of High-Speed Electronics* 3(3):337-361.

Allen, John. 1978. *Anatomy of Lisp.* New York: McGraw-Hill.

ANSI X3.226-1994. *American National Standard for Information Systems—Programming Language—Common Lisp.*

Appel, Andrew W. 1987. Garbage collection can be faster than stack allocation. *Information Processing Letters* 25(4):275-279.

Backus, John. 1978. Can programming be liberated from the von Neumann style? *Communications of the ACM* 21(8):613-641.

Baker, Henry G., Jr. 1978. List processing in real time on a serial computer. *Communications of the ACM* 21(4):280-293.

Batali, John, Neil Mayle, Howard Shrobe, Gerald Jay Sussman, and Daniel Weise. 1982. The Scheme-81 architecture—System and chip. In *Proceedings of the MIT Conference on Advanced Research in VLSI*, edited by Paul Penfield, Jr. Dedham, MA: Artech House.

Borning, Alan. 1977. ThingLab—An object-oriented system for building simulations using constraints. In *Proceedings of the 5th International Joint Conference on Artificial Intelligence.*

Borodin, Alan, and Ian Munro. 1975. *The Computational Complexity of Algebraic and Numeric Problems.* New York: American Elsevier.

Chaitin, Gregory J. 1975. Randomness and mathematical proof. *Scientific American* 232(5):47-52.

Church, Alonzo. 1941. *The Calculi of Lambda-Conversion*. Princeton, N.J.: Princeton University Press.

Clark, Keith L. 1978. Negation as failure. In *Logic and Data Bases*. New York: Plenum Press, pp. 293-322.

Clinger, William. 1982. Nondeterministic call by need is neither lazy nor by name. In *Proceedings of the ACM Symposium on Lisp and Functional Programming*, pp. 226-234.

Clinger, William, and Jonathan Rees. 1991. Macros that work. In *Proceedings of the 1991 ACM Conference on Principles of Programming Languages*, pp. 155-162.

Colmerauer A., H. Kanoui, R. Pasero, and P. Roussel. 1973. Un système de communication homme-machine en français. Technical report, Groupe Intelligence Artificielle, Université d'Aix Marseille, Luminy.

Cormen, Thomas, Charles Leiserson, and Ronald Rivest. 1990. *Introduction to Algorithms.* Cambridge, MA: MIT Press.

Darlington, John, Peter Henderson, and David Turner. 1982. *Functional Programming and Its Applications*. New York: Cambridge University Press.

Dijkstra, Edsger W. 1968a. The structure of the "THE" multiprogramming system. *Communications of the ACM* 11(5):341-346.

Dijkstra, Edsger W. 1968b. Cooperating sequential processes. In *Programming Languages*, edited by F. Genuys. New York: Academic Press, pp. 43-112.

Dinesman, Howard P. 1968. *Superior Mathematical Puzzles*. New York: Simon and Schuster.

deKleer, Johan, Jon Doyle, Guy Steele, and Gerald J. Sussman. 1977. AMORD: Explicit control of reasoning. In *Proceedings of the ACM Symposium on Artificial Intelligence and Programming Languages*, pp. 116-125.

Doyle, Jon. 1979. A truth maintenance system. *Artificial Intelligence* 12:231-272.

Feigenbaum, Edward, and Howard Shrobe. 1993. The Japanese National Fifth Generation Project: Introduction, survey, and evaluation. In *Future Generation Computer Systems*, vol. 9, pp. 105-117.

Feeley, Marc. 1986. Deux approches à l'implantation du language Scheme. Masters thesis, Université de Montréal.

Feeley, Marc and Guy Lapalme. 1987. Using closures for code generation. *Journal of Computer Languages* 12(1):47-66.

Feller, William. 1957. *An Introduction to Probability Theory and Its Applications*, volume 1. New York: John Wiley & Sons.

Fenichel, R., and J. Yochelson. 1969. A Lisp garbage collector for virtual memory computer systems. *Communications of the ACM* 12(11):611-612.

Floyd, Robert. 1967. Nondeterministic algorithms. *JACM*, 14(4):636-644.

Forbus, Kenneth D., and Johan deKleer. 1993. *Building Problem Solvers*. Cambridge, MA: MIT Press.

Friedman, Daniel P., and David S. Wise. 1976. CONS should not evaluate its arguments. In *Automata, Languages, and Programming: Third International Colloquium*, edited by S. Michaelson and R. Milner, pp. 257-284.

Friedman, Daniel P., Mitchell Wand, and Christopher T. Haynes. 1992. *Essentials of Programming Languages. Cambridge*, MA: MIT Press/McGraw-Hill.

Gabriel, Richard P. 1988. The Why of *Y. Lisp Pointers* 2(2):15-25.

Goldberg, Adele, and David Robson. 1983. *Smalltalk-80: The Language and Its Implementation*. Reading, MA: Addison-Wesley.

Gordon, Michael, Robin Milner, and Christopher Wadsworth. 1979. *Edinburgh LCF*. Lecture Notes in Computer Science, volume 78. New York: Springer-Verlag.

Gray, Jim, and Andreas Reuter. 1993. *Transaction Processing: Concepts and Models*. San Mateo, CA: Morgan-Kaufman.

Green, Cordell. 1969. Application of theorem proving to problem solving. In *Proceedings of the International Joint Conference on Artificial Intelligence*, pp. 219-240.

Green, Cordell, and Bertram Raphael. 1968. The use of theorem-proving techniques in question-answering systems. In *Proceedings of the ACM National Conference*, pp. 169-181.

Griss, Martin L. 1981. Portable Standard Lisp, a brief overview. Utah Symbolic Computation Group Operating Note 58, University of Utah.

Guttag, John V. 1977. Abstract data types and the development of data structures. *Communications of the ACM* 20(6):397-404.

Hamming, Richard W. 1980. *Coding and Information Theory*. Englewood Cliffs, N.J.: Prentice-Hall.

Hanson, Christopher P. 1990. Efficient stack allocation for tail-recursive languages. In *Proceedings of ACM Conference on Lisp and Functional Programming*, pp. 106-118.

Hanson, Christopher P. 1991. A syntactic closures macro facility. *Lisp Pointers*, 4(3).

Hardy, Godfrey H. 1921. Srinivasa Ramanujan. *Proceedings of the London Mathematical Society* XIX(2).

Hardy, Godfrey H., and E. M. Wright. 1960. *An Introduction to the Theory of Numbers*. 4th edition. New York: Oxford University Press.

Havender, J. 1968. Avoiding deadlocks in multi-tasking systems. *IBM Systems Journal* 7(2):74-84.

Hearn, Anthony C. 1969. Standard Lisp. Technical report AIM-90, Artificial Intelligence Project, Stanford University.

Henderson, Peter. 1980. *Functional Programming: Application and Implementation*. Englewood Cliffs, N.J.: Prentice-Hall.

Henderson. Peter. 1982. Functional Geometry. In *Conference Record of the 1982 ACM Symposium on Lisp and Functional Programming*, pp. 179-187.

Hewitt, Carl E. 1969. PLANNER: A language for proving theorems in robots. In *Proceedings of the International Joint Conference on Artificial Intelligence*, pp. 295-301.

Hewitt, Carl E. 1977. Viewing control structures as patterns of passing messages. *Journal of Artificial Intelligence* 8(3):323-364.

Hoare, C. A. R. 1972. Proof of correctness of data representations. *Acta Informatica* 1(1).

Hodges, Andrew. 1983. *Alan Turing: The Enigma*. New York: Simon and Schuster.

Hofstadter, Douglas R. 1979. *Gödel, Escher, Bach: An Eternal Golden Braid*. New York: Basic Books.

Hughes, R. J. M. 1990. Why functional programming matters. In *Research Topics in Functional Programming*, edited by David Turner. Reading, MA: Addison-Wesley, pp. 17-42.

IEEE Std 1178-1990. 1990. *IEEE Standard for the Scheme Programming Language*.

Ingerman, Peter, Edgar Irons, Kirk Sattley, and Wallace Feurzeig; assisted by M. Lind, Herbert Kanner, and Robert Floyd. 1960. THUNKS: A way of compiling procedure statements, with some comments on procedure declarations. Unpublished manuscript. (Also, private communication from Wallace Feurzeig.)

Kaldewaij, Anne. 1990. *Programming: The Derivation of Algorithms*. New York: Prentice-

Hall.

Knuth, Donald E. 1973. *Fundamental Algorithms*. Volume 1 of *The Art of Computer Programming*. 2nd edition. Reading, MA: Addison-Wesley.

Knuth, Donald E. 1981. *Seminumerical Algorithms*. Volume 2 of *The Art of Computer Programming*. 2nd edition. Reading, MA: Addison-Wesley.

Kohlbecker, Eugene Edmund, Jr. 1986. Syntactic extensions in the programming language Lisp. Ph.D. thesis, Indiana University.

Konopasek, Milos, and Sundaresan Jayaraman. 1984. *The TK!Solver Book: A Guide to Problem-Solving in Science, Engineering, Business, and Education. Berkeley*, CA: Osborne/ McGraw-Hill.

Kowalski, Robert. 1973. Predicate logic as a programming language. Technical report 70, Department of Computational Logic, School of Artificial Intelligence, University of Edinburgh.

Kowalski, Robert. 1979. *Logic for Problem Solving*. New York: North-Holland.

Lamport, Leslie. 1978. Time, clocks, and the ordering of events in a distributed system. *Communications of the ACM* 21(7):558-565.

Lampson, Butler, J. J. Horning, R. London, J. G. Mitchell, and G. K. Popek. 1981. Report on the programming language Euclid. Technical report, Computer Systems Research Group, University of Toronto.

Landin, Peter. 1965. A correspondence between Algol 60 and Church's lambda notation: Part I. *Communications of the ACM* 8(2):89-101.

Lieberman, Henry, and Carl E. Hewitt. 1983. A real-time garbage collector based on the lifetimes of objects. *Communications of the ACM* 26(6):419-429.

Liskov, Barbara H., and Stephen N. Zilles. 1975. Specification techniques for data abstractions. *IEEE Transactions on Software Engineering* 1(1):7-19.

McAllester, David Allen. 1978. A three-valued truth-maintenance system. Memo 473, MIT Artificial Intelligence Laboratory.

McAllester, David Allen. 1980. An outlook on truth maintenance. Memo 551, MIT Artificial Intelligence Laboratory.

McCarthy, John. 1960. Recursive functions of symbolic expressions and their computation by machine. *Communications of the ACM* 3(4):184-195.

McCarthy, John. 1967. A basis for a mathematical theory of computation. In *Computer Programing and Formal Systems*, edited by P. Braffort and D. Hirschberg. North-Holland.

McCarthy, John. 1978. The history of Lisp. In *Proceedings of the ACM SIGPLAN Conference on the History of Programming Languages*.

McCarthy, John, P. W. Abrahams, D. J. Edwards, T. P. Hart, and M. I. Levin. 1965. *Lisp 1.5 Programmer's Manual*. 2nd edition. Cambridge, MA: MIT Press.

McDermott, Drew, and Gerald Jay Sussman. 1972. Conniver reference manual. Memo 259, MIT Artificial Intelligence Laboratory.

Miller, Gary L. 1976. Riemann's Hypothesis and tests for primality. *Journal of Computer and*

System Sciences 13(3):300-317.

Miller, James S., and Guillermo J. Rozas. 1994. Garbage collection is fast, but a stack is faster. Memo 1462, MIT Artificial Intelligence Laboratory.

Moon, David. 1978. MacLisp reference manual, Version 0. Technical report, MIT Laboratory for Computer Science.

Moon, David, and Daniel Weinreb. 1981. Lisp machine manual. Technical report, MIT Artificial Intelligence Laboratory.

Morris, J. H., Eric Schmidt, and Philip Wadler. 1980. Experience with an applicative string processing language. In *Proceedings of the 7th Annual ACM SIGACT/SIGPLAN Symposium on the Principles of Programming Languages.*

Phillips, Hubert. 1934. *The Sphinx Problem Book*. London: Faber and Faber.

Pitman, Kent. 1983. The revised MacLisp Manual (Saturday evening edition). Technical report 295, MIT Laboratory for Computer Science.

Rabin, Michael O. 1980. Probabilistic algorithm for testing primality. *Journal of Number Theory* 12:128-138.

Raymond, Eric. 1993. *The New Hacker's Dictionary*. 2nd edition. Cambridge, MA: MIT Press.

Raynal, Michel. 1986. *Algorithms for Mutual Exclusion*. Cambridge, MA: MIT Press.

Rees, Jonathan A., and Norman I. Adams IV. 1982. T: A dialect of Lisp or, lambda: The ultimate software tool. In *Conference Record of the 1982 ACM Symposium on Lisp and Functional Programming*, pp. 114-122.

Rees, Jonathan, and William Clinger (eds). 1991. The revised^4 report on the algorithmic language Scheme. *Lisp Pointers,* 4(3).

Rivest, Ronald, Adi Shamir, and Leonard Adleman. 1977. A method for obtaining digital signatures and public-key cryptosystems. Technical memo LCS/TM82, MIT Laboratory for Computer Science.

Robinson, J. A. 1965. A machine-oriented logic based on the resolution principle. *Journal of the ACM* 12(1):23.

Robinson, J. A. 1983. Logic programming—Past, present, and future. *New Generation Computing* 1:107-124.

Spafford, Eugene H. 1989. The Internet Worm: Crisis and aftermath. *Communications of the ACM* 32(6):678-688.

Steele, Guy Lewis, Jr. 1977. Debunking the "expensive procedure call" myth. In *Proceedings of the National Conference of the ACM*, pp. 153-62.

Steele, Guy Lewis, Jr. 1982. An overview of Common Lisp. In *Proceedings of the ACM Symposium on Lisp and Functional Programming*, pp. 98-107.

Steele, Guy Lewis, Jr. 1990. *Common Lisp: The Language*. 2nd edition. Digital Press.

Steele, Guy Lewis, Jr., and Gerald Jay Sussman. 1975. Scheme: An interpreter for the extended lambda calculus. Memo 349, MIT Artificial Intelligence Laboratory.

Steele, Guy Lewis, Jr., Donald R. Woods, Raphael A. Finkel, Mark R. Crispin, Richard M. Stallman, and Geoffrey S. Goodfellow. 1983. *The Hacker's Dictionary*. New York: Harper & Row.

Stoy, Joseph E. 1977. *Denotational Semantics*. Cambridge, MA: MIT Press.

Sussman, Gerald Jay, and Richard M. Stallman. 1975. Heuristic techniques in computer-aided circuit analysis. *IEEE Transactions on Circuits and Systems* CAS-22(11):857-865.

Sussman, Gerald Jay, and Guy Lewis Steele Jr. 1980. Constraints—A language for expressing almost-hierachical descriptions. *AI Journal* 14:1-39.

Sussman, Gerald Jay, and Jack Wisdom. 1992. Chaotic evolution of the solar system. *Science* 257:256-262.

Sussman, Gerald Jay, Terry Winograd, and Eugene Charniak. 1971. Microplanner reference manual. Memo 203A, MIT Artificial Intelligence Laboratory.

Sutherland, Ivan E. 1963. SKETCHPAD: A man-machine graphical communication system. Technical report 296, MIT Lincoln Laboratory.

Teitelman, Warren. 1974. Interlisp reference manual. Technical report, Xerox Palo Alto Research Center.

Thatcher, James W., Eric G. Wagner, and Jesse B. Wright. 1978. Data type specification: Parameterization and the power of specification techniques. In *Conference Record of the Tenth Annual ACM Symposium on Theory of Computing*, pp. 119-132.

Turner, David. 1981. The future of applicative languages. In *Proceedings of the 3rd European Conference on Informatics*, Lecture Notes in Computer Science, volume 123. New York: Springer-Verlag, pp. 334-348.

Wand, Mitchell. 1980. Continuation-based program transformation strategies. *Journal of the ACM* 27(1):164-180.

Waters, Richard C. 1979. A method for analyzing loop programs. *IEEE Transactions on Software Engineering* 5(3):237-247.

Winograd, Terry. 1971. Procedures as a representation for data in a computer program for understanding natural language. Technical report AI TR-17, MIT Artificial Intelligence Laboratory.

Winston, Patrick. 1992. *Artificial Intelligence*. 3rd edition. Reading, MA: Addison-Wesley.

Zabih, Ramin, David McAllester, and David Chapman. 1987. Non-deterministic Lisp with dependency-directed backtracking. *AAAI-87*, pp. 59-64.

Zippel, Richard. 1979. Probabilistic algorithms for sparse polynomials. Ph.D. dissertation, Department of Electrical Engineering and Computer Science, MIT.

Zippel, Richard. 1993. *Effective Polynomial Computation*. Boston, MA: Kluwer Academic Publishers.

练习表

1.1	13	1.11	27	1.21	35	1.31	40	1.41	51
1.2	13	1.12	27	1.22	35	1.32	40	1.42	51
1.3	13	1.13	28	1.23	36	1.33	40	1.43	51
1.4	13	1.14	29	1.24	36	1.34	44	1.44	51
1.5	13	1.15	29	1.25	36	1.35	47	1.45	52
1.6	16	1.16	30	1.26	36	1.36	47	1.46	52
1.7	16	1.17	31	1.27	36	1.37	47		
1.8	17	1.18	31	1.28	37	1.38	47		
1.9	23	1.19	31	1.29	39	1.39	48		
1.10	24	1.20	33	1.30	40	1.40	51		

2.1	58	2.21	71	2.41	84	2.61	105	2.81	136
2.2	60	2.22	71	2.42	84	2.62	105	2.82	137
2.3	60	2.23	72	2.43	85	2.63	108	2.83	137
2.4	62	2.24	73	2.44	90	2.64	108	2.84	137
2.5	62	2.25	74	2.45	91	2.65	108	2.85	137
2.6	62	2.26	74	2.46	92	2.66	109	2.86	137
2.7	63	2.27	74	2.47	93	2.67	114	2.87	143
2.8	63	2.28	74	2.48	93	2.68	114	2.88	143
2.9	63	2.29	74	2.49	93	2.69	114	2.89	143
2.10	63	2.30	75	2.50	95	2.70	114	2.90	143
2.11	63	2.31	76	2.51	95	2.71	115	2.91	143
2.12	64	2.32	76	2.52	96	2.72	115	2.92	144
2.13	64	2.33	80	2.53	98	2.73	125	2.93	144
2.14	64	2.34	80	2.54	98	2.74	126	2.94	145
2.15	65	2.35	81	2.55	99	2.75	128	2.95	145
2.16	65	2.36	81	2.56	102	2.76	128	2.96	146
2.17	69	2.37	81	2.57	102	2.77	132	2.97	146
2.18	69	2.38	82	2.58	102	2.78	132		
2.19	69	2.39	82	2.59	104	2.79	132		
2.20	69	2.40	84	2.60	104	2.80	132		

3.1	154	3.4	154	3.7	161	3.10	170	3.13	176
3.2	154	3.5	157	3.8	162	3.11	172	3.14	176
3.3	154	3.6	157	3.9	167	3.12	175	3.15	178

3.16	178	3.30	192	3.44	215	3.58	231	3.72	238
3.17	178	3.31	195	3.45	216	3.59	231	3.73	239
3.18	179	3.32	197	3.46	218	3.60	232	3.74	240
3.19	179	3.33	205	3.47	218	3.61	232	3.75	240
3.20	179	3.34	205	3.48	219	3.62	232	3.76	240
3.21	183	3.35	205	3.49	219	3.63	235	3.77	242
3.22	183	3.36	205	3.50	225	3.64	235	3.78	242
3.23	183	3.37	205	3.51	226	3.65	235	3.79	243
3.24	187	3.38	210	3.52	226	3.66	237	3.80	243
3.25	187	3.39	212	3.53	230	3.67	237	3.81	246
3.26	187	3.40	212	3.54	230	3.68	237	3.82	246
3.27	188	3.41	213	3.55	230	3.69	238		
3.28	192	3.42	213	3.56	230	3.70	238		
3.29	192	3.43	215	3.57	231	3.71	238		
4.1	255	4.17	270	4.33	286	4.49	296	4.65	323
4.2	259	4.18	270	4.34	286	4.50	303	4.66	324
4.3	259	4.19	271	4.35	290	4.51	303	4.67	324
4.4	259	4.20	271	4.36	290	4.52	303	4.68	324
4.5	259	4.21	272	4.37	290	4.53	304	4.69	324
4.6	259	4.22	276	4.38	291	4.54	304	4.70	335
4.7	260	4.23	276	4.39	291	4.55	309	4.71	338
4.8	260	4.24	276	4.40	291	4.56	311	4.72	338
4.9	260	4.25	278	4.41	292	4.57	312	4.73	339
4.10	260	4.26	278	4.42	292	4.58	312	4.74	339
4.11	263	4.27	282	4.43	292	4.59	312	4.75	339
4.12	263	4.28	282	4.44	292	4.60	313	4.76	340
4.13	264	4.29	282	4.45	295	4.61	314	4.77	340
4.14	266	4.30	282	4.46	295	4.62	314	4.78	340
4.15	268	4.31	283	4.47	295	4.63	314	4.79	340
4.16	270	4.32	286	4.48	296	4.64	323		
5.1	346	5.12	371	5.23	392	5.34	419	5.45	428
5.2	348	5.13	372	5.24	392	5.35	420	5.46	428
5.3	349	5.14	373	5.25	393	5.36	421	5.47	429
5.4	357	5.15	373	5.26	395	5.37	421	5.48	429
5.5	358	5.16	373	5.27	396	5.38	421	5.49	429
5.6	358	5.17	373	5.28	396	5.39	424	5.50	429
5.7	360	5.18	373	5.29	396	5.40	424	5.51	430
5.8	366	5.19	373	5.30	396	5.41	424	5.52	430
5.9	371	5.20	377	5.31	402	5.42	424		
5.10	371	5.21	378	5.32	402	5.43	424		
5.11	371	5.22	378	5.33	419	5.44	425		

索　引

本索引中的任何不准确之处都可以用一个事实来解释：它是在计算机的帮助下完成的。

Donald E. Knuth，基本算法（计算机程序设计的艺术，第1卷）

* （基本乘法过程），4
+ （基本加法过程），4
- （基本减法过程），4
/ （基本除法过程），4
= （基本算术等于谓词），11
=number?，102
=zero?（通用型，generic），练习2.80
  for polynomials（对多项式的），练习2.87
< （基本算术比较谓词），11
> （基本算术比较谓词），11
>=，13
; （见分号），脚注11
! （名字里的），脚注130
? （谓词名里的），脚注22
" （双引号），脚注99
' （单引号），97，脚注99
  read和，脚注222，脚注285
` （反引号），脚注321
, （逗号，与反引号一起使用），脚注321
#f，脚注17
#t，脚注17
↦，数学函数的记法，脚注58
Θ，见theta
λ演算，见lambda演算
π，见Pi
Σ求和记法（sigma），38
A'h-mose，脚注40
Abelson, Harold，脚注3
abs，11，12
accelerated-sequence，234
accumulate，练习1.32，78
  同fold-right，练习2.38
accumulate-n，练习2.36
Áchárya, Bháscara，脚注35
Ackermann函数，练习1.10
actual-value，279
Ada，练习4.63
  递归过程（recursive procedures），23
Adams, Norman I.，脚注232
add（通用型，generic），129
  用于多项式系数（used for polynomial coefficients），140
add-action!，191，194
add-binding-to-frame!，262
add-complex，118
add-complex-to-schemenum，133
addend，101
adder（基本约束，primitive constraint），201
add-interval，63
add-lists，285
add-poly，139
add-rat，56
add-rule-or-assertion!，334
add-streams，228
add-terms，140
add-to-agenda!，194，196
add-vect，练习2.46
Adelman, Leonard，脚注48
adjoin-arg，脚注307
adjoin-set，103
  二叉树表示（binary-tree representation），107
  排序表表示（ordered-list representation），练习2.61
  未排序的表表示（unordered-list representation），103
  作为带权重集合（for weighted sets），113
adjoin-term，140，142
advance-pc，368
after-delay，191，194
Algol
  块结构（block structure），20
  按名参数传递（call-by-name argument passing），脚注186，脚注240
  槽（thunks），脚注186，脚注238
  在处理复合数据对象方面的弱点（weakness in handling compound objects），脚注161
Allen, John，脚注300

all-regs（编译器，compiler），脚注326
always-true，328
amb，287
ambeval，297
amb求值器（evaluator），见非确定性求值器（nondeterministic evaluator）
analyze
元循环（metacircular），273
非确定性（nondeterministic），297
analyze-...
元循环（metacircular），274~276，练习4.23
非确定性（nondeterministic），298~300
analyze-amb，302
and（查询语言，query language），310
的求值（evaluation of），316，326，练习4.76
and（特殊形式，special form），13
的求值（evaluation of），12
为什么作为特殊形式（why a special form），12
没有子表达式（with no subexpressions），练习4.4
an-element-of，286
angle
数据导向的（data-directed），125
极坐标表示（polar representation），119
直角坐标表示（rectangular representation），118
带标志数据（with tagged data），121
angle-polar，120
angle-rectangular，120
an-integer-starting-from，288
announce-output，265
APL，脚注81
Appel, Andrew W.，脚注325
append!，练习3.12
作为寄存器机器（as register machine），练习5.22
append，68，练习3.12
作为累积（as accumulation），练习2.33
append!与，练习3.12
带有任意个参数（with arbitrary number of arguments），脚注327
作为寄存器机器（as register machine），练习5.22
"是什么"（规则）和"怎样做"（过程），305~306
append-instruction-sequences，401，413
append-to-form（规则，rules），313
application?，257
apply（惰性，lazy），279
apply（基本过程，primitive procedure），脚注113
apply（元循环，metacircular），253
与基本的（primitive）apply，脚注225
apply-dispatch，388
为编译的代码而修改（modified for compiled code），425
apply-generic，125
强制（with coercion），134，练习2.81
提升强制（with coercion by raising），练习2.84
多参数的强制（with coercion of multiple arguments），练习2.82
通过强制简化（with coercion to simplify），练习2.85
消息传递（with message passing），127
类型塔（with tower of types），135
apply-primitive-procedure，253，261，265
apply-rules，330
argl寄存器（register），383
articles，292
ASCII码（code），110
assemble，364，365
assert!（查询解释器，query interpreter），320
assign（寄存器机器里，in register machine），347
模拟（simulating），367
将标号存入寄存器（storing label in register），353
assignment?，256
assignment-value，256
assignment-variable，256
assign-reg-name，367
assign-value-exp，367
assoc，185
atan（基本过程，primitive procedure），脚注110
attach-tag，119
采用Scheme数据类型（using Scheme data types），练习2.78
augend，101
average，15
average-damp，48
averager（约束，constraint），练习3.33
Backus, John，脚注202
Baker, Henry G., Jr.，脚注300
Barth, John，249
Basic
对复合数据的限制（restrictions on compound data），脚注73
在处理复合对象方面的弱点（weakness in handling compound objects），脚注161
Batali, John Dean，脚注304
begin（特殊形式，special form），151
在推论和过程体里隐含的（implicit in consequent of cond and in procedure body），脚注131
begin?，257
begin-actions，257

below，89，练习2.51
Bertrand假设（Hypothesis），脚注191
beside，89，95
Bolt Beranek and Newman Inc.，脚注2
Borning, Alan，脚注159
Borodin, Alan，脚注82
branch（寄存器机器，in register machine），347
  模拟（simulating），368
branch-dest，368
Buridan, Jean，脚注175
B树（tree），脚注106
ca...r，脚注75
cadr，脚注75
call-each，193
car（基本过程，primitive procedure），57
  公理（axiom for），61
  用向量实现（implemented with vectors），376
  作为表操作（as list operation），67
  名字的由来（origin of the name），脚注68
  的过程性实现（procedural implementation of），61，
    练习2.4，179，284
Carmichael数（numbers），脚注47，练习1.27
car和cdr的嵌套应用（nested applications of car and
    cdr），脚注75
cd...r，脚注75
cdr（基本过程，primitive procedure），57
  公理（axiom for），67
  用向量实现（implemented with vectors），376
  作为表操作（as list operation），67
  名字的由来（origin of the name），脚注68
  的过程性实现（procedural implementation of），61，
    练习2.4，179，284
cdr向下一个表（down a list），67
celsius-fahrenheit-converter，199
  面向表达式的（expression-oriented），练习3.37
center，64
Cesàro, Ernesto，脚注135
cesaro-stream，245
cesaro-test，155
Chaitin, Gregory，脚注134
Chandah-sutra，脚注39
Chapman, David，脚注251
Charniak, Eugene，脚注251
Chebyshev, Pafnutii L'vovich，脚注191
Clark, Keith L.，脚注283
Clinger, William，脚注217，脚注240
coeff，140，142
Colmerauer, Alain，脚注262
Common Lisp，脚注2
  nil的处理（treatment of nil），脚注76
compile，399
compile-and-go，425，427
compile-and-run，练习5.48
compile-application，408
compile-assignment，404
compiled-apply，426
compile-definition，404
compiled-procedure?，脚注323
compiled-procedure-entry，脚注323
compiled-procedure-env，脚注323
compile-if，405
compile-lambda，406
compile-linkage，403
compile-proc-appl，412
compile-procedure-call，409
compile-quoted，403
compile-self-evaluating，403
compile-sequence，406
compile-variable，403
complex->complex，练习2.81
complex包（package），130
compound-apply，388
compound-procedure?，261
cond（特殊形式，special form），11
  附加子句语法（additional clause syntax），练习4.5
  子句（clause），11
  的求值（evaluation of），11
  与if，脚注19
  推论里隐式的begin（implicit begin in consequent），
    脚注131
cond?，258
cond->if，258
cond-actions，258
cond-clauses，258
cond-else-clause?，258
cond-predicate，258
cond的子句（clause，of a cond），12
  另外的语法（additional syntax），练习4.5
conjoin，327
connect，200，204
Conniver，脚注251
cons（基本过程，primitive procedure），57
  公理（axiom for），61
  闭包性质（closure property of），65
  用变动函数实现（implemented with mutators），175
  用向量实现（implemented with vectors），377

作为表操作（as list operation），377
名字的意义（meaning of the name），脚注68
的过程性实现（procedural implementation of），61，练习2.4，76，179，284
cons-stream（特殊形式，special form），221，222
和惰性求值（lazy evaluation and），284
为什么作为特殊形式（why a special form），脚注184
const（寄存器机器，in register machine），347
模拟（simulating），370
语法（syntax of），359
constant（基本约束，primitive constraint），202
constant-exp，370
constant-exp-value，370
construct-arglist，408
cons上一个表（up a list），68
contents，120
使用Scheme数据结构（using Scheme data types），练习2.78
continue寄存器（register），353
显式控制求值器里（in explicit-control evaluator），383
和递归（recursion and），355
Cormen, Thomas H.，脚注106
corner-split，89
cos（基本过程，primitive procedure），46
count-change，26
count-leaves，73
作为累积（as accumulation），练习2.35
作为寄存器机器（as register machine），练习5.21
count-pairs，练习3.16
Cressey, David，脚注302
cube，练习1.15，37，49
cube-root，49
current-time，194，196
Darlington, John，脚注202
decode，113
deep-reverse，练习2.27
define（特殊形式，special form），5
带点尾部记法（with dotted-tail notation），练习2.20
的环境模型（environment model of），164
lambda与，41~42
过程的（for procedures），7，42
语法糖衣（syntactic sugar），256
的值（value of），脚注8
为什么是特殊形式（why a special form），7
内部（internal），见内部定义（internal definition）
define-variable!，261，263
definition?，256
definition-value，256
definition-variable，256
deKleer, Johan，脚注251，脚注281
delay（特殊形式，special form），222
显式（explicit），242
显式与自动（explicit vs. automatic），285
用lambda实现（implementation using lambda），225
惰性求值和（lazy evaluation and），284
记忆性（memoized），225，练习3.57
为什么是特殊形式（why a special form），脚注184
delay-it，281
delete-queue!，180，182
denom，56，59
公理（axiom for），60
归约到最低的项（reducing to lowest terms），59
deposit，与外置串行化器（with external serializer），215
deposit消息，用于银行账户（deposit message for bank account），153
deriv（符号，symbolic），100
数据导向（data-directed），练习2.73
deriv（数值，numerical），49
Dijkstra, Edsger Wybe，脚注172
Dinesman, Howard P.，290
disjoin，327
display（基本过程，primitive procedure），练习1.22，脚注70
display-line，222
display-stream，222
distinct?，脚注252
div（通用的，generic），128
div-complex，118
divides?，33
div-interval，63
除零（division by zero），练习2.10
divisible?，227
div-poly，练习2.91
div-rat，56
div-series，练习3.62
div-terms，练习2.91
DOS/Windows，脚注317
dot-product，练习2.37
Doyle, Jon，脚注251
draw-line，93
driver-loop
惰性求值器（for lazy evaluator），280
元循环求值器（for metacircular evaluator），265
非确定性求值器（for nondeterministic evaluator），302

e
作为连分数（as continued fraction），练习1.38
作为微分方程的解（as solution to differential equation），242
edge1-frame，91
edge2-frame，91
EIEIO，脚注177
Eindhoven技术大学，脚注172
element-of-set?，103
二叉树表示（binary-tree representation），106
排序表表示（ordered-list representation），104
无序表表示（unordered-list representation），103
else（cond里的特殊形式，special symbol in cond），12
empty-agenda?，194，196
empty-arglist，脚注307
empty-instruction-sequence，402
empty-queue?，180，182
empty-termlist?，140，142
enclosing-environment，262
encode，练习2.68
end-segment，练习2.2，练习2.48
end-with-linkage，403
entry，106
enumerate-interval，78
enumerate-tree，78
env寄存器（register），383
eq?（基本过程，primitive procedure），98
对任意对象（for arbitrary objects），178
作为指针相等（as equality of pointers），178，375
对符号的实现（implementation for symbols），376
数值相等和（numerical equality and），脚注294
equ?（通用型谓词，generic predicate），练习2.79
equal?，练习2.54
equal-rat?，56
error（基本过程，primitive procedure），脚注56
Escher，Maurits Cornelis，脚注88
estimate-integral，练习3.5
estimate-pi，155
euler-transform，234
eval（惰性，lazy），279
eval（基本过程，primitive procedure），268
MIT Scheme，脚注226
用于查询解释器（used in query interpreter），328
eval（元循环，metacircular），252，253
分析型版本（analyzing version），273
数据导向的（data-directed），练习4.3
与基本eval（primitive eval vs.），脚注225
eval-assignment，254
eval-definition，255
eval-dispatch，384
eval-if（惰性，lazy），280
eval-if（元循环，metacircular），254
eval-sequence，254
ev-application，359
ev-assignment，392
ev-begin，389
ev-definition，392
even?，30
even-fibs，76，79
ev-if，391
ev-lambda，385
ev-quoted，385
ev-self-eval，385
ev-sequence
带尾递归（with tail recursion），390
不带尾递归（without tail recursion），389
ev-variable，385
e^x 的幂级数（power series for），练习3.59
exchange，214
execute，362
execute-application
元循环（metacircular），275
非确定性（nondeterministic），301
expand-clauses，258
expmod，34，练习1.25，练习1.26
expt
线性迭代版本（linear iterative version），29
线性递归版本（linear recursive version），29
寄存器机器（register machine for），练习5.4
exp寄存器（register），383
extend-environment，261，262
extend-if-consistent，329
extend-if-possible，332
external-entry，426
extract-labels，364，脚注289
factorial
作为抽象机器（as an abstract machine），266
的计算（compilation of），415~417，图5-17
求值的环境结构（environment structure in evaluating），练习3.9
线性迭代版本（linear iterative version），22
线性递归版本（linear recursive version），21
迭代的寄存器机器（register machine for（iterative）），练习5.1，练习5.2
递归的寄存器机器（register machine for（recursive）），354~356，图5-11

堆栈使用，编译（stack usage, compiled），练习5.45
堆栈使用，解释（stack usage, interpreted），练习5.26，练习5.27
堆栈使用，寄存器机器（stack usage, register machine），练习5.14
带赋值（with assignment），161
带高阶过程（with higher-order procedures），练习1.31
false，脚注17
false?，261
fast-expt，30
fast-prime?，34
Feeley, Marc，脚注232
Feigenbaum, Edward，脚注265
Fenichel, Robert，脚注300
fermat-test，34
fetch-assertions，333
fetch-rules，333
fib
线性迭代版本（linear iterative version），26
对数版本（logarithmic version），练习1.19
寄存器机器（树形递归）（register machine for（tree-recursive）），357，图5-12
堆栈使用，编译（stack usage, compiled），练习5.46
堆栈使用，解释（stack usage, interpreted），练习5.29
树形递归版本（tree-recursive version）,24，练习5.29
带记忆（with memoization），练习3.27
带命名let（with named let），练习4.8
fibs（无穷流，infinite stream），227
隐式定义（implicit definition），279
FIFO缓冲区（buffer），180
filter，78
filtered-accumulate，练习1.33
find-assertions，328
find-divisor，33
first-agenda-item，194，197
first-exp，257
first-frame，262
first-operand，257
first-segment，196
first-term，140，142
fixed-point，46
作为迭代改进（as iterative improvement），练习1.46
fixed-point-of-transform，50
flag寄存器（register），362
flatmap，83
flatten-stream，336
flip-horiz，88，练习2.50
flipped-pairs，89，脚注90
flip-vert，88，94
Floyd, Robert，脚注251
fold-left，练习2.38
fold-right，练习2.38
Forbus, Kenneth D.，脚注251
force，222，225
强迫计算一个槽（forcing a thunk vs.），脚注239
force-it，281
带记忆版本（memoized version），282
for-each，练习2.23，练习4.30
for-each-except，204
forget-value!，200，204
Fortran，2，脚注81
的发明者（inventor of），脚注202
复合数据上的限制（restrictions on compound data），脚注73
frame-coord-map，92
frame-values，262
frame-variables，262
Franz Lisp，脚注2
free 寄存器（register），377，379
Friedman, Daniel P.，脚注186，脚注206
fringe，练习2.28
作为一种树形枚举（as a tree enumeration），脚注80
front-ptr，181
front-queue，180，181
Gabriel, Richard P.，脚注231
GCD，32，见最大公约数（greatest common divisor）
的寄存器机器（register machine for），343~345，359
gcd-terms，145
generate-huffman-tree，练习2.69
get，123，187
get-contents，361
get-global-environment，脚注314
get-register，362
get-register-contents，359，362
get-signal，191，193
get-value，200，204
Goguen, Joseph，脚注71
Gordon, Michael，脚注200
goto（在寄存器机器里，in register machine），346
以标号为目标（label as destination），354
模拟（simulating），369
goto-dest，368
Gray, Jim，脚注176
Green, Cordell，脚注262
Griss, Martin Lewis，脚注2
Guttag, John Vogel，脚注71

Hamming, Richard Wesley，脚注108，练习3.56
Hanson, Christopher P.，脚注217，脚注325
Hardy, Godfrey Harold，脚注191，脚注198
Hassle，脚注237
has-value?，200，204
Havender, J.，脚注176
Haynes, Christopher T.，脚注206
Hearn, Anthony C.，脚注2
Henderson, Peter，脚注88，脚注189，脚注202
  Henderson图（diagram），228
Hewitt, Carl Eddie，脚注31，脚注251，脚注262，脚注300
Hilfinger, Paul，脚注107
Hoare, Charles Antony Richard，脚注71
Hodges, Andrew，脚注223
Hofstadter, Douglas R.，脚注224
Horner, W. G.，脚注82
Horner规则（rule），练习2.34
Huffman, David，110
Huffman编码（code），109~115
  的最优性（optimality of），111
  编码的增长阶（order of growth of encoding），练习2.72
Hughes, R. J. M.，脚注245
IBM 704，脚注68
identity，39
if（特殊形式，special form），12
  cond与，脚注19
  的求值（evaluation of），12
  的正则序求值（normal-order evaluation of），练习1.5
  单支（无替代部分）(one-armed (without alternative))，脚注157
  谓词、推论和替代部分（predicate, consequent, and alternative of），12
  为什么作为特殊形式（why a special form），练习1.6
if?，257
if-alternative，257
if-consequent，257
if-predicate，257
if的替代部分（alternative of if），12
imag-part，125
  数据导向的（data-directed），119
  极坐标表示（polar representation），118
  直角坐标表示（rectangular representation），120
  与带标志数据（with tagged data），120
imag-part-polar，120
imag-part-rectangular，120
inc，39
inform-about-no-value，201
inform-about-value，201
Ingerman, Peter，脚注238
insert!
  在一维表格里（in one-dimensional table），185
  在两维表格里（in two-dimensional table），186
insert-queue!，180
install-complex-package，130
install-polar-package，124
install-polynomial-package，139
install-rational-package，129
install-rectangular-package，123
install-scheme-number-package，129
instantiate，325
instruction-execution-proc，366
instruction-text，365
integers（无穷流，infinite stream），227
  隐式定义（implicit definition），278
  惰性表版本（lazy-list version），284
integers-starting-from，227
integral，39，239，练习3.77
  带有延时参数（with delayed argument），241
  与（with）lambda，41
  惰性表版本（lazy-list version），285
  延时求值的需要（need for delayed evaluation），241
integrate-series，练习3.59
interleave，237
interleave-delayed，335
Interlisp，脚注2
intersection-set，103
  二叉树表示（binary-tree representation），练习2.65
  排序表表示（ordered-list representation），105
  未排序表表示（unordered-list representation），104
Jayaraman, Sundaresan，脚注159
Kaldewaij, Anne，脚注41
key，109
Khayyam, Omar，脚注35
Knuth, Donald E.，脚注35，脚注39，脚注42，脚注82，脚注135
Kohlbecker, Eugene Edmund, Jr.，脚注217
Kolmogorov, A. N.，脚注134
Konopasek, Milos，脚注159
Kowalski, Robert，脚注262
KRC，脚注84，脚注196
label（寄存器机器里，in register machine），347
  模拟（simulating），370
label-exp，370
label-exp-label，370
lambda（特殊形式，special form），41

define与，41~42
带点尾部记法（with dotted-tail notation），脚注77
lambda?，256
lambda-body，256
lambda-parameters，256
lambda表达式（expression）
作为组合式的运算符（as operator of combination），41
的值（value of），165
lambda演算（calculus（lambda calculus）），脚注53
Lambert, J.H.，练习1.39
Lamé, Gabriel，脚注43
Lamé定理（Theorem），32
Lamport, Leslie，脚注179
Lampson, Butler，脚注138
Landin，Peter，脚注11，脚注186
Lapalme，Guy，脚注232
last-exp?，257
last-operand?，脚注307
last-pair，练习2.17，练习3.12
规则（rules），练习4.62
leaf?，113
left-branch，106
Leiserson, Charles E.，脚注106，脚注198
length，68
作为积累（as accumulation），练习2.33
迭代版本（iterative version），68
递归版本（recursive version），68
let（特殊形式，special form），43
求值模型（evaluation model），练习3.10
与内部定义（internal definition vs.），43
命名的（named），练习4.8
变量的作用域（scope of variables），43
作为语法糖衣（as syntactic sugar），43，练习3.10
let*（特殊形式，special form），练习4.7
letrec（特殊形式，special form），练习4.20
lexical-address-lookup，423，练习5.39
lexical-address-set!，423，练习5.39
Lieberman, Henry，脚注300
LIFO缓冲区（buffer），见堆栈（stack）
Liskov, Barbara Huberman，脚注71
Lisp
表处理的缩写（acronym for LISt Processing），1
应用序求值（applicative-order evaluation in），11
在DEC PDP-1上，脚注300
的效率（efficiency of），2，脚注6
一级的过程（first-class procedures in），51
Fortran与，2
历史（history of），1~3
内部类型系统（internal type system），练习2.78
在IBM 704上的初始实现（original implementation on IBM 704），脚注68
与Pascal，脚注11
适合写求值器（suitability for writing evaluators），250
独特的特征（unique features of），2
lisp-value（查询解释器，query interpreter），327
lisp-value（查询语言，query language），311，323
的求值（evaluation of），318，327，练习4.77
Lisp方言（dialects）
Common Lisp，脚注2
Franz Lisp，脚注2
Interlisp，脚注2
MacLisp，脚注2
MDL，脚注302
Portable Standard Lisp，脚注2
Scheme，2
Zetalisp，脚注2
list（基本过程，primitive procedure），66
list->tree，练习2.64
list-difference，414
list-of-arg-values，280
list-of-delayed-args，280
list-of-values，254
list-ref，68，285
list-union，413
lives-near规则（rule），311，练习4.60
Locke, John，1
log（基本过程，primitive procedure），练习1.36
logical-not，191
lookup
在一维表格里（in one-dimensional table），184
在记录集合里（in set of records），109
在两维表格里（in two-dimensional table），186
lookup-label，366
lookup-prim，370
lookup-variable-value，261，262
为扫描出定义（for scanned-out definitions），练习4.16
lower-bound，练习2.7
Macintosh，脚注317
MacLisp，脚注2
magnitude
数据导向的（data-directed），125
极坐标表示（polar representation），119
直角坐标表示（rectangular representation），118
带标志数据（with tagged data），121

magnitude-polar, 120
magnitude-rectangular, 120
make-account, 153
在环境模型里（in environment model），练习3.11
带串行化（with serialization），212，练习3.41，练习3.42
make-account-and-serializer, 214
make-accumulator, 练习3.1
make-agenda, 194, 196
make-assign, 367
make-begin, 257
make-branch, 368
make-center-percent, 练习2.12
make-center-width, 64
make-code-tree, 112
make-compiled-procedure, 脚注323
make-complex-from-mag-ang, 131
make-complex-from-real-imag, 131
make-connector, 203
make-cycle, 练习3.13
make-decrementer, 158
make-execution-procedure, 366
make-frame, 91, 练习2.47, 262
make-from-mag-ang, 122, 125
消息传递（message-passing），练习2.75
极坐标表示（polar representation），119
直角坐标表示（rectangular representation），119
make-from-mag-ang-polar, 120
make-from-mag-ang-rectangular, 120
make-from-real-imag, 121, 125
消息传递（message-passing），127
极坐标表示（polar representation），119
直角坐标表示（rectangular representation），119
make-from-real-imag-polar, 120
make-from-real-imag-rectangular, 120
make-goto, 368
make-if, 257
make-instruction, 365
make-instruction-sequence, 402
make-interval, 63, 练习2.7
make-joint, 练习3.7
make-label, 脚注322
make-label-entry, 366
make-lambda, 256
make-leaf, 112
make-leaf-set, 114
make-machine, 359, 361
make-monitored, 练习3.2
make-mutex, 217
make-new-machine, 图5-12
make-operation-exp, 370
make-perform, 369
make-point, 练习2.2
make-poly, 139
make-polynomial, 142
make-primitive-exp, 370
make-procedure, 261
make-product, 100, 102
make-queue, 180, 181
make-rat, 56, 57, 59
公理（axiom for），60
归约到最低形式（reducing to lowest terms），58
make-rational, 130
make-register, 361
make-restore, 369
make-save, 369
make-scheme-number, 129
make-segment, 练习2.2, 练习2.48
make-serializer, 216
make-simplified-withdraw, 158, 246
make-stack, 361
带监视的堆栈（with monitored stack），372
make-sum, 100, 101
make-table
消息传递的实现（message-passing implementation），185
一维表格（one-dimensional table），185
make-tableau, 234
make-term, 140, 142
make-test, 368
make-time-segment, 196
make-tree, 106
make-vect, 练习2.46
make-wire, 189, 192, 练习3.31
make-withdraw, 152
在环境模型里（in environment model），167~170
用（using）let，练习3.10
map, 70, 285
作为积累（as accumulation），练习2.33
带有多个参数（with multiple arguments），脚注78
map-over-symbols, 337
map-successive-pairs, 245
matrix-*-matrix, 练习2.37
matrix-*-vector, 练习2.37
max（基本过程，primitive procedure），63
McAllester, David Allen, 脚注251

McCarthy, John，2，脚注1，脚注247
McDermott, Drew，脚注251
MDL，脚注302
member，脚注252
memo-fib，练习3.27
memoize，练习3.27
memo-proc，225
memq，98
merge，练习3.56
merge-weighted，练习3.70
MicroPlanner，脚注251
Microshaft，307
midpoint-segment，练习2.2
Miller, Gary L.，练习1.28
Miller, James S.，脚注325
Miller-Rabin检查（test for primality），练习1.28
Milner, Robin，脚注200
min（基本过程，primitive procedure），63
Minsky, Marvin Lee，脚注300
Miranda，脚注84
MIT Scheme
  空流（the empty stream），脚注182
  eval，脚注226
  内部定义（internal definitions），脚注229
  成员（numbers），脚注23
  random，脚注136
  user-initial-environment，脚注226
  without-interrupts，脚注174
MIT，脚注262
  人工智能实验室（Artificial Intelligence Laboratory），脚注2
  早期历史（early history of），脚注89
  项目（Project）MAC，脚注2
  电子学研究实验室（Research Laboratory of Electronics），2，脚注300
ML，脚注200
modifies-register?，413
monte-carlo，156
  无穷流（infinite stream），255
Moon, David A.，脚注2，脚注300
Morris, J. H.，脚注138
mul（通用型，generic），129
  用于多项式系数（used for polynomial coefficients），141
mul-complex，118
mul-interval，63
  更高效的版本（more efficient version），练习2.11
mul-poly，139
mul-rat，56
mul-series，练习3.60
mul-streams，练习3.54
mul-terms，141
Multics分时系统（time-sharing system），脚注300
multiple-dwelling，291
multiplicand，101
multiplier，101
  基本约束（primitive constraint），202
  选择函数（selector），101
Munro, Ian，脚注82
mystery，练习3.14
needs-register?，413
negate，327
new-cars寄存器（register），379
new-cdrs寄存器（register），379
newline（基本过程，primitive procedure），练习1.22，脚注70
newtons-method，50
newton-transform，49
new-withdraw，152
new寄存器（register），381
next（连接描述符，linkage descriptor），404
next-to（规则，rules），练习4.61
nil
  避免（dispensing with），80
  作为空表（as empty list），67
  作为表尾标记（as end-of-list marker），66
  作为Scheme里的常值（as ordinary variable in Scheme），脚注76
no-more-exps?，脚注312
no-operands?，275
not（查询语言，query language），311，322
  的求值（evaluation of），318，327，练习4.77
not（基本过程，primitive procedure），12
nouns，292
null?（基本过程，primitive procedure），68
  用带类型的指针实现（implemented with typed pointers），377
number?（基本过程，primitive procedure），100
  和数据类型（data types and），练习2.78
  用带类型指针实现（implemented with typed pointers），377
numer，56，59
  公理（axiom for），60
  归结到最低项（reducing to lowest terms），59
*n*次方根，作为不动点（*n*th root, as fixed point），练习1.45

oldcr寄存器（register），382
old寄存器（register），381
ones（无穷流，infinite stream），228
　惰性表版本（lazy-list version），285
op（在寄存器机器里，in register machine），347
　模拟（simulating），370
operands，257
operation-exp，370
operation-exp-op，370
operation-exp-operands，370
operator，257
or（查询语言，query language），310
　的求值（evaluation of），317，327
or（特殊形式，special form），18
　的求值（evaluation of），18
　为什么作为特殊形式（why a special form），18
　没有子表达式（with no subexpressions），练习4.4
order，140，142
origin-frame，91
Ostrowski，A. M.，脚注82
outranked-by（规则，rule），312，练习4.64
pair?（基本过程，primitive procedure），73
　用带类型指针实现（implemented with typed pointers），378
pairs，237
Pan, V. Y.，脚注82
parallel-execute，211
parallel-instruction-sequences，415
Parse，293
parse-...，293~294
partial-sums，练习3.55
Pascal，脚注11
　缺少高阶过程（lack of higher-order procedures），脚注200
　递归过程（recursive procedures），23
　对复合数据的限制（restrictions on compound data），脚注73
　在处理复合数据上的弱点（weakness in handling compound objects），脚注161
pattern-match，329
pc寄存器（register），362
perform（在寄存器机器里，in register machine），348
　模拟（simulating），369
perform-action，369
Perlis, Alan J.，脚注73
　妙语（quips），脚注7，脚注11
Phillips, Hubert，练习4.42
Pi（π）
　用拆半法逼近（approximation with half-interval method），45
　用蒙特卡罗积分逼近（approximation with Monte Carlo integration），练习3.5，练习3.82
　Cesàro估计（estimate for），155，254
　莱布尼兹级数（Leibniz's series for），脚注49，233
　逼近流（stream of approximations），233~234
　Wallis公式（formula for），练习1.31
Pingala, Áchárya，脚注39
pi-stream，233
pi-sum，38
　用高阶过程（with higher-order procedures），39
　用（with）lambda，41
Pitman, Kent M.，脚注2
Planner，脚注251
polar?，120
polar包（package），139
poly，139
polynomial包（package），139
pop，361
Portable Standard Lisp，脚注2
PowerPC，脚注177
prepositions，294
preserving，401，练习5.31，414，练习5.37
prime?，33，229
primes（无穷流，infinite stream），228
　隐式定义（implicit definition），229
prime-sum-pair，286
prime-sum-pairs，83
　无穷流（infinite stream），235
primitive-apply，388
primitive-implementation，264
primitive-procedure?，261，265
primitive-procedure-names，265
primitive-procedure-objects，265
print操作，寄存器机器（operation in register machine），348
print-point，练习2.2
print-queue，练习3.21
print-rat，58
print-result，393
　监视堆栈版本（monitored-stack version），395
print-stack-statistics
probe
　在约束系统里（in constraint system），203
　在数字电路模拟器里（in digital-circuit simulator），194

proc寄存器（register），384
procedure-body，261
procedure-environment，261
procedure-parameters，261
product，练习1.31
  作为积累（as accumulation），练习1.32
product?，101
Prolog，脚注251，脚注262
prompt-for-input，265
propagate，194
push，361
put，123，187
P操作（信号量的）(P operation on semaphore)，脚注172
qeval，320，326
queens，练习2.42
query-driver-loop，325
quote（特殊形式，special form），脚注100
  read和，脚注222，脚注285
quoted?，255
quotient（基本过程，primitive procedure），练习3.58
Rabin, Michael O.，练习1.28
Ramanujan, Srinivasa，脚注198
Ramanujan数（numbers），练习3.71
rand，155
  带重置（with reset），练习3.6
random（基本过程，primitive procedure），34
  需要赋值（assignment needed for），脚注129
  MIT Scheme，脚注136
random-in-range，练习3.5
random-numbers（无穷序列，infinite stream），245
Raphael, Bertram，脚注262
Raymond, Eric，脚注235，脚注250
RC电路（circuit），练习3.73
read（基本过程，primitive procedure），脚注222
  点尾部记法的处理（dotted-tail notation handling by），330
  宏字符（macro characters），脚注285
read-eval-print-loop，393
read操作，在寄存器机器里(operation in register machine)，348
real-part
  数据导向的（data-directed），125
  极坐标表示（polar representation），118
  直角坐标表示（rectangular representation），118
  带标志数据（with tagged data），121
real-part-polar，121
real-part-rectangular，120
rear-ptr，181
receive过程（procedure），脚注289
rectangular?，120
Rees, Jonathan A.，脚注217，脚注232
reg（寄存器机器，in register machine），347
  模拟（simulating），369
register-exp，370
register-exp-reg，370
registers-modified，412
registers-needed，412
remainder（基本过程，primitive procedure），30
remainder-terms，练习2.94
remove，84
remove-first-agenda-item!，194，197
require，288
  作为特殊形式（as a special form），练习4.54
rest-exps，257
rest-operands，257
restore（寄存器机器，in register machine），355，练习5.11
  实现（implementing），377
  模拟（simulating），369
rest-segments，196
rest-terms，140，142
return（连接描述符，linkage descriptor），400
Reuter, Andreas，脚注176
reverse，练习2.18
  作为折叠（as folding），练习2.39
  规则（rules），练习4.68
right-branch，106
right-split，89
Rivest, Ronald L.，脚注48，脚注106
RLC电路（circuit），练习3.80
Robinson, J. A.，脚注262
Rogers, William Barton，脚注89
root寄存器（register），脚注301
rotate90，94
round（基本过程，primitive procedure），脚注119
Rozas, Guillermo Juan，脚注325
RSA算法（algorithm），脚注48
Runkle, John Daniel，脚注89
runtime（基本过程，primitive procedure），练习1.22
same（规则，rule），311
same-variable?，100，139
save（寄存器机器，in register machine），356，练习5.11
  实现（implementing），377
  模拟（simulating），369
scale-list，70，71，285
scale-stream，229

scale-tree，75
scale-vect，练习2.46
scan-out-defines，练习4.16
scan寄存器（register）
Scheme，2
 的历史（history of），脚注2
scheme-number->complex，133
scheme-number->scheme-number，练习2.81
scheme-number包（package），129
Scheme的编译器（compiler for Scheme），399~402，另见代码生成器（code generator）；编译时环境（compiletime environment）；指令序列（instruction sequence）；连接描述符（linkage descriptor）；目标寄存器（target register）
 与分析型求值器（analyzing evaluator vs.），399，400
 赋值（assignments），404
 代码生成器（code generators），见compile-...
 组合式（combinations），407~412
 条件（conditionals），404
 定义（definitions），404
 效率（efficiency），399~400
 实例的编译（example compilation），415~419
 与显式控制求值器（explicit-control evaluator vs.），399~400，练习5.32，427
 表达式语法过程（expression-syntax procedures），399
 与求值器连接（interfacing to evaluator），425~430
 标号生成（label generation），脚注322
 lambda表达式（expressions），406
 词法地址（lexical addressing），422~424
 连接代码（linkage code），403
 机器操作的使用（machine-operation use），脚注319
 编译后代码（堆栈使用）性能监视（monitoring performance（stack use）of compiled code），427，练习5.45，练习5.46
 基本过程的开放代码（open coding of primitives），练习5.38，练习5.44
 运算对象求值的顺序（order of operand evaluation），练习5.36
 过程应用（procedure applications），407~412
 引号（quotations），403
 寄存器使用（register use），脚注319，398，脚注326
 运行编译代码（running compiled code），425，430
 扫描出内部定义（scanning out internal definitions），脚注331，练习5.43
 自求值表达式（self-evaluating expressions），403
 表达式序列（sequences of expressions），406
 堆栈的使用（stack usage），401，练习5.31，练习5.37
 的结构（structure of），399~402
 生成尾递归代码（tail-recursive code generated by），411
 变量（variables），403
Scheme芯片（chip），383，图5-16
Schmidt, Eric，脚注138
search，44
segment-queue，196
Segments，196
segments->painter，93
segment-time，196
self-evaluating?，255
sequence->exp，257
serialized-exchange，215
 避免死锁（with deadlock avoidance），练习3.48
set!（特殊形式，special form），151，另见赋值（assignment）
 的环境模型（environment model of），脚注141
 的值（value of），脚注130
set-car!（基本过程，primitive procedure），173
 用向量实现（implemented with vectors），376
 的过程实现（procedural implementation of），179
 的值（value of），脚注144
set-cdr!（基本过程，primitive procedure），173
 用向量实现（implemented with vectors），376
 的过程实现（procedural implementation of），180
 的值（value of），脚注144
set-contents!，361
set-current-time!，196
set-front-ptr!，181
set-instruction-execution-proc!，366
set-rear-ptr!，181
set-register-contents!，359，362
set-segments!，196
set-signal!，191，193
setup-environment，264
set-value!，200，204
set-variable-value!，261，263
Shamir, Adi，脚注48
shrink-to-upper-right，94
Shrobe, Howard E.，脚注265
signal-error，394
simple-query，326
sin（基本过程，primitive procedure），46
singleton-stream，336
SKETCHPAD，脚注159
smallest-divisor，33
 更有效的版本（more efficient version），练习1.23

Smalltalk，脚注159
Solomonoff, Ray，脚注134
solve微分方程（differential equation），241~242
惰性表版本（lazy-list version），286
扫描出定义（with scanned-out definitions），练习4.18
Spafford, Eugene H.，脚注337
split，练习2.45
sqrt，16
块结构（block structured），19
环境模型（in environment model），171~172
作为不动点（as fixed point），46~51
作为迭代改进（as iterative improvement），练习1.46
用牛顿法（with Newton's method），50
寄存器机器（register machine for），练习5.3
作为流的极限（as stream limit），练习3.64
sqrt-stream，233
square，8
环境模型（in environment model），163~165
square-limit，90~91
square-of-four，90
squarer（约束，constraint），练习3.34，练习3.35
squash-inwards，94
stack-inst-reg-name，369
Stallman, Richard M.，脚注159，脚注251
start-eceval，脚注334
start-segment，练习2.2，练习2.48
start寄存器机器（register machine），359，362
statements，413
Steele, Guy Lewis Jr.，脚注2，脚注31，脚注139，脚注159，脚注235，脚注250
Stoy, Joseph E.，脚注15，脚注41，脚注231
Strachey, Christopher，脚注64
stream-append，237
stream-append-delayed，335
stream-car，221，222
stream-cdr，221，222
stream-enumerate-interval，223
stream-filter，223
stream-flatmap，336，练习4.74
stream-for-each，222
stream-limit，练习3.64
stream-map，222
带多个参数（with multiple arguments），练习3.50
stream-null?，222
在MIT Scheme里，脚注182
stream-ref，222
stream-withdraw，247
sub（通用型，generic），129
sub-complex，118
sub-interval，练习2.8
sub-rat，56
sub-vect，练习2.46
sum，38
作为积累（as accumulation），练习1.32
迭代版本（iterative version），练习1.30
sum?，101
sum-cubes，38
高阶过程（with higher-order procedures），39
sum-integers，38
高阶过程（with higher-order procedures），39
sum-odd-squares，76，79
sum-of-squares，8
环境模型（in environment model），165
sum-primes，221
Sussman, Gerald Jay，脚注3，脚注31，脚注159，脚注251
Sutherland, Ivan，脚注159
symbol?（基本过程，primitive procedure），100
和数据类型（data types and），练习2.78
用带类型指针实现（implemented with typed pointers），377
symbol-leaf，112
Symbols，112
SYNC，脚注177
tack-on-instruction-sequence，414
tagged-list?，255
Teitelman, Warren，脚注2
term-list，139
test（寄存器机器，in register machine），346
模拟（simulating），368
test-and-set!，217，脚注172
test-condition，368
text-of-quotation，255
Thatcher, James W.，脚注71
the-cars
寄存器（register），376，379
向量（vector），375
the-cdrs
寄存器（register），376，379
向量（vector），375
the-empty-stream，222
在MIT Scheme里，脚注182
the-empty-termlist，140，142
the-global-environment，264，脚注314
theta of $f(n)$ （$\Theta(f(n))$），28
THE多道程序设计系统（THE Multiprogramming System），脚注172

timed-prime-test，练习1.22
TK!Solver，脚注159
transform-painter，94
transpose一个矩阵（a matrix），练习2.37
tree->list...，练习2.63
tree-map，练习2.31
true，脚注17
true?，261
try-again，289
Turner, David，脚注84，脚注196，脚注201
type-tag，119
　使用Scheme数据类型（using Scheme data types），练习2.78
unev寄存器（register），383
unify-match，331
union-set，103
　二叉树表示（binary-tree representation），练习2.65
　排序表表示（ordered-list representation），练习2.62
　未排序表表示（unordered-list representation），练习2.59
unique（查询语言，query language），练习4.75
unique-pairs，练习2.40
UNIX，脚注317，脚注337
unknown-expression-type，393
unknown-procedure-type，394
update-insts!，365
upper-bound，练习2.7
up-split，练习2.44
user-initial-environment（MIT Scheme），脚注226
user-print，266
　为编译代码而做的修改（modified for compiled code），脚注334
value-proc，367
val寄存器（register），383
variable，139
variable?，100，255
vector-ref（基本过程，primitive procedure），374
vector-set!（基本过程，primitive procedure），374
verbs，292
Wadler, Philip，脚注138
Wadsworth, Christopher，脚注200
Wagner, Eric G.，脚注71
Walker, Francis Amasa，脚注89
Wallis, John，脚注52
Wand, Mitchell，脚注206，脚注308
Waters, Richard C.，脚注81
weight，112
weight-leaf，112
Weyl, Hermann，53
wheel（规则，rule），311
width，64
Wilde, Oscar（Perlis的释义（paraphrase of）），脚注7
Wiles, Andrew，脚注45
Winograd, Terry，脚注251
Winston, Patrick Henry，脚注251，脚注257
Wisdom, Jack，脚注3
Wise, David S.，脚注186
withdraw，151
　并发系统里的问题（problems in concurrent system），208
without-interrupts，脚注164
Wright, E. M.，脚注191
Wright, Jesse B.，脚注71
xcor-vect，练习2.46
Xerox Palo Alto Research Center，脚注2，脚注159
ycor-vect，练习2.46
Yochelson, Jerome C.，脚注300
Y运算符（operator），脚注231
Zabih, Ramin，脚注251
Zetalisp，脚注2
Zilles, Stephen N.，脚注71
Zippel, Richard E.，脚注128
爱丁堡大学（University of Edinburgh），脚注262
按名调用参数传递（call-by-name argument passing），脚注186，脚注240
按照历史回溯（chronological backtracking），289
按需参数传递（call-by-need argument passing），脚注186，脚注240
　记忆性（memoization and），脚注192
八皇后谜题（eight-queens puzzle），练习2.42，练习4.44
半加器（half-adder），189
　half-adder，190
　的模拟（simulation of），194~195
包（package），124
　复数（complex-number），130
　极坐标表示（polar representation），125
　多项式（polynomial），139
　有理数（rational-number），129
　直角坐标表示（rectangular representation），123
　Scheme的数（Scheme-number），129
保留字（reserved words），练习5.38，练习5.44
被监视的过程（monitored procedure），练习3.2
被开方数（radicand），15
本机语言（native language of machine），397
毕达哥拉斯三元组（Pythagorean triples）

用非确定性程序（with nondeterministic programs），练习4.35，练习4.36，练习4.37
用流（with streams），练习3.69
闭包（closure），55
抽象代数里（in abstract algebra），脚注72
cons的闭包性质（closure property of cons），66
图形语言操作的闭包性质（closure property of picture-language operations），86，87
许多语言里缺少（lack of in many languages），脚注73
编码（code）
ASCII，109
定长（fixed-length），110
Huffman，见Huffman编码（code），109
莫尔斯（Morse），110
前缀（prefix），110
变长（variable-length），110
编译（compilation），见编译器（compiler）
编译器（compiler），398~399
与解释器（interpreter vs.），398~399，427
尾递归，堆栈分配和废料收集（tail recursion, stack allocation, and garbage-collection），脚注325
编译时环境（compile-time environment），练习5.40
和开放代码（open coding and），练习5.44
变长编码（variable-length code），110
变动函数（mutator），173
变动数据对象（mutable data objects），173~180，另见队列（queue）；表格（table）
变量（variable），5，另见局部变量（local variable）
约束的（bound），18
自由的（free），18
作用域（scope of），18，另见变量的作用域（scope of a variable）
未约束的（unbound），162
值（value of），162
变量的作用域（scope of a variable），18，另见词法作用域（lexical scoping）
内部的（internal）define，269
在（in）let里，43
过程的形式参数（procedure's formal parameters），19
标记-清扫废料收集器（mark-sweep garbage collector），脚注300
表（list），66
与反引号（backquote with），脚注321
cdr（cdring down），67
与append组合（combining with append），68
cons上去（consing up），68
将二叉树变换到（converting a binary tree to a），练习2.63
变换到二叉树（converting to a binary tree），练习2.64
空（empty），见空表（empty list）
的相等（equality of），练习2.54
带头单元的（headed），183，脚注156
的最后序对（last pair of），练习2.17
惰性（lazy），283~286
的长度（length of），68
与表结构（list structure vs.），脚注74
用car，cdr和cons操作（manipulation with car，cdr，and cons），66
映射（mapping over），70~72
的第*n*个元素（*n*th element of），67
上的操作（operations on），67~70
的打印表示（printed representation of），66
引号（quotation of），97
翻转（reversing），练习2.18
操作技术（techniques for manipulating），67~70
表达式（expression），另见复合表达式（compound expression）；基本表达式（primitive expression）
代数（algebraic），见代数表达式（algebraic expressions）
自求值（self-evaluating），252
符号（symbolic），55另见符号（symbol）
表达式风格（expression-oriented programming），脚注161
表达式求值的顺序（order of subexpression evaluation），见求值顺序（order of evaluation）
表达式序列（sequence of expressions）
在cond的推论部分（in consequent of cond），脚注19
过程体里（in procedure body），脚注14
表格（table），183~188
的骨架（backbone of），184
为强制（for coercion），133
用于数据导向的程序设计（for data-directed programming），123
局部（local），186~187
*n*维（*n*-dimensional），练习3.25
一维（one-dimensional），184~185
操作和类型（operation-and-type），见操作和类型表格（operation-and-type table）
用二叉树表示与用未排序表表示（represented as binary tree vs. unordered list），练习3.26
检测键值相等（testing equality of keys），练习3.24
两维（two-dimensional），185
用于模拟的待处理表（used in simulation agenda），195
用于保存计算出的值（used to store computed values），练习3.27
表结构（list structure），57

与表（list vs.），脚注136
变动的（mutable），173~176
用向量表示（represented using vectors），375~378
表结构存储器（list-structured memory），374~383
表尾标记（end-of-list marker），脚注74，脚注76
表里的循环（cycle in list），练习3.13
检查（detecting），练习3.18
表列（tableau），234
表列法（tabulation），脚注34，练习3.27
表求值的尾递归（evils tail recursion），脚注308
别名（aliasing），脚注138
并发性（concurrency），206~220
并发程序的正确性（correctness of concurrent programs），209~210
死锁（deadlock），218~219
和函数式程序设计（functional programming and），247
控制机制（mechanisms for controlling），210~219
并行性（parallelism），见并发（concurrency）
捕获了自由变量（capturing a free variable），19
不动点（fixed point），45~48
用计算器计算（computing with calculator），脚注57
余弦的（of cosine），46
立方根作为（cube root as），49
四次方根作为（fourth root as），练习1.45
黄金分割作为（golden ratio as），练习1.35
作为迭代改进（as iterative improvement），练习1.46
在牛顿法里（in Newton's method），49
*n*次方根作为（*n*th root as），练习1.45
平方根作为（square root as），46，49，50
变换函数的（of transformed function），50
合一和（unification and），脚注284
不可计算（non-computable），脚注227
参数传递（argument passing），见按名参数传递（call-by-name argument passing），按需参数传递（call-by-need argument passing）
操作（operation）
跨类型（cross-type），132
通用型（generic），55
在寄存器机器里（in register machine），344~345
操作，寄存器机器（operation in register machine），372
操作-类型表格（operation-and-type table），123
所需的赋值（assignment needed for），脚注130
实现（implementing），187
槽（thunk），278~279
按名调用（call-by-name），脚注186
按需调用（call-by-need），脚注186
强迫求值（forcing），278
实现（implementation of），281~282
名字的由来（origin of name），脚注238
层次性结构（hierarchical structures），6，72~75
查询（query），306，另见简单查询（simple query）；复合查询（compound query）
查询解释器（query interpreter），306
加入规则或断言（adding rule or assertion），320
复合查询（compound query），见复合查询（compound query）
数据库（data base），333~335
驱动循环（driver loop），320，325~326
环境结构（environment structure in），练习4.79
框架（frame），315，338
改进（improvements to），练习4.67，练习4.76，练习4.77
无穷循环（infinite loops），322，练习4.67
实例化（instantiation），325
与Lisp解释器（Lisp interpreter vs.），319，320，练习4.79
概述（overview），315~320
模式匹配（pattern matching），315，328~329
模式变量表示（pattern-variable representation），325，336~337
与not和lisp-value有关的问题（problems with not and lisp-value），321~322，练习4.77
查询求值器（query evaluator），320，326~328
规则（rule），见规则（rule）
简单查询（simple query），308~309
流操作（stream operations），335
框架流（streams of frames），315，脚注278
查询语言的语法（syntax of query language），336~337
合一（unification），318
查询语言（query language），306~314
抽象（abstraction in），311
复合查询（compound query），310~311
数据库（data base），306~308
相等检测（equality testing in），脚注268
扩充（extensions to），练习4.66，练习4.75
逻辑推理（logical deductions），313~314
与数理逻辑（mathematical logic vs.），321~324
规则（rule），311~314
简单查询（simple query），308~309
长庚星（evening star），见金星（Venus）
常规的数（在通用型算术系统里）（ordinary numbers (in generic arithmetic system)），129
抄录（snarf），脚注235
超类型（supertype），135
多个（multiple），135

成功继续（非确定性求值器）（success continuation (nondeterministic evaluator)），296~297
程序（program），1
作为抽象机器（as abstract machine），266
注释（comments in），脚注87
作为数据（as data），266~268
的递增开发（incremental development of），6
的结构（structure of），6，17，19~20，另见抽象屏障（abstraction barriers）
带有子程序结构（structured with subroutines），脚注223
程序错误（bug），1
捕获了自由变量（capturing a free variable），19
赋值的顺序（order of assignments），161
别名的副作用（side effect with aliasing），脚注138
程序的递增开发（incremental development of programs），5
程序的正确性（correctness of a program），脚注20
程序计数器（program counter），362
程序设计（programming）
数据导向的（data-directed），见数据导向的程序设计（data-directed programming）
命令驱动的（demand-driven），224
的要素（elements of），3
函数式（functional），见函数式程序设计（functional programming）
命令式（imperative），160
可憎的风格（odious style），脚注187
程序设计语言（programming language），1
的设计（design of），276
函数式（functional），247
逻辑（logic），306
面向对象（object-oriented），脚注118
强类型（strongly typed），脚注200
甚高级（very high-level），脚注20
抽象（abstraction），另见抽象手段（means of abstraction）；数据抽象（data abstraction）；高阶过程（higherorder procedures）
公共模式和（common pattern and），38
元语言（metalinguistic），250
过程性的（procedural），17
寄存器机器设计里（in register-machine design），348~351
非确定性程序设计里搜索的（of search in nondeterministic programming），290
抽象的方法（means of abstraction），3
`define`，5
抽象屏障（abstraction barriers），54，58~60，115
复数系统里（in complex-number system），116
通用算术系统里（in generic arithmetic system），128
抽象数据（abstract data），55，另见数据抽象（data abstraction）
抽象语法（abstract syntax）
元循环求值器里（in metacircular evaluator），252
查询解释器里（in query interpreter），325
稠密多项式（dense polynomial），142
串（string），见字符串（character string）
串行化器（serializer），211~213
实现（implementing），216~218
带有多项共享资源（with multiple shared resources），214~216
《创世纪》Genesis，练习4.63
词法地址（lexical addressing），422~424
词法作用域（lexical scoping），20
环境结构和（environment structure and），422
存储器（memory）
在（in）1964，脚注249
表结构的（list-structured），374~383
错误处理（error handling）
在编译代码里（in compiled code），脚注337
在显式控制求值器里（in explicit-control evaluator），393，练习5.30
打印，基本操作（printing，primitives for），脚注70
大数（bignum），376
代码生成器（code generator），399
的参数（arguments of），400
的值（value of），400
代数，符号（algebra, symbolic），见符号代数（symbolic algebra）
代数表达式（algebraic expression），138
求导（differentiating），99~103
表示（representing），100~103
化简（simplifying），101~102
带标志数据（tagged data），119~122，脚注292
带点尾部记法（dotted-tail notation）
过程参数（for procedure parameters），练习2.20，脚注113
在查询模式里（in query pattern），309，329
在查询语言规则里（in query-language rule），313
`read`和（and），329
带类型的指针（typed pointer），375
带头表头单元的表（headed list），184，脚注156
待处理表（agenda），见数字电路模拟（digital-circuit simulation）
单变元多项式（univariate polynomial），138
单位正方形（unit square），91

单元，在串行化实现里（cell，in serializer implementation），217
当前时间，对于待处理表（current time, for simulation agenda），196
地球，测量周长（Earth, measuring circumference of），脚注188
地址（address），374
地址算术（address arithmetic），374
递归（recursion），6
数据导向的（data-directed），141
表达复杂的计算过程（expressing complicated process），6
在规则里（in rules），312
对树工作（in working with trees），72
递归方程（recursion equations），2
递归过程（recursive procedure）
递归的过程定义（recursive procedure definition），17
与递归的计算过程recursive process vs.，23
不用define描述（specifying without define），练习4.21
递归计算过程（recursive process），23
和迭代计算过程（iterative process vs.），20~24，练习3.9，354，练习5.34
线性（linear），22，28
与递归过程（recursive procedure vs.），23
寄存器机器（register machine for），354~358
树（tree），24~27
递归论（recursion theory），脚注224
点，用序对表示（point，represented as a pair），练习2.2
电路（circuit）
数字的（digital），见数字电路模拟（digital-circuit simulation）
用流模拟（modeled with streams），练习3.73，练习3.80
电子线路，用流模拟（electrical circuits, modeled with streams），练习3.73，练习3.80
电阻（resistance）
电阻器并联公式（formula for parallel resistors），62，64
电阻器的误差（tolerance of resistors），62
迭代式改进（iterative improvement），练习1.46
迭代过程（iterative process），22
作为流过程（as a stream process），232~235
算法设计（design of algorithm），练习1.16
通过过程调用实现（implemented by procedure call），15~16，23，391，另见尾递归（tail recursion）
线性（linear），22，28
与递归过程（recursive process vs.），21~24，练习3.9，354，练习5.34
寄存器机器（register machine for），354
迭代计算过程的不变量（invariant quantity of an iterative process），练习1.16
迭代结构（iteration contructs），见循环结构（looping constructs）
定长编码（fixed-length code），110
定积分（definite integral），39
用蒙特卡罗模拟估计（estimated with Monte Carlo simulation），练习3.5，练习3.82
定理证明，自动（theorem proving, automatic），脚注262
定义（definition），见define；内部定义（internal definition）
丢番图的算术（Diophantus's Arithmetic），费马的复本（Fermat's copy of），脚注45
动作，寄存器机器里（actions, in register machine），348
逗号，与反引号一起使用（comma, used with backquote），脚注321
读入器宏字符（reader macro character），脚注285
读入-求值-打印循环（read-eval-print loop），5，另见驱动循环（driver loop）
断点（breakpoint），练习5.19
断言（assertion），307
隐式（implicit），312
堆栈（stack），脚注30
框架的（framed），脚注306
在寄存器机器里做递归（for recursion in register machine），354~358
表示（representing），361，377
堆栈分配和尾递归（stack allocation and tail recursion），脚注325
队列（queue），180~183
双端（double-ended），练习3.23
首部（front of），180
操作（operations on），181
的过程实现（procedural implementation of），练习3.22
尾部（rear of），180
模拟待处理表（in simulation agenda），196
对Scheme的显式控制求值器（explicit-control evaluator for Scheme），383~397
赋值（assignments），392
组合式（combinations），385~388
复合过程（compound procedures），388
条件（conditionals），391
控制器（controller），384~394
数据通路（data paths），383

定义（definitions），392
派生表达式（derived expressions），练习23
驱动循环（driver loop），393
错误处理（error handling），393，练习5.30
没有需要求值的子表达式的表达式（expressions with no subexpressions to evaluate），384~385
作为机器语言程序（as machine-language program），397
机器模型（machine model），394
为编译代码而做的修改（modified for compiled code），425~426
监视执行情况（堆栈使用）（monitoring performance (stack use)），395~396
正则序求值（normal-order evaluation），练习5.25
运算对象求值（operand evaluation），386~387
操作（operations），383
优化（附加）（optimizations (additional)），练习5.32
基本过程（primitive procedures），388
过程应用（procedure application），385~388
寄存器（registers），383
运行（running），393~395
表达式序列（sequences of expressions），388~391
特殊形式（附加）（special forms (additional)），练习5.23，练习5.24
堆栈使用（stack usage），385
尾递归（tail recursion），389~391
作为通用机器（as universal machine），397
对数型增长（logarithmic growth），29，30，脚注104
对象（object），149
用对象模拟的优势（benefits of modeling with），154
有随时间变化的状态（with time-varying state），150
对象表（obarray），376
多项式（polynomial），138~147
规范形式（canonical form），144
稠密（dense），142
用Horner规则求值（evaluating with Horner's rule），练习2.34
类型的层次结构（hierarchy of types），143
未定元（indeterminate of），138
稀疏（sparse），142
单变量（univariate），138
项表（term list of polynomial），139
多项式算术（polynomial arithmetic），138~147
加法（addition），139
除法（division），练习2.91
欧几里得算法（Euclid's Algorithm），脚注126
最大公因子（greatest common divisor），145，脚注128
与通用算术系统结合（interfaced to generic arithmetic system），139
乘法（multiplication），139
GCD的概率算法（probabilistic algorithm for GCD），脚注128
有理函数（rational functions），144
减法（subtraction），练习2.88
惰性表（lazy list），284~286
惰性求值器（lazy evaluator），276~284
惰性树（lazy tree），脚注245
惰性序对（lazy pair），284~286
俄罗斯农民的乘法方法（Russian peasant method of multiplication），脚注40
厄拉多塞（Eratosthenes），脚注188
厄拉多塞筛法（sieve of Eratosthenes），227
`sieve`，227
二叉树（binary tree），105
平衡（balanced），106
将表变换到（converting a list to a），练习2.64
变换到表（converting to a list），练习2.63
Huffman编码（encoding），109
用表表示（represented with lists），106
将集合表示为（sets represented as），105~109
将表格构造为（table structured as），练习3.26
二分搜索（binary search），106
二进制数加法（binary numbers, addition of），见加法器（adder）
二项式系数（binomial coefficients），脚注35
反馈循环，用流模拟（feedback loop, modeled with streams），241
反门（inverter），189
`inverter`，191
反引号（backquote），脚注321
反正切（arctangent），脚注110
返回多个值（returning multiple values），脚注289
方程，求解（equation, solving），见折半法（half-interval method）；牛顿法（Newton's method）；solve
方程的根（roots of equation），见折半法（half-interval method）；牛顿法（Newton's method）
非确定性，并发程序的行为（nondeterminism, in behavior of concurrent programs），脚注167，脚注203
非确定性程序（nondeterministic programs）
逻辑谜题（logic puzzles），290~291
和为素数的数对（pairs with prime sums），286
分析自然语言（parsing natural language），291~295
毕达哥拉斯三元组（Pythagorean triples），练习4.35，练习4.36，练习4.37
非确定性计算的程序设计（nondeterministic programming），286，练习4.41，练习4.44，练习4.78
非确定性计算（nondeterministic computing），286~296

非确定性求值器（nondeterministic evaluator），296~304
运算对象的求值顺序（order of operand evaluation），练习4.46
非确定性的选择点（nondeterministic choice point），288
非严格（non-strict），277
斐波那契数（Fibonacci numbers），24，另见`fib`
欧几里得GCD算法和（Euclid's GCD algorithm and），32
的无穷流（infinite stream of），见`fibs`
废料收集（garbage collection），378~383
记忆和（memoization and），脚注241
变动和（mutation and），脚注145
尾递归和（tail recursion and），脚注325
废料收集器（garbage collector）
紧缩式（compacting），脚注300
标记清扫（mark-sweep），脚注300
停止并复制（stop-and-copy），378~383
费马（Fermat, Pierre de），脚注45
费马小定理（Fermat's Little Theorem），34
另一形式（alternate form），练习1.28
证明（proof），脚注45
分层设计（stratified design），95
分隔符（separator code），110
分号（semicolon），脚注11
引入注释（comment introduced by），脚注87
分号的癌症（cancer of the semicolon），脚注11
分解，程序（decomposition of program into parts），17
分派（dispatching）
不同风格的比较（comparing different styles），练习2.76
基于类型（on type），122，另见数据导向的程序设计（data-directed programming）
分情况分析（case analysis）
与数据导向的程序设计（data-directed programming vs.），253
一般的（general），另见`cond`，11
分两种情况（with two cases，`if`），12
分数（fraction），见有理数（rational number）
分析型求值器（analyzing evaluator），273~276
作为非确定性求值器的基础（as basis for nondeterministic evaluator），296
`let`，练习4.22
分析自然语言（parsing natural language），292~294
真实世界的自然语言理解与玩具式的语法分析（real language understanding vs. toy parser），脚注257
封闭世界假设（closed world assumption），323
封装（encapsulated），脚注132
符号（symbol），96
相等（equality of），98
加入（interning），376
引号（quotation of），97
表示（representation of），376
唯一性（uniqueness of），脚注147
符号表达式（symbolic expression），55，另见符号（symbol）
符号代数（symbolic algebra），138~147
符号微分（symbolic differentiation），99~102
负号，脚注18
复合表达式（compound expression），3~4另见组合式（combination），特殊形式（special form）
作为组合式的运算符（as operator of combination），练习1.4
复合查询（compound query），310~311
处理（processing），316~318，326~328，练习4.75，练习4.76，练习4.77
复合过程（compound procedure），8，另见过程（procedure）
像基本过程一样用（used like primitive procedure），8~9
复合数据（compound data），53
复数（complex numbers）
极坐标表示（polar representation），116
直角坐标表示（rectangular representation），117
直角坐标与极坐标形式（rectangular vs. polar form），117
表示为带标志数据（represented as tagged data），119~121
复数算术（complex-number arithmetic），116
与通用算术系统结合（interfaced to generic arithmetic system），129~131
系统的结构（structure of system），图2-21
副作用错误（side-effect bug），脚注138
赋值（assignment），149~154，另见`set!`
的优势（benefits of），154~157
与之有关的错误（bugs associated with），脚注138，160~161
的代价（costs of），157~162
赋值运算符（assignment operator），150，另见`set!`
概率算法（probabilistic algorithm），34~35，脚注128，脚注188
高级语言，与机器语言（high-level language, machine language vs.），249
高阶过程（higher-order procedures），37
元循环求值器里（in metacircular evaluator），209
过程作为参数（procedure as argument），37~40
过程作为通用方法（procedure as general method），44~48

过程作为返回值（procedure as returned value），48~52
强类型和（strong typing and），脚注200
格式化输入表达式（formatting input expressions），脚注6
工程与数学（engineering vs. mathematics），脚注47
功能块，数字电路里（function box, in digital circuit），189
共享数据（shared data），177~178
共享状态（shared state），209
共享资源（shared resources），214~216
构造函数（constructor），55
作为抽象屏障（as abstraction barrier），59
故障（glitch），1
关系，基于关系的计算（relations，computing in terms of），198，305
归并无穷流（merging infinite streams），见无穷流（infinite stream）
归结原理，Horn子句（resolution，Horn-clause），脚注262
归约到最低项（reducing to lowest terms），58~59，146~147
规范形式，多项式（canonical form, for polynomials），144
规则（查询语言）（rule（query language）），311~314
应用（applying），319~320，329~330，练习4.79
没有体（without body），脚注270，313，328
国际象棋，八皇后谜题（chess, eight-queens puzzle），练习2.42，练习4.44
过程（procedure），3
匿名（anonymous），41
任意数目的参数（arbitrary number of arguments），4，练习2.20
作为实际参数（as argument），37~40
作为黑箱（as black box），17
体（body of），8
复合（compound），8
用define构造（creating with define），8
用lambda构造（creating with lambda），41，162，164
作为数据（as data），3
定义（definition of），8~9
在Lisp里为一级（first-class in Lisp），51
形式参数（formal parameters of），8
作为通用方法（as general method），44~48
通用型（generic），113，116
高阶（higher-order），见高阶过程（higher-order procedure）
体内隐含的begin（implicit begin in body of），脚注131
与数学函数（mathematical function vs.），13~14
记忆性（memoized），练习3.27
带监视的（monitored），练习3.2
名字（name of），8
命名（用define）（naming（with define）），8
作为局部求值过程的模式（as pattern for local evolution of a process），20
作为返回值（as returned value），48~52
返回多个值（returning multiple values），脚注289
形式参数的作用域（scope of formal parameters），19
与特殊形式（special form vs.），练习4.26，284
过程抽象（procedural abstraction），17
过程的局部演化（local evolution of a process），20
过程体（body of a procedure），8
过程应用（procedure application）
组合式的表示（combination denoting），4
的环境模型（environment model of），165~167
代换模型（substitution model of），见过程应用的代换模型（substitution model of procedure application）
过程应用的代换模型（substitution model of procedure application），9~11，162
不合适（inadequacy of），157~158
计算过程的形状（shape of process），21~23
过零点，信号（zero crossings of a signal），练习3.74，练习3.75，练习3.76
过滤器（filter），练习1.33，77
函数（数学的）（function（mathematical））
↦记法（notation for），脚注58
阿克曼（Ackermann's），练习1.10
复合（composition of），练习1.42
的导数（derivative of），49
的不动点（fixed point of），45~47
过程与（procedure vs.），13~14
有理数（rational），144~147
的反复应用（repeated application of），练习1.43
的平滑（smoothing of），练习1.44
函数的导数（derivative of a function），49
函数的复合（composition of functions），练习1.42
函数式程序设计（functional programming），157，245~248
并发和（concurrency and），247
函数式程序设计语言（functional programming languages），247
时间和（time and），246~248
合一（unification），318~319
算法的发现（discovery of algorithm），脚注262

实现（implementation），331~332
与模式匹配（pattern matching vs.），319，脚注277
盒子和指针表示方式（box-and-pointer notation），65
表尾标记（end-of-list marker），脚注74，脚注76
赫拉克立特（Heraclitus），149
黑箱（black box），17
红黑树（red-black tree），脚注106
宏（macro），脚注217，另见读入器宏字符（reader macro character）
互斥（mutual exclusion），脚注172
互斥元（mutex），216
互素（relatively prime），练习1.33
化简代数表达式（simplification of algebraic expressions），101
画家（painter），86
高阶操作（higher-order operations），90
操作（operations），88
表示为过程（represented as procedures），93
变换和组合（transforming and combining），94
环境（environment），5，162
编译时（compile-time），见编译时环境（compile-time environment）
作为求值的上下文（as context for evaluation），6
外围的（enclosing），162
全局的（global），见全局环境（global environment）
词法作用域和（lexical scoping and），脚注27
查询解释器里（in query interpreter），练习4.79
重命名和（renaming vs.），练习4.79
缓存一致性规程（cache-coherence protocols），脚注164
黄金分割（golden ratio），25
作为连分数（as continued fraction），练习1.37
作为不动点（as fixed point），练习1.35
回溯（backtracking），289，另见非确定性计算（nondeterministic computing）
汇编程序（assembler），360，364~366
活动体（mobile），练习2.29
或门（or-gate），189
or-gate，练习3.28，练习3.29
获取互斥元（acquire a mutex），216
机器语言（machine language），397
与高级语言（high-level language vs.），249
积分（integral），另见定积分（definite integral）；蒙特卡罗积分（Monte Carlo integration），练习3.59
幂级数的（of a power series）
积分器，信号的（integrator, for signals），239
基本表达形式（primitive expression），3
求值（evaluation of），6
基本过程名（name of primitive procedure），3
变量名（name of variable），5
数（number），3
基本查询（primitive query），见简单查询（simple query）
基本过程（标记*ns*的不属于IEEE Scheme标准）（primitive procedures）
*，4
+，4
-，4
/，4
<，11
=，11
>，11
apply，脚注113
atan，脚注110
car，57
cdr，57
cons，57
cos，46
display，脚注70
eq?，98
error（*ns*），脚注56
eval（*ns*），268
list，66
log，练习1.36
max，63
min，63
newline，脚注70
not，12
null?，68
number?，100
pair?，73
quotient，练习3.58
random（*ns*），34，脚注136
read，脚注222
remainder，30
round，脚注119
runtime（*ns*），练习1.22
set-car!，173
set-cdr!，173
sin，46
symbol?，100
vector-ref，374
vector-set!，374
基本过程的开放代码（open coding of primitives），练习5.38，练习5.44
基本约束（primitive constraints），198
级联进位加法器（ripple-carry adder），练习3.30
级数，求和（series, summation of），38

逼近的加速序列（accelerating sequence of approximations），234
流（with streams），233
集成电路实现，Scheme（integrated-circuit implementation of Scheme），383，图5-16
集合（set），103
数据库作为（data base as），109
的操作（operations on），103
的排列（permutations of），83
表示为二叉树（represented as binary tree），105~108
表示为排序表（represented as ordered list），104~105
表示为无序表（represented as unordered list），102~103
子集（subsets of），练习2.32
集合的subsets（of a set），练习2.32
集合的排列（permutations of a set），83
permutations，84
集合的表示，103~109
集合作为未排序的表（unordered-list representation of sets），103~104
集合作为排序的表（ordered-list representation of sets），104~105
计算过程，进程（process），1
迭代的（iterative），22
线性迭代的（linear iterative），22
线性递归的（linear recursive），22
的局部演化（local evolution of），20
增长的阶（order of growth of），28
递归的（recursive），22
所需资源（resources required by），28
的形状（shape of），22
树形递归的（tree-recursive），24~27
计算机科学（computer science），脚注223，250
与数学（mathematics vs.），14，304~305
计算器，不动点（calculator, fixed points with），脚注57
记录，在数据库里（record，in a data base），109
记忆（memoization），脚注34，练习3.27
和按需调用（call-by-need and），脚注192
用delay，225
和废料收集（garbage collection and），脚注241
槽的（of thunks），278
继续（continuation）
非确定性求值器里（in nondeterministic evaluator），296~297，另见失败继续，成功继续
寄存器机器模拟器里（in register-machine simulator），脚注289
寄存器（register），343
表示（representing），361
追踪（tracing），练习5.18
寄存器（被修改的）（modified registers），见指令序列（instruction sequence）
寄存器列表，模拟器里（register table，in simulator），362
寄存器机器（register machine），343
动作（actions），348
控制器（controller），344
控制器图（controller diagram），345
数据通路（data paths），344
数据通路图（data-path diagram），344
设计（design of），344~359
检测操作，344
描述语言（language for describing），345~348
监视执行（monitoring performance），372~373
模拟器（simulator），359~373
堆栈（stack），354~358
子程序（subroutine），351~354
检测操作（test operation），344
寄存器机器上的initialize-stack操作（operation in register machine），361，371
寄存器机器语言（register-machine language）
assign，347，359
branch，346，359
const，347，358，359
入口点（entry point），346
goto，346，359
指令（instructions），346，358
标号（label），346
label，346，359
op，347，359
perform，348，359
reg，347，358
restore，355，359
save，355，359
test，346，359
加法器（adder）
全（full），190
半（half），189
级联进位（ripple-carry），练习3.30
加入符号（interning symbols），376
加州大学伯克利分校（University of California at Berkeley），脚注2
假（false），脚注17
假言推理（modus ponens），脚注279
检测零（通用型）（zero test（generic）），练习2.80
对多项式（for polynomials），练习2.87
简单查询（simple query），308~309
处理（processing），316，320，326

建模（modeling）
作为一种设计策略（as a design strategy），149
在科学与工程里（in science and engineering），10
键值（key）
数据库里（in a data base），109
表格里（in a table），183
检测相等（testing equality of），练习3.24
将Scheme编译到（compiling Scheme into），练习5.52
错误处理（error handling），脚注317，脚注337
递归过程（recursive procedures），23
对复合数据的限制（restrictions on compound data），脚注73
写出的Scheme解释器（Scheme interpreter written in），练习5.51，练习5.52
将输入表达式分类（typing input expressions），脚注6
阶乘（factorial），21，另见factorial
无穷流（infinite stream），练习3.54
用（with）letrec，练习4.20
不用（without）letrec或者define，练习4.21
阶的记法（order notation），28
结点，树（node of a tree），6
截断误差（truncation error），脚注4
解释器（interpreter），2，另见求值器（evaluator）
与编译器（compiler vs.），397~398，428
读入-求值-打印循环（read-eval-print loop），5
金星（Venus），脚注98
紧缩型废料收集器（compacting garbage collector），脚注300
局部变量（local variable），42~44
局部名（local name），18~19
局部状态（local state），149~162
在框架里维护（maintained in frames），167~171
局部状态变量（local state variable），150~154
矩形的表示（rectangle，representing），练习2.3
矩阵，用序列表示（matrix，represented as sequence），练习2.37
具体数据表示（concrete data representation），55
绝对值（absolute value），11
卡尔，阿尔芬斯（Karr, Alphonse），149
开普勒（Kepler, Johannes），343
可计算性（computability），脚注223，脚注227
可加性（additivity），122~127，130
空表（empty list），67
用'() 表示（denoted as '()），97
用null?辨别（recognizing with null?），68
控制结构（control structure），321
跨类型操作（cross-type operations），132
块结构（block structure），20
环境模型里（in environment model），170
查询语言里（in query language），练习4.79
框架（查询解释器）（frame（query interpreter）），315，另见模式匹配（pattern matching）；合一（unification）
表示（representation），338
框架（环境模型）（frame（environment model）），162
作为局部状态的展台（as repository of local state），167~170
全局（global），162
框架（图形语言）（frame（picture language）），86，91
坐标映射（coordinate map），91
框架堆栈方式（framed-stack discipline），脚注306
扩散的模拟（diffusion, simulation of），210
括号（parentheses）
界定组合式（delimiting combination），4
界定cond子句（delimiting cond clauses），12
在过程定义里（in procedure definition），8
拉格朗日插值公式（Lagrange interpolation formula），脚注121
莱布尼茨（Leibniz, Baron Gottfried Wilhelm von）
费马小定理的证明（proof of Fermat's Little Theorem），脚注45
π的级数（series for π），脚注49，233
莱因德纸草书（Rhind Papyrus），脚注40
类型（type）
跨类型操作（cross-type operations），132
基于类型分派（dispatching on），122
符号代数的类型层次结构（hierarchy in symbolic algebra），143
的层次结构（hierarchy of），143~144
下降（lowering），135，练习2.85
多个子类型和超类型（multiple subtype and supertype），136
提升（raising），135，练习2.83
子类型（subtype），135
超类型（supertype），135
塔（tower of），图2-25
类型标志（type tag），116，119
两层（two-level），131
类型的层次结构（hierarchy of types），134~138
在符号代数里（in symbolic algebra），143~144
不合适（inadequacy of），135
类型塔（tower of types），图2-25
类型推导机制（type-inferencing mechanism），脚注200
类型域（type field），脚注292
累积器（accumulator），77，练习3.1
立方根（cube root）
作为不动点（as fixed point），49

用牛顿法（by Newton's method），练习1.8
粒子的世界线（world line of a particle），脚注180，脚注201
连分式（continued fraction），练习1.37
e作为（as），练习1.38
黄金分割作为（golden ratio as），练习1.37
正切作为（tangent as），练习1.39
连接描述符（linkage descriptor），400
连接符，在约束系统里（connector，in constraint system），198
操作（operations on），200
表示（representing），203
连线，在数字电路里（wire, in digital circuit），189
连续求平方（successive squaring），30
量子力学（quantum mechanics），脚注204
流（stream），149
和延时求值（delayed evaluation and），241~244
空（empty），222
实现为延时的表（implemented as delayed lists），220~222
实现为惰性表（implemented as lazy lists），284~285
隐式定义（implicit definition），228~230
无穷（infinite），见无穷流（infinite streams）
用于查询解释器（used in query interpreter），315，脚注278
流水线（pipelining），脚注162
逻辑程序设计（logic programming），304~306，另见查询语言（query language）；查询解释器（query interpreter）
计算机（computers for），脚注265
的历史（history of），脚注262，脚注265
逻辑程序设计语言（logic programming languages），306
与数理逻辑（mathematical logic vs.），320~324
逻辑或（logical or），189
逻辑谜题（logic puzzles），290~291
逻辑与（logical and），189
马赛大学（University of Marseille），脚注262
满足一个复合查询（satisfy a compound query），310
满足一个模式（简单查询）（satisfy a pattern（simple query）），309
忙等待（busy-waiting），脚注173
枚举器（enumerator），77
美观打印（pretty-printing），4
蒙特卡罗积分（Monte Carlo integration），练习3.5
流形式（stream formulation），练习3.82
蒙特卡罗模拟（Monte Carlo simulation），155
流形式（stream formulation），245
谜题（puzzles）
八皇后谜题（eight-queens puzzle），练习2.42，练习4.44
逻辑谜题（logic puzzles），290~292
密码保护的账户（password-protected bank account），练习3.3
密码学（cryptography），脚注47
幂级数，作为序列（power series，as stream），练习3.59
加（adding），练习3.60
除（dividing），练习3.62
积分（integrating），练习3.59
乘（multiplying），练习3.60
面向对象的程序设计语言（object-oriented programming languages），脚注118
名字（name），另见局部名字（local name），变量（variable），局部变量（local variable）
封装的（encapsulated），脚注132
形式参数的（of a formal parameter），18
过程的（of a procedure），7
名字里的叹号（exclamation point in names），脚注130
命令式程序设计（imperative programming），160
命令式风格（imperative programming style），脚注161
命令式与说明式语言（imperative vs. declarative knowledge），14，304
逻辑程序设计和（logic programming and），305~306，321
非确定性计算和（nondeterministic computing and），脚注246
命名（naming）
计算对象的（of computational objects），4
过程的（of procedures），7
命名`let`（特殊形式，special form），练习4.8
命名约定（naming conventions）
!用于赋值的修改（for assignment and mutation），脚注130
?用于谓词（for predicates），脚注22
模n（modulo n），34
模n的余数（remainder modulo n），34
模n同余（congruent modulo n），34
模块化（modularity），79，149
沿着对象边界（along object boundaries），脚注144
函数式程序与对象（functional programs vs. objects），245~248
隐藏原理（hiding principle），脚注132
和流（streams and），232
通过基于类型的分派（through dispatching on type），122
通过无穷流（through infinite streams），246
通过为对象建模（through modeling with objects），154

模拟（simulation）
电子线路（of digital circuit），见数字电路模拟（digital-circuit simulation）
事件驱动的（event-driven），188
作为机器设计的工具（as machine-design tool），395
监视寄存器机器的执行（for monitoring performance of register machine），372
蒙特卡罗（Monte Carlo），见蒙特卡罗模拟（Monte Carlo simulation）
寄存器机器（of register machine），见寄存器机器模拟（register-machine simulator）
模拟计算机（analog computer），图3-34
模式（pattern），308~309
模式变量（pattern variable），308
表示（representation of），325，336~338
模式匹配（pattern matching），*328*
实现（implementation），328~329
与合一（unification vs.），319，脚注277
魔术师（magician），见数值分析专家（numerical analyst）
莫尔斯码（Morse code），110
目标代码（object program），400
目标寄存器（target register），400
内部定义（internal definition），19~20
环境模型里（in environment model），171~172
的自由变量（free variable in），20
let与，44
非确定性求值器里（in nondeterministic evaluator），脚注261
的位置（position of），脚注28
的限制（restrictions on），269
扫描出（scanning out），269
名字的作用域（scope of name），269~270
牛顿法（Newton'ethod）
用于立方根（for cube roots），练习1.8
用于微分方程（for differentiable functions），49
与折半法（half-interval method vs.），脚注62
用于平方根（for square roots），14~16，49，50
拟引号（quasiquote），脚注321
欧几里得的《几何原理》(Euclid's *Elements*)，脚注42
欧几里得环（Euclidean ring），脚注126
欧几里得算法（Euclid's Algorithm），32，344
欧几里得有关素数无穷多的证明（Euclid's proof of infinite number of primes），脚注191
欧拉（Euler, Leonhard），练习1.38
有关费马小定理的证明（proof of Fermat's Little Theorem），脚注45
序列加速器（series accelerator），233
帕斯卡（Pascal, Blaise），脚注35
帕斯卡三角形（Pascal's triangle），练习1.12
排除错误（debug），1
平方根（square root），14~15，另见sqrt
逼近流（stream of approximations），232
平衡的活动体（balanced mobile），练习2.29
平衡二叉树（balanced binary tree），另见二叉树（binary tree）
平滑一个函数（smoothing a function），练习1.44
平滑一个信号（smoothing a signal），练习3.75，练习3.76
平均阻尼（average damping），47，练习1.36
屏障同步（barrier synchronization），脚注177
破碎的心（broken heart），380
启明星（morning star），见金星（Venus）
前向指针（forwarding address），380
前缀表示（prefix notation），4
与中缀表示（infix notation vs.），练习2.58
前缀码（prefix code），110
嵌入的语言，语言设计用（embedded language, language design using），276
嵌套定义（nested definitions），见内部定义（internal definition）
嵌套映射（nested mappings），见映射（mapping）
嵌套，组合式（nested combinations），4
强健（robustness），96
强类型语言（strongly typed language），脚注200
强迫（force），278
强制（coercion），133~134
在代数操作里（in algebraic manipulation），144
在多项式算术里（in polynomial arithmetic），141
过程（procedure），133
表格（table），133
丘奇（Church, Alonzo），脚注53，练习2.6
丘奇数（Church numerals），练习2.6
丘奇-图灵论题（Church-Turing thesis），脚注223
求导（differentiation）
数值的（numerical），49
规则（rules for），99，练习2.56
符号的（symbolic），99~102，练习2.73
求和的Σ记法（sum（sigma）notation），38
求解方程（solving equation），见折半法（half-interval method），牛顿法（Newton's method），solve
求值（evaluation）
应用序（applicative-order），见应用序求值（applicative-order evaluation）
延时（delayed），见延时求值（delayed evaluation）
的环境模型（environment model of），见求值的环境模型（environment model of evaluation）

模型（models of），*393*
正则序（normal-order），见正则序求值（normal-order evaluation）
组合式的（of a combination），6~7
and的（of and），13
cond的（of cond），12
if的（of if），12
or的（of or），12
基本表达式的（of primitive expressions），6
特殊形式的（of special forms），7
子表达式的求值顺序(order of subexpression evaluation)，见求值顺序（order of evaluation）
的代换模型（substitution model of），见过程应用的代换模型（substitution model of procedure application）
求值的环境模型（environment model of evaluation），149，162~172
环境结构（environment structure），图3-1
内部定义（internal definitions），171~172
局部变量（local state），167~170
消息传递（message passing），练习3.11
元循环求值器和（metacircular evaluator and），251
过程应用实例（procedure-application example），164~167
求值规则（rules for evaluation），163~164
尾递归和（tail recursion and），脚注142
求值模型（models of evaluation），393
求值器（evaluator），250，另见解释器（interpreter），元循环求值器（metacircular evaluator）；分析型求值器（analyzing evaluator）；惰性求值器（lazy evaluator）；非确定性求值器（nondet-erministic evaluator）；查询求值器（query interpreter）；显式控制求值器（explicit-control evaluator）
作为抽象机器（as abstract machine），267
元循环（metacircular），251
作为通用机器（as universal machine），268
派生表达式（derived expressions），258~259
加入显式控制求值器（adding to explicit-control evaluator），练习5.23
求值顺序（order of evaluation）
和赋值（assignment and），练习3.8
依赖实现（implementation-dependent），脚注140
编译器里（in compiler），练习5.36
显式控制求值器里（in explicit-control evaluator），388
元循环求值器里（in metacircular evaluator），练习4.1
Scheme里，练习3.8
区间的宽度（width of an interval），练习2.9
区间算术（interval arithmetic），62~65
驱动循环（driver loop）
显式控制求值器里（in explicit-control evaluator），392
惰性求值器里（in lazy evaluator），280
元循环求值器里（in metacircular evaluator），265
非确定性求值器里（in nondeterministic evaluator），289，301
查询解释器里（in query interpreter），302，324
全加器（full-adder），190
full-adder，190
全局环境（global environment），6，162
元循环求值器里（in metacircular evaluator），264
全局框架（global frame），162
蠕虫（worm），脚注337
三角关系（trigonometric relations），119
扫描出内部定义（scanning out internal definitions），270
在编译器里（in compiler），脚注331，练习5.43
舍入误差（roundoff error），脚注4，脚注109
深度优先搜索（depth-first search），289
深入的认识（consciousness expransion of），脚注210
深约束（deep binding），脚注219
甚高级语言（very high-level language），脚注20
生成句子（generating sentences），练习4.49
失败，在非确定性计算中（failure, in nondeterministic computation），288
错误与（bug vs.），298
搜索和（searching and），288
失败继续，非确定性求值器（failure continuation, non-deterministic evaluator），296，297
由amb构造的（constructed by amb），301
由赋值构造的（constructed by assignment），300
由驱动循环构造的（constructed by driver loop），301
时间（time）
和赋值（assignment and），206
和通信（communication and），219
并发系统里（in concurrent systems），207~210
和函数式程序设计（functional programming and），246~248
非确定性计算里（in nondeterministic computing），286~288
的用途（purpose of），脚注162
时间段，在待处理表里（time segment, in agenda），196
时间片（time slicing），218
时序图（timing diagram），图3-29
实际参数，实参（argument），4
任意个数（arbitrary number of），4，练习2.20
延时的（delayed），242
实例化一个模式（instantiate a pattern），309

实数（real number），脚注4
实现依赖性（implementation dependencies），另见未规定的值（unspecified values）
数（numbers），脚注23
子表达式求值的顺序(order of subexpression evaluation)，脚注140
事件的顺序（order of events）
与实际出现松弛关系(decoupling apparent from actual)，224
并发系统里的不确定性（indeterminacy in concurrent systems），207
事件驱动的模拟（event-driven simulation），188
释放互斥元（release a mutex），216
树（tree）
B树（tree），脚注106
二叉（binary），另见二叉树（binary tree）
将组合式看作（combination viewed as），6
叶统计（counting leaves of），72
叶枚举（enumerating leaves of），78
的边缘（fringe of），练习2.28
Huffman，110
惰性（lazy），脚注245
映射（mapping over），75~76
红黑（red-black），脚注106
表示为序对（represented as pairs），72~75
遍历所有树叶（reversing at all levels），练习2.27
树的终端结点（terminal node of a tree），6
树形递归计算过程（tree-recursive process），24~27
增长的阶（order of growth），28
树形积累（tree accumulation），6
数（number）
的比较（comparison of），12
小数点（decimal point in），脚注23
相等（equality of），12，脚注102，脚注294
在通用算术系统里（in generic arithmetic system），129
实现依赖性（implementation dependencies），脚注23
整数与实数（integer vs. real number），脚注4
整数，准确（integer，exact），脚注23
Lisp里，3
有理数（rational number），脚注23
数据（data），1，3
抽象（abstract），55，另见数据抽象（data abstraction）
的抽象模型（abstract models for），脚注71
的代数描述（algebraic specification for），脚注71
复合（compound），53~54
的具体表示（concrete representation of），55
层次性（hierarchical），66，72-74
表结构（list-structured），57
的意义（meaning of），60~62
变动（mutable），见变动性数据对象（mutable data objects）
数值（numerical），3
的过程表示（procedural representation of），61~62
作为程序（as program），266~268
共享（shared），177~179
符号（symbolic），96
带标志（tagged），119~122，脚注292
数据抽象（data abstraction），54，55，115，118，255，另见元循环求值器（metacircular evaluator）
队列的（for queue），180
数据导向的程序设计（data-directed programming），116，122~127
分情况分析与（case analysis vs.），253
在元循环求值器里（in metacircular evaluator），353
在查询解释器里（in query interpreter），练习4.3
数据导向的递归（data-directed recursion），141
数据的抽象模型（abstract models for data），脚注71
数据的代数规范（algebraic specification for data），脚注5
数据的过程表示（procedural representation of data），61~62
变动数据（mutable data），179
数据库（data base）
数据导向的程序设计和（data-directed programming and），练习2.74
索引（indexing），脚注271，333
Insatiable Enterprises人事（personnel），练习2.74
逻辑程序设计和（logic programming and），306
Microshaft人事（personnel），306~308
作为记录集合（as set of records），109
数据类型（data types）
Lisp里的，练习2.78
强类型语言里的（in strongly typed languages），脚注220
数里的小数点（decimal point in numbers），脚注23
数论（number theory），脚注45
数学（mathematics）
与计算机科学（computer science vs.），14，305
与工程（engineering vs.），脚注47
数学函数（mathematical function），见函数（数学）（function（mathematical））
数值分析（numerical analysis），脚注4
数值分析专家（numerical analyst），脚注55
数值积分的辛普森规则（Simpson's Rule for numerical integration），练习1.29

数值数据（numerical data），3
数字电路模拟（digital-circuit simulation），188~197
　待处理表（agenda），193~194
　待处理表实现（agenda implementation），195~197
　基本函数框（primitive function boxes），191~192
　表示连线（representing wires），192~193
　样例模拟（sample simulation），194~195
数字信号（digital signal），189
双端队列（deque），练习3.23
说明性与行动性知识（declarative vs. imperative knowledge），14，304
　逻辑程序设计和（logic programming and），306
　非确定性计算和（nondeterministic computing and），脚注246
死锁（deadlock），218~219
　避免（avoidance），218
　发现（recovery），脚注176
四次方根，作为不动点（fourth root, as fixed point），练习1.45
搜索（search）
　二叉树（of binary tree），105
　深度优先（depth-first），289
　系统化（systematic），288
素数（prime number），33~37
　和密码学（cryptography and），脚注48
　的厄拉多塞筛法（Eratosthenes's sieve for），227
　的费马检验（Fermat test for），34~35
　的无穷序列（infinite stream of），见primes
　的Miller-Rabin检验（test for），练习1.28
　的检验（testing for），33~37
素数的费马检查（Fermat test for primality），33~37
　变形（variant of），练习1.28
算法（algorithm）
　最优的（optimal），脚注82
　概率的（probabilistic），34~35，脚注128
算术（arithmetic）
　地址算术（address arithmetic），374
　通用型（generic），127，另见通用型算术操作（generic arithmetic operations）
　复数（on complex numbers），116
　区间（on intervals），62~65
　多项式（on polynomials），见多项式算术（polynomial arithmetic）
　幂级数（on power series），练习3.60，练习3.62
　有理数（on rational numbers），55~58
　基本过程（primitive procedures for），4
随机数生成器（random-number generator），脚注129，154
　用于蒙特卡罗模拟（in Monte Carlo simulation），155
　用于素数检验（in primality testing），脚注45
　带重置（with reset），练习3.6
　带重置，流版本（with reset, stream version），练习3.81
所需寄存器（needed registers），见指令序列（instruction sequence）
特殊形式（special form），7
　求值器里的派生表达式（as derived expression in evaluator），258
　需要（need for），练习1.6
　与过程（procedure vs.），练习4.26，284
特殊形式（其中标*ns*的不属于IEEE标准Scheme）
　and，13
　begin，151
　cond，11
　cons-stream（*ns*），223
　define，5，8
　delay（*ns*），222
　if，13
　lambda，41
　let，43
　let*，练习4.7
　letrec，练习4.20
　命名的（named）let，练习4.8
　or，13
　quote，脚注100
　set!，151
提示（prompts），265
　显式控制求值器（explicit-control evaluator），393
　惰性求值器（lazy evaluator），280
　元循环求值器（metacircular evaluator），265
　非确定性求值器（nondeterministic evaluator），302
　查询解释器（query interpreter），324
条件表达式（conditional expression）
　cond，11
　if，12
停机定理（Halting Theorem），脚注227
停机问题（halting problem），练习4.15
停止并复制废料收集器（stop-and-copy garbage collector），379~383
通用机器（universal machine），268
　显式控制求值器作为（explicit-control evaluator as），397
　通用计算机作为（general-purpose computer as），397
通用计算机，作为通用机器（general-purpose computer, as universal machine），397
通用型操作（generic operation），55

通用型过程（generic procedure），113，116
通用型选择函数（generic selector），121，122
通用型算术操作（generic arithmetic operations），129~132
系统的结构（structure of system），图2-23
同步（synchronization），见并发（concurrency）
同一和变化（sameness and change）
的意义（meaning of），159~160
和共享数据（shared data and），177
透明性，引用（transparency, referential），159
图灵（Turing，Alan M.），脚注223
图灵机（Turing machine），脚注223
图形学（graphics），见图形语言（picture language）
图形语言（picture language），86~96
推理的方法（inference, method of），321
推迟进行的操作（deferred operations），22
推论部分（consequent）
cond子句的（of cond clause），11
if的，12
完全理性的狗，脚注175
外围环境（enclosing environment），162
微分方程（differential equation），241，另见solve
二阶（second-order），练习3.78，练习3.79
伪除，多项式（pseudodivision of polynomials），146
伪余，多项式（pseudoremainder of polynomials），146
伪随机序列（pseudo-random sequence），脚注134
尾递归（tail recursion），23
和编译（compiler and），411
和求值的环境模型（environment model of evaluation and），脚注142
和显式控制求值器（explicit-control evaluator and），389，练习5.26，练习5.28
和废料收集（garbage collection and），脚注325
和元循环求值器（metacircular evaluator and），390
在Scheme里，脚注31
尾递归求值器（tail-recursive evaluator），390
未定元，多项式（indeterminate of a polynomial），138
未规定的值（unspecified values）
define，脚注8
display，脚注70
if没有替代部分（without alternative），脚注157
newline，脚注70
set!，脚注130
set-car!，脚注144
set-cdr!，脚注144
未约束变量（unbound variable），262，练习4.77
位置（location），374
谓词（predicate），11
cond的子句（of cond clause），11
if的（of if），12
命名习惯（naming convention for），脚注22
问号，在谓词名里（question mark，in predicate names），脚注22
无穷流（infinite stream），226~232
归并（merging），练习3.56，237，238，练习3.7，248
归并作为一种关系（merging as a relation），脚注203
阶乘的（of factorials），练习3.54
斐波那契数的（of Fibonacci numbers），见fibs
整数的（of integers），见integers
序对的（of pairs），235~238
素数的（of prime numbers），见primes
随机数的（of random numbers），245
表示幂级数（representing power series），练习3.59
模拟信号（to model signals），238~241
级数求和（to sum a series），233
无穷序列（infinite series），脚注284
稀疏多项式（sparse polynomial），142
系统化的搜索（systematic search），288
线段（line segment）
用一对点表示（represented as pair of points），练习2.2
用一对向量表示（represented as pair of vectors），练习2.48
线性递归过程（linear recursive process），22
增长的阶（order of growth），28
线性迭代过程（linear iterative process），23
增长的阶（order of growth），28
线性增长（linear growth），22，28
相等（equality）
在通用算术系统里（in generic arithmetic system），练习2.79
表的（of lists），练习2.54
数的（of numbers），12，脚注102，脚注294
引用透明性和（referential transparency and），160
符号的（of symbols），98
相对论（relativity，theory of），219
向量（数据结构）（vector（data structure）），374
向量（数学）（vector（mathematical））
操作（operations on），练习2.37，练习2.46
在图形语言的框架里（in picture-language frame），91
用序对表示（represented as pair），练习2.46
用序列表示（represented as sequence），练习2.37
向上兼容性（upward compatibility），练习4.31
消息传递（message passing），62，127~128
和环境模型（environment model and），练习3.11
银行账号里（in bank account），153
数字电路模拟里（in digital-circuit simulation），192

和尾递归（tail recursion and），脚注31
效率（efficiency），另见增长的阶（order of growth）
编译的（of compilation），398
数据库访问的（of data-base access），脚注271
求值的（of evaluation），272
Lisp的（of Lisp），2
查询处理的（of query processing），317
树形递归过程的（of tree-recursive process），27
信号，数字（signal，digital），189
信号处理（signal processing）
平滑一个函数（smoothing a function），练习1.44
平滑一个信号（smoothing a signal），练习3.75，练习3.76
流模型（stream model of），238~240
信号的过零点（zero crossings of a signal），练习3.74，练习3.75，练习3.76
信号处理和计算（signal-processing view of computation），77
信号量（semaphore），脚注172
大小为n（of size n），练习3.47
信号流图（signal-flow diagram），77，图3-33
信息检索（information retrieval），见数据库（data base）
信用卡账户，国际（credit-card accounts, international），脚注178
形参（parameter），见形式参数（formal parameters）
形式参数（formal parameters），8
的名字（names of），18
的作用域（scope of），19
序对（pair），56
公理定义（axiomatic definition of），61
盒子和指针记法（box-and-pointer notation for），65
无穷流（infinite stream of），235~238
惰性（lazy），284~286
变动的（mutable），173~176
过程表示（procedural representation of），61~62，179，284
用向量表示（represented using vectors），302~305
用于表示序列（used to represent sequence），66
用于表示树（used to represent tree），72~74
序列（sequence），66
作为规范的界面（as conventional interface），76~85
作为模块化的来源（as source of modularity），79
操作（operations on），77~82
用序对表示（represented by pairs），66
序列加速器（sequence accelerator），233
选择函数（selector），55
作为抽象屏障（as abstraction barrier），59
通用型（generic），121，122
循环结构（looping constructs），16，23
在元循环求值器里实现（implementing in metacircular evaluator），练习4.9
亚里士多德《论天》（Aristotle's *De caelo*）（Buridan的评述（commentary on）），脚注175
亚历山大的Heron（Heron of Alexandria），脚注21
延时，在数字电路里（delay, in digital circuit）
延时参数（delayed argument），242
延时对象（delayed object），222
延时求值（delayed evaluation），149
赋值和（assignment and），练习3.52
显式与自动（explicit vs. automatic），285
在惰性求值器里（in lazy evaluator），276~285
正则序求值和（normal-order evaluation and），244~245
打印和（printing and），练习3.51
流和（streams and），241~244
严格（strict），277
依赖导向的回溯（dependency-directed backtracking），脚注251
移植一个语言（porting a language），428
银行账户（bank account），150，练习3.11
交换余额（exchanging balances），214
共用（joint），160，练习3.7
共用，用流模拟（joint, modeled with streams），图3-38
共用，并发访问（joint, with concurrent access），207
用密码保护（password-protected），练习3.3
串行化（serialized），211
流模型（stream model），246
转移款项（transferring money），练习3.44
引号（quotation），96~98
字符串（of character strings），脚注99
Lisp数据对象（of Lisp data objects），97
自然语言里（in natural language），97
引号，单引号与双引号（quotation mark, single vs. double），脚注99
引用透明性（referential transparency），159
隐藏原理（hiding principle），脚注132
应用序求值（applicative-order evaluation），10
在Lisp里，11
与正则序比较（normal order vs.），练习1.5，练习1.20，277~278
映射（mapping）
对表（over lists），70~72
嵌套（nested），82~86，304~308
作为转换器（as a transducer），77
对树（over trees），75~76
用赋值实现（implemented with assignment），179~180
表结构（list structure），173~176

序对（pairs），173~176
的过程表示（procedural representation of），179
共享数据（shared data），177
有理数（rational number）
算术操作（arithmetic operations on），55~58
在（in）MIT Scheme里，脚注23
打印（printing），57
归约到最低项（reducing to lowest terms），58~59
表示为序对（represented as pairs），57
有理数函数（rational function），144~147
归约到最低项（reducing to lowest terms），146~147
有理数算术（rational-number arithmetic），55~58
与通用算术系统连接（interfaced to generic arithmetic system），129
需要复合数据（need for compound data），53
余弦（cosine）
的不动点（fixed point of），46
的幂级数（power series for），练习3.59
与门（and-gate），189
`and-gate`，190
宇宙辐射（cosmic radiation），脚注47
语法（grammar），292
语法（syntax），另见特殊形式（special forms）
抽象（abstract），见抽象语法（abstract syntax）
表达式的，描述（of expressions, describing），脚注14
程序设计语言的（of a programming language），7
语法分析，与执行分离（syntactic analysis, separated from execution）
在元循环求值器里（in metacircular evaluator），273~276
在寄存器机器里（in register-machine simulator），364~368
语法糖衣（syntactic sugar），脚注11
`define`，256
`let`作为（as），43
循环结构作为（looping constructs as），23
过程与数据，作为（procedure vs. data as），脚注155
语句（statements），见指令序列（instruction sequence）
语言（language），见自然语言（natural language），程序设计语言（programming language）
语言的一级元素（first-class elements in language），51
元循环求值器，Scheme（metacircular evaluator for Scheme），251~268
分析型版本（analyzing version），272~276
组合式（过程应用）（combinations（procedure applications）），练习4.2
的编译（compilation of），练习5.56，练习5.52
数据抽象（data abstraction in），251，252，练习5.52
数据导向的（data-directed）`eval`，练习4.3
派生表达式（derived expressions），258~260
驱动循环（driver loop），265
的效率（efficiency of），272
求值的环境模型（environment model of evaluation in），251
环境操作（environment operations），261
`eval`和`apply`，252~255
`eval-apply`循环（cycle），251，图4-1
表达式表示（expression representation），252，255~258
全局环境（global environment），264
高阶过程（higher-order procedures in），脚注209
被实现语言与实现语言（implemented language vs. imp-lementation language），脚注210
的工作（job of），脚注208
运算对象的求值顺序（order of operand evaluation），练习4.1
基本过程（primitive procedures），264~266
环境的表示（representation of environments），261~263
过程的表示（representation of procedures），261
真和假的表示（representation of true and false），260
运行（running），264~266
特殊形式（增加的）（special forms（additional）），练习4.4，练习4.5，练习4.6，练习4.7，练习4.8，练习4.9
特殊形式作为派生表达式（special forms as derived expressions），257~258
和符号求导（symbolic differentiation and），255
被求值语言的语法（syntax of evaluated language），255~258，练习4.2，练习4.10
未描述尾递归（tail recursiveness unspecified in），390
`true`和`false`，364
元语言抽象（metalinguistic abstraction），250
原子操作（atomic）`test-and-set!`，217
源程序（source program），397
源语言（source language），397
约定的界面（conventional interface），55
序列作为（sequence as），76~86
愿望思维（wishful thinking），56，99
约束（bind），18
约束（binding），162
深（deep），脚注219
约束（constraint）
基本的（primitive），198
的传播（propagation of），198~205
约束变量（bound variable），18
约束的传播（propagation of constraints），198~205
约束网络（constraint network），198
增长的阶（order of growth），28~29
线性迭代过程（linear iterative process），29

线性递归过程（linear recursive process），29
对数（logarithmic），30
树递归过程（tree-recursive process），29
遮蔽一个约束（shadow a binding），162
折半法（half-interval method），44~45
half-interval-method，45
与牛顿法（Newton's method vs.），脚注62
真（true），脚注17
真值保持（truth maintenance），脚注251
整数（integer），脚注4
除法（dividing），脚注23
精确的（exact），脚注23
整数除法（division of integers），脚注23
整数化因子（integerizing factor），146
正切（tangent）
作为连分数（as continued fraction），练习1.39
的幂级数（power series for），练习3.62
正弦（sine）
逼近小的角（approximation for small angle），练习1.15
幂级数（power series for），练习3.59
正则序求值（normal-order evaluation），10
与应用序（applicative order vs.），练习1.5，练习1.20，277~278
和延时求值（delayed evaluation and），244~245
在显式控制求值器里（in explicit-control evaluator），练习5.25
if的，练习1.5
正则序求值器（normal-order evaluator），见惰性求值器（lazy evaluator）
证明程序的正确性（proving programs correct），脚注20
执行过程（execution procedure）
在分析型求值器里（in analyzing evaluator），273
在非确定性求值器里（in nondeterministic evaluator），296~298
在寄存器模拟器里（in register-machine simulator），362，366~372
值（value）
组合式的（of a combination），4
表达式的（of an expression），脚注7，另见未规定的值（unspecified values）
指令计数（instruction counting），练习5.15
指令序列（instruction sequence），400~402
指令执行过程（instruction execution procedure），362
指令追踪（instruction tracing），练习5.16
指数（exponentiation），29~30
模n（modulo n），34
指数性地增长（exponential growth），25
树递归斐波那契计算（of tree-recursive Fibonacci-number computation），25
指针（pointer）
盒子和指针记法（in box-and-pointer notation），65
带类型的（typed），375
中缀记法，与前缀记法（infix notation, prefix notation vs.），练习2.58
仲裁器（arbiter），脚注175
朱世杰（Chu Shih-chieh），脚注35
注释，在程序里（comments in programs），脚注87
状态（state）
局部（local），见局部状态（local state）
共享（shared），208
在流方式中消失了（vanishes in stream formulation），247
状态变量（state variable），22，150
局部（local），150~154
追踪（tracing）
指令执行（instruction execution），练习5.16
寄存器赋值（register assignment），练习5.18
准确的整数（exact integer），脚注23
子类型（subtype），135
多个（multiple），136
字符（character），109
字符串（character strings）
的基本过程（primitive procedures for），脚注285
的引号（quotation of），脚注99
自动存储分配（automatic storage allocation），374
自动魔法般地（automagically），289
自动搜索（automatic search），286，另见搜索（search）
历史（history of），脚注251
自求值表达式（self-evaluating expression），252
自然对数，逼近ln 2（logarithm，approximating ln 2），练习3.65
自然语言（natural language）
语法分析（parsing），见分析自然语言（parsing natural language）
引号（quotation in），96
自由变量（free variable），18
捕获（capturing），19
内部定义里（in internal definition），19
自由表（free list），脚注296
阻塞的进程（blocked process），脚注173
组合的方法（means of combination），3，另见闭包（closure）
组合式（combination），4~5
以组合式作为组合式的运算符（combination as operator of），脚注59
以复合表达式作为组合式的运算符（compound expression as operator of），练习1.4

的求值（evaluation of），6~7
lambda表达式作为组合式的运算符（expression as operator of），41
作为树（as a tree），6
组合式的意义（combination, means of），另见闭包（closure）
组合式的运算对象（operands of a combination），4
组合式的运算符（operator of a combination），4
组合式作为（combination as），脚注59
符号表达式作为（compound expression as），练习1.4
lambda表达式作为（expression as），42
最大公约数（greatest common divisor），32~33，另见GCD
通用的（generic），练习2.94
多项式的（of polynomials），145
用于估计π（used to estimate π），155
用于有理数算术（used in rational-number arithmetic），58
最小允诺原则（principle of least commitment），119
最优（optimality）
Horner规则（rule），脚注82
Huffman编码（code），112